普通高等教育"十一五"
国家级规划教材

教育部高等学校电工电子基础课程
教学指导分委员会推荐教材

电工电子学

第 4 版

○ 主　编　张冬至　刘润华
○ 副主编　刘广孚　王心刚

中国教育出版传媒集团
高等教育出版社·北京

内容简介

本书为国家级精品资源共享课和国家级一流本科课程——中国石油大学(华东)"电工电子学"课程建设研究成果,根据教学基本要求在第 3 版基础上修订而成。

本书沿用模块化的教材体系,共分两篇,即基础篇和应用篇。基础篇包含电工电子元器件、电路基本分析方法、模拟电子技术、数字电子技术四大部分共 7 章内容;应用篇包含信号的测量与处理、直流稳压电源、变压器与电动机、电气控制技术、基于 Multisim 的电路仿真与应用 5 章内容,各专业可以根据自己的专业要求选择其中的章节与基础篇匹配,实现个性化教学需求。本书采用新形态一体化设计,对一些重要的知识点和难点,在教材正文的相关位置设置二维码,读者通过移动智能设备扫描二维码即可观看该知识点或难点的视频录像,同时每章都制作了配套的电子课件,登录书配网站即可下载使用,方便读者学习。同时,还可进入中国大学 MOOC 网站,观看中国石油大学(华东)"电工电子学"所有课程资源。

本书可以作为高等学校非电类理工科专业"电工电子学"课程的教材,也可供工程技术人员参考。

图书在版编目（CIP）数据

电工电子学 / 张冬至, 刘润华主编. -- 4 版.

北京 : 高等教育出版社, 2025. 8. -- ISBN 978-7-04
-064515-6

Ⅰ. TM；TN01

中国国家版本馆 CIP 数据核字第 2025SZ9651 号

Diangong Dianzi Xue

| 策划编辑 | 杨 晨 | 责任编辑 | 杨 晨 | 封面设计 | 张申申 | 版式设计 | 杜微言 |
| 责任绘图 | 杨伟露 | 责任校对 | 刁丽丽 | 责任印制 | 高 峰 | | |

出版发行	高等教育出版社	网 址	http://www.hep.edu.cn
社 址	北京市西城区德外大街 4 号		http://www.hep.com.cn
邮政编码	100120	网上订购	http://www.hepmall.com.cn
印 刷	固安县铭成印刷有限公司		http://www.hepmall.com
开 本	787mm×1092mm 1/16		http://www.hepmall.cn
印 张	25.5	版 次	2007 年 7 月第 1 版
字 数	600 千字		2025 年 8 月第 4 版
购书热线	010-58581118	印 次	2025 年 8 月第 1 次印刷
咨询电话	400-810-0598	定 价	53.00 元

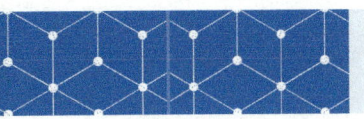

新形态教材网使用说明

电工电子学
第4版

主　编　张冬至　刘润华

1 计算机访问https://abooks.hep.com.cn/64515或手机微信扫描下方二维码进入新形态教材网。

2 注册并登录后，计算机端进入"个人中心"，点击"绑定防伪码"，输入图书封底防伪码（20位密码，刮开涂层可见），完成课程绑定；或手机端点击"扫码"按钮，使用"扫码绑图书"功能，完成课程绑定。

3 在"个人中心"→"我的学习"或"我的图书"中选择本书，开始学习。

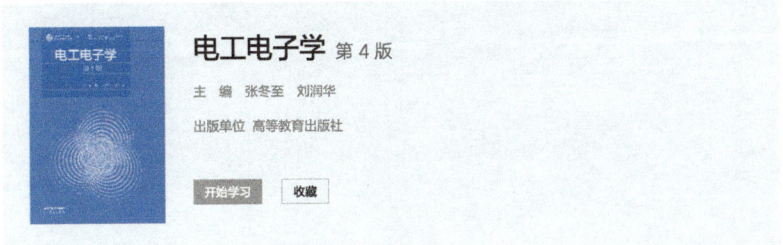

　　受硬件限制，部分内容可能无法在手机端显示，请按照提示通过计算机访问学习。

　　如有使用问题，请直接在页面点击答疑图标进行咨询。

前　言

本书是在第 3 版的基础上,结合国家级精品资源共享课和国家级一流本科课程——中国石油大学(华东)"电工电子学"课程建设的实践体会,根据教学基本要求修订而成的。本书可作为高等学校非电类理工科专业"电工电子学"课程的教材,也可作为工程技术人员的参考书。近几年来,各高校的"电工电子学"课程学时数都在减少,使得"学时少内容多"的矛盾更加突出;另外,对于非电类理工科专业来说,学完"电工电子学"课程后一般没有后续的应用课程;因此,在"电工电子学"课程中必须加入应用型的内容,以达到"学以致用"的目的。为此,本教材修订时还是沿用模块化的教材体系,共分两篇,即基础篇和应用篇。基础篇包含电工电子元器件、电路基本分析方法、模拟电子技术、数字电子技术四大部分共 7 章内容;应用篇包含信号的测量与处理、直流稳压电源、变压器与电动机、电气控制技术、基于 Multisim 的电路仿真与应用 5 章内容,各专业可以根据自己的专业要求选择其中的章节组合为一门课程。本书在内容的处理上有如下几点的改革。

1. 将电工电子技术中常用到的基本元器件集中放在了第 1 章,便于后面章节直接分析由这些元器件组成的电路。

2. 将放大电路的基本概念、技术指标、分析方法等,以框图的形式进行介绍,这些内容适用于所有的放大电路,或者说是放大电路的共性问题。至于晶体管放大电路、场效应晶体管放大电路、运算放大电路等都是这些共性问题的具体应用。这样做的好处是,根据学时数的多少可以灵活取舍具体放大电路的内容,该内容与运算放大电路构成一章。

3. 考虑到非电专业目前很少涉及晶体管、场效应晶体管放大电路,基本都用集成运算放大电路,再加上学时压缩,所以这次修订删掉了晶体管部分及场效应晶体管放大电路全部内容。

4. EDA 尽管是教学基本的要求,但由于学时数少这方面的内容很少被讲解。鉴于现在信息技术能力的提升及电路仿真研究的需求,把 Multisim 相关内容作为单独一章编写到本书中,并在各章增加了仿真习题,以便学生自学练习。

5. 对例题、习题进行了部分调整,理论联系实际性更强,更加侧重于应用。

6. 本教材采用新形态一体化设计,对一些重要的知识点和难点,在教材正文的相关位置设置二维码,读者通过移动智能设备扫描二维码即可观看该知识点或难点的视频录像,同时每章都制作了配套的电子课件,登录书配网站即可下载使用,方便读者学习。同时,还可进入中国大学 MOOC 网站,观看"电工电子学"所有课程资源。

本教材由张冬至、刘润华主编并编写了第 1、6、9 章。参加本书编写的还有刘广孚(第 7、8 章),王心刚(第 10、11 章),李芳(第 3、4 章),李霞(第 5、12 章),张琳(第 2 章)。书中所有微视频由张冬至、刘润华、周兰娟、王心刚、张琳、贺利、曹玉苹、李霞、吴荔清录制完成。另外,在本书的编写、录入、绘图、校对、编辑中,刘复玉、任旭虎、贺利、郭曙光、时海涛、郭亮、张勇、于清洋等老师都做了工作,在此向他们表示衷心的感谢!

山东省教学名师奖获得者、山东理工大学李震梅教授为本教材担任主审,对全部书稿进行了仔细地审阅,并提出了许多建设性的指导意见,在此深表感谢! 由于编者能力和水平有限,书中定有疏漏、欠妥和错误之处,恳请读者多加指正,以便今后不断改进,编者 E-mail: dzzhang@ upc. edu. cn。

编者

2024 年 12 月

目　录

>>> 第0章

··· 绪论

0.1　电工电子学发展概况

电能的工业应用大约起始于 19 世纪中后期,至今有一百多年的历史。它给人类社会的许多方面带来了巨大而深刻的影响。从广义上说,电工科学技术是与研究电磁现象的应用有关的基础科学、技术学科及工程技术的综合。这包括电磁形式的能量,信息的产生、传输、控制、处理、测量,有关的系统运行,设备制造技术等多方面的内容。19 世纪末,电工技术已形成了电力和电信两大分支。前者以电网为载体点亮工业文明,后者以信号为媒介编织信息网络。进入 20 世纪以后,半导体革命催生电子技术爆发,计算机、互联网、智能手机相继问世,推动人类从"电气时代"迈向"数字时代"。当下,电工电子技术正与材料科学、智能算法、生命科学深度交叉,衍生出新能源汽车、智能家居、工业互联网等前沿领域,成为破解能源危机、实现"双碳"目标、构建万物互联社会的核心驱动力。

1. 电工技术发展概况

电工科学技术所依据的基本原理大都是由物理学、数学等纯科学中提出来的。依据基本原理,结合技术、工艺、经济等各方面的条件,研究可供应用的电工技术,制造出适应各种需要的电工产品,就是电工科技的主要领域。与电工技术直接有关的部门已形成庞大的工业体系,有关的理论也有许多分支。电力工业与社会生产、公众生活、文化教育等各方面有着十分密切的关系,是现代社会的重要支柱。

(1)电磁现象的发现。人类从自然界的电闪雷鸣和天然磁石上开始注意到电磁现象。在中国的古代文献中都有关于天然磁石吸铁和摩擦琥珀吸引细微物体的记载。汉墓中出土的司南就是最早应用电磁现象制作的定向仪,后来又发明了指南针。对电的认识首先是对雷电现象和摩擦产生的电现象进行研究。1752 年美国富兰克林(1706—1790)进行了风筝实验,认识到自然界的雷电与摩擦产生的电都具有相同的性质。富兰克林还发明了避雷针,这是静电现象早期的应用。

(2)电与磁的联系。1820 年丹麦奥斯特注意到,当发生雷闪时附近的磁针发生抖动,他猜想这是雷闪放电时电流的作用。经过反复实验,他观察到在载流导线附近的磁针发生偏转,这表明电流有磁效应。法国安培(1775—1836)高度评价奥斯特的发现,认为这揭示了磁性来源于电流,由此他提出"分子电流"的概念来解释永久磁铁的磁性。他精心设计了一系列实验,并得出了确定载流导线中的电流相互作用力的大小和方向的法则。他又根据电流元产生的磁场性质提出了磁通连续性定理;1825 年又提出了著名的安培环路定理。

1826 年德国欧姆(1789—1854)深入研究了导线传送电流的能力。他用铜、铋温差电偶产生的稳定电动势向导线回路供给电流,试验了多种材料对电流通过具有的阻力,并称为电阻。1826 年他发表了著名的定律:在恒定温度下,导线回路中的电流等于回路中的电动势与电阻之比。欧姆又将这一定律推广于任意一段导线上,并得出导线中的电流等于这一段导线上的电压与电阻之比。这两条定律人们都称为欧姆定律。

(3)电磁感应定律和电机的发明。1831 年英国法拉第(1817—1867)发表了著名的电磁感应定律:一个线圈中产生的感应电流与线圈在单位时间所切割的磁感线多少成正比,与线圈导线的电阻成反比。这一定律不仅有着重要的理论意义,而且提供了广阔的应用前景。

法拉第根据电磁感应定律,在1831年制出圆盘发电机,将驱动圆盘用的机械能转换成电能。这是第一台电磁式发电机。它意味着可以通过水轮机用水能或蒸汽机用热能做功获得电能。后来经过多位科学家及工程师对发电机结构及励磁方式加以改进,到1870年制造了高达100 kW的直流发电机。1834年,俄国科学家雅可比制成了第一台电动机,实现了电能到机械能的转换。最早的发电机和电动机都是直流的,但后来的研究发现,长距离输送直流电的电能损耗和压降太大,而高压直流电的产生和使用当时具有一定难度,这就使得交流电的研究得以迅速展开。1885年意大利科学家提出了交流电机的旋转磁场理论,1886年美国的特斯拉制成了三相异步电动机,1889年俄国的多利沃·多布罗沃利斯基发明了三相笼型异步电动机。应用于由他1888年开创的三相交流输电系统中,加上由他发明的三相变压器,奠定了三相供电的基础,到1900年左右交流输电几乎全部采用三相制。目前中国制造了全球最大的单机容量水轮发电机组,单机容量高达100万千瓦。

(4)电报和电话的发明。早在1804年西班牙工程师D. F. 萨尔瓦就研究用导线传送电流和信息。随后进行这一研究的也不少,但都未达到实际应用的水平。直到1837年,英国库克和惠斯通制成了双针式电报接收机,并用于利物浦的铁路线上。1838年美国莫尔斯发明了以点划组成的电码代表不同的字母或信息,即沿用至今的莫尔斯电码。1844年由美国政府资助建成从华盛顿到巴尔的摩的电报线路,正式提供商用通报。英国汤姆森从1856年开始,经过多次失败,历时10年,终于成功,实现了从英国到美国之间的越过大洋的通报。到1869年,实现了包括越过太平洋、印度洋在内的全球范围的海底电缆网。电报的使用促进了电话的发明。1876年美国贝尔(1847—1922)在工程师T. 沃森的协助下,电话试验成功。1877年美国爱迪生(1817—1867)发明了阻抗式发话器,改进了电话的效果。电报、电话的出现推动了电工理论,特别是电路理论的形成和发展。

(5)电灯的发明。电弧虽能发出强光,却因为需要很多电池才能提供足够的电压以产生电弧,因而并未广泛用作照明。1844年法国J. B. L. 傅科制成以木炭为电极的弧光灯,但电极消耗很快。1854年H. 格贝尔在美国用玻璃泡密封炭化竹丝的电灯泡,使用时间仍然不长。美国爱迪生在试验了一千多种材料之后,制成了耐用的碳丝灯泡,并于1879年取得美国专利。碳丝灯的使用寿命毕竟不长。1909年美国W. D. 库利奇开发了钨丝的拉丝工艺后,于1912年试制成钨丝灯泡,取得专利后,让给美国通用电气公司生产。以后钨丝灯泡取代碳丝灯泡,成为最普及的照明用具。电灯的广泛使用,是电能应用的一次大普及,并改变了人们的生活。

(6)电力传输。1908年美国开始出现110 kV输电线路,1923年输电电压提高到220 kV。20世纪30年代以后输电电压继续提高,1936年美国有了287 kV的输电线。1959年苏联建成500 kV的输电线。20世纪70年代,中国在西北建成了330 kV的线路,20世纪80年代在华中、华北和东北都建成了500 kV的输电线。进入21世纪,中国在特高压领域取得突破:昌吉—古泉±1 100 kV特高压直流工程2018年投运,创造了电压等级、输送容量、输电距离三项世界纪录。电力系统中的短路、雷击、误操作等故障都可能损坏设备、停电使生产停顿,甚至发生人员伤亡事故。为了尽量减少事故的影响范围,一方面要求改进系统中设备的设计,另一方面便是设置保护装置。这促使电力系统中继电保护技术的发展。早期的电力线路中只装有简单的熔断器、避雷器。到1930年左右,已研制出多种电磁继电器及相应的保护设施。继电保护技术已趋成熟。以后引入电子技术,使用固体电子器件如晶体管、晶闸管整流元件,进而使用计算机技术,更为电力系统继电保护技术的发展开辟了新的途径。

2. 电子技术发展概况

电子技术是与电子有关的理论与技术。1883年美国发明家爱迪生发现了热电子效应,随后在1904年弗莱明利用这个效应制成了电子二极管,并证实了电子管具有"阀门"作用,它首先被用于无线电检波。1906年美国的德弗雷斯在弗莱明的二极管中放进了第三个电极——栅极,发明了电子三极管,从而建树了早期电子技术上最重要的里程碑。又经过5年研究改进,从1911年开始了使用电子技术的时代。半个多世纪以来,电子管在电子技术中立下了很大功劳,但是电子管的成本高,制造繁,体积大,耗电多。1948年美国贝尔实验室的几位研究人员用半导体材料做成了第一只晶体管,叫"半导体器件"或"固体器件",1951年形成了商品,这是出现分立元件的又一个里程碑。1959年基尔比在美国无线电工程师学会的一次会议上宣布"固体电路"的出现,以后叫"集成电路"。集成电路的出现和应用,标志着电子技术发展到了一个新的阶段。它实现了材料、元件、电路三者之间的统一;同传统的电子元件的设计、生产方式、电路的结构形式有着本质的不同。1960年集成电路处于"小规模集成"阶段,每个半导体芯片上有不到100个元器件。1966年进入"中规模集成"阶段,每个芯片上有100到1 000个元器件。1969年进入"大规模集成"阶段,每个芯片上的元器件达到10 000左右。1975年更进一步跨入"超大规模集成"阶段,每个芯片上的元器件多达10 000个以上。从1960年至1980年的二十年间,芯片上元器件的"集成度"增加了1 000 000倍,每年递增率约为2倍。近年来,部分手机芯片已进入3~5 nm工艺,集成上千亿晶体管,算力增加,能效比大幅提升。这种指数级进步催生了从个人电脑到智能手机的消费电子革命。

电子技术发展的另一个方向是电力电子技术,大功率半导体器件经过了普通晶闸管、可关断晶闸管(GTO)、大功率晶体管(GTR)、大功率场效晶体管(V-MOS)、绝缘栅双极型功率晶体管(IGBT)等各阶段。由这些大功率器件实现的大功率整流器、变频器、斩波器、调功器等在工业和日常生活中获得了广泛的应用,在节能和提高产品质量等方面发挥了重要作用。

0.2 电工电子技术的应用概述

电工技术与电子技术已经深入到工业、国防、通信、医疗和社会生活的各个方面,并且始终引领工业与社会现代化的进程。

电工技术和电子技术的应用可分为两个方面:强电应用和弱电应用。

1. 强电应用

强电应用技术的核心是多种能量转换的方法和技术(即电能的传输、变换和控制),如电能—热能、电能—光能、电能—机械能、电能—化学能以及电能—电能等之间的变换和控制。下面列举了几种常用的强电应用的方面。

(1)电力驱动。电动机由于具有性能优良、结构简单、价格低廉、使用方便、控制精确、便于调节等一系列优点,因此用它驱动多种机械装置与设备仍然是当今的首选方案。据统计,电动机所消耗的电能占国家发电总量的30%以上,可见它的应用之广泛。电力驱动主要有下列几个方面。

机械加工设备的驱动：机床、轧钢设备等；

连续生产设备的驱动：泵、压缩机、风机、传送带等；

交通运输：电气机车、磁悬浮列车、电动汽车等；

家用电器：洗衣机、电冰箱、电烤箱、录音机、打印机等。

（2）电力加热。电力加热是一种高效的加热技术，它可以准确控制加热温度和加热过程，并且把热量严格控制在需要加热的部位或空间中。可分为下面几种加热方式。

电阻加热：用于连续生产过程以及建筑物采暖等；

中频加热：用于金属冶炼、金属加工、金属热处理以及金属焊接等；

高频加热：用于非金属材料加工、焊接等；

电热灶具：电烤箱、电磁炉、微波炉、热水器等。

（3）电力照明。电力照明转换效率高，便于控制和调节。迄今为止，还没有任何其他的照明技术可以用来取代电力照明。从微小的发光二极管到大功率的泛光灯，各式各样的发光器件和照明灯具广泛应用于家庭、建筑物、影剧院、体育馆、街道公路、机场码头、广告、标志、信号等场合。多种高效率、节能型的照明灯还在不断地研究和开发之中。

（4）新型电力系统。新能源强电应用重塑能源体系：光伏系统将建筑转化为分布式电站，陆/海风力机组规模化输出绿电；锂电池储能系统有效平抑风光发电间歇性，保障电网稳定运行；电动汽车动力电池通过 V2G 技术参与电网调峰，氢燃料电池驱动重载运输脱碳。多场景协同推动"源网荷储"深度互动，加速构建清洁低碳、安全高效的新型电力系统。

2. 弱电应用

弱电应用的核心是多种信号的转换方法和技术（即信号的传输、变换和控制），如非电信号与电信号，电信号与另外一种电信号之间的变换和控制。下面列举几种典型的应用。

（1）检测系统。检测是获取信号或信息的一种技术手段，它借助传感器感受被测信号并将它转换成电信号，电信号经放大、滤波等处理后，供人们观测、分析或进行记录、存储、显示；还可以进入计算机进行进一步的处理、分析或参与控制。如工业领域有检测压力、温度、流量、料位等；医学领域有检测体温、心率、血压等。

（2）通信系统。人与人之间交换信息称为通信，如电话、广播、电视等。机器与机器之间交换信息以数据交换为主，称为数据通信，如计算机网络。

人与机器之间交换信息往往要经过数据到信号或信号到数据的转换，即所谓的数模转换或模数转换。

（3）信息处理系统。信息处理包含信号处理和数据处理两个方面。信号处理主要包括信号的放大、滤波、变换等；数据处理主要包括数值计算、图像处理、语音合成等。

（4）控制系统。所谓控制是对某个对象状态或过程的调整，使之准确达到既定目标。如压力控制系统、温度控制系统、机器人控制系统等。

强电应用和弱电应用只是从电能应用的角度对电气工程进行的一种划分。事实上，在强电领域中有弱电技术的应用；在弱电领域中也有强电技术的应用。所以这种划分不是绝对的，实际的电气工程系统总是体现强电和弱电技术的综合应用。

3. 电工电子学在石油工业中的应用

石油的生产过程大概需要四个环节，即勘探—开发—储运—炼制。所谓勘探就是从地下找石油;开发包括两个环节,即钻井和采油,将地下的石油通过油井采到地上;储运就是储存(油库)和运输,将石油从油田通过地下管道输送到炼油厂;炼制就是在炼油厂将石油加工成汽油、柴油等成品油。下面就简单介绍一下电工电子学在各个环节中的应用。

(1)在勘探中的应用。目前各油气田勘探经常使用的主要是地震勘探,是根据地质学和物理学的原理,利用电子学和信息论等领域的新技术,采用人工方法引起地壳振动,如利用炸药爆炸产生人工地震。再用由精密的传感器、放大器、信号处理器等组成的仪器记录下爆炸后地面上各点的震动情况,然后经过处理、解释,推断地下地质构造的特点,寻找可能的储油构造。除地震勘探外,还有重力勘探,磁力勘探,电法勘探等。

(2)在开发中的应用。在钻井过程中,目前多采用电动机驱动钻机,为了提高钻井效率,需要检测钻机的大钩位置、大钩载荷、转盘扭矩、转盘转速、钻压、井深等一系列参数,同时还要随时控制电机的转速。在采油过程中,为了提高采油效率,也需要检测油井液位、抽油机载荷、电机电流和功率因数等参数,然后根据这些参数来控制变频器的输出频率,从而控制电机转速。

(3)在储运中的应用。油气储运工程是连接油气生产、加工、分配、销售诸环节的纽带,它主要包括油气田集输、长距离输送管道、储存与装卸及城市输配系统等。为了能够安全高效地进行储存和运输,就需要检测油库和输送管线的压力、液位、流量、温度等参数,有时会根据这些参数调节管线入口处的泵速度(改变变频器输出频率,从而调节驱动电机的转速)。同时,阴极保护是防止管线腐蚀的重要措施。

(4)在炼制中的应用。在整个炼油过程中,有各种塔的压力、液位、温度等参数需要检测和控制,流入炼油厂的原油流量需要检测,流出炼油厂的成品油的流量也需要检测,同时还有各种在线分析仪表,各种电机的控制等。可以说整个炼油厂过程控制的自动化程度是非常高的。

综上所述,在整个石油工程的各个环节,都需要相应的传感器、放大器、滤波器、模数(数模)转换器等进行信号的检测、转换、处理和显示,有的需要对各种电机、电器进行控制。这些都需要电工电子技术的相关知识来解决,这充分说明电工电子技术在石油工业中也具有非常广泛的应用。

0.3 电工电子学课程的性质和安排

电工电子学是高等学校本科非电类专业的一门技术基础课程。目前,电工电子技术应用十分广泛,发展迅速,并且日益渗透到其他学科领域,促进其发展,在我国社会主义现代化建设中具有重要的作用。通过本课程的学习,使学生获得电工电子技术必要的基本理论、基本知识和基本技能,了解电工电子技术应用和我国电工电子事业发展的概况,为今后再学习和从事与本专业有关的工作打下一定的基础。

尽管电工电子学是一门技术基础课程,但考虑到非电专业一般不开设或很少开设与电工电子学相关的后续课程,所以我们要充分考虑课程的基础性、应用性和先进性。

基础性:是指基本理论、基本知识和基本技能。为后续课程打基础,为毕业后从事与电相关的工作打基础。也是为继续深造、拓宽和创新打基础,为跨学科创新提供底层逻辑框架。

应用性:学习电工电子学重在应用,学生学完该课程后,应具有将电工技术和电子技术应用于解决本专业实际问题的初步能力。为此,教材内容要理论联系实际,培养学生分析问题和解决问题的能力,还要注重实验技能的训练,通过案例教学、仿真教学提升学生工程实践思维与探究能力。

先进性:电工电子学发展非常迅速。为此,课程内容要不断更新和改革,及时将电工电子技术的新知识融入教学内容。

为了学好电工电子学,建议大家注意以下几点:

(1)建立"电与万物"的连接意识。从生活实例切入发现电工电子技术在衣食住行中的"隐形存在",感受其对现代生活的支撑作用,激发探索兴趣。

(2)带着问题学习。结合自身专业提出思考,努力实现电工电子技术的专创融合。通过"专业场景→电工电子电路问题→课程知识"的关联,强化学习针对性。

(3)充分利用好教学网站,善用智慧学习工具。课前,通过慕课预习知识点,标记疑难问题;课中,利用智慧教学平台实时互动,参与电路分析抢答、虚拟仿真演示;课后,在仿真软件中复现课堂案例,通过智慧教学平台提交作业并利用 AI 助教即时答疑解决疑难问题。

(4)重视实验中的"试错价值"。电工电子实验允许"安全范围内的失败":电路短路可能暴露接线问题,器件烧毁可能加深参数理解。仿真实验中设置故障(如反接二极管),观察电路异常现象,探究问题产生原因及解决方法;实际实验中记录每一次故障排查过程,积累"非理想电路"的处理经验,提升工程应变能力。

在"万物互联、能量重构"的新时代,电工电子学不仅是一门技术基础课,更是打开未来科技大门的钥匙。无论你将投身智能制造、绿色能源还是生物医疗领域,掌握电气技术的底层逻辑,就能在跨学科创新中占据主动。通过"基础夯实+实践赋能+智慧学习",愿每一位学习者都能在电工电子的世界中找到专业与时代的连接点,为未来发展铸牢"电气基石"。

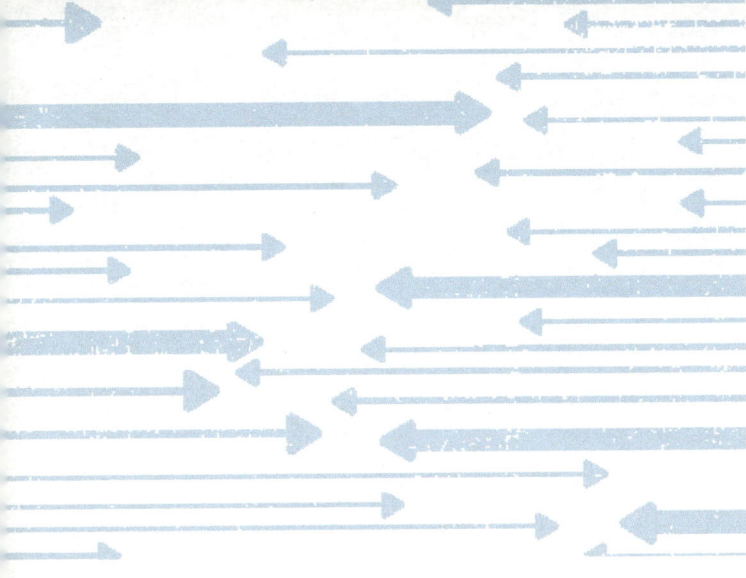

第一篇　基础篇

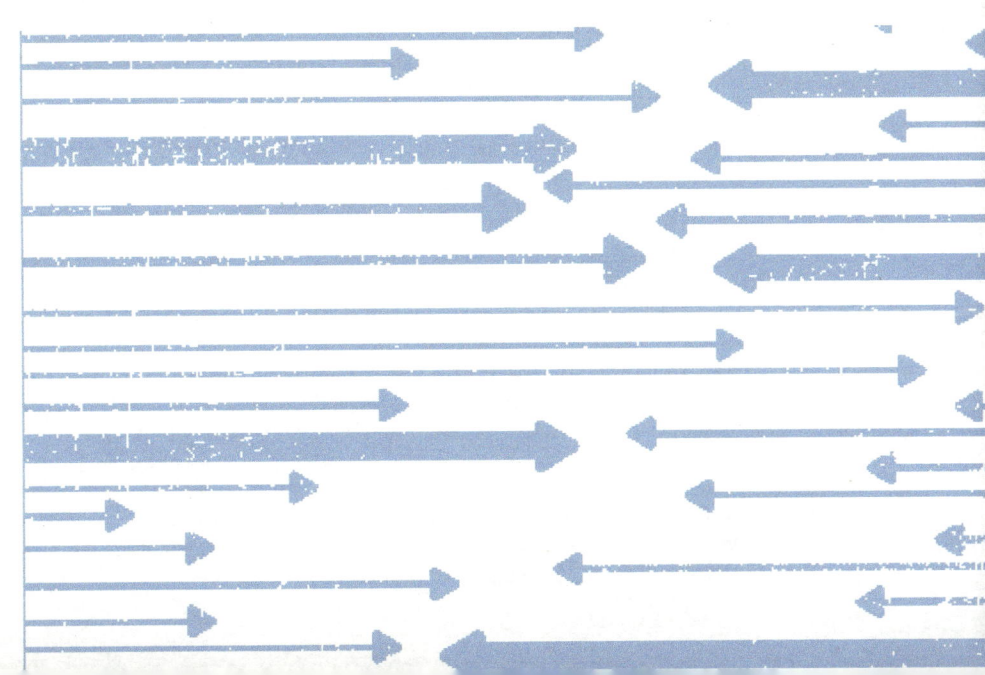

>>> **第1章**

··· **电路的基本概念、定律和电路元件**

学习目标:

1. 理解电压、电流参考方向的概念,理解关联、非关联参考方向的概念,能够分析电路的功率问题。

2. 掌握电源、电阻、电容和电感等理想元件的伏安特性,能够使用理想元件基本特性分析电路。

3. 掌握基尔霍夫电流定律和电压定律,能够使用基尔霍夫定律分析电路。

4. 理解半导体的基本知识,掌握二极管的伏安特性,会用二极管的模型分析法分析含有二极管的应用电路。

5. 理解双极型晶体管的基本工作原理及特性,能够根据晶体管的三极电位判断其工作状态。

电工技术和电子技术离不开电路,电路由电路元件组成。本章主要介绍有关电路的基本概念和一些常用的电路元件,包括电路模型和电压、电流的参考方向等概念;基尔霍夫定律;电源元件、电阻元件、电感元件、电容元件、二极管、晶体管等。主要介绍它们的基本特性和电路模型,为学习后面电路的分析方法及各种类型的电路打下必要的基础。

1.1　电路的基本概念

微视频 1-1
电路与电路模型

1.1.1　电路与电路模型

电路是由电工、电子器件根据功能需要,按照某种特定方式连接而成的。例如,将蓄电池和白炽灯经过开关用导线连接起来,就可构成一个汽车照明电路。如图 1.1.1(a)所示。蓄电池在电路中为白炽灯提供电能,称为电源,白炽灯将电能转换为其他形式的能量,称为负载。

构成电路的常用元器件有电阻器、二极管、晶体管、电容、电感、变压器、电动机、电池等。这些实际元器件的电磁特性往往十分复杂,例如,一个滑线电阻器的主要电磁特性为电阻特

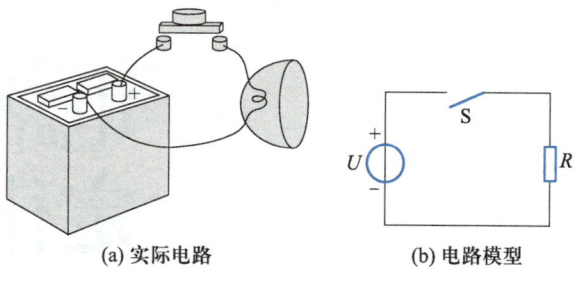

(a) 实际电路　　　　(b) 电路模型

图 1.1.1　汽车照明电路

性(即消耗电能),但当电流流过时还会产生磁场,又表现出电感特性。因此,为了分析复杂电路的工作特性,就必须进行科学抽象与概括,用一些模型元件(或相应组合)来代表实际元器件的主要外部特性。这种模型元件是一种用数学关系描述实际器件的基本物理规律的数学模型,我们称为理想元件,简称元件。

电路分析、研究的对象是由理想元件构成的电路模型,简称电路。电路图则是用规定的元件图形即器件的电路符号来反映电路的结构。例如,汽车照明电路的模型可由图 1.1.1(b)所示的电路图表示。

微视频 1-2
电流、电压及参考方向

1.1.2　电流、电压及其参考方向

在电路理论中为了定量地描述电路的状态和元件特性,一般选用电流(i)和电压(u)作为电路变量。

1. 电流

电荷在电场作用下的定向运动称为电流,用 i 表示,即

$$i = \frac{\mathrm{d}q}{\mathrm{d}t} \tag{1.1.1}$$

习惯上把正电荷运动的方向规定为电流的真实方向。

在分析电路时往往很难事先确知电流的真实方向。为了分析计算的需要,常在电路元件上假定一个电流的方向(称电流的参考方向)作为电流的正方向,如图 1.1.2 所示的箭头。正方向的选择具有任意性,并不代表电路中的实际物理过程。但是,在选定正方向的情况

下,电流成为代数量,若 $i>0$,就意味着电流的真实方向与正方向一致;若 $i<0$,则意味着电流的真实方向与正方向相反。

电流通常是时间的函数,即 $i=i(t)$。如果 i 的大小和方向随时间变化则称为交流;如果 i 的方向随时间不变则称为直流;如果 i 的大小和方向随时间均不变,则称为恒定直流。恒定直流用 I 表示。其他物理量,如电压、电荷量、功率等也是如此。图 1.1.3 给出了几种常见电流的波形,图(a)为恒定直流;图(b)为脉动直流;图(c)为交流电流。

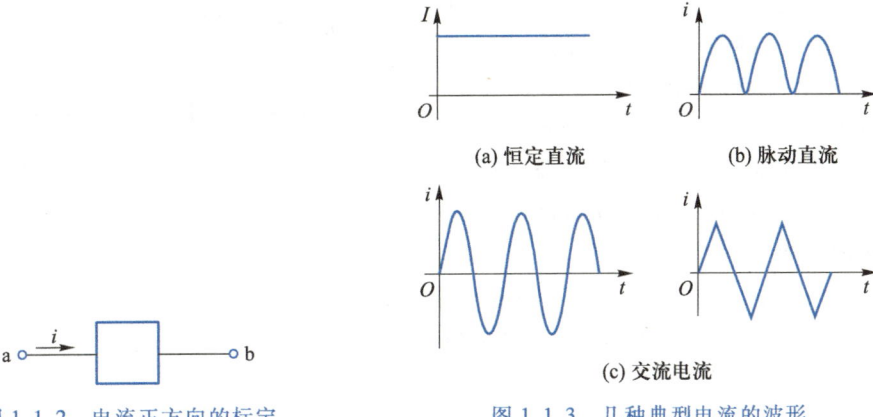

(a) 恒定直流　　　　(b) 脉动直流

(c) 交流电流

图 1.1.2　电流正方向的标定　　　　图 1.1.3　几种典型电流的波形

2. 电压

a、b 两点间的电压是指电场力把单位正电荷由 a 点移到 b 点时所做的功,即

$$u_{ab} = \frac{\mathrm{d}w}{\mathrm{d}q} = V_a - V_b \tag{1.1.2}$$

式中,V_a、V_b 分别表示 a、b 点的电位,u_{ab} 则表示 a、b 点间的电位之差。电压总是与电路中两点相联系的。

电压的真实方向规定为从高电位指向低电位。在电路分析中,与选定电流正方向类似,常标以"+""−"表示电压的参考极性或参考方向。在图 1.1.4 中,a 点标以"+",极性为正,称为高电位;b 点标以"−",极性为负,称为低电位。也有的用箭头表示电压参考方向,箭头的方向为高电位端指向低电位端。这种选定也具有任意性,并不能确定真实的物理过程。一旦选定了电压正方向后,若 $u>0$,则表明电压的真实极性与选定的正方向一致,反之则相反。

电路中电流的正方向和电压的正方向在选定时都具有任意性,二者彼此独立。但是,为了分析电路方便,常把元件上的电流与电压的正方向取为一致,称为关联参考方向。如图 1.1.5 所示,电流从元件标以"+"的端点流入,从"−"端流出。我们约定,除电源元件外,所有元件上的电流和电压都采用关联参考方向。

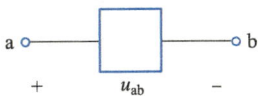
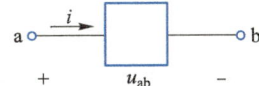

图 1.1.4　电压的正方向　　　　图 1.1.5　关联的电流、电压参考方向

1.1.3　电路中的功率

微视频1-3
电路中的
功率

从某种意义上说,电路的基本作用就是实现能量的传递。因此,功率的概念在电路分析中十分重要。

在图1.1.6(a)中,元件的电流和电压取关联参考方向,则该元件吸收的功率为

$$p = u \cdot i \text{(直流电路中则为 } P = U \cdot I) \tag{1.1.3}$$

当电压单位为 V(伏[特]),电流单位为 A(安[培])时,功率的单位为 W(瓦[特])。

按式(1.1.3)计算的结果,若 $p>0$,意味着元件吸收或消耗功率;若 $p<0$,则意味着元件提供或产生功率。如果元件的电流和电压取非关联参考方向,如图1.1.6(b)所示,该元件吸收的功率为

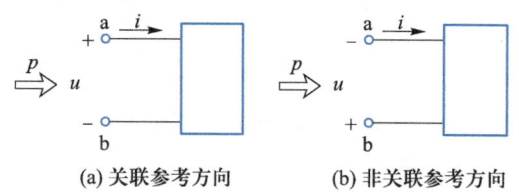

(a) 关联参考方向　(b) 非关联参考方向

图 1.1.6　元件吸收的功率

$$p = -u \cdot i \text{(直流电路中则为 } P = -U \cdot I) \tag{1.1.4}$$

例 1.1.1　如图1.1.7所示,各元件的电流、电压的正方向和数值已标在图中。试计算各元件的功率,并说明是吸收还是提供功率。

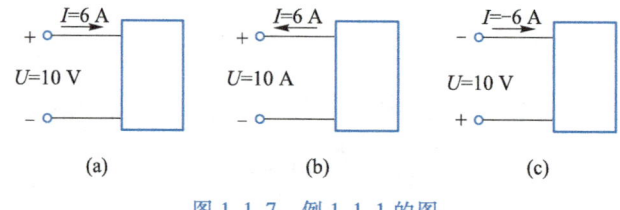

(a)　　　　(b)　　　　(c)

图 1.1.7　例 1.1.1 的图

解　在图1.1.7(a)中,U 与 I 为关联参考方向,则

$$P = U \cdot I = 10 \times 6 \text{ W} = 60 \text{ W}$$

元件吸收功率。

在图1.1.7(b)中,U 与 I 为非关联参考方向,则

$$P = -U \cdot I = -10 \times 6 \text{ W} = -60 \text{ W}$$

元件提供功率。

在图1.1.7(c)中,U 与 I 为非关联参考方向,则

$$P = -U \cdot I = -10 \times (-6) \text{ W} = 60 \text{ W}$$

元件吸收功率。

各种电气设备的电压、电流及功率都有一个额定值。额定值是制造厂为了使产品能在给定的条件下长期正常运行而规定的允许值。高于额定值运行,影响设备的寿命,甚至出现事故;低于额定值运行,不仅得不到正常合理的工作状况,而且也不能充分利用设备的能力。因此,应尽量使电气设备工作在额定状态。额定值通常标在电气设备或元件的铭牌或写在产品说明书中,使用时应充分考虑额定数据。例如,一盏 220 V、40 W 的电灯,它的额定电压是 220 V,额定功率是 40 W。

[练习与思考]

1.1.1 在图 1.1.8(a)所示电路中,$U_{ab} = -5\ \text{V}$,试问 a、b 两点哪点电位高?在图 1.1.8(b)所示电路中,$U_1 = -6\ \text{V}$,$U_2 = 4\ \text{V}$,试问 U_{ab} 等于多少伏?

1.1.2 在图 1.1.9 中,哪些元件吸收功率?哪些元件提供功率?并求出吸收与提供的功率值。

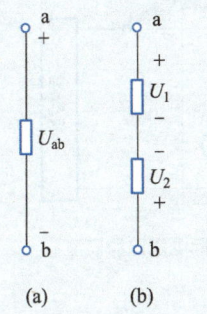

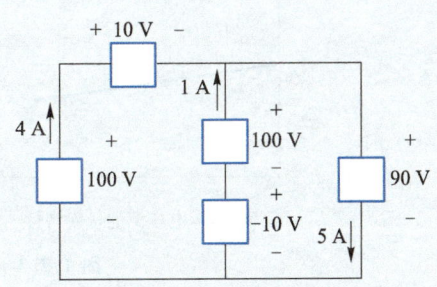

图 1.1.8 练习与思考 1.1.1 的图　　　图 1.1.9 练习与思考 1.1.2 的图

1.2 电路元件

1.2.1 电源

电源的作用是给电路提供能量,也称为有源元件。有源元件分为独立源和受控源两大类。独立源能独立地给电路提供电压或电流,不受其他支路电压或电流的控制;而受控源不能独立地给电路提供电压或电流,要受其他支路电压或电流的控制。一般所说的电源都是指独立源,本节只介绍独立源,包括理想电压源和理想电流源。

1. 理想电压源

理想电压源(一般简称电压源)是一个二端元件,它两端的电压是恒定值 U_S 或为一定的时间函数 $u_S(t)$,与通过它的电流大小无关。理想电压源的符号如图 1.2.1 所示。理想电压源的伏安特性曲线见图 1.2.2。习惯上电压源的端电压与端电流取相反的参考方向,这样处理的好处在于 $p = u_S i$ 表示电压源向外电路提供的功率。

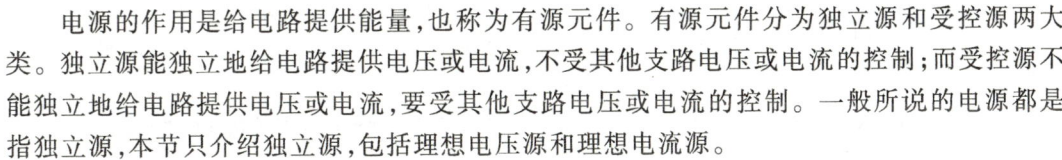

图 1.2.1 电压源的符号　　　图 1.2.2 理想电压源的伏安特性曲线

理想电压源只是实际电压源的理想模型,流过它的电流取决于外电路。实际电压源的

微视频 1-4
电源

伏安特性(又称外特性)往往如图 1.2.3(a)所示,在电路中的模型可用图 1.2.3(b)所示电路来表示。其中 R_s 代表实际电压源内部损耗的元件,称为内阻。

由实际电压源的模型可导出端口处的电压电流关系为

$$U = U_s - R_s I \tag{1.2.1}$$

显然,该模型与实际电压源具有相同的伏安特性。

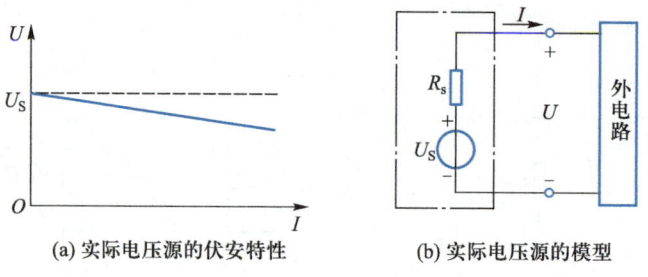

(a) 实际电压源的伏安特性 (b) 实际电压源的模型

图 1.2.3　实际电压源

2. 理想电流源

理想电流源(一般简称电流源)是一个二端元件,它两端的输出电流是恒定值 I_s 或为一定的时间函数 $i_s(t)$,与它两端的电压大小无关。理想电流源的符号如图 1.2.4 所示。理想电流源的伏安特性曲线如图 1.2.5 所示。

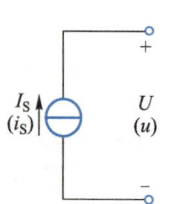

图 1.2.4　理想电流源的符号

图 1.2.5　理想电流源的伏安特性曲线

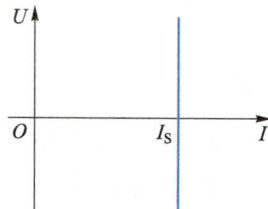

实际电流源的伏安特性如图 1.2.6(a)所示,在电路中的模型可用图 1.2.6(b)所示电路来表示。其中 R_s 是实际电流源的内阻。由实际电流源的模型可导出端口处的电压电流关系为

$$I = I_s - \frac{U}{R_s} \tag{1.2.2}$$

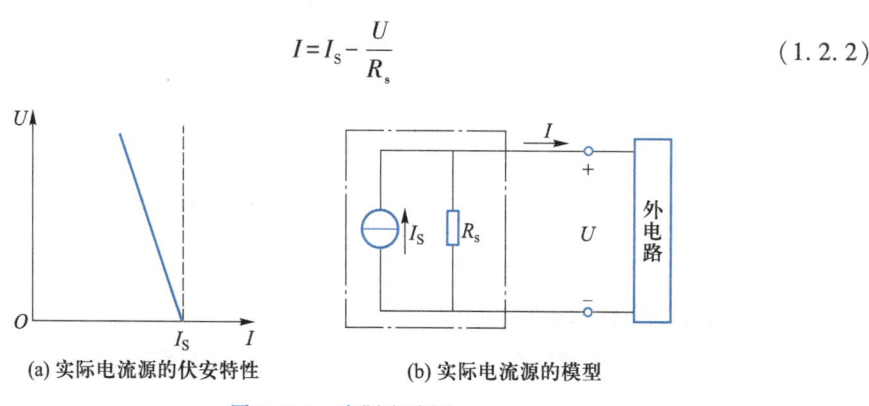

(a) 实际电流源的伏安特性　　　　(b) 实际电流源的模型

图 1.2.6　实际电流源

例 1.2.1 一个 10 V 的理想电压源在下列不同情况下将提供多少功率？

（1）将它开路；

（2）接有电阻为 10 Ω 的负载；

（3）将它短路（可以看作负载电阻逐渐减小到零的极限情况），它与实际电压源的短路情况是否一样？

（4）与一个 1 A 的理想电流源并联，电流源的电流方向是从电压源的正极流入。

解 （1）理想电压源开路时的电路如图 1.2.7(a) 所示。输出电流 $I=0$，根据 $P=U_{\text{s}}I$，所以提供的功率为零。

（2）理想电压源接有 10 Ω 电阻负载时的电路如图 1.2.7(b) 所示。根据欧姆定律

$$I=\frac{U_{\text{s}}}{R}=\frac{10}{10}\text{A}=1\text{ A}$$

提供功率 $\qquad\qquad P=U_{\text{s}}I=10\times1\text{ W}=10\text{ W}$

（3）理想电压源短路时的电路如图 1.2.7(c) 所示。由于短路，相当于负载电阻 $R=0$，其输出电流为无穷大，而端电压仍为 10 V，因此提供的功率为无穷大。

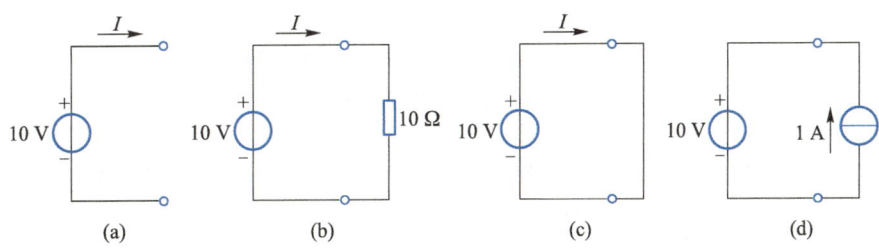

图 1.2.7　例 1.2.1 的电路

它与实际电压源的短路情况不一样。实际电压源总存在内阻 R_{s}，其短路电流为 $I_{\text{sc}}=\dfrac{U_{\text{s}}}{R_{\text{s}}}$，为有限值，而端电压由于短路则为零，因此提供的功率恒等于零。

（4）理想电压源与一个 1 A 的电流源并联时的电路如图 1.2.7(d) 所示。根据电流源的基本性质，流过电压源的电流即为电流源的电流 1 A，方向从电压源的正极流入，此时电压源不是提供功率，而是消耗功率，其大小为

$$P=U_{\text{s}}I=10\times1\text{ W}=10\text{ W}$$

1.2.2　电阻

电阻器、白炽灯、电炉等实际器件的主要特性是消耗电能，在一定条件下，可用电阻元件作为模型。理想电阻元件是一个由欧姆定律（Ohm's law）描述其电压电流关系的线性二端元件。电阻元件的符号如图 1.2.8(a) 所示。在端电压和电流取关联方向时，电压与电流之间的关系可表示为

$$u=Ri \qquad\qquad (1.2.3)$$

式中，R 为电阻元件的参数，反映元件阻碍电流流过的能力，为实常数，单位为 Ω（欧［姆］）。电阻元件

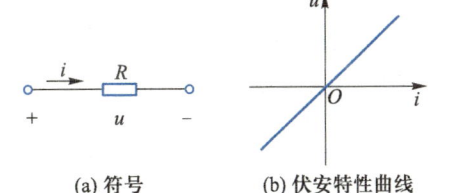

(a) 符号　　(b) 伏安特性曲线

图 1.2.8　电阻元件的符号及伏安特性曲线

的伏安特性还可以用 u–i 平面的一条直线来表示,如图 1.2.8(b)。它是通过坐标原点的一条直线,其斜率为 R。

电阻元件的伏安特性也可表示为

$$i = \frac{1}{R}u = Gu \tag{1.2.4}$$

式中,G 称为电阻元件的电导,反映元件允许电流通过的能力,单位为 S(西[门子])。

严格地讲,实际的电阻器件都是非线性的,但在许多应用领域,可以近似地用线性电阻元件作为模型,如图 1.2.9 所示。

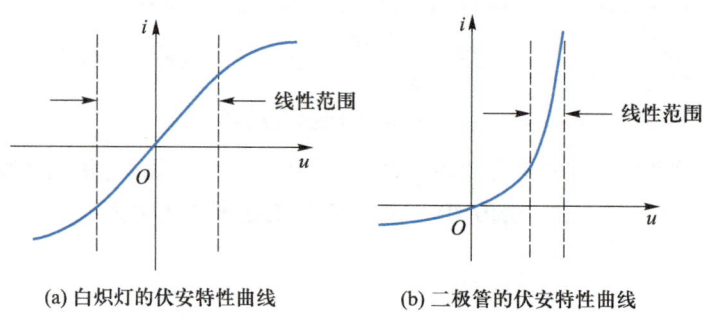

(a) 白炽灯的伏安特性曲线   (b) 二极管的伏安特性曲线

图 1.2.9　实际电阻的伏安特性曲线

在电路中常遇到电阻元件的两种特殊情况:(1) 当一个电阻元件的端电压 u 不论为何值时,流过它的电流恒为零,则称"开路",即 $R \to \infty$,如图 1.2.10(a)所示;(2) 当一个电阻元件中的电流 i 不论为何值时,它的端电压 u 恒为零,则称"短路",即 $R = 0$,如图 1.2.10(b)所示。

在电压和电流取关联方向时,电阻元件的功率为

$$p = u \cdot i = i^2 R = \frac{u^2}{R} \tag{1.2.5}$$

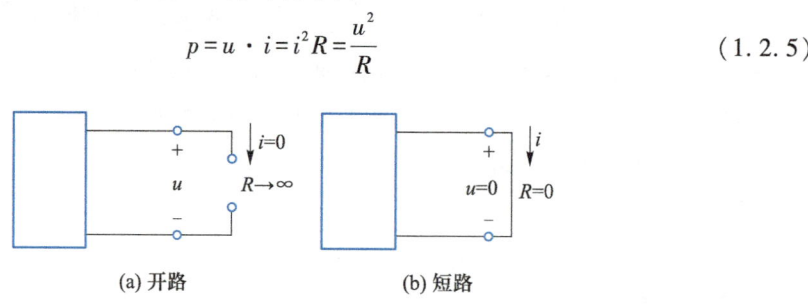

(a) 开路   (b) 短路

图 1.2.10　实际电阻的两种特殊情况

例 1.2.2　有一额定值为 1/2 W、5 000 Ω 的电阻,其额定电流为多少? 在使用时电压不能超过多大数值?

解　根据功率和电阻值可以求出额定电流为

$$I = \sqrt{\frac{P}{R}} = \sqrt{\frac{1/2}{5\,000}} \text{ A} = 0.01 \text{ A}$$

在使用时电压不能超过

$$U = RI = 5\,000 \times 0.01 \text{ V} = 50 \text{ V}$$

1.2.3 电容

实际的电容器是由两金属极板中间隔以绝缘介质组成的,如图 1.2.11 所示。当有电流向电容器的极板上传输电荷时,它的极板之间就建立起电场,同时也储存电场能量。电容元件就是电容器的模型。

如果一个二端元件,它储存的电荷 q 和端电压 u 之间的关系满足方程

$$q = Cu \tag{1.2.6}$$

则称该二端元件为线性电容元件。式中,C 是电容参数,为实常数,单位为 F(法[拉])。电容符号如图 1.2.12 所示。

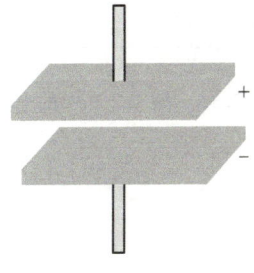

图 1.2.11　实际电容

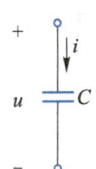

图 1.2.12　电容元件的符号

在电压与电流取关联方向时,电容元件的电压电流关系为

$$i = \frac{\mathrm{d}q}{\mathrm{d}t} = C \frac{\mathrm{d}u}{\mathrm{d}t} \tag{1.2.7}$$

由上式可见,电容的电流正比于两端电压的变化率,即 $i \propto \dfrac{\mathrm{d}u}{\mathrm{d}t}$。当电容两端电压为恒定的直流电压时,电容的电流 $i = 0$,此时电容相当于开路。

电容元件的电压电流关系也可表示为

$$u(t) = \frac{1}{C} \int_{-\infty}^{t} i(\tau) \mathrm{d}\tau = \frac{1}{C} \int_{-\infty}^{0} i(\tau) \mathrm{d}\tau + \frac{1}{C} \int_{0}^{t} i(\tau) \mathrm{d}\tau$$

$$= u(0) + \frac{1}{C} \int_{0}^{t} i(\tau) \mathrm{d}\tau \tag{1.2.8}$$

式中,$u(0)$ 为电容上的初始电压,即在 $t = 0$(初始时刻)时电容上的电压。

电容元件在 t 时刻储存的电场能量为

$$w_C(t) = \int_{-\infty}^{t} u \cdot i \mathrm{d}\tau = \int_{-\infty}^{t} u \cdot C \frac{\mathrm{d}u}{\mathrm{d}\tau} \mathrm{d}\tau = \frac{1}{2} C u^2 \tag{1.2.9}$$

上式积分中,取 $u(-\infty) = 0$。

例 1.2.3　已知一个 1 000 μF 的电容,在 $t = 0$ 时的初始电压为 2 V,当图 1.2.13 所示波形的电流 $i(t)$ 通过该电容后,求电容的电压 $u(t)$,并画出波形。

解　这是电容元件在直流电流下的充电过程。由电容元件的电压电流关系可知:在 $t = 0$ 到 $t = 1$ s 内,则

$$u = u(0) + \frac{1}{C} \int_{0}^{t} i \mathrm{d}\tau = \left(2 + \frac{1}{1\ 000 \times 10^{-6}} \int_{0}^{t} 10 \times 10^{-3} \mathrm{d}\tau \right) \mathrm{V} = (2 + 10t)\ \mathrm{V}$$

当 $t=1$ s 时，电容电压达到最大值。

$$u=(2+10\times1)\ \text{V}=12\ \text{V}$$

当 $t>1$ s 后，充电电流为 0，电容电压保持不变。故电容电压为

$$u(t)=\begin{cases}(2+10t)\ \text{V}, & 0\leqslant t\leqslant 1\ \text{s}\\ 12\ \text{V}, & t>1\ \text{s}\end{cases}$$

电容电压 $u(t)$ 的波形如图 1.2.14 所示。

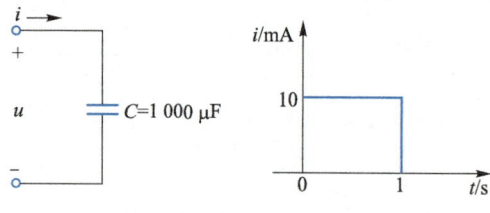

图 1.2.13 例 1.2.3 的图

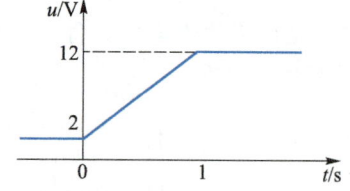

图 1.2.14 例 1.2.3 中的电容电压波形

1.2.4 电感

用导线绕制的电感线圈，通入电流将产生磁通 Φ，并建立起磁场，在线圈中也必然储存磁场能量，如图 1.2.15 所示。电感元件是忽略线圈电阻和分布电容后的电感线圈的模型。

图 1.2.15 实际电感线圈

如果一个二端元件，它的磁链 Ψ 与其电流 i 之间的关系满足方程

$$\Psi=Li \tag{1.2.10}$$

则称该二端元件为线性电感元件。式中 L 是电感参数，为实常数，单位为 H(亨[利])。电感元件的符号如图 1.2.16 所示。

图 1.2.16 电感元件的符号

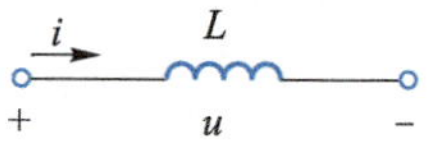

当电感上的电压、电流取关联方向时，有

$$u=\frac{\mathrm{d}\Psi}{\mathrm{d}t}=L\frac{\mathrm{d}i}{\mathrm{d}t} \tag{1.2.11}$$

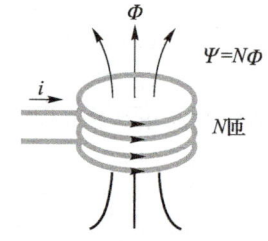

由上式可见，电感电压正比于电流的变化率，即 $u\propto\frac{\mathrm{d}i}{\mathrm{d}t}$。当流过电感元件的电流为恒定的直流电流时，则电感的端电压 $u=0$，电感元件相当于短路。

电感元件的电压电流关系也可表示为

$$\begin{aligned}i(t)&=\frac{1}{L}\int_{-\infty}^{t}u(\tau)\mathrm{d}\tau=\frac{1}{L}\int_{-\infty}^{0}u(\tau)\mathrm{d}\tau+\frac{1}{L}\int_{0}^{t}u(\tau)\mathrm{d}\tau\\&=i(0)+\frac{1}{L}\int_{0}^{t}u(\tau)\mathrm{d}\tau\end{aligned} \tag{1.2.12}$$

式中，$i(0)$ 为电感电流的初始值。

电感元件在 t 时刻储存的磁场能量为

$$w_L(t)=\int_{-\infty}^{t}u\cdot i\mathrm{d}\tau=\int_{-\infty}^{t}i\cdot L\frac{\mathrm{d}i}{\mathrm{d}\tau}\mathrm{d}\tau=\frac{1}{2}Li^2 \tag{1.2.13}$$

上式积分中取 $i(-\infty)=0$。

1.2.1 求图 1.2.17 所示电路中电流源两端的电压。当电压源的电压或电阻的阻值变化时,电流源的输出电流是否变化? 电流源的电压是否变化?

1.2.2 额定值为 220 V、100 W 的电灯,允许通过的最大电流为多少? 其阻值为多少?

1.2.3 额定值为 1/4 W、51 Ω 的电阻,使用时最大允许加多大的电压? 允许通过的最大电流是多少?

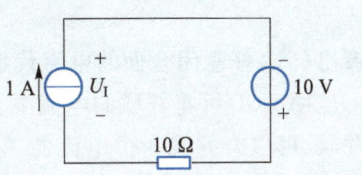

图 1.2.17 练习与思考 1.2.1 的图

1.3 基尔霍夫定律

电路中各元件的电压与电流除受自身的电压电流关系约束外,还要受元件之间连接方式的制约。这种由电路结构所形成的约束关系,可用基尔霍夫定律来描述。下面先介绍几个有关电路结构的名词。

微视频 1-6
基尔霍夫
定律

1. 支路

电路中的每一分支称为支路,一条支路流过一个电流,称为支路电流。如图 1.3.1 中的 R_1 支路、R_2 支路和电流源支路。

2. 节点

三条或三条以上支路的连接点称为节点。如图 1.3.1 中的 a 点和 b 点。

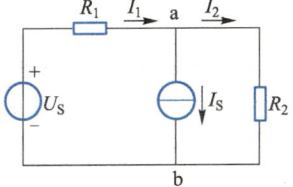

图 1.3.1 KCL 对节点的应用

3. 回路

在电路中,由一条或多条支路所组成的闭合路径称为回路。如图 1.3.1 中共有三个回路:a R_2 b I_S a;a I_S b U_S R_1 a 和 a R_2 b U_S R_1 a。

4. 网孔

内部不另含支路的回路。如图 1.3.1 中共有两个网孔:a R_2 b I_S a 和 a I_S b U_S R_1 a。

1.3.1 基尔霍夫电流定律 KCL

节点处支路电流间的约束关系可用基尔霍夫电流定律(Kirchhoff's current law,KCL)表示。

定律:任何时刻,对任一节点,流出节点的电流之和恒等于流入该节点的电流之和,即

$$\sum i_{出} = \sum i_{入} \tag{1.3.1}$$

如图 1.3.1 中的节点 a,由 KCL,有

$$I_1 = I_2 + I_S$$

若设流出节点的电流为正,流入节点的电流为负,上式可改写成

$$-I_1 + I_2 + I_S = 0$$

即所有流出节点的支路电流的代数和恒等于零,故 KCL 的另一种表述形式为

$$\sum i = 0 \tag{1.3.2}$$

用于节点的 KCL 也可推广应用于一个闭合面(又称广义节点)。对图 1.3.2 所示电路,用点画线框起部分表示闭合面,有三条支路与闭合面内的电路相连接。应用 KCL,有

$$I_1 - I_2 + I_3 = 0$$

即流出(入)任意闭合面的电流代数和恒等于零。

应用 KCL 可将并联的电流源合并为一个电流源。例如,在图 1.3.3(a)中有 3 个电流源相并联,可以合并成一个电流源 I_S,如图 1.3.3(b)所示。对图 1.3.3(a)中的节点 a,应用 KCL,有

$$I + I_2 = I_1 + I_3$$

则

$$I = I_1 - I_2 + I_3$$

因此,图 1.3.3(b)中的电流源 I_S 为

$$I_S = I = I_1 - I_2 + I_3$$

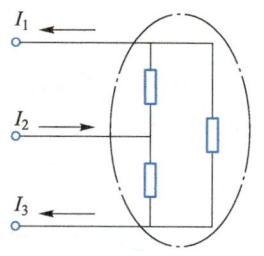 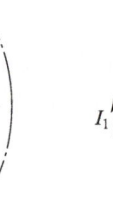 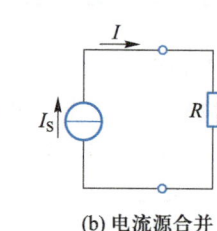

(a) 电流源并联   (b) 电流源合并

图 1.3.2 KCL 对闭合面的应用   图 1.3.3 电流源的合并

1.3.2 基尔霍夫电压定律 KVL

回路中支路电压间的约束关系可用基尔霍夫电压定律(Kirchhoff's voltage law,KVL)表示。

定律:任何时刻,沿任一回路循行一周,电压降之和恒等于电压升之和,即

$$\sum u_降 = \sum u_升 \tag{1.3.3}$$

例如,在图 1.3.4 电路中,回路取顺时针方向绕行,各元件电压的正方向如图所示。应用 KVL,有

$$U_2 + U_3 + U_5 = U_1 + U_4$$

若将上式改写为

$$-U_1 + U_2 + U_3 - U_4 + U_5 = 0$$

即

$$\sum U = 0 \tag{1.3.4}$$

这是 KVL 的另一种表述形式。即沿任一回路循行一周,所有元件电压的代数和恒等于零。

应用式(1.3.4)时习惯上规定:当支路电压正方向与回路循行方向一致时,该电压取正号;相反时,取负号。

KVL 也可以应用于一个广义回路。例如,对图 1.3.5(a)中的电压源串联电路,应用 KVL,则有

$$-U_{ab} + U_1 + U_2 - U_3 = 0$$
$$U_{ab} = U_1 + U_2 - U_3$$

这 3 个串联的电压源可合并成如图 1.3.5(b)所示的一个电压源 U_S,$U_S = U_{ab}$。

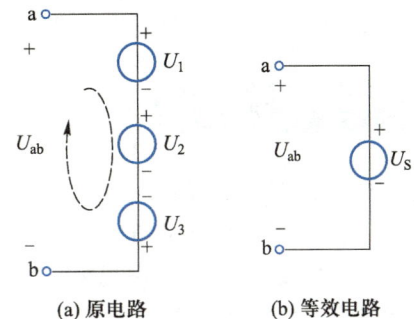

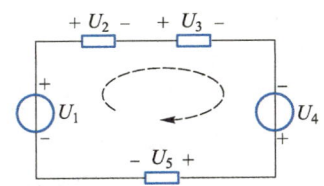

图 1.3.4 单回路电路 KVL 的应用

(a) 原电路 (b) 等效电路

图 1.3.5 电压源串联电路

例 1.3.1 求图 1.3.6 所示电路中的 I 和 U_{ab}。

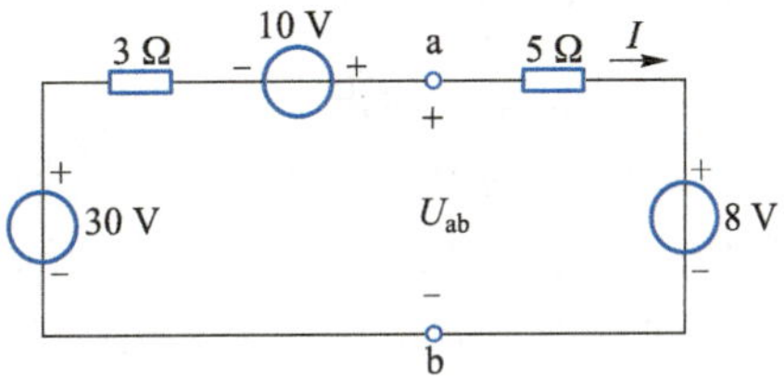

解 以 I 的方向为回路循行方向,应用 KVL,有

$$5I+8-30+3I-10=0$$

则

$$I=4 \text{ A}$$

以 a、b 右侧电路为广义回路,应用 KVL,得

$$U_{ab}=5 \text{ Ω} \cdot I+8 \text{ V}=(5×4+8) \text{ V}=28 \text{ V}$$

图 1.3.6 例 1.3.1 的图

[练习与思考]

1.3.1 求图 1.3.7 所示电路中的未知电流。

1.3.2 求图 1.3.8 所示电路中的电流 I 及电压 U_{ab}。

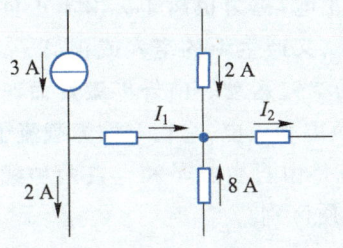

图 1.3.7 练习与思考 1.3.1 的图

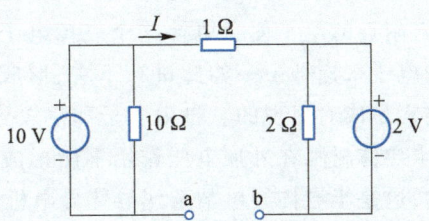

图 1.3.8 练习与思考 1.3.2 的图

1.3.3 求图 1.3.9 所示电路中的电流 I 及电压 U。

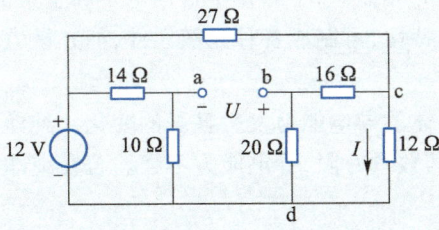

图 1.3.9 练习与思考 1.3.3 的图

1.4 半导体二极管

电子技术是研究电子器件、电子电路及其应用的学科,因此,学习电子技术,必须了解电子器件。目前,电子器件已从电真空器件(电子管)、半导体分立器件(二极管、晶体管、场效晶体管等)、小规模集成电路、中规模集成电路发展到大规模和超大规模集成电路。本章主要介绍常用的半导体分立器件,在学习时应注意,了解其内部结构及工作原理,重点掌握其外部特性,为以后学习各种电子器件以及应用电路打下基础。

1.4.1 半导体的基本知识与 PN 结

1. 半导体的基本知识

微视频 1-7
半导体的
基本知识

在自然界中,存在着许多不同的物质,有的物质很容易传导电流,称为导体。金属一般都是导体。也有的物质几乎不传导电流,称为绝缘体,如橡胶、陶瓷和塑料等。此外还有一类物质,它的导电性能介于导体和绝缘体之间,称它为半导体,如锗、硅、砷化镓、一些硫化物和氧化物等。

在近代电子学中,用得最多的半导体是锗和硅,在它们的原子结构中,最外层都有 4 个电子,所以它们都是四价元素。电子器件所用的半导体都要提纯为单晶体结构,所以有时把半导体叫作晶体。在这种晶体结构中,原子与原子之间形成了所谓的共价键结构。在绝对零度(即 $T=0\text{ K}$)时,电子被共价键束缚得很紧,不能自由移动,因此不能导电。

当电子受到一定能量的外界激发(如受热或受光)时,由于电子动能增强,就能挣脱共价键的束缚成为自由电子;同时,在这些自由电子原来的位置上便留下一个空位,这个空位叫作空穴。因原子是电中性的,因此,失去电子的原子带正电,称为正离子。由于正负电的相互吸引,空穴附近的电子便会填补这个失掉电子的空穴,又产生新的空穴或正离子,同样又会有相邻的电子来递补……如此进行下去,形成所谓的空穴运动。由外界激发而产生的自由电子和空穴是成对出现的。自由电子和空穴分别带负电和正电,它们都称为载流子。

因此,半导体材料在外加电压作用下所形成的电流是由自由电子和空穴两种载流子的运动形成的,这是半导体导电与金属导体导电机理的本质区别。

半导体具有下列特性:

(1)热敏性。当环境温度变化时,半导体中自由电子和空穴的数量发生变化,因此导电性能也发生变化。基于半导体的这种热敏特性,可制成各种温度敏感元件,如热敏电阻等。

(2)光敏性。当受到外界光照时,半导体中自由电子和空穴的数量会增加,导电性能增强。基于半导体的这种光敏特性,可制成各种光敏元件,如光敏电阻、光电二极管、光电晶极管和光敏电池等。

(3)掺入杂质后使半导体的导电能力发生显著的变化。纯净半导体中的自由电子和空穴是成对出现的,在常温下其数量有限,导电能力不强。若在纯净半导体中掺入某些微量杂质,其导电能力将大大增强。

在硅(或锗)的晶体内掺入少量五价元素,如磷(或锑)等,它们有五个价电子,与相邻的硅原子组成共价键后还多余一个价电子,该电子很容易挣脱磷(或锑)原子核的束缚而成为自由电子。每掺入一个磷(或锑)原子,就有一个自由电子,于是在半导体中有大量自由电子。这种半导体主要靠多数载流子自由电子导电,因此称为**电子型半导体**或 **N 型半导体**。如图 1.4.1 所示,热激发形成的空穴为少数载流子。图 1.4.1 为 N 型半导体示意图,图 1.4.2 为 P 型半导体示意图。

在硅(或锗)的晶体内掺入少量三价元素,如硼(或铝)等,它们有三个价电子,与相邻的硅原子组成共价键后因缺少一个电子而产生一个空位。当相邻硅(或锗)原子中的价电子受到热或其他的激发获得能量时,很容易填补这个空位,而在相邻的硅(或锗)原子中便产生一个空穴。每掺入一个三价原子便提供一个空穴,于是在半导体中产生大量空穴。这种半导体主要靠多数载流子空穴导电,因此称为**空穴型半导体**或 **P 型半导体**。如图 1.4.2 所示,热激发形成的自由电子为少数载流子。

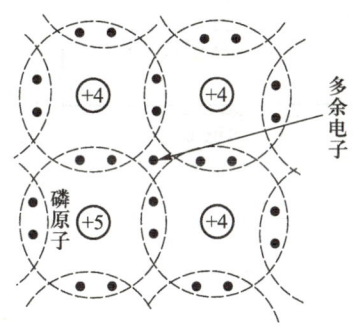

图 1.4.1　N 型半导体示意图

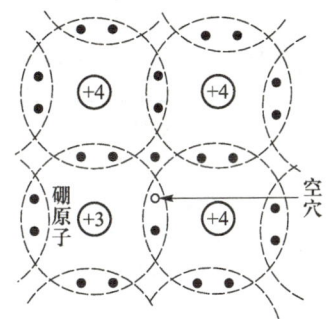

图 1.4.2　P 型半导体示意图

除上述特性之外,有些半导体还具有压敏、气敏、磁敏等特性,利用这些特性,可以分别制造非常有用的压敏、气敏、磁敏器件。

2. PN 结及其单向导电特性

在一块半导体基片的两边,采用一定工艺制成 P 型半导体和 N 型半导体,如图 1.4.3 所示。图中⊕代表失去一个电子的五价杂质(如磷)的正离子,⊖代表得到一个电子的三价杂质(如硼)的负离子。由于 P 区的空穴浓度大,而 N 区的自由电子浓度大,因此,N 区的自由电子向 P 区扩散,在交界面附近的 N 区留下带正电的五价杂质离子,形成正空间电荷区;P 区的空穴向 N 区扩散,在交界面附近的 P 区留下带负电的三价杂质离子,形成负空间电荷区。这样,在交界面处形成了一个很薄的**空间电荷区**,这就是 **PN 结**。空间电荷区中的正负电荷形成一内电场,其方向是从带正电荷的 N 区指向带负电荷的 P 区。显然,内电场将阻止多数载流子的进一步扩散,但对 P

微视频 1-8
PN 结及其
单向导电
性

图 1.4.3　PN 结

区(或 N 区)的少数载流子(电子或空穴)漂移到 N 区(或 P 区)起推动作用,漂移运动的方向与扩散运动的方向相反。在一定条件下,漂移和扩散达到动态平衡时,PN 结处于相对稳定状态。

当 PN 结外加正向电压(也称正向偏置)时,即高电位端接 P 区,低电位端接 N 区,如图 1.4.4(a)所示。外加电场与 PN 结内电场方向相反,因而削弱了内电场,空间电荷区变薄,多数载流子的扩散加强,形成正向扩散电流 I_F。外加电压越大,正向电流就越大。

当 PN 结外加反向电压(也称反向偏置)时,即高电位端接 N 区,低电位端接 P 区,如图 1.4.4(b)所示。外加电场与 PN 结内电场方向相同,因而增强了内电场,空间电荷区变厚,少数载流子的漂移加强,形成反向漂移电流 I_R。由于少数载流子的数量很少且与温度有关,所以 I_R 很小且与温度有关,而与外加电压几乎无关。

综上所述,当 PN 结外加正向电压时,有较大的正向电流,PN 结导通,呈现一低电阻;当 PN 结外加反向电压时,电流很小,PN 结截止,呈现一高电阻,这就是它的单向导电性。PN 结是组成各种半导体器件的基础单元。

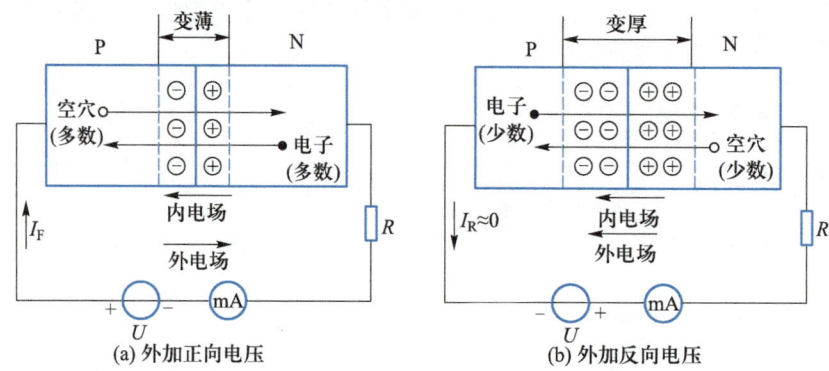

图 1.4.4 PN 结外加电压

微视频 1-9
二极管的
特性和参
数

1.4.2 二极管的符号、特性和主要参数

1. 二极管的符号

在 PN 结两端各引出一条电极引线,再把其封装在管壳里就构成二极管。与 P 区相连的电极称为阳极,与 N 区相连的电极称为阴极,二极管的符号如图 1.4.5 所示。

二极管种类繁多,按其制造材料可分为硅二极管和锗二极管;按其结构可分为点接触型和面接触型二极管。点接触型二极管的 PN 结面积很小,因而极间电容小,适用于做小电流高频检波和脉冲数字电路里的开关元件。如 2AP1 是点接触型锗二极管,最大整流电流为 16 mA,最高工作频率为 150 MHz。面接触型二极管的 PN 结面积大,允许通过较大的电流,但极间电容也大,适用于整流。如 2CP1 是面接触型硅二极管,最大整流电流为 400 mA,最高工作频率只有 3 kHz。

2. 二极管的伏安特性

二极管的伏安特性是指加在它两端的电压与流过它的电流的关系,简称 U-I 特性。二极管的内部就是 PN 结,因此它也具有单向导电特性。实际的二极管的 U-I 特性如图 1.4.6 所示。下面分三个部分讨论。

(1) 正向特性。当二极管的外加正向电压很小时,这时的正向电流几乎为零,二极管呈现出一个大电阻,该区域称为死区,其对应的电压称为死区电压。硅管的死区电压约为 0.5 V,锗管的死区电压约为 0.1 V。

当正向电压大于死区电压时,内电场被大大削弱,电流 i 因而增长很快,二极管呈现出一个小电阻。当二极管充分导通后,其正向电压基本维持不变,称为正向导通电压 U_F。一

般硅二极管的 U_F 约为 0.7 V,锗二极管的 U_F 约为 0.3 V。该区域称为正向导通区。

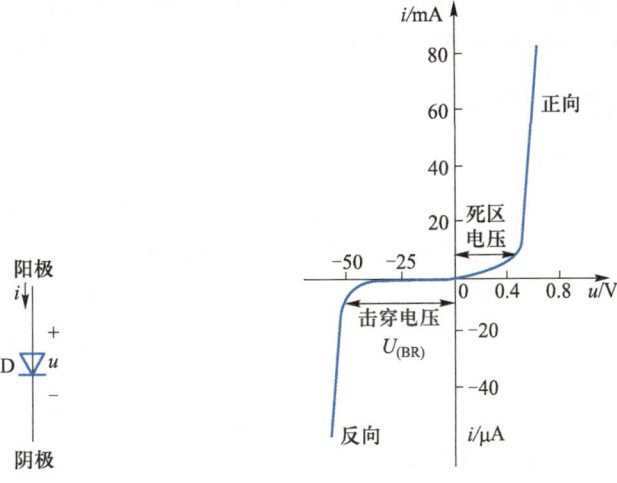

图 1.4.5 二极管的符号　　　　图 1.4.6 二极管的伏安特性

(2)反向特性。当二极管外加反向电压时,仅有很小的反向饱和电流 I_R。一般硅管的 I_R 为纳安级,锗管的 I_R 为微安级。该区域称为反向截止区。

温度升高时,由于少数载流子增加,反向电流将随之增加。但由于少数载流子的数目很少,所以反向饱和电流仍然是很小的。

(3)反向击穿特性。当反向电压增加到一定值时,反向电流剧增,这叫作二极管的反向击穿。击穿时所对应的电压称为反向击穿电压 $U_{(BR)}$。该区域称为反向击穿区。反向击穿后,由于反向电流剧增,如不加以限制,将造成二极管发热而烧坏,失去单向导电特性。因此,反向击穿区为禁止使用区!

3. 二极管的主要参数

(1)最大整流电流 I_{FM}。指管子长期运行时,允许流过的最大正向平均电流。实际工作时,管子通过的电流不应超过该值,否则将会使管子过热而损坏。

(2)最高反向工作电压 U_{DRM}。管子不被反向击穿所允许外加的电压。一般手册上给出的 U_{DRM} 约为击穿电压的一半。

(3)最大反向电流 I_{RM}。管子在常温下承受最高反向工作电压 U_{DRM} 时的反向饱和电流,其值越小,则管子的单向导电性越好。由于温度增加,I_{RM} 会增加,所以在使用二极管时要注意温度的影响。

1.4.3 二极管的电路模型

二极管是一非线性器件,一般应采用非线性电路的分析方法。但在近似计算时可将其简化,下面介绍在近似计算中常用的两种模型。

1. 理想模型

所谓理想模型,是指在正向偏置时,其管压降为零,相当于开关的闭合。当反向偏置时,其电流为零,阻抗为无穷,相当于开关的断开。具有这种理想特性的二极管也叫作理想二极管。在实际电路中,当外加电源电压远大于二极管的管压降时,利用该模型分析是可行的。

微视频 1-10
二极管的
理想模型

2. 恒压降模型

所谓恒压降模型,是指二极管在正向导通时,其管压降为恒定值,硅管的管压降约为 0.7 V,锗管的管压降约为 0.3 V。在实际电路中,该模型的应用非常广泛。

1.4.4 二极管应用电路

二极管的应用范围很广,利用它的单向导电性,可组成整流、检波、限幅、钳位等电路,还可用它构成其他元件或电路的保护电路,以及作为脉冲与数字电路中的开关元件等。

例 1.4.1 图 1.4.7(a)所示为一正负对称限幅电路,已知 $U_{S1} = U_{S2} = 5$ V。

(1) 当 $u_I = 6$ V 时,分别用两种模型求输出电压 u_0 的值;

(2) 当 $u_I = 10 \sin \omega t$ V 时,如图 1.4.7(b)所示,试画出输出电压 u_0 的波形(用理想模型)。

解 (1) 当 $u_I = 6$ V 时,二极管 D_1 导通,D_2 截止,用理想模型,D_1 的导通压降为 0,故 $u_0 = U_{S1} = 5$ V;用恒压降模型,D_1 的导通压降为 0.7 V,故 $u_0 = U_{S1} + 0.7$ V = 5.7 V。

(2) 在 $-U_{S2} \leqslant u_I \leqslant U_{S1}$ 期间,D_1、D_2 都处于反向偏置而截止,因此 $i = 0$,$u_0 = u_I$。当 $u_I > U_{S1}$ 时,D_1 处于正向偏置而导通,使输出电压保持(限制)在 U_{S1}。当 $u_I < -U_{S2}$ 时,D_2 处于正向偏置而导通,输出电压保持在 $-U_{S2}$。由于输出电压 u_0 被限制在 $+U_{S1}$ 与 $-U_{S2}$ 之间,即 $|u_0| \leqslant 5$ V,好像将输入信号的高峰和低谷部分削掉一样,因此这种电路被称为削波电路。输出电压 u_0 的波形如图 1.4.7(c)所示。

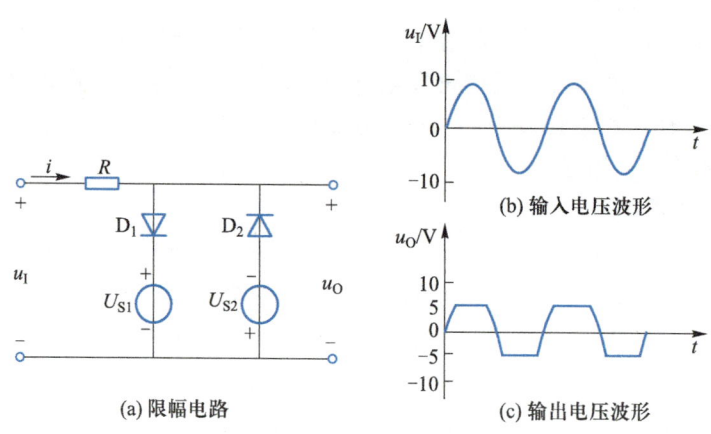

(a) 限幅电路 (b) 输入电压波形 (c) 输出电压波形

图 1.4.7 例 1.4.1 的图和波形

例 1.4.2 二极管半波整流电路如图 1.4.8(a)所示,设输入的交流电压 $u_I = \sqrt{2} U \sin \omega t$,如图 1.4.8(b)所示,设 D 为理想二极管。

(1) 画出负载电阻 R_L 上的电压波形;

(2) 求负载电阻 R_L 上的电压和电流平均值。

解 (1) 当输入电压 u_I 为正半周时,a 点电位高于 b 点电位,整流二极管 D 处于正向偏置而导通,负载电阻 R_L 上的电压 $u_0 = u_I$;当输入电压 u_I 为负半周时,a 点电位低于 b 点电位,整流二极管 D 处于反向偏置而截止,$u_0 = 0$,u_0 的波形如图 1.4.8(c)所示。

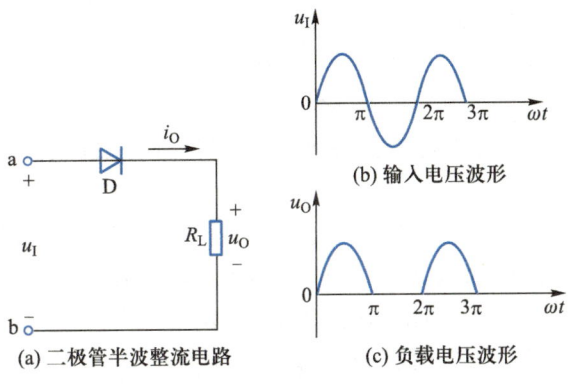

图 1.4.8 例 1.4.2 的图和波形

（2）负载电阻 R_L 上的电压 u_o 的平均值 U_o 等于 u_o 在一个周期内积分后取平均值，即

$$U_o = \frac{1}{2\pi}\int_0^{2\pi} u_o \mathrm{d}(\omega t) = \frac{1}{2\pi}\int_0^{\pi} \sqrt{2}\, U \sin \omega t \mathrm{d}(\omega t)$$

$$= \frac{\sqrt{2}\,U}{2\pi}[-\cos\omega t]_0^{\pi} = \frac{\sqrt{2}}{\pi}U = 0.45U$$

负载电阻 R_L 中电流的平均值 I_o 为

$$I_o = \frac{U_o}{R_L} = \frac{0.45U}{R_L}$$

1.4.5 特殊二极管

1. 稳压二极管与稳压电路

稳压二极管是一种用特殊工艺制造的面接触型硅二极管。它的外形和内部结构与普通二极管相似，也有两个电极（阳极和阴极）。

微视频 1-13
特殊二极管

稳压二极管的伏安特性和符号如图 1.4.9 所示。从特性曲线来看，其正向特性和普通二极管一样，而反向击穿特性曲线很陡，电流在很大范围内变化而电压基本恒定。因此，稳压二极管在实际应用中，主要利用这段特性进行稳压。稳压二极管的反向电压达到击穿电压 U_Z 后，由于制造工艺的特殊性，稳压二极管并不因击穿而损坏。但如果反向电流太大，超过允许的最大值，或者管子的功率损耗超过允许值，那么管子便产生不可逆的热击穿，稳压二极管就烧坏了。为此，稳压二极管在使用时必须串联一个适当的限流电阻。

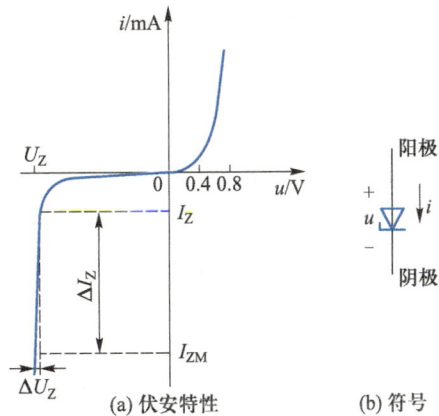

图 1.4.9 稳压二极管的伏安特性与符号

稳压二极管的主要参数有：

（1）稳定电压 U_Z。即稳压二极管反向击穿后稳定工作的电压。

（2）稳定电流 I_Z。工作电压等于稳定电压时的工作电流，即为管子的正常工作电流。

（3）动态电阻 r_Z。在稳定电压范围内，管子两端电压的变化量与工作电流的变化量之

比,即

$$r_Z = \frac{\Delta U_Z}{\Delta I_Z} \tag{1.4.1}$$

从图 1.4.9 可见,r_Z 和击穿特性曲线的斜率有关,曲线越陡,r_Z 就越小,稳压性能就越好。

（4）温度系数 α_U。当稳压二极管中的电流等于稳定电流 I_Z 时,环境温度改变 1℃,稳定电压变化的百分比称为温度系数 α_U。例如,2CW21G 的电压温度系数为 0.06%。若 $U_Z = 7$ V,则环境温度升高 1℃时,稳定电压将增加 $\Delta U_Z = 0.06\% \times 7$ V $= 4.2$ mV。

通常温度系数和稳定电压之间有一定的关系。当 $U_Z < 5.6$ V 时,具有负温度系数;当 $U_Z > 5.6$ V 时,具有正温度系数;而 U_Z 接近 5.6 V 时,温度系数接近于零。

（5）最大耗散功率 P_M。管子不致产生热击穿的最大功率损耗。$P_M = U_Z I_{ZM}$,已知 P_M 就可求出最大工作电流 $I_{ZM} = P_M / U_Z$,随着环境温度的升高,极限参数 P_M 和 I_{ZM} 将下降。

稳压二极管在电路中的主要作用是稳压和限幅。图 1.4.10 为稳压二极管稳压电路。稳压二极管 D_Z 与负载电阻 R_L 并联,R 是限流电阻。稳压原理如下:若输入电压 U_I 上升使输出电压 U_O 上升时,加在 D_Z 两端的反向电压略有增加,随之稳压二极管的电流 I_Z 大大增加。于是 $I_R = I_Z + I_L$ 增加很多,在限流电阻 R 上的压降 U_R 增加,使得 U_I 的增量大部分降落在 R 上,因此,输出

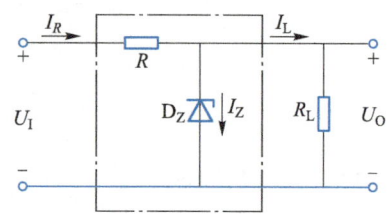

图 1.4.10　稳压二极管稳压电路

电压 U_O 基本维持不变。反之,当 U_I 下降时,限流电阻上的压降减小,输出电压也基本维持不变。当输入电压 U_I 不变,R_L 减小时,I_L 增大,使总电流 I_R 增大,输出电压 U_O 降低,流过 D_Z 的电流大大减小,I_L 增加的部分几乎与 I_Z 减小的部分相等,使总电流几乎不变,从而保持了输出电压 U_O 的稳定。由此可见,稳压二极管的电流调节作用是这种稳压电路能够稳压的关键。即利用稳压二极管端电压的微小变化,引起电流较大的变化,通过限流电阻 R 产生补偿电压,从而使输出电压基本保持不变。

2. 发光二极管

发光二极管是一种将电能转换成光能的特殊二极管（发光器件）,简写成 LED,其符号如图 1.4.11 所示。其基本结构是一个 PN 结,但正向导通电压比普通二极管高,一般为 1~2 V,且具有普通二极管没有的发光能力。当这种管子通以正向电流时将发出光来,这是由于电子与空穴直接复合而释放能量的结果。发光二极管常采用砷化镓、磷化镓等化合物半导体制成,其发光颜色主要取决于所采用的半导体材料,可以发出红、黄和绿色等可见光,也可以发出看不见的红外光。其发光亮度与流经管子的电流成正比,工作电流一般为几十毫安。

阳极

阴极

图 1.4.11　发光二极管

3. 光电二极管

光电二极管又叫光敏二极管,是一种将光信号转变成电信号的特殊二极管（受光器件）,其符号如图 1.4.12 所示。与普通二极管类似,其基本结构也是一个 PN 结,它的管壳上开有一个嵌着玻璃的窗口,以便于光线射入。光电二极管工作于反向偏置状态,其

阳极

阴极

图 1.4.12　光电二极管

反向电流随光照强度的增加而上升。在无光照时,光电二极管的反向电流很小(一般小于 0.1 μA),该电流称为暗电流,此时光电管的反向电阻高达几十兆欧;当有光照时,形成比暗电流大得多的反向电流,称为光电流,此时光电二极管的反向电阻下降至几十千欧。光电二极管可用来测量光的强度。

[练习与思考]

　　1.4.1　什么是 P 型半导体? 什么是 N 型半导体?

　　1.4.2　什么是 PN 结? 其主要特性是什么?

　　1.4.3　温度将怎么样影响二极管的反向电流? 为什么?

　　1.4.4　如何用万用表的欧姆挡判别二极管的好坏与极性? 用万用表不同的欧姆挡测量同一二极管,其结果一样吗? 为什么?

　　1.4.5　若将图 1.4.10 中的电阻 R 短路,电路还有稳压作用吗? 为什么?

　　1.4.6　将稳压值分别为 5 V 和 9 V 的两只稳压管串联,可得到几种不同的稳定电压值?

1.5　双极型晶体管

1.5.1　晶体管的结构和工作原理

1. 结构和符号

微视频 1-14
晶体管[①]
的结构和
特性

　　双极型晶体管简称为晶体管,其种类很多。按照工作频率分,有高频管和低频管;按照功率分,有小功率管和大功率管;按照半导体材料分,有硅管和锗管等。但是从它的外形来看,晶体管都有三个电极,常见的晶体管外形如图 1.5.1 所示。

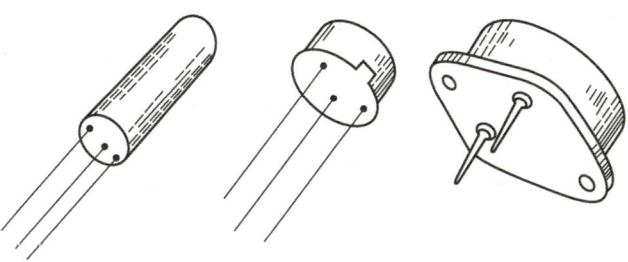

图 1.5.1　常见晶体管的外形图

　　根据结构不同,晶体管可分为 NPN 型和 PNP 型,图 1.5.2 是其结构示意图和符号。它由三层半导体两个 PN 结组成,从三块半导体上各自引出一个电极,它们分别是发射极 E、基极 B 和集电极 C,对应的每块半导体称为发射区、基区和集电区。晶体管有两个 PN 结,发射区与基区交界处的 PN 结称为发射结,集电区与基区交界处的 PN 结称为集电结。发射极的箭头表示晶体管正常工作时的实际电流方向。使用时应注意,由于内部结构的不同,集电极

---

　　①　文中晶体管与视频中三极管同义。

和发射极不能互换。

NPN 型与 PNP 型晶体管的工作原理相同,不同之处在于使用时所加电源的极性不同。在实际应用中,采用 NPN 型晶体管较多,所以下面以 NPN 型晶体管为例进行分析讨论,所得结论同样适用于 PNP 型晶体管。

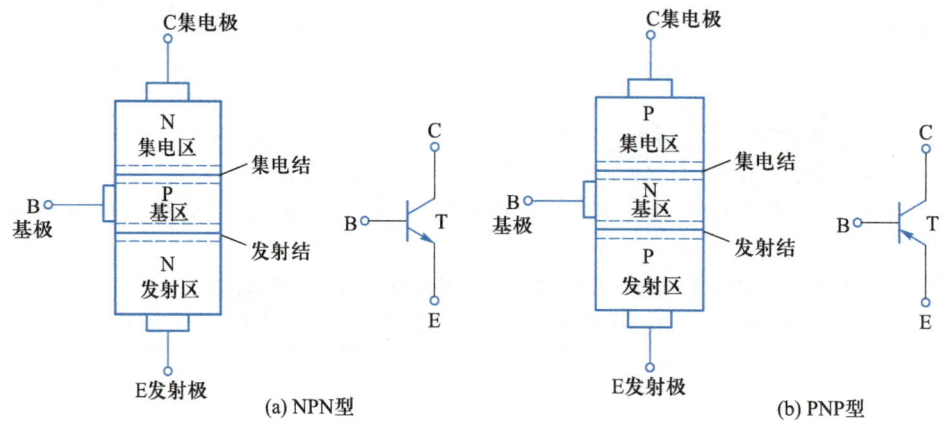

(a) NPN型   (b) PNP型

图 1.5.2   晶体管结构示意图和符号

2. 电流分配与放大作用

为了说明晶体管的电流分配与放大作用,我们先看下面的实验,实验电路如图 1.5.3 所示。要使晶体管能正常工作,晶体管外加电压必须满足"发射结加正向电压,集电结加反向电压"这两个外部放大条件,电源 U_{CC} 和 U_{BB} 正是为满足这两个条件而设置的。实验时,改变 R_B,基极电流 I_B、集电极电流 I_C 和发射极电流 I_E 都随之发生变化,表 1.5.1 列出了一组实验数据。

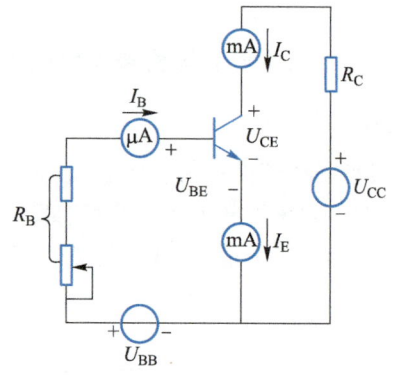

图 1.5.3   测量晶体管的电流分配实验电路

表 1.5.1   实 验 数 据

I_B/mA	0	0.02	0.04	0.06	0.08
I_C/mA	<0.001	1.00	2.50	4.00	5.50
I_E/mA	<0.001	1.02	2.54	4.06	5.58

根据表中数据可得如下结论:

(1)
$$I_E = I_B + I_C \tag{1.5.1}$$

式(1.5.1)说明了晶体管三个电极的电流符合基尔霍夫电流定律,且 I_B 与 I_C、I_E 相比小得多,因而 $I_C \approx I_E$。

(2) I_B 尽管很小,但对 I_C 有控制作用,I_C 随 I_B 的变化而变化,两者在一定范围内保持比例关系,即

$$\bar{\beta} \approx \frac{I_C}{I_B} \tag{1.5.2}$$

$\bar{\beta}$ 称为晶体管的电流放大系数(或放大倍数),它反映了晶体管的电流放大能力,或者说 I_B 对 I_C 的控制能力。正是这种小电流对大电流的控制能力,说明了晶体管具有放大作用。

1.5.2 晶体管的特性曲线和主要参数

1. 特性曲线

晶体管的特性曲线是指晶体管各电极电压与电流之间的关系曲线,它是分析和设计各种晶体管电路的重要依据。由于晶体管有三个电极,它的伏安特性就不像二极管那样简单。工程上最常用到的是晶体管的输入特性曲线和输出特性曲线。由于晶体特性的分散性,手册中给出的特性曲线只能作为参考,在实际应用中可通过实验测量。

(1)输入特性。输入特性是指当集电极与发射极之间的电压 U_{CE} 为某一常数时,加在晶体管基极与发射极之间的电压 U_{BE} 与基极电流 I_B 之间的关系。即

$$I_B = f(U_{BE}) \big|_{U_{CE} = 常数}$$

图 1.5.4 所示为硅管 3DG6 的输入特性曲线。一般情况下,当 $U_{CE} \geqslant 1$ V 时,集电结就处于反向偏置,此时再增大 U_{CE} 对 I_B 的影响很小,也即 $U_{CE} > 1$ V 以后的输入特性与 $U_{CE} = 1$ V 的一条特性曲线重合,所以,半导体器件手册中通常只给出一条 $U_{CE} \geqslant 1$ V 时的输入特性曲线。

由图 1.5.4 可见,晶体管的输入特性曲线与二极管的伏安特性曲线很相似,也存在一段死区,硅管的死区电压约为 0.5 V,锗管的死区电压约为 0.1 V。导通后,硅管的 U_{BE} 约为 0.7 V,锗管的 U_{BE} 约为 0.3 V。

(2)输出特性。输出特性是在基极电流 I_B 一定的情况下,集电极与发射极之间的电压 U_{CE} 与集电极电流 I_C 之间的关系,即

$$I_C = f(U_{CE}) \big|_{I_B = 常数}$$

图 1.5.5 所示为 3DG6 的输出特性曲线。由图可见,对于不同的 I_B,所得到的输出特性曲线也不同,所以,晶体管的输出特性曲线是一族曲线。

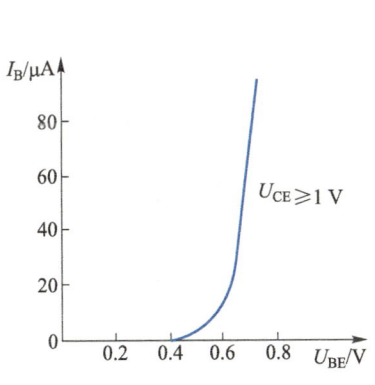

图 1.5.4 晶体管的输入特性曲线

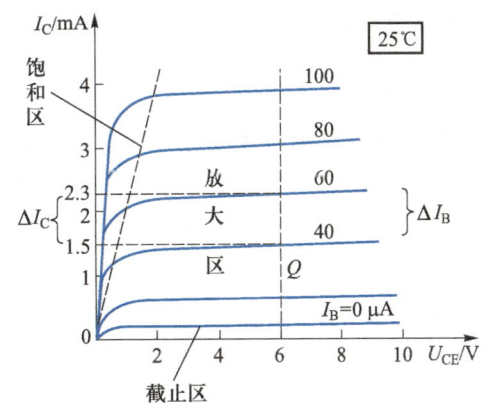

图 1.5.5 晶体管的输出特性曲线

根据晶体管的工作状态不同,可将输出特性分为三个区域。

<u>截止区</u>:在 $I_B = 0$ 以下的区域,$I_C \approx 0$,集-射极间只有微小的反向饱和电流,近似于开关

的断开状态。为了使晶体管可靠截止，通常给发射结加上反向电压，即 $U_{BE} < 0\ V$。这样，发射结和集电结都处于反向偏置，晶体管处于截止状态。

放大区：放大区是输出特性曲线中基本平行于横坐标的曲线族部分。当 U_{CE} 超过一定值（1 V 左右）后，I_C 的大小基本上与 U_{CE} 无关，呈现恒流特性。在放大区，I_C 与 I_B 呈比例关系，即 $I_C = \beta I_B$，晶体管具有电流放大作用，而且满足发射结正偏和集电结反偏的外部放大条件。

饱和区：靠近输出特性曲线的纵坐标、曲线上升部分对应的区域。在该区域，I_C 不受 I_B 的控制，无电流放大作用，且发射结和集电结均处于正向偏置。一般认为，$U_{CE} = U_{BE}$，即 $U_{CB} = 0$ 时，晶体管处于临界饱和状态，$U_{CE} < U_{BE}$ 时为饱和状态。对于小功率管，饱和时的管压降 $U_{CES} \approx 0.3\ V$，近似于开关的闭合状态。

微视频 1−15
晶体管典型应用电路

2. 晶体管的主要参数

晶体管的参数是用来表征管子性能优劣和适用范围的，它是选用晶体管的依据。了解这些参数的意义，对于合理使用和充分利用晶体管达到设计电路的经济性和可靠性是十分必要的。

（1）电流放大系数 $\bar{\beta}$、β。根据工作状态的不同，在直流（静态）和交流（动态）两种情况下分别用 $\bar{\beta}$ 和 β 表示。直流电流放大系数的定义为

$$\bar{\beta} = \frac{I_C}{I_B} \tag{1.5.3}$$

交流电流放大系数的定义为

$$\beta = \frac{\Delta I_C}{\Delta I_B} \tag{1.5.4}$$

有时 β 用 h_{fe} 来代表。

显然，$\bar{\beta}$ 和 β 的含义是不同的，但在输出特性曲线线性比较好（平行、等间距）的情况下，两者差别很小。在一般工程估算中，可以认为 $\bar{\beta} \approx \beta$，两者可以混用。

由于制造工艺的分散性，即使同型号的管子，它的 β 值也有差异，小功率晶体管的 β 值通常在 10~100 之间。β 值太小，放大作用差，但 β 值太大也易使管子性能不稳定，一般放大电路采用 $\beta = 30~80$ 的晶体管为宜。

（2）极间反向电流。

集−基极间反向饱和电流 I_{CBO}：表示发射极开路，C、B 间加上一定反向电压时的反向电流，如图 1.5.6 所示。它实际上和单个 PN 结的反向饱和电流是一样的，因此它只取决于温度和少数载流子的浓度。一般 I_{CBO} 的值很小，小功率锗管的 I_{CBO} 约为 10 μA，而硅管的 I_{CBO} 则小于 1 μA。

集−射极间反向饱和电流（穿透电流）I_{CEO}：表示基极开路时，C、E 间加上一定反向电压时的集电极电流。测量 I_{CEO} 的电路如图 1.5.7 所示。I_{CEO} 和 I_{CBO} 的关系为

$$I_{CEO} = (1 + \beta) I_{CBO} \tag{1.5.5}$$

I_{CBO} 和 I_{CEO} 都是衡量晶体管质量的重要参数，由于 I_{CEO} 比 I_{CBO} 大得多，测量起来比较容易，所以我们平时测量晶体管时，常常把测量 I_{CEO} 作为判断管子质量的重要依据。小功率锗管的 I_{CEO} 为几百微安，硅管在几微安以下。I_{CEO}、I_{CBO} 随温度的增加而增加，而且由于 β 随温度增加也增加，故 I_{CEO} 比 I_{CBO} 随温度的变化更大。在温度变化范围大的工作环境应选用硅管。

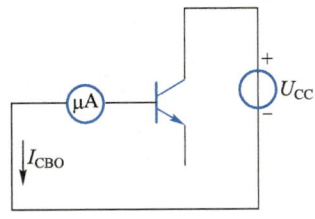

图 1.5.6 测量 I_{CBO} 的电路

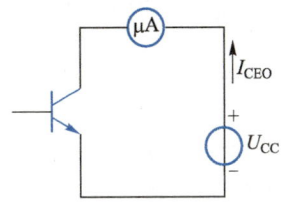

图 1.5.7 测量 I_{CEO} 的电路

（3）极限参数。

集电极最大允许电流 I_{CM}：指晶体管的参数变化不超过允许值时集电极允许的最大电流。当集电极电流超过 I_{CM} 时，管子性能将显著下降，甚至有烧坏管子的可能。

反向击穿电压 $U_{(BR)CEO}$：指基极开路时，集电极与发射极间的最大允许电压。当 $U_{CE} > U_{(BR)CEO}$ 时，晶体管的 I_{CEO} 急剧增加，表示晶体管已被反向击穿，造成晶体管损坏。使用时，应根据电源电压 U_{CC} 选取 $U_{(BR)CEO}$，一般应使 $U_{(BR)CEO} > (2 \sim 3) U_{CC}$。

集电极最大允许功率损耗 P_{CM}：表示晶体管允许功率损耗的最大值。超过此值就会使管子性能变坏或烧毁。晶体管功率损耗的计算公式为

$$P_{CM} \approx I_C U_{CE} \tag{1.5.6}$$

P_{CM} 与环境温度有关。因此，晶体管使用时受环境温度的限制，锗管的上限温度约为 70℃，硅管可达 150℃。对于大功率管，为了提高 P_{CM} 又不使其过热损坏，常采用加散热装置的办法，手册中给出的 P_{CM} 值是在常温（25℃）下测得的，对于大功率管则是在常温下加规定尺寸的散热片的情况下测得的。

根据晶体管的 P_{CM}，可在输出特性曲线上画出管子的允许功率损耗 P_{CM} 曲线，如图 1.5.8 所示。由 P_{CM}、I_{CM} 和 $U_{(BR)CEO}$ 三条曲线所包围的区域为晶体管的安全工作区。

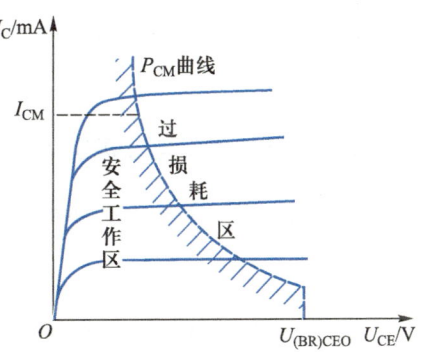

图 1.5.8 晶体管的安全工作区

[练习与思考]

1.5.1 要使晶体管具有放大作用，发射结和集电结的偏置电压极性如何？对于 NPN 和 PNP 两种类型的管子，应怎样连接电源？

1.5.2 晶体管的电流放大系数 β 是如何定义的？能否从输出特性曲线上近似求出 β 值？

1.5.3 两个晶体管，一个管子的 $\beta = 50$，$I_{CBO} = 0.5\ \mu A$，另一个管子的 $\beta = 100$，$I_{CEO} = 2\ \mu A$，如果其他参数一样，选用哪个管子较好？为什么？

1.5.4 有两个晶体管分别接在放大电路中，测得它们的管脚对"地"的电位分别如下表所示：

晶体管 I				晶体管 II			
管脚	1	2	3	管脚	1	2	3
电位/V	4	3.4	9	电位/V	-6	-2.3	-2

试判别管子的三个电极,并说明是硅管还是锗管,是 NPN 型还是 PNP 型。

1.5.5 某一晶体管的 $P_{CM} = 100$ mW, $I_{CM} = 20$ mA, $U_{(BR)CEO} = 15$ V,试问在下列几种情况下哪种工作正常? (1) $U_{CE} = 3$ V, $I_C = 10$ mA; (2) $U_{CE} = 2$ V, $I_C = 40$ mA; (3) $U_{CE} = 6$V, $I_C = 30$ mA。

1.5.6 如何用万用表判断出一个晶体管是 NPN 型还是 PNP 型? 如何判断管子的三个电极? 又如何判断管子是硅管还是锗管?

1.5.7 从半导体器件手册上,查出晶体管 3DG6 的各种参数,从而学会查阅半导体器件手册。

*1.6 应用实例

半导体器件的应用领域非常广泛,在此仅介绍二极管的两个应用实例,其他器件的应用在后面的章节中将逐步涉及。

1.6.1 备用电池切换电路

图 1.6.1 为一电子时钟的供电电路,正常运行时由直流电源供电,由于其输出为 +15 V,故二极管 D_1 导通,二极管 D_2 截止,备用电池不起作用。当电网停电后,直流电源输出为 0 V,故二极管 D_1 截止,D_2 导通,备用电池通过导通的 D_2 向电子时钟供电,从而保持了电子时钟不停电正常运行。

1.6.2 感性负载与二极管保护电路

大家知道,电感(如一个继电器线圈)两端的电压与流过它的电流存在如下关系

$$u = L \frac{\mathrm{d}i}{\mathrm{d}t} \tag{1.6.1}$$

假如突然切断电感电流,如断开图 1.6.2(a) 中的开关 S 将会发生什么呢? 显然,必将有一个无限大的电压加在电感两端,且极性是 A 端为负,B 端为正,这样大的电压必然会缩短开关 S 的寿命,甚至将开关 S 损坏,如果是用晶体管作为开关,很有可能被击穿,并对邻近电路产生脉冲干扰。

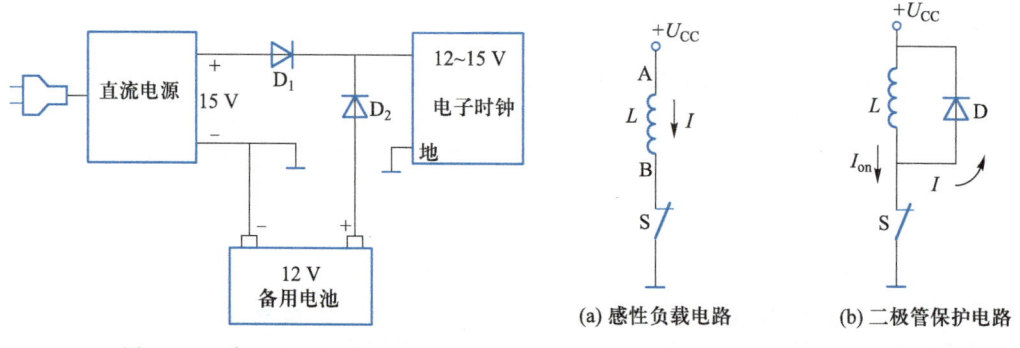

图 1.6.1 备用电池切换电路

(a) 感性负载电路　　(b) 二极管保护电路

图 1.6.2 感性负载与二极管保护电路

最好的解决方法是将一个二极管接在电感的两端,如图 1.6.2(b) 所示。当开关接通期

间,二极管是反向偏置的(它来自电感线圈电阻的直流压降)。在开关打开时,二极管进入导通状态,使开关端点比正电源电压高一个二极管正向压降,这个二极管必须能够承受初始电流,即断开前一直流经电感的稳态电流。

习题

1.1 在题图 1.1 所示电路中,已知 $U_1 = 14\ \text{V}$, $I_1 = 2\ \text{A}$, $U_2 = 10\ \text{V}$, $I_2 = 1\ \text{A}$, $U_3 = 4\ \text{V}$, $I_4 = -1\ \text{A}$。求各元件的功率,说明是吸收功率还是发出功率,并验证功率平衡关系。

1.2 在题图 1.2 所示电路中,当电阻 R_2 减小后,电压 U_{AB} 如何变化?

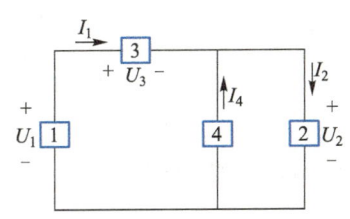
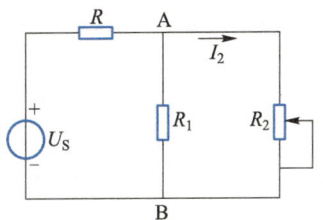

题图 1.1 习题 1.1 的电路　　　　题图 1.2 习题 1.2 的电路

1.3 一只 110 V、8 W 的指示灯,现要接在 380 V 的电源上,问要串多大阻值的电阻才能使其正常工作?该电阻应选用多大瓦数?

1.4 在题图 1.3 所示的电路中,要在 12 V 的直流电源上使 6 V、50 mA 的电灯正常发光,应采用哪种连接电路?

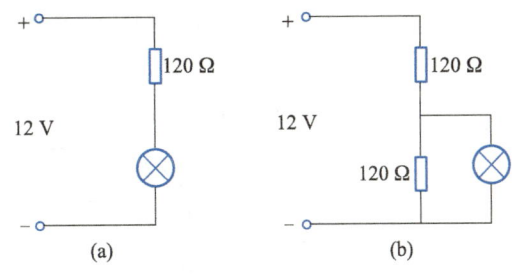

题图 1.3 习题 1.4 的电路

1.5 电路如题图 1.4 所示。求理想电流源两端的电压、理想电压源的电流及各自的功率。

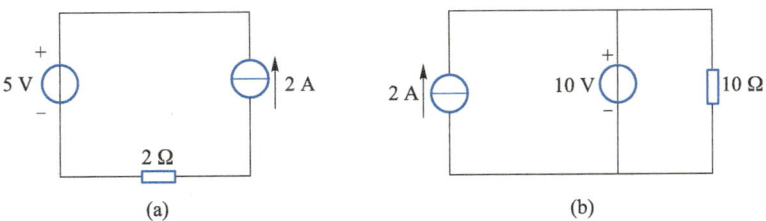

题图 1.4 习题 1.5 的电路

1.6 在题图 1.5 所示各电路中,$E = 5\ \text{V}$,$u_i = 10\sin \omega t\ \text{V}$,二极管的正向压降可忽略不计,试分别画出输

出电压 u_o 的波形。

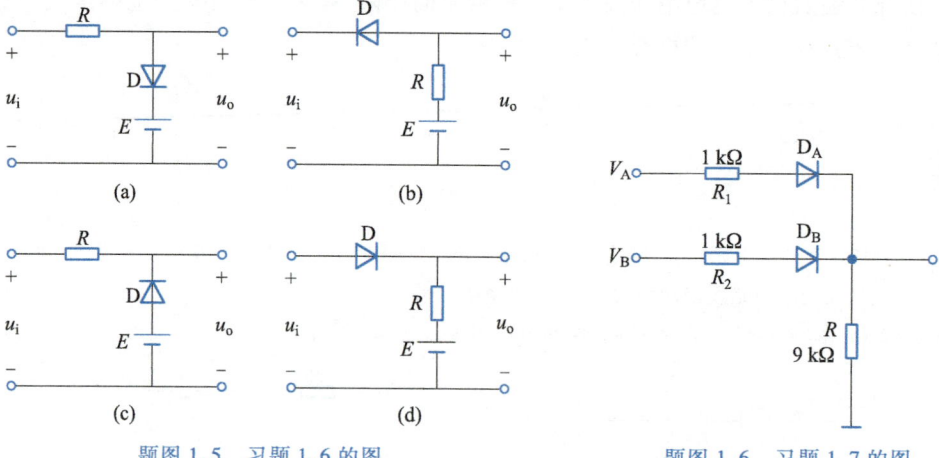

题图 1.5　习题 1.6 的图

题图 1.6　习题 1.7 的图

1.7　在题图 1.6 中，试求下列几种情况的输出电位 V_F 及流过各电阻的电流：

（1）$V_A = 10\,\text{V}$，$V_B = 0\,\text{V}$；

（2）$V_A = 6\,\text{V}$，$V_B = 5.8\,\text{V}$；

（3）$V_A = V_B = 5\,\text{V}$。

设二极管的正向导通电阻为零，反向电阻为无穷大。

1.8　在题图 1.7 所示电路中，已知 $R = R_L = 100\,\Omega$，输入电压 $U_I = 24\,\text{V}$，稳压二极管 D_Z 的稳定电压 $U_Z = 8\,\text{V}$，最大稳定电流 $I_{ZM} = 50\,\text{mA}$，试问通过稳压二极管的稳定电流 I_Z 是否超过 I_{ZM}？如超过，怎样才能使其不超过？

1.9　在题图 1.7 所示电路中，已知 $R = R_L = 500\,\Omega$，稳压二极管的稳定电压 $U_Z = 10\,\text{V}$，稳定电流 $I_{ZM} = 30\,\text{mA}$，$I_Z = 5\,\text{mA}$，试分析 U_I 在什么范围内变化，电路能正常工作。

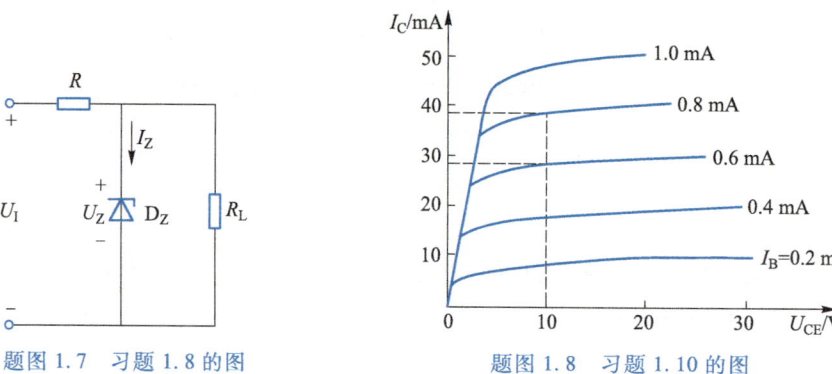

题图 1.7　习题 1.8 的图

题图 1.8　习题 1.10 的图

1.10　某晶体管的输出特性曲线如题图 1.8 所示，试求：

（1）$U_{CE} = 10\,\text{V}$ 时，I_B 从 0.4 mA 变到 0.8 mA、从 0.6 mA 变到 0.8 mA 两种情况下的动态电流放大系数；

（2）I_B 等于 0.4 mA 和 0.8 mA 两种情况下的静态电流放大系数。

1.11　在一放大电路中，测得晶体管三个极的对地电位分别为 $-6\,\text{V}$、$-3\,\text{V}$、$-3.2\,\text{V}$，试判断该晶体管是 NPN 型还是 PNP 型，锗管还是硅管，并确定三个电极。

1.12　在 Multisim 中构建如题图 1.9 所示电路。

（1）调节电路中电阻的阻值，测量各支路电流，比较相互之间的关系，验证基尔霍夫电流定律；

（2）调节电路中电阻的阻值，按同一时针方向测量 ABCDA 回路中的各段电压，并求代数和，验证基尔霍夫电压定律；

（3）保持 R_1、R_2 阻值不变，增大 R_3，支路电流 I_1、I_2 是否变化？若变化，将如何变化？

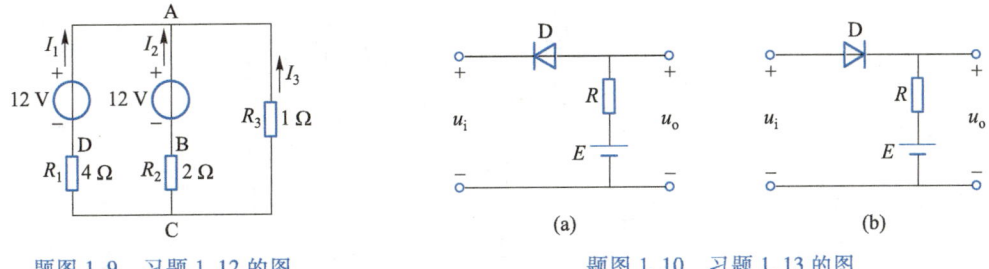

题图 1.9　习题 1.12 的图　　　　　　　　题图 1.10　习题 1.13 的图

1.13　在 Multisim 中构建如题图 1.10 所示电路。若输入电压 $u_i = 10\sin\omega t$ V，$E = 5$ V，设置元件参数，连接示波器观察电路输入和输出电压波形，分析两个电路中二极管的工作状态和输出波形的区别。

自测题

一、选择题

1. 电路如图 Z1.1，下列描述不正确的是（　　）。

　a. 节点 a 的节点方程为：$I_1 + I_2 - I_3 = 0$

　b. 电路具有 4 个节点

　c. 具有一条无源支路、两条有源支路

　d. 若 $I_1 = 2$ A，$I_2 = -3$ A，则 I_3 的值为 -1 A

2. 电路如图 Z1.2，下列描述不正确的是（　　）。

　a. 电路回路中各元件电压的代数和恒等于零

　b. 电路的回路电压方程为 $U_2 - U_1 = R_1 I_1 - R_2 I_2$

　c. 从 b 点出发，依照虚线所示方向循行一周，其电位升之和为 $U_2 + U_3$，电位降之和为 $U_1 + U_4$

　d. 上面描述至少有一个不正确

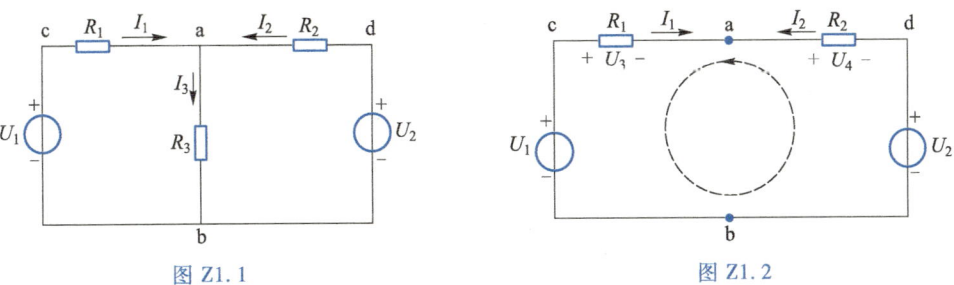

图 Z1.1　　　　　　　　　　　　　　图 Z1.2

3. 在图 Z1.3 所示电路中，发出功率的电路元件为（　　）。

　a. 电压源　　　　　　　b. 电流源　　　　　　　c. 电压源和电流源

4. 在图 Z1.4 所示电路中，所有二极管均为理想元件，则 D_1、D_2 的工作状态为（　　）。

　a. D_1 导通，D_2 截止　　　b. D_1、D_2 均导通　　　c. D_1 截止，D_2 导通

5. 在图 Z1.5 所示电路中，D_1、D_2 为理想二极管，则电压 U_O 为（　　）。

  a. 3 V   b. 5 V   c. 2 V

6. 在图 Z1.6 所示电路中，二极管为理想元件，$u_A = 3$ V，$u_B = 2 \sin \omega t$ V，$R = 4$ kΩ，则 u_F 等于（　　）。

  a. 3 V   b. $2 \sin \omega t$ V   c. $3 + 2 \sin \omega t$ V

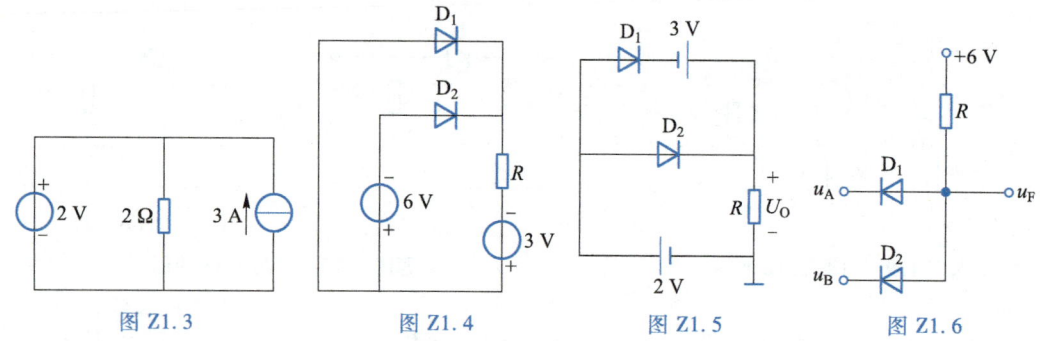

   图 Z1.3   图 Z1.4   图 Z1.5   图 Z1.6

7. 已知某晶体管处于放大状态，测得其三个极的电位分别为 6 V、9 V 和 6.3 V，则 6 V 所对应的电极为（　　）。

  a. 发射极   b. 集电极   c. 基极

二、填空题

1. 如图 Z1.7 所示直流电路中，$I_1 = 1$ mA，$I_2 = 2$ mA，$I_3 = 2$ mA，$I_4 = $（　　）。

2. 图 Z1.8 所示电路的基尔霍夫电压方程为（　　）。

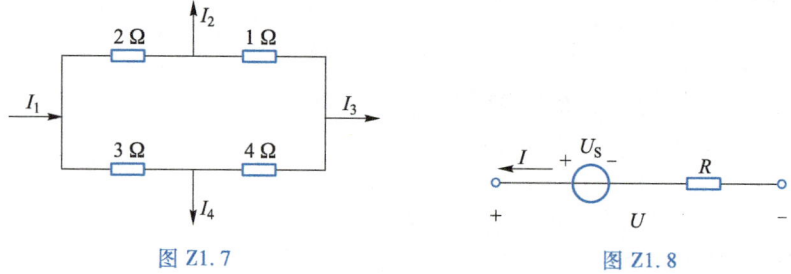

     图 Z1.7   图 Z1.8

第1章习题与自测题答案

>>> # 第2章

··· 电路的分析方法

学习目标：

  1. 理解和掌握实际电源的模型，理解"等效"的含义，会用电源模型等效变换的方法解题。

  2. 掌握支路电流法、节点电压法、叠加定理、等效电源定理等解题方法，会计算电路中的电位。

对于一些简单电路的分析,仅用欧姆定律和基尔霍夫定律就可解决问题,但对于较复杂的电路,必须利用其他的分析方法。本章将介绍几种常用的电路分析方法。

2.1 电路的等效变换

微视频 2-1
电路等效的基本概念

2.1.1 等效的概念

等效在电路分析中是一个十分重要的概念。很多结构较为复杂的电路都可以用一个结构十分简单的电路去替换,使得电路的分析简单便利,这就是电路的等效变换。

定义:如果有两个电路 N_1、N_2,如图 2.1.1 所示,其内部结构不相同,但从端口上看,它们的电压、电流关系相同,则称它们是相互等效的电路,即 N_1 与 N_2 对外电路的影响是相同的。当两者互相代替时,不影响外电路的工作状态。

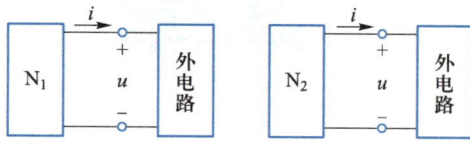

图 2.1.1　等效电路的概念

应当注意:

(1) 两个电路相互等效是指其对外电压、电流关系相同,因内部结构不相同,故内部的工作状态并不相同。

(2) 两个电路相互等效是有条件的,条件不同时,如电路工作的频率发生变化,等效电路一般不同。这一点在第4章中可以得到很好的证明。

(3) 在同样的条件下,等效电路的形式也不是唯一的。

2.1.2 电阻串、并联的等效变换

1. 电阻串联

微视频 2-2
电阻的等效

在图 2.1.2 中,N_1 是由电阻 R_1、R_2 和 R_3 串联组成的电路,N_2 只有一个电阻 R。对 N_1 来说,由于串接的各元件中电流相等,其端子 a、b 处的电压电流关系为

$$U = U_1 + U_2 + U_3 = R_1 I + R_2 I + R_3 I = (R_1 + R_2 + R_3) I$$

对 N_2 来说,端子 a、b 处的电压电流关系为

$$U = RI$$

若有 $R = R_1 + R_2 + R_3$,则 N_1 与 N_2 的电压电流关系完全相同,因此,N_1 与 N_2 互相等效。由此,串联电阻的等效电阻 R_{eq} 为

$$R_{eq} = \frac{U}{I} = R_1 + R_2 + R_3 = \sum R_k \tag{2.1.1}$$

电阻串联在电路中最基本的应用之一是分压作用。例如:当负载的额定电压低于电源电压时,通常将一个电阻与负载串联,以降落一部分电压。在图 2.1.2 中

$$U_1 = R_1 I = \frac{R_1}{\sum R_k} U; \quad U_2 = \frac{R_2}{\sum R_k} U; \quad U_3 = \frac{R_3}{\sum R_k} U$$

这就是串联电阻的分压关系。可见,任一串联电阻上的分压与其阻值的大小成正比。

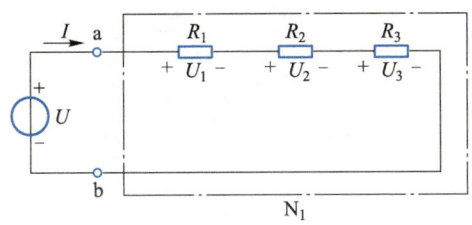
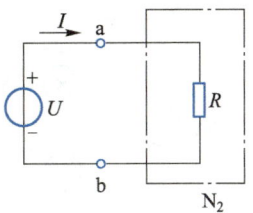

图 2.1.2 电阻串联及等效电路

2. 电阻并联

对于图 2.1.3 中的电路 N_1,由 KCL,其端子 a、b 处的电压电流关系为

$$I = I_1 + I_2 + I_3 = \frac{1}{R_1}U + \frac{1}{R_2}U + \frac{1}{R_3}U = (G_1 + G_2 + G_3)U$$

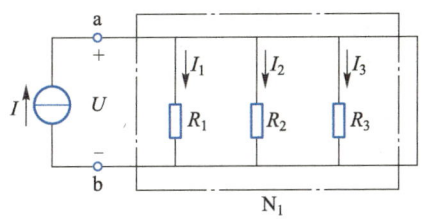
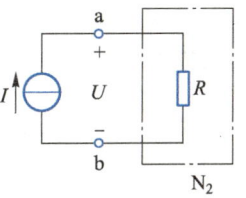

图 2.1.3 电阻并联及等效电路

对电路 N_2,a、b 端子处的电压电流关系为

$$I = \frac{1}{R}U = GU$$

若有

$$G = G_1 + G_2 + G_3$$

则 N_1 与 N_2 的电压电流关系完全相同,即 N_1 与 N_2 互相等效。并联电阻的等效电导为

$$G_{eq} = \frac{I}{U} = G_1 + G_2 + G_3 = \sum G_k \tag{2.1.2}$$

电阻并联在电路中的基本应用是分流作用。在图 2.1.3 中

$$I_1 = G_1 U = \frac{G_1}{\sum G_k}I; \quad I_2 = \frac{G_2}{\sum G_k}I; \quad I_3 = \frac{G_3}{\sum G_k}I$$

这就是并联电阻的分流关系。可见,任一并联电阻上的分流与其电导值的大小成正比。

例 2.1.1 在图 2.1.4(a) 中,9 V 电压源上连接了 3 个白炽灯,白炽灯的功率分别为 20 W、15 W 和 10 W。试计算:

(1) 电压源提供的总电流;

(2) 流经每个白炽灯的电流;

(3) 每个白炽灯的阻值。

解 (1) 电压源提供的总功率为 3 个白炽灯吸收的功率之和,即

$$P = P_1 + P_2 + P_3 = (20 + 15 + 10)\ W = 45\ W$$

因为 $P = UI$,所以电压源提供的总电流为

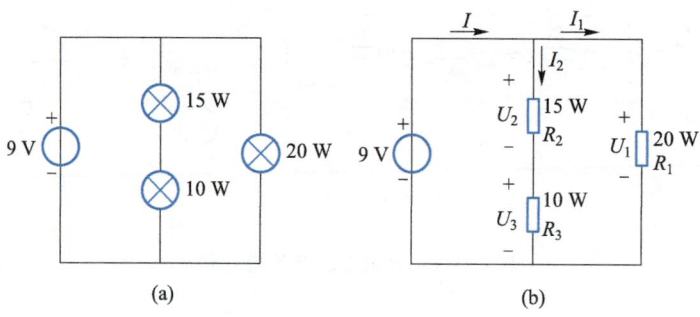

图 2.1.4　例 2.1.1 的电路

$$I = \frac{P}{U} = \frac{45}{9} \text{ A} = 5 \text{ A}$$

（2）以电阻为模型,各白炽灯的电流与电压的正方向如图 2.1.4(b)所示,由图可知

$$U_1 = U_2 + U_3 = 9 \text{ V}$$

流过白炽灯 R_1 的电流为

$$I_1 = \frac{P_1}{U_1} = \frac{20}{9} \text{ A} = 2.222 \text{ A}$$

由 KCL,流过白炽灯 R_2 和 R_3 的电流为

$$I_2 = I - I_1 = (5 - 2.222) \text{ A} = 2.778 \text{ A}$$

（3）因为 $P = I^2 R$,所以

$$R_1 = \frac{P_1}{I_1^2} = \frac{20}{2.222^2} \text{ } \Omega = 4.051 \text{ } \Omega$$

$$R_2 = \frac{P_2}{I_2^2} = \frac{15}{2.778^2} \text{ } \Omega = 1.944 \text{ } \Omega$$

$$R_3 = \frac{P_3}{I_2^2} = \frac{10}{2.778^2} \text{ } \Omega = 1.296 \text{ } \Omega$$

微视频 2-3
实际电源
两种模型
间的等效
互换

2.1.3　实际电源两种模型间的等效互换

一个实际电源既可用电压源与电阻串联的电路模型来表示,也可用电流源与电阻并联的电路模型来表示。为了说明这个问题,我们将两种电路模型做一比较。

图 2.1.5(a)为实际电源的电压源模型,a、b 端子处的电压电流关系为

$$U = U_S - R_S I \tag{2.1.3}$$

图 2.1.5(b)为实际电源的电流源模型,a、b 端子处的电压电流关系为

$$I = I_S - \frac{U}{R_S'} \tag{2.1.4}$$

若将式(2.1.4)变换为

$$U = R_S' I_S - R_S' I \tag{2.1.5}$$

比较式(2.1.3)和式(2.1.5)可知,当两个模型中的参数满足以下关系时

$$R_S = R_S', \quad U_S = R_S' I_S$$

那么,两个电路模型在 a、b 端子处的电压电流关系完全相同,它们之间可以等效互换。从它们的伏安特性曲线(见图 2.1.6)也可以看出,曲线 e 可视为当满足参数关系时,两种模型的伏安特性曲线相重合。

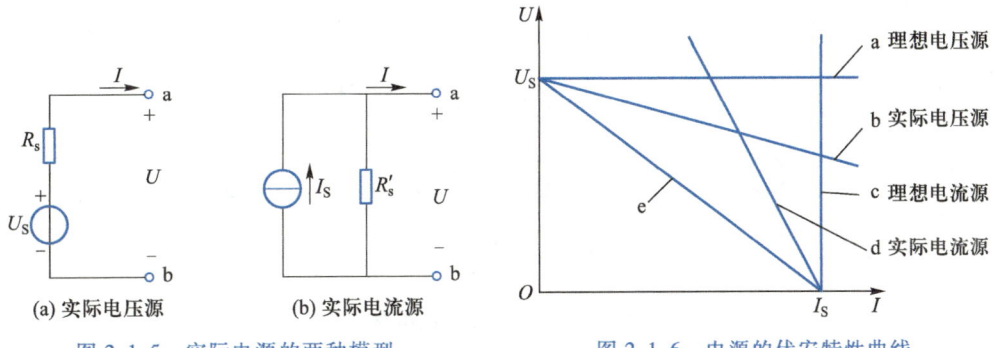

图 2.1.5　实际电源的两种模型　　　　图 2.1.6　电源的伏安特性曲线

应强调指出:① 两个电路的等效是指对外电路而言的,其等效电路的内部并不等同。例如,当电路开路时,图 2.1.5(a)所示电路中没有能量消耗,而图 2.1.5(b)所示电路中将有能量消耗。② 理想电压源与理想电流源之间不存在等效关系。这从伏安特性曲线(图 2.1.6)上可以看出,它们是互相垂直的,任何情况下都不可能重合。

两种实际电源模型之间的等效互换,可应用于电路的化简。

例 2.1.2　在图 2.1.7(a)所示的电路中,求 6 Ω 电阻中的电流 I。

解　利用电源模型的等效互换,可将 6 Ω 电阻左边的电路化简为图 2.1.7(b),最后变换为图 2.1.7(c)。由图可得

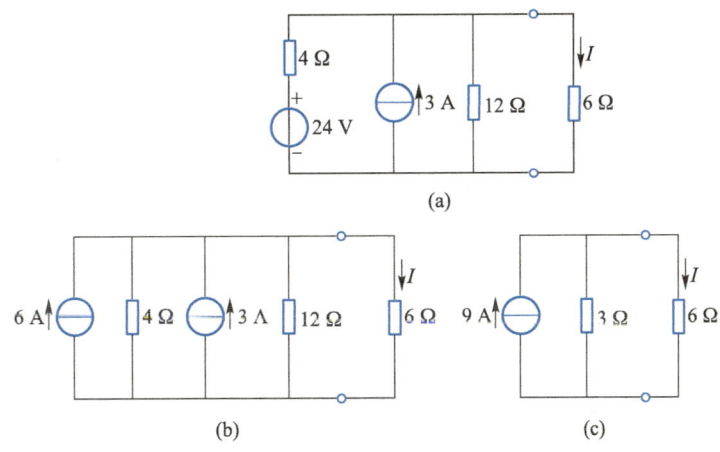

图 2.1.7　例 2.1.2 的电路

$$I = \frac{3}{3+6} \times 9 \text{ A} = 3 \text{ A}$$

变换时应注意电流源电流的方向和电压源电压的极性。

例 2.1.3　在图 2.1.8 所示的两个电路中,(1) R_1 是否可视为电源内阻?(2) 改变 R_1 的阻值,对 I_2 和 U_2 有无影响?(3) 改变 R_1 的阻值,对电压源中的电流 I 及对电流源的端电

压 U 有无影响?

解 (1) 在实际电压源模型中,内阻是与电压源串联的,而图 2.1.8(a) 中的 R_1 与电压源并联,故不是电源内阻;同理,在实际电流源模型中,内阻是与电流源并联的,图 2.1.8(b) 中的 R_1 不是电源内阻。

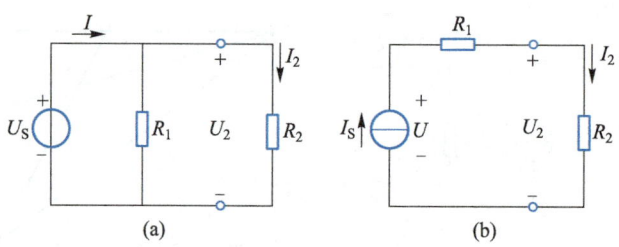

图 2.1.8 例 2.1.3 的电路

(2) 在图 2.1.8(a) 中,有

$$U_2 = U_S, \quad I_2 = \frac{U_2}{R_2} = \frac{U_S}{R_2}$$

因为电压源的输出电压 U_S 与外电路无关,当改变 R_1 时不会改变电压源电压 U_S,所以改变 R_1 对 I_2 和 U_2 无影响。

在图 2.1.8(b) 中,有

$$I_2 = I_S, \quad U_2 = R_2 I_2 = R_2 I_S$$

因为电流源的输出电流 I_S 与外电路无关,当改变 R_1 时不会改变电流源的电流 I_S,所以改变 R_1 对 I_2 和 U_2 无影响。

(3) 在图 2.1.8(a) 中,电压源中的电流为

$$I = \frac{U_S}{R_1} + \frac{U_S}{R_2}$$

可见,改变 R_1 对电压源中的电流有影响。

在图 2.1.8(b) 中,电流源的端电压为

$$U = (R_1 + R_2) I_S$$

可见,改变 R_1 对电流源的端电压有影响。

由此可得如下结论:

(1) 在求其他支路(外电路)的电压、电流时,与电压源并联的电阻元件不起作用,可将其断开;与电流源串联的电阻元件不起作用,可将其短路。

(2) 等效电路内部不等效,仅对外部等效。

若将上述电路中的电阻 R_1 改换为其他元件(如电源元件),以上结论是否成立?

[练习与思考]

2.1.1 若有 2 只白炽灯,其额定值分别为 110 V、100 W 和 110 V、40 W,能否串联起来接在 220 V 电源上? 为什么?

2.1.2 用电源模型等效变换法将图 2.1.9 所示电路化为等效电压源。

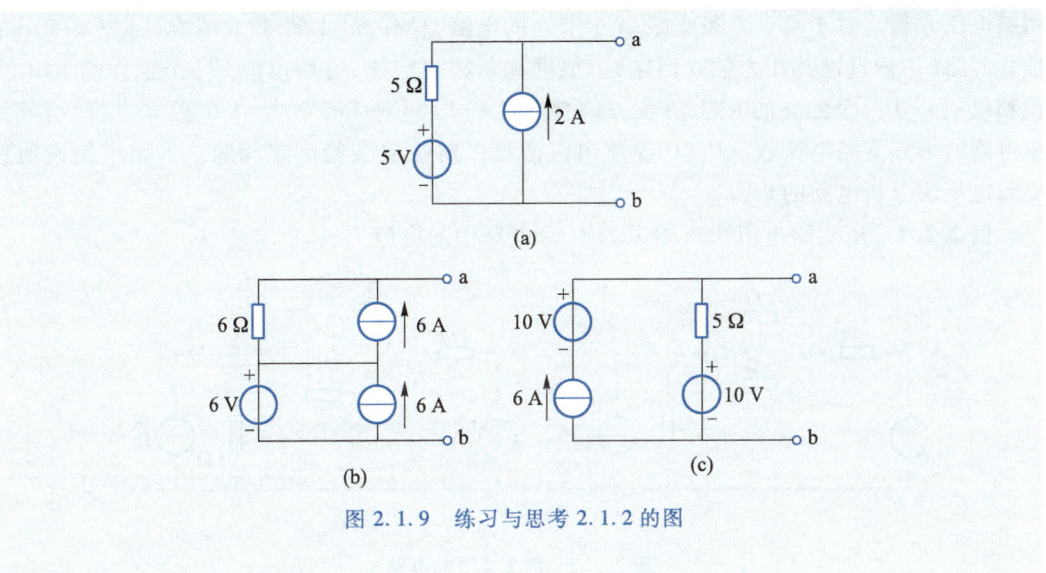

图 2.1.9 练习与思考 2.1.2 的图

2.2 支路电流分析法

对于某些复杂电路,可以采用电路方程法进行分析。支路电流法是最基本的电路方程法之一,它是以支路电流为变量,根据元件的伏安特性和 KCL、KVL 来建立电路方程,然后解方程即可求出各支路电流。下面以图 2.2.1 所示电路为例,来讨论这种方法。

这是具有 3 条支路、2 个节点的电路。各支路电流的正方向如图所示。要求出 3 个支路电流,需列出 3 个独立方程。由 KCL,对节点 a 和 b 分别建立电流方程,有

微视频 2-4
支路电流
分析法

图 2.2.1 说明支路电流法的电路

$$-I_1+I_2+I_3=0$$
$$I_1-I_2-I_3=0$$

则上述两式彼此只差一个负号,相互不独立,只能取其中之一为独立方程。

由元件的伏安特性和 KVL,可得另外两个独立方程。一般可选网孔为回路,如图 2.2.1 所示。

对网孔 Ⅰ,有 $\qquad R_1I_1+R_3I_3=U_{S1}$

对网孔 Ⅱ,有 $\qquad R_2I_2-R_3I_3=-U_{S2}$

于是得到求解图 2.2.1 电路中 3 个支路电流的独立方程组为

$$\begin{cases} -I_1+I_2+I_3=0 \\ R_1I_1+R_3I_3=U_{S1} \\ R_2I_2-R_3I_3=-U_{S2} \end{cases}$$

解方程组,便可得到支路电流 I_1、I_2 和 I_3。

根据求得各支路电流,可进一步求出该电路中的电压、功率等其他物理量。

由以上分析可知,用支路电流法分析电路的关键是列出独立的节点电流方程和独立的

回路电压方程。对于具有 b 条支路、n 个节点的电路，只有 $(n-1)$ 个独立节点，$[b-(n-1)]$ 个独立回路(一般选网孔作为独立回路)。根据基尔霍夫定律，可列出 $(n-1)$ 个独立的 KCL 方程和 $[b-(n-1)]$ 个独立的 KVL 方程，总共能列 $(n-1)+[b-(n-1)]=b$ 个独立方程，恰好等于电路的未知支路电流数。所以，支路电流法可以解决复杂的电路问题。下面举例说明用支路电流法分析电路的步骤。

例 2.2.1 用支路电流法求图 2.2.2(a)电路中的电流 I_4。

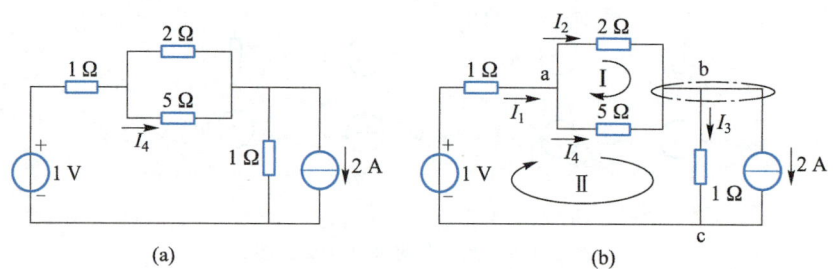

图 2.2.2 例 2.2.1 的电路

解 该电路 $b=5,n=3$。其中，一条支路的电流已知，共有 4 个未知的支路电流。

首先标出各支路电流的参考方向如图 2.2.2(b)所示，选 a、b 为独立节点，列 KCL 方程，有

$$-I_1+I_2+I_4=0$$
$$-I_2-I_4+I_3=-2$$

由于只有 4 个未知的支路电流，因此还需 2 个独立的 KVL 方程。在选网孔作为独立回路时，由于电流源的端电压不易直接确定，故可避开电流源支路。选网孔 I、II 为独立回路，其方向如图 2.2.2(b)所示，列 KVL 方程，得

$$2I_2-5I_4=0$$
$$I_1+5I_4+I_3=1$$

联立方程，得支路电流方程组

$$\begin{cases} -I_1+I_2+I_4=0 \\ -I_2+I_3-I_4=-2 \\ 2I_2-5I_4=0 \\ I_1+5I_4+I_3=1 \end{cases}$$

解方程组，得 $I_4=0.25$ A。

2.3 节点电压分析法

2.3.1 电位及其计算

在电子电路中，常用电位的概念来分析问题。例如二极管，只有当它的阳极电位高于阴

微视频 2-5
节点① 电压分析法

① 文中节点与视频中结点同义。

极电位时才能导通。在讨论晶体管的工作状态时,也需要分析三个电极的电位高低。前面我们用电压来表示两点间的电位差,它只能比较这两点电位的高低与差值,而不能说明各点的电位究竟是多少。下面以图 2.3.1 所示电路为例,讨论电路中电位的概念。

由图 2.3.1 可求出各支路电压

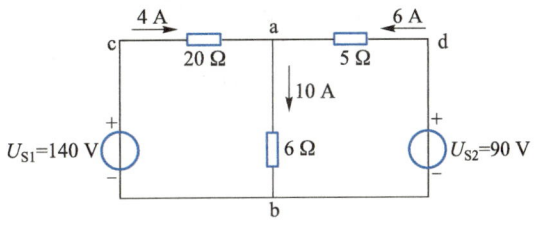

$$U_{ab} = 6 \times 10 \text{ V} = 60 \text{ V}$$

$$U_{ca} = 20 \times 4 \text{ V} = 80 \text{ V}$$

$$U_{da} = 5 \times 6 \text{ V} = 30 \text{ V}$$

$$U_{cb} = 140 \text{ V}$$

$$U_{db} = 90 \text{ V}$$

图 2.3.1 讨论电位概念的电路

但不能算出各点的电位值。为了计算各点的电位值,必须选择电路中某一点作为参考点。通常取参考点的电位为零,并用"接地"(并非真与大地相接)符号来表示,其余各点的电位值即为该点到参考点的电压。

在图 2.3.1 中,若设 a 点为参考点,如图 2.3.2(a)所示,则各点电位为

$$V_a = 0 \text{ V}$$

$$V_b = U_{ba} = -60 \text{ V}$$

$$V_c = U_{ca} = 80 \text{ V}$$

$$V_d = U_{da} = 30 \text{ V}$$

若设 b 点为参考点,如图 2.3.2(b)所示,则各点的电位为

$$V_b = 0 \text{ V}$$

$$V_a = U_{ab} = 60 \text{ V}$$

$$V_c = U_{cb} = 140 \text{ V}$$

$$V_d = U_{db} = 90 \text{ V}$$

由此可见,参考点选得不同,电路中各点的电位值随之改变,但任意两点间的电压值是不变的。所以,各点电位的高低是相对的,而两点间的电压值是绝对的。

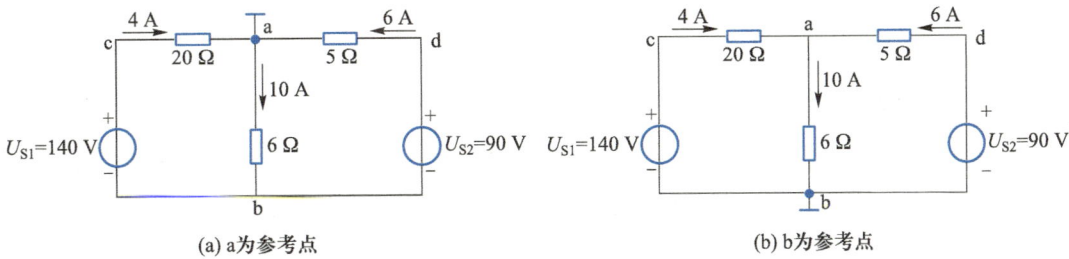

(a) a为参考点　　　　　　　　　　　　(b) b为参考点

图 2.3.2 电位的计算

图 2.3.2(b)所示的电路也可简化为图 2.3.3 所示电路。不画电压源,各端标以电位值。

例 2.3.1　计算图 2.3.4 所示电路中 B 点的电位。

解　AC 支路的电压为

$$U_{AC} = V_A - V_C = [6 - (-9)] \text{ V} = 15 \text{ V}$$

AC 支路的电流为

$$I = \frac{U_{AC}}{R_1 + R_2} = \frac{15}{(100 + 50) \times 10^3} \text{ A} = 0.1 \times 10^{-3} \text{ A} = 0.1 \text{ mA}$$

$$U_{AB} = V_A - V_B = R_2 I$$

$$V_B = V_A - R_2 I = \left[6 - (50 \times 10^3) \times (0.1 \times 10^{-3}) \right] \text{ V} = (6-5) \text{ V} = 1 \text{ V}$$

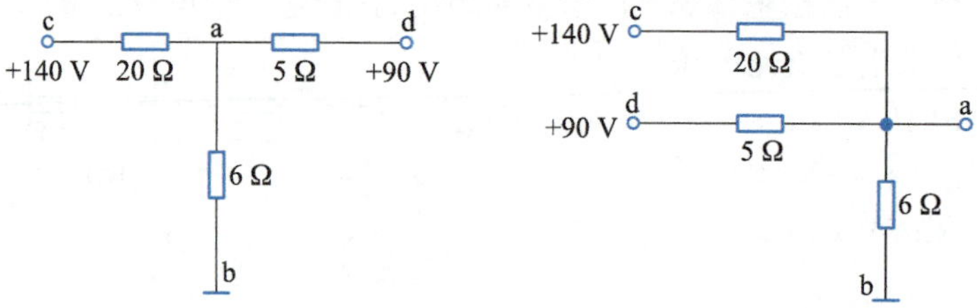

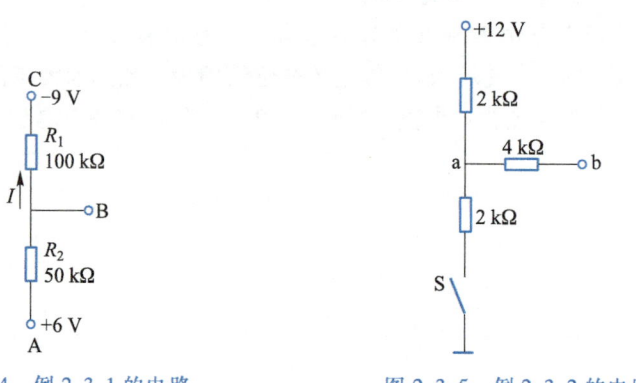

(a) 简化电路1   (b) 简化电路2

图 2.3.3 图 2.3.1 的简化电路

图 2.3.4 例 2.3.1 的电路   图 2.3.5 例 2.3.2 的电路

例 2.3.2 计算图 2.3.5 所示电路中开关 S 合上和断开时 b 点的电位。

解 S 断开时,整个电路处于开路状态,电阻上无电流,所以

$$V_b = 12 \text{ V}$$

S 合上时,4 kΩ 电阻上无电流,b、a 两点等电位,所以

$$V_b = V_a = 12 \times \frac{2}{2+2} \text{ V} = 6 \text{ V}$$

2.3.2 节点电压法

节点电压法是以节点电压为变量,根据 KCL 和支路伏安特性建立 $(n-1)$ 个节点电压方程,然后解方程求出节点电压,最后根据要求再求出待求物理量。下面结合图 2.3.6 来说明其分析方法。

在图 2.3.6 中,各支路电流的正方向已标出。因为 $n=3$,取一个节点(c 点)为参考点,令其电位为零。独立节点有 $(n-1)=2$ 个,它们相对于参考点的电位称为节点电压,图中分别标为 U_{ac}、U_{bc},则 2 个独立节点的 KCL 方程为

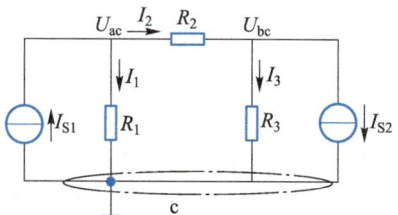

图 2.3.6 节点电压法说明电路

$$I_1 + I_2 = I_{S1}$$

$$-I_2 + I_3 = -I_{S2}$$

各支路电流与节点电压的关系分别为

$$I_1 = \frac{U_{ac}}{R_1}, I_2 = \frac{U_{ac} - U_{bc}}{R_2}, I_3 = \frac{U_{bc}}{R_3}$$

把这些关系代入上边节点电流方程,则得到关于 U_{ac}、U_{bc} 的节点电压方程

$$\begin{cases} \left(\dfrac{1}{R_1} + \dfrac{1}{R_2}\right) U_{ac} - \dfrac{1}{R_2} U_{bc} = I_{S1} \\ -\dfrac{1}{R_2} U_{ac} + \left(\dfrac{1}{R_2} + \dfrac{1}{R_3}\right) U_{bc} = -I_{S2} \end{cases}$$

解方程组,便可求得电路的各节点电压,进而可求得各支路电流及功率。节点电压法多用于节点数少而支路数较多的电路。

例 2.3.3　在图 2.3.7 所示电路中,共有 2 个节点,试求节点电压 U。

解　各支路电流的正方向如图 2.3.7 所示。由 KVL 和欧姆定律,可得

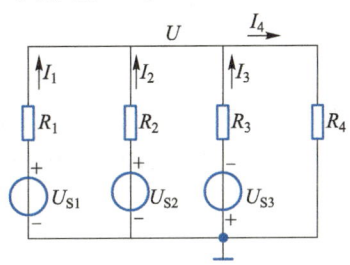

$$U = U_{S1} - R_1 I_1, \quad I_1 = \frac{U_{S1} - U}{R_1}$$

同理,有　$I_2 = \dfrac{U_{S2} - U}{R_2}$,　$I_3 = \dfrac{-U_{S3} - U}{R_3}$,　$I_4 = \dfrac{U}{R_4}$

由 KCL,得

$$I_1 + I_2 + I_3 - I_4 = 0$$

图 2.3.7　例 2.3.3 的电路

代入各支路电流,则有

$$\frac{U_{S1} - U}{R_1} + \frac{U_{S2} - U}{R_2} + \frac{-U_{S3} - U}{R_3} - \frac{U}{R_4} = 0$$

整理后,得

$$U = \frac{\dfrac{U_{S1}}{R_1} + \dfrac{U_{S2}}{R_2} - \dfrac{U_{S3}}{R_3}}{\dfrac{1}{R_1} + \dfrac{1}{R_2} + \dfrac{1}{R_3} + \dfrac{1}{R_4}} = \frac{\sum \dfrac{U_S}{R}}{\sum \dfrac{1}{R}} \tag{2.3.1}$$

式(2.3.1)是分析具有两个节点的电路问题的一般关系式。分子中的每项符号由连接在该节点的支路电压源电压的正方向确定,当电压源电压与节点电压的正方向一致时取正号,反之取负号;分母的各项均为正号。

[练习与思考]

2.3.1　电路如图 2.3.8 所示。

(1) 参考点在什么位置?

(2) 将其还原为用电压源表示的电路。

(3) 求出 b 点的电位。

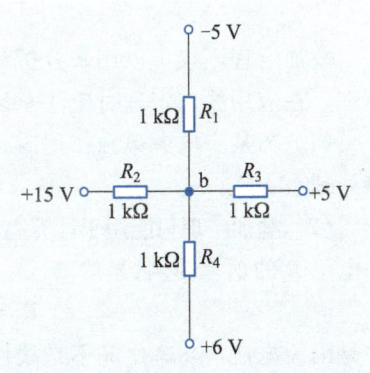

图 2.3.8　练习与思考 2.3.1 的图

2.4 叠加定理

微视频2-6
叠加定理

叠加定理是线性电路线性特性的反映,它说明了当线性电路中有多个电源同时激励时,其响应(支路电压或电流)与激励之间的关系。

叠加定理:在任何含有多个电源的线性电路中,每条支路的响应(电压或电流),都可以看成每个电源单独作用时在该支路所产生的响应的代数和。下面先就一个简单电路来说明这一定理的内容。

图2.4.1(a)是一个含有两个电压源的线性电阻电路。电阻中的电流 I 可表示为

$$I = \frac{U_{S1} + U_{S2}}{R} = \frac{U_{S1}}{R} + \frac{U_{S2}}{R}$$

若两个电压源分别单独作用,其电路如图2.4.1(b)(c)所示。

图2.4.1(b)为电压源 U_{S1} 单独作用, $U_{S2} = 0$ 时的电路,电阻 R 中的电流为

$$I' = \frac{U_{S1}}{R}$$

图2.4.1(c)为电压源 U_{S2} 单独作用, $U_{S1} = 0$ 时的电路,电阻 R 中的电流为

$$I'' = \frac{U_{S2}}{R}$$

从上述结果不难看出,图2.4.1(a)中的电流 I 确实等于电压源 U_{S1}、U_{S2} 分别单独作用时,在电阻中产生的电流的叠加,即 $I = I' + I''$。

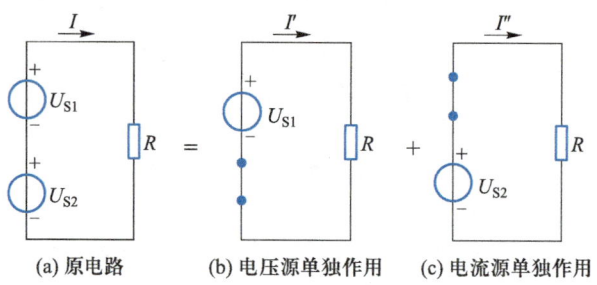

(a) 原电路　　　(b) 电压源单独作用　　　(c) 电流源单独作用

图 2.4.1　说明叠加定理的电路

叠加定理不仅可以用来分析计算多电源复杂电路,而且也是分析计算线性问题的普遍原理。在应用叠加定理时应注意以下几个问题:

(1) 当某个电源单独作用时,其他电源应取零值,即电压源应作短路处理,电流源作开路处理。

(2) 叠加定理只能用于计算电路中的电压或电流,不能计算功率或能量。如以图2.4.1(a)中电阻 R 的功率为例,显然

$$P_R = RI^2 = R(I' + I'')^2 \neq RI'^2 + RI''^2$$

这是因为电流与功率之间不是线性关系。

例2.4.1　电路如图2.4.2(a)所示。试用叠加定理求电阻 R_2 中的电流 I_2。已知 $U_S =$

$6\ \mathrm{V}, I_\mathrm{S} = 0.6\ \mathrm{A}, R_1 = 5\ \Omega, R_2 = 10\ \Omega_\circ$

解　根据叠加定理,电压源 U_S 单独作用时的电路如图 2.4.2(b)所示。

$$I_2' = \frac{U_\mathrm{S}}{R_1 + R_2} = \frac{6}{5+10}\ \mathrm{A} = 0.4\ \mathrm{A}$$

电流源 I_S 单独作用时的电路如图 2.4.2(c)所示。

$$I_2'' = -\frac{R_1}{R_1 + R_2} I_\mathrm{S} = -\frac{5}{5+10} \times 0.6\ \mathrm{A} = -0.2\ \mathrm{A}$$

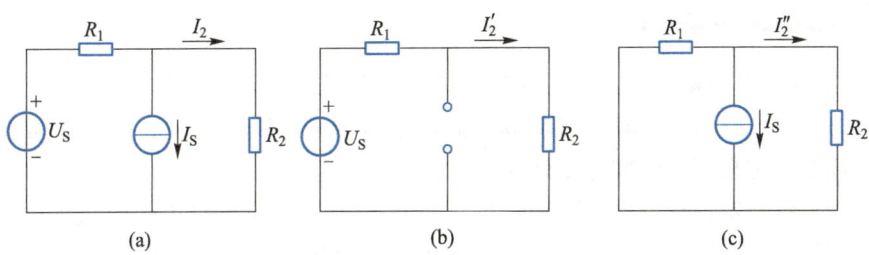

(a)　　　　　　(b)　　　　　　(c)

图 2.4.2　例 2.4.1 的电路

原电路中电阻 R_2 的电流 I_2 为

$$I_2 = I_2' + I_2'' = [0.4 + (-0.2)]\ \mathrm{A} = 0.2\ \mathrm{A}$$

例 2.4.2　电路如图 2.4.3(a)所示。(1)试用叠加定理求电压 U;(2)求电流源提供的功率。

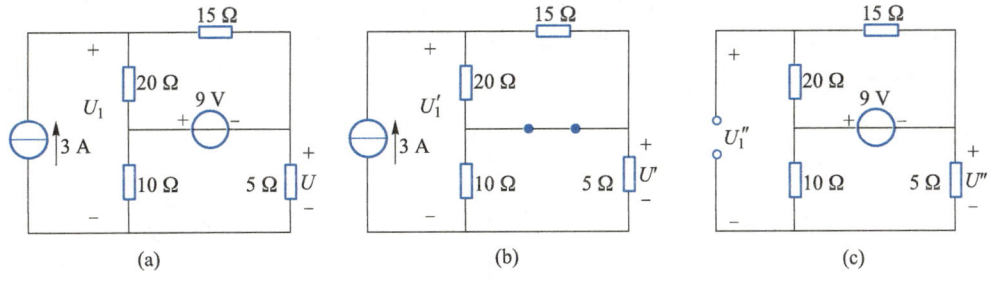

(a)　　　　　　(b)　　　　　　(c)

图 2.4.3　例 2.4.2 的电路

解　(1)由叠加定理,当 3 A 电流源单独作用时的等效电路如图 2.4.3(b)所示

$$U' = \frac{5 \times 10}{5+10} \times 3\ \mathrm{V} = 10\ \mathrm{V}$$

9 V 电压源单独作用时的等效电路如图 2.4.3(c)所示

$$U'' = -\frac{5}{5+10} \times 9\ \mathrm{V} = -3\ \mathrm{V}$$

所以　　　　　　　　　$U = U' + U'' = [10 + (-3)]\ \mathrm{V} = 7\ \mathrm{V}$

(2)由图 2.4.3(b),有

$$U_1' = 3 \times \left(\frac{15 \times 20}{15+20} + \frac{5 \times 10}{5+10}\right)\ \mathrm{V} = 35.7\ \mathrm{V}$$

由图 2.4.3(c),有

$$U_1'' = \left(-\frac{20}{20+15} \times 9 + \frac{10}{10+5} \times 9 \right) \text{ V} = 0.86 \text{ V}$$

故

$$U_1 = U_1' + U_1'' = (35.7 + 0.86) \text{ V} = 36.56 \text{ V}$$

3 A 电流源产生的功率为

$$P_\text{S} = 3 \times 36.56 \text{ W} = 109.68 \text{ W}$$

2.5　等效电源定理

　　支路电流法与节点电压法虽然为求解各支路电流或支路电压提供了较为系统的方法，但一般说来，求解方程组的计算比较麻烦。假如求解的响应变量集中在某一支路或部分电路，应用等效电源定理则可使问题得到简化。

　　在 2.1 中，我们曾讨论过由电阻和电源元件组成的电路，总可以用一个电压源与电阻串联的等效电路表示其外部特性，也可以用一个电流源与电阻并联的等效电路来替代。等效电源定理则把上述结论推广到了任意的线性含源电路。等效电源定理包括戴维南定理和诺顿定理，是分析、计算电路的一种常用方法。

2.5.1　戴维南定理

微视频 2-7
戴维南[①]
定理

　　定理：任何一个有源二端线性网络都可以用一个电压源与电阻串联的实际电压源来等效，如图 2.5.1(a)(b) 所示。其电压源的电压 U_OC 等于该有源二端网络在 a、b 端口处的开路电压，电阻等于该有源二端网络内的全部电源取零值（电压源短路，电流源开路）后所得到的无源网络在 a、b 端口处的等效电阻，如图 2.5.1(c)(d) 所示。

　　例 2.5.1　在图 2.5.2(a) 所示电路中，当负载电阻 R_L 分别取 6 Ω、16 Ω、36 Ω 时，求流过 R_L 的电流。

　　解　该问题若用支路电流法、节点电压法将会十分烦琐。下面用戴维南定理求解。应用戴维南定理，将 a、b 端口左边的电路进行化简。

　　(1) 求 U_OC。由图 2.5.2(b) 可求出 U_OC

$$U_\text{OC} = \left(\frac{4 \times 12}{4+12} \times 2 + \frac{12}{4+12} \times 32 \right) \text{ V} = 30 \text{ V}$$

　　(2) 求 R_o。由图 2.5.2(c) 可求出 R_o

$$R_\text{o} = \left(1 + \frac{4 \times 12}{4+12} \right) \text{ Ω} = 4 \text{ Ω}$$

于是，可得戴维南等效电路，如图 2.5.2(d) 所示。

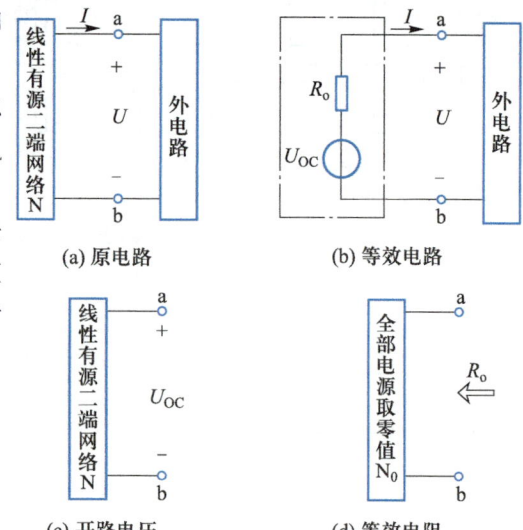

(a) 原电路　　　　　　(b) 等效电路

(c) 开路电压　　　　　(d) 等效电阻

图 2.5.1　戴维南定理的说明

---

　　① 文中戴维南与视频中戴维宁同义。

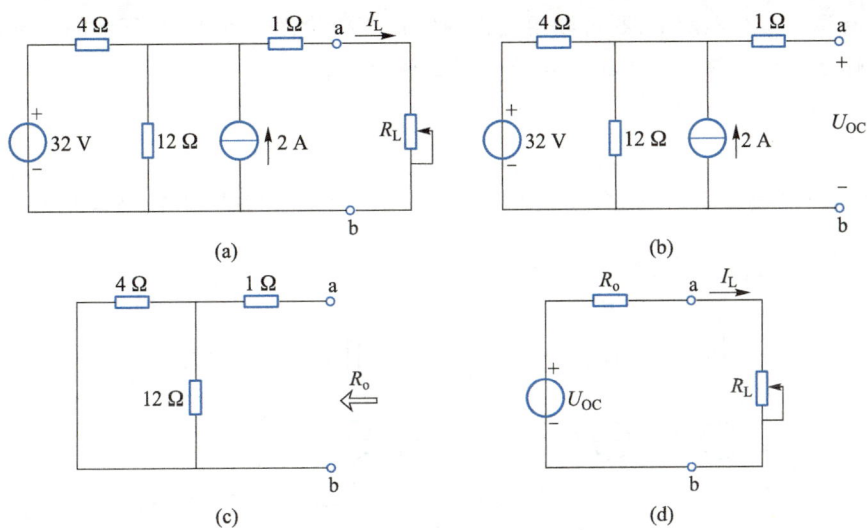

图 2.5.2 例 2.5.1 的电路

(3) 求电流。由图 2.5.2(d),求出负载电流 I_L

$$I_L = \frac{U_{OC}}{R_o + R_L}$$

当 $R_L = 6\ \Omega$ 时,$I_L = 3\ \text{A}$;

当 $R_L = 16\ \Omega$ 时,$I_L = 1.5\ \text{A}$;

当 $R_L = 36\ \Omega$ 时,$I_L = 0.75\ \text{A}$。

2.5.2 诺顿定理

定理:任何一个有源二端线性网络都可以用一个电流源与电阻并联的实际电流源来等效,如图 2.5.3(a)(b)所示。其电流源的电流 I_{SC} 等于该有源二端网络在 a、b 端口处的短路电流,求电阻 R_o 与戴维南定理中求 R_o 的方法相同,如图 2.5.3(c)(d)所示。

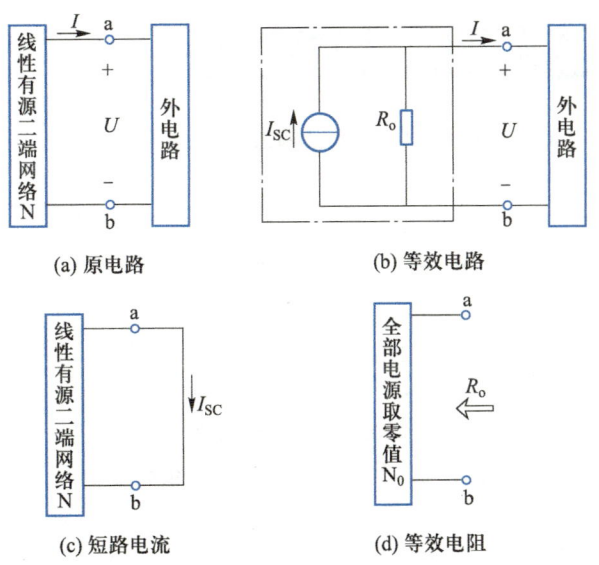

图 2.5.3 诺顿定理的说明

一个有源二端线性网络,既可以用戴维南定理等效为图 2.5.1(b)所示的戴维南电路,也可以用诺顿定理等效为图 2.5.3(b)所示的诺顿电路。

[练习与思考]

2.5.1 用戴维南定理和诺顿定理分别求出图 2.5.4 中各有源二端线性网络的等效电压源和等效电流源。

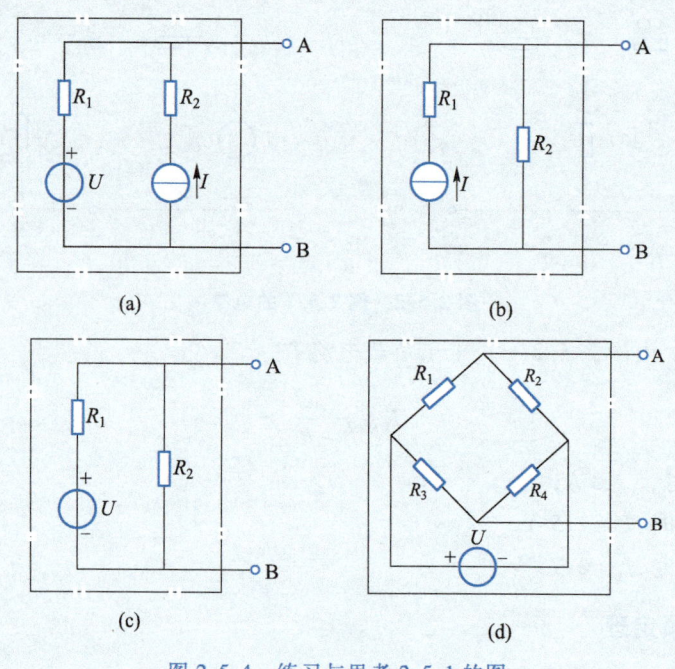

图 2.5.4 练习与思考 2.5.1 的图

*2.6 应用实例(最大功率传输条件)

由戴维南定理可以知道,任何一个有源二端线性网络都可以用一个理想电压源与电阻串联的实际电压源来等效。

图 2.6.1 可视为由一个电源向负载输送电能的模型,R_o 为电源内阻和传输线路电阻的总和,R_L 为可变负载电阻,负载 R_L 的功率用 P 表示,则可得

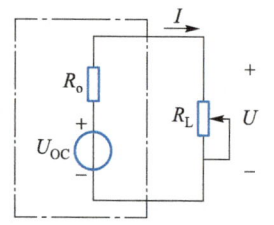

图 2.6.1 电源向负载输送电能模型

$$P = I^2 R_L = \left(\frac{U_{OC}}{R_o + R_L} \right)^2 R_L$$

当 $R_L = 0$ 或 $R_L \to \infty$ 时,电源输送给负载的功率均为 0,以不同的 R_L 值代入上式可求得不同的 P 值,其中必有一个 R_L 值使负载能够从电源处获得最大功率。

根据数学求最大值的方法可得当 $R_L = R_o$ 时,负载从电源获得的功率最大,且最大功

率为

$$P_{\max} = \left(\frac{U_{\mathrm{OC}}}{R_{\mathrm{o}}+R_{\mathrm{L}}}\right)^2 R_{\mathrm{L}} = \left(\frac{U_{\mathrm{OC}}}{R_{\mathrm{o}}+R_{\mathrm{o}}}\right)^2 R_{\mathrm{o}} = \frac{U_{\mathrm{OC}}^2}{4R_{\mathrm{o}}}$$

此时,称电路处于"匹配"工作状态。

在电路处于"匹配"状态时,电源本身要消耗一半的功率。此时电源的效率只有 50%,显然在电力系统的能量传输过程是绝对不允许的。发电机内阻很小,电路传输的最主要目标是高效率传输电,为此负载电阻应远大于电源内阻,即不允许运行在"匹配"状态。而在电子技术中却完全不同,一般来说,信号源本身功率较小,且有较大的内阻。负载电阻(如扬声器)往往是较小的定值,希望能从电源获得最大的功率输出,而电源的效率往往不予考虑。通常设法改变负载电阻,或者在信号源与负载之间加阻抗变换器(如音频功放的输出级与扬声器之间的输出变压器),使电路处于"匹配"工作状态,以使负载能获得最大的功率输出。

习题

2.1 在题图 2.1 所示电路中,R_1、R_2、R_3 和 R_4 的额定值均为 6.3 V、0.3 A,R_5 的额定值为 6.3 V、0.45 A。为使上述各电阻均处于额定工作状态,应选用多大阻值的电阻 R_x 和 R_y?

2.2 题图 2.2 所示的是一衰减电路,共有 4 挡。当输入电压 $U_1 = 16$ V 时,试计算各挡输出电压 U_2。

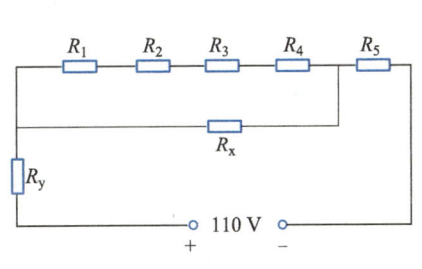

题图 2.1 习题 2.1 的电路

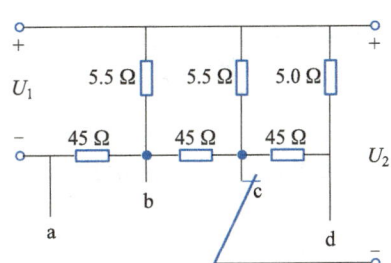

题图 2.2 习题 2.2 的电路

2.3 利用电源模型的等效变换法化简题图 2.3 所示电路。已知 $U_{\mathrm{S1}} = 9$ V,$U_{\mathrm{S2}} = 12$ V,$I_{\mathrm{S1}} = 5$ A,$I_{\mathrm{S2}} = 2$ A,$R_1 = 3$ Ω,$R_2 = 6$ Ω。

2.4 试用电源模型的等效变换法求题图 2.4 所示电路中的 I。

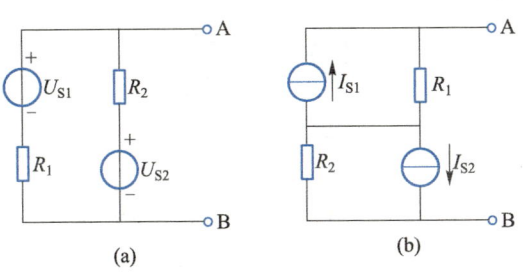

(a)　(b)

题图 2.3 习题 2.3 的电路

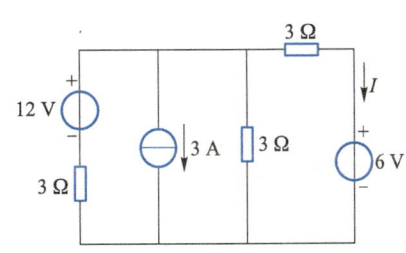

题图 2.4 习题 2.4 的电路

2.5 试用电源模型的等效变换法求题图 2.5 所示电路中的电流 I。

2.6 在题图 2.6 所示电路中,已知 $U_1 = 24\text{ V}$,$U_2 = 20\text{ V}$,$R_1 = R_2 = 30\ \Omega$,$R_3 = 60\ \Omega$,求各支路电流。

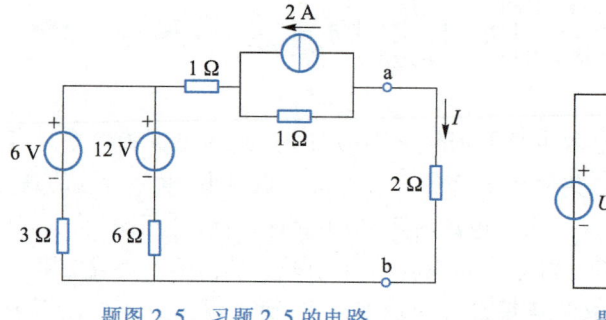

题图 2.5 习题 2.5 的电路

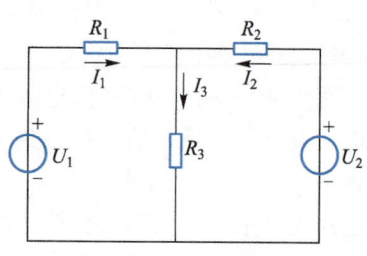

题图 2.6 习题 2.6 的电路

2.7 用支路电流法求题图 2.7 中所标的各未知电流和电压,并说明电压源和电流源是发出功率还是吸收功率。

2.8 用节点电压法求题图 2.8 所示电路节点②的电位 V_2。

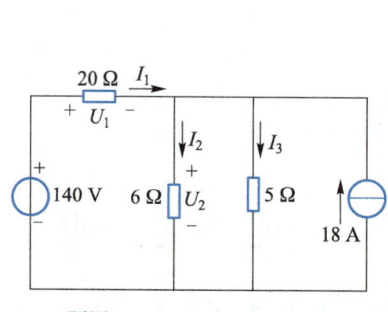

题图 2.7 习题 2.7 的电路

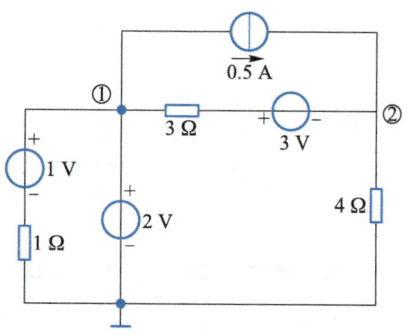

题图 2.8 习题 2.8 的电路

2.9 用叠加定理计算题图 2.9 所示电路中的电流 I_3。

2.10 在题图 2.10 所示电路中,

(1) 求开关合在 a 点时的电流 I_1、I_2、I_3;

(2) 开关合在 b 点时,利用(1)的结果,用叠加定理计算 I_1、I_2、I_3。

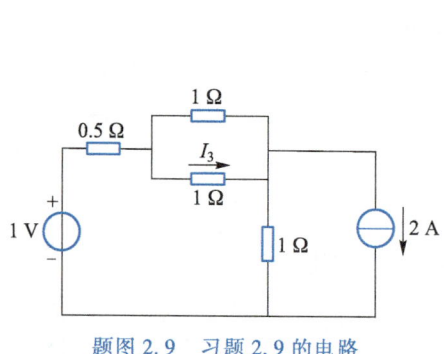

题图 2.9 习题 2.9 的电路

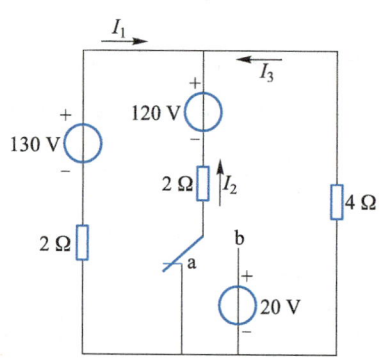

题图 2.10 习题 2.10 的电路

2.11 求题图 2.11 所示各电路的戴维南等效电路。

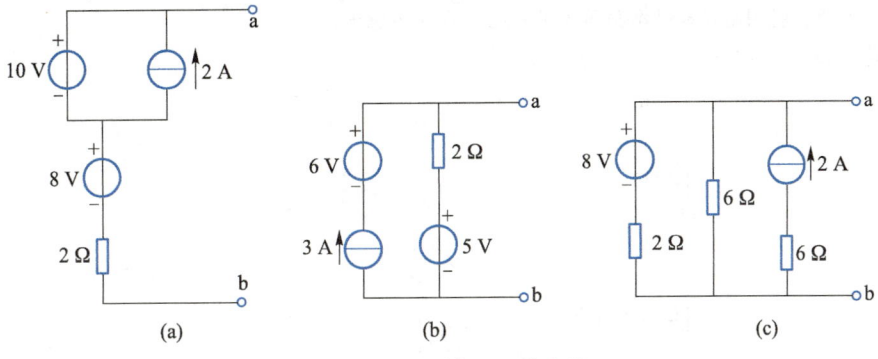

(a)　　　　　　　　(b)　　　　　　　　(c)

题图 2.11　习题 2.11 的电路

2.12　题图 2.12 所示是常见的分压电路。试用戴维南定理和诺顿定理分别求负载电流 I_L。

2.13　用戴维南定理和诺顿定理分别计算题图 2.13 所示桥式电路中电阻 R_1 上的电流。

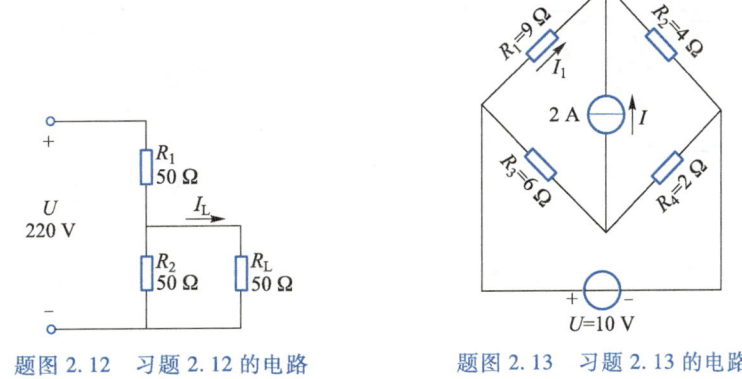

题图 2.12　习题 2.12 的电路　　　　　题图 2.13　习题 2.13 的电路

2.14　求题图 2.14 所示电路中的电压 U_{ab}。

2.15　在题图 2.15 所示电路中,求开关断开和闭合两种状态下 A 点的电位。

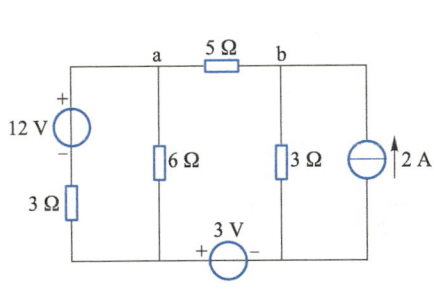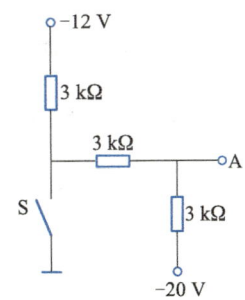

题图 2.14　习题 2.14 的电路　　　　　题图 2.15　习题 2.15 的电路

2.16　求题图 2.16 所示电路中 A 点的电位。

2.17　在 Multisim 中构建如题图 2.17 所示的电路,测量电流 I_2 并验证叠加定理。已知 $U_S = 6\ \text{V}$,$I_S = 0.3\ \text{A}$,$R_1 = 60\ \Omega$,$R_2 = 40\ \Omega$,$R_3 = 30\ \Omega$,$R_4 = 20\ \Omega$。

2.18　在 Multisim 中构建如题图 2.18 所示的电路。

(1) 当 S 断开时用电压探针测量 B、C 点电位并测量电感电流;

（2）当 S 闭合时用电压探针测量 B、C 点电位并测量电感电流；

（3）若 C 点连接 9 V 电源，重复（1）（2）。

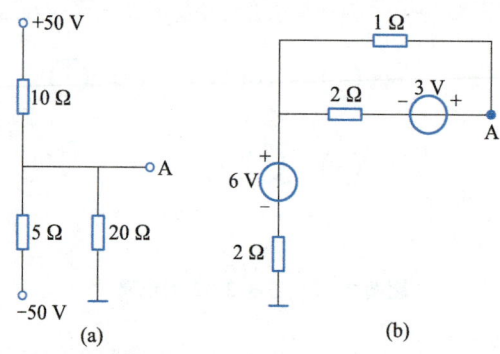

题图 2.16 习题 2.16 的电路

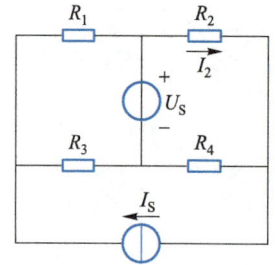

题图 2.17 习题 2.17 的电路

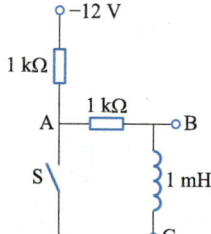

题图 2.18 习题 2.18 的电路

自测题

一、选择题

1. 电路如图 Z2.1 所示，现用支路电流法求解，下面描述正确的是（ ）。

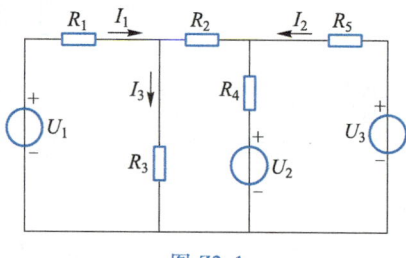

图 Z2.1

    a. 可列出 3 个独立的节点电流方程

    b. 可列出 3 个独立的回路电压方程

    c. 可通过列出 6 个独立方程求解电路

    d. 上面描述均正确

2. 电路如图 Z2.2 所示，若增大 R_1，则（ ）。

    a. I_1、I_2 均变小

    b. I_1 不变，I_2 变大

    c. I_1、I_2 均不变

    d. I_1、I_2 均变大

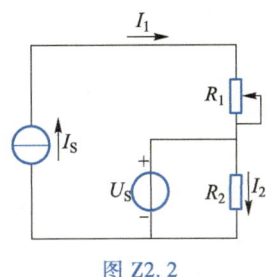

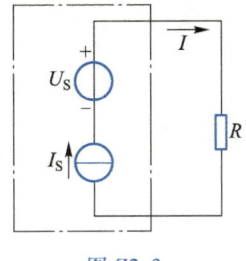

图 Z2.2 图 Z2.3

3. 电路如图 Z2.3 所示,对负载 R 而言,点画线框中的电路可用一个等效电源代替,该等效电源是( )。

a. 理想电压源 b. 理想电流源 c. 不能确定

4. 图 Z2.4 所示为一有源二端线性网络,它的戴维南等效电压源的内阻 R_0 为( )。

a. 3 Ω b. 2 Ω c. 1.5 Ω

5. 在图 Z2.5 所示的电路中,A 点的电位 V_A 为( )。

a. 2 V b. −4 V c. −2 V

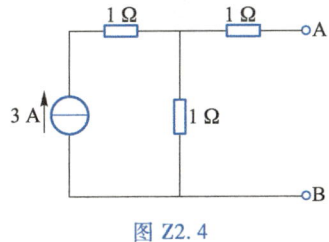

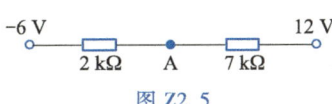

图 Z2.4 图 Z2.5

二、填空题

1. 图 Z2.6 所示电路中,当理想电流源单独作用时,电流 I =( )。

2. 电路如图 Z2.7 所示,开路电压 U_{ab} =( )。

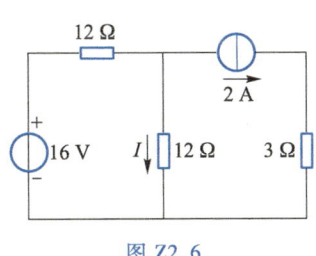

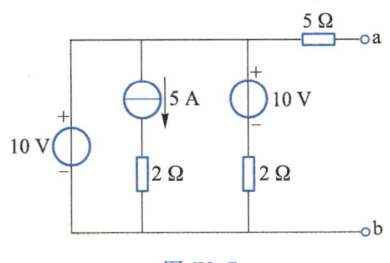

图 Z2.6 图 Z2.7

第 2 章习题与自测题答案

>>> 第3章

··· 电路的暂态分析

学习目标:

1. 理解换路定则的概念,能够利用换路定则确定电压、电流的初始值。

2. 理解零输入响应、零状态响应、全响应的概念,理解时间常数的物理意义。

3. 掌握一阶电路的三要素法,并利用其分析电路的暂态问题。

在直流电路中,电压和电流等物理量都是不随时间变化的。在正弦交流电路中,电压和电流等物理量都是周期性地重复所发生的过程,电路的这些状态,称为**稳定状态**,简称**稳态**。但实际上,电路在接通、断开或电路的电源、参数、结构等发生变化时,电路的状态从一种稳态变化到另一种稳态往往不能跃变,而是需要一定过程,这个变化过程往往非常短暂,故称为**暂态过程**,简称**暂态**,工程上也称为过渡过程。

微视频 3-1
稳态和暂态

电路的暂态过程持续时间虽然短暂,但会产生许多新问题、新现象,具有重要的工程实际意义。为了认识和掌握暂态过程的规律,充分利用其有利的一面,有效地预防和抑制其有害的一面,就需要学习和研究电路的暂态过程。

本章主要分析 RC 和 RL 一阶线性电路在直流激励下的暂态过程,着重分析暂态过程中电压和电流随时间变化的规律,重点掌握一阶线性电路暂态分析的三要素法。

3.1 换路定则与电压和电流初始值的确定

微视频 3-2
换路定则
与电压和
电流初始
值的确定

当电路中有储能元件(电感元件 L 或电容元件 C)时,电感和电容往往会有一定的储能。能量是不能突变的,因为 $p = \dfrac{\mathrm{d}W}{\mathrm{d}t}$,若能量突变,就会出现 $p \to \infty$,这在客观上是不可能的。电容元件的储能为 $W_C = \dfrac{1}{2}Cu_C^2$,能量不能突变,说明电容元件的电压 u_C 不能突变;电感元件的储能为 $W_L = \dfrac{1}{2}Li_L^2$,能量不能突变,说明电感元件的电流 i_L 不能突变。因此,电容元件的电压和电感元件的电流从一个稳态变化到另一个稳态时,需要一个过渡过程。

电容元件的电压和电感元件的电流不能突变也可以从另一个角度来解释。因为 $i_C = C\dfrac{\mathrm{d}u_C}{\mathrm{d}t}$,$u_L = L\dfrac{\mathrm{d}i_L}{\mathrm{d}t}$,若电容元件的电压和电感元件的电流能够突变,则电容元件的电流和电感元件的电压为无穷大,而无穷大的电流和电压是不存在的。

3.1.1 换路定则

设 $t=0$ 为换路瞬间,$t=0_-$ 表示换路前的终了瞬间,$t=0_+$ 表示换路后的初始瞬间,则从 $t=0_-$ 到 $t=0_+$ 瞬间,电容元件的电压和电感元件的电流不能突变,这称为**换路定则**。用公式表示为

$$\begin{cases} u_C(0_+) = u_C(0_-) \\ i_L(0_+) = i_L(0_-) \end{cases} \tag{3.1.1}$$

3.1.2 电压和电流初始值的确定

若 $t=0$ 为换路瞬间,则把 $t=0_+$ 时电路中的各电压和电流的值,称为暂态过程的初始值。确定初始值是暂态分析中首先要解决的问题,分析步骤如下:

① 求出 $t=0_-$ 时电路中电容元件的电压和电感元件的电流,即 $u_C(0_-)$ 和 $i_L(0_-)$。

② 根据换路定则,$u_C(0_+) = u_C(0_-)$,$i_L(0_+) = i_L(0_-)$,确定电容元件的初始电压 $u_C(0_+)$ 和

电感元件的初始电流 $i_L(0_+)$。

③ 画出 $t=0_+$ 瞬间的等效电路。将电容元件作为理想电压源处理,其电压值和方向由 $u_C(0_+)$ 确定;将电感元件作为理想电流源处理,其电流值和方向由 $i_L(0_+)$ 确定。利用该等效电路求出其他各量的初始值。

例 3.1.1 在图 3.1.1(a) 所示电路中,$t=0$ 时开关 S 断开,设开关断开前电路已处于稳态。求开关断开后瞬间初始电压 $u_C(0_+)$ 和初始电流 $i(0_+)$。

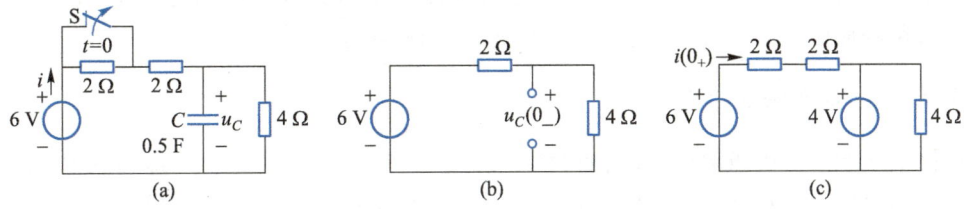

图 3.1.1 例 3.1.1 的电路

解 (1)画出 $t=0_-$ 时的等效电路,如图 3.1.1(b) 所示。从电路中可求出

$$u_C(0_-)=\frac{4}{2+4}\times 6 \text{ V}=4 \text{ V}$$

(2)根据换路定则,得 $\quad u_C(0_+)=u_C(0_-)=4 \text{ V}$

(3)画出 $t=0_+$ 时的等效电路,如图 3.1.1(c) 所示。其中电容元件作理想电压源处理,其值为 $u_C(0_+)=4 \text{ V}$。由该电路求出电流 i 的初始值 $i(0_+)$

$$i(0_+)=\frac{6-4}{2+2} \text{ A}=0.5 \text{ A}$$

[练习与思考]

3.1.1 电感元件的电压和电容元件的电流能否突变?电路中还有哪些量可以突变?

3.1.2 在图 3.1.2 所示的电路中,试确定在开关 S 断开后初始瞬间的电压 u_C 和电流 i_C、i_1、i_2 的值。假设 S 断开前电路已处于稳态。

3.1.3 在图 3.1.3 所示的电路中,已知 $R=2 \text{ }\Omega$,电压表的内阻为 $2.5 \text{ k}\Omega$,电源电压 $U=4 \text{ V}$。试求开关 S 断开瞬间电压表两端的电压 U_V。设换路前电路已处于稳态。

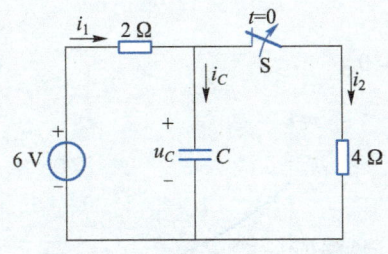

图 3.1.2 练习与思考 3.1.2 的图

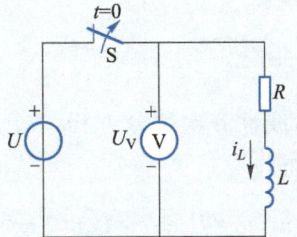

图 3.1.3 练习与思考 3.1.3 的图

3.2 一阶线性电路的响应

电路暂态过程的分析方法很多,其中最基本的分析方法为经典法,即根据电路的基本定律列出以时间为自变量的微分方程,然后,利用已知的初始条件求解电路的微分方程以得出电路的响应。由于电路的激励和响应都是时间的函数,所以这种分析也是时域分析。

本节用经典法讨论一阶 RC 电路和一阶 RL 电路的响应。

3.2.1 RC 电路的响应

电路中的响应是由激励产生的,而激励一般指的是外加的输入信号,即独立电源,在动态电路中,激励除了独立电源以外,还可以是动态元件上的初始储能,即电容上的初始电压 $u_C(0_+)$,或电感上的初始电流 $i_L(0_+)$。

在一阶线性电路中,根据作用激励的不同,把响应分为零输入响应、零状态响应和全响应。

1. RC 电路的零输入响应

微视频 3-3
零输入响应(含时间常数的讨论)

所谓 RC 电路的零输入,是指无外部电源激励,输入信号为零。在此条件下,由电容元件的初始状态 $u_C(0_+)$ 所产生的响应,称为零输入响应。电路如图 3.2.1 所示。

若换路前电路到达稳态,$t=0$ 时开关由位置 1 切换到位置 2,此时电容元件两端电压的初始值为

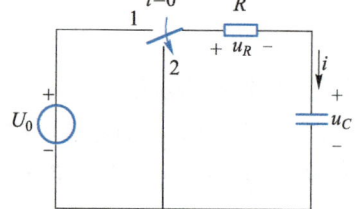

图 3.2.1 RC 电路的零输入响应

$$u_C(0_+) = u_C(0_-) = U_0$$

由于此时电路脱离电源,电容元件通过电阻 R 开始放电。因此,分析 RC 电路的零输入响应,实际上就是分析它的放电过程。

根据 KVL,$t \geqslant 0$ 时电路的微分方程为

$$iR + u_C = 0$$

因为

$$i = i_C = C\frac{\mathrm{d}u_C}{\mathrm{d}t}$$

代入上式,整理得

$$RC\frac{\mathrm{d}u_C}{\mathrm{d}t} + u_C = 0 \tag{3.2.1}$$

这是一个一阶线性齐次微分方程,在已知的初始条件下,它的解为

$$u_C(t) = U_0 \mathrm{e}^{-\frac{t}{RC}} = U_0 \mathrm{e}^{-\frac{t}{\tau}} \tag{3.2.2}$$

其随时间的变化曲线如图 3.2.2 所示。电容元件的电压由初始值 U_0 按指数规律变化,最终衰减到零。

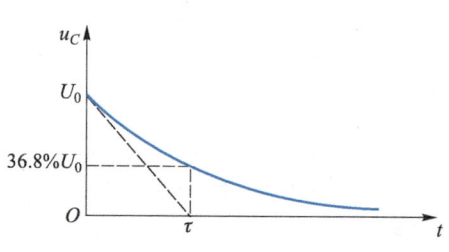

图 3.2.2 RC 电路零输入响应曲线

式（3.2.2）中

$$\tau = RC \tag{3.2.3}$$

它具有时间的量纲，称为电路的时间常数。当电阻的单位为 Ω，电容的单位为 F 时，τ 的单位是 s。

τ 的大小决定了暂态过程的长短。τ 越大，变化的速度越慢，暂态过程越长；τ 越小，变化的速度越快，暂态过程越短。改变 R 或 C 的数值，都可改变时间常数 τ 的大小，也就可以改变暂态过程进行的速度。

当 $t = \tau$ 时

$$u_C = U_0 \mathrm{e}^{-1} = 36.8\% \, U_0$$

可见，时间常数 τ 等于电容元件的电压 u_C 从初始值 U_0 衰减到 $36.8\% \, U_0$ 时所需的时间。理论上，只有当 t 趋近于 ∞ 时，电路才达到新的稳态；工程上，$t \geq 5\tau$ 后，就可以认为暂态过程基本结束，电路达到新的稳态。

当电路发生暂态过程时，不仅电容元件两端电压有暂态过程产生，电容元件中的电流及电阻元件的电压等也都存在暂态过程，并且具有相同的时间常数。这说明，电路中各物理量的暂态过程同时发生，也同时结束。同样可求得图 3.2.1 所示电路 $t \geq 0$ 时电路电流和电阻元件电压的变化规律，即

$$i(t) = C \frac{\mathrm{d}u_C}{\mathrm{d}t} = -\frac{U_0}{R} \mathrm{e}^{-\frac{t}{\tau}} \tag{3.2.4}$$

$$u_R(t) = Ri = -U_0 \mathrm{e}^{-\frac{t}{\tau}} \tag{3.2.5}$$

2. RC 电路的零状态响应

所谓 RC 电路的零状态，是指换路前电容元件未储有能量，即 $u_C(0_-) = 0$。在此条件下，由电源激励所产生的响应，称为零状态响应。电路如图 3.2.3 所示。

因换路前电容元件未储能，所以电容元件两端电压的初始值为

$$u_C(0_+) = u_C(0_-) = 0$$

在 $t = 0$ 时将开关合上，电路与一电压为 U 的电压源接通，电容元件开始充电。因此，分析 RC 电路的零状态响应，实际上就是分析它的充电过程。

根据 KVL，$t \geq 0$ 时电路的微分方程为

$$iR + u_C = U$$

因为

$$i = i_C = C \frac{\mathrm{d}u_C}{\mathrm{d}t}$$

代入上式，整理得

$$RC \frac{\mathrm{d}u_C}{\mathrm{d}t} + u_C = U \tag{3.2.6}$$

这是一个一阶线性非齐次微分方程，在已知的初始条件下，它的解为

$$u_C(t) = U - U\mathrm{e}^{-\frac{t}{RC}} = U(1 - \mathrm{e}^{-\frac{t}{\tau}}) \tag{3.2.7}$$

变化曲线如图 3.2.4 所示。此时，电容元件的电压由初始值 0 按指数规律变化到新的稳态值 U，变化的速度取决于 τ。

微视频 3-4
零状态响应

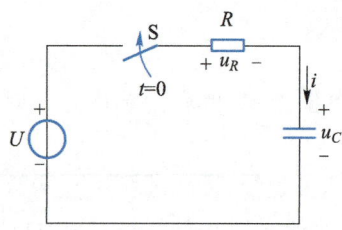

图 3.2.3 *RC* 电路的零状态响应

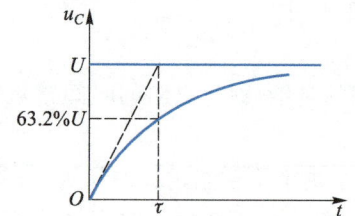

图 3.2.4 *RC* 电路零状态响应曲线

从电路的角度看,暂态过程中电容元件的电压包含两个分量:一是 U,即到达稳态时的电压,称为稳态分量;二是仅存于暂态过程中的 $Ue^{-\frac{t}{\tau}}$,称为暂态分量,其存在时间的长短取决于时间常数 τ。

同样求得图 3.2.3 所示电路 $t \geqslant 0$ 时电路电流和电阻元件电压的变化规律,即

$$i(t) = C\frac{\mathrm{d}u_c}{\mathrm{d}t} = \frac{U}{R}e^{-\frac{t}{\tau}} \tag{3.2.8}$$

$$u_R(t) = Ri = Ue^{-\frac{t}{\tau}} \tag{3.2.9}$$

3. *RC* 电路的全响应

微视频 3-5
全响应

所谓 *RC* 电路的全响应,是指电源激励和电容元件的初始状态 $u_C(0_+)$ 均不为零时电路的响应,也就是零输入响应与零状态响应两者的叠加。

电路如图 3.2.5 所示,换路前,开关 S 合在位置 1 且已达到稳态,换路后瞬间电容元件两端电压的初始值为

$$u_C(0_+) = u_C(0_-) = U_0$$

根据 KVL,$t \geqslant 0$ 时电路的微分方程为

$$RC\frac{\mathrm{d}u_c}{\mathrm{d}t} + u_c = U$$

在已知的初始条件下,它的解为

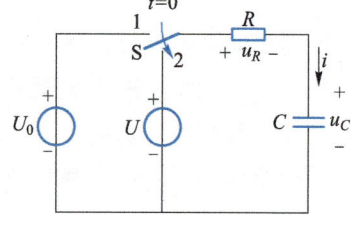

图 3.2.5 *RC* 电路的全响应

$$u_C(t) = U + (U_0 - U)e^{-\frac{t}{\tau}} \tag{3.2.10}$$

式中,U 为稳态分量,$(U_0 - U)e^{-\frac{t}{\tau}}$ 为暂态分量。全响应可表示为

全响应 = 稳态分量 + 暂态分量

将式(3.2.10)改写后得出

$$u_C(t) = U_0 e^{-\frac{t}{\tau}} + U(1 - e^{-\frac{t}{\tau}}) \tag{3.2.11}$$

显然,式中右边第一项即为式(3.2.2),是零输入响应;第二项为式(3.2.7),是零状态响应。因此

全响应 = 零输入响应 + 零状态响应

这是叠加定理在电路暂态分析中的体现,在求全响应时,电容元件的初始状态 $u_C(0_+)$ 和电源激励分别单独作用时产生的零输入响应和零状态响应的叠加,即为全响应。

变化曲线如图 3.2.6 所示。电容元件两端的电压不仅随时间按指数规律变化,另外还与 U_0 和 U 的相对大小有关,当 $U_0 > U$ 时,电容放电,变化曲线如图 3.2.6(a)所示;当 $U_0 < U$

时,电容充电,变化曲线如图 3.2.6(b)图所示。其变化的速度仍取决于 τ。

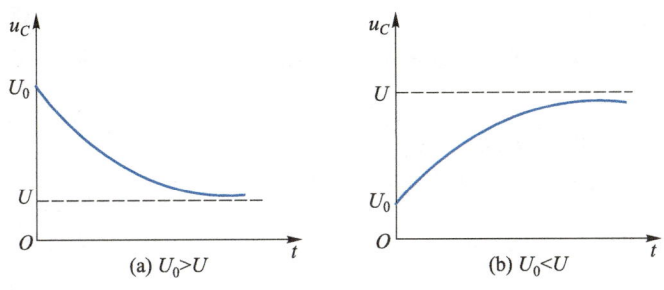

图 3.2.6 RC 电路全响应的变化曲线

3.2.2 RL 电路的响应

电机、电磁铁、电磁继电器等电磁元器件都可等效为 R、L 的串联电路。因 L 是储能元件,所以含有电感元件的电路在换路时也可能产生暂态过程。

同 RC 电路一样,RL 电路暂态过程的响应也可以用经典法来分析。而且,用经典法分析 RL 电路与分析 RC 电路暂态过程的响应有许多相似之处,如电路微分方程的形式相同,方程的求解过程相同,响应解析式的形式相同,电路时间常数的大小对暂态过程进程的影响相同等。需要注意的是电路时间常数的表达式不同。在 RL 电路中,电路的时间常数为

$$\tau = L/R \tag{3.2.12}$$

1. RL 电路的零输入响应

电路如图 3.2.7 所示。

若换路前电路到达稳态,$t=0$ 时开关由位置 1 切换到位置 2,此时电感元件电流的初始值为

$$i_L(0_+) = i_L(0_-) = \frac{U}{R}$$

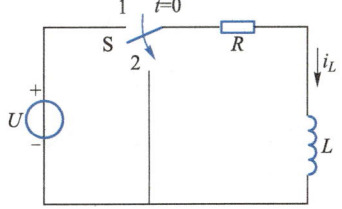

图 3.2.7 RL 电路的零输入响应

根据 KVL,$t \geq 0$ 时电路的微分方程为

$$i_L R + L \frac{\mathrm{d}i_L}{\mathrm{d}t} = 0$$

在已知的初始条件下,得 RL 电路的零输入响应为

$$i_L(t) = \frac{U}{R}\mathrm{e}^{-\frac{R}{L}t} = \frac{U}{R}\mathrm{e}^{-\frac{t}{\tau}} \tag{3.2.13}$$

式中

$$\tau = L/R$$

它也具有时间的量纲,是 RL 电路的时间常数。

由图 3.2.7 可求得 $t \geq 0$ 时电阻元件和电感元件上的电压分别为

$$u_R(t) = Ri = U\mathrm{e}^{-\frac{t}{\tau}} \tag{3.2.14}$$

$$u_L(t) = L\frac{\mathrm{d}i_L}{\mathrm{d}t} = -U\mathrm{e}^{-\frac{t}{\tau}} \tag{3.2.15}$$

2. *RL* 电路的零状态响应

电路如图 3.2.8 所示。

因换路前电感元件未储能,所以电感元件电流的初始值为

$$i_L(0_+) = i_L(0_-) = 0$$

根据 KVL,$t \geqslant 0$ 时电路的微分方程为

$$i_L R + L \frac{\mathrm{d}i_L}{\mathrm{d}t} = U$$

图 3.2.8   *RL* 电路的
零状态响应

在已知的初始条件下,得 *RL* 电路的零状态响应为

$$i_L(t) = \frac{U}{R} - \frac{U}{R} \mathrm{e}^{-\frac{t}{\tau}} \tag{3.2.16}$$

3. *RL* 电路的全响应

电路如图 3.2.9 所示。

换路前,电路已达到稳态,换路后瞬间电感元件电流的初始值为

$$i_L(0_+) = i_L(0_-) = \frac{U}{R_1 + R} = I_0$$

根据 KVL,$t \geqslant 0$ 时电路的微分方程为

$$i_L R + L \frac{\mathrm{d}i_L}{\mathrm{d}t} = U$$

在已知的初始条件下,得 *RL* 电路的全响应为

$$i_L(t) = \frac{U}{R} + \left(I_0 - \frac{U}{R}\right) \mathrm{e}^{-\frac{R}{L}t} \tag{3.2.17}$$

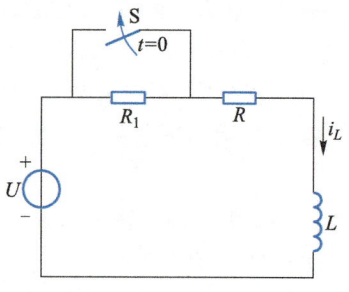

图 3.2.9   *RL* 电路的全响应

式中,右边第一项为稳态分量;第二项为暂态分量。

将式(3.2.17)改写后得出

$$i_L(t) = I_0 \mathrm{e}^{-\frac{t}{\tau}} + \frac{U}{R}\left(1 - \mathrm{e}^{-\frac{t}{\tau}}\right) \tag{3.2.18}$$

显然,式中右边第一项即为式(3.2.13),是零输入响应;第二项为式(3.2.16),是零状态响应。

由以上分析可见,*RL* 电路中 i_L 的零输入、零状态和全响应表达式分别与 *RC* 电路中 u_C 的零输入、零状态和全响应表达式的形式是一样的,因此,其响应曲线的形式也是一样的,请读者对照 *RC* 电路的响应曲线,画出 *RL* 电路的各种响应曲线。

[练习与思考]

3.2.1   常用万用表的"$R \times 1\,000$"挡来检查电容器的质量。如果出现下列现象之一,试评估其质量之优劣并说明原因。

(1)表针不动;

(2)表针满偏转;

(3)表针偏转后慢慢返回原刻度处(∞);

(4)表针偏转后不能返回原刻度处(∞)。

3.2.2　图 3.2.10 所示的电路中,与 RL 线圈并联的是二极管。设二极管的正向电阻为零,反向电阻为无穷大。试问,二极管在此起何作用?

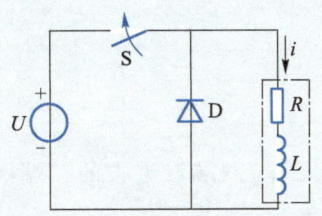 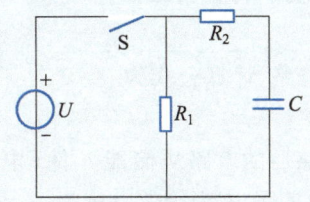

图 3.2.10　练习与思考 3.2.2 的图　　　图 3.2.11　练习与思考 3.2.3 的图

3.2.3　电路如图 3.2.11 所示,开关 S 闭合时电容器充电,S 再断开时电容器放电,试分别求出充电和放电时电路的时间常数。

3.3　一阶线性电路暂态分析的三要素法

只含一个储能元件或可等效为一个储能元件的线性电路,不论是简单的或复杂的,当电路中元件参数为常数时,列出的微分方程都是一阶常系数线性微分方程,这种电路称为一阶线性电路。

通过前面的分析可知,对一阶线性电路而言,只要电路中电压或电流的初始值、稳态值和时间常数确定了,电路的暂态响应也就确定了,见式(3.2.10)。暂态过程中电压和电流都是按指数规律变化的,在它的初始值、稳态值及时间常数这三个要素确定以后,我们就能立即画出它的波形图,并写出相应的解析表达式。

一阶线性电路的响应是稳态分量(包括零值)和暂态分量两部分的叠加。若写成一般表达式,则为

$$f(t) = f'(t) + f''(t) = f(\infty) + Ae^{-\frac{t}{\tau}} \tag{3.3.1}$$

式中,$f(t)$ 是电压或电流,$f(\infty)$ 是稳态分量,$Ae^{-t/\tau}$ 是暂态分量。若初始值为 $f(0_+)$,则得 $A = f(0_+) - f(\infty)$,于是可写出分析一阶线性电路暂态过程中任意响应的一般公式为

$$f(t) = f(\infty) + [f(0_+) - f(\infty)] e^{-\frac{t}{\tau}} \tag{3.3.2}$$

这种无须求解电路的微分方程,而只利用 $f(0_+)$、$f(\infty)$ 和 τ 这三个要素求解一阶线性电路暂态响应的方法叫作一阶线性电路暂态分析的三要素法。需要注意的是,三要素法只适用于在直流电源作用下的 RC 或 RL 一阶线性电路。

三要素法是分析一阶线性电路暂态响应的有效方法,其求解步骤为:

(1)计算初始值 $f(0_+)$。$f(0_+)$ 表示换路后瞬间响应的初始值,即 $t = 0_+$ 时电压或电流的值。该值可利用换路定则计算。

(2)计算稳态值 $f(\infty)$。$f(\infty)$ 表示响应的稳态值,即 $t \to \infty$,电路处于新的稳态时的电压或电流值。计算时首先画出电路到达新的稳态时的等效电路(电容元件视为开路,电感元件视为短路),然后用电路的分析方法计算各电压或电流值。

（3）计算时间常数 τ。τ 表示一阶线性电路的时间常数,改变它可以改变暂态过程进程的快慢。

对于 RC 电路,计算公式为

$$\tau = R_0 C \tag{3.3.3}$$

对于 RL 电路,计算公式为

$$\tau = L/R_0 \tag{3.3.4}$$

其中,R_0 是换路后的电路从储能元件（电容或电感元件）两端看进去的二端网络的等效电阻,C 为等效电容量,L 为等效电感量。

（4）将上述三要素代入式(3.3.2)即可求得电路的响应。

例 3.3.1 电路如图 3.3.1（a）所示,已知 $R_1 = R_2 = R_3 = 3$ kΩ,$C = 10^3$ pF,$U = 12$ V,$t = 0$ 时将开关 S 断开。试求 $t \geqslant 0$ 时电压 u_C 和 u_0 的变化规律。设开关 S 断开前电路已处于稳态。

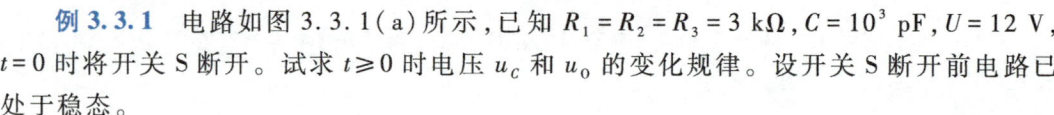

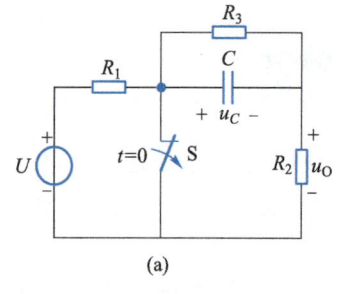

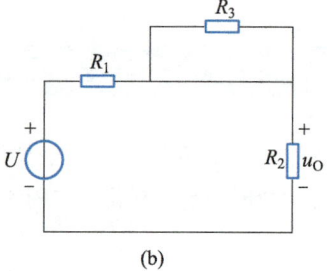

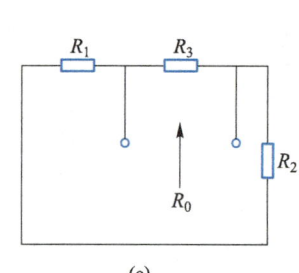

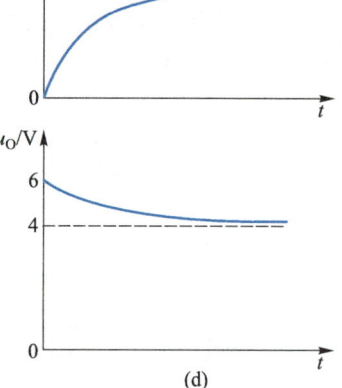

图 3.3.1 例 3.3.1 的图

解 （1）初始值

$$u_C(0_+) = u_C(0_-) = 0$$

根据图 3.3.1(b)所示 $t = 0_+$ 时的电路,得

$$u_0(0_+) = U \cdot \frac{R_2}{R_1 + R_2} = 12 \times \frac{1}{2} \text{ V} = 6 \text{ V}$$

（2）稳态值

$$u_C(\infty) = U \cdot \frac{R_3}{R_1+R_2+R_3} = 12 \times \frac{1}{3} \text{ V} = 4 \text{ V}$$

$$u_0(\infty) = U \cdot \frac{R_2}{R_1+R_2+R_3} = 12 \times \frac{1}{3} \text{ V} = 4 \text{ V}$$

（3）根据图3.3.1(c)所示电路,得

$$R_0 = R_3 /\!/ (R_1+R_2) = \frac{3 \times 6}{3+6} \text{ k}\Omega = 2 \text{ k}\Omega$$

时间常数

$$\tau = R_0 C = 2 \times 10^3 \times 10^3 \times 10^{-12} \text{ s} = 2 \times 10^{-6} \text{ s}$$

（4）将三要素代入公式(3.3.2),得

$$u_C(t) = \left[4 + (0-4)e^{-\frac{t}{2 \times 10^{-6}}} \right] \text{ V} = 4(1 - e^{-5 \times 10^5 t}) \text{ V}$$

$$u_0(t) = \left[4 + (6-4)e^{-\frac{t}{2 \times 10^{-6}}} \right] \text{ V} = (4 + 2e^{-5 \times 10^5 t}) \text{ V}$$

变化曲线如图3.3.1(d)所示。

例3.3.2 电路如图3.3.2(a)所示,换路前电路已处于稳态。试求换路后电感电压 u_L 的变化规律。

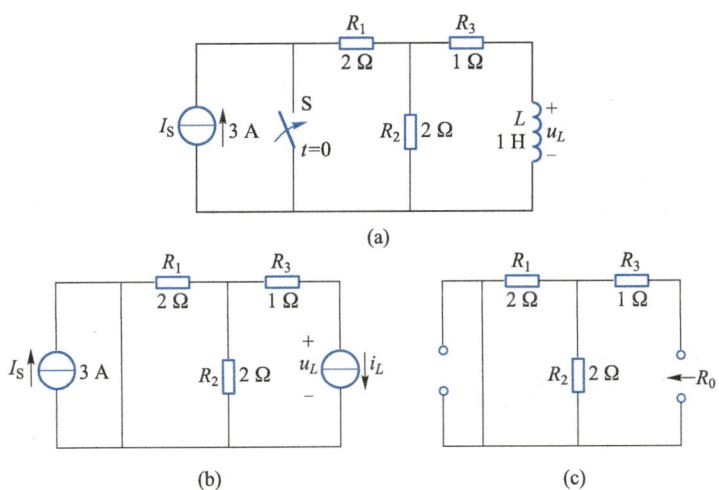

图3.3.2 例3.3.2的图

解 （1）确定 $u_L(0_+)$:根据换路前瞬间的电路求 $i_L(0_-)$ 为

$$i_L(0_-) = \frac{R_2}{R_2+R_3} \cdot I_S = \frac{2}{2+1} \times 3 \text{ A} = 2 \text{ A}$$

由换路定则有

$$i_L(0_+) = i_L(0_-) = 2 \text{ A}$$

根据图3.3.2(b)所示 $t=0_+$ 的电路,得

$$u_L(0_+) = -i_L(0_+)(R_1/\!/R_2+R_3) = -4 \text{ V}$$

（2）确定稳态值 $u_L(\infty)$

$$u_L(\infty) = 0 \text{ V}$$

（3）确定时间常数 τ：根据图3.3.2(c)所示电路，则

$$R_0 = R_1 /\!/ R_2 + R_3 = 2\ \Omega, \qquad \tau = \frac{L}{R_0} = \frac{1}{2}\ \text{s} = 0.5\ \text{s}$$

（4）将三要素代入式(3.3.2)，得

$$u_L(t) = \left[0 + (-4 - 0) \times e^{-\frac{t}{0.5}}\right]\ \text{V} = -4e^{-2t}\ \text{V}$$

[练习与思考]

3.3.1　试用三要素法写出图3.3.3所示指数曲线的表达式 $u_c(t)$。

3.3.2　已知全响应 $u_c(t) = \left[20 + (5 - 20)e^{-\frac{t}{10}}\right]$ V 或 $u_c(t) = \left[5e^{-\frac{t}{10}} + 20\left(1 - e^{-\frac{t}{10}}\right)\right]$ V，试作出 $u_c(t)$ 随时间变化的曲线，并在同一图上分别作出稳态分量、暂态分量和零输入响应、零状态响应曲线。

3.3.3　电路如图3.3.4所示，试求 $t \geq 0$ 时的电流 i_L。设换路前电路已处于稳态。

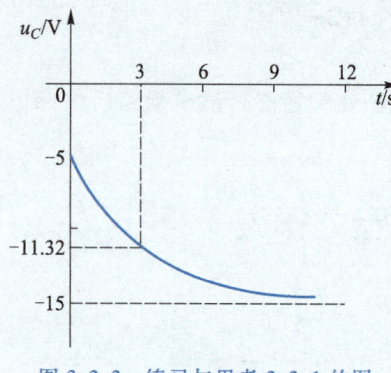

图3.3.3　练习与思考3.3.1的图

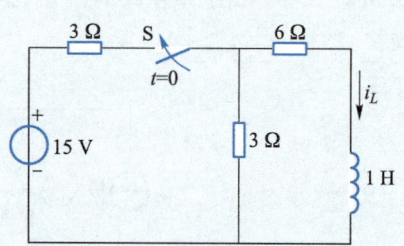

图3.3.4　练习与思考3.3.3的图

*3.4　应用实例（闪光灯电路）

闪光灯电路由直流电压源、电阻、电容和一个在临界电压下能进行放电闪光的灯组成，电路如图3.4.1所示。

灯的导通与断开受电压 u_L 控制，当灯两端的电压值 u_L 到达 $U_{\max}$ 时开始导通，导通期间可等效为一电阻 R_L。当灯两端的电压值 u_L 降至 $U_{\min}$ 时灯熄灭，相当于开路。下面对该电路的工作过程作一简单分析。

灯为开路时，直流电压源 U_S 通过电阻给电容充电，当灯电压 u_L 达到 $U_{\max}$ 时灯开始导通，电容通过灯电阻 R_L 开始放电，直至灯电压 u_L 降为 $U_{\min}$ 时灯重回开路状态，电容又开始新的充电过程。灯两端的电压（电容充放电）波形如图3.4.2所示。

设 $t = 0$ 时刻为电容开始充电瞬间，t_1 为灯导通瞬间，t_2 为灯关断瞬间。下面分 $0 \sim t_1$ 和 $t_1 \sim t_2$ 两个阶段对电路进行分析。

$0 \sim t_1$（电容充电）阶段：

$t = 0$ 时灯处于开路状态，电路如图3.4.3所示。

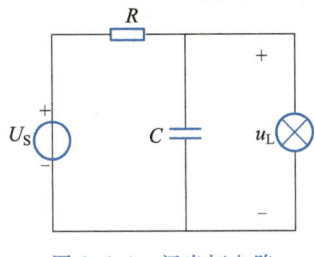

图 3.4.1 闪光灯电路

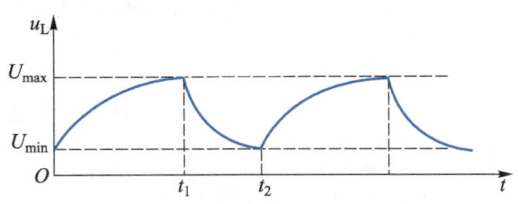

图 3.4.2 电路中灯两端的电压的波形

由上述分析知

$$u_L(0_+)=U_{\min}, \quad u_L(\infty)=U_S, \quad \tau=RC$$

灯不导通时 $u_L(t)$ 的表达式为

$$u_L(t)=U_S+(U_{\min}-U_S)e^{-\frac{t}{\tau}} \tag{3.4.1}$$

$t=t_1$ 时灯开始导通,$u_L(t_1)=U_{\max}$,代入式(3.4.1)得灯导通之前所需时间

$$t_1=RC\ln\frac{U_{\min}-U_S}{U_{\max}-U_S} \tag{3.4.2}$$

$t_1\sim t_2$(电容放电)阶段:

$t=t_1$ 时灯开始导通,灯可等效为电阻 R_L,电路如图 3.4.4 所示。

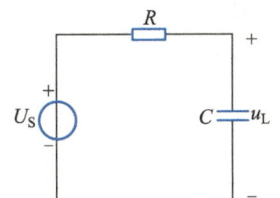

图 3.4.3 $t=0$ 时的闪光灯电路

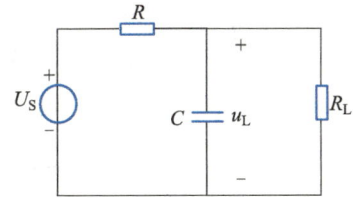

图 3.4.4 $t=t_1$ 时的闪光灯电路

$$u_L(0_+)=U_{\max}, \quad u_L(\infty)=\frac{R_L}{R+R_L}U_S=U_{Th}, \quad \tau=(R/\!/R_L)C$$

灯导通时 $u_L(t)$ 的表达式为

$$u_L(t)=U_{Th}+(U_{\max}-U_{Th})e^{-\frac{(t-t_1)}{\tau}} \tag{3.4.3}$$

$t=t_2$ 时灯关断,$u_L(t_2)=U_{\min}$,代入式(3.4.3)求得灯导通的时间

$$t_2-t_1=(R/\!/R_L)C\ln\frac{U_{\min}-U_{Th}}{U_{\max}-U_{Th}} \tag{3.4.4}$$

例 3.4.1 假设图 3.4.1 中的电路为一便携闪光灯电路。电路的电源为 4 节 1.5 V 电池,电容为 10 μF。设灯的电压达到 4 V 时导通,导通电阻为 20 kΩ,当电压降到 1 V 以下关断。要求两次闪光之间的时间小于 10 s,电阻 R 应如何取值? 闪光灯能持续多长时间?

解 两次闪光之间的时间小于 10 s,即灯在不导通状态的时间小于 10 s,设定 $t_1=10$ s,代入式(3.4.2)中,得

$$10 = R \times 10 \times 10^{-6} \times \ln\frac{1-6}{4-6}$$

解得

$$R = 1.09 \text{ M}\Omega$$

若选择 $R = 1$ MΩ，则 $t_1 = 9.16$ s。

闪光灯持续时间即灯导通的时间为 $t_2 - t_1$，代入式(3.4.4)得

$$t_2 - t_1 = (R/\!/R_{\text{L}})C\ln\frac{U_{\min} - U_{\text{Th}}}{U_{\max} - U_{\text{Th}}} = 0.45 \text{ s}$$

其中

$$U_{\text{Th}} = \frac{R_{\text{L}}}{R + R_{\text{L}}}U_{\text{S}} = 0.117\,65 \text{ V}$$

因此，闪光持续时间为 0.45 s。

习题

3.1 题图 3.1 所示各电路在换路前已处于稳态，求换路后电流 i 的初始值和稳态值。

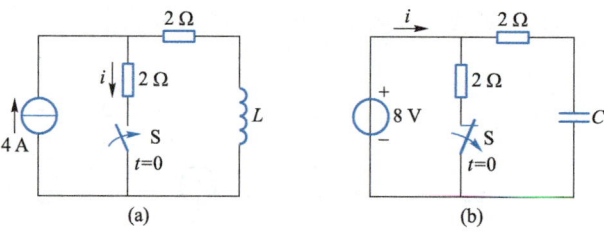

(a)　　　　　　　　(b)

题图 3.1　习题 3.1 的电路

3.2 题图 3.2 所示电路中，开关 S 闭合前电路处于稳态，求 u_L 和 i_C 的初始值。

3.3 求题图 3.3 所示电路中的 $u_C(t)$、$i_C(t)$。已知 $U = 100$ V，$C = 0.25$ μF，$R_1 = R_2 = R_3 = 4$ Ω。换路前电路已处于稳态。

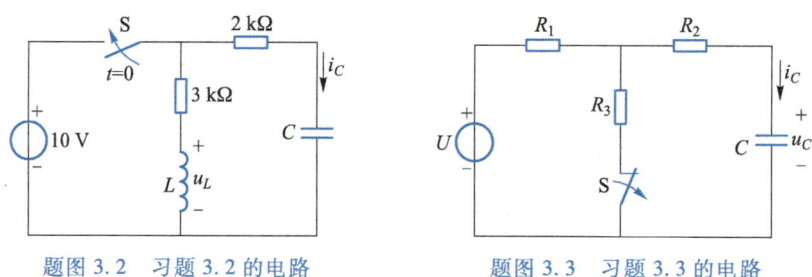

题图 3.2　习题 3.2 的电路　　　题图 3.3　习题 3.3 的电路

3.4 电路如题图 3.4 所示，$U = 20$ V，$C = 4$ μF，$R = 50$ kΩ。在 $t = 0$ 时闭合 S_1，在 $t = 0.1$ s 时闭合 S_2。求 S_2 闭合后的电压 $u_R(t)$。设 $u_C(0) = 0$。

3.5 题图 3.5(a) 所示电路输入题图 3.5(b) 所示的电压，试画出 u_0 的波形。已知 $R = 1$ kΩ，$C = 10$ μF。

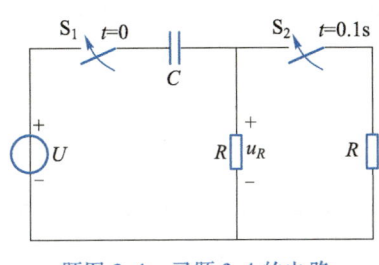

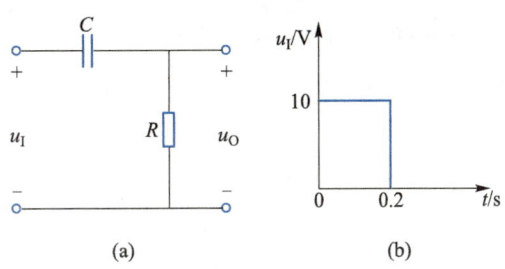

题图 3.4　习题 3.4 的电路

题图 3.5　习题 3.5 的电路

3.6　在题图 3.6 所示电路中,开关闭合前电路已处于稳态。求开关闭合后的 $i_L(t)$。其中,$U = 4$ V,$R_1 = 5$ Ω,$R_2 = R_3 = 15$ Ω,$L = 10$ mH。

3.7　题图 3.7 所示电路中,开关 S 断开前电路处于稳态,求换路后的 $i_L(t)$ 和 $u_L(t)$。

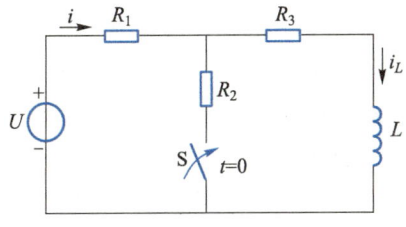

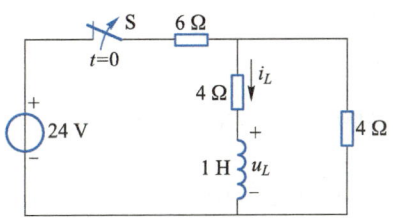

题图 3.6　习题 3.6 的电路

题图 3.7　习题 3.7 的电路

3.8　电磁继电器线圈的 $R = 1$ Ω,$L = 0.2$ H,如题图 3.8 所示。当其中的电流 $i = 30$ A 时,继电器动作切断电源。设负载电阻 $R_L = 20$ Ω,线路电阻 $R_l = 1$ Ω,直流电源电压 $U = 220$ V。试问当负载短路多长时间后,继电器才能将电源切断?

3.9　在题图 3.9 所示电路中,点画线框起来的部分为电机的励磁绕组电路,为了使电路断开时绕组上的电压不超过 200 V,并使电流在 0.03 s 内衰减到初始值的 5% 以下,电阻 R' 的数值应是多大?

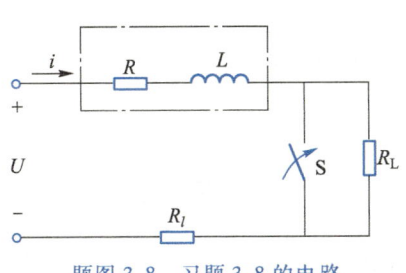

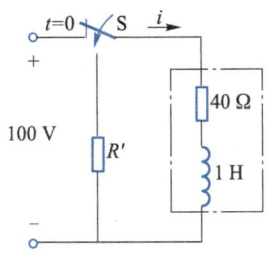

题图 3.8　习题 3.8 的电路

题图 3.9　习题 3.9 的电路

3.10　题图 3.10 所示为一个延时继电器电路。继电器的 $R_L = 250$ Ω,$L = 14.4$ H,它的最小起动电流为 6 mA,外加电压 $E = 6$ V。为了能改变它的延时时间,在电路中又串接了一个电阻 R,其阻值在 0~250 Ω 范围内连续可调。试求该继电器延时时间的变化范围。

3.11　电路如题图 3.11 所示,换路前电路已处于稳态。试用 Multisim 的暂态分析功能和示波器分析 $t \geq 0$ 时,(1) 电容电压 u_C;(2) B 点电位 V_B 和 A 点电位 V_A 的变化规律。

3.12　电路如题图 3.12 所示,$t = 0$ 时开关 S 闭合,换路前电路已处于稳态。在 Multisim 中构建电路,用示波器观察电感电压 u_L 的变化规律,从

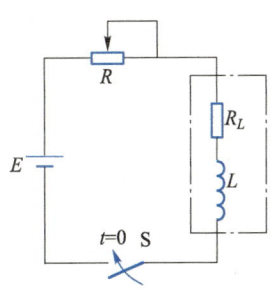

题图 3.10　习题 3.10 的电路

波形图分析 $u_L(0_+)$、$u_L(\infty)$ 和时间常数 τ。

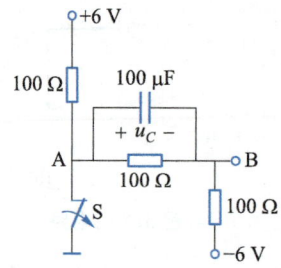

题图 3.11　习题 3.11 的电路

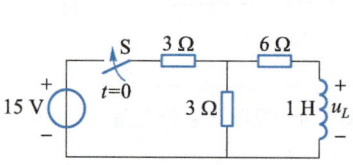

题图 3.12　习题 3.12 的电路

自测题

1. 在换路瞬间,下列各项除了( )不能跃变外,其他全可跃变。

　　a. 电阻电压　　　　　　　b. 电感电流　　　　　　c. 电容电流

2. 在图 Z3.1 所示电路中,开关 S 在 $t=0$ 瞬间闭合,若 $u_C(0_-)=0$ V,则 $i_1(0_+)=($)。

　　a. 0 A　　　　　　　　　b. 0.5 A

　　c. 1 A

3. 在图 Z3.2 所示电路中,开关 S 在 $t=0$ 瞬间闭合,则 $i_L(0_+)=($)。

　　a. 0.1 A　　　　　　　　b. 0.05 A

　　c. 0 A

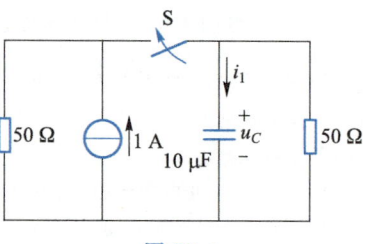

图 Z3.1

4. 在图 Z3.3 所示电路中,当开关 S 在 $t=0$ 时由 "2" 拨向 "1" 时,电路的时间常数 τ 为( )。

　　a. $R_1 C$　　　　　b. $\dfrac{R_1 \cdot R_2}{R_1+R_2} \cdot C$　　　　　c. $(R_1+R_3)C$　　　　　d. $(R_1+R_2)C$

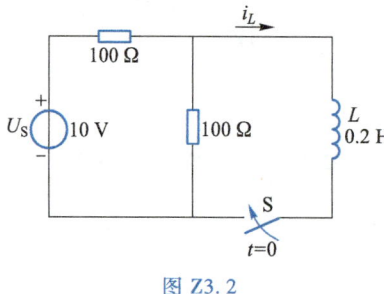

图 Z3.2

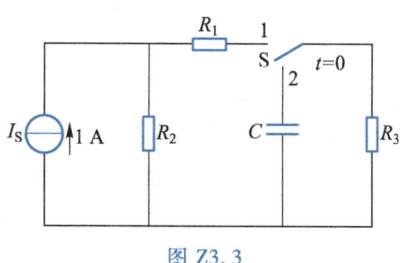

图 Z3.3

5. 图 Z3.4 所示是 RC 电路电容上的电压的暂态响应曲线。R 值分别为 10 Ω,20 Ω,35 Ω。若 C 值相等,则其中 35 Ω 电阻所对应的曲线是( )。

　　a. 曲线 a　　　　　　　　b. 曲线 b　　　　　　　c. 曲线 c

6. 某 RC 电路的全响应为 $u_C(t)=(6-3e^{-25t})$ V,则该电路的零输入响应为( )。

　　a. $(6-6e^{-25t})$ V　　　　b. $3e^{-25t}$ V　　　　c. $(6+6e^{-25t})$ V　　　　d. $-3e^{-25t}$ V

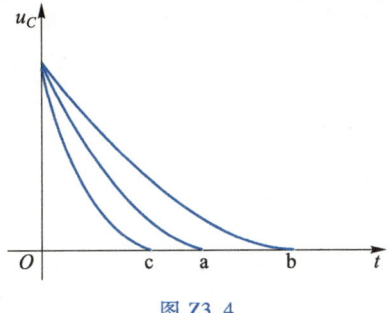

图 Z3.4

第 3 章习题与自测题答案

>>> 第4章

... 单相交流电路

学习目标:

　　1. 理解相量的概念,掌握正弦量的相量表示法。

　　2. 掌握正弦交流电路中电阻、电容、电感等元件电压与电流的相量关系和功率问题。

　　3. 理解复阻抗的概念,能计算正弦交流电路的复阻抗。

　　4. 掌握正弦交流电路的相量图分析法和相量式分析法。

　　5. 掌握正弦交流电路的功率计算。

　　6. 掌握提高功率因数的方法。

　　7. 理解电路的频率特性。

目前普遍使用的交流电,其电压、电流等物理量都是按正弦规律变化的。由于交流电具有容易产生、传输经济、便于使用等优点,因此在工农业生产以及日常生活中得到了广泛的应用。

交流电路与直流电路有很多共同点,但在交流电路中也有很多不同于直流电路的特殊概念、现象和规律,读者在学习本章时,要特别注意不同于直流电路的这些特殊问题以及分析方法。

微视频 4-1
正弦交流
电的基本
概念

4.1 正弦交流电的基本概念

我们日常生活中所用到的交流电源或信号源,其电压、电流、电动势的大小和方向一般都随时间作周期性变化,称为交流电或交流信号。若这些交流电或交流信号的大小和方向随时间按正弦规律作周期性变化,则称为正弦交流电或正弦交流信号,常统称为正弦量,以电流为例,其波形如图4.1.1所示。

4.1.1 正弦量

正弦量的时间函数定义为

$$f(t) = A_m \sin(\omega t + \psi) \qquad (4.1.1)$$

图 4.1.1 正弦交流电流波形

在上式中,A_m 表示正弦量的幅值(或最大值),ω 表示正弦量的角频率,ψ 表示正弦量的初相位。对任一正弦量,当其幅值 A_m、角频率 ω 和初相位 ψ 确定以后,该正弦量就能完全确定下来。因此,幅值 A_m、角频率 ω 和初相位 ψ 称为正弦量的三要素。

1. 周期、频率与角频率

正弦量变化一次所需的时间称为周期,用 T 表示,单位是 s(秒);每秒钟变化的次数称为频率,用 f 表示,单位是 Hz(赫[兹])。周期和频率互为倒数,即

$$T = \frac{1}{f} \qquad (4.1.2)$$

中国电力系统供电频率为 50 Hz,通常称为工频。在其他各种不同技术领域,使用着各种不同的频率,kHz(千赫[兹])和 MHz(兆赫[兹])是在高频下常用的频率单位,1 kHz = 10^3 Hz,1 MHz = 10^6 Hz。

正弦量表达式中的 ω 是角频率,即正弦量每秒钟变化的弧度数,单位为 rad/s(弧度每秒)。因为正弦量一周期经历了 2π 弧度,所以以角频率为

$$\omega = 2\pi/T = 2\pi f \qquad (4.1.3)$$

ω、T、f 都是反映正弦量变化快慢的量。

2. 幅值(最大值)与有效值

正弦量任一瞬间的值称为瞬时值,用小写字母表示,如 i、u 分别表示电流、电压的瞬时值。瞬时值中最大的值称为幅值或最大值,如 I_m、U_m 分别表示电流、电压的幅值或最大值。

我们平时所说的电压高低和电流大小是交流电表中测得的电压和电流的数值,它既不是最大值,也不是瞬时值,而是有效值。有效值是从周期量做功和直流量做功等效的观点定义的。即一个交流电流 i 通过一个电阻时,在一个周期内产生的热量与一个直流电流 I 通过

这个电阻时,在同样的时间产生的热量相等,则称直流电流的数值为交流电流的有效值,即

$$I^2RT = \int_0^T i^2 R \mathrm{d}t$$

由此,可得周期电流的有效值为

$$I = \sqrt{\frac{1}{T}\int_0^T i^2 \mathrm{d}t} \tag{4.1.4}$$

由上式可看出,电流的有效值等于它的瞬时值的平方在一个周期内的平均值再取平方根。因此,有效值又称**方均根值**。该定义同样适用于其他物理量和非正弦周期量。当周期电流为正弦量时,即 $i = I_\mathrm{m}\sin\omega t$,则

$$I = \sqrt{\frac{1}{T}\int_0^T I_\mathrm{m}^2 \sin^2 \omega t \mathrm{d}t} = \frac{I_\mathrm{m}}{\sqrt{2}} \tag{4.1.5}$$

对于正弦电压和电动势,有

$$U = \frac{U_\mathrm{m}}{\sqrt{2}}$$

$$E = \frac{E_\mathrm{m}}{\sqrt{2}}$$

可见,对于正弦量,最大值是有效值的 $\sqrt{2}$ 倍。有效值用大写字母表示,即 I、U、E 分别表示电流、电压、电动势的有效值。平时,我们所说的交流电压为 220 V,指的就是有效值,其最大值应为 311 V。

3. 初相位

通常,正弦量是连续变化的,一般说来,没有固定的起点和终点。但为了便于说明问题,选择一个计算时间的起点是很必要的。若规定,正弦量由负变正的零点为变化起点,$t=0$ 的时刻为时间起点,则任意瞬间的电角度 $\omega t + \psi$ 称为正弦量的**相位角**,简称**相位**。

$t=0$ 时的相位叫作**初相位**或**初相角**,记作 ψ。初相位是变化起点距时间起点之间的电角度。若变化起点在时间起点的左边,则 ψ 为正,如图 4.1.2 中的 i,其 $\psi_i = 60°$。若变化起点在时间起点的右边,则 ψ 为负,如图 4.1.2 的 u,其 $\psi_u = -30°$。若变化起点和时间起点重合,则 ψ 为零。一般情况下,选择 $|\psi| \le \pi$。初相位决定了 $t=0$ 时正弦量的大小和正负,$\psi > 0$ 时其初值为正,$\psi < 0$ 时其初值为负。

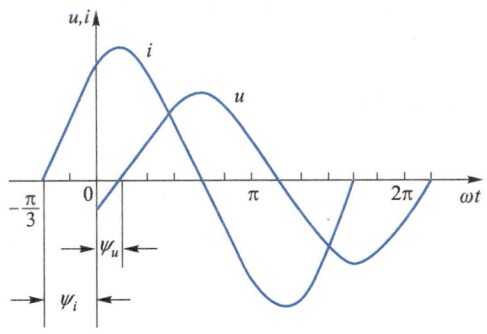

图 4.1.2　正弦量的初相位

微视频4-2
相位差

在正弦交流电路中,通常存在若干频率相同的正弦量。同频率正弦量的相位关系常用相位差来描述。同频率的两个正弦量的相位之差称为相位差,记作 φ。

设两个相同频率的正弦量 u、i 分别为

$$u = U_m \sin(\omega t + \psi_u), \quad i = I_m \sin(\omega t + \psi_i)$$

它们的初相位分别为 ψ_u、ψ_i,则有

$$\varphi = (\omega t + \psi_u) - (\omega t + \psi_i) = \psi_u - \psi_i \tag{4.1.6}$$

由上式可知,同频率两个正弦量的相位差等于它们的初相位之差,不随时间变化。一般情况下,$|\varphi| \le \pi$。

如图 4.1.2 中的 u、i,其 $\varphi = \psi_u - \psi_i = -90°$。

相位差用来描述两个同频率的正弦量的超前、滞后关系,即达到正的最大值的先后及相差多少电角度。

如上例,$\varphi = \psi_u - \psi_i = -90°$,称 u 滞后于 i 90°,或 i 超前于 u 90°。

对于两个同频率的正弦量 u、i,其相位关系可归结为:

$\varphi = \psi_u - \psi_i = 0$,称 u 与 i 同相(u、i 同时达到零值,同时达到最大值),如图 4.1.3(a)所示;

$\varphi = \psi_u - \psi_i > 0$,称 u 超前于 i,或 i 滞后于 u,如图 4.1.3(b)所示;

$\varphi = \psi_u - \psi_i < 0$,称 u 滞后于 i,或 i 超前于 u,如图 4.1.3(c)所示;

$\varphi = \psi_u - \psi_i = \pm\pi$,称 u 与 i 反相,如图 4.1.3(d)所示。

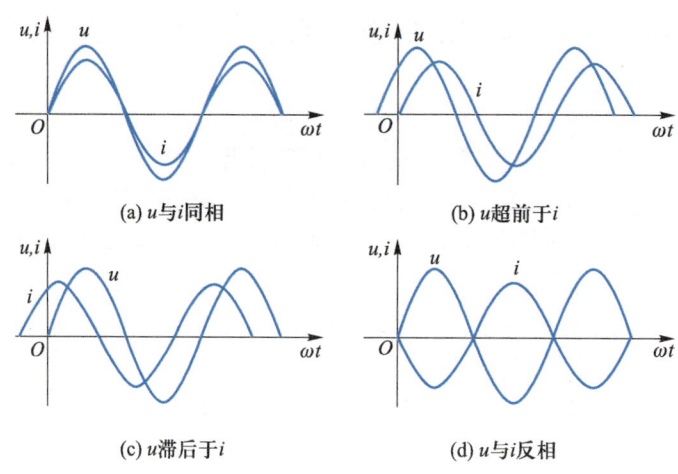

(a) u 与 i 同相　　　　　　　(b) u 超前于 i

(c) u 滞后于 i　　　　　　　(d) u 与 i 反相

图 4.1.3　同频率正弦量的相位比较

4.1.2　正弦量的相量表示法

当正弦量的三要素确定以后,该正弦量就唯一地被确定了。它可以通过瞬时值表达式(三角函数式)和波形图来描述,这两种表示正弦量的方法比较直观。但是,当对正弦交流电路进行分析时,会遇到一系列频率相同的正弦量的计算问题,而用上述的三角函数表达式和波形图进行计算是很烦琐的。为了简化交流电路的计算,有效的方法是用相量表示正弦量。这种相量表示法的基础是复数。

1. 复数及其运算

在数学中我们已经知道,如图 4.1.4 所示复平面上的一个矢量 A,其长度称为模 r,与横

轴的夹角称为辐角 ψ,在实轴上的投影为 a,在虚轴上的投影为 b,可表示为

$A = r\underline{/\psi}$ （极坐标式）

$A = re^{j\psi}$ （指数式）

$A = a + jb$ （代数式）

$A = r\cos\psi + jr\sin\psi$ （三角函数式）

以上为复数的几种表达形式,利用

$$r = \sqrt{a^2 + b^2}, \quad \psi = \arctan\frac{b}{a} \tag{4.1.7}$$

$$a = r\cos\psi, \quad b = r\sin\psi \tag{4.1.8}$$

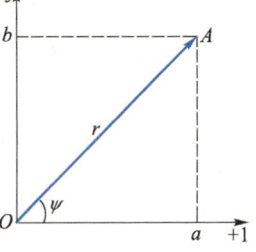

图 4.1.4 复平面上的矢量

可进行互换。

其中,$j = \sqrt{-1}$ 是虚数单位(它在数学中用 i 表示,而电工学中用 i 容易与电流混淆,故用 j 表示)。

在进行复数计算时,选择适当的表示形式,可使运算大大简化。设两个复数

$$A_1 = a_1 + jb_1 = r_1\underline{/\psi_1}, \quad A_2 = a_2 + jb_2 = r_2\underline{/\psi_2}$$

在进行加减运算时,应用代数式较为方便,只需将两复数的实部与实部相加减,虚部与虚部相加减即可

$$A_1 \pm A_2 = (a_1 \pm a_2) + j(b_1 \pm b_2) \tag{4.1.9}$$

而在进行乘除运算时,应用极坐标式较为方便,只需将两复数的模相乘除、辐角相加减即可

$$A_1 \cdot A_2 = r_1 r_2 \underline{/(\psi_1 + \psi_2)} \tag{4.1.10}$$

$$\frac{A_1}{A_2} = \frac{r_1}{r_2}\underline{/(\psi_1 - \psi_2)} \tag{4.1.11}$$

还应指出,在复数运算中,当一个复数乘上 j 时,模不变,辐角增大 90°(等同于将这个复数逆时针旋转 90°),如图 4.1.5(a)所示;当一个复数除以 j 时,模不变,辐角减小 90°(等同于将这个复数顺时针旋转 90°),如图 4.1.5(b)所示,故 j 也称为 90°旋转因子。

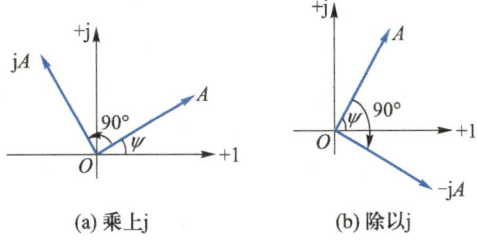

(a)乘上j　　　(b)除以j

图 4.1.5 旋转因子

故 j 可表示为

$$j = 1\underline{/90°}, \quad -j = 1\underline{/-90°}, \quad j^2 = -1$$

2. 正弦量的相量表示法

设一正弦电流 $i = I_m\sin(\omega t + \psi_i)$,其波形如图 4.1.6(b)所示,图 4.1.6(a)所示为一在复平面中的旋转有向线段 A。有向线段 A 的长度等于正弦量 i 的幅值 I_m,它和横轴正方向的夹角等于正弦量 i 的初相位 ψ_i,并以正弦量 i 的角速度 ω 做逆时针方向旋转。由此可见,正弦量在任一时刻的瞬时值可用旋转矢量于该时刻在纵轴上的投影来表示。

任一正弦量都可以用一个相应的旋转有向线段来表示,而有向线段可用复数表示,所以正弦量也可以用复数来表示。用来表示正弦量的复数称为相量,用大写字母上面打"·"的方式表示,如 $\dot{U}$、$\dot{I}$、$\dot{E}$。

微视频 4-3

正弦量的相量表示法

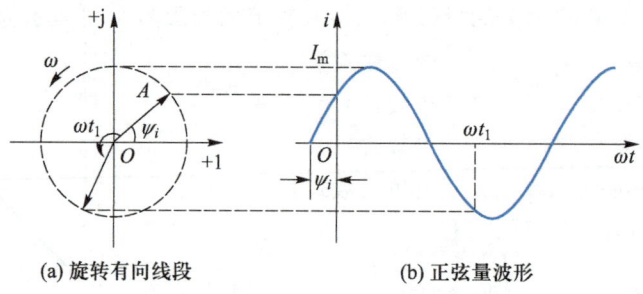

(a) 旋转有向线段   (b) 正弦量波形

图 4.1.6　用旋转有向线段表示正弦量

在线性电路中,如果输入一正弦量,则电路中所有的电压或电流都与输入正弦量的频率相同。所以,在正弦交流电路的分析中,频率不需要求解,只有幅值和初相位这两个要素是待求量。这样,正弦量的幅值可用复数的模值表示,正弦量的初相位可用复数的辐角表示,此相量也称为最大值相量。如图 4.1.6 中的 i 可用最大值相量表示为 $\dot{I}_{\mathrm{m}}=I_{\mathrm{m}}\underline{/\psi_i}$,该复数式称为正弦量 i 的相量式。由于实际问题中涉及的往往是正弦量的有效值,因此常常用复数的模值表示正弦量的有效值,称为有效值相量。以后如不加特殊说明,我们所用的相量都是有效值相量。

相量和复数一样,可以在复平面中用矢量表示,在复平面中画出的相量的图形称为相量图。在画相量图时,实轴和虚轴可以省略。为了分析方便,把初相位为零的相量称为参考相量,以便与其他相量比较相位关系。

如

$$i_1=6\sqrt{2}\sin(\omega t+30°)\,\mathrm{A},\quad i_2=8\sqrt{2}\sin(\omega t-60°)\,\mathrm{A}$$

其相量式为

$$\dot{I}_1=6\underline{/30°}\,\mathrm{A},\quad \dot{I}_2=8\underline{/-60°}\,\mathrm{A}$$

其相量图如图 4.1.7 所示。由图可见,将同频率的正弦量按其大小和相位画在同一相量图中,能够清晰地表示出各个正弦量的大小和相位关系。

由上可知,表示正弦量的相量有两种形式:相量式和相量图。

需要注意的是,相量只用于表示正弦量,而不等于正弦量,所以相量与正弦量之间不能画等号。下面的写法是错误的

$$u=220\sqrt{2}\sin(\omega t+60°)=220\underline{/60°}\,\mathrm{V}$$

引入相量表示正弦量后,同频率正弦量的运算,可以转换成相量的运算。运算形式可通过相量式和相量图两种方式进行。若用相量式计算时,只需将正弦量转换成相应相量,利用复数运算法则计算即可。若用相量图进行计算时,两个相量相加减可通过平行四边形法则作图求得,即以两相量为边,作平行四边形,其对角线就是两相量之和,如图 4.1.8 所示。

值得指出的是,只有同频率的正弦量才能画在同一个相量图中,否则就无法进行比较和计算。

例 4.1.1　已知 $u_1=220\sqrt{2}\sin\omega t\,\mathrm{V}$,$u_2=220\sqrt{2}\sin(\omega t+120°)\,\mathrm{V}$,求 $u=u_1+u_2$。

解　(1) 用相量表示正弦量

$$\dot{U}_1=220\underline{/0°}\,\mathrm{V},\dot{U}_2=220\underline{/120°}\,\mathrm{V}$$

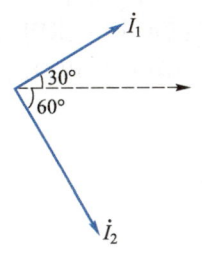

图 4.1.7　同频率正弦量的相量图

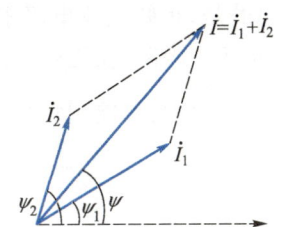

图 4.1.8　平行四边形法则相量相加

（2）相量式计算

$$\dot{U} = \dot{U}_1 + \dot{U}_2 = \left[220 + 220(\cos120° + \mathrm{j}\sin120°) \right] \text{V} = 110(1 + \mathrm{j}\sqrt{3}) \text{V} = 220\underline{/60°} \text{V}$$

则

$$u = 220\sqrt{2}\sin(\omega t + 60°) \text{V}$$

（3）相量图计算

在相量图中作出 $\dot{U}_1$、$\dot{U}_2$，根据平行四边形法则得到 $\dot{U}$，如图 4.1.9 所示。

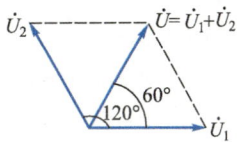

图 4.1.9　例 4.1.1 的图

3. 基尔霍夫定律的相量形式

基尔霍夫定律不仅适用于直流电路，也适用于交流电路。在引入正弦量的相量表示法后，基尔霍夫定律也可用相量形式进行表示。

由基尔霍夫电流定律可知，任何一个瞬间，节点处各支路电流满足 $\sum i = 0$。在正弦交流电路中，各支路电流都是同频率的正弦量，这些正弦电流用其相量形式表示，得到 KCL 的相量形式为

$$\sum \dot{I} = 0 \tag{4.1.12}$$

可表述为：对任一节点，该节点处各支路电流相量的代数和恒为零。

如图 4.1.10 所示电路，节点处各支路电流相量应用 KCL 定律可得

$$\dot{I} = \dot{I}_1 + \dot{I}_2$$

同理，回路中各元件电压用其相量形式表示，得到 KVL 的相量形式为

$$\sum \dot{U} = 0 \tag{4.1.13}$$

可表述为：沿任意回路循行一周，各元件电压相量的代数和恒为零。

如图 4.1.11 所示电路，回路各元件电压相量应用 KVL 定律可得

$$\dot{U} = \dot{U}_R + \dot{U}_L + \dot{U}_C$$

微视频 4-4
基尔霍夫定律的相量形式

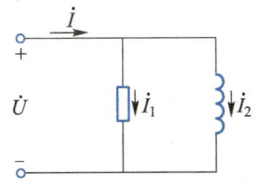

图 4.1.10　KCL 的相量形式应用

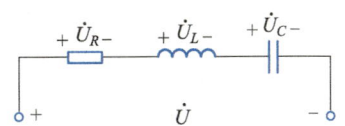

图 4.1.11　KVL 的相量形式应用

这里需要指出的是,正弦交流电路中,只有瞬时值、相量满足 KCL、KVL,最大值、有效值一般不满足 KCL、KVL。所以,在正弦交流电路图中标注正弦量时,使用瞬时值(u、i、e)和相量($\dot{U}$、$\dot{I}$、$\dot{E}$),而在相量图中,只能用相量标注。

[练习与思考]

4.1.1 两同频率的正弦电压,$u_1 = 10\sin(\omega t + 30°)$ V,$u_2 = 5\sqrt{2}\cos(\omega t + 60°)$ V,求它们的有效值和相位差。

4.1.2 已知相量 $\dot{U}_1 = (3+j4)$ V,$\dot{U}_2 = (3-j4)$ V,$\dot{U}_3 = (-3+j4)$ V,$\dot{U}_4 = (-3-j4)$ V,试画出它们的相量图,并写出它们的瞬时值表达式。

4.1.3 指出下列各式的错误:

(1) $I = 10\underline{/30°}$ A;

(2) $i = 10\underline{/30°}$ A;

(3) $U = 100\sin(\omega t + 45°)$ V;

(4) $u = (100\cos45° + j100\sin45°)$ V;

(5) $i = 5\sqrt{2}\sin(\omega t + 60°)$ A $= 5\underline{/60°}$ A。

4.2 单一参数的正弦交流电路

电阻、电感、电容元件都是组成电路模型的基本元件,这些电路元件都有相应的参数来表征。单一参数电路是指仅含有一种参数(元件)的电路,理解各元件及其交流性质是分析交流电路的基础。

微视频 4-5
电阻、电
感、电容
元件的正
弦交流电
路

4.2.1 电阻元件的正弦交流电路

在图 4.2.1(a)中,设

$$i = I_m \sin\omega t$$

根据电阻元件的电压电流关系 $u = Ri$,得

$$u = RI_m\sin\omega t = U_m\sin\omega t \qquad (4.2.1)$$

由此可见,电阻元件的电压与电流为同频率的正弦量。其各关系如下。

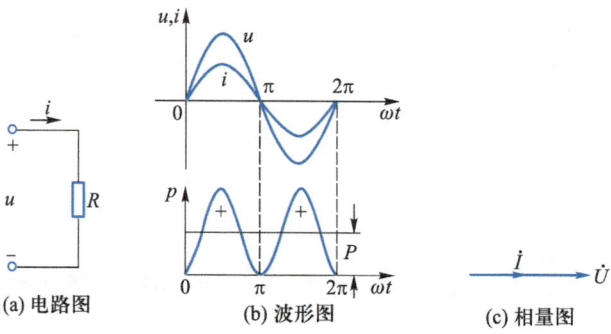

(a) 电路图　　　(b) 波形图　　　(c) 相量图

图 4.2.1 理想电阻元件的正弦交流电路

1. 相位关系

电阻元件上电压电流同相位。波形图如图 4.2.1(b)所示。

2. 大小关系

$$U = IR, \quad U_m = I_m R \tag{4.2.2}$$

即电阻元件的有效值和最大值都满足欧姆定律。

3. 相量关系

将电压、电流用相量表示为

$$\dot{I} = I \underline{/0°}$$

$$\dot{U} = U \underline{/0°} = RI \underline{/0°}$$

所以

$$\dot{U} = R\dot{I} \tag{4.2.3}$$

相量图如图 4.2.1(c)所示。相量关系亦满足欧姆定律。

4. 功率

（1）瞬时功率

任何元件上的瞬时功率定义为瞬时电压 u 与瞬时电流 i 的乘积。在电压 u 与电流 i 关联参考方向下，元件的瞬时功率为

$$p = ui \tag{4.2.4}$$

电阻元件的瞬时功率为

$$p = ui = U_m \sin\omega t \cdot I_m \sin\omega t = U_m I_m \frac{1 - \cos 2\omega t}{2} = UI - UI\cos 2\omega t \tag{4.2.5}$$

由式（4.2.5）可看出，瞬时功率随时间作周期性变化，它包含一个恒定分量（$P = UI$）和一个两倍于电源频率的周期量（$UI\cos 2\omega t$）。在任一时刻，瞬时功率都大于等于零，这表示电阻元件始终消耗电能，其波形如图 4.2.1(b)所示。

（2）平均功率

平均功率是瞬时功率在一个周期内的平均值。电阻元件的平均功率为

$$P = \frac{1}{T}\int_0^T p\,dt = \frac{1}{T}\int_0^T (UI - UI\cos 2\omega t)\,dt = UI \tag{4.2.6}$$

由此可见，电阻元件上的平均功率是电阻元件上电压、电流有效值的乘积，根据电阻元件上电压和电流有效值的关系，电阻元件的平均功率也可表示为

$$P = I^2 R = \frac{U^2}{R} \tag{4.2.7}$$

平均功率也称为有功功率，是电路中电阻元件消耗的功率。平均功率的单位用 W（瓦特）或 kW（千瓦特）表示。通常交流用电设备上标注的功率就是平均功率，标注的电压值或电流值就是指有效值。

例 4.2.1 有一白炽灯，其额定电压 U_N 为 220 V，额定功率 P_N 为 40 W，外接正弦电源电压 $u = 220\sqrt{2}\sin(314t + 30°)$ V。（1）求流过白炽灯的电流 i；（2）若外接电压降为 210 V，求此时的 I 和 P。

解 （1）设流过白炽灯的电流为

$$i = \sqrt{2}I\sin(314t + \psi_i)$$

根据电阻元件电压与电流的相位关系可知

$$\psi_i = \psi_u = 30°$$

由此只需求得流过白炽灯的电流有效值即可。

由于白炽灯外接电源电压有效值与其额定电压相同,因此

$$I = \frac{P_N}{U_N} = \frac{40}{220} \text{ A} = 0.182 \text{ A}$$

故

$$i = 0.182\sqrt{2}\sin(314t + 30°) \text{ A}$$

(2)电压降为 210 V,白炽灯的电阻值不变

$$R = \frac{U_N^2}{P_N} = \frac{220^2}{40} \text{ Ω} = 1210 \text{ Ω}$$

流过白炽灯的电流和实际消耗的功率分别为

$$I = \frac{U}{R} = \frac{210}{1210} \text{ A} = 0.174 \text{ A}$$

$$P = UI = 210 \times 0.174 \text{ W} = 36.54 \text{ W}$$

4.2.2 电感元件的正弦交流电路

在图 4.2.2(a)中,设

$$i = I_m\sin\omega t$$

根据电感元件上的电压电流关系 $u = L\dfrac{di}{dt}$,得

$$u = L\frac{d(I_m\sin\omega t)}{dt} = \omega L I_m\cos\omega t = \omega L I_m\sin(\omega t + 90°)$$

即

$$u = \omega L I_m\sin(\omega t + 90°) = U_m\sin(\omega t + 90°) \tag{4.2.8}$$

由此可见,电感元件上的电压、电流为同频率的正弦量。各关系如下。

1. 相位关系

由上述可知,电流的初相位为 0°,电压的初相位为 90°。所以,电压超前于电流 90°。波形图如图 4.2.2(b)所示。

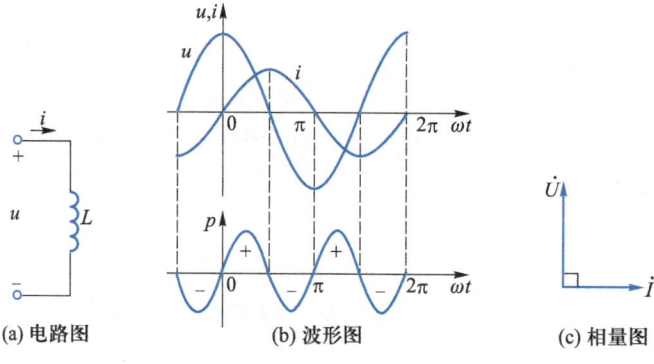

(a) 电路图   (b) 波形图   (c) 相量图

图 4.2.2 理想电感元件的正弦交流电路

2. 大小关系

$$\frac{U_m}{I_m} = \frac{U}{I} = \omega L = X_L \tag{4.2.9}$$

即

$$X_L = \omega L = 2\pi f L \tag{4.2.10}$$

电感上交流电压的有效值(幅值)与电流的有效值(幅值)之比为 $\omega L = X_L$。

X_L 称为感抗,单位为 Ω(欧[姆])或 $k\Omega$(千欧),与频率成正比。它和电阻一样,具有阻碍电流通过的能力。频率越高,感抗越大;频率越低,感抗越小。可见,电感元件具有阻高频电流、通低频电流的作用。

3. 相量关系

将电感中的电流和电压用相量式表示,则可得出它们的相量关系。

因为

$$\dot{I} = I\underline{/0^\circ}, \quad \dot{U} = U\underline{/90^\circ} = \omega L I\underline{/90^\circ} = X_L I\underline{/(0^\circ+90^\circ)} = jX_L \dot{I}$$

所以

$$\dot{U} = jX_L \dot{I} \tag{4.2.11}$$

即

$$\frac{\dot{U}}{\dot{I}} = jX_L \tag{4.2.12}$$

相量图如图 4.2.2(c)所示。

4. 功率

(1) 瞬时功率

电感元件的瞬时功率可表示为

$$p = ui = U_m \sin(\omega t + 90^\circ) \cdot I_m \sin\omega t = U_m I_m \frac{\sin 2\omega t}{2} = UI\sin 2\omega t \tag{4.2.13}$$

由式(4.2.13)可知,电感的功率可正可负。当 $p>0$ 时,电感从电源或外电路吸取能量转化为磁场能量;当 $p<0$ 时,电感向外电路提供能量,也就是存储的磁场能量释放出来,其波形如图 4.2.2(b)所示。

(2) 平均功率

电感在一个周期内的平均功率为

$$P = \frac{1}{T}\int_0^T p\,dt = \frac{1}{T}\int_0^T UI\sin 2\omega t\,dt = 0 \tag{4.2.14}$$

即有功功率为零。这说明电感元件并不消耗能量,它是一个储能元件,它在电路中的作用是存储与释放电能,即与电源或外电路进行能量交换。

(3) 无功功率

电感元件与电源或外电路进行能量交换规模的大小,可用瞬时功率的最大值来衡量,并称为无功功率,用 Q 表示。电感元件的无功功率为

$$Q_L = UI = I^2 X_L = \frac{U^2}{X_L} \tag{4.2.15}$$

无功功率与平均功率有相同的量纲,但因无功功率不是实际消耗的功率,为与平均功率

相区别,无功功率用 var(乏)或 kvar(千乏)作单位。

例 4.2.2　已知 $L=0.1$ H 的电感线圈接在 $U=10$ V 的工频电源上,求:

(1) 线圈的感抗;

(2) 电流 $\dot{I}$;

(3) 无功功率;

(4) 将电源频率提高一倍后的无功功率。

解　(1) 感抗　　　　　$X_L=2\pi fL=2\times 3.14\times 50\times 0.1\ \Omega=31.4\ \Omega$

(2) 电流有效值　　　　　$I=\dfrac{U}{X_L}=\dfrac{10}{31.4}\ \text{A}=0.318\ \text{A}$

设 $\dot{U}=10\underline{/0^\circ}$ V,根据电感元件电压超前电流 90° 的相位关系,可知

$$\dot{I}=I\underline{/-90^\circ}=0.318\underline{/-90^\circ}\ \text{A}$$

(3) 无功功率　　　　　$Q=UI=10\times 0.318\ \text{var}=3.18\ \text{var}$

(4) 根据 $Q=\dfrac{U^2}{X_L}=\dfrac{U^2}{\omega L}=\dfrac{U^2}{2\pi fL}$ 可知,当电源频率提高一倍时,X_L 提高一倍,在电压大小保持

不变的情况下,无功功率将降低为原来的一半,即

$$Q'=\frac{1}{2}Q=\frac{1}{2}\times 3.18\ \text{var}=1.59\ \text{var}$$

4.2.3　电容元件的正弦交流电路

在图 4.2.3(a)中,设

$$u=U_m\sin\omega t$$

根据电容元件上的电压电流关系 $i=C\dfrac{\mathrm{d}u}{\mathrm{d}t}$,得

$$i=C\frac{\mathrm{d}(U_m\sin\omega t)}{\mathrm{d}t}=\omega CU_m\cos\omega t=\omega CU_m\sin(\omega t+90^\circ)$$

即　　　　　$$i=\omega CU_m\sin(\omega t+90^\circ)=I_m\sin(\omega t+90^\circ) \tag{4.2.16}$$

由此可见,电容元件上的电压与电流也为同频率的正弦量。各关系如下。

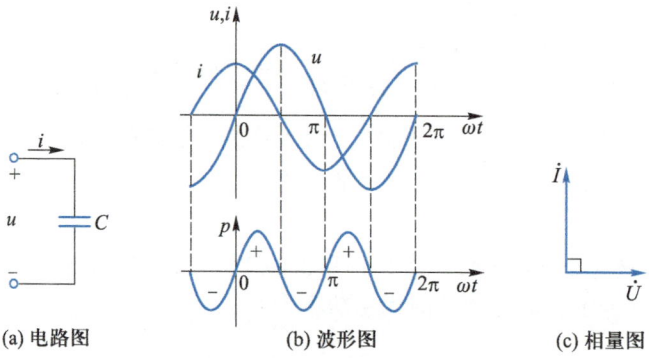

(a) 电路图　　　　　(b) 波形图　　　　　(c) 相量图

图 4.2.3　理想电容元件的正弦交流电路

1. 相位关系

电流超前于电压 90°。波形图如图 4.2.3(b)所示。

2. 大小关系

$$\frac{U_m}{I_m} = \frac{U}{I} = \frac{1}{\omega C} = X_C \tag{4.2.17}$$

即

$$X_C = \frac{1}{\omega C} = \frac{1}{2\pi f C} \tag{4.2.18}$$

X_C 称为容抗,单位为 Ω(欧[姆])或 kΩ(千欧),与频率的倒数成正比。它和电阻一样,具有阻碍电流通过的能力。频率越高,容抗越小;频率越低,容抗越大。可见,电容元件具有阻低频电流、通高频电流的作用。

3. 相量关系

将电容中的电流和电压用相量式表示,则可得出它们的相量关系。

因为

$$\dot{U} = U\underline{/0°}$$

$$\dot{I} = I\underline{/90°} = \omega C U\underline{/(0°+90°)} = j\omega C\dot{U}$$

所以

$$\dot{U} = \frac{1}{j\omega C}\dot{I} = -jX_C\dot{I} \tag{4.2.19}$$

即

$$\frac{\dot{U}}{\dot{I}} = -jX_C \tag{4.2.20}$$

相量图如图 4.2.3(c)所示。

4. 功率

(1)瞬时功率

电容元件的瞬时功率可表示为

$$p = ui = I_m\sin(\omega t+90°) \cdot U_m\sin\omega t = U_m I_m\frac{\sin 2\omega t}{2} = UI\sin 2\omega t \tag{4.2.21}$$

由式(4.2.21)可知,同电感元件一样,电容的功率可正可负。当 $p>0$ 时,电容充电,存储能量;当 $p<0$ 时,电容放电,将电场储存的能量释放给电源或外电路,其波形如图 4.2.3(b)所示。

(2)平均功率

电容在一个周期内的平均功率为

$$P = \frac{1}{T}\int_0^T p\,\mathrm{d}t = \frac{1}{T}\int_0^T UI\sin 2\omega t\,\mathrm{d}t = 0 \tag{4.2.22}$$

即有功功率为零。这说明电容元件并不消耗能量,它是一个储能元件,它在电路中的作用是存储与释放电能,即与电源或外电路进行能量交换。

(3)无功功率

与电感元件一样,为了衡量电容元件与外电路能量交换的规模,引入电容的无功功率,定义为瞬时功率的最大值。

为了与电感元件电路的无功功率相比较,我们设电流 $i=I_m\sin\omega t$,则 $u=U_m\sin(\omega t-90°)$,于是,瞬时功率为 $p=ui=-UI\sin2\omega t$,所以电容元件的无功功率为

$$Q_C=-UI=-I^2X_C=-\frac{U^2}{X_C} \tag{4.2.23}$$

电容元件的无功功率为负值,表示电容、电感两种元件在与电源进行能量交换时作用方向相反,即当电感元件从电源吸取能量时,电容则在向电源释放能量。单位仍为 var(乏)或 kvar(千乏)。

例 4.2.3 一正弦电流 $i=2\sqrt{2}\sin(314t+60°)$ A,通过 10 μF 的电容。(1)求电容电压 u 及电容的无功功率 Q_C;(2)当电流的频率提高一倍时,电容电压的有效值如何改变?

解 (1)

$$X_C=\frac{1}{\omega C}=\frac{1}{314\times10\times10^{-6}}\ \Omega=318\ \Omega$$

$$U=X_CI=318\times2\ V=636\ V$$

根据电容元件电压滞后电流 90°的相位关系,可知

$$u=636\sqrt{2}\sin(314t-30°)\ V$$

$$Q_C=-UI=-636\times2\ var=-1272\ var$$

(2)根据 $U=X_CI=\dfrac{I}{\omega C}=\dfrac{I}{2\pi fC}$ 可知,当电源频率提高一倍时,X_C 降低为原来的一半,在电流大小保持不变的情况下,电压的有效值将降低为原来的一半。

[练习与思考]

4.2.1 在表 4.2.1 中,填上各元件电压、电流的相应关系式。

表 4.2.1 练习与思考 4.2.1 的表

	电阻	电感	电容
瞬时值关系			
大小关系			
相位关系			
相量关系			
有功功率			
无功功率			

4.3 阻抗

微视频 4-6
阻抗的概念

4.3.1 阻抗的概念

通过直流电路的学习我们知道,电阻对直流电流具有阻碍作用。在交流电路中,一个含有电阻、电感、电容元件的无源二端网络,对交流电流同样具有阻碍作用,这种阻碍作用可以

理解为电阻,但是不等同于电阻,故称为阻抗,用 Z 表示,定义如下。

对如图 4.3.1(a)所示无源二端网络 N,设端口电压相量为 $\dot{U}$,端口电流相量为 $\dot{I}$,则 $\dot{U}$ 与 $\dot{I}$ 的比值定义为该二端网络的等效阻抗 Z,即

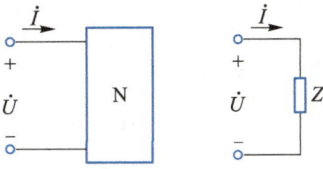

(a) 无源二端网络　　(b) 阻抗符号

图 4.3.1　无源二端网络的阻抗

$$Z = \frac{\dot{U}}{\dot{I}} \qquad (4.3.1)$$

式(4.3.1)的形式和欧姆定律类似,因此称为欧姆定律的相量形式。同时,Z 是一个复数,因此,Z 又称为复阻抗,单位为 Ω(欧[姆]),其符号表示如图 4.3.1(b)所示。

需要注意,Z 是一个复数,但不表示正弦量,不是相量,故在 Z 上不加"·"。

当 N 含有单一元件 R、L、C 时,根据元件电压、电流相量关系,可知对应的阻抗分别为

$$Z_R = \frac{\dot{U}_R}{\dot{I}_R} = R$$

$$Z_L = \frac{\dot{U}_L}{\dot{I}_L} = \mathrm{j}X_L = \mathrm{j}\omega L$$

$$Z_C = \frac{\dot{U}_C}{\dot{I}_C} = -\mathrm{j}X_C = -\mathrm{j}\frac{1}{\omega C}$$

若定义二端网络端口电压和电流相量形式分别为

$$\dot{U} = U\underline{/\psi_u}, \quad \dot{I} = I\underline{/\psi_i}$$

则

$$Z = \frac{\dot{U}}{\dot{I}} = \frac{U\underline{/\psi_u}}{I\underline{/\psi_i}} = \frac{U}{I}\underline{/(\psi_u - \psi_i)} = |Z|\underline{/\varphi} \qquad (4.3.2)$$

其中

$$|Z| = \frac{U}{I} \qquad (4.3.3)$$

称为阻抗模值,反映了二端网络端口电压、电流有效值之间的关系。

$$\varphi = \psi_u - \psi_i \qquad (4.3.4)$$

称为阻抗角,反映了二端网络端口电压、电流相位之间的关系(电路的性质)。即

$\varphi = 0°$,端口电压、电流同相位,电路呈纯阻性;

$\varphi = 90°$,端口电压超前电流 $90°$,电路呈纯感性;

$\varphi = -90°$,端口电压滞后电流 $90°$,电路呈纯容性;

$0° < \varphi < 90°$,端口电压超前电流 φ,电路呈感性;

$-90° < \varphi < 0°$,端口电压滞后电流 φ,电路呈容性。

例 4.3.1　如图 4.3.2(a)所示无源二端网络,已知端口电压 $u = 10\sqrt{2}\sin(10^3 t + 60°)$ V,$i = 5\sqrt{2}\sin 10^3 t$ A,求该二端网络的等效阻抗 Z,判断该电路的性质,并求等效参数 R、L 或 C 的值。

解 将端口电压和电流用相量形式表示

$$\dot{U}=10\underline{/60°}\ \text{V}, \quad \dot{I}=5\underline{/0°}\ \text{A}$$

根据阻抗定义可得

$$Z=\frac{\dot{U}}{\dot{I}}=\frac{10\underline{/60°}}{5\underline{/0°}}\ \Omega=2\underline{/60°}\ \Omega$$

阻抗角 $\varphi=60°$，介于 $0°\sim90°$ 之间，故电路呈感性，可用 RL 串联电路等效，如图 4.3.2(b)所示。

又　　　　　　　　　$Z=2\underline{/60°}=(1+\text{j}1.73)\ \Omega$

等效　　　　　　　　$R=1\ \Omega, \quad X_L=1.73\ \Omega$

$$L=\frac{X_L}{\omega}=\frac{1.73}{10^3}\ \text{H}=1.73\ \text{mH}$$

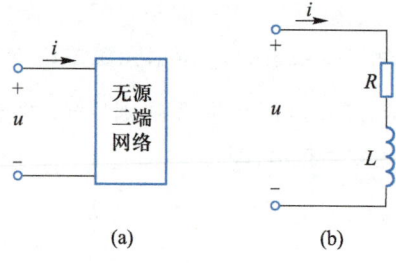

图 4.3.2　例 4.3.1 的图

4.3.2　阻抗的串、并联

微视频 4-7
阻抗的串、并联

在交流电路中，阻抗的连接形式是多种多样的。其中，最简单和最常用的连接形式是串联和并联。

1. 阻抗的串联

图 4.3.3(a)是两个阻抗串联的电路。根据欧姆定律和基尔霍夫定律的相量形式，得

$$\dot{U}=\dot{U}_1+\dot{U}_2=\dot{I}Z_1+\dot{I}Z_2=\dot{I}(Z_1+Z_2)$$

所以　　　　　　　$Z=Z_1+Z_2$ 　　　　　（4.3.5）

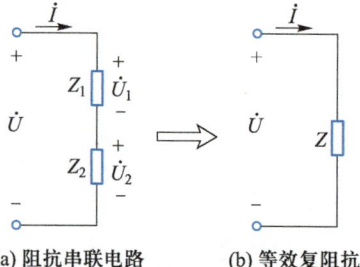

(a) 阻抗串联电路　　　(b) 等效复阻抗

图 4.3.3　串联电路的复阻抗

由此可见，两个串联的复阻抗可用一个等效复阻抗来代替，如图 4.3.3(b)所示。此等效复阻抗等于串联的各复阻抗之和。一般情况下，几个复阻抗串联时，其等效复阻抗可用下式表示

$$Z=\sum Z_k=\sum R_k+\text{j}\sum X_k$$

$$=\sqrt{(\sum R_k)^2+(\sum X_k)^2}\ \underline{\bigg/\arctan\frac{\sum X_k}{\sum R_k}}=|Z|\underline{/\varphi} \qquad (4.3.6)$$

即　　　　　　$|Z|=\sqrt{(\sum R_k)^2+(\sum X_k)^2}$ 　　　　　（4.3.7）

$$\varphi=\arctan\frac{\sum X_k}{\sum R_k} \qquad (4.3.8)$$

在上面各式的 $\sum X_k$ 中，感抗 X_L 取正号，容抗 X_C 取负号。

根据上面的方法计算出等效复阻抗后，可计算其电压或电流

$$\dot{U}=\dot{I}Z \quad \text{或} \quad \dot{I}=\frac{\dot{U}}{Z}$$

一定要注意，求等效复阻抗要用复数运算法则，因为一般情况下

$$U\neq U_1+U_2 \quad \text{即}\ I|Z|\neq I|Z_1|+I|Z_2|$$

所以
$$|Z| \neq |Z_1| + |Z_2|$$

例 4.3.2 已知 $Z_1 = (6.16 + j9)\ \Omega$，$Z_2 = (2.5 - j4)\ \Omega$，串联在一起接入 $\dot{U} = 220\underline{/30°}$ V 的交流电源上，求电路中的电流 $\dot{I}$ 和各阻抗上的电压 $\dot{U}_1$ 和 $\dot{U}_2$。

解 先求复阻抗
$$Z = Z_1 + Z_2 = [(6.16 + j9) + (2.5 - j4)]\ \Omega = (8.66 + j5)\ \Omega = 10\underline{/30°}\ \Omega$$

再求
$$\dot{I} = \frac{\dot{U}}{Z} = \frac{220\underline{/30°}}{10\underline{/30°}}\ \text{A} = 22\underline{/0°}\ \text{A}$$

然后根据 $\dot{I}$ 求
$$\dot{U}_1 = \dot{I} \cdot Z_1 = 22\underline{/0°} \times (6.16 + j9)\ \text{V} = 22\underline{/0°} \times 10.9\underline{/55.6°}\ \text{V} = 239.8\underline{/55.6°}\ \text{V}$$
$$\dot{U} = \dot{I} \cdot Z_2 = 22\underline{/0°} \times (2.5 - j4)\ \text{V} = 22\underline{/0°} \times 4.7\underline{/-58°}\ \text{V} = 103.4\underline{/-58°}\ \text{V}$$

2. 阻抗的并联

图 4.3.4(a)所示是两个阻抗并联组成的电路。根据基尔霍夫电流定律有
$$\dot{I} = \dot{I}_1 + \dot{I}_2 = \frac{\dot{U}}{Z_1} + \frac{\dot{U}}{Z_2} = \dot{U}\left(\frac{1}{Z_1} + \frac{1}{Z_2}\right) = \frac{\dot{U}}{\dfrac{Z_1 Z_2}{Z_1 + Z_2}} = \frac{\dot{U}}{Z}$$

两个并联的复阻抗可用一个等效复阻抗代替，如图 4.3.4(b)所示。

$$Z = \frac{Z_1 Z_2}{Z_1 + Z_2} \qquad (4.3.9)$$

由以上分析可知，复阻抗的串、并联法则与电阻的串、并联法则在形式上完全一样，只不过这里是复数运算。同时，根据所求的正弦交流电路的等效复阻抗，可以很方便地画出该电路的串联等效电路。若等效复阻抗的虚部为正，该等效电路可视为电阻

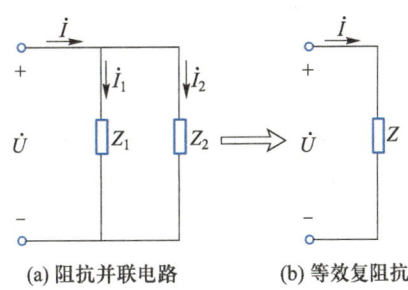

(a) 阻抗并联电路　　(b) 等效复阻抗

图 4.3.4 并联电路的复阻抗

元件和电感元件的串联；若等效复阻抗的虚部为负，该等效电路可视为电阻元件和电容元件的串联。

同理，根据串、并联电路的等效复阻抗，我们很容易计算出电路的电压、电流及功率。

例 4.3.3 两个复阻抗 $Z_1 = (3 + j4)\ \Omega$，$Z_2 = (8 - j6)\ \Omega$，它们并联在 $\dot{U} = 220\underline{/0°}$ V 的电源上。求电路中的电流 $\dot{I}$、$\dot{I}_1$ 和 $\dot{I}_2$，并画出各相量图。

解 先计算等效复阻抗
$$Z = \frac{Z_1 Z_2}{Z_1 + Z_2} = \frac{(3 + j4) \cdot (8 - j6)}{(3 + j4) + (8 - j6)}\ \Omega = \frac{5\underline{/53°} \cdot 10\underline{/-37°}}{11 - j2}\ \Omega$$
$$= \frac{50\underline{/16°}}{11.18\underline{/-10.3°}}\ \Omega = 4.47\underline{/26.3°}\ \Omega$$

$$\dot I = \frac{\dot U}{Z} = \frac{220\underline{/0°}}{4.47\underline{/26.3°}} \text{ A} = 49.2\underline{/-26.3°} \text{ A}$$

$$\dot I_1 = \frac{\dot U}{Z_1} = \frac{220\underline{/0°}}{5\underline{/53°}} \text{ A} = 44\underline{/-53°} \text{ A}$$

$$\dot I_2 = \frac{\dot U}{Z_2} = \frac{220\underline{/0°}}{10\underline{/-37°}} \text{ A} = 22\underline{/37°} \text{ A}$$

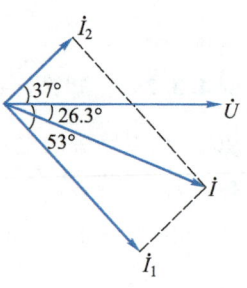

图 4.3.5　例 4.3.3 的图

在并联电路中,因各支路的电压是相同的,故以电压为参考相量画相量图,如图 4.3.5 所示。

微视频 4-8
RLC 串联的正弦交流电路

4.3.3　*RLC* 串联电路的阻抗

在交流电路中,R、L、C 元件相串联是一种常用的连接方式,如图 4.3.6(a)所示。如果已知电路元件参数,可根据前面讨论的 R、L、C 各元件相对应的阻抗以及阻抗串联的计算方法,得

$$Z = Z_R + Z_L + Z_C = R + \mathrm{j}(X_L - X_C) = R + \mathrm{j}X = |Z|\underline{/\varphi} \tag{4.3.10}$$

$$|Z| = \sqrt{R^2 + X^2} = \sqrt{R^2 + (X_L - X_C)^2} \tag{4.3.11}$$

$$\varphi = \arctan\frac{X}{R} = \arctan\frac{X_L - X_C}{R} \tag{4.3.12}$$

其中,X 称为电抗,单位用 Ω(欧[姆])表示。阻抗的电阻 R、电抗 X 和阻抗模值 $|Z|$ 构成一个直角三角形,称为阻抗三角形,如图 4.3.6(b)所示。

如果 *RLC* 串联电路参数未知,元件电压已知,也可通过作相量图分析电路电压、电流之间的关系计算其阻抗,电路如图 4.3.7(a)所示。

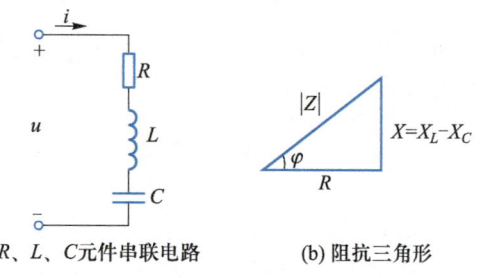

(a) R、L、C元件串联电路　　(b) 阻抗三角形

图 4.3.6　*RLC* 串联电路

因为串联电路中各元件流过的是同一电流,所以画相量图时以电流为参考相量(与横轴平行的相量),$\dot U_R$、$\dot U_L$、$\dot U_C$ 依据 R、L、C 元件电压和电流的相位关系依次画出,$\dot U$ 根据平行四边形法则画出,如图 4.3.7(b)所示。由相量图可知,$\dot U_R$、$\dot U_X(=\dot U_L + \dot U_C)$ 和 $\dot U$ 构成一个直角三角形,称为电压三角形,如图 4.3.7(c)和(d)所示。

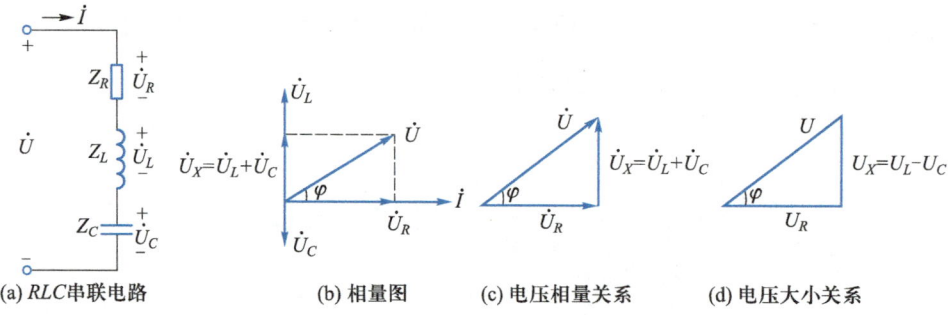

(a) *RLC*串联电路　　(b) 相量图　　(c) 电压相量关系　　(d) 电压大小关系

图 4.3.7　*RLC* 串联电路电压、电流关系

由此可见,在交流电路中,正弦量的瞬时值、相量形式满足基尔霍夫定律,而有效值、幅值不满足基尔霍夫定律。即

$$u = u_R + u_L + u_C$$

$$\dot{U} = \dot{U}_R + \dot{U}_L + \dot{U}_C$$

$$U \neq U_R + U_L + U_C$$

$$U = \sqrt{U_R^2 + U_X^2} = \sqrt{U_R^2 + (U_L - U_C)^2} \qquad (4.3.13)$$

根据 R、L、C 元件电压与电流有效值之间的关系,式(4.3.13)可变换为

$$U = \sqrt{(IR)^2 + (X_L I - X_C I)^2} = I\sqrt{R^2 + (X_L - X_C)^2}$$

根据阻抗模值定义,可知

$$|Z| = \frac{U}{I} = \sqrt{R^2 + (X_L - X_C)^2}$$

由图 4.3.7(d)可知,夹角 φ 为阻抗角,即

$$\varphi = \arctan \frac{U_L - U_C}{U_R}$$

故 RLC 串联电路的阻抗为

$$Z = |Z| \underline{/\varphi} = \sqrt{R^2 + (X_L - X_C)^2} \left/ \left(\arctan \frac{U_L - U_C}{U_R} \right) \right.$$

例 4.3.4 电阻、电感、电容元件串联电路如图 4.3.6(a)所示,已知 $R = 30\ \Omega$,$L = 127\ \text{mH}$,$C = 40\ \mu\text{F}$,电源电压 $u = 220\sqrt{2}\sin(314t + 20°)$ V。

(1)求感抗、容抗、阻抗值及阻抗角;

(2)求电流的有效值与瞬时值表达式;

(3)求各部分电压的有效值与瞬时值表达式;

(4)判断该电路的性质。

解 (1) $X_L = \omega L = 314 \times 127 \times 10^{-3}\ \Omega = 40\ \Omega$

$$X_C = \frac{1}{\omega C} = \frac{10^6}{314 \times 40}\ \Omega = 80\ \Omega$$

$$|Z| = \sqrt{R^2 + (X_L - X_C)^2} = \sqrt{30^2 + (40 - 80)^2}\ \Omega = 50\ \Omega$$

$$\varphi = \arctan \frac{X_L - X_C}{R} = \arctan \frac{40 - 80}{30} = -53°$$

(2) $I = \dfrac{U}{|Z|} = \dfrac{220}{50}\ \text{A} = 4.4\ \text{A}$

$i = 4.4\sqrt{2}\sin(314t + 20° + 53°)\ \text{A} = 4.4\sqrt{2}\sin(314t + 73°)\ \text{A}$

(3) $U_R = IR = 4.4 \times 30\ \text{V} = 132\ \text{V}$

$u_R = 132\sqrt{2}\sin(314t + 73°)\ \text{V}$

$U_L = IX_L = 4.4 \times 40\ \text{V} = 176\ \text{V}$

$u_L = 176\sqrt{2}\sin(314t + 73° + 90°)\ \text{V} = 176\sqrt{2}\sin(314t + 163°)\ \text{V}$

$U_C = IX_C = 4.4 \times 80\ \text{V} = 352\ \text{V}$

$$u_C = 352\sqrt{2}\sin(314t+73°-90°)\ \text{V} = 352\sqrt{2}\sin(314t-17°)\ \text{V}$$

显然

$$U \neq U_R + U_L + U_C$$

（4）不论是从阻抗角的正、负，还是从电压、电流的相位关系，都很容易得出：电路是容性的。

[练习与思考]

4.3.1 已知 RLC 串联电路的电路频率为 $f=50\ \text{Hz}$，$R=200\ \Omega$，$L=5\ \text{mH}$，$C=10\ \mu\text{F}$，求电路的复阻抗及等效参数 R、L 或 C 的值。

4.3.2 已知 $\dot{I}=(10-\text{j}5)\ \text{A}$，$\dot{U}=220\underline{/120°}\ \text{V}$，求电路复阻抗 Z。

4.3.3 已知 RLC 串联电路中 $U_R=6\ \text{V}$，$U_L=12\ \text{V}$，$U_C=4\ \text{V}$，$I=2\ \text{A}$，求电路复阻抗 Z。

4.4 一般正弦交流电路的分析

一般情况下，由 R、L、C 构成的正弦交流电路的各元件的连接关系可能是串联，也可能是并联，还可能既串联又并联。对于这样一般形式的正弦交流电路，其分析方法有两种。

4.4.1 相量图法

微视频 4-9
相量图法

用相量图法分析计算正弦交流电路的步骤为：

（1）选定参考相量。串联电路以电流为参考相量（因各元件流过的是同一电流）；并联电路以电压为参考相量（因各元件上的电压相同）。

（2）根据各元件上的电流、电压的相位关系画出电路的相量图。

（3）根据各相量的几何关系求解各物理量。

例 4.4.1 图 4.4.1（a）所示为一 RC 移相电路。已知，$R=100\ \Omega$，输入信号的频率为 50 Hz。如要求输出电压 u_2 与输入电压 u_1 的相位差为 45°，试求电容值。

解 因是串联电路，以电流为参考相量，画出相量图如图 4.4.1（b）所示。由相量图可知

$$\tan 45° = \frac{U_R}{U_2} = \frac{IR}{IX_C} = \frac{R}{X_C}$$

$$X_C = \frac{R}{\tan 45°} = 100\ \Omega$$

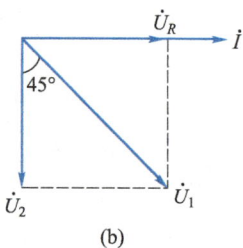

图 4.4.1 例 4.4.1 的图

又

$$X_C = \frac{1}{2\pi f C}$$

所以

$$C = \frac{1}{2\pi f X_C} = \frac{1}{2\pi \times 50 \times 100}\ \text{F} = 31.8\ \mu\text{F}$$

例 4.4.2 电路如图 4.4.2(a)所示。已知，$R = X_L$，$X_C = 10\ \Omega$，$I_C = 10$ A，$\dot{U}$ 与 $\dot{I}$ 同相位。求：I、I_{RL}、U、R、X_L。

解 因是并联电路，以电压为参考相量，画出相量图如图 4.4.2(b)所示。因为 $R = X_L$，所以 $\dot{I}_{RL}$ 滞后于 $\dot{U}$45°。

由相量图可知

$$I = I_C = 10\ \text{A}$$

$$I_{RL} = \frac{I}{\cos 45°} = 10\sqrt{2}\ \text{A}$$

$$U = I_C X_C = 100\ \text{V}$$

$$\sqrt{R^2 + X_L^2} = \frac{U}{I_{RL}} = \frac{100}{10\sqrt{2}}\ \Omega = 5\sqrt{2}\ \Omega$$

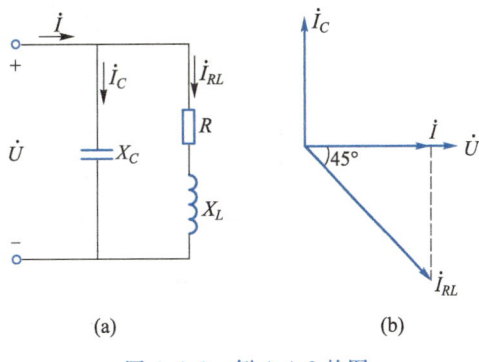

因为　　　　　　　　　$R = X_L$

所以　　　　　　　　　$R = X_L = 5\ \Omega$

图 4.4.2　例 4.4.2 的图

4.4.2　相量式法

用相量式法分析计算正弦交流电路的步骤为：

(1) 将电路中已知的正弦量都用相量式表示。

(2) 将电路中的阻抗元件都用复阻抗（R 用 R，L 用 jX_L，C 用 $-jX_C$）表示。

(3) 应用分析直流电路的各种定理和方法列方程求解。但所有的方程都为相量方程，所有的运算均为复数运算。

微视频 4-10
相量式法

例 4.4.3 在图 4.4.3 所示电路中，已知电源电压 $\dot{U} = 100\underline{/0°}$ V，$R_1 = R_2 = X_L = X_C = 50\ \Omega$，试求 $\dot{U}_{ab}$。

解 由图 4.4.3 可知

$$\dot{U}_{ao} = \frac{-jX_C}{R_2 - jX_C}\dot{U} = \frac{-j50}{50 - j50} \times 100\underline{/0°}\ \text{V} = 50\sqrt{2}\underline{/-45°}\ \text{V}$$

$$\dot{U}_{bo} = \frac{jX_L}{R_1 + jX_L}\dot{U} = \frac{j50}{50 + j50} \times 100\underline{/0°}\ \text{V} = 50\sqrt{2}\underline{/45°}\ \text{V}$$

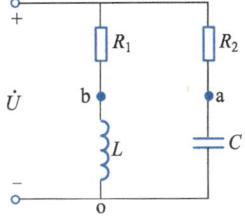

图 4.4.3　例 4.4.3 的图

根据 KVL 得　　$\dot{U}_{ab} = \dot{U}_{ao} - \dot{U}_{bo} = (50\sqrt{2}\underline{/-45°} - 50\sqrt{2}\underline{/45°})\ \text{V} = -j100\ \text{V}$

例 4.4.4 电路如图 4.4.4(a)所示，已知 $\dot{U}_s = 20\underline{/90°}$ V，$\dot{I}_s = 10\underline{/0°}$ A，试用戴维南定理求 $\dot{U}_{ab}$。

解 (1) 由图 4.4.4(b)求开路电压 $\dot{U}_{oc}$

$$\dot{U}_{oc} = \frac{1}{2}\dot{U}_s - (-j2)\dot{I}_s = \left(\frac{1}{2} \times 20\underline{/90°} + j2 \cdot 10\underline{/0°}\right)\ \text{V} = 30\underline{/90°}\ \text{V}$$

(2) 由图 4.4.4(c)求等效阻抗 Z_{eq}

$$Z_{eq} = \left[\frac{(-j4)(-j4)}{(-j4) + (-j4)} + (-j2)\right]\ \Omega = -j4\ \Omega$$

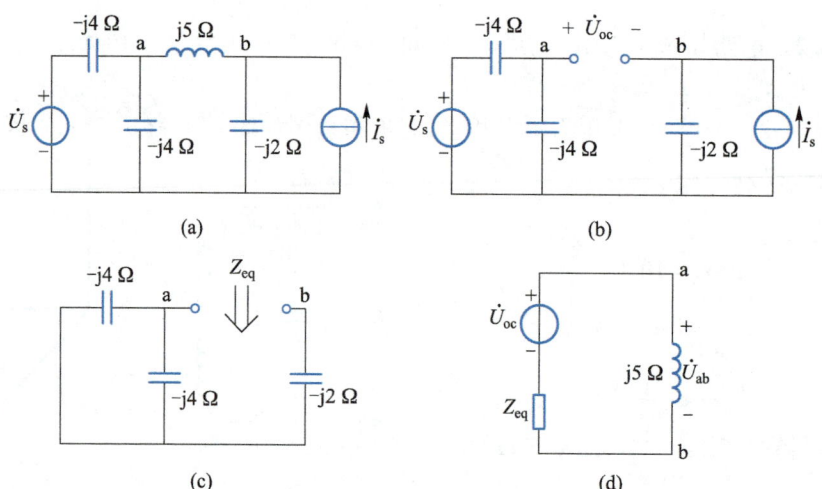

图 4.4.4　例 4.4.4 的图

（3）画出戴维南等效电路，求 $\dot{U}_{ab}$

$$\dot{U}_{ab}=\frac{j5}{Z_{eq}+j5}\dot{U}_{oc}=\frac{j5}{-j4+j5}\times30\underline{/90°}\ \text{V}=150\underline{/90°}\ \text{V}$$

[练习与思考]

4.4.1　RL 串联电路如图 4.4.5 所示。判断下列哪些式子是对的，哪些式子是错的。

（1）$U=U_R+U_L$；　　（2）$\dot{U}=\dot{U}_R+\dot{U}_L$；　　（3）$Z=R+jX_L$；　　（4）$Z=R+X_L$。

4.4.2　电路如图 4.4.6 所示，画出相量图，判断 $\dot{U}_2$ 与 $\dot{U}_1$ 的相位关系。若使两者之间相差 60°，则两参数值应满足什么条件？

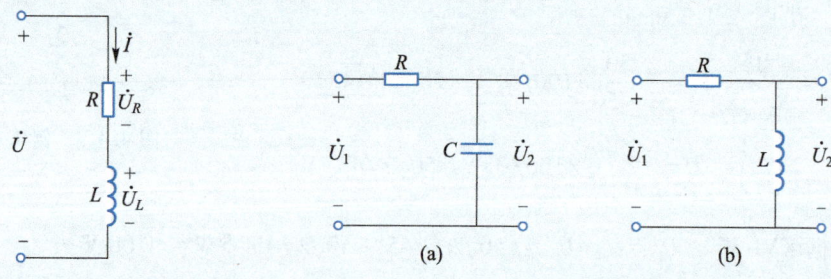

图 4.4.5　练习与思考 4.4.1 的图　　　图 4.4.6　练习与思考 4.4.2 的图

微视频 4-11
正弦交流
电路中的
功率

4.5　正弦交流电路中的功率和功率因数的提高

4.5.1　正弦交流电路中的功率

如图 4.5.1(a)所示的无源二端网络，设电流初相位为零，即

$$i = \sqrt{2}\,I\sin\omega t$$

该电路的等效阻抗为

$$Z = R + \mathrm{j}X = |Z| \underline{/\varphi}$$

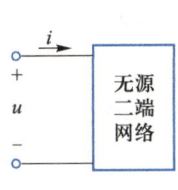

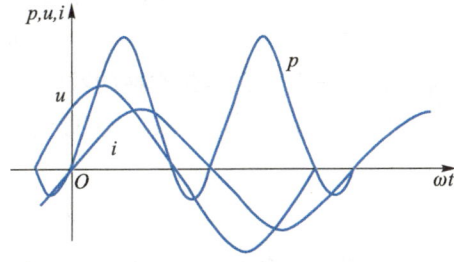

(a) 无源二端网络 　　(b) 瞬时功率波形

图 4.5.1 无源二端网络的瞬时功率

则端口电压可表示为

$$u = \sqrt{2}\,U\sin(\omega t + \varphi)$$

1. 瞬时功率 p

根据功率的定义,该二端网络的瞬时功率为

$$\begin{aligned}
p &= ui = 2UI\sin(\omega t + \varphi)\sin\omega t \\
&= UI\cos\varphi - UI\cos(2\omega t + \varphi) \\
&= UI\cos\varphi(1 - \cos2\omega t) + UI\sin\varphi\sin2\omega t
\end{aligned} \tag{4.5.1}$$

波形如图 4.5.1(b) 所示。可以看出,二端网络的瞬时功率 p 以角速度 2ω 随时间变化,只要 φ 不等于零,p 就可正可负。当 $p>0$ 时,表示二端网络从外电路吸取能量;当 $p<0$ 时,表示其向外释放能量。并且只要 φ 不等于 $90°$,吸收的能量总是大于释放的能量,这是由于电路中存在耗能元件电阻。

瞬时功率反映了功率随时间变化的规律,实际上,电路的瞬时功率一般是测量不出来的。电路对外呈现的是平均功率。

2. 平均功率 P

根据平均功率的定义,该二端网络的平均功率为

$$P = \frac{1}{T}\int_0^T p\,\mathrm{d}t = \frac{1}{T}\int_0^T UI\big[\cos\varphi(1 - \cos2\omega t) + \sin\varphi\sin2\omega t\big]\,\mathrm{d}t = UI\cos\varphi \tag{4.5.2}$$

可以看出,正弦交流电路消耗的功率不仅与端口电压、电流的有效值有关,还与 $\cos\varphi$ 有关。$\cos\varphi$ 称为功率因数,φ 称为功率因数角,其实质就是阻抗角,因此功率因数 $\cos\varphi$ 由负载的性质决定。

当电路只含电阻元件时,$\varphi = 0$,$\cos\varphi = 1$,$P = UI = I^2R = U^2/R$;

当电路只含电感元件时,$\varphi = 90°$,$\cos\varphi = 0$,$P = 0$;

当电路只含电容元件时,$\varphi = -90°$,$\cos\varphi = 0$,$P = 0$。

由以上分析可以看出,电路中只有电阻元件消耗有功功率,电感元件和电容元件不消耗有功功率。当电路中有若干电阻元件时,求总的有功功率,可将各部分有功功率相加获得。

3. 无功功率 Q

式 (4.5.1) 可以写成

$$p = p_1 + p_2$$

其中
$$p_1 = UI\cos\varphi(1 - \cos2\omega t) \tag{4.5.3}$$

$$p_2 = UI\sin\varphi\sin2\omega t \tag{4.5.4}$$

p_1 始终大于等于零,它反映了电阻所消耗的瞬时功率。p_2 的波形在一个周期中正负面积相等,反映了储能元件与电源进行能量交换的瞬时功率。

根据本章第 2 节中无功功率的定义,p_2 的最大值 $UI\sin\varphi$ 就称为二端网络的无功功率,即

$$Q = UI\sin\varphi \tag{4.5.5}$$

当电路只含电阻元件时,$\varphi = 0$,$\sin\varphi = 0$,$Q = 0$;

当电路只含电感元件时,$\varphi = 90°$,$\sin\varphi = 1$,$Q = UI = I^2X_L = U^2/X_L$;

当电路只含电容元件时,$\varphi = -90°$,$\sin\varphi = -1$,$Q = -UI = -I^2X_C = -U^2/X_C$。

当 $\varphi > 0$(感性电路)时,$Q > 0$;

当 $\varphi < 0$(容性电路)时,$Q < 0$。

无功功率的正负与电路的性质有关。当电路中有若干电感、电容元件时,求总的无功功率,可将各部分无功功率相加获得。注意:电容元件的无功功率为负数。

4. 视在功率 S

电路的电压有效值 U 和电流有效值 I 的乘积称为视在功率。即

$$S = UI \tag{4.5.6}$$

单位为 V·A(伏安)或 kV·A(千伏安)。视在功率通常用来表示电源设备的容量,它表明电源设备允许提供的最大有功功率,但实际输出有功功率的大小取决于负载。

根据式(4.5.2)、式(4.5.5)、式(4.5.6)可知,交流电路中的有功功率、无功功率和视在功率三者之间组成一个直角三角形,称为功率三角形,如图 4.5.2 所示。从图中可得

$$P = S\cos\varphi, \quad Q = S\sin\varphi, \quad S = \sqrt{P^2 + Q^2} \tag{4.5.7}$$

例 4.5.1 电路的相量模型如图 4.5.3 所示,已知 $U = 20\sqrt{2}$ V,$R = 10\ \Omega$,$X_L = X_C = 10\ \Omega$,求整个电路的有功功率 P、无功功率 Q、视在功率 S 和功率因数。

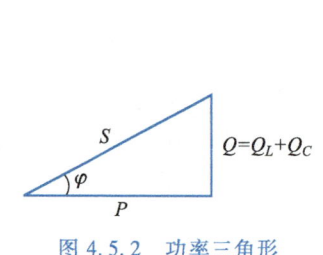

图 4.5.2　功率三角形

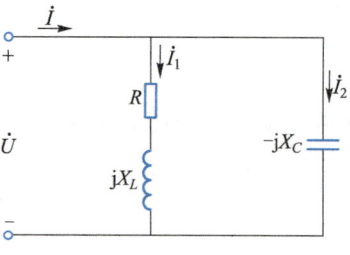

图 4.5.3　例 4.5.1 的图

解 电路的等效阻抗为

$$Z = \frac{(R + jX_L)(-jX_C)}{R + jX_L - jX_C} = \frac{(10 + j10) \times (-j10)}{10 + j10 - j10}\ \Omega$$

$$= (10 - j10)\ \Omega = 10\sqrt{2}\underline{/-45°}\ \Omega$$

$$I = \frac{U}{|Z|} = \frac{20\sqrt{2}}{10\sqrt{2}}\ \mathrm{A} = 2\ \mathrm{A}$$

$$S = UI = 20\sqrt{2} \times 2\ \mathrm{V \cdot A} = 56.6\ \mathrm{V \cdot A}$$

$$\cos\varphi = \cos(-45°) = 0.707$$

$$P = S\cos\varphi = 56.6 \times 0.707\ \mathrm{W} = 40\ \mathrm{W}$$

$$Q = S\sin\varphi = 56.6 \times (-0.707)\ \mathrm{var} = -40\ \mathrm{var}$$

4.5.2 功率因数的提高

从前面的分析中,我们得到了正弦交流电路中功率因数 $\cos\varphi$ 的计算公式为

$$\cos\varphi = \frac{P}{S}$$

微视频 4–12
功率因数
的提高

功率因数是正弦交流电路中一个很重要的物理量。功率因数低会带来两方面的不良影响。

(1) $\cos\varphi$ 小,线路损耗大。设线路电阻为 r,则线路损耗为 I^2r。因为 $I = \dfrac{P}{U\cos\varphi}$,当输电线路的电压和传输的有功功率一定时,输电线上的电流与功率因数成反比。功率因数越小,输电线上的电流越大,线路损耗越大。

(2) $\cos\varphi$ 小,电源的利用率低。因为电源的容量 S_N 是一定的,由 $P = S_\mathrm{N}\cos\varphi$ 可知,电源能够输出的有功功率与功率因数成正比。如当负载的 $\cos\varphi = 0.5$ 时,电源的利用率只有 50%。

由此可见,功率因数的提高有着非常重要的经济意义。

实际电路中,功率因数低主要是因为工业上大都是感性负载。如三相异步电动机,满载时的功率因数为 $0.7 \sim 0.8$,轻载时只有 $0.4 \sim 0.5$,空载时甚至只有 0.2。

按照供用电规则,高压供电的工业、企业单位,平均功率因数不得低于 0.95,其他单位不得低于 0.9。因此,提高功率因数是一个必须要解决的问题。这里说的提高功率因数,是提高线路的功率因数,而不是提高某一负载的功率因数。应注意的是,功率因数的提高必须在保证负载正常工作的前提下实现。

既能提高线路的功率因数,又要保证感性负载正常工作,常用的方法是在感性负载两端并联电容器。电路图和相量图如图 4.5.4 所示。

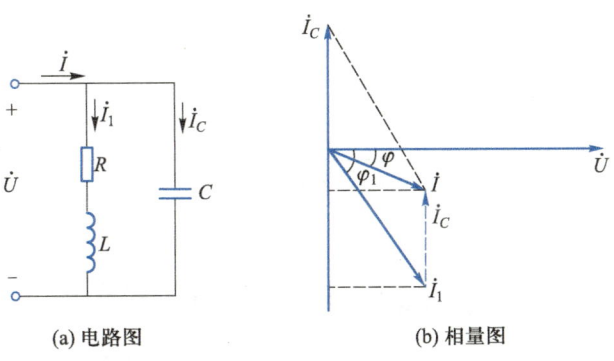

(a) 电路图　　　　(b) 相量图

图 4.5.4　感性负载并联电容提高功率因数

由相量图可知,并联电容器以前,线路的阻抗角为负载的阻抗角 φ_1,线路的功率因数为负载的功率因数 $\cos\varphi_1$(较低),线路的电流为负载的电流 I_1(较大);并联电容器以后,因电容上的电流超前于电压 $90°$,故抵消了部分感性负载电流的无功分量,使得线路的电流 I 减小($I<I_1$),线路的阻抗角 φ 减小($\varphi<\varphi_1$),因此线路的功率因数 $\cos\varphi$ 提高($\cos\varphi>\cos\varphi_1$)。由于电容器是并联在负载两端的,负载的电压未发生变化,所以,负载的工作状况也就不会发生变化。下面讨论一下提高功率因数与需要并联的电容器容量之间的关系。

设负载的电压、阻抗角和有功功率分别为 U、φ_1 和 P,它们也是并联电容器前线路的电压、阻抗角和有功功率。并联电容器后,线路的电压、阻抗角和有功功率分别为 U、φ 和 P。注意:由于电容不产生有功功率,所以,并联电容器前、后 P 不变。据相量图,得

$$I_C = I_1\sin\varphi_1 - I\sin\varphi = \frac{P}{U\cos\varphi_1} \cdot \sin\varphi_1 - \frac{P}{U\cos\varphi} \cdot \sin\varphi$$

即

$$C = \frac{P}{\omega U^2}(\tan\varphi_1 - \tan\varphi) \qquad (4.5.8)$$

这就是把功率因数由 $\cos\varphi_1$ 提高到 $\cos\varphi$ 所需并联电容器容量的计算公式。

由上述分析可见,并联电容器后,改变的只是线路的功率因数、电流和无功功率,而负载的工况及电路的有功功率没有发生变化!

例 4.5.2 有一电感性负载,功率为 10 kW,功率因数为 0.6,接在电压为 220 V、50 Hz 的交流电源上。

(1)若将功率因数提高到 0.95,需并联多大的电容?

(2)计算并联电容前、后的线路电流;

(3)若要将功率因数从 0.95 再提高到 1,还需并联多大电容?

(4)若电容继续增大,功率因数会怎样变化?

解 (1)由 $\cos\varphi_1 = 0.6$ 得 $\varphi_1 = 53°$。

由 $\cos\varphi = 0.95$ 得 $\varphi = 18°$。

代入式(4.5.8)得

$$C = \frac{10\times10^3}{2\pi\times50\times220^2}(\tan53° - \tan18°)\text{ F} = 659.1\text{ μF}$$

(2)并联电容前的线路电流即负载电流为

$$I_1 = \frac{P}{U\cos\varphi_1} = \frac{10\times10^3}{220\times0.6}\text{ A} = 75.8\text{ A}$$

并联电容后的电流

$$I = \frac{P}{U\cos\varphi} = \frac{10\times10^3}{220\times0.95}\text{ A} = 47.8\text{ A}$$

(3)需再增加的电容值为

$$C = \frac{10\times10^3}{2\pi\times50\times220^2}(\tan18° - \tan0°)\text{ F} = 213.7\text{ μF}$$

(4)功率因数提高到 1 时,产生并联谐振(后面介绍)。再增加电容,电路呈现容性,随着电容的增加,功率因数在下降。

[练习与思考]

4.5.1 对于感性负载,能否采用串联电容的方法提高功率因数? 为什么?

4.5.2 试用相量图说明,并联电容过大,功率因数反而下降的原因。

4.5.3 感性负载并联上合适的电容提高功率因数时,电路中哪些量发生了变化? 如何变? 哪些量不变,为什么?

4.6 交流电路的频率特性

4.6.1 频率特性的概念与传递函数

在交流电路中,电容元件的容抗和电感元件的感抗都与频率有关,在电源频率一定时,它们有一确定值。但当电源电压或电流(激励)的频率改变时,感抗和容抗值随着改变,而使电路中各部分所产生的电压和电流(响应)的大小和相位随着改变。响应与频率的关系称为电路的频率特性或频率响应。在电力系统中,频率一般是固定的,但在电子技术和控制系统中,经常要研究在不同频率下电路的工作情况。

频率特性根据研究对象的不同分为幅频特性和相频特性。幅频特性是指电压或电流的大小与频率的关系。相频特性是指电压或电流的相位与频率的关系。

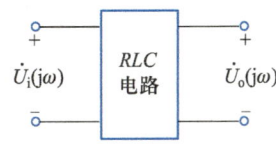

图 4.6.1 RLC 电路

为描述电路的频率特性,我们定义了传递函数的概念。如图 4.6.1 所示 RLC 电路,输入和输出信号都是频率的函数。电路输出电压与输入电压的比值称为传递函数或转移函数,用 $T(\mathrm{j}\omega)$ 表示,它是一个复数。即

$$T(\mathrm{j}\omega) = \frac{\dot{U}_{\mathrm{o}}(\mathrm{j}\omega)}{\dot{U}_{\mathrm{i}}(\mathrm{j}\omega)} = \frac{U_{\mathrm{o}}}{U_{\mathrm{i}}} \underline{/\varphi_{\mathrm{o}} - \varphi_{\mathrm{i}}} \qquad (4.6.1)$$

式中

$$|T(\mathrm{j}\omega)| = \frac{U_{\mathrm{o}}}{U_{\mathrm{i}}} \qquad (4.6.2)$$

$$\varphi(\omega) = \varphi_{\mathrm{o}} - \varphi_{\mathrm{i}} \qquad (4.6.3)$$

$|T(\mathrm{j}\omega)|$ 是传递函数的模值,是角频率 ω 的函数,描述了输入、输出电压大小随角频率 ω 变化的特性,称为幅频特性函数;$\varphi(\omega)$ 是传递函数的辐角,也是角频率 ω 的函数,描述了输入、输出电压相位随角频率 ω 变化的特性,称为相频特性函数。

本章前面几节所讨论的电压和电流都是时间的函数,在时间领域内对电路进行分析常称为时域分析。本节是在频率领域内对电路进行分析,就称为频域分析。

4.6.2 滤波器电路

所谓滤波器电路就是利用容抗或感抗随频率变化的特性,对不同频率的输入信号产生

不同的响应,让需要的某一频带的信号顺利通过,而不需要的其他频率的信号被抑制。

根据滤波器允许通过的信号的频率范围,滤波器分为如下四大类:

(1)低通滤波器。低频信号能够通过,而高频信号不能通过的滤波器称为低通滤波器,其理想的幅频特性如图 4.6.2(a)所示,ω_0 称为截止角频率。低通滤波器只允许角频率低于截止角频率 ω_0 的信号顺利通过。

(2)高通滤波器。与低通滤波器的性能正好相反,即只允许角频率高于截止角频率的信号通过而低频信号不能通过,其理想幅频特性如图 4.6.2(b)所示。

(3)带通滤波器。频率在某一个频率范围内的信号能够通过,而其余频率的信号不能通过的滤波器称为带通滤波器,其理想幅频特性如图 4.6.2(c)所示。

(4)带阻滤波器。与带通滤波器的性能正好相反,即不允许某一频率范围内的信号通过,而允许其余频率的信号通过,其理想幅频特性如图 4.6.2(d)所示。

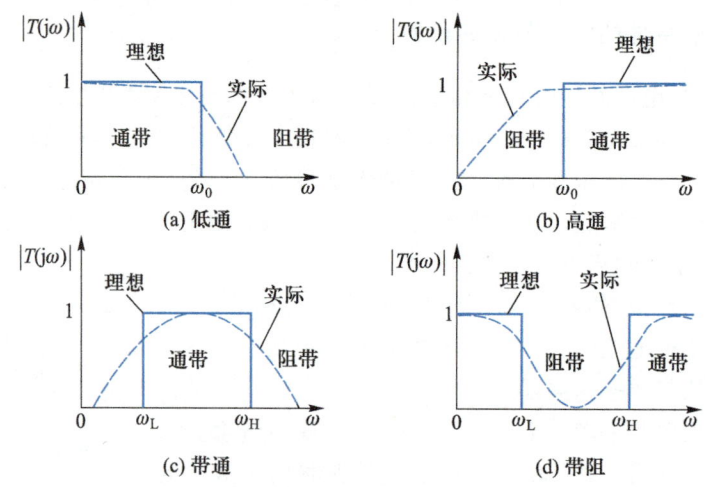

图 4.6.2　各种滤波器的幅频特性

上面介绍的是滤波器的理想情况,实际电路的频率特性与理想情况是有差别的。在图 4.6.2 中,实线表示了理想滤波器的幅频特性曲线,虚线表示了实际滤波器的幅频特性曲线,实际曲线与理想曲线越接近,说明滤波器的性能就越好,但电路也就越复杂。

常见一阶无源 RC 滤波电路如图 4.6.3 所示。

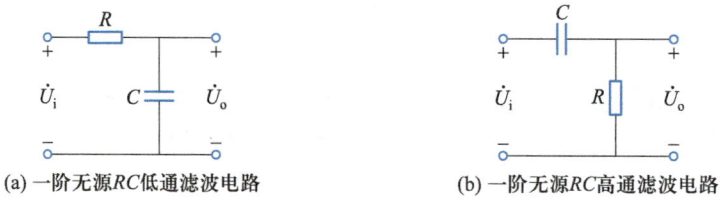

图 4.6.3　一阶无源 RC 滤波电路

4.6.3　谐振电路

在含有 R、L、C 元件的交流电路中,因感抗、容抗都是频率的函数,所以,当改变电感元件、电容元件的参数或电源的频率时,感抗和容抗就会发生变化,引起电压与电流之间的相位差的变化。当电路的输入电压与输入电流同相位,即电路呈电阻性时,称电路的这种状态为谐振。谐振分为串联谐振和并联谐振。

1. 串联谐振

在 R、L、C 串联的电路中发生的谐振,称串联谐振。在图 4.6.4(a)所示的串联电路中,其复阻抗

$$Z = R+\mathrm{j}(X_L-X_C) = \sqrt{R^2+(X_L-X_C)^2}\left|\underline{\arctan\frac{X_L-X_C}{R}}\right.$$

若感抗和容抗相等,即

$$X_L = X_C$$

则

$$\varphi = \arctan\frac{X_L-X_C}{R} = 0°$$

即电源电压 $\dot{U}$ 与电路中的 $\dot{I}$ 同相位,电路发生谐振。

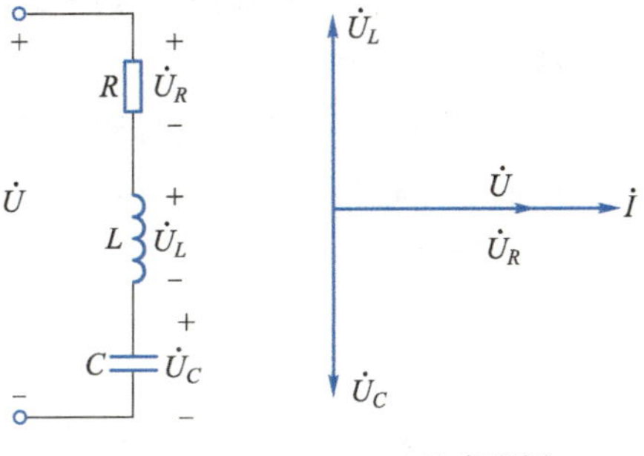

由此,可得出谐振条件为

$$\omega_0 L = \frac{1}{\omega_0 C} \qquad (4.6.4)$$

谐振角频率为

$$\omega_0 = \frac{1}{\sqrt{LC}} \qquad (4.6.5)$$

或

$$f_0 = \frac{1}{2\pi\sqrt{LC}} \qquad (4.6.6)$$

(a) 电路图　　　　　　　　(b) 相量图

图 4.6.4　串联谐振

即当电源频率和电路参数(L 和 C)之间满足以上关系时,电路发生串联谐振。

由上式可知,谐振频率完全是由电路本身的参数决定的,是电路本身的固有性质。每一个 R、L、C 串联的电路都对应一个谐振频率。当电源的频率一定时,改变电路的参数 L 或 C,可以使电路发生谐振;当电路参数一定时,改变电源频率 f,也可使电路发生谐振。

串联谐振具有以下特征:

(1)电路的阻抗角 $\varphi=0$,电压与电流同相位,电路呈电阻性。

串联谐振时的相量图如图 4.6.4(b)所示。$\dot{U}$ 与 $\dot{I}$ 同相,阻抗角 $\varphi=0$,$\cos\varphi=1$,电源只给电阻提供能量,电感和电容的能量交换在它们两者之间进行。

(2)电路中的阻抗值最小。电源电压 U 一定时,电流 I 最大。因为

$$|Z| = \sqrt{R^2+(X_L-X_C)^2} = R$$

所以

$$I_0 = \frac{U}{R} \qquad (4.6.7)$$

阻抗和电流随频率变化的曲线如图 4.6.5 所示。I_0 是谐振电流的有效值。当电源电压 U 一定时,I_0 的大小,只是取决于 R。R 越小,I_0 越大。

(3)串联谐振时,将在电感元件和电容元件上产生高电压。因为谐振时,电感元件和电容元件上的电压大小相等,方向相反,相互抵消,电阻元件上的电压为电源电压 U。

$$U_L = U_C = I_0 X_L = I_0 X_C \qquad (4.6.8)$$

$$U = U_R = I_0 R \qquad (4.6.9)$$

若 $X_L = X_c \gg R$ 时,则

$$U_L = U_C \gg U$$

当电压过高时,将有可能击穿线圈和电容器的绝缘介质,产生事故。所以,在电力系统中,应尽量避免谐振。但在无线电工程中,则常常利用谐振的这个特点,在某个频率上获得大电压信号。

由于串联谐振能在电感和电容上产生高于电源许多倍的电压,故串联谐振也称电压谐振。

在无线电工程中,通常用串联谐振来选择频率。如收音机里的调谐电路,如图 4.6.6 所示。天线线圈接收到空间电磁场中各种频率的信号,LC 回路中感应出频率不同的电动势 e_1、e_2、e_3、…,改变 C,对所需信号频率调到谐振,这时,LC 电路中该频率的电流最大,电容器上该频率的电压也最大。该频率的信号就被选择出来了。选择出的信号被放大、处理后,推动扬声器发出声音。

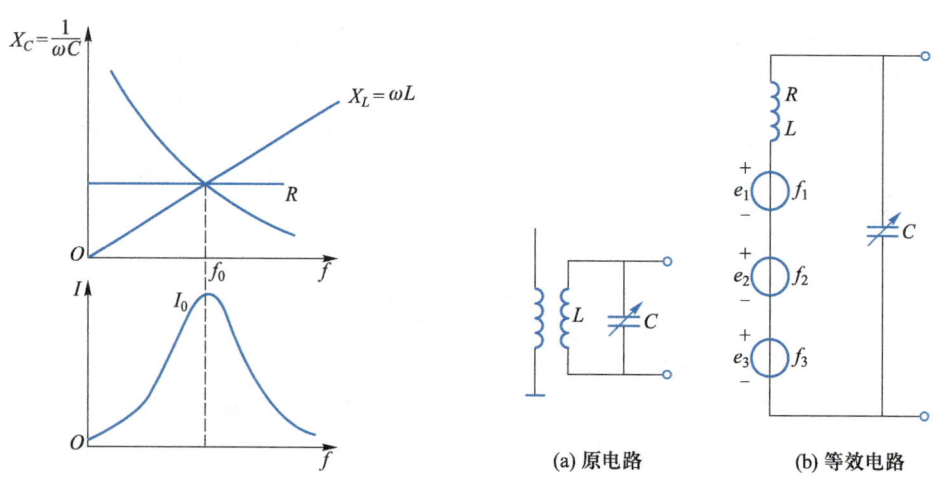

图 4.6.5 阻抗和电流随频率变化的曲线   图 4.6.6 收音机的调谐电路

这里有一个选择性的问题。选择性的好坏用品质因数 Q 来衡量,品质因数的定义为

$$Q = \frac{U_L}{U} = \frac{U_C}{U} = \frac{\omega_0 L I_0}{R I_0} = \frac{\omega_0 L}{R} = \frac{1}{\omega_0 RC} \qquad (4.6.10)$$

当品质因数 Q 值越大时,图 4.6.7 所示的谐振曲线越尖锐,选择性越好。

2. 并联谐振

图 4.6.8 是一个电容器与一个线圈并联的电路。R 表示线圈的电阻,L 表示线圈的电感,C 表示电容。该电路谐振时,其电流 $\dot{I}$ 与电压 $\dot{U}$ 同相位,即阻抗角 φ 为零。所以,我们可以通过复阻抗推出其谐振条件。其等效复阻抗为

$$Z = \frac{(R + j\omega L) \cdot \dfrac{1}{j\omega C}}{R + j\omega L + \dfrac{1}{j\omega C}} = \frac{R + j\omega L}{j\omega RC - \omega^2 LC + 1}$$

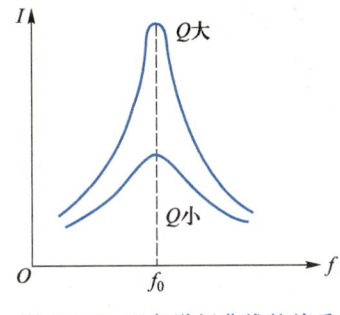

图 4.6.7　Q 与谐振曲线的关系

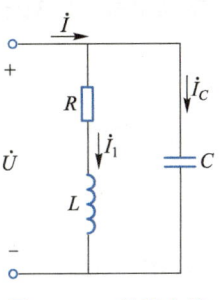

图 4.6.8　并联电路

通常,线圈的电阻很小,所以,谐振时,$\omega_0 L \gg R$。上式可写为

$$Z \approx \frac{j\omega L}{j\omega RC - \omega^2 LC + 1} = \frac{1}{\dfrac{RC}{L} + j\omega C - j\dfrac{1}{\omega L}}$$

若阻抗角为零,则有

$$\omega C = \frac{1}{\omega L}$$

由此,可得出谐振条件或谐振频率为

$$\omega_0 \approx \frac{1}{\sqrt{LC}} \tag{4.6.11}$$

或

$$f_0 \approx \frac{1}{2\pi\sqrt{LC}} \tag{4.6.12}$$

即当电源频率(f_0)和电路参数(L 和 C)之间满足上式关系时,则发生并联谐振。可见,调节 L、C 或 f 都能使电路发生谐振。

并联谐振具有以下特征:

(1)电路的阻抗角 $\varphi = 0°$,输入电压与输入电流同相位,电路呈电阻性。相量图如图 4.6.9 所示。因为线圈中电阻很小,所以 $\dot{I}_1$ 与 $\dot{U}$ 的相位差接近 90°。

(2)电路中的阻抗值最大(阻抗的分母值最小,阻抗值最大)。电源电压 U 一定时,电流 I 最小。

$$|Z| = \frac{L}{RC}$$

$$I_0 = \frac{U}{|Z|} = \frac{U}{\dfrac{L}{RC}} \tag{4.6.13}$$

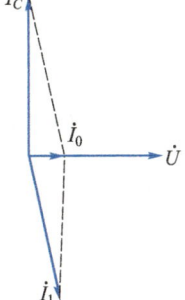

图 4.6.9　并联谐振的相量图

(3)并联谐振时,电感支路和电容支路上的电流可能远远大于电路中的总电流,如相量图 4.6.9 所示。所以,并联谐振也称电流谐振。

谐振时的大电流可能给电气设备造成损坏。所以,在电力系统中,应尽量避免谐振。但在无线电领域,也可以利用这个特点,进行频率选择。

选择性的好坏也用品质因数来表示。在 $Q \gg 1$ 的条件下,有

$$Q = \frac{I_C}{I} \approx \frac{1}{\omega_0 RC} = \frac{\omega_0 L}{R}$$

同样,品质因数 Q 值越大,其选择性越好。

[练习与思考]

4.6.1　某收音机的输入电路中,$L = 0.3$ H,$R = 16$ Ω。今欲收听 640 kHz 的广播,应将电容调到多少皮法? 如在调谐回路中感应出电压 $U = 2\,\mu\text{V}$,试问这时回路中该信号的电流多大? 电容两端的电压多大?

4.6.2　比较一下串联谐振和并联谐振的特点。

4.6.3　分析一下电路发生谐振时能量的消耗和互换情况。

4.6.4　试说明 R、L、C 串联电路中低于和高于谐振频率时电路的性质。

*4.7　应用实例(低压白炽灯在 220 V 电源上使用)

一般低压白炽灯的额定电压远低于 220 V,如果使用 220 V 交流电源时需要一个变压器,这样体积将增大,成本也将提高。如将低压白炽灯和一个容量合适的电容串联后,就可直接接到 220 V 电源上,如图 4.7.1 所示。这种方法简便易行,安装体积也小。例如在车床上安装指示灯时可采用。

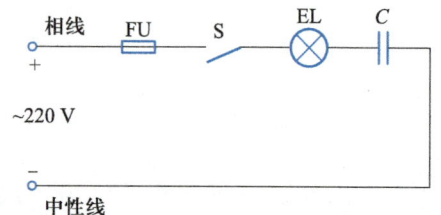

图 4.7.1　低压白炽灯在 220 V 电源上使用

串联电容起降压作用。电容的容量选择要适当,过大会烧坏白炽灯,过小灯光太暗。下面我们通过分析计算来确定电容的容量。

假设白炽灯的额定电压为 36 V,额定功率为 36 W。白炽灯电容串联电路的电路模型如图 4.7.2(a)所示。

白炽灯工作在额定状态,可以确定 $I = \dfrac{P}{U_R} = \dfrac{36}{36}$ A $= 1$ A,$R = \dfrac{U_R}{I} = \dfrac{36}{1}$ Ω $= 36$ Ω。图 4.7.2(b)的相量图如图 4.7.3 所示。

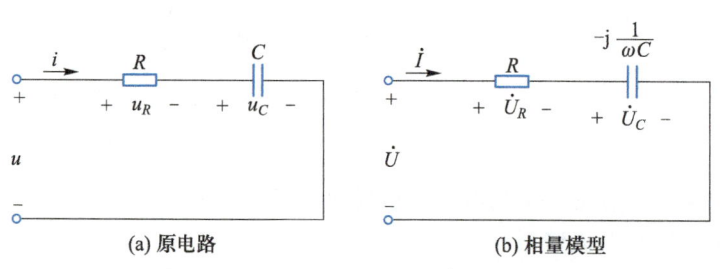

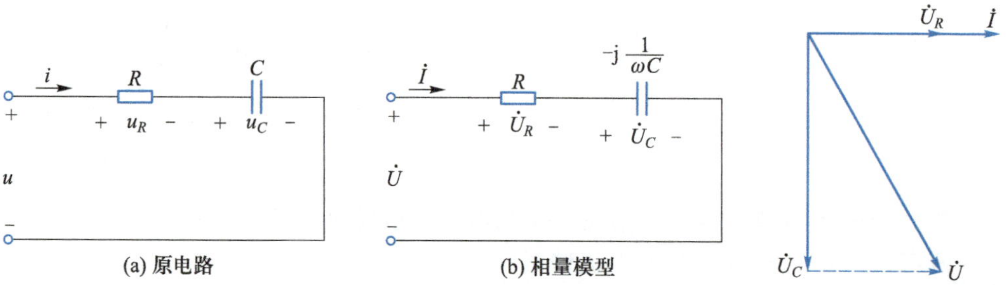

图 4.7.2　白炽灯电容串联电路的电路模型

图 4.7.3　白炽灯电容串联电路的相量图

由相量图可得

$$U_C = \sqrt{U^2 - U_R^2} = \sqrt{220^2 - 36^2} \text{ V} = 217 \text{ V}$$

$$C = \frac{1}{\omega U_C} = \frac{1}{2\pi \times 50 \times 217} \text{ F} = 14.7 \text{ μF}$$

所选电容除了有合适的容量外,还应选择合适的耐压值。电容的耐压值要大于 300 V。低压白炽灯的这种使用方法要特别注意绝缘保护,以防触电。

习题

4.1 某二端元件,已知其两端电压 $u = 220\sqrt{2}\sin(314t + 135°)$ V,电流 $\dot{I} = 5\underline{/45°}$ A,试确定元件种类,并确定参数值。

4.2 已知:$C = 4$ μF,$f = 50$ Hz。

(1) $u_C = 220\sqrt{2}\sin\omega t$ V 时,求电流 i_C 等于多少。

(2) $\dot{I}_C = 0.1\underline{/-60°}$ A 时,求 $\dot{U}_C$ 等于多少,并画相量图。

4.3 求题图 4.1 所示电路的复阻抗 $Z(\omega = 10^4 \text{ rad/s})$。

4.4 已知 RLC 串联电路,$f = 400$ Hz,$R = 100$ Ω,$L = 0.1$ H,$C = 1.3$ μF,$\dot{U} = 100\underline{/30°}$ V。试求(1)电路的复阻抗 Z、电流 i;(2)各元件电压 U_R、U_L、U_C。

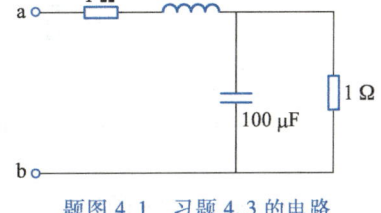

题图 4.1 习题 4.3 的电路

4.5 在题图 4.2 所示电路中,试画出各电压、电流的相量图,并计算未知电压和电流。

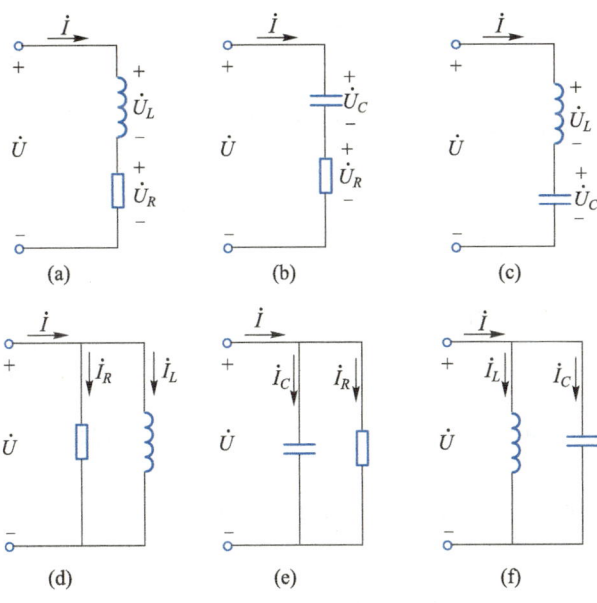

题图 4.2 习题 4.5 的电路

(a) $U_R = U_L = 10$ V,U 等于多少? (b) $U = 100$ V,$U_R = 60$ V,U_C 等于多少? (c) $U_L = 200$ V,$U_C = 100$ V,U 等于多少? (d) $I_R = 4$ A,$I = 5$ A,I_L 等于多少? (e) $I_C = I_R = 5$ A,I 等于多少? (f) $I = 10$ A,$I_C = 8$ A,I_L 等于多少?

4.6 一线圈接在 120 V 的直流电源上,流过的电流为 20 A,若接在 220 V、50 Hz 的交流电源上,流过的电流为 22 A,求线圈的电阻 R 和电感 L。

4.7 已知 R、L、C 串联的电路中,$R=10\ \Omega$,$L=\dfrac{1}{31.4}$ H,$C=\dfrac{10^6}{3\ 140}$ μF。在电容元件的两端并联一开关 S。

(1)当电源电压为 220 V 的直流电压时,试分别计算开关闭合和断开两种情况下的电流 I 及 U_R、U_L、U_C;

(2)当电源电压为 $u=220\sqrt{2}\sin(314t+60°)$ V 时,试分别计算在上述两种情况下的电流 I 及 U_R、U_L、U_C。

4.8 在题图 4.3 所示电路中,Z_1、Z_2 上的电压分别为 $U_1=6$ V,$U_2=8$ V。

(1)设 $Z_1=R$,$Z_2=jX_L$,U 等于多少?

(2)若 $Z_2=jX_L$,Z_1 为何种元件时 U 最大,最大值是多少?Z_1 为何种元件时 U 最小,最小值是多少?

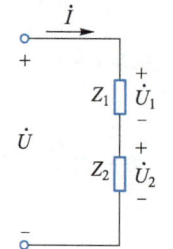

题图 4.3 习题 4.8 的电路

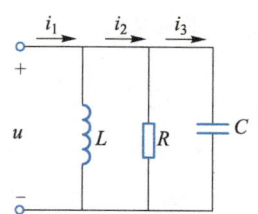

题图 4.4 习题 4.10 的电路

4.9 有一 R、L、C 串联的交流电路,已知 $R=X_L=X_C=10\ \Omega$,$I=1$ A,试求其输入端的电压 U。

4.10 在题图 4.4 所示电路中,已知:$X_L=X_C=R$,$I_1=10$ A。画出相量图并求 I_2、I_3 的数值。

4.11 在题图 4.5 所示的电路中,已知:$R=30\ \Omega$,$C=25\ \mu$F,$i_s=10\sqrt{2}\sin(1\ 000t-30°)$ A。求电路的:

(1)复阻抗 Z;

(2)u_R、u_C、u;

(3)P、Q、S。

4.12 在题图 4.6 所示电路中,已知,$U=220$ V,$f=50$ Hz,$R_1=280\ \Omega$,$R_2=20\ \Omega$,$L=1.65$ H,求:I、U_{R_1}、U_{R_L}。

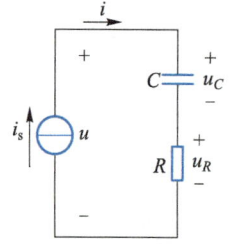

题图 4.5 习题 4.11 的电路

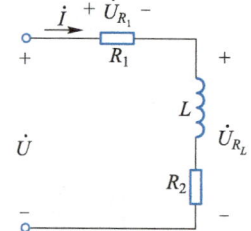

题图 4.6 习题 4.12 的电路

4.13 在 R、L、C 串联电路中,已知:端口电压为 10 V,电流为 4 A,$U_R=8$ V,$U_L=12$ V,$\omega=10$ rad/s。试求电容电压 U_C 及 R、L、C。

4.14 在题图 4.7 所示电路中,已知 $\dot{U}_C=1\underline{/0°}$ V,求 $\dot{U}$ 及 P。

4.15 在题图 4.8 所示电路中,已知 $\dot{U}_S=20\underline{/90°}$ V,$\dot{I}_S=10\underline{/0°}$ A,试用戴维南定理求解图示电路中的 $\dot{U}_{ab}$。

4.16 在题图 4.9 所示电路中,已知 $u=220\sqrt{2}\sin314t$ V,i_1 支路有功功率 $P_1=100$ W,i_2 支路有功功率 $P_2=40$ W,功率因数 $\cos\varphi_2=0.8$。求电流 i、电路的总功率 P 及功率因数 $\cos\varphi$。

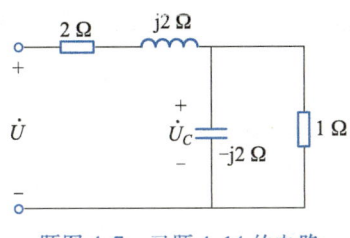

题图 4.7　习题 4.14 的电路

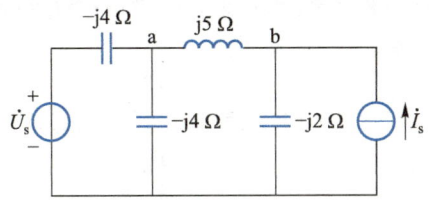

题图 4.8　习题 4.15 的电路

4.17　日光灯可等效为一个 R、L 串联电路。已知 30 W 日光灯的额定电压为 220 V,灯管电压为 75 V,若镇流器上的功率损耗可忽略,计算电路的电流及功率因数。

4.18　一纯电阻负载,其额定电压为 220 V,额定功率为 1 kW,今不得不接在 380 V 的工频电源上,故想在负载上串联一电容器进行分压,试求电容值及电源供给的视在功率、无功功率和功率因数。

4.19　在题图 4.10 所示电路中,$u = 220\sqrt{2}\sin(314t+45°)$ V,$i = 5\sqrt{2}\sin(314t+30°)$ A,$C = 20$ μF,求总电路和二端电路 N 的有功功率、无功功率和视在功率。

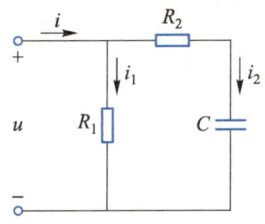

题图 4.9　习题 4.16 的电路

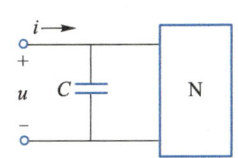

题图 4.10　习题 4.19 的电路

4.20　已知一感性负载的电压为 220 V,频率为 50 Hz,电流为 30 A,$\cos\varphi = 0.5$。欲把功率因数提高到 0.9,应并联电容器的电容量为多少?

4.21　某电动机接在 220 V 的交流电源上,通入电动机的电流为 11 A,其输入功率为 1.21 kW。若要将电动机的功率因数提高到 0.91,应和电动机并联多大的电容?

4.22　某收音机输入电路的电感约为 0.3 mH,与可变电容器组成串联谐振回路,可变电容器的调节范围为 25~360 pF。试问能否满足收听 535~1 605 kHz 的要求?

4.23　有一 R、L、C 串联电路,接于频率可调节的电源上,电源电压保持在 10 V。当频率增加时,电流从 10 mA(500 Hz)增加到最大值 60 mA(1 000 Hz)。试问,当电流为最大值时,电路处于什么状态?此时电路的性质为何?电路内部的能量传输如何完成?求 R、L、C 及谐振时的 U_C。

4.24　在 Multisim 中构建如题图 4.11 所示的 RLC 串联电路。

(1) 保持电源频率 $f = 50$ Hz、$U = 220$ V 不变,用万用表测量电路中 R、L、C 两端电压和电路中电流大小,分析电路中电压与电流的大小关系;

(2) 用示波器观察电路中总电压和电流的相位关系;

(3) 用功率表测量电路中的有功功率,将测量结果和理论计算值进行比较。

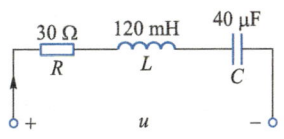

题图 4.11　习题 4.24 的电路

自测题

一、选择题

1. 在交流 RC 串联电路中,下列式子中能成立的是(　　)。

　　a. $U = jX_C I$　　　　　　　　b. $U_R = U - U_C$　　　　　　　　c. $U = \sqrt{U_R^2 + U_C^2}$

2. 两个正弦交流电流 i_1 和 i_2 的有效值 $I_1 = I_2 = 4\,\text{A}$。i_1 与 i_2 相加后总电流的有效值仍为 4 A。则它们之间的相位差是（　　）。

    a. 180°   b. 120°   c. 90°

3. 若电源频率为 f 时，电路的感抗等于容抗，则当频率为 $2f$ 时，该感抗为容抗的（　　）。

    a. 2 倍   b. $\dfrac{1}{4}$ 倍   c. 4 倍

4. 电路如图 Z4.1 所示，已知 $R = X_L = X_C$，u 为正弦交流电压，电流表 A_1、A_2、A_3 的读数均为 1 A，则电流表 A_0 的读数是（　　）。

    a. 1 A   b. 2 A   c. 3 A   d. 0

5. 电路如图 Z4.2 所示，电流表读数为 10 A，电压表读数为 100 V，开关 S 接通和断开时两表读数不变，可判定（　　）。

    a. $X_L = X_C$ b. $X_L = 2X_C$ c. $X_L = \dfrac{1}{2}X_C$ d. $X_L = 4X_C$

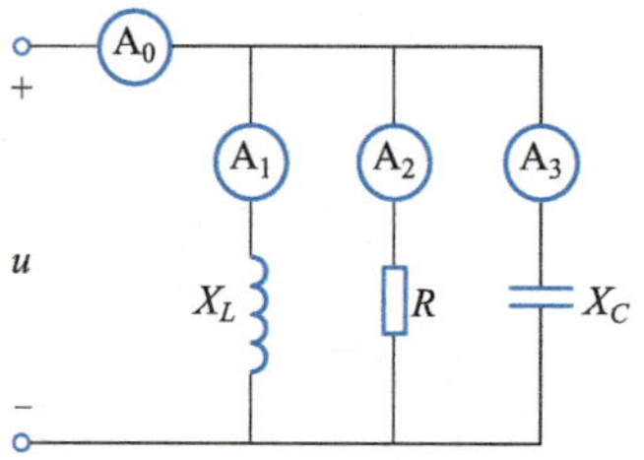

图 Z4.1 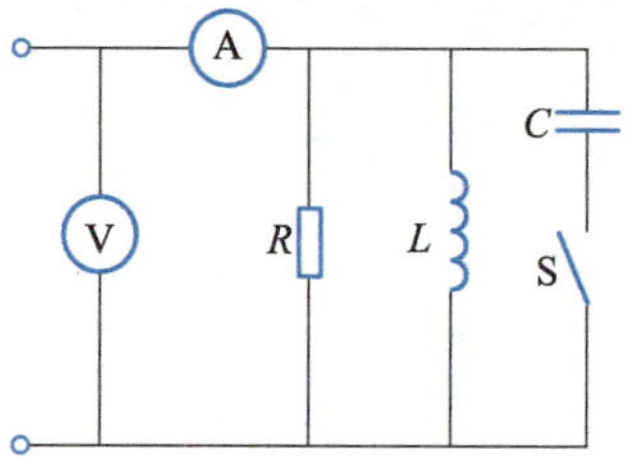　　　　　　　　　　　图 Z4.2

6. 在 RLC 串联电路中，施加正弦电压 u，当 $X_L > X_C$ 时，电压 u 与 i 的相位关系应是 u（　　）。

    a. 超前于 i b. 滞后于 i c. 与 i 反相

7. 感性负载适当并联电容器可以提高功率因数，它是在负载的有功功率不变的情况下，使电路的（　　）增大，总电流减小。

    a. 功率因数   b. 电流   c. 电压   d. 有功功率

8. 某单相交流电路，端口电压相量 $\dot{U} = 100\,\underline{/30°}\,\text{V}$，阻抗 $Z = (6 + \text{j}8)\,\Omega$，则电路的功率因数 $\cos\varphi$ 为（　　）。

    a. 0.5   b. 0.6   c. 0.8   d. 0.866

二、填空题

1. 已知 $u(t) = 220\sqrt{2}\cos(100\pi t + 60°)\,\text{V}$，$i(t) = 10\sqrt{2}\sin(100\pi t + 90°)\,\text{A}$，则 $u(t)$ 超前于 $i(t)$ 的相位 $\varphi = $ _____。

2. 在某负载中流过的电流为 $i = 10\sqrt{2}\sin(314t)\,\text{A}$，若其两端电压为 $u = 20\sqrt{2}\sin(314t + 60°)\,\text{V}$，则该负载的性质是 _____ 性，其中 $R = $ _____ Ω，$X = $ _____ Ω，消耗的有功功率 $P = $ _____ W。

3. 已知 RLC 串联电路中 $R = 2\,\text{k}\Omega$，$X_L = 2\,\text{k}\Omega$，$X_C = 4\,\text{k}\Omega$，电路电流 $I = 3\,\text{A}$，则电路消耗的有功功率 $P = $ _____，无功功率 $Q = $ _____。

4. 已知单相交流电路中某负载视在功率为 5 kV·A，有功功率为 4 kW，则其无功功率 $Q = $ _____。

5. 某 RC 串联电路，其串联等效阻抗 $|Z| = 10\,\Omega$，已知容抗 $X_C = 7.07\,\Omega$，则电阻 $R = $ _____ Ω。

6. 电感 L 接于 $\omega = 50\,\text{rad/s}$，电压 $U = 10\,\text{V}$ 的电源上，测得流过电感的电流 $I = 2\,\text{A}$。若电源电压不变，角频率降至 25 rad/s，则这时的电流 $I = $ _____，电感 $L = $ _____。

7. 图 Z4.3 所示正弦交流电路中，已知 $I_1 = 3\,\text{A}$，$I_2 = 4\,\text{A}$，则 $I = $ _____。

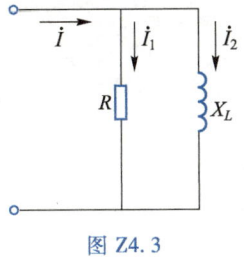

图 Z4.3

8. *RLC* 串联交流电路中,已知 $R = X_L = X_C = 5\ \Omega$,$\dot{I} = 2\underline{/0^\circ}$ A,则电路的端电压 U 为 _____。

第 4 章习题与自测题答案

>>> # 第5章

··· 三相交流电路

学习目标：

1. 掌握三相对称电源的特点。

2. 掌握三相电源与三相负载间的连接方式。

3. 掌握三相负载星形/三角形联结时,相/线电压、相/线电流的关系,能够分析负载星形/三角形联结的三相电路。

4. 掌握三相电路功率的计算方法。

5. 理解安全用电常识,掌握接零、接地保护的作用和使用条件。

6. 理解漏电保护器的工作原理。

7. 理解雷电和静电的产生机理,掌握防护措施。

在现代供电系统中,绝大多数采用三相制。因为三相制系统在发电、输电、用电等方面都具有明显的优点,如采用三相输电比采用单相输电经济得多,生产上广泛使用的三相交流电动机等电气设备比单相电气设备性能好,单相负载也可按一定方式接入三相电源等。本章介绍三相电路的特点,着重讨论三相负载的连接使用问题,最后介绍安全用电知识。

微视频5-1

三相电源

5.1 三相电源

三相交流电源是幅值相等、频率相同、相位上彼此相差 120° 的三个对称交流电压源,通常采用如图 5.1.1 所示的电路模型来表示。交流电源的负端连在一起,这种连接方式称为星形联结,其连接点称为中性点,在低压配电系统中,中性点往往接地,若中性点接地,则称为零点,用 N 表示。由中性点引出的导线称为中性线或零线;由电源的正端 A、B、C(新国标符号为 U、V、W,考虑到工程应用中的习惯,仍采用 A、B、C)引出的导线称为相线或端线,俗称火线。三相电源供电时共引出四条导线,称为三相四线制,其三条相线与中性线间的电压称为相电压,用 $\dot{U}_A$、$\dot{U}_B$、

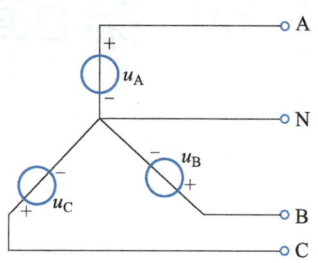

图 5.1.1 三相交流电源模型

$\dot{U}_C$ 表示,其有效值一般用 U_P 表示;而任意两相线间的电压,称为线电压,用 $\dot{U}_{AB}$、$\dot{U}_{BC}$、$\dot{U}_{CA}$ 表示,其有效值一般用 U_L 表示。相电压的参考方向选定为从相线指向中性线,线电压的参考方向从一条相线指向另一条相线(如 U_{AB} 是自 A 线指向 B 线)。三个交流电源按正弦规律变化,可用 u_A、u_B、u_C 表示,以 A 相为参考,则有

$$\left.\begin{array}{l} u_A = \sqrt{2}\,U_P\sin\omega t \\ u_B = \sqrt{2}\,U_P\sin(\omega t - 120°) \\ u_C = \sqrt{2}\,U_P\sin(\omega t + 120°) \end{array}\right\} \tag{5.1.1}$$

也可用相量式表示

$$\left.\begin{array}{l} \dot{U}_A = U_P\underline{/0°} \\ \dot{U}_B = U_P\underline{/-120°} \\ \dot{U}_C = U_P\underline{/120°} \end{array}\right\} \tag{5.1.2}$$

相量图和波形图如图 5.1.2 所示。由式(5.1.1)和(5.1.2)以及图 5.1.2 很容易得出,三相对称电压的瞬时值之和及相量和均为零。即

$$u_A + u_B + u_C = 0$$

$$\dot{U}_A + \dot{U}_B + \dot{U}_C = 0$$

三相正弦交流电依次到达正幅值的顺序,称为相序。除特别说明外,正相相序是 A—B—C,反相相序是 C—B—A。

三相电源相电压与线电压的关系为

$$\left.\begin{aligned}\dot{U}_{AB} &= \dot{U}_A - \dot{U}_B \\ \dot{U}_{BC} &= \dot{U}_B - \dot{U}_C \\ \dot{U}_{CA} &= \dot{U}_C - \dot{U}_A\end{aligned}\right\}$$ (5.1.3)

根据图 5.1.3 所示的相量图,很容易得到

$$\left.\begin{aligned}\dot{U}_{AB} &= \sqrt{3}\,U_P\underline{/30^\circ} = \sqrt{3}\,\dot{U}_A\underline{/30^\circ} \\ \dot{U}_{BC} &= \sqrt{3}\,U_P\underline{/-90^\circ} = \sqrt{3}\,\dot{U}_B\underline{/30^\circ} \\ \dot{U}_{CA} &= \sqrt{3}\,U_P\underline{/150^\circ} = \sqrt{3}\,\dot{U}_C\underline{/30^\circ}\end{aligned}\right\}$$ (5.1.4)

可见,线电压大小是相电压的 $\sqrt{3}$ 倍,每个线电压比相应的相电压相位超前 30°。

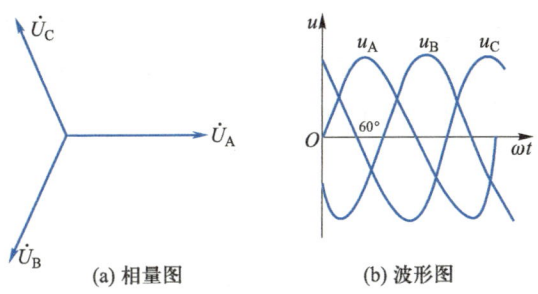

(a) 相量图   (b) 波形图

图 5.1.2　三相电源的相量图和波形图

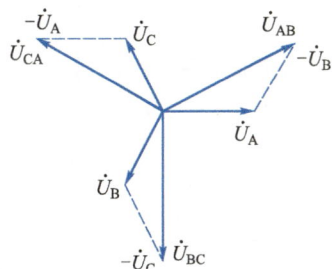

图 5.1.3　三相电源的电压相量图

三相四线制电源能为负载提供两种电压。在低压配电系统中,相电压通常为 220 V,线电压通常为 380 V。若三相电源不引出中性线,称为三相三线制,只能提供线电压。

[练习与思考]

5.1.1　当三相对称电源为星形联结时,若相电压 $u_A = 220\sqrt{2}\sin\omega t$ V,线电压 u_{AB} 等于多少?

5.2　负载星形联结的三相电路

三相电源同三相负载连接,组成完整的三相电路。三相负载的连接方式有星形(Y)联结和三角形(△)联结两种。

三相负载有对称和不对称两种情况。对称负载的特征是每相负载的复阻抗相等。即

$$Z_A = Z_B = Z_C = |Z|\underline{/\varphi}$$ (5.2.1)

将三相负载 Z_A、Z_B、Z_C 的一端连在一起,与电源的中性点连接,各相负载的另一端与相应的电源相线连接,如图 5.2.1 所示。这种连接方式为负载星形联结的三相四线制电路,每相负载上的电压等于电源的相电压;流过每相负载的电流称为相电流,记作 I_P;流过每根相

微视频 5-2
三相负载的联结方式

线的电流称为线电流,记作 I_L;流过中性线的电流称为中性线电流,记作 I_N。显然,负载星形联结时,线电流等于相应的相电流。即

$$I_L = I_P \tag{5.2.2}$$

采用此种接法时,不论负载对称与否,其相电压总是对称且恒定的。每相电流为

$$\left.\begin{aligned} \dot{I}_A &= \frac{\dot{U}_A}{Z_A} \\ \dot{I}_B &= \frac{\dot{U}_B}{Z_B} \\ \dot{I}_C &= \frac{\dot{U}_C}{Z_C} \end{aligned}\right\} \tag{5.2.3}$$

中性线电流为

$$\dot{I}_N = \dot{I}_A + \dot{I}_B + \dot{I}_C \tag{5.2.4}$$

若三相负载对称,则相、线电流对称,中性线电流为零,此时中性线就不再起作用了,可以省去。这样,图 5.2.1 所示的电路就变成了图 5.2.2 所示的三相三线制电路。工业上大量使用的三相异步电动机就是典型的三相对称负载。

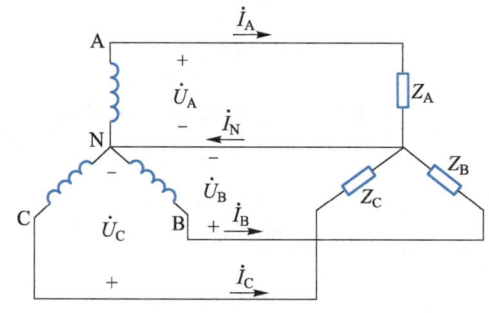

图 5.2.1 负载星形联结的三相四线制电路

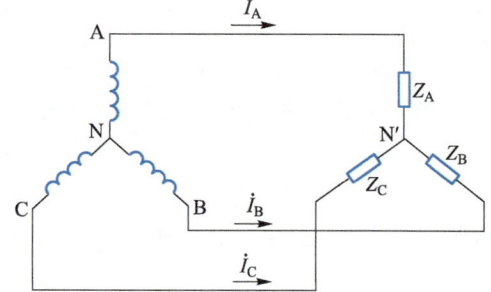

图 5.2.2 负载星形联结的三相三线制电路

需要强调的是,若负载不对称,中性线一般不能去掉,否则,负载上的相电压将会出现不对称现象,有的相电压高于额定电压,有的相电压低于额定电压,负载不能正常工作。所以,星形联结的不对称三相负载,一般采用三相四线制电路。而且为了防止中性线突然断开,在中性线上不准安装开关和熔断器。

对于三相对称负载,其电流和电压大小相等,相位互差 120°,因此,只需计算一相,利用对称性即可推导出另外两相。

例 5.2.1 三相照明负载(纯电阻)连接于相电压为 220 V 的三相四线制对称电源上。如图 5.2.3(a)所示。$R_A = 5\ \Omega, R_B = 10\ \Omega, R_C = 20\ \Omega$。试求下列情况下的负载相电压、负载电流及中性线电流。

(1)如上所述,正常状态下;

(2)A 相短路;

(3)A 相短路,中性线又断开;

（4）A 相断开；

（5）A 相断开，中性线又断开。

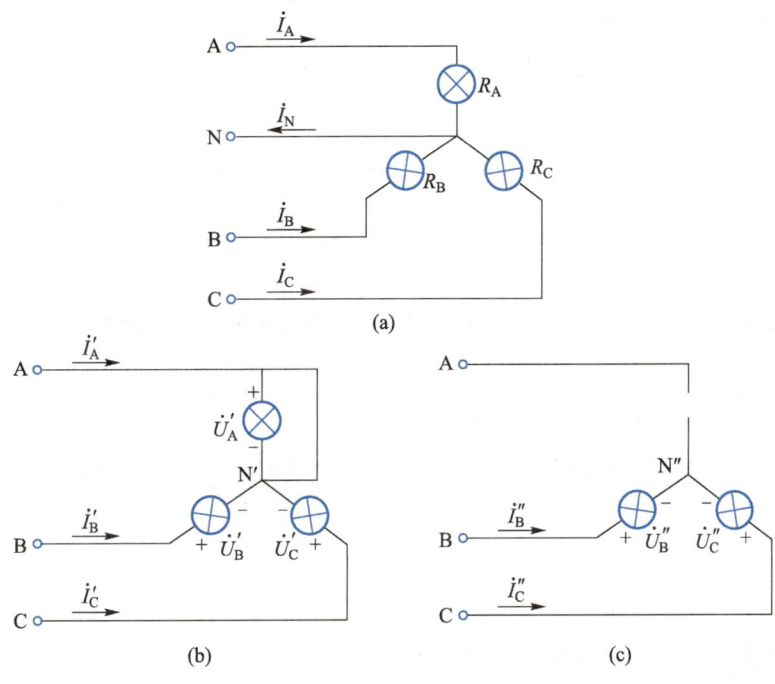

图 5.2.3　例 5.2.1 的图

解　（1）因为是三相四线制，所以，不论负载对称与否，负载上的三相电压总是对称的，且均为 220 V。

各相电流如下

$$\dot{I}_A = \frac{\dot{U}_A}{R_A} = \frac{220\underline{/0^\circ}}{5}\,\mathrm{A} = 44\underline{/0^\circ}\,\mathrm{A}$$

$$\dot{I}_B = \frac{\dot{U}_B}{R_B} = \frac{220\underline{/-120^\circ}}{10}\,\mathrm{A} = 22\underline{/-120^\circ}\,\mathrm{A}$$

$$\dot{I}_C = \frac{\dot{U}_C}{R_C} = \frac{220\underline{/120^\circ}}{20}\,\mathrm{A} = 11\underline{/120^\circ}\,\mathrm{A}$$

中性线电流为

$$\dot{I}_N = \dot{I}_A + \dot{I}_B + \dot{I}_C = (44\underline{/0^\circ} + 22\underline{/-120^\circ} + 11\underline{/120^\circ})\,\mathrm{A} = 29.1\underline{/-19^\circ}\,\mathrm{A}$$

（2）A 相短路，则 A 相电流很大，将 A 相中的熔断器熔断，B、C 两相未受影响，电压、电流同上。

（3）A 相短路，中性线又断开时的电路如图 5.2.3（b）所示。此时，负载中性点 N′即为 A，因此负载各相电压为

$$\dot{U}'_A = 0, \quad U'_A = 0\,\mathrm{V}$$

$$\dot{U}'_B = \dot{U}_{BA}, \quad U'_B = 380\,\mathrm{V}$$

$$\dot{U}'_C = \dot{U}_{CA}, \quad U'_C = 380 \text{ V}$$

B、C两相的电压都是线电压,都超过了电灯的额定电压,这是不允许的。

(4) A相断开时,B、C两相未受影响,电压、电流同(1)。

(5) A相断开,中性线又断开时的电路如图5.2.3(c)所示。这时,电路成为单相电路。B、C两相负载串联在电源的线电压上。

$$U''_B = U_{BC} \times \frac{R_B}{R_B + R_C} = 380 \times \frac{10}{10+20} \text{ V} = 126.7 \text{ V}$$

$$U''_C = U_{BC} \times \frac{R_C}{R_B + R_C} = 380 \times \frac{20}{10+20} \text{ V} = 253.3 \text{ V}$$

可以看出,B、C两相电压可能比额定值高,也可能比额定值低,这都是不允许的。

[练习与思考]

5.2.1 不对称星形联结的三相电路,若中性线断开,则三个相电流之和不为零,即$\dot{I}_1 + \dot{I}_2 + \dot{I}_3 \neq 0$,对吗?为什么?

5.3 负载三角形联结的三相电路

微视频5-4
负载三角
形联结的
三相电路

三相负载依次连接在电源的两根相线之间,称为负载的三角形联结,如图5.3.1所示。每相负载的阻抗分别用Z_{AB}、Z_{BC}、Z_{CA}表示,电压和电流的参考方向如图所示。

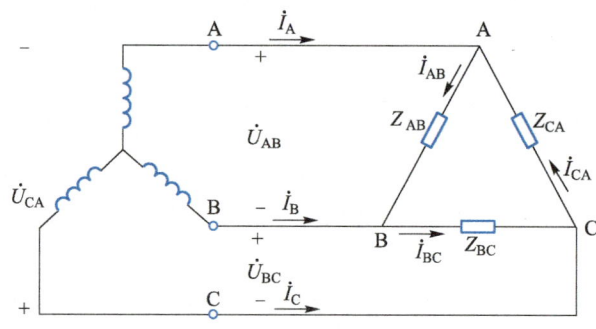

图5.3.1 负载三角形联结的三相电路

因为各相负载都直接连接在电源的两根相线之间,所以无论负载对称与否,负载的相电压U_P都是电源的线电压U_L,即

$$U_{AB} = U_{BC} = U_{CA} = U_L = U_P \tag{5.3.1}$$

根据相量形式的欧姆定律可计算出每相负载的相电流。很明显,该电路的相电流与线电流不同,由相量形式的KCL可以计算得出。

$$\dot{I}_A = \dot{I}_{AB} - \dot{I}_{CA}$$

$$\dot{I}_B = \dot{I}_{BC} - \dot{I}_{AB}$$

$$\dot{I}_C = \dot{I}_{CA} - \dot{I}_{BC}$$

(5.3.2)

如果负载对称,则各相负载的相电流也是对称的。此时可由式(5.3.2)做出图 5.3.2 所示的相量图。根据相量图很容易得到对称三相线电流与相应相电流的相量关系为

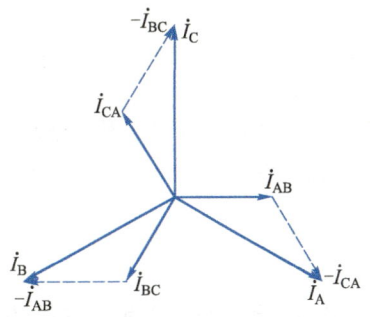

$$\dot{I}_A = \sqrt{3}\,\dot{I}_{AB}\underline{/-30°}$$

$$\dot{I}_B = \sqrt{3}\,\dot{I}_{BC}\underline{/-30°}$$

$$\dot{I}_C = \sqrt{3}\,\dot{I}_{CA}\underline{/-30°}$$

(5.3.3)

图 5.3.2 负载三角形联结的对称三相电路电流相量图

可见,若三相负载对称,则相、线电流也对称。此时线电流的大小是相电流的 $\sqrt{3}$ 倍,即

$$I_L = \sqrt{3}\,I_P$$

(5.3.4)

且每个线电流比相应的相电流相位滞后 30°。

日常生活中,由于照明负载额定工作电压都是 220 V,所以不能采用三角形联结。

[练习与思考]

5.3.1 在三相电路中,什么情况下 $U_L = \sqrt{3}\,U_P$? 什么情况下 $I_L = \sqrt{3}\,I_P$?

5.3.2 某三相异步电动机的额定电压为 380/220 V,在什么情况下接成星形或三角形?

5.4 三相电路的功率

5.4.1 三相功率的计算

三相电路的功率与单相电路一样,分有功功率、无功功率和视在功率。不论负载怎样连接,三相有功功率都等于各相有功功率之和,即

$$P = P_A + P_B + P_C$$

(5.4.1)

微视频 5-5
三相电路
的功率

因此可分别计算出各相的功率,然后相加便得出总的有功功率,当三相负载星形联结时

$$P = P_A + P_B + P_C = U_A I_A \cos\varphi_A + U_B I_B \cos\varphi_B + U_C I_C \cos\varphi_C$$

(5.4.2)

当三相负载三角形联结时

$$P = P_A + P_B + P_C = U_{AB} I_{AB} \cos\varphi_{AB} + U_{BC} I_{BC} \cos\varphi_{BC} + U_{CA} I_{CA} \cos\varphi_{CA}$$

(5.4.3)

对于三相对称负载,不论负载怎样连接,每相的有功功率相同,三相总功率的计算公式都可简化成

$$P = 3P_P = 3U_P I_P \cos\varphi$$

(5.4.4)

通常,在实际中测量线电压与线电流比较方便,所以上式常常应用线电压与线电流的形

式来表示。

当对称负载为星形联结时

$$U_L = \sqrt{3}\, U_P, \quad I_P = I_L$$

所以

$$P = 3\,\frac{U_L}{\sqrt{3}} \cdot I_L \cdot \cos\varphi = \sqrt{3}\, U_L I_L \cos\varphi$$

当对称负载为三角形联结时

$$U_P = U_L, \quad I_L = \sqrt{3}\, I_P$$

所以

$$P = 3 U_L \cdot \frac{I_L}{\sqrt{3}} \cos\varphi = \sqrt{3}\, U_L I_L \cos\varphi$$

因而,无论负载是星形联结还是三角形联结,对称三相电路的有功功率(简称三相功率)都可表示为

$$P = \sqrt{3}\, U_L I_L \cos\varphi \tag{5.4.5}$$

同理,可得出三相无功功率和三相视在功率的计算公式为

$$Q = \sqrt{3}\, U_L I_L \sin\varphi \tag{5.4.6}$$

$$S = \sqrt{3}\, U_L I_L \tag{5.4.7}$$

使用上式时应注意,式中的功率因数角是相电压与相电流的相位差角,即每相负载的阻抗角。

例 5.4.1 三相对称感性负载星形联结,其电源线电压为 380 V、电流为 10 A、功率为 5 700 W。求负载的功率因数、各相负载的等效阻抗、电路的无功功率和视在功率。

解 因为 $P = \sqrt{3}\, U_L I_L \cos\varphi$,所以

$$\cos\varphi = \frac{P}{\sqrt{3}\, U_L I_L} = \frac{5\,700}{\sqrt{3} \times 380 \times 10} = 0.866$$

$$|Z| = \frac{U_P}{I_P} = \frac{380/\sqrt{3}}{10}\ \Omega = 22\ \Omega$$

$$\varphi = \arccos 0.866 = 30°$$

$$Z = 22\underline{/30°}\ \Omega$$

$$Q = \sqrt{3}\, U_L I_L \sin\varphi = \sqrt{3} \times 380 \times 10 \times \sin 30°\ \text{var} = 3\,291\ \text{var}$$

$$S = \sqrt{3}\, U_L I_L = \sqrt{3} \times 380 \times 10\ \text{V}\cdot\text{A} = 6\,582\ \text{V}\cdot\text{A}$$

5.4.2 三相功率的测量

微视频 5-6
三相电路
的功率测
量

三相四线制对称负载常采用的功率测量方法是一表法,即测得一相的功率乘以 3 即为三相总功率。一表法测量时,功率表的电流线圈通过的是相电流,电压线圈加的是相电压,如图 5.4.1 所示。

三相四线制不对称负载常采用三表法测量功率,即分别测得三相负载的功率,将它们相加即为总功率。三表法测量时,每次功率表的电流线圈通过的是其中的一个相电流,电压线圈加的是该相电压,如图 5.4.2 所示。

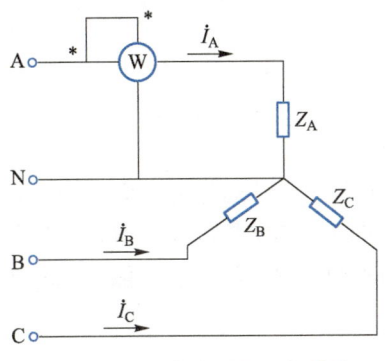

图 5.4.1 一表法测量三相功率   图 5.4.2 三表法测量三相功率

对于三相三线制电路,不论负载对称与否,不管电路的联结形式是星形还是三角形,都可采用两表法测量功率。即每次测量时,功率表的电流线圈通过的是线电流,电压线圈加的是线电压,如图 5.4.3 所示。两次读数相加,即为三相总功率。需要指出的是,用两表法测量功率时,单独一次的读数是没有意义的。

下面以星形联结的三相三线制电路为例证明两表法的正确性。如图 5.4.4 所示,其三相瞬时功率为

$$p = u_A i_A + u_B i_B + u_C i_C$$

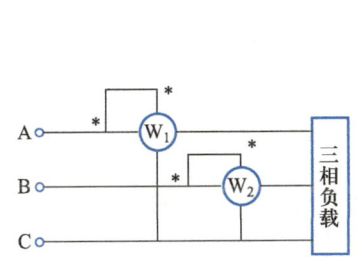

图 5.4.3 两表法测量三相功率

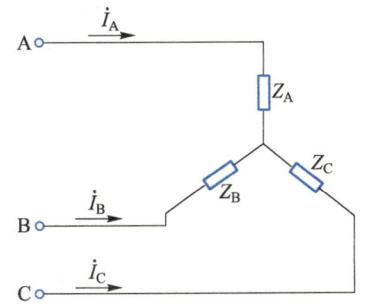

图 5.4.4 星形联结的三相三线制电路

因为 $\qquad\qquad i_A + i_B + i_C = 0, \quad i_C = -(i_A + i_B)$

所以

$$p = u_A i_A + u_B i_B + u_C(-i_A - i_B) = u_A i_A + u_B i_B - u_C i_A - u_C i_B$$
$$= i_A(u_A - u_C) + i_B(u_B - u_C) = i_A u_{AC} + i_B u_{BC} = p_1 + p_2$$

由上式可知,三相总功率可用两表法测得。应注意,两个电压线圈的一端都接在未串联电流线圈的一线上,两个电流线圈串联在其他两线中。

5.5 安全用电及防护

电能可以为人类服务,为人类造福。但若不能正确使用电器,违反电气操作规程或疏忽大意,则可能造成设备损坏,引起火灾,甚至造成人员伤亡等严重事故。因此,懂得一些安全

用电的常识和防触电的安全技术是必要的。

5.5.1 安全用电常识

1. 安全电流与电压

通过人体的电流达 5 mA 时,人就会有所感觉,达几十毫安时就能使人失去知觉甚至死亡。当然,触电的后果还与触电持续的时间有关,触电时间越长就越危险。通过人体的电流一般不能超过 7 mA。人体电阻在极不利情况下为 1 000 Ω 左右,若不慎接触了 220 V 的市电,人体中将会通过 220 mA 的电流,这是非常危险的。

频率为 20~300 Hz 的交流电,包括 50 Hz 工频交流电在内,对人体的伤害最为严重,10 Hz 以下和 1 000 Hz 以上的交流电对人体的伤害程度明显减轻。

为了减少触电危险,规定凡工作人员经常接触的电气设备,如机床照明灯等,一般使用 36 V 以下的安全电压。在特别潮湿的场所,应采用 12 V 以下的电压。

2. 几种触电方式

图 5.5.1 示出了三种触电情况,其中以图 5.5.1(a) 所示的双线触电最危险,因为,人体同时接触两根火线,承受的是线电压;图 5.5.1(b) 所示的是电源中性线接地时的单线触电情况,这时,人体承受的是相电压,仍然非常危险;图 5.5.1(c) 所示电源中性线不接地时,因火线与大地间分布电容的存在,使电流形成了回路,也是很危险的。

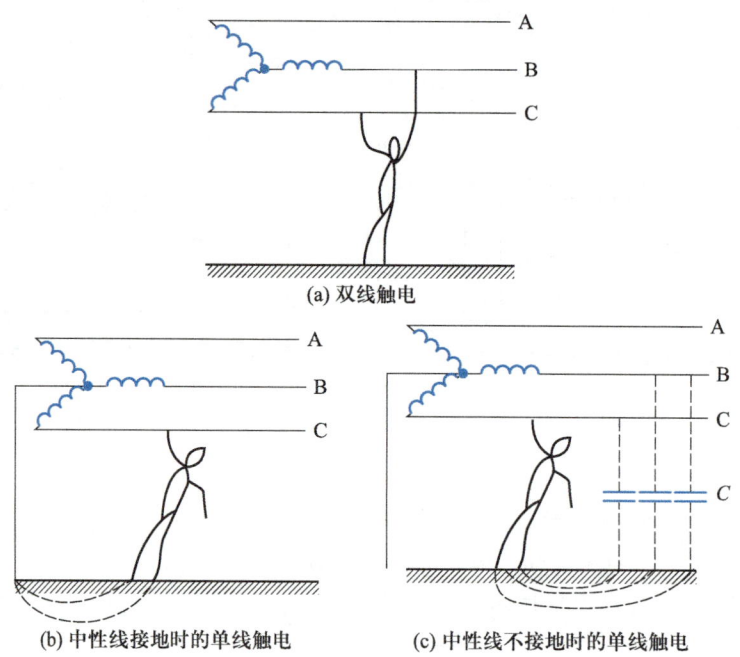

(a) 双线触电

(b) 中性线接地时的单线触电　　　　(c) 中性线不接地时的单线触电

图 5.5.1　几种触电情况

5.5.2 防触电的安全技术

1. 接零保护

把电气设备的外壳与电源的中性线(俗称零线)连接起来,称为接零保护。此法适用于低压供电系统中变压器中性点接地的情况。图 5.5.2 所示为三相交流电动机的接零保护。有了接零保护，当电动机某相绕组碰壳时，电流便会从接零保护线流向零线，使熔断器熔断，切断电源，从而避免了人身触电的危险。

2. 接地保护

把电气设备的金属外壳与接地线连接起来，称为接地保护。此法适用于三相电源的中性点不接地的情况。图 5.5.3 所示为三相交流电动机的接地保护。

由于每条相线与地之间分布电容的存在，当电动机某相绕组碰壳时，将出现通过电容的电流。但因人

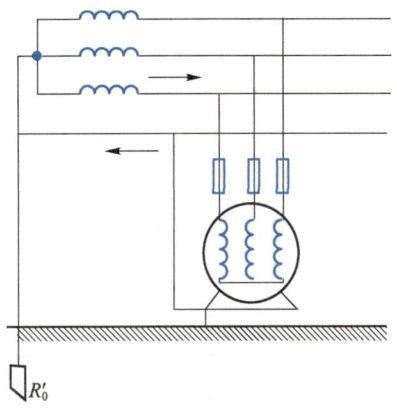

图 5.5.2 三相交流电动机的接零保护

体电阻比接地电阻（约为 4 Ω）大得多，所以几乎没有电流通过人体，人身就没有危险。但若机壳不接地，如图 5.5.4 所示，则碰壳的一相和人体及分布电容形成回路，人体中将有较大的电流通过，人就有触电的危险。

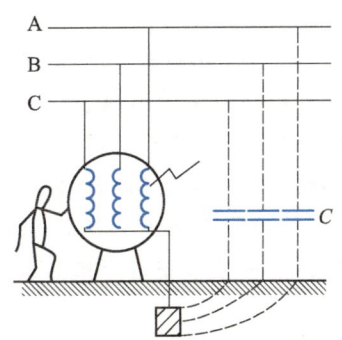

图 5.5.3 三相交流电动机的接地保护

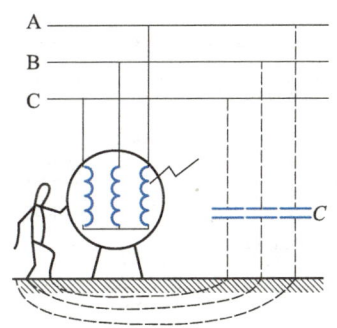

图 5.5.4 三相电动机无接地保护

3. 三孔插座和三极插头

单相电气设备使用此种插座插头，能够保证人身安全。图 5.5.5 所示为正确的接线方法。由此可以看出，因为外壳是与保护零线相连的，人体不会有触电的危险。

4. 漏电保护器

在没有独立保护零线的场所，建议安装漏电保护器。漏电保护器的工作原理如图 5.5.6 所示（图中 CT 是电流互感器，A 是放大器，K 是漏电脱扣器，R 是试验电阻器，SB 是试验按钮）。

在正常情况下，流经电源相线与中性线的电流大小相等，方向相反。因此，在环形铁心中的总磁通势为零，故电流互感器 CT 的二次绕组不会产生感应电动势，电源正常向负载供电。当负载外壳由于绝缘破坏而带电时，则可能产生对地漏电电流或人触及负载外壳产生的触电电流，使得中性线电流比相线电流小，环形铁心中的合成磁通势不再为零，当漏电电流或触电电流超过一定数值（一般整定为 15～30 mA）时，CT 二次绕组产生的感应电动势经放大器放大后，使脱扣器 K 动作，切断故障电路，起到保护作用。试验按钮 SB 和试验电阻器 R 是为了检查漏电保护器是否能可靠动作而设置的，借以模拟漏电故障动作情况。

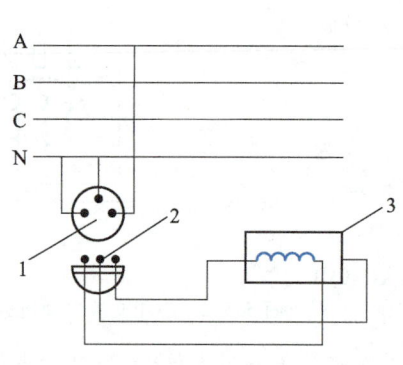

图 5.5.5 三孔插座和三极插头的接地

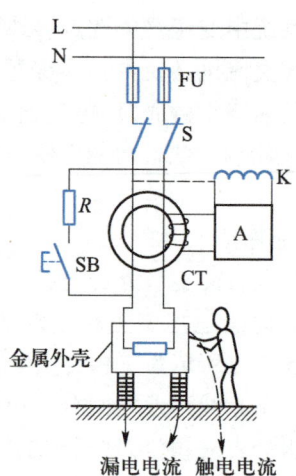

图 5.5.6 漏电保护器

5.5.3 电器防火防爆

工业企业电气设备的绝缘,大多数是采用易燃物质组成的(如绝缘纸,绝缘油)。在运行中导体通过电流要发热,开关切断电源要产生电弧,由于短路或接地事故、设备损坏等可能产生电弧及电火花,可将周围易燃物引燃,发生火灾或爆炸。尤其是石油化学工业,在生产、储存运输过程中,极易形成易燃、易爆的环境。在这种场所使用的电气设备,由于选型不当、绝缘损坏等原因产生电火花时,就可能引起火灾或爆炸,所以应进一步了解电气火灾发生的原因,采取预防措施,并在火灾发生后采用正确的抢救方法,防止发生人身触电及爆炸事故。

1. 电气火灾和爆炸的原因

发生电气火灾和爆炸要具备两个条件:首先是易燃易爆物质和环境,其次是引燃条件。

(1) 易燃易爆物质和环境

在生产和生活场所中,广泛存在着易燃易爆易挥发物质,其中煤炭、石油、化工和军工等生产部门尤为突出。

(2) 引燃条件

在生产场所的动力、照明、控制、保护、测量等系统和生活场所的各种电气设备和线路中,正常工作(或事故)时常常会产生电弧、火花或危险的高温,这就具备了引燃或引爆条件。

如果在生产或生活场所中存在着可燃可爆物质,当空气中的含量超过其危险浓度,或在电气设备和线路正常或事故状态下产生的火花、电弧或在危险高温的作用下,就会造成电气火灾和爆炸。

2. 电气防火防爆措施

防火防爆措施是综合性的措施,包括选用合理的电气设备,保持必要的防火间距,保证电气设备正常运行并有良好的通风,采用耐火设施,有完善的继电保护装置等技术措施。

(1) 正确选用电气设备

应根据场所特点,选择适当形式的电气设备。我国爆炸性气体危险场所,按照爆炸性气体混合物出现的频繁程度和持续时间分为三个区:

0 区,连续出现或长期出现爆炸性气体混合物的环境;

1区,在正常运行时可能出现爆炸性气体混合物的环境;

2区,在正常运行时不可能出现爆炸性气体混合物的环境,或即使出现也仅是短时存在的爆炸性气体混合物的环境。

防爆型电气设备依其结构和防爆性能主要有以下几种:

隔爆型(d),具有隔爆外壳的电气设备,是指把能点燃爆炸性混合物的部件封闭在一个外壳内,该外壳能承受内部爆炸性混合物的爆炸压力并阻止向周围的爆炸性混合物传爆的电气设备。

增安型(e),正常运行条件下,不会产生点燃爆炸性混合物的火花或危险温度,并在结构上采取措施,提高其安全程度,以避免在正常和规定过载条件下出现点燃现象的电气设备;

本质安全型(i),在正常运行或在标准实验条件下所产生的火花或热效应均不能点燃爆炸性混合物的电气设备。

(2)保持防火间距

为防止电火花或危险温度引起火灾,开关、插销、熔断器、电热器具、照明器具、电焊器具、电动机等均应根据需要,适当避开易燃易爆建筑构件。天车滑触线的下方,不应堆放易燃易爆物品。

变、配电站是工业企业的动力枢纽,电气设备较多,而且有些设备工作时产生火花和较高温度,其防火、防爆要求比较严格。室外变、配电装置距堆场,可燃液体储罐和甲、乙类厂房库房不应小于 25 m;距其他建筑物不应小于 10 m;距液化石油气罐不应小于 35 m。变压器油量越大,防火间距也越大,必要时可加防火墙。石油化工装置的变、配电室还应布置在装置的一侧,并位于爆炸危险区范围以外。

(3)保持电气设备正常运行

电气设备运行中产生的火花和危险温度是引起火灾的重要原因。因此,保持电气设备的正常运行对防火防爆有重要意义。保持电气设备的正常运行包括保持电气设备的电压、电流、温升等参数不超过允许值,保持电气设备足够的绝缘能力,保持电气连接良好等。

(4)通风

在爆炸危险场所,如有良好的通风装置能降低爆炸性混合物的浓度,达到不致引起火灾和爆炸的限度,这样还有利于降低环境温度,这对可燃易燃物质的生产、储存、使用及对电气装置的正常运行都是必要的。

(5)接地

爆炸和火灾危险场所内的电气设备的金属外壳应可靠地接地(或接零),以便在发生相线碰壳时迅速切断电源,防止短路电流长时间通过设备而产生高温发热。

3. 电气火灾的扑救常识

电气火灾对国家和人民生命财产有很大威胁,因此,应贯彻预防为主的方针,防患于未然,同时,还要做好扑救电气火灾的充分准备。用电单位发生电气火灾时,应立即组织人员使用正确方法进行扑救,同时向消防部门报警。

(1)扑灭电气火灾的安全措施

发生电气火灾时,应尽可能先切断电源,然后再灭火,以防人身触电,切断电源应注意以下几点:

① 停电时,应按规程所规定的程序进行操作,防止带负荷拉闸。

② 切断带电线路电源时,切断点应选择在电源侧的支持物附近,以防导线断落后触及人体或短路。

③ 如夜间发生电气火灾,切断电源时,应考虑临时照明措施。

（2）扑救电气火灾的特殊安全措施

发生电气火灾,如果由于情况危急,为争取灭火时间,或因其他原因不允许和无法及时切断电源时,就要带电灭火。为防止人身触电,应注意以下几点:

① 扑救人员与带电部分应保持足够的安全距离。

② 高压电气设备或线路发生接地,在室内,扑救人员不得进入故障点 4 m 以内的范围;在室外,扑救人员不得进入故障点 8 m 以内的范围;进入上述范围的扑救人员必须穿绝缘靴。

③ 应使用不导电的灭火剂,例如二氧化碳和化学干粉灭火剂,因泡沫灭火剂导电,在带电灭火时严禁使用。

5.5.4 雷电及其防护

雷电是一种大气中自然放电现象。雷电的放电能量很大,雷电电压可高达数千万伏,雷电电流可达数十万安培。雷电会给人、畜、建筑物和电气设备带来危害。必须采取措施加以防护。最积极的措施是安装有效的避雷器、避雷线和消雷器。

避雷器的作用是将雷电引入大地,从而保护其他设施不受雷击。避雷器分避雷针、避雷线等种类。避雷针由接闪器、引下线及接地装置构成。单支避雷针的保护范围是一个以避雷针为中心的折线圆锥体空间,如图 5.5.7 所示。在此空间的物体及设施将受到保护。为了扩大保护范围,可采用多只避雷针组成的阵列,也可采用避雷带、避雷网等防雷措施。

避雷线的作用主要是用于高压输电线的雷击保护,通常采用一根钢绞线架设在电力输电线铁塔顶端,位于输电线的上方。

消雷器是近年来出现的一种新型防雷装置。消雷器是利用金属针状电极尖端放电原理,使雷云中的电荷中和,从而避免雷电产生。

消雷器的工作原理如图 5.5.8 所示。当雷云出现在消雷器上方时,消雷器附近大地要感应出与雷云电荷极性相反的电荷。由于消雷器浅埋地下的地电收集装置通过引线,与离

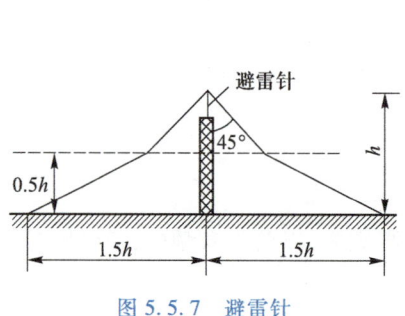

图 5.5.7 避雷针

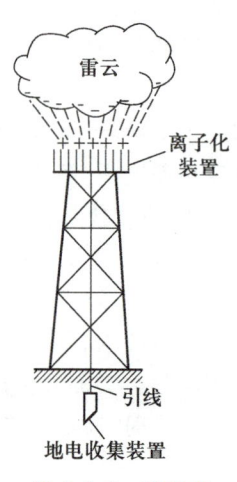

图 5.5.8 消雷器

子化装置相连,使大地的正电荷(阳离子)在雷电场的作用下,由针状电极发射出去,向雷云方向运动,使雷云中的负电荷被中和,雷电场被削弱,从而防止雷电的发生。

5.5.5 静电及其防护

静电现象是一种常见现象,如摩擦起电、雷电等现象。所谓静电,是指相对静止的电荷。静电技术的应用领域已十分广阔,如静电喷漆、静电除尘、静电植绒和静电复印等。但静电现象也给人类的生产、生活带来了许多危害,如静电放电时产生的火花会引起电气火灾与爆炸事故等,因此,对静电必须进行防护。

1. 静电的产生

在工业生产中,容易产生静电的情况很多。

(1)固体物质间的大面积接触或摩擦。如传动皮带在皮带轮上摩擦。塑料或纸张与辊筒或辊轴间的摩擦、橡胶制品及塑料制品的压制等,固体物质的粉碎、研磨过程及粉状物料与管壁或容器壁的高速碰撞和摩擦都会产生静电。

(2)液体或气体之间及其与固体之间的接触或摩擦。液体或气体在管道中流动或从管道口喷出时,液体或气体在容器中剧烈晃动,均会有静电产生。

产生静电电荷的多少与生产物料的性质和料量、摩擦力的大小和摩擦面积大小等因素有关。

2. 静电的特点及其危害

静电电荷若不能及时有效地消散,就会逐渐积累起来。静电通常有如下特点:

(1)静电电压很高。静电电压可高达几万至几十万伏,所以带静电体极易发生火花放电,引起火灾或爆炸。

(2)静电消散很慢。由于积累静电的材料往往是电阻率很高的绝缘材料,所以静电消散很慢,即使经过很长时间(如几小时)后,静电危害依然存在。

(3)静电感应。静电感应现象往往使原来不带电的物体带上静电,从而可能导致意外情况下的火花放电。

(4)尖端放电。物体的尖端静电集中,所以尖端部位极易火花放电。

静电的最大危害是引起火灾或爆炸。静电也常常对人体造成电击,引起人体坠落、摔倒等二次事故或其他危害。生产过程中产生的静电如不及时消除,可能干扰电子控制装置的正常运行,妨碍生产或降低产品质量。

3. 静电防护

首先应设法不产生静电。为此,可在材料选择、工艺设计等方面采取措施。

其次是产生了静电,应设法使静电的积累不超过安全限度。其方法有泄露法和中和法等。前者如接地,增加绝缘表面的湿度、涂导电涂剂等,使积累的静电荷尽快泄露掉。后者如使用感电中和剂、高压中和剂等,使积累的静电荷被中和掉。

*5.6 应用实例

5.6.1 相序指示电路

相序是三相交流电源的一个极为重要的参数,工程上很多三相负载需要按照正确的相序接至三相电源,否则负载将不能正常工作。例如接入三相感应电动机的三相交流电的相序决定了其旋转方向。在某些情况下,相序错误将会损坏电气设备,因此正确地掌握三相电源的相序是非常重要的。

测定相序的方法很多,在此仅介绍一种简易相序指示器——容性相序指示器。

图5.6.1是相序指示电路,可以用来测定三相电源的相序。它是由一个电容和两个相同阻值的白炽灯组成的 Y 联结电路。若电容接三相电源的 A 相,两个白炽灯接三相电源 B 相和 C 相。在选择电容时,使 $\dfrac{1}{\omega C}=$

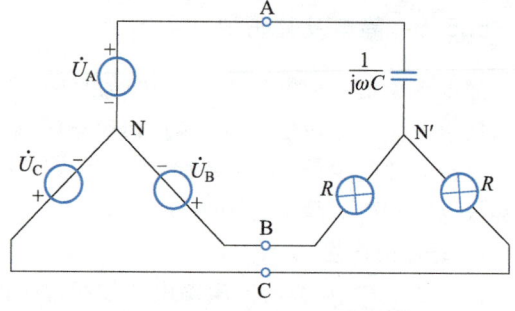

图5.6.1　相序指示电路

R ,R 为白炽灯的阻值,相序指示器是通过白炽灯的明暗来判定 B 相和 C 相的。

对称三相电源为

$$\dot U_A = U_P\underline{/0°}$$

$$\dot U_B = U_P\underline{/-120°}$$

$$\dot U_C = U_P\underline{/120°}$$

设 N 为参考点,根据节点法得到

$$\dot U_{N'N} = \frac{j\omega C\dot U_A + \dfrac{1}{R}\dot U_B + \dfrac{1}{R}\dot U_C}{j\omega C + \dfrac{1}{R} + \dfrac{1}{R}} = U_P(-0.2+j0.6) = 0.63U_P\underline{/108.4°}$$

根据 KVL,B 相白炽灯承受的电压为

$$\dot U_{BN'} = \dot U_B - \dot U_{N'N} = U_P\underline{/-120°} - U_P(-0.2+j0.6) = 1.5U_P\underline{/-101.5°}$$
$$U_{BN'} = 1.5U_P$$

同理,C 相白炽灯承受的电压为

$$\dot U_{CN'} = \dot U_C - \dot U_{N'N} = U_P\underline{/120°} - U_P(-0.2+j0.6) = 0.4U_P\underline{/138.4°}$$
$$U_{CN'} = 0.4U_P$$

可见 B 相白炽灯电压要高于 C 相白炽灯,B 相白炽灯要比 C 相白炽灯亮得多。由此可判断:若接电容的一相为 A 相,则白炽灯较亮的为 B 相,较暗的为 C 相。

我国供配电系统中,按正序用黄、绿、红三种颜色标定三相电源的相序,即 A 相为黄色、B 相为绿色、C 相为红色。

5.6.2　安全用电实例

为什么已经断开电源的电器外壳却能电人?这个问题要从发电厂送电说起,马路边正规的输电线应为四条线,如图5.6.2所示,其中三条是相线,电压较高,相互间的电压都是380 V,工厂里常用这三条电线来驱动电机。第四条线是中性线(俗称零线),常常与大地接通,使它与大地的电位相同,这时人们就称它为地线。城市居民的用电都是取一条相线和一条中性线进户,通过电能表(俗称电度表)再与电灯或各种电器相接。这两条线之间的电压为 220 V。一般情况,人站在地上,与大地的电位相同,与地线相碰是没有危险的。而另一条线对大地而言,电压为 220 V,人碰到它就危险了,俗称火线,以示其危险。居民住宅用电的布设如图 5.6.3 所示。检修电路或者发生什么事故,就应拉开闸刀,把外面来的电断开。闸刀里有两条熔丝(俗称保险丝),按规矩,接在相线上的熔丝较细,当家用电器超负荷或者发生短路等事故时,电流增大超过安全允许值,熔丝就熔断,从而自动切断相线的输入电压。

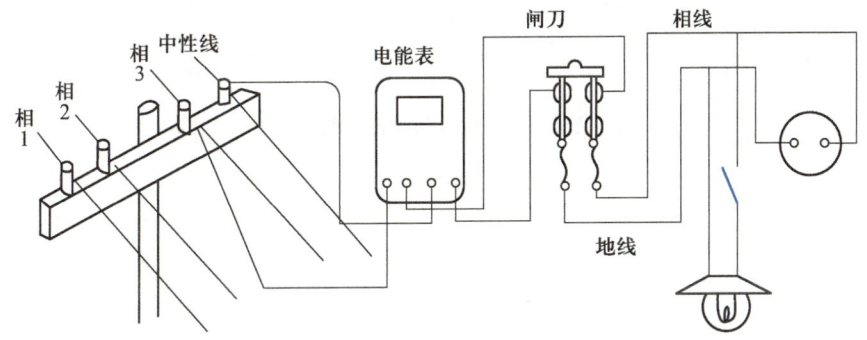

图 5.6.2　输电线路图

可是有些人不懂或不重视这个规定,在相线端用较粗的熔丝,结果使得地线端的熔丝先熔断了,如图 5.6.3 所示的熔丝断了,这时电灯不亮了,表明外面送来的电断了。如果拿电表去测量电源插座里的电压,电表指示的电压必为 0 V。而此种情况下,插座和电灯的火线端都有 220 V 电压,此时接触相线就会触电,为什么呢?

请看图 5.6.4 这个例子:家用的洗衣机是金属外壳,由于机器出了故障,电线发生短路,熔丝断了,洗衣机不转了。用电表去测量电源插座里相线与地线这两端间的电压,电表指示为 0 V。这时如果用手摸洗衣机外壳的话,就会发生触电事故。

电表明明指示电压为 0 V,0 V 电压怎么会电人?不错,电表指明相线与地线两者间电压为 0 V,这表示地线的电位与相线相同了,按理说地线

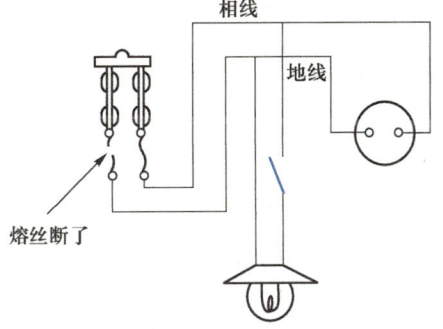

图 5.6.3　住宅供电示意图

的电位与大地相同,是零电位,可是现在因为熔丝断了,它与大地不再是等电位,而相线却与外面相遇,电位 220 V,所以地线也变为 220 V 了。按厂家说明书规定,为保护用户,要求用户把洗衣机外壳接地,常常是因此把外壳连到地线上,因此外壳就也带 220 V 电压,人站在地上,脚就与大地等电位,即零电位,当手接触洗衣机外壳时,人体两端的电位差(也就是电压)就是 220 V 了。所以电源插座的电压与人所受到的电压是两码事,如果把电表拿到洗衣机外壳那里测量外壳与地面之间的电压,你会看到电表指示电压为 220 V。当接触洗衣机外壳时,相线来的电流从洗衣机外壳流过人体,从脚流入大地,又从大地流回到发电厂了。除非摸洗衣机外壳的人站在绝缘的橡皮板上,才能够隔断了电流通道,那样的话,接触洗衣机外壳也就安全无恙了。

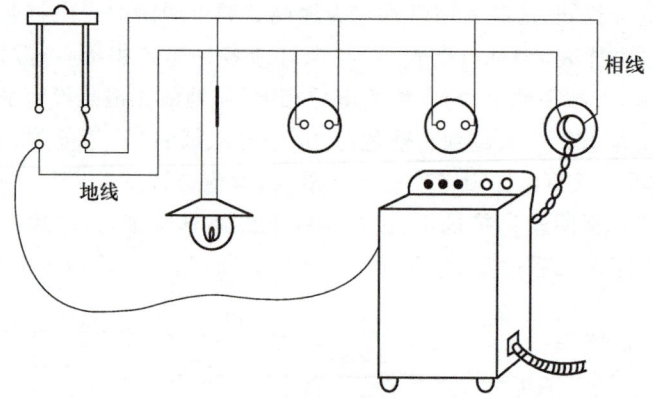

图 5.6.4 洗衣机电路连接图

习题

5.1 一台三相交流电动机,定子绕组星形联结于 $U_L = 380$ V 的对称三相电源上,其线电流 $I_L = 2.2$ A,$\cos\varphi = 0.8$。试求该电动机每相绕组的阻抗 Z。

5.2 已知对称三相电路每相负载的电阻 $R = 8$ Ω,感抗 $X_L = 6$ Ω。

(1) 设电源电压 $U_L = 380$ V,求负载星形联结时的相电压、相电流、线电流,并作相量图;

(2) 设电源电压 $U_L = 220$ V,求负载三角形联结时的相电压、相电流、线电流,并作相量图;

(3) 设电源电压 U_L 仍为 380 V,求负载三角形联结时的相电压、相电流、线电流;

(4) 分析比较以上三种情况。当负载额定电压为 220 V、电源线电压为 380 V 时,应如何连接? 电源线电压为 220 V 时,应如何连接?

5.3 题图 5.1 所示电路的电源电压 $U_L = 380$ V,每相负载的阻抗值为 10 Ω。

(1) 该三相负载能否称其为对称负载? 为什么?

(2) 计算各相电流和中性线电流,画出相量图;

(3) 求三相总功率 P。

5.4 对称三相负载星形联结,已知每相阻抗 $Z = (31+j22)$ Ω,电源线电压为 380 V。求三相电路的 P、Q、S 及功率因数。

5.5 题图 5.2 所示为三相四线制电路,三个负载星形联结。已知电源的线电压 $U_L = 380$ V,负载电阻 $R_A = 11$ Ω,$R_B = R_C = 22$ Ω。试求:

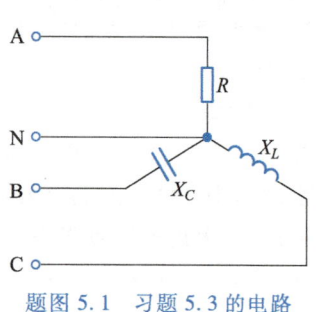

题图 5.1 习题 5.3 的电路

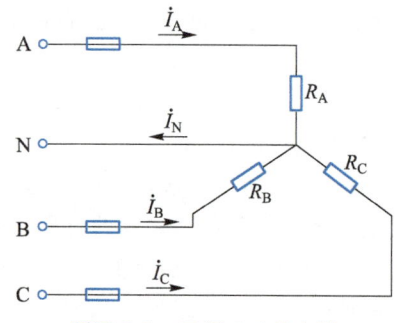

题图 5.2 习题 5.5 的电路

（1）负载的各相电压、相电流、线电流及三相总功率 P；

（2）中性线断开、A 相又短路时的各相电流、线电流；

（3）中性线断开、A 相也断开时的各相电流、线电流。

5.6　三相对称负载三角形联结，其线电流 $I_L = 5.5\,A$，有功功率 $P = 7\,760\,W$，功率因数 $\cos\varphi = 0.8$，求电源的线电压 U_L，电路的视在功率 S 和每相阻抗 Z。

5.7　在题图 5.3 所示电路中，已知，$Z = (12+j16)\,\Omega$，$I_L = 32.9\,A$，求 U_L 等于多少。

5.8　三相对称电路如题图 5.4 所示。电源线电压为 380 V，星形联结和三角形联结的对称负载均为 $Z_Y = Z_\triangle = 10\underline{/60°}\,\Omega$。在 Multisim 中构建仿真电路测量两组负载的电压、相电流、线电流、每组负载的三相有功功率以及整个电路的有功功率，并将测量结果进行对比分析。

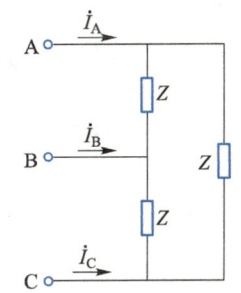

题图 5.3　习题 5.7 的电路

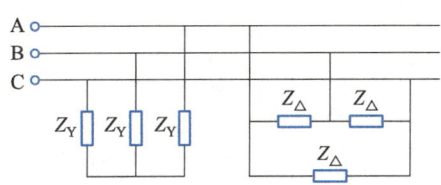

题图 5.4　习题 5.8 的电路

自测题

一、填空题

1. 当三相对称交流电源星形联结时，若线电压为 380 V，则相电压为（　　　）。

2. 已知三角形联结对称负载的阻抗 $Z = 30\,\Omega$，相电流为 1 A，则线电流等于（　　　），线电压等于（　　　）。

二、选择题

1. 对称星形负载 Z 接于对称三相四线制电源上，如图 Z5.1 所示。若电源线电压为 380 V，当在 X 点断开时，负载 Z 端的电压有效值 U 为（　　　）

　　a. 380 V　　　　　　b. 220 V　　　　　　c. 190 V　　　　　　d. 110 V

2. 对称星形负载 R 接于对称三相三线制电源上，如图 Z5.2 所示。若电源线电压为 380 V，当开关 S 打开后电压表的测量值为（　　　）

　　a. 380 V　　　　　　b. 220 V　　　　　　c. 190 V　　　　　　d. 110 V

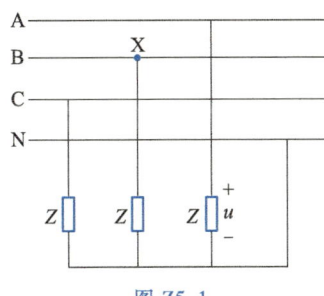

图 Z5.1

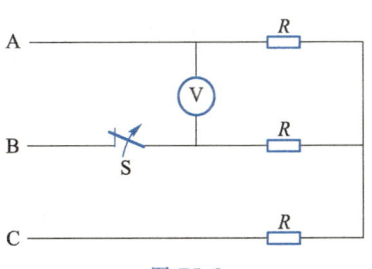

图 Z5.2

3. 对称星形负载 R 接于对称三相三线制电源上,如图 Z5.3 所示。当开关 S 闭合时电流表测量值为 1 A,则当开关 S 打开后电流表测量值为(　　)

    a. 2 A   b. 1 A   c. $\dfrac{\sqrt{3}}{2}$ A   d. $\sqrt{3}$ A

4. 对称三角形负载 R 接于对称三相三线制电源上,如图 Z5.4 所示。当开关 S 闭合时电流表测量值为 1 A,则当开关 S 打开后电流表测量值为(　　)

    a. 2 A   b. 1 A   c. $\dfrac{2}{\sqrt{3}}$ A   d. $\dfrac{1}{\sqrt{3}}$ A

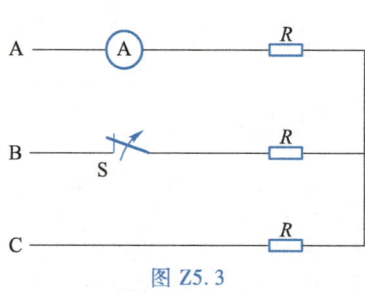

图 Z5.3

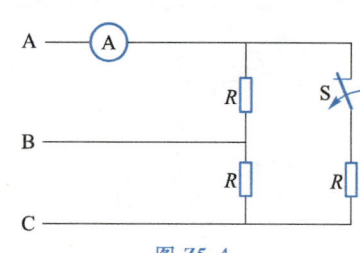

图 Z5.4

5. 对称三角形负载 R 接于对称三相三线制电源上,如图 Z5.5 所示。当开关 S 闭合时电流表测量值为 1 A,则当开关 S 打开后电流表测量值为(　　)

    a. 2 A   b. 1 A

    c. $\dfrac{\sqrt{3}}{2}$ A   d. $\dfrac{3}{\sqrt{3}}$ A

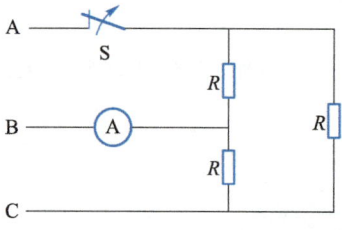

图 Z5.5

6. 当有电流在接地点流入地下时,电流在接地点周围土壤中产生电压降。人在接地点周围,两脚之间出现的电压称为(　　)。

    a. 跨步电压   b. 跨步电势   c. 临界电压   d. 故障电压

7. (　　)的工频电流即可使人遭到致命的电击。

    a. 数安   b. 数毫安   c. 数百毫安   d. 数十毫安

8. 当设备发生碰壳漏电时,人体接触设备金属外壳造成的电击成为(　　)。

    a. 直接接触电击   b. 间接接触电击   c. 静电电击   d. 非接触电击

9. 把电气设备正常情况下不带电的金属部分与电网的保护零线进行连接,称为(　　)。

    a. 保护接地   b. 保护接零   c. 工作接地   d. 工作接零

10. 漏电保护装置主要用于(　　)。

    a. 防止人身触电事故   b. 防止中断供电   c. 减少线路损耗   d. 防止漏电火灾事故

11. 装设避雷针、避雷线、避雷网、避雷带都是防护(　　)的主要措施。

    a. 雷电侵入波   b. 直击雷   c. 反击   d. 二次放电

12. 在一般情况下,人体电阻可以按(　　)考虑。

    a. 50~100 Ω   b. 800~1 000 Ω   c. 100~500 Ω   d. 1~5 MΩ

13. 下列电源中可用作安全电源的是(　　)。

    a. 自耦变压器   b. 分压器   c. 蓄电池   d. 安全隔离变压器

第 5 章习题与自测题答案

>>> # 第6章

··· 集成运算放大器及其应用

学习目标：

1. 理解放大电路的基本概念及其性能指标。

2. 掌握集成运算放大器的电压传输特性、理想模型及分析依据。

3. 理解电路中反馈的概念，掌握电路反馈类型的判断方法，理解反馈对放大电路性能的影响。

4. 掌握集成运算放大器线性应用电路的分析方法。

5. 掌握集成运算放大器非线性应用电路的分析方法。

放大电路是模拟电路的重要内容。本章首先向大家介绍放大电路的基本概念、指标、特性等基础内容,为分析具体的放大电路提供思路和方法。自20世纪60年代以来集成电路问世,因其集成度高、可靠性强、应用灵活方便,成为继电子管和晶体管后第三代具有电路功能的电子器件,在电子技术领域得到了广泛的应用。集成电路按其规模可分为:① 小规模集成电路(SSI:small scale integrated circuit),其内部一般包含十至几十个元器件;② 中规模集成电路(MSI:midium scale integrated circuit),其内部一般含上百个元器件;③ 大规模和超大规模集成电路(LSI:large scale integrated circuit 和 VLSI:very large scale integrated circuit),其内部一般含成千上万个以上的元器件。按其功能可分为两大类:一类是模拟集成电路,它是用来处理模拟信号(随时间连续变化的信号)的;另一类是数字集成电路,它是用来处理数字信号(随时间不连续变化的信号)的。本章重点介绍集成运算放大器的组成、传输特性、分析依据、反馈类型及其应用电路。

6.1 放大电路的基本概念及其性能指标

6.1.1 放大电路的基本概念

微视频6-1
放大电路
的基本概
念和性能
指标

放大电路的一般表示符号如图6.1.1所示。其中$\dot{U}_s$为信号源电压,R_s为信号源内阻,$\dot{U}_i$和$\dot{I}_i$分别为输入电压和输入电流,$\dot{U}_o$和$\dot{I}_o$分别为输出电压和输出电流,R_L为负载电阻。由于放大电路在分析和测试时经常采用正弦波作为输入信号,所以图6.1.1中的电压、电流均为正弦交流信号,并采用相量符号表示。

图 6.1.1 放大电路的一般表示方法

根据输入信号的不同(可能是电压信号$\dot{U}_i$,也可能是电流信号$\dot{I}_i$,而且两者之间可以相互转换)和对输出信号的要求不同(可能关心的是输出电压$\dot{U}_o$,也可能关心的是输出电流$\dot{I}_o$),会得出四种不同类型的放大电路。

1. 电压放大电路

在实际应用中,放大电路多为电压放大器,即输入为电压信号,输出也为电压信号,一般主要考虑电路的输出电压$\dot{U}_o$和输入电压$\dot{U}_i$的关系,可表示为

$$\dot{U}_o = A_u \dot{U}_i \tag{6.1.1a}$$

式（6.1.1a）中的 $A_u = \dfrac{\dot{U}_o}{\dot{U}_i}$ 称为放大电路的电压增益，也叫作电压放大倍数，量纲为 1。这种重点考虑电压增益的电路称为电压放大电路。

因为输出电压 $\dot{U}_o$ 和输入电压 $\dot{U}_i$ 均为相量，所以 A_u 为一复数，其大小表示输出电压比输入电压放大的倍数，其复角表示输出电压与输入电压之间的相位差角。电压增益 A_u 有时为正数，有时为负数，当 A_u 是一个负数时，说明输出与输入电压是反相的，这种放大器叫作反相放大器。相反，当 A_u 是正数时，叫作同相放大器。相应的输入与输出波形如图 6.1.2 所示。

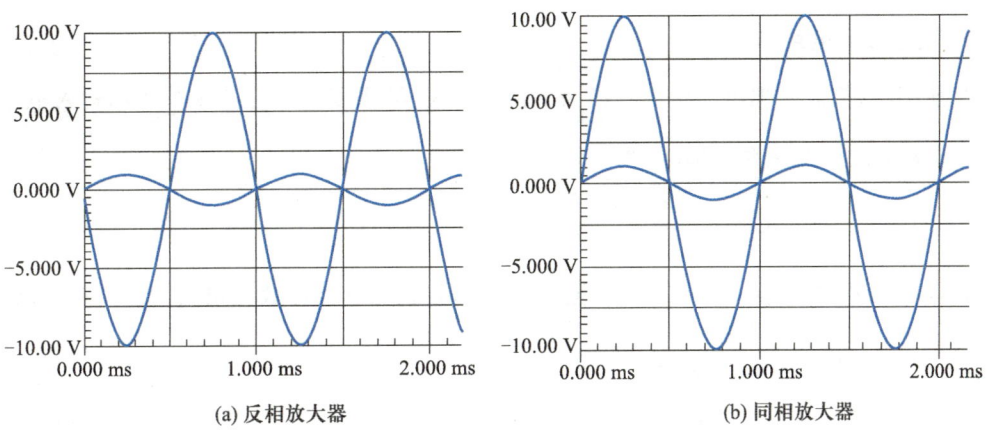

(a) 反相放大器　　　　　　　　(b) 同相放大器

图 6.1.2　放大器的输入与输出波形

有时考虑信号源内阻 R_s 对放大电路的影响时，也用下式表示

$$\dot{U}_o = A_{us}\dot{U}_s \qquad\qquad (6.1.1\text{b})$$

式（6.1.1b）中的 $A_{us} = \dfrac{\dot{U}_o}{\dot{U}_s}$ 称为放大电路的源电压增益。

信号源的典型例子就是麦克风，当我们讲话时它会产生一个峰值约为 1 mV 的电压信号。这个小信号用来作为电压增益为 10 000 的放大器的输入信号，进而产生一个峰值为 10 V 的电压。如果将这个放大的电压作用于扬声器，将会产生更大的声音信号，这就是电子扬声器的工作原理。

2. 电流放大电路

在图 6.1.1 所示放大电路中，若考虑输出电流 $\dot{I}_o$ 和输入电流 $\dot{I}_i$ 的关系，则可表示为

$$\dot{I}_o = A_i\dot{I}_i \qquad\qquad (6.1.2)$$

式（6.1.2）中的 $A_i = \dfrac{\dot{I}_o}{\dot{I}_i}$ 称为电流增益，也叫作电流放大倍数，量纲为 1。这种重点考虑电流增益的放大电路称为电流放大电路。

3. 互阻放大电路

当需要把电流信号转换为电压信号时,即需要考虑图6.1.1中的输入电流$\dot{I}_i$与输出电压$\dot{U}_o$的关系,可表示为

$$\dot{U}_o = A_R \dot{I}_i \tag{6.1.3}$$

式(6.1.3)中的$A_R = \dfrac{\dot{U}_o}{\dot{I}_i}$称为放大电路的互阻增益,也称互阻放大倍数,它具有电阻量纲Ω,这是一种广义的增益,不同于前述的电压增益和电流增益。这种电路称为互阻放大电路。

4. 互导放大电路

与前相反,当需要把电压信号转换为电流信号时,即需要考虑图6.1.1中的输入电压$\dot{U}_i$与输出电流$\dot{I}_o$之间的关系,可表示为

$$\dot{I}_o = A_G \dot{U}_i \tag{6.1.4}$$

式(6.1.4)中的$A_G = \dfrac{\dot{I}_o}{\dot{U}_i}$称为放大电路的互导增益,也称互导放大倍数,它具有电导量纲S。这种电路被称为互导放大电路。

综上所述,根据实际的输入信号和输出信号是电压或者是电流,放大电路可分为四种类型:电压放大、电流放大、互阻放大和互导放大。而这四种电路只是考虑问题的侧重点不同,没有本质区别。也可以说,同一个放大电路可分别作四种不同的类型来考虑,并且不同类型的电路之间可以相互转换。一般来说,电压放大电路应用最为普遍,所以本书重点讨论电压放大电路。

除了上述四种增益之外,放大电路还有一个重要的增益叫功率增益或功率放大倍数,其定义为

$$A_p = \frac{P_o}{P_i} = \frac{U_o I_o}{U_i I_i} = A_u A_i \tag{6.1.5}$$

式(6.1.5)说明,功率增益等于电压增益乘以电流增益。

6.1.2 放大电路的性能指标

放大电路的性能如何是由它的性能指标来衡量的,而且性能指标决定了放大电路的应用范围。放大电路性能指标很多,这里讨论几个主要的性能指标。

图6.1.3是放大电路的交流等效电路。因为放大电路有输入和输出两个端口,根据戴维南定理,信号源可以等效为$\dot{U}_s$与R_s的串联,R_s为信号源的内阻。因此,从放大电路

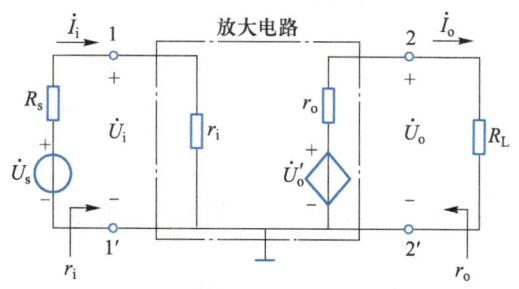

图 6.1.3　放大电路的交流等效电路

的输入端 1-1′向右看,可等效为输入电阻 r_i;从放大电路的输出端 2-2′向左看可等效为输出电阻 r_o 与开路电压 $\dot{U}'_o$ 串联。$\dot{U}'_o$ 是一受控电压源,也是负载电阻开路时的输出电压,它受输入电压 $\dot{U}_i$ 或者输入电流 $\dot{I}_i$ 的控制,主要根据输入信号是电压或电流来考虑。如果考虑的是输出电流,则 $\dot{U}'_o$ 将改为受控电流源 $\dot{I}'_o$。

1. 增益

如前所述,从广义的角度来说,放大电路共有四种增益,即电压增益 A_u、电流增益 A_i、互阻增益 A_R、互导增益 A_G。他们实际反映了放大电路在输入信号的控制下,将供电电源能量转换为信号能量的能力。其中,电压增益 A_u 和电流增益 A_i 用得较多,他们都没有量纲。

在工程应用中,A_u 和 A_i 常用以 10 为底的对数增益表达,其基本单位为 B(贝尔,Bel),平时用它的十分之一单位 dB(分贝),所以这种表示方法也称为电压增益的分贝表示法。可写为

$$A_u = 20\lg|A_u| \quad \text{dB} \tag{6.1.6}$$

$$A_i = 20\lg|A_i| \quad \text{dB} \tag{6.1.7}$$

当增益小于 1 时,则用分贝表示的增益为负数。而用非分贝表示的增益公式中的负号则表示输出与输入电压相位相反。要注意两者的区别。

用对数方式表示放大电路增益的优点是:(1)当用对数坐标表达增益随频率变化的曲线时,可扩大增益变化的范围;(2)计算多级放大电路的总增益时,可将乘法转换为加法进行计算。

2. 输入电阻

由图 6.1.3 可见,放大电路的输入电阻 r_i 是指从放大电路输入端 1-1′向右看进去的等效电阻,定义为输入电压与输入电流的比值,即

$$r_i = \frac{\dot{U}_i}{\dot{I}_i} \tag{6.1.8}$$

r_i 的大小将影响放大电路从信号源 $\dot{U}_s$ 中获得输入电压 $\dot{U}_i$ 值的大小。因为加于放大电路的信号源是有内阻 R_s 的,当有电流 $\dot{I}_i$ 流过输入回路时,会在 R_s 上产生压降,使得真正加于 r_i 上的电压 $\dot{U}_i$ 将小于 $\dot{U}_s$。它们之间的关系可表示为

$$\dot{U}_i = \frac{r_i}{R_s + r_i}\dot{U}_s \tag{6.1.9}$$

由上式可见,当 $\dot{U}_s$、R_s 一定时,r_i 越大,$\dot{U}_i$ 越大,对信号源的衰减就越小;反之则衰减越大。所以我们说,r_i 是衡量放大电路对信号源衰减程度的指标,在一般情况下,希望 r_i 大一些。在需要求放大电路的输入电阻时,可按公式(6.1.8)计算。

3. 输出电阻

根据戴维南定理,从放大电路的输出端 2-2′向左看进去,可等效为开路电压 $\dot{U}'_o$ 与等效电阻 r_o 的串联,其中的等效电阻 r_o 即为放大电路的输出电阻,它可表示为

$$r_{\mathrm{o}} = \frac{\dot{U}}{\dot{I}}\Bigg|_{\substack{U_{\mathrm{s}}=0 \\ R_{\mathrm{L}}=\infty}} \tag{6.1.10}$$

其中$\dot{U}$表示在放大电路的输出端所加的测试电压,如图6.1.4所示。

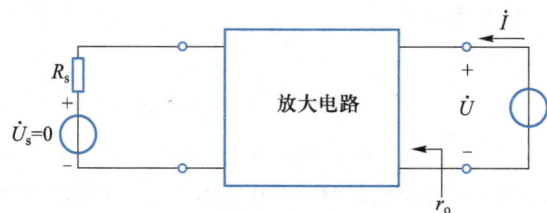

图6.1.4 求放大电路的输出电阻

依据式(6.1.10)及图6.1.4,可求出或测试出放大电路的输出电阻。注意此时放大电路中的电压源$\dot{U}_{\mathrm{s}}$要短路,而负载电阻R_{L}要开路。式(6.1.10)是求输出电阻的常用方法,也可用电路分析中的其他方法求得。请读者思考还可用什么方法?

r_{o}的大小将影响放大电路驱动负载的能力。当放大电路带上负载电阻R_{L}时,输出电流$\dot{I}_{\mathrm{o}}$在r_{o}上产生压降,这就使负载上获得的电压$\dot{U}_{\mathrm{o}}$小于开路电压$\dot{U}_{\mathrm{o}}'$,它们之间的关系可表示为

$$\dot{U}_{\mathrm{o}} = \frac{R_{\mathrm{L}}}{r_{\mathrm{o}}+R_{\mathrm{L}}}\dot{U}_{\mathrm{o}}' \tag{6.1.11}$$

由式(6.1.11)可见,当$\dot{U}_{\mathrm{o}}'$、R_{L}一定时,r_{o}越小,则$\dot{U}_{\mathrm{o}}$越大且越稳定,放大电路带负载的能力越强;反之则有相反的结论。所以说,r_{o}是衡量放大电路带负载能力的指标。在设计放大器时,为了稳定输出电压$\dot{U}_{\mathrm{o}}$,提高放大器的带负载能力,希望r_{o}小一些。

例6.1.1 放大电路如图6.1.3所示。已知信号源的$U_{\mathrm{s}}=1\text{ mV}$,$R_{\mathrm{s}}=1\text{ k}\Omega$,放大电路的开路输出电压$\dot{U}_{\mathrm{o}}'=10^4 U_{\mathrm{i}}$,输入电阻$r_{\mathrm{i}}=2\text{ k}\Omega$,输出电阻$r_{\mathrm{o}}=2\ \Omega$,负载电阻$R_{\mathrm{L}}=8\ \Omega$。求:(1)源电压增益$A_{\mathrm{us}}$;(2)电压增益$A_{\mathrm{u}}$;(3)电流增益$A_{\mathrm{i}}$;(4)功率增益$A_{\mathrm{p}}$。

解:(1) $U_{\mathrm{i}} = \dfrac{r_{\mathrm{i}}}{r_{\mathrm{i}}+R_{\mathrm{s}}}U_{\mathrm{s}} = \dfrac{2}{2+1}\times 1\text{ mV} = 0.667\text{ mV}$

$U_{\mathrm{o}}' = 10^4 U_{\mathrm{i}} = 6.67\text{ V}$

$U_{\mathrm{o}} = \dfrac{R_{\mathrm{L}}}{r_{\mathrm{o}}+R_{\mathrm{L}}}U_{\mathrm{o}}' = \dfrac{8}{2+8}\times 6.67\text{ V} = 5.34\text{ V}$

$A_{\mathrm{us}} = \dfrac{U_{\mathrm{o}}}{U_{\mathrm{s}}} = \dfrac{5.34}{10^{-3}} = 5\,340$

(2) $A_{\mathrm{u}} = \dfrac{U_{\mathrm{o}}}{U_{\mathrm{i}}} = \dfrac{5.34}{0.667\times 10^{-3}} = 8\,006$

(3) $A_{\mathrm{i}} = \dfrac{I_{\mathrm{o}}}{I_{\mathrm{i}}} = \dfrac{U_{\mathrm{o}}r_{\mathrm{i}}}{U_{\mathrm{i}}R_{\mathrm{L}}} = A_{\mathrm{u}}\dfrac{r_{\mathrm{i}}}{R_{\mathrm{L}}} = 2\times 10^6$

（4）$A_p = A_u A_i = 16 \times 10^9$

6.1.3　放大电路的理想模型

在 6.1.2 我们已经看到，有些应用场合要求放大器有非常高或非常低的输入阻抗（与源阻抗相比）和非常高或非常低的输出阻抗（与负载相比）。有时为了分析的方便，把放大器看作是理想放大器，一共有四种类型，其特点如表 6.1.1 所示。

表 6.1.1　理想变压器的特点

放大器类型	输入阻抗	输出阻抗	放大参数	放大关系
理想电压放大器	∞	0	A_u	$u_o = A_u u_i$
理想电流放大器	0	∞	A_i	$i_o = A_i i_i$
理想互导放大器	∞	∞	A_G	$i_o = A_G u_i$
理想互阻放大器	0	0	A_R	$u_o = A_R i_i$

[练习与思考]

6.1.1　一放大器，输入电阻为 2 kΩ，输出电阻为 25 Ω，开路电压增益为 500。信号源电压有效值为 20 mV，内阻为 500 Ω，负载电阻为 75 Ω。求：（1）电压增益；（2）源电压增益；（3）电流增益；（4）功率增益。

6.1.2　对于上题，假如负载电阻可以变化，负载电阻为多大时功率增益最大？最大功率增益为多少？

6.1.3　某一放大器带一个电阻负载运行。其电流增益和电压增益相等。其输入电阻和负载电阻有什么关系？

6.1.4　某一放大器电压增益为 0.1。然而，功率增益为 10，问电流增益是多少？比较放大器的负载电阻和输入电阻。

6.2　集成运算放大器

集成运算放大器（简称集成运放）是一种高增益的直接耦合多级放大器，因为最初它被用于模拟运算中，故名运算放大器。目前，它的应用远远超出了"运算放大"，它在信号的产生、变换、处理、测量等方面，都起着非常重要的作用。

6.2.1　集成运算放大器的组成

集成运算放大器的内部主要电路可分为输入级、中间级和输出级三个基本组成部分，如图 6.2.1 所示。

1. 输入级

直接耦合放大器的零点漂移问题。所谓零点，是指放大器的输入信号为零（$u_I = 0$）时的输出电压。理想放大器的零点应该是恒定不变的或者是 0。但对于一个实际放大器来说，当

放大器的输入信号为零时,其输出电压往往在不断地缓慢变化而偏离零点上下波动,这种现象就叫作零点漂移。零点漂移往往是由于温度变化引起的,因而也叫温漂。温度变化会使晶体管的参数发生变化,从而引起放大器的零点漂移。对于多级直接耦合放大器,当第一级放大器的零点发生微小而又缓慢的变化时,这种变化量会被后面的电路逐级放大,最终在输出端产生较大的漂移电压。这种漂移电压大到一定程度时,就无法与正常放大的信号加以区别,使得放大器不能正常工作。

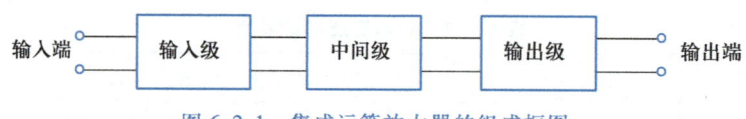

图 6.2.1 集成运算放大器的组成框图

因为集成运放是一种高增益的直接耦合放大器,输入级的性能对整个运放性能的影响至关重要。因此,集成运放的输入级一般都采用高性能的差分放大电路,它可以克服温度变化带来的零点漂移问题。

2. 中间级

中间级主要完成电压放大任务,要求有高的电压增益,一般采用共射极电压放大器或共源极放大电路。

3. 输出级

输出级的任务是进行功率放大,以驱动负载工作,一般采用互补对称的功率放大电路。此外,输出级还附有保护电路,以免意外短路或过载时造成损坏。

6.2.2 集成运算放大器的等效电路、符号和参数

1. 集成运算放大器的等效电路和符号

集成运算放大器的等效电路和符号如图 6.2.2 所示。图(a)为等效电路,图(b)为国际流行符号,图(c)为国际符号。本书采用国标符号。u_0 为输出端。u_- 为反相输入端,由此端输入信号,输出信号和输入信号是反相的;u_+ 为同相输入端,由此端输入信号,输出信号和输入信号是同相的。A_{uo} 为开环电压放大倍数,即 $u_0 = A_{uo}(u_+ - u_-)$。

图 6.2.3 所示是集成运放 CF741 的引脚排列图,它的外形有圆壳式和双列直插式两种。它的 8 个引脚中有 7 个引脚与外电路相连,引脚 8 为空脚,1 和 5 为外接电位器

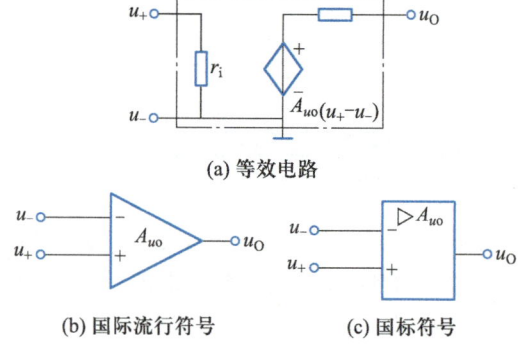

(a) 等效电路

(b) 国际流行符号　　(c) 国标符号

图 6.2.2 集成运算放大器的等效电路和符号

(通常为 10 kΩ)的两个端子,用于输出调零,2 为反相输入端,3 为同相输入端,6 为输出端,7 为正电源端,4 为负电源端。

2. 集成运算放大器的主要参数

为了正确选择和使用运算放大器,必须搞清楚它的参数的含义。运算放大器参数很多,这里仅介绍常用的几个主要参数。

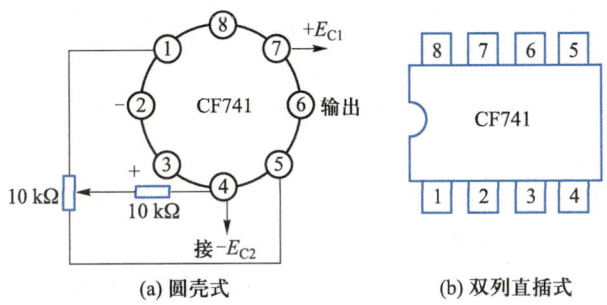

(a) 圆壳式   (b) 双列直插式

图 6.2.3 集成运放 CF741 的引脚排列图

(1) 输入失调参数

① 输入失调电压 U_{IO}。理想情况下运算放大器在输入电压 $u_{I1} = u_{I2} = 0$ 时，输出电压 $u_0 = 0$。但实际的运算放大器当输入电压为零时，输出电压 $u_0 \neq 0$。这是由于制造中元件参数的不对称性等原因所引起的，把该输出电压值除以运算放大器的放大倍数折算到输入端就是输入失调电压 U_{IO}。它在数值上等于输出电压为零时，应在两输入端之间加的直流补偿电压。U_{IO} 的大小反映了输入级的不对称程度，显然其值越小越好，一般为几毫伏。高精度低漂移运放的输入失调电压为微伏数量级。

② 输入失调电压的温漂 $\dfrac{dU_{IO}}{dT}$。输入失调电压 U_{IO} 并不是固定不变的。当温度发生变化时，它要随之而变。输入失调电压的温漂是指在一定的温度变化范围内，输入失调电压的变化量与温度变化量之比。一般通用型运放为 $(10 \sim 20)\ \mu\text{V}/\text{℃}$，高精度、低漂移运放在 $1\ \mu\text{V}/\text{℃}$ 以下。

③ 输入偏置电流 I_{IB}。当输入信号为零时，假设运算放大器的两个输入端的静态(输入信号等于零时放大器的工作状态称为静态)输入电流分别为 I_{BP} 和 I_{BN}，如图 6.2.4 所示，输入偏置电流 I_{IB} 定义为两个输入端静态电流的平均值，即

$$I_{IB} = (I_{BP} + I_{BN})/2 \qquad (6.2.1)$$

其值也反映了集成运放输入端的性能，一般运放 I_{IB} 为 $10\ \text{nA} \sim 1\ \mu\text{A}$，高精度、低漂移运放为 pA 数量级。$I_{IB}$ 的值越小越好。

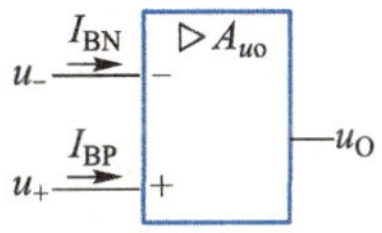

④ 输入失调电流 I_{IO}。当输入信号为零时，输入失调电流是指两输入端静态电流 I_{BP} 和 I_{BN} 之差的绝对值，即

$$I_{IO} = \left| I_{BP} - I_{BN} \right| \qquad (6.2.2)$$

输入失调电流反映了输入级差分对管输入电流的不对称程度。其值越小越好，典型值为几十纳安。高精度、低漂移运放为 pA 数量级。

⑤ 输入失调电流的温漂 $\dfrac{dI_{IO}}{dT}$。其定义与 $\dfrac{dU_{IO}}{dT}$ 类似，它是 I_{IO} 的温度系数。典型值为 nA/℃ 数量级。高精度、低漂移运放为 pA/℃ 数量级。

(2) 差模特性参数

① 开环差模电压增益 A_{uo}。指无反馈情况下(开环)的差模电压增益。即

图 6.2.4 运算放大器的静态输入电流

$$A_{uo} = \frac{u_{O}}{u_{+} - u_{-}} \tag{6.2.3}$$

它是决定运算精度的重要因素,其值越大越好。A_{uo} 一般为 $10^4 \sim 10^6$,即 $80 \sim 120$ dB。高增益运放可达 140 dB 以上。

② 差模输入电阻 r_i。运算放大器加差模输入信号时的输入电阻,如图 6.2.2(a)所示。r_i 越大,输入电流越小,对信号源的影响越小。r_i 为 $10^5 \sim 10^9$ Ω,或者更大。

③ 最大差模输入电压 U_{Idmax}。运算放大器两输入端之间加的差模电压过大,有时会击穿内部的器件。U_{Idmax} 就是允许加在两输入端之间的最大差模电压值。这个值为几伏至几十伏。

(3)共模特性参数

① 共模抑制比 K_{CMR}。差模电压增益 A_{ud} 反映了差分放大器放大有用信号的能力,当然希望它大一些;共模电压增益 A_{uc} 反映了抑制共模信号的能力,希望它小一些。共模抑制比 K_{CMR} 是用来全面衡量差分放大器的性能指标。它定义为差模增益与共模增益的比值,即

$$K_{CMR} = \left| \frac{A_{ud}}{A_{uc}} \right| \tag{6.2.4}$$

该值越大,说明电路对有用信号的放大能力越强,而且对有害的共模信号的抑制能力越强,表明电路的性能越好。

共模抑制比有时也用分贝表示

$$K_{CMR} = 20\lg \left| \frac{A_{ud}}{A_{uc}} \right| \text{ dB} \tag{6.2.5}$$

其典型值在 80 dB 以上,性能好的高达 180 dB。

② 最大共模输入电压 U_{Icmax}。当运算放大器的共模输入电压大到一定程度时,会使其共模抑制特性显著下降。一般定义 K_{CMR} 下降 6 dB 时的共模输入电压为最大共模输入电压 U_{Icmax}。μA741 的 U_{Icmax} 可达 ±13 V。

(4)动态参数

① 开环带宽 $BW(f_H)$。集成运算放大器是一种高增益的直流放大器,其下限截止频率 $f_L = 0$,它的上限截止频率 f_H 就是其开环带宽 BW。μA741 的开环带宽 f_H 约为 7 Hz。

② 转移速率 S_R。转移速率 S_R 是指运放在额定负载及输入阶跃大信号时,输出电压变化的最大上升速率。即

$$S_R = \left| \frac{\mathrm{d}u_O}{\mathrm{d}t} \right|_{max} \tag{6.2.6}$$

这个指标反映了运放对于高速变化的输入信号的响应情况。

目前集成运放种类繁多,根据用途可分为如下几种。

通用型:性能指标适合一般使用,按问世先后可分为 Ⅰ、Ⅱ、Ⅲ 代产品,如 CF741 为第 Ⅲ 代产品。

低功耗型:静态功耗 ≤2 mW。如 FX253 等,可用于生物医学和外层空间设备。

高精度、低漂移型:失调电压温漂在 1 μV/℃ 左右。如 FC72、OP77、AD707 等,可用于精密测量。

高阻型:输入电阻可达 10^{12} Ω。如 F55、5G28 等。

另外,还有宽带型、高压型、高速型、大功率型等。使用时须查阅集成运放手册,详细了解它们的参数,作为使用和选择的依据。

6.2.3 集成运算放大器的电压传输特性、理想模型和分析依据

1. 电压传输特性

集成运放的电压传输特性是指开环时,输出电压与差模输入电压之间的关系。即

$$u_O = A_{uo}(u_+ - u_-) = A_{uo}u_{Id} \tag{6.2.7}$$

其特性曲线如图 6.2.5 所示。

从图 6.2.5 可以看出,当 u_{Id} 较小,在 $-U_{im} \sim +U_{im}$ 之间变化时,输出电压与输入电压呈线性关系。当 u_{Id} 超出上述范围时,运放输出达到饱和状态,输出分别为正饱和值 $+U_{om}$ 和负饱和值 $-U_{om}$。

$\pm U_{im}$ 与 $\pm U_{om}$ 的大小与运放的开环差模电压增益 A_{uo}、电源电压以及运放输出级管子的饱和压降有关。设 $A_{uo} = 10^5$,电源电压为 ± 12 V,输出级管子的饱和压降小于 2 V。这样,输出电压最大值 U_{om} 大约为 ± 10 V,则当 U_{im} 在 ± 0.1 mV 范围内时,运放工作在线性状态,若超出这个范围,运放就进入了正、负向饱和状态了。

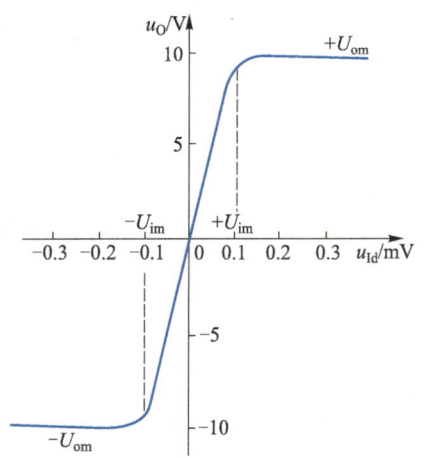

图 6.2.5 集成运放的电压传输特性

由上述分析可见,运放的线性范围是非常小的,若开环使用,很难实现输出与输入电压的线性关系,输入信号稍微大一点,输出便进入饱和状态。因此,作为放大器,运放不能开环使用,必须加负反馈才能使其工作在线性区域。

2. 理想运放模型

在大多数工程计算中,常用运算放大器的理想模型来代替实际模型。按这种理想模型计算所带来的误差是非常小的,在工程上忽略该误差完全可以满足要求,但却使分析计算大大简化。

理想运放应具有以下一些特征:

开环差模电压增益 $A_{uo} \to \infty$;

差模输入电阻 $r_{id} \to \infty$;

共模抑制比 $K_{CMR} \to \infty$;

输出电阻 $r_o = 0$。

理想运算放大器的符号和传输特性如图 6.2.6 所示。

集成运放工作在线性状态时,利用运放的理想模型可以推导出下面两条结论。

(1) 运放两输入端的电位相等,即 $u_+ = u_-$。

由于运放的输出电压 u_o 为有限值,而理想运放的 $A_{uo} \to \infty$,因而两输入端之间的电压

$$u_+ - u_- = \frac{u_o}{A_{uo}} = 0$$

因此

$$u_+ = u_- \tag{6.2.8}$$

上两式中,u_+和 u_-分别为运放同相端和反相端的电位。从上式看,运放两输入端好像是短路的,但并不是真正的短路,因而称为"虚短"。只有运放工作在线性区域时,才存在"虚短"。

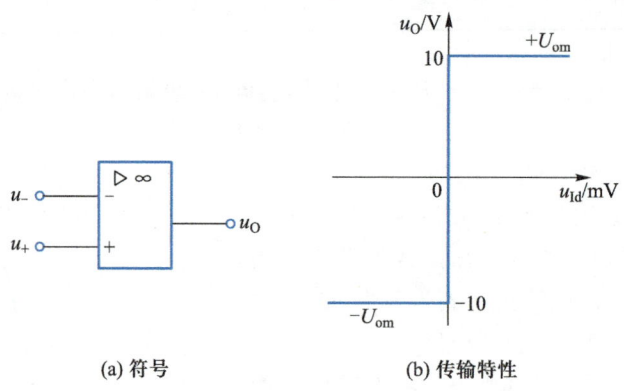

(a) 符号 (b) 传输特性

图 6.2.6　理想运算放大器的符号和传输特性

（2）两输入端的输入电流为零,即 $i_+ = i_- = 0$。

由于运放的差模输入电阻 $r_{id} \to \infty$,因而流入两个输入端的电流为 0,即

$$i_+ = i_- = 0 \tag{6.2.9}$$

上式中,i_+和 i_-分别为运放同相端和反相端的输入电流。从上式看,运放输入端又像断路,但并不是真正断路,因而称为"虚断"。

3. 分析运放电路的基本依据

（1）运放工作在线性区。当运放工作在线性区时,"虚短"和"虚断"的概念是成立的,因此,式(6.2.8)和(6.2.9)是分析各种运放构成的线性电路的基本出发点或基本依据,希望读者在理解的基础上牢牢记住!

（2）运放工作在非线性区。当运放工作在非线性区时,"虚短"的概念不再成立,但"虚断"的概念仍是成立的。

根据式(6.2.7)和图 6.2.6,对于理想运放来说,输入电压的线性范围为 0,因此有下列关系

$$u_+ > u_- 时 , u_0 = +U_{om} \tag{6.2.10}$$

$$u_+ < u_- 时 , u_0 = -U_{om} \tag{6.2.11}$$

式(6.2.10)和(6.2.11)是分析运放工作在非线性区域的两条重要依据,也希望读者在理解的基础上牢牢记住!

微视频 6-4
集成运算
放大器的
分析依据

6.2.4　集成运算放大器的反馈及其影响

1. 反馈的基本概念

如前所述,集成运算放大器的线性区非常小,输入信号稍微大一点便进入饱和状态。为此,集成运算放大器需引入负反馈才能工作在线性区。

放大电路中的反馈就是将输出信号(电压或电流)的一部分或全部,通过某种电路(称反馈电路)引回输入端,与输入信号(电压或电流)进行比较,从而影响放大电路的净输入信号,最终影响放大电路的输出信号。

图 6.2.7 分别为无反馈和有反馈的放大电路的框图。图中 $\dot{X}_i$ 是输入信号（电压或电流），$\dot{X}_o$ 是输出信号（电压或电流），A 是无反馈基本放大电路的放大倍数，F 是反馈电路的反馈系数，它将输出信号 $\dot{X}_o$ 变为反馈信号 $\dot{X}_f$ 后反送到输入端，符号 $\oplus$ 是比较环节。输入信号 $\dot{X}_i$ 和输出信号 $\dot{X}_f$ 在比较环节进行比较后，产生净输入信号 $\dot{X}_d$，加到基本放大电路 A 的输入端。由基本放大电路 A 和反馈电路 F 组成的整个闭合系统称为反馈放大电路或闭环放大电路。

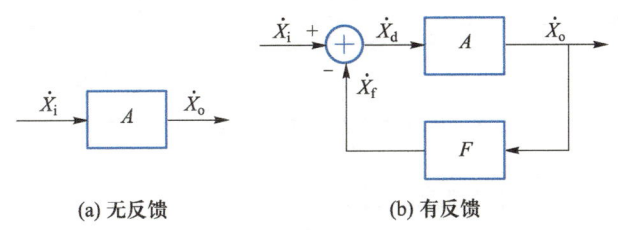

(a) 无反馈　　　　　　　　(b) 有反馈

图 6.2.7　负反馈放大电路的框图

2. 反馈放大电路的分类及判别

（1）按反馈信号的极性分类及判别

由图 6.2.7，按照输入信号 $\dot{X}_i$ 与反馈信号 $\dot{X}_f$ 比较的结果或按照反馈信号的极性，可以分为正反馈和负反馈。

负反馈：反馈信号 $\dot{X}_f$ 的极性与输入信号 $\dot{X}_i$ 的极性相同，即 $X_d = X_i - X_f$，反馈的结果削弱了原来的输入信号，使净输入信号减小，即 $X_d < X_i$，这种反馈称为负反馈。

正反馈：反馈信号 $\dot{X}_f$ 的极性与输入信号 $\dot{X}_i$ 的极性相反，即 $X_d = X_i + X_f$，反馈的结果增强了原来的输入信号，使净输入信号增大，即 $X_d > X_i$，这种反馈称为正反馈。

在放大电路中广泛采用负反馈，以改善放大电路的性能。而在振荡电路中，利用正反馈。

正、负反馈的判别可以采用瞬时极性法：首先假设输入信号为某一极性，一般为"+"，然后按照基本放大器的性质确定输出信号的极性，再由输出端通过反馈电路返回输入端，确定反馈信号的极性，最后依照反馈信号的正负极性和上述定义作出结论。

（2）按输入端的连接方式分类及判别

按照基本放大电路和反馈电路在输入端的连接方式分，可以分为串联反馈和并联反馈两种。

串联反馈：反馈信号 $\dot{X}_f$ 与输入信号 $\dot{X}_i$ 串接在输入回路，以电压形式叠加决定净输入电压信号，即 $\dot{U}_d = \dot{U}_i - \dot{U}_f$，如图 6.2.8(a) 所示。从电路上看，反馈信号 $\dot{U}_f$ 与输入信号 $\dot{U}_i$ 不接在放大电路的同一个输入端（这也可以作为一种判别方法），$\dot{U}_f$ 接在 b 端，$\dot{U}_i$ 接在 a 端。

并联反馈：反馈信号 $\dot{X}_f$ 与输入信号 $\dot{X}_i$ 并接在输入回路，以电流形式叠加决定净输入电流信号，即 $\dot{I}_d = \dot{I}_i - \dot{I}_f$，如图 6.2.8(b) 所示。从电路上看，反馈信号 $\dot{I}_f$ 与输入信号 $\dot{I}_i$ 均接在放大电路的同一个输入端（这也可以作为一种判别方法）。

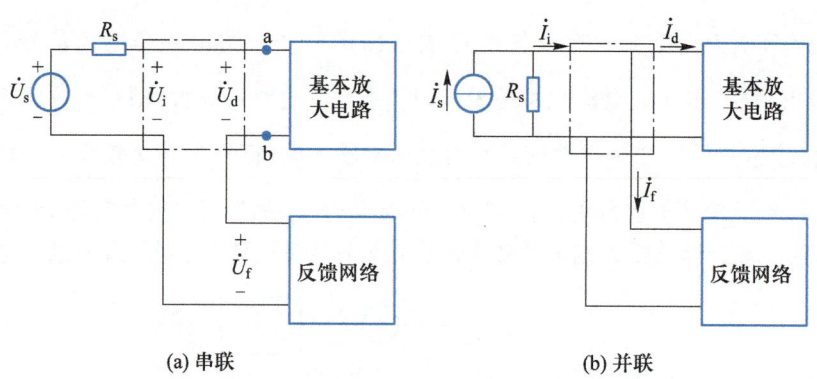

(a) 串联　　　　(b) 并联

图 6.2.8　负反馈放大电路的两种输入连接方式

（3）按输出端的取样方式分类及判别

负反馈放大电路按照输出量的取样方式,可以分为电压反馈和电流反馈。

电压反馈:反馈信号的取样对象是输出电压,即反馈信号 $\dot{X}_f$ 正比于输出电压 $\dot{U}_o$,如图 6.2.9(a)所示。

电流反馈:反馈信号的取样对象是输出电流,即反馈信号 $\dot{X}_f$ 正比于输出电流 $\dot{I}_o$,如图 6.2.9(b)所示。

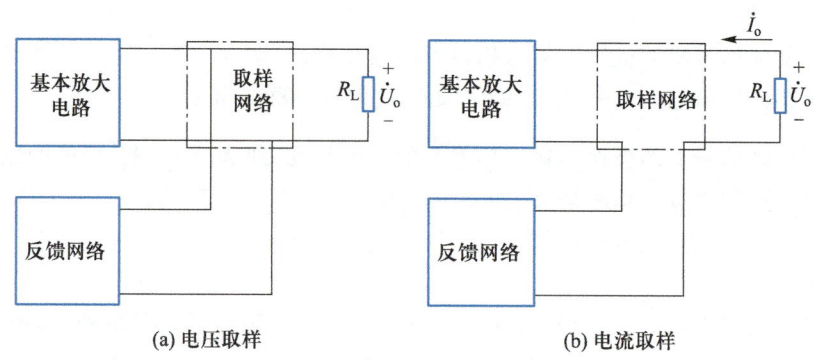

(a) 电压取样　　　　(b) 电流取样

图 6.2.9　负反馈放大电路的两种输出取样

对于输出取样方式的判别,可以采用输出短路法:假设输出端短路($R_L=0$),$\dot{U}_o=0$,如果反馈信号也变为 0,即反馈不存在了,则为电压反馈;若反馈信号不为 0,即反馈依然存在,则为电流反馈。注意,输出端短路时,是将 R_L 短路,不一定是输出端对地短路。

另外,按交、直流性质还可分为直流反馈和交流反馈。若反馈到输入端的信号是直流成分,则称为直流反馈,直流反馈主要用于稳定静态工作点;若反馈到输入端的信号是交流成分,则称为交流反馈,交流反馈主要用于多方面的改善放大电路的性能。在很多情况下,直流反馈与交流反馈同时存在。

3. 负反馈放大电路的四种组态

不同的输入连接方式和输出取样方式相互组合,可以得到负反馈放大电路的四种基本组态:即电压串联负反馈、电压并联负反馈、电流串联负反馈、电流并联负反馈。下面结合具

微视频6-5
放大电路
的负反馈

体电路逐一介绍。

（1）电压串联负反馈

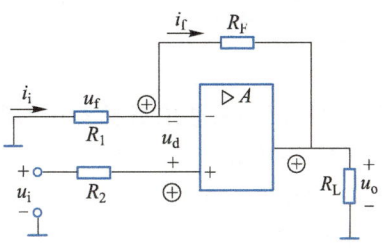

图 6.2.10 所示是由运算放大器构成的反馈放大电路。集成运放就是基本放大电路，R_F 是连接电路输入端与输出端的反馈元件，R_1 和 R_F 组成反馈网络。从输入端看，反馈元件 R_F 连接在运放的反相输入端，输入电压 u_i 接在运放的同相输入端，两者没有连接在同一输入端，因此，输入电压 u_i 与反馈电路的输出电压 u_f

图 6.2.10　电压串联负反馈放大电路

在输入端以电压的形式串联叠加，即，$u_d = u_i - u_f$，因而是串联反馈。

从输出端看，反馈电压 $u_f = \dfrac{R_1}{R_1 + R_F} u_o$，正比于 u_o，因此是电压反馈。采用输出短路法，假设将 R_L 短路时，$u_o = 0$，u_f 也为 0，因此与上面的判定相同。

采用瞬时极性法判断反馈的极性：假设输入信号 u_i 的瞬时极性为正（对地而言），图中用符号 ⊕ 表示。因为输入信号接在同相输入端，则输出电压 u_o 也为正，反馈信号 u_f 的极性同样为正，u_d 的瞬时参考极性为上负下正，则在输入回路中有 $u_d = u_i - u_f$，$u_d < u_i$。引入反馈的结果使净输入信号减小了，因此是负反馈。

综上所述，这个电路的反馈组态是电压串联负反馈。

电压负反馈的特点是使输出电压 u_o 趋于稳定。例如，当 u_i 一定时，若由于某种原因使输出电压 u_o 下降了，则电路进行如下的自动调节过程：

$$u_o \downarrow \longrightarrow u_f \downarrow \longrightarrow u_d$$
$$u_o \uparrow \longleftarrow$$

可见，反馈的结果牵制了 u_o 的下降，从而使输出电压 u_o 基本稳定。

（2）电流并联负反馈

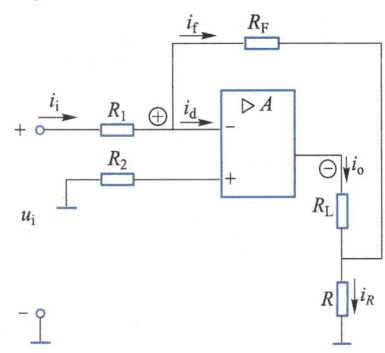

如图 6.2.11 所示，R_F 是连接输入回路和输出回路的反馈元件。从输入端看，输入电流 i_i、反馈电流 i_f 和净输入电流 i_d 都连接在运放的反相输入端，并以电流并联的形式叠加即 $i_d = i_i - i_f$，因此是并联反馈。

从输出端看，反馈电流 $i_f \approx -\dfrac{R}{R_F + R} i_o$，正比于输出电流 i_o，因此是电流反馈。如果用输出端短路法判定输出的取样类型，将 R_L 短路时，发现 i_f 依然存在，因此也说明是电流反馈。

图 6.2.11　电流并联负反馈放大电路

用瞬时极性法判定反馈极性：设 u_i 为 ⊕，则输出端对地电压 u_o 为 ⊖，i_i、i_f 和 i_d 的瞬时方向与图中标的参考方向是一致的。因此有 $i_d = i_i - i_f$，$i_d < i_i$ 即引入反馈的结果使净输入信号减小了，因此是负反馈。

综上所述，电路的反馈组态是电流并联负反馈。

电流负反馈的特点是使输出电流 i_o 趋于稳定。例如，当 i_i 一定时，若由于某种原因使输出电流 i_o 下降，则电路进行如下的自动调节过程：

$$i_\mathrm{o} \downarrow \rightarrow i_\mathrm{f} \downarrow \rightarrow i_\mathrm{d} \uparrow$$
$$i_\mathrm{o} \uparrow \longleftarrow$$

可见,反馈的结果牵制了 i_o 的下降,从而使输出电流 i_o 基本稳定。

（3）电压并联负反馈

电路如图 6.2.12 所示,R_F 是反馈元件,i_f 与输入信号 i_i 都连接在放大电路的同一输入端,因此是并联反馈。反馈电流为

$$i_\mathrm{f} = \frac{u_- - u_\mathrm{o}}{R_\mathrm{F}} \approx -\frac{u_\mathrm{o}}{R_\mathrm{F}}$$

i_f 正比于输出电压 u_o,因此是电压反馈。若将 R_L 短路,输出电压 u_o 和反馈电压 u_f 都为 0,也可说明是电压反馈

设 u_i 为 $\oplus$,u_o 为 $\ominus$,i_i、i_f 和 i_d 的瞬时极性与图中标的参考方向一致,$i_\mathrm{d} = i_\mathrm{i} - i_\mathrm{f}$,$i_\mathrm{d} < i_\mathrm{i}$,即引入反馈的结果使净输入电流减小,因而是负反馈。综上所述,电路的反馈组态是电压并联负反馈。

（4）电流串联负反馈

电路如图 6.2.13 所示,输出电流 i_o 流过负载电阻 R_L,产生输出电压 u_o。i_o 流过反馈电阻 R_F,产生反馈电压 u_f,$u_\mathrm{f} = i_\mathrm{o} R_\mathrm{F}$,正比于输出电流 i_o,所以是电流反馈。将 R_L 短路,电流 i_o 和反馈电压 u_f 仍存在,也可说明是电流反馈。

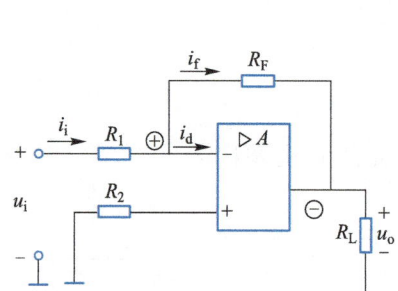

图 6.2.12 电压并联负反馈放大电路

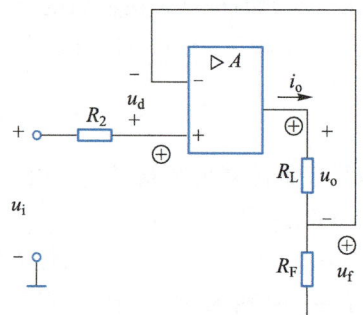

图 6.2.13 电流串联负反馈放大电路

从输入回路看,输入电压 u_i 和反馈电压 u_f 分别接在运放的同相输入端和反相输入端,以电压串联的形式叠加,因此是串联反馈。

设 u_i 为 $\oplus$,输出电压 u_o 为 $\oplus$,那么反馈电压 u_f 也为 $\oplus$,在输入回路中有 $u_\mathrm{d} = u_\mathrm{i} - u_\mathrm{f}$,$u_\mathrm{d} < u_\mathrm{i}$,使净输入信号减小,因此是负反馈。综上所述,电路的反馈组态是电流串联负反馈。

该电路与图 6.2.10 所示的电压串联负反馈放大电路的结构非常相似,主要差别在于负载的位置和信号取样的方式不同。在本电路中,u_f 是由输出电流经过电阻 R_F 产生的。在前面的电路中,u_f 与 i_o 没有关系,而是由输出电压 u_o 被反馈电路的电阻分压得到的,所以得到两种不同的反馈组态。

例 6.2.1 试判别图 6.2.14(a)和(b)所示两个两级放大电路中从运算放大器 A_2 输出端引至 A_1 输入端的各是何种类型和极性的反馈电路。

解 （1）在图 6.2.14(a)中,从运算放大器 A_2 输出端引至 A_1 同相输入端的是电压串联负反馈。说明如下:

a. 将 R_L 短路，则 $u_o=0$，反馈电压 $u_f=0$，故为电压反馈；

b. 反馈电压 u_f 和输入电压 u_i 分别加在 A_1 的同相和反相两个输入端，故为串联反馈；

c. 设 u_i 为 $\oplus$，则 u_{o1} 为 $\ominus$，u_o 为 $\oplus$。反馈电压 u_f 为 $\oplus$，使净输入电压 $u_d=u_i-u_f$ 减小，故为负反馈。

（2）在图 6.2.14(b)中，从 a 端引至 A_1 同相输入端的是电流并联负反馈。说明如下：

a. 反馈电路从 R_L 的下端即 a 点引出，R_L 短路时 i_f 依然存在，故为电流反馈；

b. 反馈电流 i_f 和输入电流 i_i 都加在 A_1 的同相输入端，故为并联反馈；

c. 设 u_i 为 $\oplus$，则 u_{o1} 为 $\oplus$，u_o 为 $\ominus$。A_1 同相输入端的电位为 $\oplus$，而 a 点电位相对于此来说为 $\ominus$，反馈电流 i_f 的实际方向即如图中所示，它使净输入电流 $i_d=i_i-i_f$ 减小，故为负反馈。

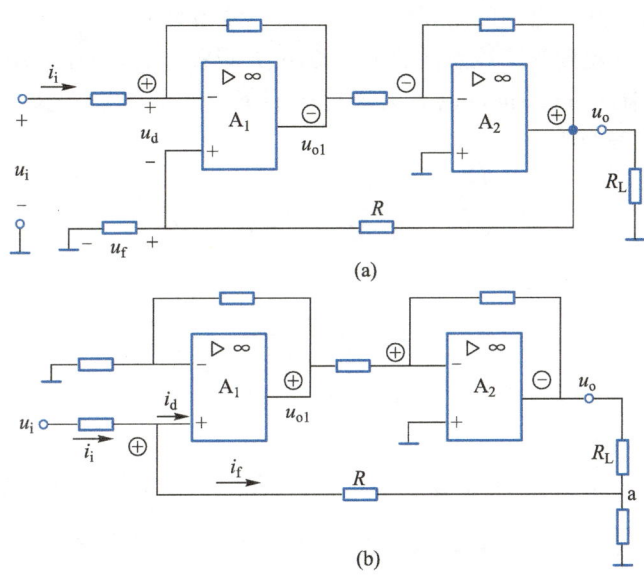

图 6.2.14　例 6.2.1 的图

4. 负反馈对放大电路性能的影响

从图 6.2.7(b)中可以看出，各个信号之间有如下的关系

$$\dot{X}_d=\dot{X}_i-\dot{X}_f \tag{6.2.12}$$

$$\dot{X}_o=A\dot{X}_d \tag{6.2.13}$$

$$\dot{X}_f=F\dot{X}_o=AF\dot{X}_d \tag{6.2.14}$$

则负反馈放大电路的闭环增益为

$$A_f=\frac{\dot{X}_o}{\dot{X}_i}=\frac{A}{1+AF} \tag{6.2.15}$$

式(6.2.15)是负反馈放大电路闭环增益的一般表达式，显然，$1+AF$ 对负反馈放大电路的性能有很大影响，把它定义为反馈深度。从后面的讨论中将得知，负反馈对放大电路性能改善的程度均与反馈深度有关。

若 $|1+AF|\gg1$，则 $A_f=\dfrac{A}{1+AF}\approx\dfrac{1}{F}$，这叫作深度负反馈。大多数负反馈放大电路都满足深

微视频 6-6
负反馈对
放大电路
性能的影
响

度负反馈的条件。

负反馈削弱了输入信号,使净输入减小了,因而放大电路的增益下降了,但它能多方面地改善放大电路的性能。

(1) 提高增益的稳定性

由式(6.2.15)
$$A_f = \frac{A}{1+AF}$$

当满足深度负反馈条件时,$1+AF \gg 1$,因此

$$A_f \approx \frac{1}{F} \qquad (6.2.16)$$

上式说明,负反馈放大电路的闭环增益 A_f 仅与反馈系数 F 有关。反馈电路一般是由无源元件构成的,参数受温度等环境条件的影响很小,F 很稳定,因而闭环增益 A_f 很稳定。即使不满足深度负反馈的条件,也可以大大提高 A_f 的稳定性。下面对这一问题进行定量讨论,对式(6.2.15)求导数得

$$\frac{dA_f}{dA} = \frac{(1+AF)-AF}{(1+AF)^2} = \frac{1}{(1+AF)^2}$$

或

$$dA_f = \frac{dA}{(1+AF)^2}$$

则

$$\frac{dA_f}{A_f} = \frac{1}{1+AF} \cdot \frac{dA}{A} \qquad (6.2.17)$$

上式说明,引入负反馈后,闭环增益的相对变化量只相当于开环放大电路增益的相对变化量的 $\frac{1}{1+AF}$,因而增益受外部因素影响很小,大大提高了增益的稳定性。

例 6.2.2 某负反馈放大器,增益 $A = 10^4$,反馈系数 $F = 0.01$,由于外部条件变化使 A 变化了 $\pm 10\%$,求 A_f 的相对变化量。

解 根据式(6.2.17)得

$$\frac{dA_f}{A_f} = \frac{1}{1+10^4 \times 0.01} \times (\pm 10\%) \approx \pm 0.1\%$$

即 A 变化了 $\pm 10\%$ 时,A_f 仅变化了 $\pm 0.1\%$。

(2) 改善放大电路的非线性失真

由于放大电路都是由晶体管或场效晶体管组成的,而这两种器件是非线性器件,因此,放大电路在工作中往往会产生非线性失真,使得输出波形产生畸变。加入负反馈后,非线性失真可大大减小。如图 6.2.15(a) 所示,开环放大器产生了非线性失真,输入为正、负对称的正弦波,输出为正半周大、负半周小的失真波形。加入负反馈后,输出端的失真波形反馈到输入端,与输入波形叠加后,净输入信号成为正半周小、负半周大的波形。此波形经放大后,使得输出端正、负半周波形之间的差异减小,从而减小了输出波形的非线性失真,如图 6.2.15(b) 所示。

需要说明的是,负反馈只能减小本级放大器自身产生的非线性失真,而对输入信号的非线性失真,负反馈是无能为力的。同样,对输入信号的干扰,负反馈也是无能为力的。

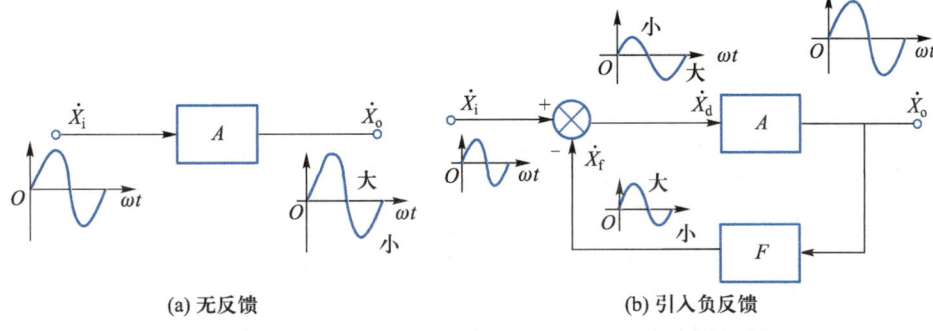

图 6.2.15 负反馈减小非线性失真的示意图

（3）扩展放大电路的通频带

通频带是放大电路重要的性能指标之一,在某些场合,往往要求有较宽的通频带。开环放大器的通频带是有限的,引入负反馈可以扩展放大电路的通频带。可以证明,负反馈使通频带扩展了 $1+AF$ 倍。

（4）对输入电阻和输出电阻的影响

反馈元件跨接在放大电路的输入回路和输出回路之间,必然要对输入电阻和输出电阻产生影响。

① 对输入电阻的影响。负反馈对输入电阻的影响,仅取决于是串联反馈还是并联反馈,而与输出端的取样方式无关。

串联负反馈增大输入电阻。由图 6.2.10 和图 6.2.13 可见,由于串联负反馈使净输入电压 u_d 减小,因而输入电流也减小,故输入电阻增大。

并联负反馈减小输入电阻。由图 6.2.11 和图 6.2.12 可见,由于并联负反馈存在反馈电流 i_f,使输入电流 i_i 增大,故输入电阻减小。

② 对输出电阻的影响。负反馈对输出电阻的影响,仅取决于反馈电路在放大电路输出端的取样方式,而与输入端的连接方式无关。

电压负反馈减小输出电阻。根据戴维南定理,反馈放大器可以等效为一电压源和一内阻的串联,该内阻即为放大器的输出电阻。由前面的分析我们知道,电压负反馈可以稳定输出电压,即有恒压输出特性,说明其输出电阻减小了。

电流负反馈增大输出电阻。电流负反馈可以稳定输出电流,即有恒流输出特性,说明其输出电阻增大了。

负反馈对放大电路性能的改善程度都与反馈深度 $1+AF$ 有关,反馈深度越大,对放大电路放大性能的改善程度也越大。

［练习与思考］

6.2.1　集成运放由哪几部分组成? 各部分有何特点?

6.2.2　什么是零点漂移? 产生零点漂移的主要原因是什么?

6.2.3　什么是差模信号、共模信号、差模放大倍数、共模放大倍数、共模抑制比?

6.2.4　已知某运放的开环电压增益 A_{uo} 为 80 dB,最大输出电压 $U_{opp}=\pm 10\,\text{V}$,输入信号（$u_1=u_+-u_-$）加在两个输入端之间,设 $u_1=0$ 时,$u_0=0$,试问:

（1）$u_I = 0.5$ mV 时，u_o 等于多少？

（2）$u_I = -1$ mV 时，u_o 等于多少？

（3）$u_I = 1.5$ mV 时，u_o 等于多少？

（4）若输入失调电压 $U_{IO} = 2$ mV，该运放能否正常放大？为什么？

6.2.5　什么是"虚短"？什么是"虚断"？

6.2.6　理想运算放大器具有哪些特征？其分析依据是什么？

6.2.7　负反馈有几种类型？是如何分类的？怎样判别？

6.2.8　深度负反馈对基本放大器的放大倍数有什么要求？

6.2.9　如果需要实现下列要求，在交流放大电路中应引入哪种类型的负反馈？

（1）要求输出电压基本稳定，并能提高输入电阻；

（2）要求稳定输出电流，并能减小输入电阻。

6.2.10　什么是反馈深度？它对放大器的性能有何影响？

6.2.11　有一负反馈放大器，其开环增益 $A = 100$，反馈系数 $F = 1/10$，问它的反馈深度和闭环增益各是多少？若开环增益 A 发生 $\pm 20\%$ 的变化，则闭环增益 A_f 的相对变化量是多少？

6.3　集成运算放大器的线性应用

集成运放引入深度负反馈后便可工作在线性区。本节所讨论的都是理想运放加负反馈工作在线性区，可以按照"虚短"和"虚断"的概念即式（6.2.8）和式（6.2.9）进行分析。

6.3.1　比例运算电路

微视频 6-7
比例运算
电路

1. 反相比例运算电路

反相比例运算电路如图 6.3.1 所示，它是一电压并联负反馈电路。由于同相输入端接地，由"虚短"的概念得反相输入端为"虚地"，即 $u_- = 0$。由"虚断"的概念可知，从反相输入端流入集成运放的电流为零，所以

$$i_i = i_f$$

$$i_i = \frac{u_i - u_-}{R_1} = \frac{u_i}{R_1}$$

$$i_f = \frac{u_- - u_o}{R_F} = -\frac{u_o}{R_F}$$

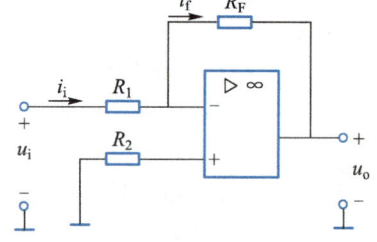

图 6.3.1　反相比例运算电路

因此

$$\frac{u_i}{R_1} = -\frac{u_o}{R_F}$$

则

$$u_o = -\frac{R_F}{R_1} u_i \tag{6.3.1}$$

式（6.3.1）说明了输出电压与输入电压呈比例关系，比例系数为"$-$"，因此为反相比例。

如果把反相比例运算电路看作放大器，则闭环电压增益为

$$A_{uf} = \frac{u_o}{u_i} = -\frac{R_F}{R_1} \tag{6.3.2}$$

即比例系数或闭环电压增益只与 R_F 和 R_1 的比值有关,且输出电压与输入电压反相。$|A_{uf}|$ 可以大于 1,也可以小于 1。当 $R_F = R_1$ 时

$$A_{uf} = -1 \tag{6.3.3}$$

此时,$u_o = -u_i$,称为反相器。

反相比例运算电路的输入电阻为

$$r_i = \frac{u_i}{i_i} = R_1 \tag{6.3.4}$$

式(6.3.1)是在负载开路的情况下得出的,若在输出端接上负载电阻 R_L,式(6.3.1)仍然成立,这说明输出电压与负载电阻 R_L 无关,因此,该电路的输出电阻为

$$r_o = 0 \tag{6.3.5}$$

由式(6.3.1)可知,放大倍数与 R_2 无关,但在实际应用电路中,为保持运放输入级差分放大电路的对称性,运放的同相和反相输入端的电阻必须保持平衡(该结论同样适用于其他的运放应用电路)。因此

$$R_2 = R_1 /\!/ R_F \tag{6.3.6}$$

2. 同相比例运算电路

同相比例运算电路如图 6.3.2 所示,它是一电压串联负反馈电路。

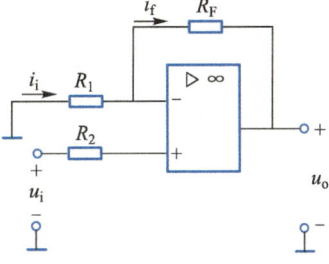

图 6.3.2 同相比例运算电路

由于
$$i_- = i_+ = 0, \quad u_- = u_+ = u_i$$
因此
$$i_i = i_f$$
即
$$-\frac{u_i}{R_1} = \frac{u_i - u_o}{R_F}$$

于是

$$u_o = \frac{R_1 + R_F}{R_1} u_i = \left(1 + \frac{R_F}{R_1}\right) u_i \tag{6.3.7}$$

即闭环电压增益为

$$A_{uf} = \frac{u_o}{u_i} = \left(1 + \frac{R_F}{R_1}\right) \tag{6.3.8}$$

即比例系数或闭环电压增益只与 R_F 和 R_1 的比值有关,且输出电压与输入电压同相,$|A_{uf}|$ 大于 1。当 $R_1 \to \infty$ 或 $R_F = 0$ 时

$$A_{uf} = 1 \tag{6.3.9}$$

此时,$u_o = u_i$,称为电压跟随器。

同相比例运算电路的输入电阻为 ∞,输出电阻为 0。

反相比例运算电路(或反相放大器)与同相比例运算电路(或同相放大器)的特点见表 6.3.1。

表 6.3.1 反相与同相比例运算电路的特点

	反相比例(或放大)电路	同相比例(或放大)电路
输入信号连接方式	反相输入端	同相输入端
比例系数(或增益)	$-R_F/R_1$(可以小于 1)	$(1+R_F/R_1)$(大于等于 1)

续表

	反相比例(或放大)电路	同相比例(或放大)电路
输入与输出相位关系	反相	同相
共模输入电压	0	u_i
输入电阻	R_1	∞
输出电阻	0	0

因此,在实际应用中,根据不同的场合,选择不同的比例运算电路,若选择同相比例运算电路,应注意选择具有高共模抑制比的集成运放。

例 6.3.1 在图6.3.3所示电路中,$R_1 = 50\ \text{k}\Omega$, $R_F = 100\ \text{k}\Omega$, $u_i = 1\ \text{V}$,求输出电压 u_o,并说明输入级的作用。

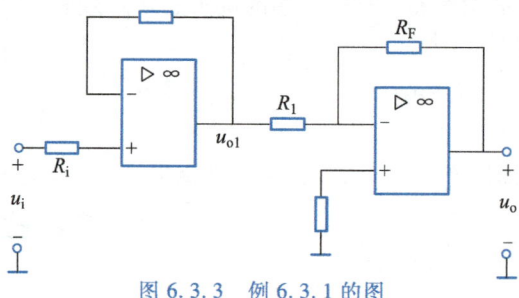

图6.3.3 例6.3.1的图

解 输入级为电压跟随器,输入电阻很高,起到减轻信号源负担的作用。

$$u_{o1} = u_i = 1\ \text{V}$$

$$u_o = -\frac{R_F}{R_1}u_{o1} = -\frac{100}{50} \times 1\ \text{V} = -2\ \text{V}$$

6.3.2 加法和减法运算电路

微视频6-8
加法和减法运算电路

1. 加法运算电路

如果反相输入端有若干个输入信号,则构成加法运算电路。以三个输入信号求和为例,其电路如图6.3.4所示。

由图6.3.4可知,反相输入端为"虚地",所以

$$i_{i1} = \frac{u_{i1}}{R_1}$$

$$i_{i2} = \frac{u_{i2}}{R_2}$$

$$i_{i3} = \frac{u_{i3}}{R_3}$$

$$i_f = i_{i1} + i_{i2} + i_{i3}$$

$$i_f = -\frac{u_o}{R_F}$$

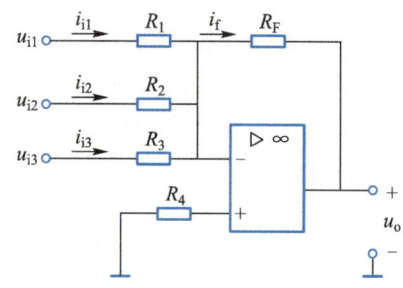

图6.3.4 加法运算电路

联立求解上列各式得

$$u_o = -\left(\frac{R_F}{R_1}u_{i1} + \frac{R_F}{R_2}u_{i2} + \frac{R_F}{R_3}u_{i3}\right) \tag{6.3.10}$$

式(6.3.10)表明,输出电压与若干个输入电压按照不同的比例系数相加,式中负号表示输出电压与输入电压反相。

当 $R_1 = R_2 = R_3$ 时,则上式为

$$u_o = -\frac{R_F}{R_1}(u_{i1} + u_{i2} + u_{i3}) \tag{6.3.11}$$

当 $R_1 = R_2 = R_3 = R_F$ 时,则

$$u_o = -(u_{i1} + u_{i2} + u_{i3}) \tag{6.3.12}$$

该电路可以推广到多个信号相加。

2. 减法运算电路

由前面的分析可以看到,当输入正信号加到同相输入端时,输出为正;当输入正信号加到反相输入端时,输出为负。因此,当两个输入信号分别加到同相端和反相端时,便可实现减法运算,该电路称为减法器。减法器也叫差分比例运算电路,如图 6.3.5 所示。

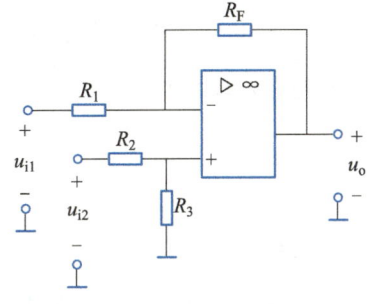

图 6.3.5 减法运算电路

下面根据叠加定理进行分析。u_{i1} 单独作用时,相当于反相比例运算,有

$$u'_o = -\frac{R_F}{R_1}u_{i1}$$

u_{i2} 单独作用时,相当于同相比例运算,有

$$u''_o = \left(1 + \frac{R_F}{R_1}\right)u_+ = \left(1 + \frac{R_F}{R_1}\right)\frac{R_3}{R_2 + R_3}u_{i2}$$

因此

$$u_o = u''_o + u'_o = \left(1 + \frac{R_F}{R_1}\right)\frac{R_3}{R_2 + R_3}u_{i2} - \frac{R_F}{R_1}u_{i1} \tag{6.3.13}$$

当 $R_1 = R_2 = R_3 = R_F$ 时,则上式为

$$u_o = u_{i2} - u_{i1} \tag{6.3.14}$$

由式(6.3.14)可见,输出电压 u_o 等于两个输入电压的差值,所以实现了减法运算。

例 6.3.2 设计一个能实现 $u_o = 10u_{i1} - 2u_{i2} - 5u_{i3}$ 运算关系的电路,其中 $R_F = 10\ \text{k}\Omega$。

解 该运算电路可用一反相比例运算电路和一加法运算电路实现,电路如图 6.3.6 所示。

$$u_{o1} = -\frac{R'_F}{R'_1}u_{i1} = -10u_{i1}$$

取 $R'_F = 10\ \text{k}\Omega$,所以 $\qquad R'_1 = 1\ \text{k}\Omega$

同相输入端的平衡电阻

$$R' = R'_F /\!/ R'_1 = \frac{10 \times 1}{10 + 1}\ \text{k}\Omega = 0.91\ \text{k}\Omega$$

对于第二级 $\qquad u_o = -\left(\frac{R_F}{R_1}u_{o1} + \frac{R_F}{R_2}u_{i2} + \frac{R_F}{R_3}u_{i3}\right)$

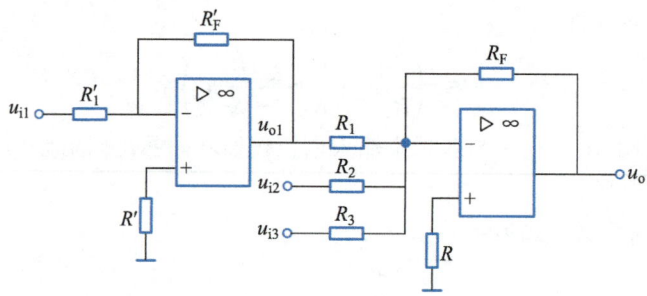

图6.3.6 例6.3.2的图

把 $R_F = 10\ \text{k}\Omega$ 代入上式得

$$u_o = \frac{10}{R_1} \times 10 u_{i1} - \frac{10}{R_2} u_{i2} - \frac{10}{R_3} u_{i3}$$

要求

$$\frac{10}{R_1} = 1, \quad \frac{10}{R_2} = 2, \quad \frac{10}{R_3} = 5$$

则

$$R_1 = 10\ \text{k}\Omega, \quad R_2 = 5\ \text{k}\Omega, \quad R_3 = 2\ \text{k}\Omega$$

同相输入端的平衡电阻

$$R = R_F /\!/ R_1 /\!/ R_2 /\!/ R_3 = \frac{1}{\frac{1}{10} + \frac{1}{10} + \frac{1}{5} + \frac{1}{2}}\ \text{k}\Omega = 1.1\ \text{k}\Omega$$

此电路也可用双端输入的减法电路来实现,请读者自己设计。

6.3.3 积分和微分运算电路

微视频6-9
积分和微分运算电路

1. 积分运算电路

与反相比例运算电路比较,用电容 C 代替 R_F 作为反馈元件,就构成积分运算电路,如图6.3.7所示。

由"虚地"的概念,则

$$u_C = -u_o$$

$$i_I = i_C$$

而

$$i_I = \frac{u_I}{R}$$

因为

$$i_C = C \frac{\mathrm{d}u_C}{\mathrm{d}t} = -C \frac{\mathrm{d}u_o}{\mathrm{d}t}$$

所以

$$\frac{u_I}{R} = -C \frac{\mathrm{d}u_o}{\mathrm{d}t}$$

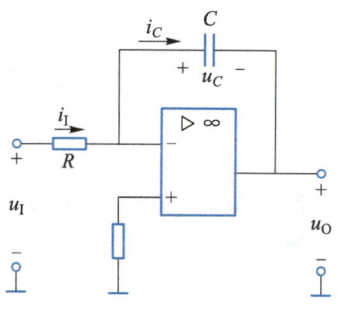

图6.3.7 积分运算电路

即

$$u_o = -\frac{1}{RC} \int u_I \mathrm{d}t \tag{6.3.15}$$

或

$$u_o = -\frac{1}{RC} \int_0^t u_I \mathrm{d}t + u_o(0) \tag{6.3.16}$$

式(6.3.16)表明 u_o 与 u_I 的积分成比例,式中的负号表示两者反相。RC 称为积分时间常数,用 τ 表示。$u_0(0)$ 为 u_0 的初始值。

当输入电压 u_I 为如图 6.3.8(a) 所示的阶跃信号时,设 $u_C(0) = 0$,则输出电压为

$$u_0 = -\frac{U}{RC}t \tag{6.3.17}$$

它与时间 t 成正比,波形如图 6.3.8(b) 所示。U_{om} 为运放的输出饱和电压。

例 6.3.3 积分运算电路如图 6.3.7 所示,已知 $R = 100 \text{ k}\Omega$,$C = 0.5 \text{ μF}$,u_C 的初始电压为 0 V,输入电压 u_I 的波形如图 6.3.9(a) 所示,试画出输出电压 u_0 的波形。

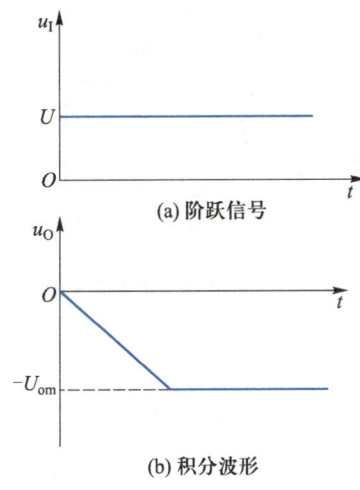

图 6.3.8 积分运算电路的输入、输出波形

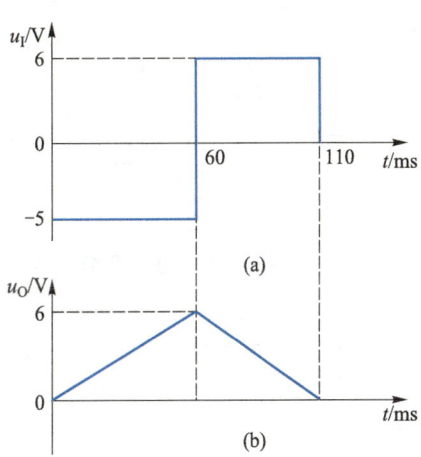

图 6.3.9 例 6.3.3 的图

解
$$u_0 = -\frac{1}{RC}\int_0^t u_I dt + u_0(0) = -\frac{1}{10^5 \times 0.5 \times 10^{-6}} \times \int_0^t u_I dt = -20\int_0^t u_I dt$$

当 $0 < t \leqslant 60 \text{ ms}$ 时,$u_I = -5 \text{ V}$,所以

$$u_0 = -20 \times u_I \times (t-0) = -20 \times (-5)t = 100t$$

u_0 由零开始随时间直线上升,其斜率为 100 V/s,当 $t = 60 \text{ ms}$ 时

$$u_0 = 100 \times 0.06 \text{ V} = 6 \text{ V}$$

当 $60 < t \leqslant 110 \text{ ms}$ 时,$u_I = 6 \text{ V}$

$$u_0 = -20 \times 6(t - 60 \times 10^{-3}) + 6 = -120t + 13.2$$

当 $t = 110 \text{ ms}$ 时,$u_0 = 0 \text{ V}$。

u_0 由 6 V 开始随时间直线下降,输出电压 u_0 的波形如图 6.3.9(b) 所示。

加法运算电路和积分运算电路可组合成求和积分电路,如图 6.3.10 所示,其运算关系为

$$u_0 = -\frac{1}{C}\int_0^t \left(\frac{1}{R_1}u_{I1} + \frac{1}{R_2}u_{I2}\right) dt + u_0(0) \tag{6.3.18}$$

例 6.3.4 试求图 6.3.11 所示电路的 u_o 与 u_i 的关系式。

解 由图 6.3.11 可列出

$$\frac{1}{C}\int i_f dt + R_F i_f + u_o = 0$$

$$u_o = -R_F i_f - \frac{1}{C}\int i_f dt$$

而
$$i_f = i_i = \frac{u_i}{R}$$

则
$$u_o = -\left(\frac{R_F}{R}u_i + \frac{1}{RC}\int u_i dt\right) \qquad (6.3.19)$$

可见,输出电压与输入电压成比例(P)-积分(I)关系。图 6.3.11 所示电路也称为比例-积分调节器(简称 PI 调节器),广泛应用于自动控制系统中。

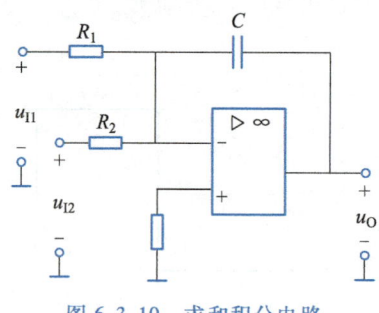

图 6.3.10 求和积分电路

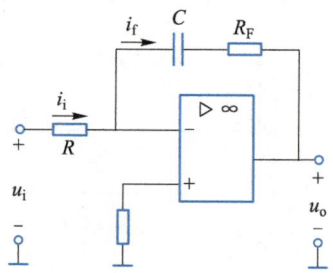

图 6.3.11 例 6.3.4 的图

2. 微分运算电路

将积分运算电路中反相输入端的电阻和反馈电容调换位置,就成为微分运算电路,如图 6.3.12 所示。

由
$$i_i = C\frac{du_C}{dt} = C\frac{du_i}{dt}$$

$$u_o = -i_f R_F = -i_i R_F$$

则
$$u_o = -RC\frac{du_i}{dt} \qquad (6.3.20)$$

故输出电压与输入电压对时间的一次微分成正比。当输入电压为阶跃信号时,输出电压为尖脉冲,如图 6.3.13 所示。

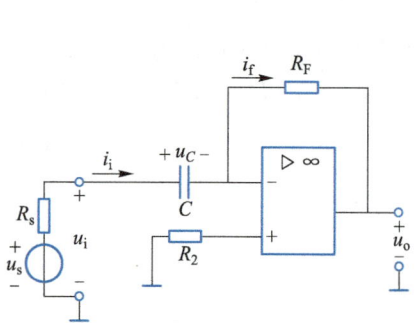

图 6.3.12 微分运算电路

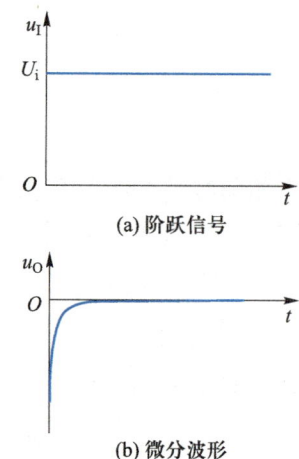

(a) 阶跃信号

(b) 微分波形

图 6.3.13 微分运算电路的输入、输出波形

[练习与思考]

6.3.1 集成运放怎样才能实现线性应用?

6.3.2 总结本节所有电路的分析方法,其基本依据是什么?

6.3.3 图 6.3.4 中的 R_4 该如何选取?图 6.3.5 中的电阻 R_1、R_2、R_3 和 R_F 该如何选取?

6.3.4 反相比例运算电路如图 6.3.1 所示,为了实现-10 的比例系数,取 $R_F = 10\ \Omega$,$R_1 = 1\ \Omega$,你认为可以吗?为什么?由此说明将来选择电阻时要注意什么。

6.4 集成运算放大器的非线性应用

当集成运放处于开环或正反馈工作状态时,它工作在电压传输特性曲线的非线性区域,必须依据式(6.2.10)和式(6.2.11)进行分析。

6.4.1 单门限电压比较器

微视频 6-10
单门限电
压比较器

电压比较器可以实现一个模拟信号与另一个模拟信号的比较功能,通常用于越限报警、模数转换和波形变换等。一般来说,电压比较器的输入信号是连续变化的模拟量,但是输出电压只有两种状态:高电平和低电平。高、低电平是数字信号,因此,电压比较器也可以作为模拟电路与数字电路之间的接口电路。

单门限比较器如图 6.4.1(a)所示,u_i 为输入电压,U_R 为基准电压。当 $u_i < U_R$ 时,$u_0 = U_{om}$;当 $u_i > U_R$ 时,$u_0 = -U_{om}$。其电压传输特性如图 6.4.1(b)所示。

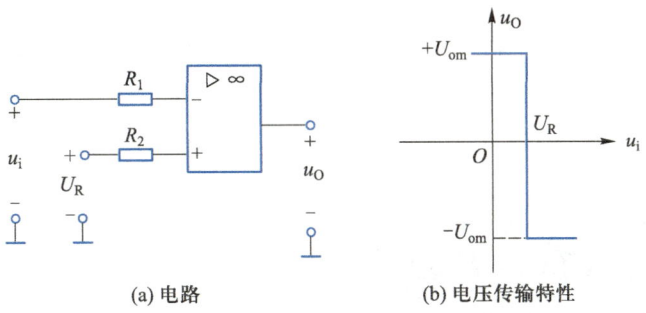

(a) 电路　　　　　　　　　(b) 电压传输特性

图 6.4.1　单门限比较器

当基准电压 $U_R = 0$ 时,输入电压和零电平比较,称为过零比较器,其电路和电压传输特性如图 6.4.2(a)和(b)所示。当 u_i 为正弦波电压时,u_0 为方波电压,如图 6.4.2(c)所示。

图 6.4.3 所示是一种具有限幅作用的电压比较器和它的电压传输特性,接入稳压管的目的是将输出电压限幅,以便和输出端连接的负载电平相匹配。当 $u_i < U_R$ 时,比较器输出端的电压为$-U_{om}$,稳压管正向导通,忽略其正向导通压降,$u_0 \approx 0$;当 $u_i > U_R$ 时,比较器输出端的电压为 U_{om},稳压管反向击穿,$u_0 \approx U_Z$。

图 6.4.3(a)所示的电压比较器可以作为脉宽调制器,它用输入电压 u_i 的大小来调制输出电压 u_0 脉冲的宽度。设基准电压 u_R 是一个频率足够高的等幅三角波,输入电压 u_i 可以

为任意波形,输出电压 u_0 脉冲的幅值为 U_z,脉冲宽度随着 u_i 的大小而变化,波形如图 6.4.4 所示。脉宽调制器被广泛应用于调制功率放大器及开关电源中。

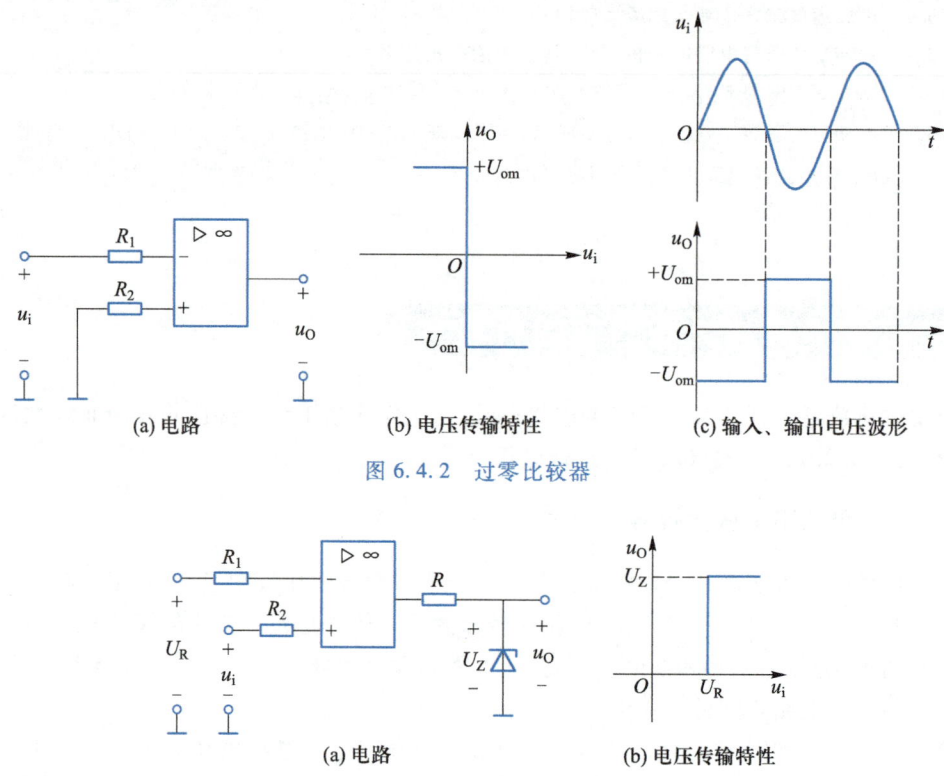

图 6.4.2 过零比较器

图 6.4.3 有限幅作用的电压比较器

例 6.4.1 图 6.4.5 是一监控报警装置,如需对某一参数(如温度、压力等)进行监控时,可由传感器取得监控信号,u_i,u_R 是参考电压。当 u_i 超过正常值时,报警灯亮,试分析其工作原理。

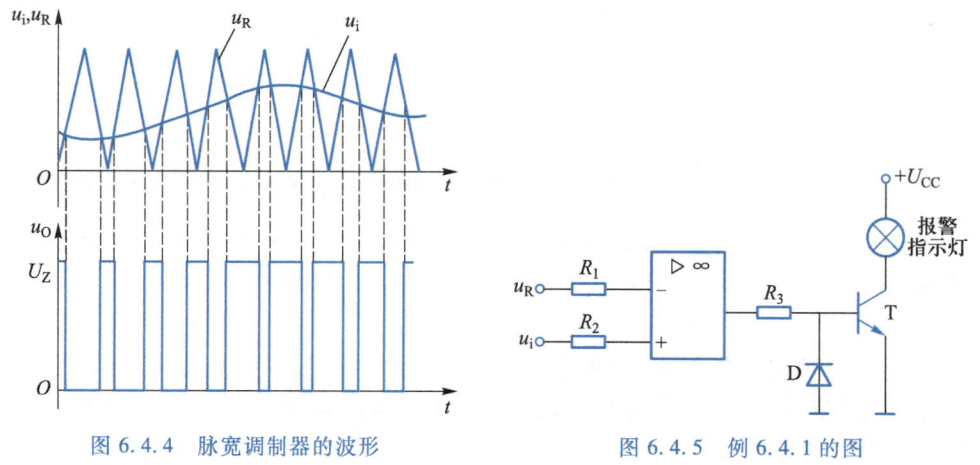

图 6.4.4 脉宽调制器的波形

图 6.4.5 例 6.4.1 的图

解 当监控信号 u_i 小于参考电压 u_R 时,比较器输出低电平,晶体管截止,报警灯因无电流通过而不亮。

当监控信号 u_i 大于参考电压 u_R 时,比较器输出高电平,晶体管导通,报警灯因有电流通过而亮。

图 6.4.5 中电阻 R_3 和二极管 D 的作用是保护晶体管。

6.4.2　迟滞比较器

上面所提到的单门限比较器,在实际工作时,如果 u_i 的值恰好在门限电压附近,当存在干扰信号时,u_i 有时大于 U_R,有时小于 U_R,这样,u_0 将在高、低电平间来回跳变,这在控制系统中,对执行机构是很不利的。为了解决上述问题,可采用具有迟滞传输特性的比较器,它的特点是当输入电压 u_i 由小变大或由大变小时,有两种不同的门限电压,因此电路的电压传输特性具有"迟滞"曲线的形状。为了加速输出高、低电平的转换,运放接成正反馈形式。迟滞比较器和电压传输特性如图 6.4.6 所示。

微视频 6-11
迟滞比较器

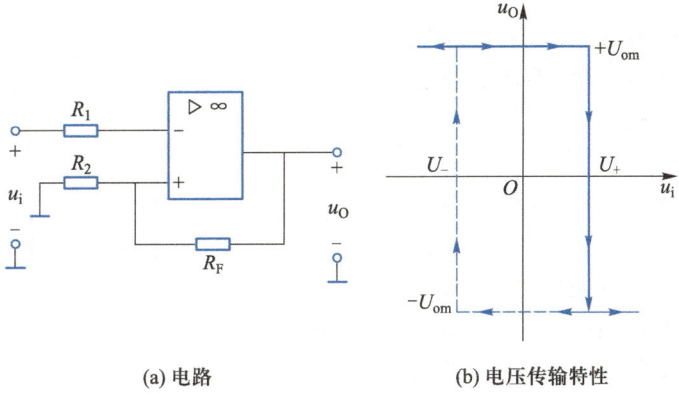

(a) 电路　　　　　　　(b) 电压传输特性

图 6.4.6　迟滞比较器

当输出电压 $u_0 = U_{om}$ 时,运放同相端的电压为

$$U_+ = \frac{R_2}{R_2 + R_F} U_{om}$$

当输出电压 $u_0 = -U_{om}$ 时,运放同相端的电压为

$$U_+ = -\frac{R_2}{R_2 + R_F} U_{om}$$

设某一瞬间,$u_0 = U_{om}$,当输入电压 u_i 由小逐渐增大到 $u_i > U_+$ 时,输出电压 u_0 从 U_{om} 跳变为 $-U_{om}$。当输入电压 u_i 由大逐渐减小到 $u_i < U_-$ 时,u_0 又从 $-U_{om}$ 跳变为 $+U_{om}$。

上述两个门限电压之差称为门限宽度或回差,用 ΔU 表示,由以上两式可求得

$$\Delta U = U_+ - U_- = \frac{2R_2}{R_2 + R_F} U_{om}$$

迟滞比较器的主要优点是抗干扰能力强,当输入信号受干扰或噪声的影响而上下波动时,只要根据干扰或噪声电平适当调整迟滞比较器两个门限电压 U_+ 和 U_- 的值,使干扰信号的幅度小于 ΔU,就可以避免比较器的输出电压在高、低电平之间反复跳变。

6.5 集成功率放大器简介

放大器的负载一般都要求一定的激励功率,所以,多级放大器的最后一级一般为功率放大器,其任务是向负载提供足够大的功率。功率放大器也分为分立元件和集成功率放大器,下面简单介绍一下集成功率放大器。

随着电子工业的发展,目前已经生产出多种不同型号、可输出不同功率的集成功率放大器。它们的电路结构多半和运算放大器基本相同或相似,如LM380、LM384 及 LM386 等集成功率放大器都由输入级、中间级和输出级组成。输入级是复合管差分放大电路,它有同相和反相两个输入端,它的单端输出信号传送到中间共发射极放大电路,以提高电压增益。输出级是甲乙类互补对称的放大电路。

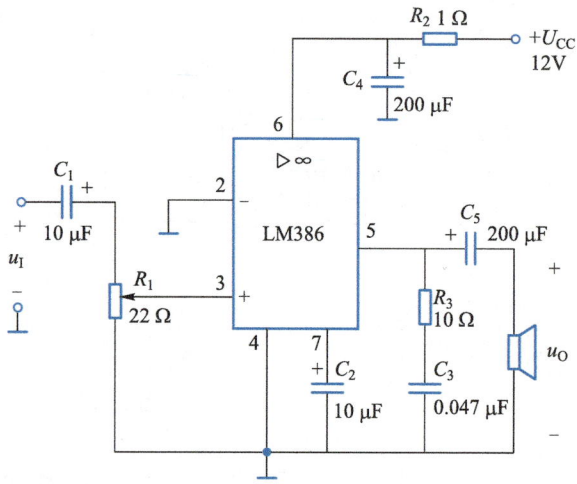

图 6.5.1 集成功率放大电路

图 6.5.1 是由 LM386 构成的功率放大电路。图中,R_2、C_4 组成电源滤波电路,R_3、C_3 是相位补偿电路,以消除自激振荡,并改善高频时的负载特性;C_2 也是防止电路产生自激振荡用的。

6.6 应用实例(测量放大器)

测量放大器又称为数据放大器或仪表放大器,它具有高输入阻抗、高共模抑制比等特点,常用于各种传感器测量以及其他有较大共模干扰的缓变微弱信号的检测。

典型的三运放测量放大器原理电路如图 6.6.1 所示。它由两级放大电路组成,第一级是两个对称的同相输入放大器,具有较高的输入阻抗,第二级是差分比例放大器。为了提高电路抑制共模干扰的能力,第一级两个运算放大器的特性一致性要好,第二级差分放大器中的四个电阻要精密配合($R_3 = R_5$,$R_4 = R_6$)。被测信号(用 u_{id} 表示)接到运放 A_1 和 A_2 的同相输入端之间,共模干扰信号用 u_{ic} 表示。

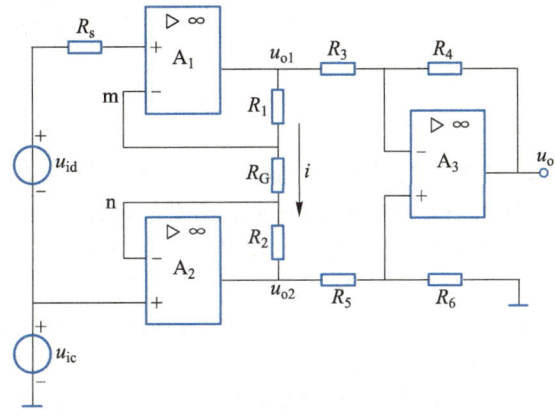

图 6.6.1　三运放测量放大器原理图

设电路中三个运算放大器都是理想组件,下面分析电路的输入输出关系及抑制共模信号的能力。由图 6.6.1 可知

$$i=\frac{u_{\mathrm{m}}-u_{\mathrm{n}}}{R_{\mathrm{G}}}$$

$$
\begin{aligned}
u_{\mathrm{o1}}-u_{\mathrm{o2}} &= i(R_1+R_2+R_{\mathrm{G}}) = \frac{R_1+R_2+R_{\mathrm{G}}}{R_{\mathrm{G}}}(u_{\mathrm{m}}-u_{\mathrm{n}}) \\
&= \frac{R_1+R_2+R_{\mathrm{G}}}{R_{\mathrm{G}}}(u_{\mathrm{id}}+u_{\mathrm{ic}}-u_{\mathrm{ic}}) \\
&= \frac{R_1+R_2+R_{\mathrm{G}}}{R_{\mathrm{G}}}u_{\mathrm{id}}
\end{aligned}
\tag{6.6.1}
$$

差分比例放大电路 A_3 的输入与输出关系为

$$u_{\mathrm{o}}=\left(1+\frac{R_4}{R_3}\right)\times\frac{R_6}{R_5+R_6}u_{\mathrm{o2}}-\frac{R_4}{R_3}u_{\mathrm{o1}} \tag{6.6.2}$$

令 $R_3=R_4=R_5=R_6=R$,则有

$$u_{\mathrm{o}}=-(u_{\mathrm{o1}}-u_{\mathrm{o2}}) \tag{6.6.3}$$

将式(6.6.1)代入式(6.6.3)可得三运放测量放大器的输入与输出关系为

$$u_{\mathrm{o}}=-\left(1+\frac{R_1+R_2}{R_{\mathrm{G}}}\right)u_{\mathrm{id}} \tag{6.6.4}$$

通常取 $R_1=R_2$,且固定不变,通过改变 R_{G} 来调整电路的增益。由式(6.6.4)可见,输出信号仅与差模信号 u_{id} 有关,而与共模信号 u_{ic} 无关,这说明三运放测量放大器有很高的共模抑制能力。然而,电路中的运放及电阻要做到完全对称确实比较困难,这就影响了其性能的进一步提高。为此,国内外集成电路制造厂家纷纷推出了高性能的单片集成测量放大器。例如国产的 ZF601,美国 AD 公司的 AD521、AD522,以及美国国家半导体公司的 LH0038 等。

习题

6.1 在某放大电路输入端测量到输入正弦信号电流和电压的峰-峰值分别为 5 μA 和 5 mV,输出端接 2 kΩ 电阻负载,测量到正弦电压信号峰-峰值为 1 V。试计算该放大电路的电压增益 A_u、电流增益 A_i、功率增益 A_p。

6.2 当负载电阻 $R_L = 100$ kΩ 时,电压放大电路输出电压比负载开路($R_L \to \infty$)时输出电压减少 20%,求该放大电路的输出电阻 r_o。

6.3 某放大电路输入电阻 $r_i = 10$ kΩ,如果用 1 μA 电流源驱动,放大电路短路输出电流为 10 mA,开路输出电压为 10 V。求放大电路接 $R_L = 4$ kΩ 负载电阻时的电压增益 A_u、电流增益 A_i、功率增益 A_p。

6.4 一个电压有效值为 2 mV、内阻为 50 kΩ 的信号源被连到一个开路电压增益为 100、输入电阻为 100 kΩ、输出电阻为 4 Ω 的放大器的输入端。输出端接一个 4 Ω 的负载电阻。求源电压增益 A_{us}、电压增益 A_u、电流增益 A_i 和功率增益 A_p。

6.5 某一带着一个 100 Ω 负载电阻的放大器,具有 100 的电压增益和 5 000 的功率增益。求此放大器的电流增益和输入电阻。

6.6 电路如题图 6.1 所示。设 $u_{I1} = 10$ mV,$u_{I2} = 8$ mV,$A_{uo} = 10\,000$,共模增益 $A_{uc} = 10$。求:

(1) 电路的输出电压 u_O;

(2) 共模抑制比 K_{CMR}。

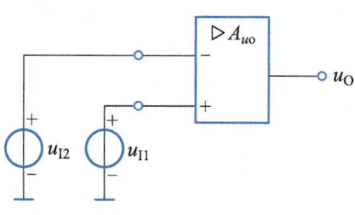

题图 6.1 习题 6.6 的图

6.7 已知 F007 运算放大器的开环电压增益 $A_{uo} = 100$ dB,差模输入电阻 $r_{id} = 2$ MΩ,最大输出电压 $U_{opp} = \pm 13$ V。为了保证 F007 工作在线性区,试求:

(1) u_+ 和 u_- 间的最大允许差值;

(2) 输入端电流的最大允许值。

6.8 指出题图 6.2 所示各电路的反馈环节,判断其反馈类型和极性。

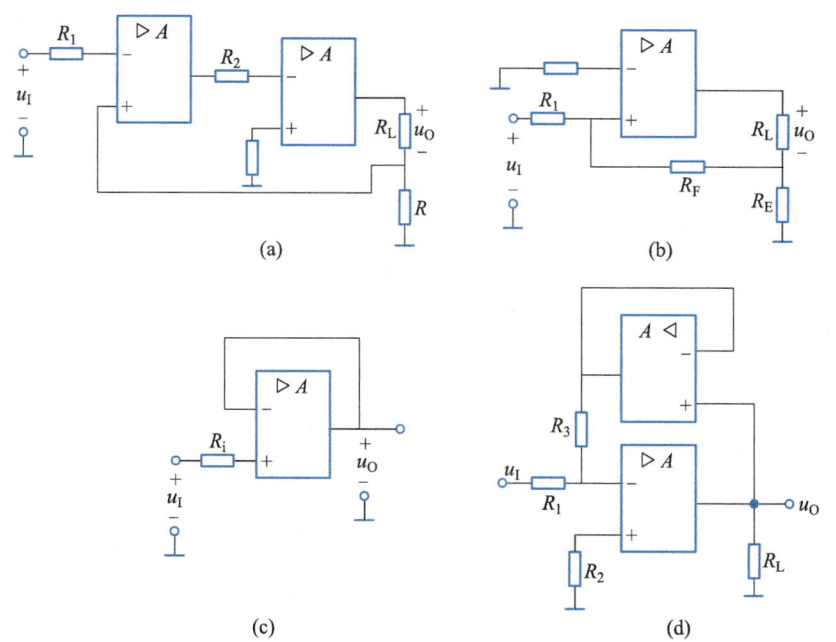

题图 6.2 习题 6.8 的图

6.9 求题图 6.2 所示各负反馈电路的闭环电压放大倍数 A_{uf}。

6.10 求题图 6.3 所示系统的闭环放大倍数 A_f。

6.11 在题图 6.4 所示电路中，$U_Z = 6\ \text{V}$，$R_1 = 10\ \text{k}\Omega$，$R_F = 10\ \text{k}\Omega$，试求调节 R_F 时输出电压 u_0 的变化范围，并说明改变负载电阻 R_L 对 u_0 有无影响。

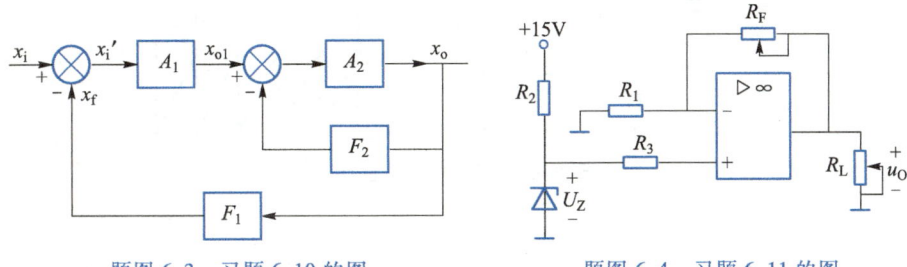

题图 6.3　习题 6.10 的图　　　　　　　　题图 6.4　习题 6.11 的图

6.12 题图 6.5 所示两电路为电压-电流变换电路，求输出电流 i_0 与输入电压 u_1 的关系，并说明改变负载电阻 R_L 对 i_0 有无影响。

6.13 题图 6.6 所示为一理想电流源电路，求输出电流 i_0 与输入电压 u_I 的关系，并说明改变负载电阻 R_L 对 i_0 有无影响。

6.14 电路如题图 6.7 所示，已知 $U_{I1} = 1\ \text{V}$，$U_{I2} = 2\ \text{V}$，$U_{I3} = 3\ \text{V}$，$U_{I4} = 4\ \text{V}$，$R_1 = R_2 = 2\ \text{k}\Omega$，$R_3 = R_4 = R_F = 1\ \text{k}\Omega$，试计算输出电压有效值 U_0。

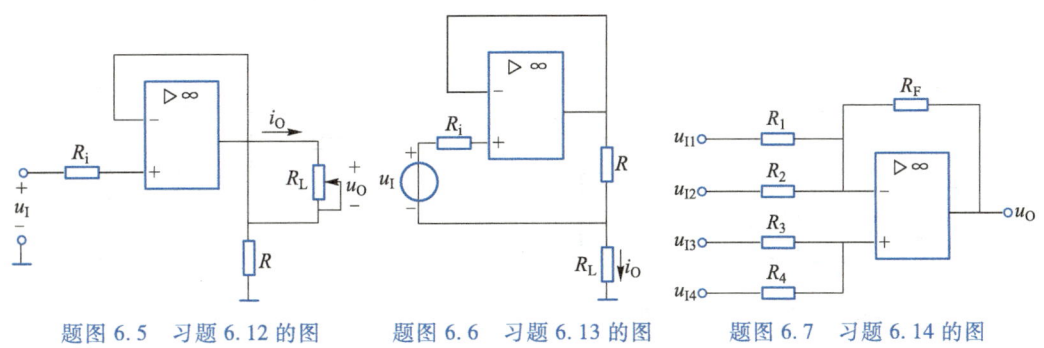

题图 6.5　习题 6.12 的图　　　题图 6.6　习题 6.13 的图　　　题图 6.7　习题 6.14 的图

6.15 求题图 6.8 所示电路输出电压 u_0 与输入电压 u_I 的关系式。

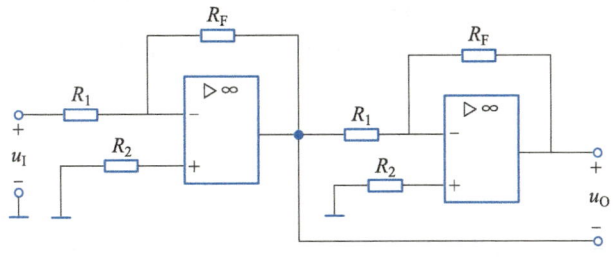

题图 6.8　习题 6.15 的图

6.16 已知题图 6.9 所示电路及 u_{I1}、u_{I2} 的波形，试画出输出电压 u_0 的波形。

6.17 求题图 6.10 所示电路中输出电压 u_0 与各输入电压的关系式。

6.18 题图 6.11 所示电路是利用两个运放组成的具有高输入电阻的差分放大器，试求 u_0 与 u_{I1}、u_{I2} 的关系式。

6.19 求题图 6.12 所示电路中 u_0 与 u_I 的关系式。

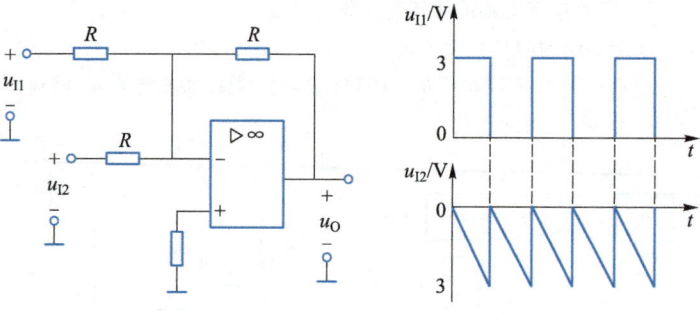

题图 6.9　习题 6.16 的图

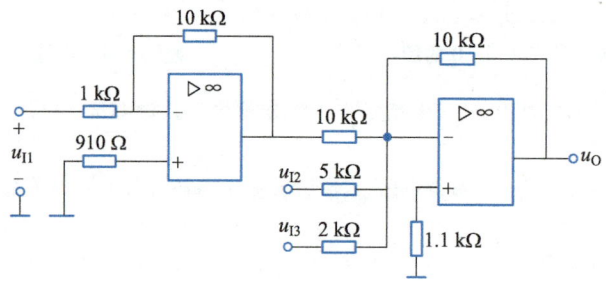

题图 6.10　习题 6.17 的图

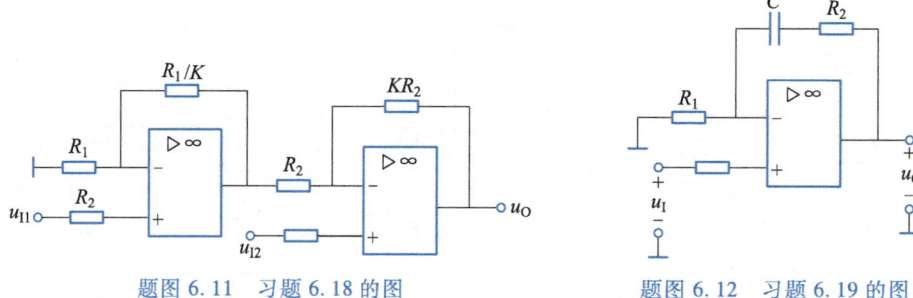

题图 6.11　习题 6.18 的图　　　　题图 6.12　习题 6.19 的图

6.20　题图 6.13 是应用运放测量电压的原理电路,共有 0.5 V、1 V、5 V、10 V、50 V 五种量程,试计算电阻 $R_1 \sim R_5$ 的阻值。输出端接有满量程 5 V、500 μA 的电压表。

6.21　题图 6.14 是应用运放测量小电流的原理电路,试计算电阻 $R_{F1} \sim R_{F5}$ 的阻值。输出端接有满量程 5 V、500 μA 的电压表。

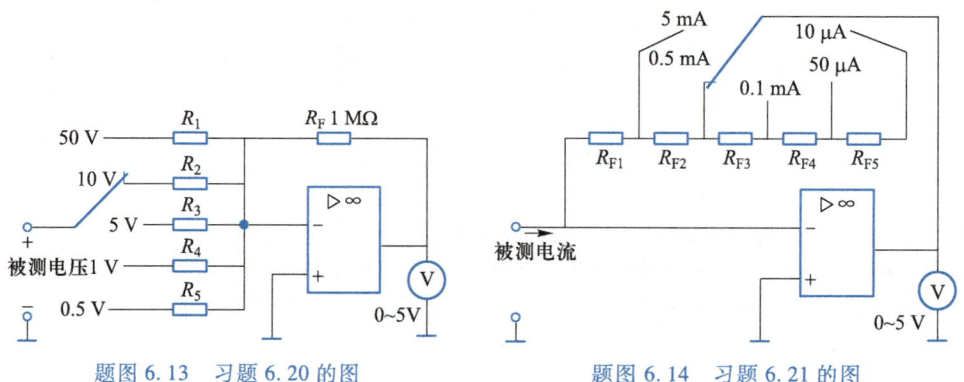

题图 6.13　习题 6.20 的图　　　　题图 6.14　习题 6.21 的图

6.22 题图 6.15 是应用运放测量电阻的原理电路,输出端接有满量程 5 V、500 μA 的电压表。当电压表指示 5 V 时,试计算被测电阻 R_x 的阻值。

6.23 在题图 6.16 所示电路中,运放的最大输出电压 $U_{opp} = \pm 12$ V,稳压管的稳定电压 $U_Z = 6$ V,其正向压降 $U_D = 0.7$ V,$u_i = 12\sin\omega t$ V,在参考电压 $U_R = 3$ V 和 -3 V 两种情况下,试画出电压传输特性和输出电压 u_O 的波形。

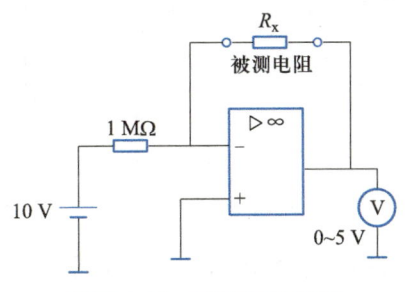
题图 6.15 习题 6.22 的图

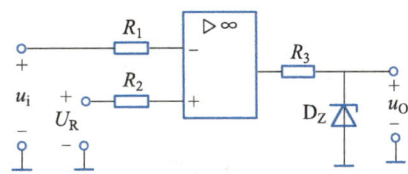
题图 6.16 习题 6.23 的图

6.24 试用电压比较器设计一电压监控器,当电压超过某一值或低于某一值时立即报警(可采用声、光报警)。

6.25 电路如题图 6.17 所示,$U_Z = 5$ V,$R_1 = 10$ kΩ,$R_F = 10$ kΩ,试在 Multisim 中构建仿真电路测量调节 R_F 时输出电压 u_O 的变化范围,并分析改变负载电阻对输出电压 u_O 有无影响?

6.26 试用集成运算放大器 LM324 设计一个能实现 $u_O = 3(u_{I2} - u_{I1})$ 的减法运算电路,在 Multisim 中构建电路验证设计方案,并用 Multisim 的直流扫描分析功能分析其电压传输特性。

6.27 电路如题图 6.18 所示,运放的最大输出电压 $U_{OPP} = \pm 12$ V,稳压管的稳定电压 $U_Z = 5$ V,其正向压降 $U_D = 0.7$ V,$u_i = 12\sin\omega t$ V。在 Multisim 中构建电路分析在参考电压 $U_R = 3$ V 和 -3 V 两种情况下电压传输特性和输出电压 u_O 的波形。

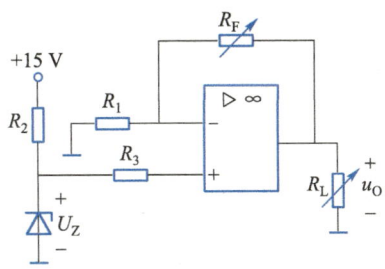
题图 6.17 习题 6.25 的图

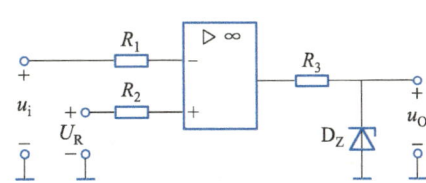
题图 6.18 习题 6.27 的图

自测题

1. 运算放大器的电源电压为 ± 15 V,开环电压放大倍数为 10^5,最大输出电压为 ± 13 V,为使该运放工作在线性区,则最大输入电压范围为(   )。

    a. $0 \sim 13$ μV   b. $-13 \sim +13$ μV   c. $-15 \sim +15$ μV

2. 若要提高放大电路的输入电阻和减小输出电阻,需要引入的反馈类型是(   )。

    a. 电压并联负反馈   b. 电压串联负反馈   c. 电流串联负反馈

3. 图 Z6.1 所示电路的输出电压 u_O 为(   )。

a. $-2u_I$ b. $-u_I$ c. u_I

4. 写出图 Z6.2 所示电路输出电压 u_O 与输入电压 u_{I1} 和 u_{I2} 的运算关系式。

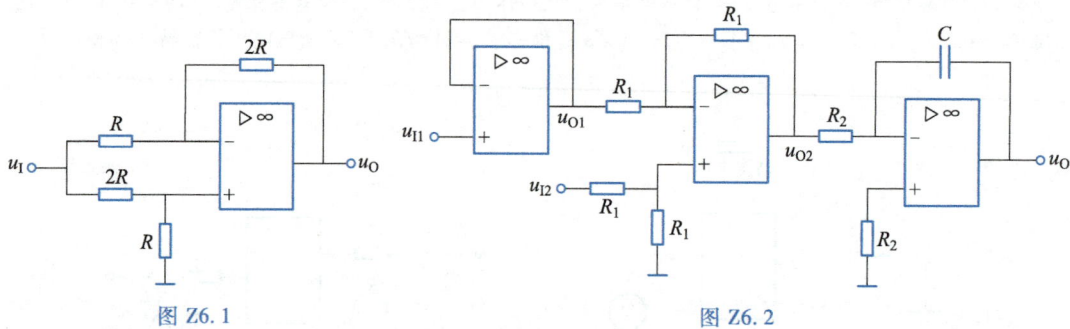

图 Z6.1   图 Z6.2

5. 如图 Z6.3 所示电路，设集成运放的最大输出电压为 ± 12 V，稳压管稳定电压 $U_Z = \pm 6$ V，输入电压 u_I 是幅值为 ± 3 V 的对称三角波。试分别画出 U_R 为 $+2$ V、0 V 和 -2 V 三种情况下的电压传输特性和 u_O 的波形。

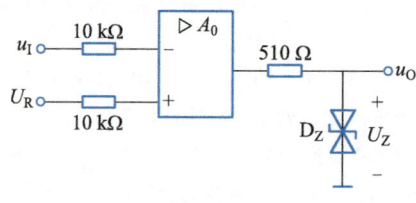

图 Z6.3

第 6 章习题与自测题答案

>>> # 第7章

··· # 数字集成电路及
其应用

学习目标：

    1. 理解逻辑运算和逻辑门的基本概念，掌握逻辑运算规则和基本定律，能够用代数法对逻辑函数进行化简与变换。

    2. 理解集成逻辑门电路的基本概念。

    3. 掌握组合逻辑电路的分析和设计方法。

    4. 掌握 $R\text{-}S$ 触发器、$J\text{-}K$ 触发器和 D 触发器的逻辑功能。

    5. 理解时序逻辑电路的分析方法。

    6. 掌握集成计数器的分析和设计方法。

    7. 掌握 555 定时器应用电路的分析方法。

电子电路中的电信号分为两类:一类是模拟信号,它随时间连续变化。处理模拟信号的电路称为模拟电路;另一类为数字信号,它是不随时间连续变化的跃变信号。处理数字信号的电路称为数字电路。数字电路在现代电子技术中占有十分重要的地位,由于数字电路比模拟电路具有更多、更独特的优点,因此它在通信、电视、雷达、自动控制、电子测量、电子计算机等各个科学领域都得到了非常广泛的应用。本章将介绍数字电路的基础知识和分析、设计方法及应用电路。

7.1 数字电路基础

7.1.1 概述

在模拟电路中,主要关心的是电路输出与输入间的大小、相位等方面的关系。在数字电路中所关注的是输出与输入之间的逻辑关系。数字电路中工作的信号是不随时间连续变化的跃变信号,常用的是矩形脉冲信号,如图 7.1.1 所示。t_p 称为脉冲宽度,脉冲宽度与脉冲周期 T 之比称为占空比 D。实际波形并不像图 7.1.1 所示那么理想,图 7.1.2 所示为实际矩形脉冲信号的波形图。

图 7.1.1　理想矩形脉冲信号波形　　　　图 7.1.2　实际矩形脉冲信号波形

脉冲信号有正负之分。如果跃变之后的值比初始值高,为正脉冲,如图 7.1.3(a) 所示;反之则为负脉冲,如图 7.1.3(b) 所示。

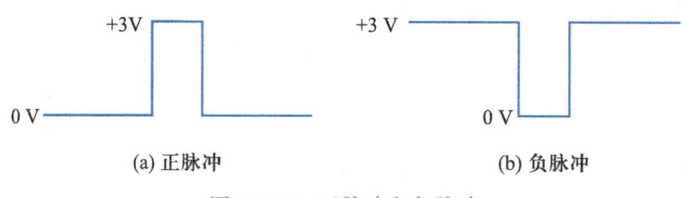

(a) 正脉冲　　　　　　　　　　(b) 负脉冲

图 7.1.3　正脉冲和负脉冲

为了对数字系统有一个初步的认识,我们举一个数字系统工作实例。

如图 7.1.4 所示,对生产线上的产品进行自动计数。当一个产品从电光源与光电管间通过时,光电管被遮挡一次,相应地产生一个电脉冲信号;没有产品通过时,光电管不产生电脉冲信号。因光电信号较弱,必须进行放大,放大后的脉冲还不能直接用,因为它们的幅度不均匀,经整形电路整形后,就得到了矩形脉冲信号,然后由计数器把脉冲个数(产品个数)记录下来。计数器采用的是二进制,它只有 **0** 和 **1** 两个数码,而我们习惯使用十进制,因此还需要把计数器中用二进制数码表示的数字翻译成十进制数,该任务由译码器来完成,最后由显示电路显示出十进制数。

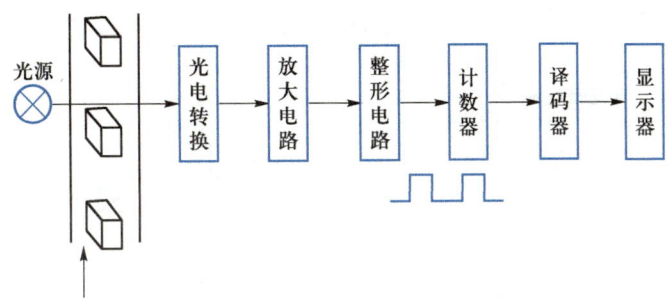

图 7.1.4　产品自动计数系统示意图

由此可见,数字电路是根据脉冲的有无、个数、宽度和频率来工作的,允许幅值上存在一定范围的误差,因而抗干扰能力强,具有很高的稳定性和可靠性。因此数字电路获得了广泛应用,随着集成技术的发展,数字电路的重要性将更加突出。

7.1.2　基本逻辑运算和逻辑门

数字电路也叫作逻辑电路,研究的是输出与输入之间的逻辑关系。最基本的逻辑关系或称逻辑运算有三种:与逻辑、或逻辑、非逻辑。实际应用中遇到的逻辑问题尽管是千变万化的,但它们都可以用这三种最基本的逻辑运算复合而成。实现基本逻辑运算的数字电路称为基本逻辑门电路。

1. 与逻辑运算和与门

在图 7.1.5 所示的照明电路中,开关 A 和 B 串联,只有当开关 A 与 B 同时接通时,电灯 F 才亮,开关 A、B 接通(条件)与灯 F 亮(结果)之间的这种因果关系就为与逻辑关系。若 $F=1$ 代表灯亮,$F=0$ 代表灯灭,$A(B)=1$ 代表开关接通,$A(B)=0$ 代表开关断开,与逻辑关系用逻辑函数表达式可写为

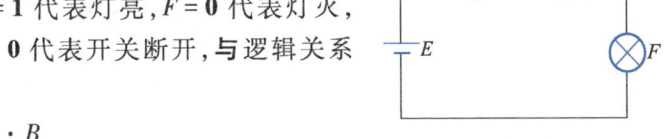

图 7.1.5　与逻辑关系电路

微视频 7-1
基本逻辑运算和逻辑门－与或非

$$F=A \cdot B$$

读作 F 等于 A 与 B。式中 A、B、F 都是逻辑变量,取值只能是 0 或 1,F 称为 A、B 的逻辑函数。与逻辑关系也称与运算或逻辑乘法运算。有时逻辑乘号"·"也可省略。

将输入和输出逻辑变量的所有可能取值以表格的形式表示,称为逻辑状态表,也称真值表。表 7.1.1 为与逻辑状态表,两个输入逻辑变量 A、B 有四种可能的状态。

由逻辑状态表及逻辑函数表达式可知,逻辑乘法的运算规则为

$$1 \cdot 1=1, \quad 1 \cdot 0=0, \quad 0 \cdot 1=0, \quad 0 \cdot 0=0$$

实现与逻辑关系的逻辑电路称为与门电路。实现的方法很多。图 7.1.6 是一个用二极管实现的与门电路。只有 A 和 B 全为高电平(假设电压为+3 V)时,输出 F 才是高电平(忽略二极管的正向压降),否则输出均为低电平。用 1 表示高电平,用 0 表示低电平,则它实现的就是与逻辑关系。

与门电路的逻辑符号如图 7.1.7 所示。

门电路可以有多个输入端。三个输入端的与门电路符号如图 7.1.8 所示,其逻辑函数表达式为

$$F = A \cdot B \cdot C$$

表 7.1.1 与逻辑状态表

A	B	F
0	0	0
0	1	0
1	0	0
1	1	1

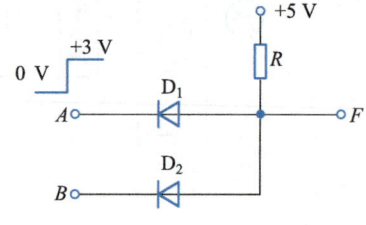

图 7.1.6 二极管与门电路

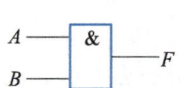

图 7.1.7 两输入与门逻辑符号

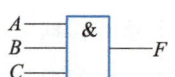

图 7.1.8 三输入与门逻辑符号

为了便于记忆,**与门**的逻辑功能可概括为:**全 1 出 1,有 0 出 0**。

利用**与门**电路,可以控制信号的传输。例如给两输入端与门电路的一个输入端 B 输入一个持续脉冲信号,而输入端 A 输入一个控制信号,依据**与**逻辑关系可画出输出端 F 的波形,如图 7.1.9 所示。可见只有 $A=1$ 时,持续脉冲信号才能通过,此时相当于门被打开;当 $A=0$ 时,信号不能通过,无输出,相当于门被封锁。

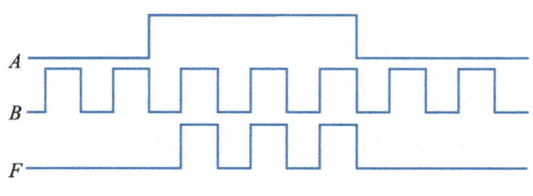

图 7.1.9 与门应用举例波形图

2. 或逻辑运算和或门

在图 7.1.10 所示电路中,开关 A 和 B 并联。当开关 A 接通或 B 接通,或者 A 和 B 都接通时,电灯 F 就亮。开关 A、B 接通与灯 F 亮之间的这种关系为**或逻辑**关系。

或逻辑函数表达式为

$$F = A + B$$

读作 F 等于 A **或** B。**或**运算也称**逻辑加法**运算。

或逻辑状态表如表 7.1.2 所示。逻辑加法的运算规则为

表 7.1.2 或逻辑状态表

A	B	F
0	0	0
0	1	1
1	0	1
1	1	1

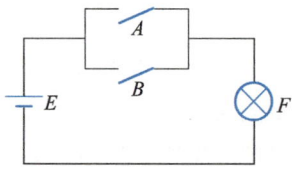

图 7.1.10 或逻辑关系电路

$$1+1=1, \quad 1+0=1, \quad 0+1=1, \quad 0+0=0$$

图 7.1.11 是由二极管构成的**或门**电路,**或门**电路的逻辑符号如图 7.1.12 所示。

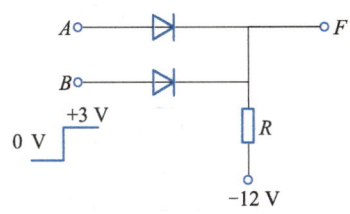
图 7.1.11 二极管**或门**电路

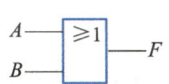
图 7.1.12 或门逻辑符号

或门的逻辑功能可概括为:全 **0** 出 **0**,有 **1** 出 **1**。

利用**或门**电路可实现用一个报警器对多个故障源的报警。例如一机器有两个故障源,正常工作时,故障源输出低电平为 **0**,当出现故障时,可发出一持续脉冲信号。我们把两个故障源分别接到一个**或门**的两个输入端 A 和 B。正常工作时,$A=0,B=0$,则 $F=0$。当某一故障源(假设接 A 端的故障源)发生故障时,A 端便输入一持续脉冲信号,此时 F 端就得到一持续脉冲信号,如图 7.1.13 所示,将此脉冲信号送入报警器,便可发出报警信号。

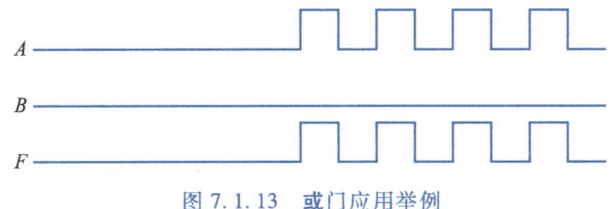
图 7.1.13 **或门**应用举例

以上所讨论的**与门**、**或门**电路所采用的都是正逻辑,即高电平用 **1** 表示,低电平用 **0** 表示。若高电平用 **0** 表示,低电平用 **1** 表示,则为负逻辑。本书采用的都是正逻辑。

3. 非逻辑运算和非门

在图 7.1.14 所示电路中,当输入端 A 为 **1** 时,晶体管饱和,其输出端 F 为 **0**;当 A 为 **0** 时,晶体管截止,输出端 F 为 **1**。输出与输入状态是相反的,这种关系称为非逻辑关系。该电路就是一个非门电路。

非逻辑函数表达式为

$$F=\overline{A}$$

"‾"表示非运算,读作 F 等于 A 非。

非逻辑状态表如表 7.1.3 所示。

非门电路也称为反相器。非逻辑的运算规则为

$$\overline{0}=1$$
$$\overline{1}=0$$

非门逻辑符号如图 7.1.15 所示。

4. 复合逻辑运算和复合门

由以上三种基本门电路,可以组合成各种复合门电路。

表 7.1.3 **非逻辑状态表**

A	F
0	1
1	0

微视频 7-2

复合逻辑

运算和复

合门

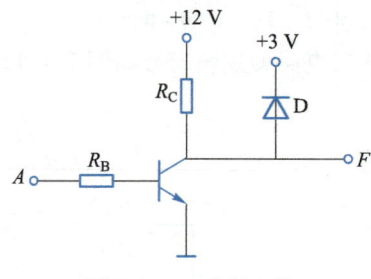
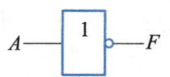

图 7.1.14 非门电路　　　　图 7.1.15 非门逻辑符号

与非逻辑运算是与和非组合而成的复合逻辑运算,其逻辑函数表达式为

$$F = \overline{AB}$$

实现与非逻辑运算的电路叫**与非门**。其逻辑符号如图 7.1.16 所示。表 7.1.4 是其逻辑状态表。其逻辑功能可概括为"**有 0 出 1,全 1 出 0**"。

表 7.1.4 与非逻辑状态表

A	B	F
0	0	1
0	1	1
1	0	1
1	1	0

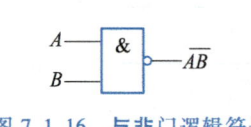

图 7.1.16 与非门逻辑符号

根据与非逻辑功能,不难用**与非门**实现非门逻辑功能,如图 7.1.17 所示。

图 7.1.17 用与非门实现非逻辑运算

或非逻辑运算是**或**和非的复合逻辑运算,其逻辑函数表达式为

$$F = \overline{A+B}$$

实现**或非**逻辑运算的电路叫**或非门**。其逻辑符号如图 7.1.18 所示。逻辑状态表如表 7.1.5 所示。

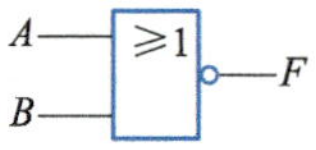

表 7.1.5 或非逻辑状态表

A	B	F
0	0	1
0	1	0
1	0	0
1	1	0

图 7.1.18 或非门逻辑符号

其逻辑功能可概括为"**有 1 出 0，全 0 出 1**"。

异或逻辑运算是只有当两个输入变量相异时，输出才为 **1**。其逻辑函数表达式为

$$F = A \oplus B = A\overline{B} + \overline{A}B$$

其中⊕表示**异或**运算。

实现**异或**逻辑运算的电路叫**异或**门。其逻辑符号如图 7.1.19 所示。逻辑状态表如表 7.1.6 所示。

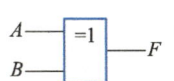

图 7.1.19 **异或**门逻辑符号

表 7.1.6　异或逻辑状态表

A	B	F
0	0	0
0	1	1
1	0	1
1	1	0

同或逻辑运算是只有当两个输入变量相同时，输出才为 **1**。其逻辑函数表达式为

$$F = A \odot B = \overline{A}\ \overline{B} + AB$$

其中⊙表示**同或**运算。

实现**同或**逻辑运算的电路叫**同或**门。其逻辑符号如图 7.1.20 所示。逻辑状态表如表 7.1.7 所示。

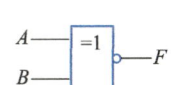

图 7.1.20 **同或**门逻辑符号

表 7.1.7　同或逻辑状态表

A	B	F
0	0	1
0	1	0
1	0	0
1	1	1

同或运算是**异或**运算的非运算，即

$$A \odot B = \overline{A \oplus B}$$

7.1.3　逻辑代数基本运算规则和基本定律

逻辑代数又称为**布尔代数**，它是分析和设计逻辑电路的数学工具。逻辑代数和普通代数一样用字母表示变量，但逻辑变量只能取 **1** 和 **0** 两个值，这里 **0** 和 **1** 不表示数值的大小，而表示两种相反的逻辑状态。逻辑代数所表示的是逻辑关系，不是数量关系。

1. 逻辑代数基本运算规则

逻辑代数有三种基本的逻辑运算——逻辑**乘**、逻辑**加**和逻辑**非**，其运算规则为

$$A + 0 = A \qquad\qquad A \cdot 1 = A$$
$$A + 1 = 1 \qquad\qquad A \cdot 0 = 0$$

微视频 7-3
逻辑代数
基本运算
规则和基
本定律

$$A+\overline{A}=1 \qquad\qquad A \cdot \overline{A}=0$$

$$A+A=A \qquad\qquad A \cdot A=A$$

$$\overline{\overline{A}}=A$$

2. 逻辑代数基本定律

（1）交换律　$A+B=B+A$　　　　　　　$AB=BA$

（2）结合律　$A+(B+C)=(A+B)+C$　　　$A(BC)=(AB)C$

（3）分配律　$A(B+C)=AB+AC$　　　　　$A+BC=(A+B)(A+C)$

（4）吸收律　$AB+A\overline{B}=A$　　　　　　　$(A+B)(A+\overline{B})=A$

　　　　　　　$A+AB=A$　　　　　　　　$A(A+B)=A$

　　　　　　　$A+\overline{A}B=A+B$　　　　　　$A(\overline{A}+B)=AB$

（5）反演律（狄·摩根定律）

$$\overline{A+B}=\overline{A} \cdot \overline{B} \qquad \overline{A \cdot B}=\overline{A}+\overline{B}$$

可推广到 n 个变量

$$\overline{A+B+C+\cdots}=\overline{A} \cdot \overline{B} \cdot \overline{C} \cdot \cdots$$

$$\overline{A \cdot B \cdot C \cdot \cdots}=\overline{A}+\overline{B}+\overline{C}+\cdots$$

以上各等式中，如果将所有出现某一逻辑变量的位置都代之以一个逻辑函数，则等式仍成立，这个规则称为代入规则。

例如，在 $A+\overline{A}B=A+B$ 中，将所有出现 A 的地方都代以函数 $\overline{ACD}$，则等式仍成立，即得

$$\overline{ACD}+\overline{\overline{ACD}}B=\overline{ACD}+B$$

以上各等式均可用逻辑状态表证明其正确性。

7.1.4　逻辑函数的代数法化简与变换

微视频 7-4
逻辑函数的代数法化简与变换

通过与、或、非等逻辑运算把各个变量联系起来，就构成了一个逻辑函数。同一个逻辑函数可以有多种不同的表达形式。

例如：$F=AB+\overline{A}C$　　　　**与或表达式**

　　　$=(A+C)(\overline{A}+B)$　　**或与表达式**

　　　$=\overline{\overline{AB} \cdot \overline{\overline{A}C}}$　　　　**与非与非表达式**

这些表达式反映的是同一逻辑关系，可以用若干门电路的组合来实现。在用门电路实现其逻辑关系时，究竟使用哪种表达式，要看使用哪种门电路。例如，要用**与**门和**或**门实现时，就要采用**与或**或者**或与**表达式；要用**与非**门实现时，需采用**与非与非**表达式。

在数字电路中，用逻辑符号表示逻辑关系的电路称为逻辑电路图和逻辑图。上述三个表达式对应的各逻辑电路图分别如图 7.1.21(a)(b)(c)所示。这些电路组成形式虽然各不相同，但逻辑功能却是完全相同的。

我们还注意到，一个逻辑函数的同一种形式的表达式也不是唯一的。例如，上例中的**与或**表达式可以写成

$$F = AB + \overline{A}C$$

$$= AB + \overline{A}C + BC$$

$$= \cdots\cdots$$

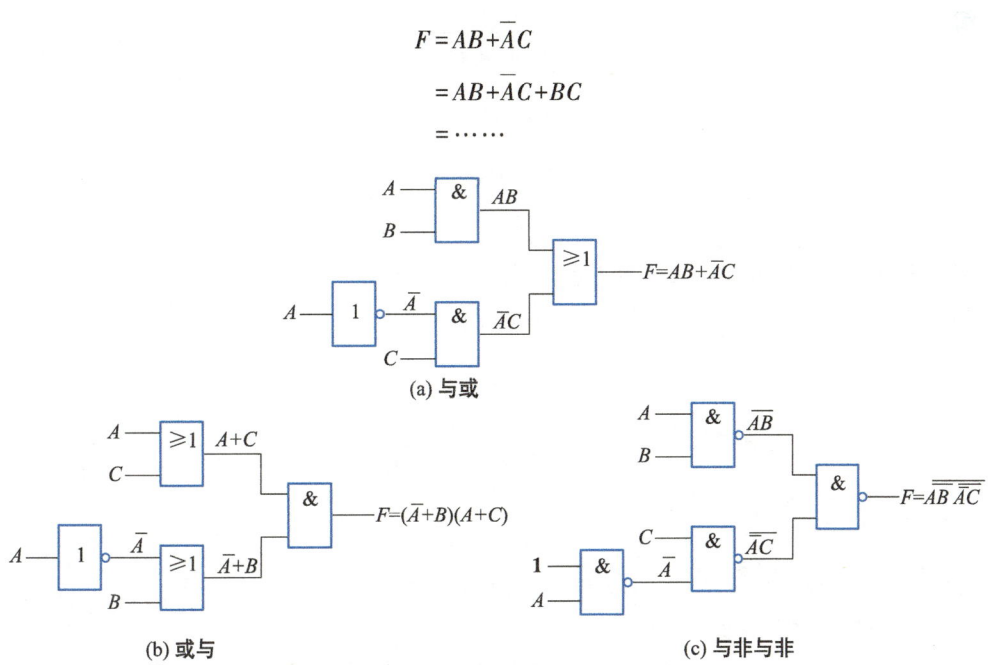

(a) 与或

(b) 或与

(c) 与非与非

图 7.1.21 逻辑电路图

这两个表达式都是**与或**表达式,但用**与门**和**或门**实现时逻辑电路有简有繁。一般地说,表达式越简单,实现它的逻辑电路就越简单,也就越经济。同样,对一个已知的逻辑电路,可写出其逻辑表达式,逻辑表达式越简单,对电路逻辑功能的分析就越方便,所以有必要对逻辑函数进行化简。

化简时,我们力图得到最简单的**与或**表达式,使得乘积项中的乘积因子最少,以减少**与门**的输入端及连线数;乘积项最少,可以减少**或门**的输入端和连线数。此外,有时为了使用某种规定的逻辑门,还需要对逻辑函数进行形式上的变换。例如根据给定逻辑要求列出的逻辑函数式一般为**与或**表达式,如果要求用**与非门**实现该逻辑功能,则应把**与或**表达式化简,再转换为**与非与非**表达式。

下面举例说明如何利用逻辑代数基本运算规则和基本定律对逻辑函数进行化简和变换。

例 7.1.1 化简 $F = AB + \overline{A}C + BC$

解

$$F = AB + \overline{A}C + BC$$

$$= AB + \overline{A}C + (A + \overline{A})BC$$

$$= AB + \overline{A}C + ABC + \overline{A}BC$$

$$= AB(\mathbf{1} + C) + \overline{A}C(\mathbf{1} + B)$$

$$= AB + \overline{A}C$$

例 7.1.2 化简

$$F = \overline{(\overline{A} + A\overline{B})\,\overline{C}}$$

解

$$F = \overline{(\overline{A} + A\overline{B})\overline{C}}$$
$$= \overline{\overline{A} + A\overline{B}} + \overline{\overline{C}}$$
$$= \overline{\overline{A}} + \overline{\overline{B}} + C$$
$$= AB + C$$

例 7.1.3 将 $F = AB + \overline{A}C$ 变为与非与非式。

解

$$F = AB + \overline{A}C$$
$$= \overline{\overline{AB + \overline{A}C}}$$
$$= \overline{\overline{AB} \cdot \overline{\overline{A}C}}$$

[练习与思考]

7.1.1 什么是数字信号？数字信号与模拟信号有何不同？

7.1.2 试举出一些数字系统工作实例。

7.1.3 逻辑运算中的 **1** 和 **0** 是否表示两个数字？逻辑加法运算和算术加法运算有何不同？

7.1.4 什么是正逻辑和负逻辑？若对图 7.1.11 所示电路采用负逻辑分析，试说明其逻辑功能。

7.1.5 逻辑代数和普通代数有什么区别？

7.1.6 能否将 $AB = AC$，$A + B = A + C$，$A + AB = A + AC$ 这三个逻辑式化简为 $B = C$？

7.2 集成逻辑门电路及其应用

前面介绍了由二极管、晶体管、电阻等分立元件构成的**与门**、**或门**和**非门**电路，它们称为分立元件门电路。分立元件电路存在许多固有的缺点，如体积大、可靠性差等，因此随着电子技术的发展，在绝大部分实际应用中已被集成逻辑门电路所取代。与分立元件电路相比，集成逻辑门电路除了具有高可靠性、微型化等优点外，更为突出的优点是转换速度快，便于多级串接使用。

集成逻辑门电路的种类繁多，在实际应用中，广泛使用的是 TTL(transistor-transistor logic 即晶体管-晶体管逻辑)和 CMOS(complementary metal oxide semiconductor 即互补对称金属氧化物半导体)集成门。

集成逻辑门电路是最基本的数字集成电路，是组成数字逻辑的基础。常用的集成门电路大多采用双列直插式封装(dual-in-line package，缩写成 DIP)，外形如图 7.2.1 所示。集成芯片表面有一个缺口(作为引脚编号的参考标志)，如果将芯片插在实验板上且缺口朝左，则引脚的排列规律为：左下引脚为 1 引脚，其余以逆时针方向从小到大顺序排列，一般引脚数为 14、16、20 等。

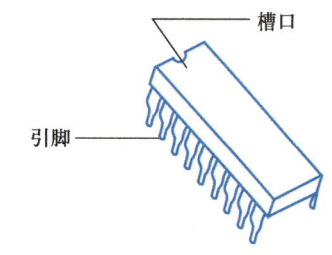

图 7.2.1 双列直插式封装集成器件

一片芯片中可集成若干个同样功能但又各自独立的门电路,各个逻辑门可以单独使用,但它们共用一根电源引线和一根地线。

7.2.1 TTL 门电路

在 TTL 门电路中,TTL 与非门是目前大量生产和使用的门电路。为了使用方便,还有一些其他功能的门电路,例如与门、非门、或非门、集电极开路门以及三态逻辑门等。以下分别就**与非门、集电极开路门、三态门**作简单介绍。

微视频 7-5
集成逻辑
门

1. 与非门

在一片芯片中,往往封装多个**与非门**。图 7.2.2 是两种 TTL 与非门的引脚排列图,它们是双列直插式封装,有 14 个引脚。使用时电源引脚接 +5 V 电源的正极,地线引脚接公共地线。

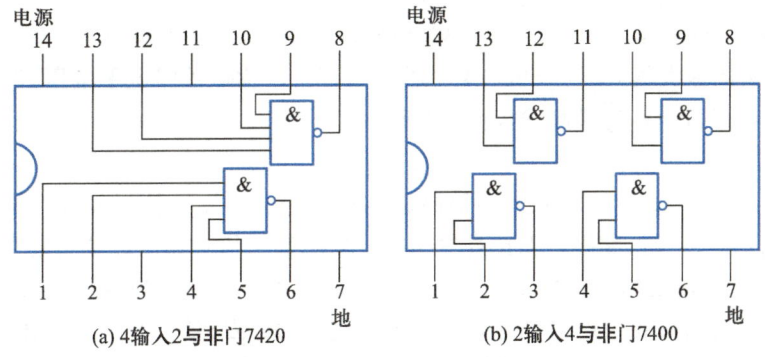

(a) 4 输入 2 与非门 7420　　　　(b) 2 输入 4 与非门 7400

图 7.2.2　TTL 与非门引脚排列图

门的输出电压随输入电压变化的特性称为**电压传输特性**。测试 TTL 与非门电压传输特性曲线的电路如图 7.2.3(a) 所示,输入端 A 接可调直流电压源,其余输入端接标准高电平电压 3.6 V 或 5 V。改变 A 点电位,逐点测出 U_i 和对应的 U_o 值,即可描绘出电压传输特性曲线,如图 7.2.3(b) 所示。

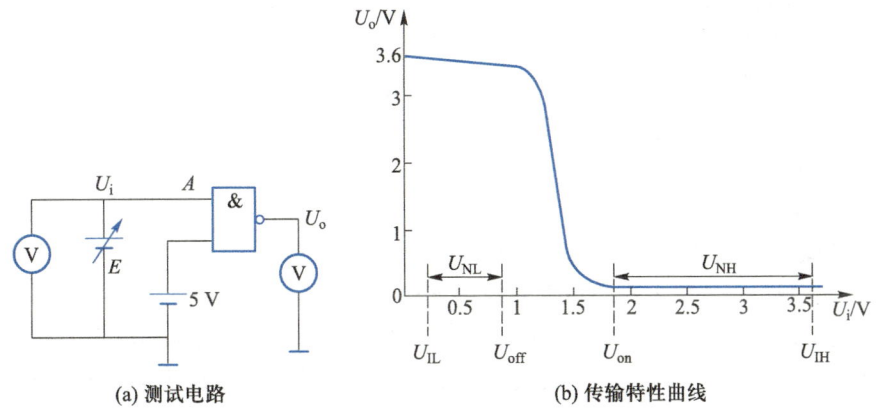

(a) 测试电路　　　　(b) 传输特性曲线

图 7.2.3　与非门测试电路及电压传输特性

由图可见,当输入从 0 V 开始增加时,在一定范围内输出高电平基本不变。当输入上升到一定数值后,输出很快下降为低电平,如果继续增加输入,输出低电平基本不变。

为了合理地选用集成逻辑门,现将使用者最关心的抗干扰能力、负载能力、工作速度等主要参数介绍如下(以 74 系列与非门为例)。

(1)输入、输出高、低电平电压

① 输出高电平电压 U_{OH}。U_{OH} 是与输出逻辑 1 对应的输出电压值,U_{OH} 的典型值是 3.6 V,产品规定的最小值 $U_{OH(min)} = 2.4$ V。

② 输出低电平电压 U_{OL}。U_{OL} 是与输出逻辑 0 对应的输出电压值,U_{OL} 的典型值是 0.3 V,产品规定的最大值 $U_{OL(max)} = 0.4$ V。

③ 输入高电平电压 U_{IH}。U_{IH} 是与输入逻辑 1 对应的输入电压值,U_{IH} 的典型值是 3.6 V,产品规定的最小值 $U_{IH(min)} = 1.8$ V。通常把 $U_{IH(min)}$ 称作开门电平电压,记作 U_{on},意为保证输出为低电平所允许的最低输入高电平电压。

④ 输入低电平电压 U_{IL}。U_{IL} 是与输入逻辑 0 对应的输入电压值,U_{IL} 的典型值是 0.3 V,产品规定的最大值 $U_{IL(max)} = 0.8$ V。通常把 $U_{IL(max)}$ 称作关门电平电压,记作 U_{off},意为保证输出为高电平所允许的最高输入低电平电压。

(2)抗干扰容限

从图 7.2.3(b)所示的电压传输特性曲线上可以看到,当输入信号偏离标准低电平电压 0.3 V,只要不高于 U_{off} 时,输出仍保持高电平;同样,当输入信号偏离标准高电平电压 3.6 V,只要不低于 U_{on} 时,输出仍保持低电平。因此,在数字系统中,即使有噪声电压叠加到输入信号的高、低电平上,只要噪声电压的幅度不超过允许的界限,就不会影响输出的逻辑状态。通常把这个界限叫作噪声容限。电路的噪声容限越大,其抗干扰能力就越强。

低电平噪声容限为

$$U_{NL} = U_{off} - U_{IL} = (0.8 - 0.3)\,V = 0.5\,V$$

U_{NL} 越大,表明与非门输入低电平时抗正向干扰的能力越强。

高电平噪声容限为

$$U_{NH} = U_{IH} - U_{on} = (3.6 - 1.8)\,V = 1.8\,V$$

U_{NH} 越大,表明与非门输入高电平时抗负向干扰的能力越强。

(3)扇出系数 N

一个门电路能够驱动同类型门的个数称为扇出系数 N。与非门的驱动能力在输出为高电平时比输出为低电平时弱。一般 TTL 与非门的扇出系数为 10,特殊制作的所谓“驱动器”扇出系数可大于 20。

(4)平均传输延迟时间 t_{pd}

与非门的输入端加上一个矩形波电压,输出电压变化较输入电压变化有一定的时间延迟,如图 7.2.4 所示。从输入矩形波上升沿的 50% 处起到输出矩形波下降沿的 50% 处的时间,称为导通延迟时间 t_{pHL};从输入矩形波下降沿的 50% 处起到输出矩形波上升沿的 50% 处的时间,称为截止延迟时间 t_{pLH}。一般 $t_{pLH} > t_{pHL}$,取二者的平均值,即平均传输延迟时间,用 t_{pd} 表示,即

$$t_{pd} = \frac{t_{pHL} + t_{pLH}}{2}$$

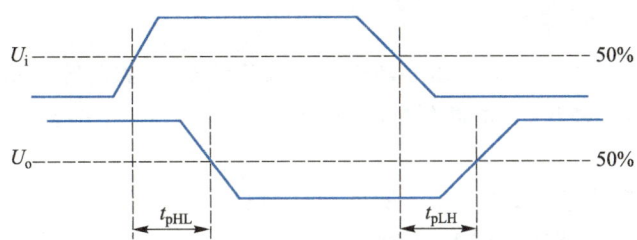

图 7.2.4 表明传输延迟时间的输入输出电压波形

t_{pd} 是表示门电路开关速度的一个参数,其值越小,开关速度就越快,所以 t_{pd} 越小越好。

不同的使用场合,对集成电路的工作速度和功耗等性能有不同的要求,可选用不同系列的产品。TTL 的典型产品为 54/74 系列产品,以 74 开头的都是民用产品,工作环境温度为 0~70℃;以 54 开头的为军用产品,工作环境温度为 −55~+125℃。它们分为以下几个产品系列:① 74 系列是早期产品,正趋于淘汰,为 TTL 的中速器件。② 74H 系列为 TTL 高速系列,与 74 系列相比速度高了,但静态功耗增加,也渐渐趋于淘汰。③ 74S 系列为高速型肖特基系列。目前使用较多。④ 74LS 系列为低功耗肖特基系列,是 TTL 的主要应用产品系列,品种和生产厂家都非常多,价格较低。此外还有许多更先进的系列产品如:74ALS 系列、74AS 系列、74F 系列等,它们在速度或功耗上较前述系列都有较大改进。54/74 前加 CT 表示按中国国标命名的 TTL 集成电路型号。

2. 集电极开路门(open collector,简称 OC 门)

集电极开路门是一种内部输出级晶体管集电极开路的门电路。由于输出集电极开路,在工作时,输出端必须通过外接电阻 R 和电源 U'_{CC} 相连接,以保证输出电平符合电路要求。OC 与非门的逻辑符号和使用方法如图 7.2.5 所示。

在工程实践中,有时可将几个 OC 门的输出端并联使用,以实现与逻辑,称为**线与**,如图 7.2.6 所示。

$$F = F_1 F_2 = \overline{AB}\ \overline{CD} = \overline{AB + CD}$$

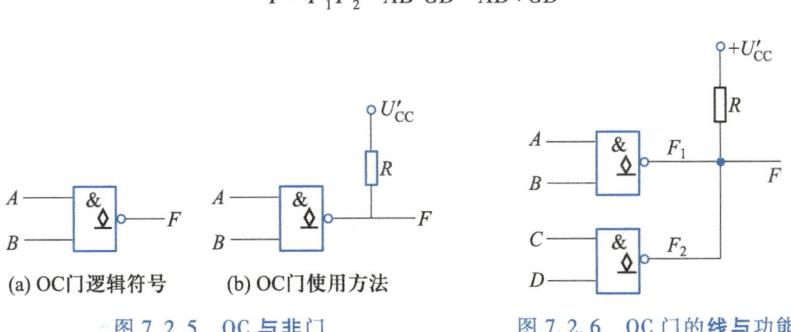

图 7.2.5 OC 与非门   图 7.2.6 OC 门的线与功能

从表达式可以看出两个 OC 门**线与**连接可得到**与或非逻辑**输出。

图 7.2.6 中 R 的选择很重要,它要保证 OC 门**线与**后带 TTL 负载时,仍能满足正确输出高电平和低电平的要求。在两种极端情况下,即所有 OC 门都截止和只有一个 OC 门导通时,输出应分别为高电平和低电平,据此求出 R_{max} 和 R_{min},在其范围内选择某一阻值的电阻即可满足要求。

3. 三态门

前面介绍的门电路输出只有高电平和低电平两种状态,三态门除了输出高、低电平这两种状态之外,还有第三种状态,即高阻抗状态(开路状态),这时,三态门与外接线路无电的联系。

三态与非门的逻辑符号如图 7.2.7 所示。它除了输入端和输出端外,还有一控制端。

在图 7.2.7(a)中,当控制端 $EN=1$ 时,电路和一般与非门相同,实现与非逻辑关系,即 $F=\overline{AB}$,有时也称为使能状态;当 $EN=0$ 时,不管 A、B 的状态如何,输出端开路,处于高阻状态。因为该电路在 $EN=1$ 时为与非门功能,故称控制端高电平有效(使能)。

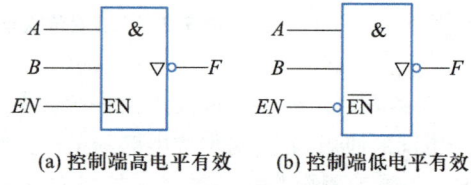

(a) 控制端高电平有效　(b) 控制端低电平有效

图 7.2.7　三态与非门的逻辑符号

在图 7.2.7(b)中,当 $EN=0$ 时,$F=\overline{AB}$;当 $EN=1$ 时,输出端呈高阻状态,故称控制端低电平有效(使能)。其逻辑符号 $\overline{EN}$ 端的"○"即表示低电平有效。

三态门广泛用于信号传输中,可以实现用一根导线分时轮流传送多路信号而不至于互相干扰。如图 7.2.8 所示,控制信号 $E_1\sim E_n$ 在任意时刻只能有一个为 1,使一个门处于与非工作状态,其余的门处于高阻状态,这样总线就会轮流接受各三态门输出的信号并传送出去。这种传送信号的方法,在计算机和各种数字系统中应用极为广泛。

利用三态门还可以实现数据的双向传输。如图 7.2.9 所示,P 门和 Q 门是三态非门。当 $E=1$ 时,P 门工作,Q 门呈高阻态,数据 A_0 经 P 门反相后送到总线上去;当 $E=0$ 时,Q 门工作,P 门呈高阻态,总线上的数据经 Q 门反相后从 F 端输出。

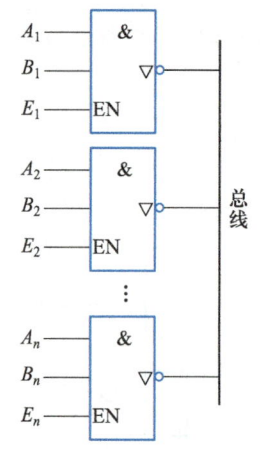

图 7.2.8　利用总线传送信号

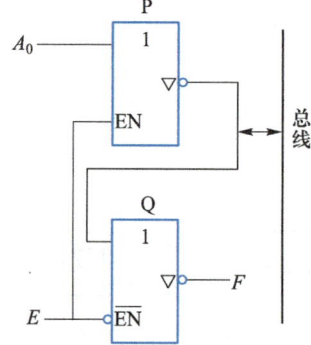

图 7.2.9　数据的双向传输

7.2.2　CMOS 门电路

场效应晶体管是区别于双极型晶体管的另一类晶体管,MOS 管是场效应晶体管中的一个分支,分为 PMOS(P 沟道)管和 NMOS(N 沟道)管。CMOS 门电路是由 PMOS 和 NMOS 管构成的一种互补型电路,其性能优良,应用十分广泛,尤其在大规模集成电路中更具优越性。

CMOS 集成电路的主要特点有：

（1）功耗低。CMOS 集成电路工作时，几乎不吸取静态电流，所以静态功耗极低。

（2）电源电压范围宽。CMOS 集成电路 4000 B 系列产品的电源电压范围为 3~18 V。由于电源电压范围宽，所以选择电源电压灵活方便，便于和其他电路连接。

（3）抗干扰能力强。CMOS 集成电路的低电平噪声容限和高电平噪声容限基本相等，可达电源电压的 45%。

（4）扇出能力强。在低频工作时，一个输出端可驱动 50 个以上 CMOS 集成电路，工作速度较高时，扇出系数一般只有 10~20。

（5）制作工艺较简单，集成度高，易于实现大规模集成。

但是 CMOS 集成电路的延迟时间较大，所以开关速度较慢。高速 CMOS 集成电路 74HC 系列的工作速度接近于 TTL 集成电路 74LS 系列的工作速度。

由于 CMOS 集成电路具有上述特点，因而在数字电路、电子计算机及显示仪表等许多方面获得了广泛应用。

在逻辑功能方面，CMOS 集成电路与 TTL 集成电路是相同的。CMOS 和 TTL 两大类集成电路混合使用时，应注意采用适当的接口技术。高速 CMOS 集成电路 74HCT 系列可与 TTL 集成电路 74LS 系列直接连接。

7.2.3　使用集成逻辑门的注意事项

1. 多余输入端的处理

与非门的多余输入端应接高电平，**或**非门的多余输入端应接低电平，以保证正常的逻辑功能。具体地说，多余输入端接高电平时，TTL 门可有多种处理方式，如：悬空（虽然悬空相当于高电平，但容易受到干扰，有时会造成电路的误动作），直接接 $+U_{CC}$，或通过 1~3 kΩ 电阻接 $+U_{CC}$ 等；CMOS 门不许输入端悬空，应接 $+U_{DD}$。欲接低电平时，两种门均可直接接地。

工作速度不高、驱动级负载能力富裕时，两种门电路的多余输入端均可与使用输入端并联。

2. 电源的选用

TTL 门电路对直流电源的要求较高，74LS 系列要求电源电压范围为 5（1±5%）V，电压稳定度高，纹波小。

CMOS 门电路的电源电压范围较宽，如 4000 B 系列电源电压范围为 3~18 V。电源电压选得越大，CMOS 门电路的抗干扰能力越强。

3. 输入电压范围

输入电压的容许范围是：$-0.5 \text{ V} \leqslant u_i \leqslant U_{CC}(U_{DD})$。

4. 输出端的连接

除三态门、OC 门以外，门电路的输出端不得并联。输出端不许直接接电源或地端，否则可能造成器件损坏。每个门输出所带负载，不得超过它本身的负载能力。

［练习与思考］

7.2.1　CMOS 门电路的主要特点是什么？
7.2.2　普通门电路的输出能否并联？
7.2.3　门电路在使用时应注意哪些问题？

7.3 组合逻辑电路

所谓组合逻辑电路就是其任何时刻的输出信号仅由该时刻的输入信号决定,而与电路原来的状态无关。门电路是构成组合逻辑电路的基本单元电路。研究组合逻辑电路包括两方面的内容:一是组合逻辑电路的分析,二是组合逻辑电路的设计。

微视频7-6
组合逻辑
电路的分析

7.3.1 组合逻辑电路的分析

组合逻辑电路的分析就是根据给定的逻辑电路图,找出输出信号与输入信号之间的逻辑关系,由此判断出它的逻辑功能。

分析组合逻辑电路的一般步骤为:

根据已知的逻辑电路图写出逻辑表达式→运用逻辑代数化简或变换→列出逻辑状态表→说明电路的逻辑功能。

例7.3.1 分析图7.3.1所示的逻辑电路,写出输出 F 的逻辑函数表达式,列出逻辑状态表,指出该电路的逻辑功能。

解 (1)在每个门的输出分别标以 $P_1 \sim P_4$。

(2)从输入到输出逐级写出每个门的逻辑函数表达式

$$P_1 = \overline{ABC}, P_2 = A P_1 = A\overline{ABC}, P_3 = B P_1 = B\overline{ABC}, P_4 = C P_1 = C\overline{ABC}$$

则输出 F 的逻辑表达式为

$$F = \overline{P_2 + P_3 + P_4} = \overline{A\overline{ABC} + B\overline{ABC} + C\overline{ABC}}$$

$$= \overline{A + B + C + ABC} = \overline{A}\,\overline{B}\,\overline{C} + ABC$$

(3)根据输出逻辑函数表达式 F,列出逻辑状态表,如表7.3.1所示。

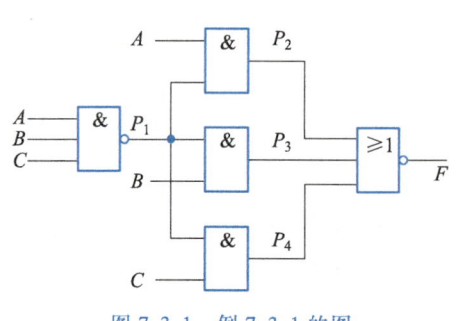

图7.3.1 例7.3.1的图

表7.3.1 例7.3.1的逻辑状态表

A	B	C	F
0	0	0	1
0	0	1	0
0	1	0	0
0	1	1	0
1	0	0	0
1	0	1	0
1	1	0	0
1	1	1	1

(4)从表7.3.1可以看出,图7.3.1所示电路的逻辑功能是:在输入变量相同时,输出 F 为 **1**;不相同时,输出为 **0**。故该电路称为判一致电路,可用于判断三个输入端的状态是否一致。

7.3.2 组合逻辑电路的设计

组合逻辑电路的设计就是根据给定的逻辑功能要求,设计能实现该功能的简单而又可靠的逻辑电路。随着集成电路的迅猛发展,逻辑电路的设计方法也在不断变化。设计组合逻辑电路时,基于选用器件的不同,有着不同的设计方法,一般的设计方法有:

（1）用集成门电路设计组合逻辑电路。

（2）用中规模集成电路（MSI）设计组合逻辑电路。

（3）用可编程逻辑器件（PLD）设计组合逻辑电路。

下面我们介绍用集成门电路设计组合逻辑电路的一般方法。其设计步骤为:

依据设计要求列出逻辑状态表→写出逻辑表达式→运用逻辑代数化简或变换→画逻辑电路图。

例 7.3.2 设计一个 3 人（A、B、C）表决电路,表决按少数服从多数的原则通过。

解 （1）根据逻辑要求列出逻辑状态表。

设输入变量 A、B、C:赞成为 **1**,不赞成为 **0**。输出变量 F:决议通过为 **1**,决议未通过为 **0**。

根据题意列出逻辑状态表如表 7.3.2 所示。

（2）写出逻辑表达式。

根据状态表写表达式的一般步骤:① 在状态表上找出输出为 1 的行;② 将这一行中所有输入变量写成与项,当变量的取值为 1 时写为原变量,当变量的取值为 0 时写为反变量;③ 将所有与项进行**或**便得到逻辑函数表达式。

这里的与项又叫最小项,在最小项里,每个变量都以它的原变量或反变量的形式在与项中出现,且仅出现一次。

表 7.3.2 例 7.3.2 的逻辑状态表

A	B	C	F
0	**0**	**0**	**0**
0	**0**	**1**	**0**
0	**1**	**0**	**0**
0	**1**	**1**	**1**
1	**0**	**0**	**0**
1	**0**	**1**	**1**
1	**1**	**0**	**1**
1	**1**	**1**	**1**

从表中第 4 行可写出 $F = \overline{A}BC$,这个最小项表明当 $A = 0(\overline{A} = 1)$,$B = 1$,$C = 1$ 时,$F = 1$。同样,对应的 6、7、8 行也可写出对应的最小项。表 7.3.2 还表明,只要出现上述任一行的变量组合,F 均为 **1**,这是**或**逻辑。因此

$$F = \overline{A}BC + A\overline{B}C + AB\overline{C} + ABC$$

（3）化简逻辑表达式

$$F = \overline{A}BC + A\overline{B}C + AB\overline{C} + ABC$$
$$= \overline{A}BC + A\overline{B}C + AB\overline{C} + ABC + ABC + ABC$$
$$= (\overline{A} + A)BC + AC(\overline{B} + B) + AB(\overline{C} + C)$$
$$= BC + AC + AB$$

（4）由逻辑表达式画出逻辑图,如图 7.3.2 所示。

如果上例要求用**与非**门实现,则在（3）中,除了化简,还需对逻辑表达式进行转换,转换成**与非**与**非**表达式。

$$F = BC + AC + AB = \overline{\overline{BC + AC + AB}} = \overline{\overline{BC} \cdot \overline{AC} \cdot \overline{AB}}$$

由此可画出逻辑图如图 7.3.3 所示。

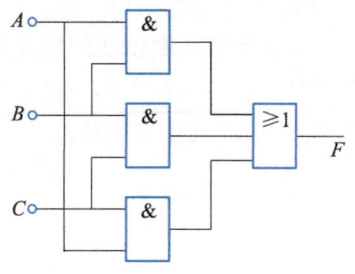

图 7.3.2 例 7.3.2 的电路图

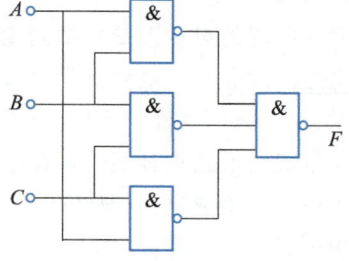

图 7.3.3 例 7.3.2 的与非门电路图

7.3.3 常用中规模组合逻辑电路及其应用

中规模组合逻辑电路的种类很多,如编码器、译码器、数据选择器、数据分配器、全加器、比较器、奇偶发生器和校验器等。这些中规模集成电路应用非常广泛。本节只介绍常用的几种,且讨论的重点在于这些电路的功能及应用。

1. 数据选择器

数据选择器(mulitiplexer,简称 MUX)又称**多路开关**,能够实现从多路数据中选择一路进行传输。从 1 组(n 个)输入数据中选择一路进行传输的称为 1 位(n 选 1)数据选择器,如 8 选 1 和 16 选 1 等;从 m 组数据中各选一路进行传输的称为 m 位数据选择器,如 2 位 4 选 1 数据选择器、4 位 3 选 1 数据选择器等。图 7.3.4(a)(b)分别为 1 位(4 选 1)和 4 位(2 选 1)数据选择器的功能示意图,选择控制端决定哪一路输入数据被选中。

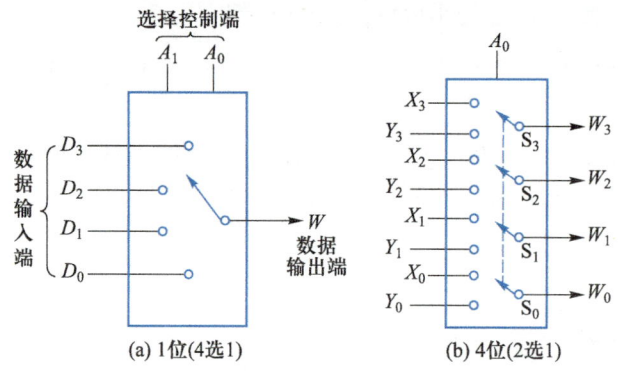

图 7.3.4 数据选择器的功能示意图

下面介绍一个双 4 选 1 数据选择器 74LS153,即一个集成块中集成了 2 个 1 位 4 选 1 数据选择器,它的引脚排列图如图 7.3.5 所示。

74LS153 的逻辑电路图如图 7.3.6 所示。逻辑状态表如表 7.3.3 所示。A_1、A_0 为两个选择控制端,$D_0 \sim D_3$ 为 4 个数据输入端,W 为输出端,E 为使能控制端,当 $\overline{E} = 1$ 时,输出为 **0**,只有 $\overline{E} = 0$ 时,才允许被选中的数据输出。究竟哪一路数据被选中由 A_1、A_0 的不同组合决定。例如当 $A_1 = 1$, $A_0 = 1$ 时,D_3 数据被选中。输出逻辑函数 W 为

$$W = D_0 \overline{A_1}\, \overline{A_0} + D_1 \overline{A_1}\, A_0 + D_2 A_1 \overline{A_0} + D_3 A_1 A_0$$

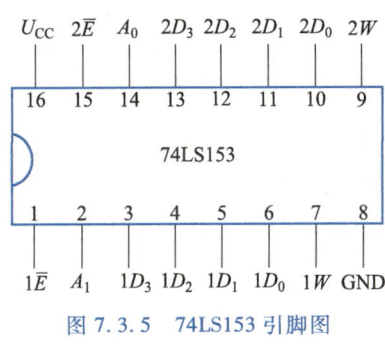

图 7.3.5 74LS153 引脚图

表 7.3.3 74LS153 逻辑状态表

输入			输出
A_1	A_0	$\overline{E}$	W
×	×	1	0
0	0	0	D_0
0	1	0	D_1
1	0	0	D_2
1	1	0	D_3

由上面分析可知:8 选 1 数据选择器需要有 3 个选择控制端,16 选 1 数据选择器需要 4 个选择控制端。

如图 7.3.7 所示,74LS151 是 8 选 1 数据选择器,有 8 个数据输入端 $D_0 \sim D_7$,3 个选择控制端 A_2、A_1、A_0,2 个互补输出 W 和 $\overline{W}$,1 个使能端 $\overline{E}$。表 7.3.4 是其逻辑状态表。

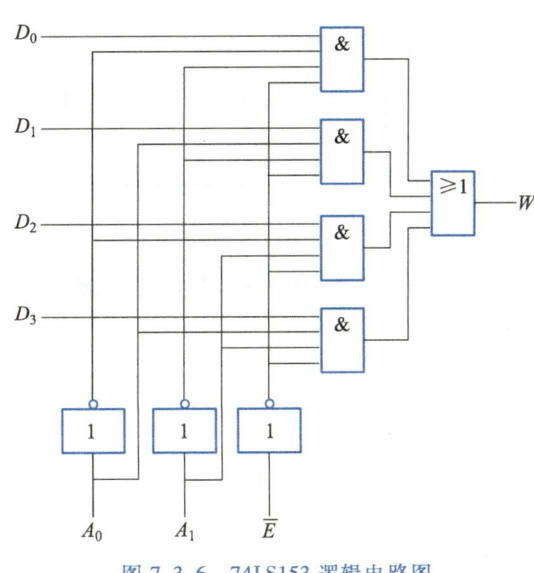

图 7.3.6 74LS153 逻辑电路图

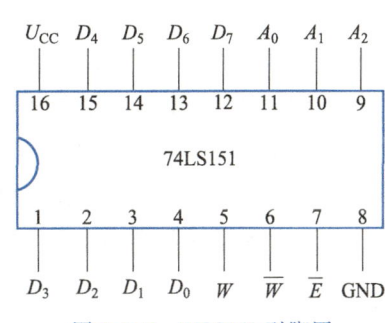

图 7.3.7 74LS151 引脚图

根据表 7.3.4,写出 $\overline{E} = 0$ 时,74LS151 的输出逻辑表达式为

$$W = D_0(\overline{A}_2\,\overline{A}_1\,\overline{A}_0) + D_1(\overline{A}_2\,\overline{A}_1 A_0) + D_2(\overline{A}_2 A_1\,\overline{A}_0) + D_3(\overline{A}_2 A_1 A_0)$$
$$+ D_4(A_2\overline{A}_1\,\overline{A}_0) + D_5(A_2\overline{A}_1 A_0) + D_6(A_2 A_1\overline{A}_0) + D_7(A_2 A_1 A_0)$$

由于 MUX 的每一个数据输入端对应一个地址变量的最小项,因此可方便地实现单输出逻辑函数。下面举例说明。

例 7.3.3 将例 7.3.2 三人表决电路分别用 8 选 1 数据选择器和 4 选 1 数据选择器实现。

解 逻辑状态表略,逻辑表达式为

$$F = \overline{A}BC + A\overline{B}C + AB\overline{C} + ABC$$

微视频 7-9
数据选择
器(2)

（1）用8选1数据选择器实现

与8选1数据选择器的逻辑功能表达式相比较

$$W = D_0(\overline{A_2}\,\overline{A_1}\,\overline{A_0}) + D_1(\overline{A_2}\,\overline{A_1}\,A_0) + D_2(\overline{A_2}A_1\overline{A_0}) + D_3(\overline{A_2}A_1A_0)$$
$$+ D_4(A_2\overline{A_1}\,\overline{A_0}) + D_5(A_2\overline{A_1}A_0) + D_6(A_2A_1\overline{A_0}) + D_7(A_2A_1A_0)$$

令 $A_2 = A, A_1 = B, A_0 = C$，当上式中 $D_3 = D_5 = D_6 = D_7 = 1$，$D_0 = D_1 = D_2 = D_4 = 0$ 时，即可实现 F 的逻辑函数。这种将逻辑表达式与器件的功能表达式相比较的方法称为逻辑对照法，此法常用于中规模集成电路逻辑设计中。

接线图如图 7.3.8 所示。

表 7.3.4　74LS151 逻辑状态表

输入				输出
A_2	A_1	A_0	$\overline{E}$	W
×	×	×	1	0
0	0	0	0	D_0
0	0	1	0	D_1
0	1	0	0	D_2
0	1	1	0	D_3
1	0	0	0	D_4
1	0	1	0	D_5
1	1	0	0	D_6
1	1	1	0	D_7

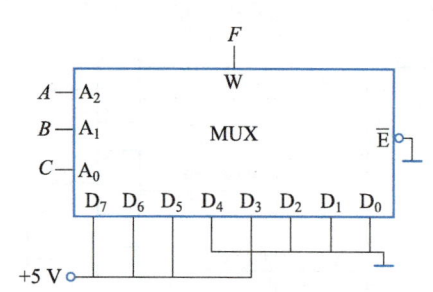

图 7.3.8　8 选 1MUX 实现逻辑函数接线示意图

（2）用4选1数据选择器实现

将 F 的表达式变换成如下形式

$$F = \overline{A}BC + A\overline{B}C + AB\overline{C} + ABC = \overline{A}BC + A\overline{B}C + AB$$

与4选1数据选择器的逻辑功能表达式相比较

$$W = D_0\overline{A_1}\,\overline{A_0} + D_1\overline{A_1}\,A_0 + D_2A_1\overline{A_0} + D_3A_1A_0$$

令 $A_1 = A, A_0 = B$，则 $D_0 = 0, D_1 = D_2 = C, D_3 = 1$ 时，可得 $W = F$。

接线图如图 7.3.9 所示。

2. 编码器

数字系统中有许多数值、文字符号等信息，用若干位 **0** 和 **1** 组成一个二进制数码组（简称代码），并指定它所代表的信息，称为编码。

一位二进制代码有 **0** 和 **1** 两种状态，可以表示两个信息；两位二进制代码有 **00、01、10、11** 四种不同的状态，可表示 4 个信息；若需编码的信息数据量为 N，则所需用二进制代码的位数 n 应满足

$$2^n \geq N$$

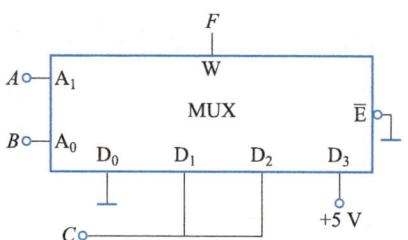

图 7.3.9　4 选 1MUX 实现逻辑
函数接线示意图

微视频 7-10
编码器(1)

实现编码功能的逻辑电路称为编码器。

（1）二进制编码器。二进制编码器是用 n 位二进制数表示 2^n 个信号的编码电路。例如要把 $I_0, I_1, \cdots, I_7$ 八个输入信号编成对应的二进制代码输出，输出需用 3 位二进制代码，用 Y_2、Y_1、Y_0 表示，其编码表或逻辑状态表如表 7.3.5 所示。

表 7.3.5 3 位二进制编码器的状态表

输入								输出		
I_0	I_1	I_2	I_3	I_4	I_5	I_6	I_7	Y_2	Y_1	Y_0
1	0	0	0	0	0	0	0	0	0	0
0	1	0	0	0	0	0	0	0	0	1
0	0	1	0	0	0	0	0	0	1	0
0	0	0	1	0	0	0	0	0	1	1
0	0	0	0	1	0	0	0	1	0	0
0	0	0	0	0	1	0	0	1	0	1
0	0	0	0	0	0	1	0	1	1	0
0	0	0	0	0	0	0	1	1	1	1

根据表 7.3.5，可写出逻辑表达式

$$Y_2 = I_4 + I_5 + I_6 + I_7 = \overline{\overline{I_4}\ \overline{I_5}\ \overline{I_6}\ \overline{I_7}}$$

$$Y_1 = I_2 + I_3 + I_6 + I_7 = \overline{\overline{I_2}\ \overline{I_3}\ \overline{I_6}\ \overline{I_7}}$$

$$Y_0 = I_1 + I_3 + I_5 + I_7 = \overline{\overline{I_1}\ \overline{I_3}\ \overline{I_5}\ \overline{I_7}}$$

由上式可画出用与非门构成的 3 位二进制编码器的逻辑电路图，请读者自己画出。这个 3 位二进制编码器有 8 个输入端、3 个输出端，所以也称 8-3 线编码器。

从逻辑状态表可以看出，每组输出代码对应于某一个输入端为高电平。该编码器每次只允许一个输入信号为 1，如果有多个输入信号同时为 1，其输出将产生混乱。但是在数字系统中，常常要求当编码器有多个输入信号同时为 1 时，输出不但有意义，而且应按事先编排好的优先顺序输出。例如，当计算机所控制的外设（键盘、打印机、软盘等）同时请求工作时，由于计算机同一时间只能做一件事，所以，计算机就要按事先编排好的优先顺序，使外设依优先级别顺序工作。能识别信号的优先级别并进行编码的逻辑电路称为优先编码器。

（2）8-3 线优先编码器。优先编码器对输入信号要求不是特别严格，故使用可靠、方便，应用非常广泛。图 7.3.10 给出了 8-3 线优先编码器 74LS148 的引脚排列图。其中 $\overline{I_0} \sim \overline{I_7}$ 为信号输入端，$\overline{Y_2}$、$\overline{Y_1}$、$\overline{Y_0}$ 为编码输出端，$\overline{S}$ 端为使能控制端，Y_S 为使能输出端，$\overline{Y}_{EX}$ 为片选扩展输出端。输入和输出端全带逻辑非号，表示该电路输入为低电平信号有效，输出为 3 位二进制反码。表 7.3.6 给出了它的逻辑状态表。

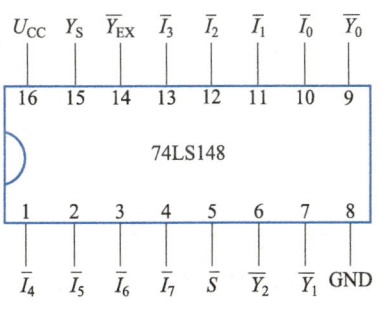

图 7.3.10 优先编码器引脚排列图

由表 7.3.6 可知,它是按照高位优先的原则进行编码的,即优先权 $\bar{I}_7$ 最高,$\bar{I}_0$ 最低。例如 $\bar{I}_5=0$,如果 $\bar{I}_6$、$\bar{I}_7$ 均为 1,则无论 $\bar{I}_4 \sim \bar{I}_0$ 为 0 还是为 1,编码器只对 $\bar{I}_5$ 进行编码,即 $\bar{Y}_2\bar{Y}_1\bar{Y}_0=010$。$\bar{S}$ 控制编码器的工作状态,$\bar{S}=0$ 时,允许编码;$\bar{S}=1$ 时,禁止编码。Y_S、$\bar{Y}_{EX}$ 用以指示输入信号的状态,也用于扩展编码器的功能。

表 7.3.6 74LS148 编码器逻辑状态表

输入									输出				
$\bar{S}$	$\bar{I}_0$	$\bar{I}_1$	$\bar{I}_2$	$\bar{I}_3$	$\bar{I}_4$	$\bar{I}_5$	$\bar{I}_6$	$\bar{I}_7$	$\bar{Y}_2$	$\bar{Y}_1$	$\bar{Y}_0$	$\bar{Y}_{EX}$	Y_S
0	0	1	1	1	1	1	1	1	1	1	1	0	1
0	×	0	1	1	1	1	1	1	1	1	0	0	1
0	×	×	0	1	1	1	1	1	1	0	1	0	1
0	×	×	×	0	1	1	1	1	1	0	0	0	1
0	×	×	×	×	0	1	1	1	0	1	1	0	1
0	×	×	×	×	×	0	1	1	0	1	0	0	1
0	×	×	×	×	×	×	0	1	0	0	1	0	1
0	×	×	×	×	×	×	×	0	0	0	0	0	1
0	1	1	1	1	1	1	1	1	1	1	1	1	0
1	×	×	×	×	×	×	×	×	1	1	1	1	1

注:×代表取值可以为 0,也可以为 1。

微视频 7-11
编码器(2)

(3)二-十进制编码器。二-十进制编码器是将十进制的 0~9 十个数码编成二进制代码的电路。输入是 0~9 十个数码,输出是对应的 4 位二进制代码,这种二进制代码又称二-十进制代码,简称 BCD(binary coded decimal)码。编码的方法很多,如 8421 码、2421 码、余 3 码等。常用的是 8421 编码方式,即选用 4 位二进制代码的前十个数码 0000~1001 来代表 0~9 十个数,因为 4 位二进制数的每位所代表的权值分别为 8、4、2、1,故称为 8421BCD 码(简称 8421 码),如表 7.3.7 所示。若要用 8421 码表示 n 位十进制数,则需用 n 个 8421 码。例如 $(1998)_{10}=(0001\ 1001\ 1001\ 1000)_{8421BCD}$。因为这种编码器有 10 个输入,4 个输出,又称 10-4 线编码器。

表 7.3.7 8421BCD 码

十进制	8421 码	十进制	8421 码
0	0000	5	0101
1	0001	6	0110
2	0010	7	0111
3	0011	8	1000
4	0100	9	1001

74LS147 是一个中规模 10-4 线优先编码器,其引脚排列图如图 7.3.11 所示。它有 9 根输入线 $\bar{I}_1 \sim \bar{I}_9$,4 根输出线 $\bar{Y}_0$、$\bar{Y}_1$、$\bar{Y}_2$、$\bar{Y}_3$,输入为低电平信号有效,输出为 8421BCD 反码,当要

输入十进制数 0 时,只需将全部输入线接高电平。编码优先顺序为 $\bar{I}_9$ 最高,$\bar{I}_1$ 最低。逻辑状态表如表 7.3.8 所示。

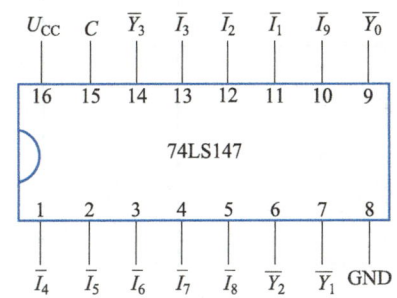

图 7.3.11 二-十进制优先编码器 74LS147 引脚排列图

表 7.3.8 74LS147 编码器逻辑状态表

十进制数	输入(低电平)									输出(8421 反码)			
	$\bar{I}_9$	$\bar{I}_8$	$\bar{I}_7$	$\bar{I}_6$	$\bar{I}_5$	$\bar{I}_4$	$\bar{I}_3$	$\bar{I}_2$	$\bar{I}_1$	$\bar{Y}_3$	$\bar{Y}_2$	$\bar{Y}_1$	$\bar{Y}_0$
0	1	1	1	1	1	1	1	1	1	1	1	1	1
1	1	1	1	1	1	1	1	1	0	1	1	1	0
2	1	1	1	1	1	1	1	0	×	1	1	0	1
3	1	1	1	1	1	1	0	×	×	1	1	0	0
4	1	1	1	1	1	0	×	×	×	1	0	1	1
5	1	1	1	1	0	×	×	×	×	1	0	1	0
6	1	1	1	0	×	×	×	×	×	1	0	0	1
7	1	1	0	×	×	×	×	×	×	1	0	0	0
8	1	0	×	×	×	×	×	×	×	0	1	1	1
9	0	×	×	×	×	×	×	×	×	0	1	1	0

图 7.3.12 是键盘输入数码编码电路示意图,按下某个按键,输入相应的一个十进制数码。例如,1 键按下,则编码器输出为 **1110**,经非门后 $Y_3 \sim Y_0$ 为 **0001**。

3. 译码器

译码是编码的逆过程,译码器的作用刚好与编码器相反,它将输入的二进制代码按其编码时所赋予的含义译成相应的信号输出,输出信号以高、低电平表示。下面分别介绍三种典型的也是应用最广泛的译码电路:二进制译码器、二-十进制译码器和显示译码器。

(1) 二进制译码器(又称为 n-2^n 线译码器)。n-2^n 线译码器可以将 n 位二进制代码的 2^n 种组合译成电路的 2^n 个输出状态。例如 3-8 线译码器是把 3 位二进制输入代码译成 8 个输出状态,如 74LS138;4-16 线译码器是把 4 位二进制输入代码译成 16 个输出状态,如 74LS154。它们又被统称为二进制译码器或全译码器。

现以双 2-4 线译码器 74LS139 为例来说明译码器的功能。74LS139 内部包含两个独立的 2-4 线译码器,图 7.3.13 是它的引脚排列图。电路的状态如表 7.3.9 所示。

微视频 7-12
译码器(1)

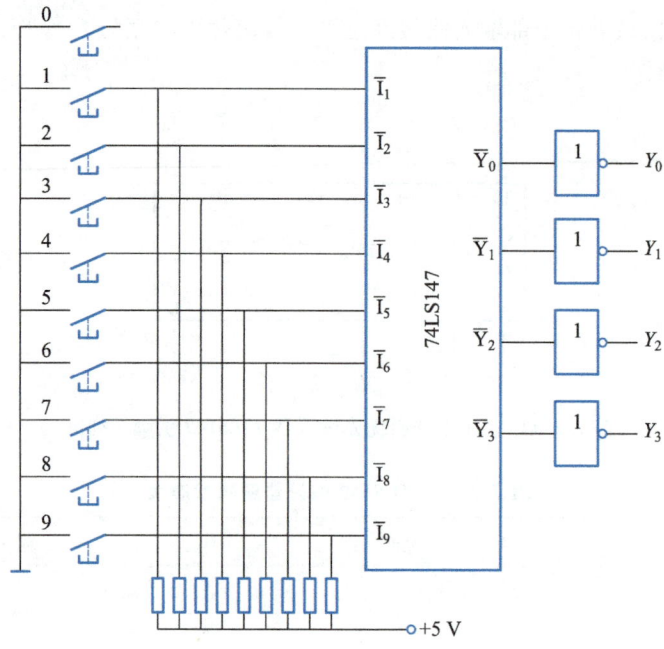

图 7.3.12 键盘输入数码编码电路示意图

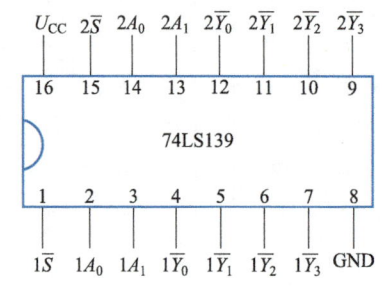

图 7.3.13 译码器 74LS139 引脚排列图

表 7.3.9 74LS149 逻辑状态表

$\overline{S}$	A_1	A_0	$\overline{Y}_0$	$\overline{Y}_1$	$\overline{Y}_2$	$\overline{Y}_3$
1	×	×	1	1	1	1
0	0	0	0	1	1	1
0	0	1	1	0	1	1
0	1	0	1	1	0	1
0	1	1	1	1	1	0

$\overline{S}$ 端为使能端,其作用是控制译码器的工作和扩展其应用,当 $\overline{S}=1$ 时,不论 A_1、A_0 输入状态如何,译码器的所有输出均为高电平 **1**;$\overline{S}=0$ 时,译码器的输出状态按 A_1、A_0 组合进行正常译码,被选中的一路输出为低电平。例如 $A_1=A_0=0$ 时,$\overline{Y}_0=0$,其余输出端均为高电平。$n-2^n$ 线译码器在微机应用系统中常用作地址译码器,用于扩展地址线。$n-2^n$ 线译码器也常用来作为脉冲分配器,例如利用其 n 个输出端轮流出现的低电平(或高电平)信号,可按顺序轮流点亮 n 个指示灯而形成"灯流"。

图 7.3.14 为一个 2-4 线译码器的应用电路,它可将 4 个外部设备 A、B、C、D 的数据分时送入计算机中。外部设备的数据线与计算机数据总线之间选用三态缓冲器,每片三态缓冲器的控制端分别接至 2-4 线译码器的一个输出端上。因译码器控制端 $\overline{S}$ 接地,通过改变输入变量 A_1、A_0 的电平可使 4 个输出端 $\overline{Y}_0 \sim \overline{Y}_3$ 中的某一路为低电平。此时与之相接的三态缓冲器的控制端 $\overline{E}=0$,使缓冲器处于使能状态,相应外设数据即可送入计算机中。其余各三态缓冲器则因控制端接高电平而处于高阻状态,其外设数据线与计算机的

数据总线隔离,相应数据不能送至计算机中。只要使 A_1、A_0 状态分别为 **00**、**01**、**10**、**11**,就可将 A、B、C、D 的数据分时送入计算机中。

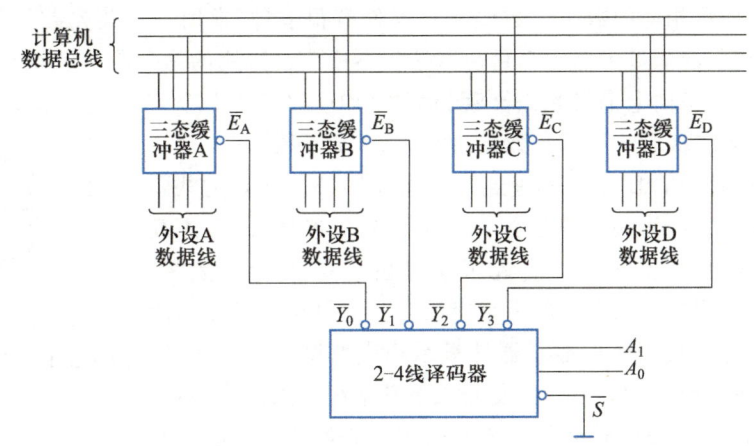

图 7.3.14　4 个外部设备 A、B、C、D 的数据分时送入计算机的电路示意图

（2）二-十进制译码器。将输入的 BCD 码翻译成对应的 10 个高、低电平信号输出的电路叫二-十进制译码器。74LS42 是一种常用的二-十进制译码器,引脚图如图 7.3.15 所示。电路的功能如表 7.3.10 所示。

从逻辑状态表可以清楚地看到,对于 BCD 码以外的编码 **1010~1111**,输出均为高电平,表示译码器不识这些编码,拒译。

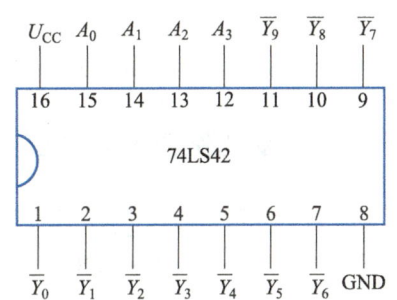

微视频 7-13
译码器(2)

图 7.3.15　二-十进制译码器 74LS42 引脚排列图

表 7.3.10　74LS42 逻辑状态表

十进制数	输入				输出									
	A_3	A_2	A_1	A_0	$\overline{Y_0}$	$\overline{Y_1}$	$\overline{Y_2}$	$\overline{Y_3}$	$\overline{Y_4}$	$\overline{Y_5}$	$\overline{Y_6}$	$\overline{Y_7}$	$\overline{Y_8}$	$\overline{Y_9}$
0	0	0	0	0	0	1	1	1	1	1	1	1	1	1
1	0	0	0	1	1	0	1	1	1	1	1	1	1	1
2	0	0	1	0	1	1	0	1	1	1	1	1	1	1
3	0	0	1	1	1	1	1	0	1	1	1	1	1	1
4	0	1	0	0	1	1	1	1	0	1	1	1	1	1
5	0	1	0	1	1	1	1	1	1	0	1	1	1	1
6	0	1	1	0	1	1	1	1	1	1	0	1	1	1
7	0	1	1	1	1	1	1	1	1	1	1	0	1	1
8	1	0	0	0	1	1	1	1	1	1	1	1	0	1
9	1	0	0	1	1	1	1	1	1	1	1	1	1	0
伪	1	0	1	0	1	1	1	1	1	1	1	1	1	1
	1	0	1	1	1	1	1	1	1	1	1	1	1	1
	1	1	0	0	1	1	1	1	1	1	1	1	1	1
	1	1	0	1	1	1	1	1	1	1	1	1	1	1
码	1	1	1	0	1	1	1	1	1	1	1	1	1	1
	1	1	1	1	1	1	1	1	1	1	1	1	1	1

（3）显示译码器。在数字系统中,常常需要将测量和运算的结果直接以人们习惯的十进制数字形式显示出来。为此,要把二-十进制代码送到译码器,并用译码器的输出去驱动数码显示器件,显示相应的数字。数码显示器件有很多种,常用的有荧光数码管、辉光数码管、半导体数码管、液晶显示器等。目前数字仪器中广泛采用的是七段显示器件。

半导体数码管是由七个发光二极管(简称 LED)构成的七个字段,另有一个发光二极管 p 显示小数点,如图 7.3.16 所示。

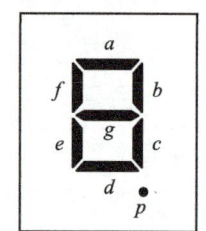

半导体数码管中的 LED 有两种连接方式,图 7.3.17(a)为共阴极连接,图 7.3.17(b)为共阳极连接。对于共阴极连接,阳极为高电平的那个字段亮,将亮字段组合起来便可显示 0~9 十个数字。对于共阳极连接,阴极为低电平的那个字段亮。七段显示译码器的功能是把二-十进制代码译成显示器件显示相应数据所需的信号。

图 7.3.16 半导体数码管

例如设译码器输入为 A_3、A_2、A_1、A_0,发光二极管采用共阴极接法,则当 A_3、A_2、A_1、A_0 均为 0 时,显示器应显示 0,即译码器输出应使 a、b、c、d、e、f 为高电平,g 为低电平。

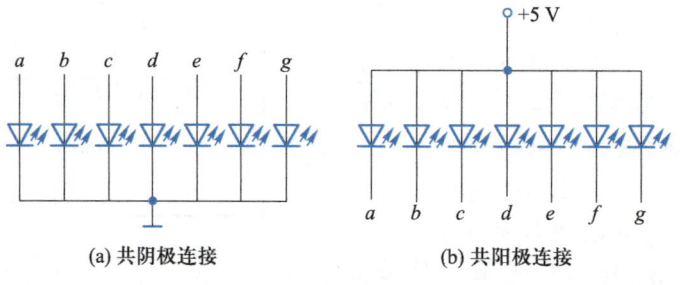

(a) 共阴极连接   (b) 共阳极连接

图 7.3.17 半导体数码管两种连接方式

根据电路结构、性能及所驱动的七段发光显示器的种类不同,七段显示译码器有多种型号。图 7.3.18 是七段显示译码器 74LS49 的引脚排列图。图中 BI 是消隐输入端,当 BI 端输入为 0 时,$Y_a \sim Y_g$ 输出均为 0,数码管熄灭;而正常工作时,BI 接高电平。图 7.3.19 是74LS49 与半导体数码管的连接示意图,译码器的四个输入 A_3、A_2、A_1、A_0 采用 8421BCD 码,

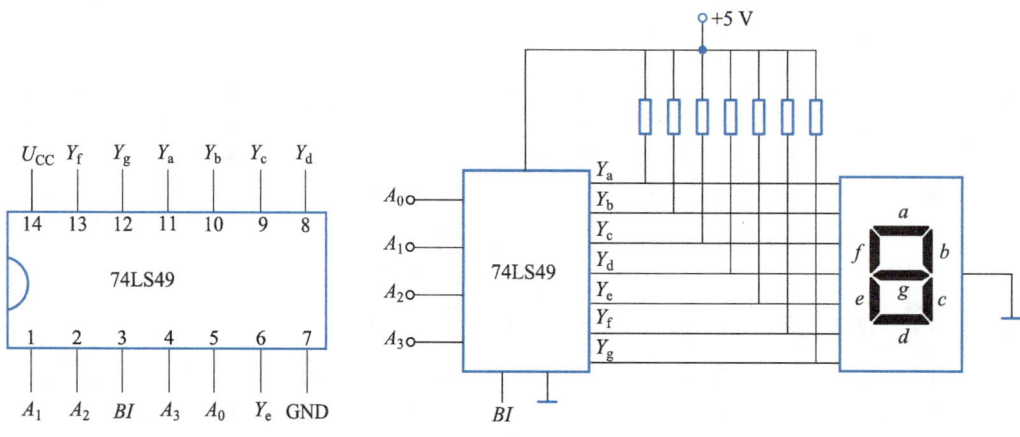

图 7.3.18 74LS49 引脚排列图   图 7.3.19 74LS49 与半导体数码管的连接示意图

Y_a、Y_b、Y_c、Y_d、Y_e、Y_f、Y_g 七个输出端接 LED 显示器的输入端。由于 74LS49 是集电极开路输出,所以输出端要经电阻接电源。需要注意的是,这里的半导体数码管采用共阴极接法,如果采用的是共阳极接法的数码管,则应选用与之相应的译码器,两种接法的译码器不能互换使用。

微视频 7-14
加法器

4. 加法器

加法器用来实现两个二进制数的加法运算,是计算机中最基本的运算单元电路。1 位加法器分为半加器和全加器。半加器不考虑来自低位的进位,将两个 1 位二进制数相加;全加器考虑来自低位的进位,将两个加数和相邻低位的进位信号同时相加。

(1)半加器。半加器的逻辑状态表如表 7.3.11 所示。其中 A、B 是两个加数,S 为相加的和,C 为向高位的进位输出。

由状态表可写出逻辑表达式

$$S = \overline{A}B + A\overline{B} = A \oplus B$$

$$C = AB$$

由此可知,半加器可由一个**异或**门和一个**与**门组成,如图 7.3.20(a)所示。半加器逻辑符号如图 7.3.20(b)所示。

表 7.3.11　半加器的逻辑状态表

A	B	S	C
0	0	0	0
0	1	1	0
1	0	1	0
1	1	0	1

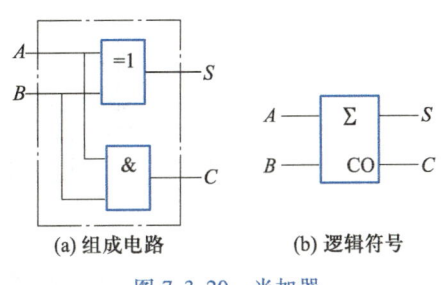

(a) 组成电路　　(b) 逻辑符号

图 7.3.20　半加器

(2)全加器。在多位数加法运算时,除最低位外,其他各位都需要考虑来自低位的进位,全加器将两个对应的加数和来自低位的进位共 3 个数相加。1 位全加器的逻辑状态表如表 7.3.12 所示。

表 7.3.12　全加器的逻辑状态表

A_i	B_i	C_{i-1}	S_i	C_i
0	0	0	0	0
0	0	1	1	0
0	1	0	1	0
0	1	1	0	1
1	0	0	1	0
1	0	1	0	1
1	1	0	0	1
1	1	1	1	1

由逻辑状态表写出输出端的逻辑表达式

$$S_i = \overline{A}_i \overline{B}_i C_{i-1} + \overline{A}_i B_i \overline{C}_{i-1} + A_i \overline{B}_i \overline{C}_{i-1} + A_i B_i C_{i-1}$$

$$C_i = \overline{A}_i B_i C_{i-1} + A_i \overline{B}_i C_{i-1} + A_i B_i \overline{C}_{i-1} + A_i B_i C_{i-1}$$

对以上两式进行化简及变换,得

$$S_i = (\overline{A}_i B_i + A_i \overline{B}_i) \overline{C}_{i-1} + (A_i B_i + \overline{A}_i \overline{B}_i) C_{i-1}$$

$$= A_i \oplus B_i \oplus C_{i-1}$$

$$C_i = (\overline{A}_i B_i + A_i \overline{B}_i) C_{i-1} + A_i B_i (C_{i-1} + \overline{C}_{i-1})$$

$$= (A_i \oplus B_i) C_{i-1} + A_i B_i$$

由逻辑表达式可画出逻辑电路图。可由**异或门**、**与门**及**或门**实现,请读者自己画出;也可以利用两个半加器和一个**或门**实现,如图 7.3.21(a)所示。全加器逻辑符号如图 7.3.21(b)所示。

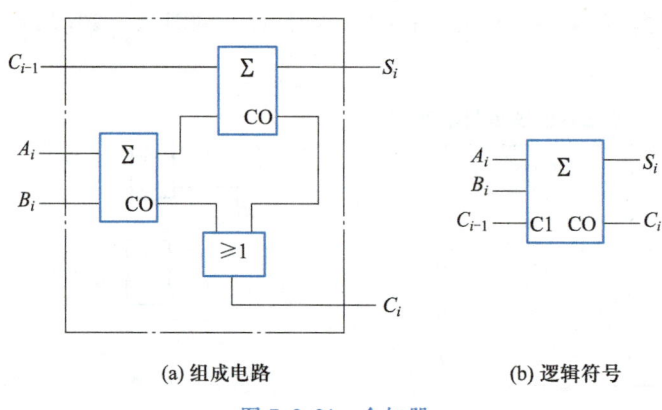

(a) 组成电路   (b) 逻辑符号

图 7.3.21　全加器

上述全加器只能实现多位二进制数中的某一位相加,要实现多位二进制数相加,需多个全加器进行级联。

将多个全加器集成到一个芯片上,可制成集成加法器。如 74LS183 就是在一个芯片中集成了两个功能相同且相互独立的全加器,称为双全加器,它们的引脚排列如图 7.3.22 所示。可用一片 74LS183 实现两位二进制数相加。例如要实现两位二进制数 $A_2 A_1$ 与 $B_2 B_1$ 相加,只需将 A_1、B_1 送入 1、3 引脚,A_2、B_2 送入 13、12 引脚,4 引脚接地,把低位全加器的进位输出引脚 5 与高位全加器的进位输入引脚 11 相连,如图中虚线所示,则可构成二位串行进位的加法器。

串行进位加法器运算速度较慢,为了提高运算速度,可采用超前进位加法器,74LS283 就是四位超前进位加法器。

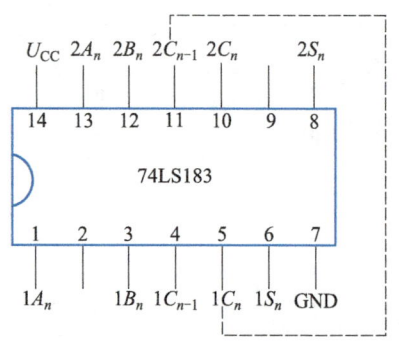

图 7.3.22　双全加器的引脚排列图

*5. 应用实例

图 7.3.23 为用一套显示器件分时显示温度、压力的某数字仪表显示部分框图。显示部分输入的温度、压力分别为两位 8421 码。下面说明其工作情况。

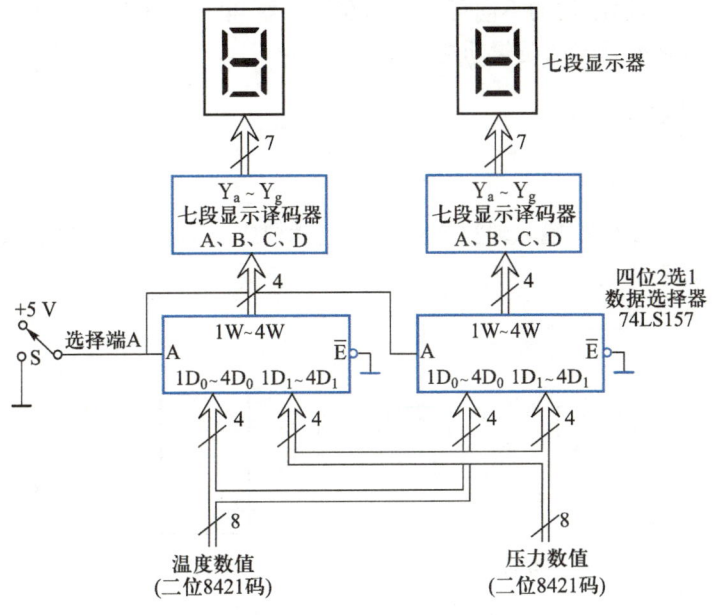

图 7.3.23 分时显示部分的框图

当开关 S 接 +5 V 时（此时 $A=1$），74LS157 输入数据中 $1D_1 \sim 4D_1$ 被选通，此时显示器显示压力数值；S 接地时（此时 $A=0$），74LS157 的输入数据中 $1D_0 \sim 4D_0$ 被选通，显示器显示温度数值。

[练习与思考]

7.3.1 什么是半加器？什么是全加器？

7.3.2 试说明 1+1=2，1+1=10，1+1=1 各式的含义。

7.3.3 试说明编码器、译码器、数据选择器的逻辑功能。

7.3.4 二进制编码（译码）和二-十进制编码（译码）有何不同？

7.3.5 什么是优先编码器？

7.3.6 如何选择显示译码器？

7.3.7 如何用数据选择器实现其他逻辑功能？

7.4 集成触发器

前面介绍的各种门电路及其组合逻辑电路的输出状态仅由当前的输入状态决定，而与电路原来的状态无关，即它们不具有记忆功能。但是一个复杂的数字系统，要连续进行各种复杂的运算和控制，就必须在运算和控制过程中暂时保存（记忆）一定的代码（指令、操作数或控制信号),因此,需要具有记忆功能的电路。双稳态触发器是一种具有记忆功能的基本逻辑单元电路,它有两种稳定状态:0 态和 1 态。在触发信号的作用下,可以从原来的一种稳定状态翻转到另一种稳定状态。按逻辑功能的不同可分为 R-S 触发器、J-K 触发器、D 触发器和 T 触发器等;按电路结构的不同可分为基本触发器、电平触发器和边沿触发器。学习本节的重点是掌握各种触发器的逻辑功能及特点。

7.4.1 R-S 触发器

微视频 7-15
基本 R-S
触发器

1. 基本 R-S 触发器

将两个与非门的输出端、输入端相互交叉连接,就构成了基本 R-S 触发器,如图 7.4.1(a)所示,图(b)为它的逻辑符号。

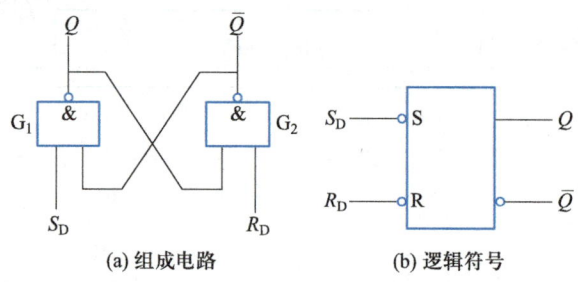

(a) 组成电路   (b) 逻辑符号

图 7.4.1 基本 R-S 触发器

正常工作时输出端 Q 和 $\overline{Q}$ 的逻辑状态相反。通常用 Q 端的状态来表示触发器的状态,当 $Q=0$ 时称触发器为 0 态或复位状态,$Q=1$ 时称触发器为 1 态或置位状态。

下面分四种情况来讨论触发器的逻辑功能。

(1) $R_D=1$, $S_D=1$。设触发器处于 0 态,即 $Q=0$, $\overline{Q}=1$。根据触发器的逻辑电路图,此时 $Q=0$ 反馈到门 G_2 的输入端,从而保证了 $\overline{Q}=1$;而 $\overline{Q}=1$ 反馈到门 G_1 的输入端,与 $S_D=1$ 共同作用,又保证了 $Q=0$。因此触发器仍保持了原来的 0 态。

设触发器处于 1 态,即 $Q=1$, $\overline{Q}=0$。$\overline{Q}=0$ 反馈到门 G_1 的输入端,从而保证了 $Q=1$;而 $\overline{Q}=1$ 反馈到门 G_2 的输入端,与 $R_D=1$ 共同作用,又保证了 $\overline{Q}=0$。因此触发器仍保持了原来的 1 态。

可见,无论原状态为 0 还是为 1,当 R_D 和 S_D 均为高电平时,触发器具有保持原状态的功能,也说明触发器具有记忆 0 或 1 的功能。正因如此,触发器可以用来存放一位二进制数。

(2) $R_D=0$, $S_D=1$。当 $R_D=0$ 时,无论触发器原来的状态如何,都有 $\overline{Q}=1$;这时门 G_1 的两输入端都为 1,则有 $Q=0$,所以触发器置为 0 态。

触发器置 0 后,无论 R_D 变为 1 或仍为 0,只要 S_D 保持高电平($S_D=1$),触发器保持 0 态。也即无论原状态如何,只要 S_D 保持高电平,R_D 端加负脉冲或低电平,都能使触发器置 0,因而 R_D 端称为置 0 端或复位端。

(3) $R_D=1$, $S_D=0$。因 $S_D=0$,无论 $\overline{Q}$ 的状态如何,都有 $Q=1$;所以,触发器被置为 1 态。一旦触发器被置为 1 态之后,只要保持 $R_D=1$ 不变,即使 S_D 由 0 跳变为 1,触发器仍保持 1

态。S_D 端称为置 1 端或置位端。

（4）$R_D=0$，$S_D=0$。无论触发器原来状态如何，只要 R_D、S_D 同时为 **0**，都有 $Q=\overline{Q}=1$，不符合 Q 和 $\overline{Q}$ 为相反的逻辑状态的要求。一旦 R_D 和 S_D 由低电平同时跳变为高电平，由于门的传输延迟时间不同，使得触发器的状态不确定。因此在使用中应该禁止这种情况的发生。

综上所述，得到基本 $R\text{-}S$ 触发器的逻辑状态表，如表 7.4.1 所示。

在图 7.4.1(b) 所示的逻辑符号中，输入端靠近方框处画有 "○"，其含义是负脉冲或低电平置位或复位。也有采用正脉冲或高电平来置位或复位的基本 $R\text{-}S$ 触发器，其逻辑符号中输入端靠近方框处没有 "○"。

表 7.4.1　基本 $R\text{-}S$ 触发器逻辑状态表

R_D	S_D	Q	说明
0	**1**	**0**	复位
1	**0**	**1**	置位
1	**1**	保持原状态	记忆功能
0	**0**	$Q=\overline{Q}=1$	应禁止

基本 $R\text{-}S$ 触发器，虽然具有记忆和置 **0**、置 **1** 功能，可以用来表示或存储一位二进制数码，但由于基本 $R\text{-}S$ 触发器的输出状态受输入状态的直接控制，使其应用范围受到限制。因为一个数字系统中往往有多个触发器，因而要求用统一的信号来指挥触发器的动作，这个指挥信号是脉冲序列，通常称为时钟脉冲。由时钟脉冲控制的触发器称为钟控触发器。

2. 钟控 $R\text{-}S$ 触发器

钟控 $R\text{-}S$ 触发器的逻辑图如图 7.4.2(a) 所示。上面两个与非门 G_1、G_2 构成基本 $R\text{-}S$ 触发器；下面的两个与非门 G_3、G_4 组成控制电路，通常称为控制门，以控制触发器状态的翻转时刻。其逻辑符号如图 7.4.2(b) 所示。R 和 S 为控制端（输入端），CP 为时钟脉冲输入端，R_D 为直接复位端或直接置 0 端，S_D 为直接置位端或置 1 端，它们不受时钟脉冲 CP 的控制。一般用在工作之初预先使触发器处于某一给定状态，在工作过程中不用它们。逻辑符号方框处的 "○" 和输入信号的非号表示低电平有效，并不表示非逻辑。

微视频 7-16
钟控 $R\text{-}S$
触发器

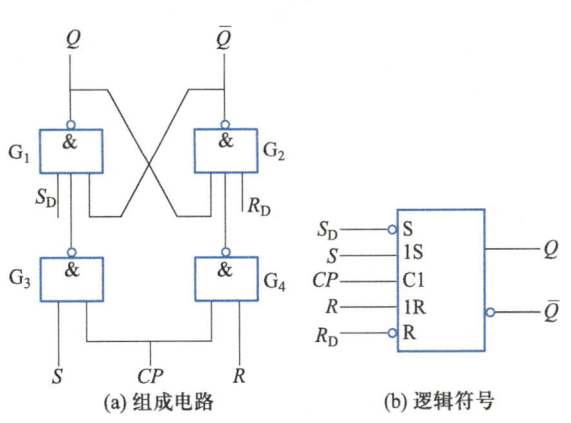

(a) 组成电路　　(b) 逻辑符号

图 7.4.2　钟控 $R\text{-}S$ 触发器

当 $CP=0$ 时，G_3、G_4 门将封锁。这时不论 R 和 S 端输入何种信号，G_3、G_4 门输出均为 **1**，基本 $R\text{-}S$ 触发器的状态不变。当 $CP=1$ 时，G_3、G_4 门打开，输入信号通过 G_3、G_4 门的输出去触发基本 $R\text{-}S$ 触发器。

下面分析 $CP=1$ 期间触发器的工作情况：$R=0$，$S=1$，G_3 门输出低电平 **0**，从而使 G_1 门输出高电平 **1**，即 $Q=1$；$R=1$，$S=0$，这时将使触发器置 **0**；当 $R=S=0$ 时，G_3、G_4 门的输出全都

为 1,触发器的状态不变。但当 $R=S=1$,G_3、G_4 门的输出均为 0,违背了基本 $R-S$ 触发器的输入条件,应禁止。因此,对钟控 $R-S$ 触发器来说,R 端和 S 端不允许同时为 1。

根据上述分析得到钟控 $R-S$ 触发器 $CP=1$ 时的逻辑状态表如表 7.4.2 所示。Q^n 表示在 CP 作用前触发器的状态,称为现态;Q^{n+1} 表示在 CP 作用后触发器的状态,称为次态。

表 7.4.2　钟控 $R-S$ 触发器逻辑状态表

R	S	Q^{n+1}	说明
0	0	Q^n	输出状态不变
1	0	0	}同 S 端状态
0	1	1	
1	1	×	输出状态不定,应禁止

钟控 $R-S$ 触发器在 $CP=0$ 时,无论 R 和 S 如何变化,触发器输出端状态都不变。只有在 $CP=1$ 期间,触发器才能接受输入信号引起输出状态的变化,这种触发器称作电平触发器。数字集成电路手册及外文资料中常称为锁存器。在 $CP=1$ 期间,若钟控 $R-S$ 触发器的输入发生多次变化则会引起触发器状态的多次翻转。这种在同一 CP 脉冲下引起触发器两次或多次翻转的现象称为空翻,这是电平触发器的缺点。还有一种触发器为边沿触发器,它只在时钟脉冲的上升沿(正边沿)或下降沿(负边沿)到来时接受此刻的输入信号,进行状态转换,而其他时刻输入信号状态的变化对触发器状态没影响。下面介绍的就是这种边沿触发器。

微视频 7-17
$J-K$ 触发器和 D 触发器

7.4.2　$J-K$ 触发器

$J-K$ 触发器是一种功能比较完善,应用极为广泛的触发器。内部由若干个门电路构成,对于使用者而言,只需关心它的外部特性就可以了。不同的内部电路结构具有不同的触发特性,可以用逻辑符号加以区分。图 7.4.3 是 CP 下降沿触发的 $J-K$ 触发器的逻辑符号。它有一个直接置位端 S_D,一个直接复位端 R_D,有两个输入端 J 和 K,一个时钟脉冲输入端 CP,方框内的 ">" 表示边沿触发,方框外的 "○" 代表下降沿触发,即在 $CP=1$ 和 $CP=0$ 时,触发器输出状态不变,当 CP 由 1 跳变为 0 的瞬间,触发器输出状态依据 J 和 K 端的状态而定。若 C 端处无 "○",则表明在 CP 的上升沿触发。表 7.4.3 为 $J-K$ 触发器在 CP 边沿时刻的逻辑状态表。Q^n 表示 CP 下降沿到来之前瞬间触发器的状态(现态);Q^{n+1} 表示 CP 下降沿到来之后触发器新的状态(次态)。

表 7.4.3　$J-K$ 触发器逻辑状态表

J	K	Q^{n+1}	说明
0	0	Q^n	输出状态不变
0	1	0	}同 J 端状态
1	0	1	
1	1	$\overline{Q^n}$	输出状态翻转

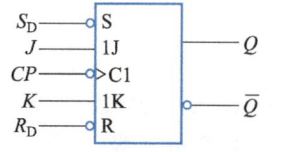

图 7.4.3　$J-K$ 触发器的逻辑符号

由逻辑状态表可知 $J-K$ 触发器的逻辑功能为：

（1）当 $J=0,K=0$ 时，时钟脉冲触发后，触发器的状态不变。即如果触发器为 **1** 态，时钟脉冲触发后，触发器仍为 **1** 态。若触发器为 **0** 态，时钟脉冲触发后，触发器仍保持 **0** 态。也即 J 和 K 都为 **0** 时，触发器具有保持原状态不变的功能。

（2）当 $J=0,K=1$ 时，无论触发器原来是何种状态，时钟脉冲触发后，输出均为 **0** 态；当 $J=1,K=0$ 时，时钟脉冲触发后，输出均为 **1** 态。即 J、K 相异时，时钟脉冲触发后，触发器状态同 J 端状态。

（3）当 $J=1,K=1$ 时，时钟脉冲触发后，触发器状态翻转，即若原来为 **1** 态，时钟脉冲触发后，触发器变为 **0** 态；若原来为 **0** 态，则触发器变为 **1** 态。也即来一个触发脉冲，触发器状态翻转一次，说明它具有计数功能。

为了扩大 $J-K$ 触发器的应用范围，常常做成多输入端结构，图 7.4.4 为一个 J、K 端各有三个输入且上升沿触发的 $J-K$ 触发器的逻辑符号。各同名输入端为与逻辑关系，即

$$J=J_1J_2J_3, \quad K=K_1K_2K_3$$

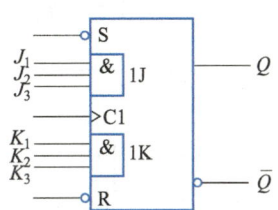

图 7.4.4 J、K 端各有三个输入的 $J-K$ 触发器的逻辑符号

例 7.4.1 已知一下降沿触发 $J-K$ 触发器，J、K 及 CP 波形如图 7.4.5 所示。设触发器初始状态为 **0**。试画出输出端 Q 的波形。

解 在 $CP=1$ 期间，输出状态不变，当 CP 由 **1** 跳变为 **0** 时，输出状态依据此跳变前一瞬间 J、K 端的状态而定。

t_1 时刻第一个 CP 脉冲下降沿到来时，$J=1,K=0$，因而 Q 端同 J 端状态为 **1**，即 Q 由初始 **0** 态翻转为 **1** 态，一直保持到 t_2 时刻；t_2 时刻 $J=0,K=0$，触发器应保持原状态不变，因而仍为 **1**；直到 t_3 时刻，$J=0,K=1$，Q 端同 J 端状态为 **0**。依次类推，得 Q 端波形如图 7.4.5 所示。

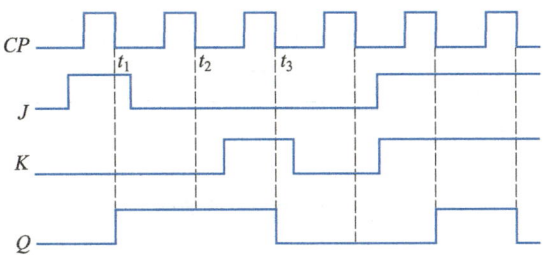

图 7.4.5 例 7.4.1 的图

例 7.4.2 已知一 $J-K$ 触发器接成如图 7.4.6(a) 所示的电路，时钟脉冲 CP 波形如图 7.4.6(b) 所示，设触发器初始状态为 **0**，试画出 Q 端的波形。

解 由接线图知，J、K 均接 **1**，因而输出端 Q 的状态在 CP 下降沿到来后，总是处于翻转状态，波形如图 7.4.6(b) 所示。

由输出波形可见，Q 端输出脉冲的频率是 CP 时钟脉冲频率的 $\frac{1}{2}$，所以该电路可作分频器用，实现对 CP 时钟脉冲的二分频。

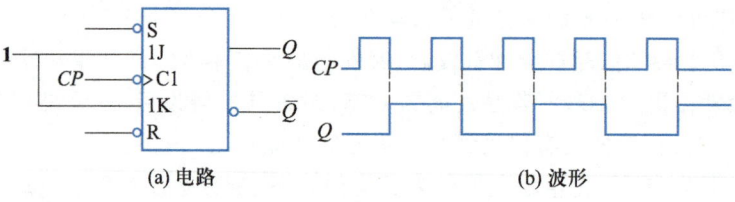

图 7.4.6 例 7.4.2 的图

7.4.3 D 触发器

D 触发器也是一种应用广泛的触发器,图 7.4.7 为 D 触发器的逻辑符号。D 为输入端,S_D 为直接置位端,R_D 为直接复位端,在 CP 的上升沿触发(若 C 端有"○",则表示下降沿触发)。表 7.4.4 为其逻辑状态表。

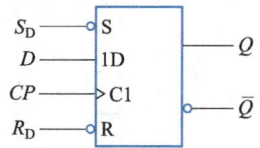

图 7.4.7 D 触发器的逻辑符号

表 7.4.4 D 触发器的逻辑状态表

D	Q^{n+1}	说明
0	**0**	输出状态与
1	**1**	D 端相同

由逻辑状态表可知,D 触发器的逻辑功能为:时钟脉冲触发后,触发器的状态等于 CP 上升沿到来前一瞬间 D 端的状态。与 J-K 触发器一样,为了扩大使用范围,也常做成有多个输入的 D 触发器,各输入间是与逻辑关系。

例 7.4.3 分析图 7.4.8(a)所示电路的逻辑功能,并画出 Q 端的波形。设触发器初始状态为 **0**。

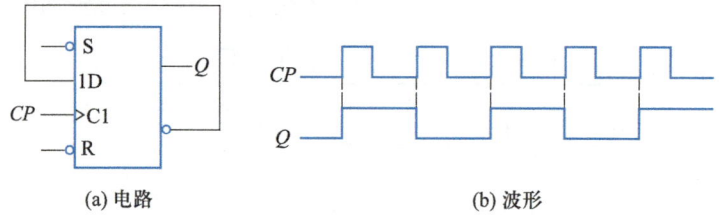

(a) 电路   (b) 波形

图 7.4.8 例 7.4.3 的图

解 D 触发器的输入端与 $\overline{Q}$ 相连,即 $D=\overline{Q}$。设 D 触发器初始状态为 **0**,则 $\overline{Q}$ 为 **1**,即 D 端为 **1**,当来一个 CP 上升沿后,Q 端与 D 端状态相同,因而跳变为 **1**,此时 $\overline{Q}$ 变为 **0**。再来一个 CP 上升沿后,Q 端又变为 **0**,依次类推。得 Q 端的波形如图 7.4.8(b)所示。

可见,该电路的功能为来一个 CP 脉冲,Q 端状态翻转一次,具有计数功能。具有这种功能的触发器称为 T′触发器。

例 7.4.4 分析图 7.4.9 所示电路的逻辑功能。

解 J-K 触发器的 J、K 端连在一起作为一个输入端。由 J-K 触发器的逻辑功能知,$T=0$ 时,在时钟脉冲 CP 的下降沿来到后,输出状态不变;$T=1$ 时,来一个 CP 下降沿,触发器状

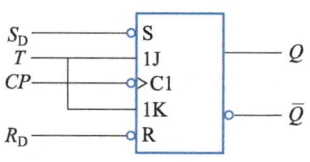

图 7.4.9 例 7.4.4 的图

态翻转一次。具有这种计数功能的触发器称为 T 触发器。

从以上例题可知，根据需要，可以将某种逻辑功能的触发器通过简单的连线或附加逻辑门转换成另一种逻辑功能的触发器，这在实际应用中是会经常遇到的。

触发器的应用十分广泛，利用它可组成许多实用和有趣的电路。

[练习与思考]

7.4.1　为什么说双稳态触发器具有记忆功能？

7.4.2　试述 R-S、J-K、D、T 等触发器的逻辑功能，并默写出其逻辑状态表。

7.4.3　触发器的 S_D 和 R_D 端起什么作用？不用时应处于什么状态？

7.4.4　边沿触发器有什么优点？

7.5　时序逻辑电路

时序逻辑电路是由触发器和组合逻辑电路组成的逻辑电路，它的输出不仅与当时的输入状态有关，而且还与电路原来的状态（触发器的状态）有关。

时序逻辑电路分为同步时序逻辑电路和异步时序逻辑电路两大类。在同步时序逻辑电路中，各触发器共用同一个时钟脉冲，因而各触发器的动作均与时钟脉冲同步。在异步时序逻辑电路中，各触发器不共用同一个时钟脉冲，因而各触发器的动作时间不同步。

7.5.1　时序逻辑电路的分析

分析一个时序电路，就是根据已知的时序电路图，从中找出电路的状态和输出在输入变量和时钟信号作用下的变化规律，从而发现电路的逻辑功能。

一般按如下步骤进行分析：

（1）首先判断是同步还是异步。

（2）根据所给电路图写出各触发器输入端的逻辑表达式。

（3）根据逻辑表达式和触发器的逻辑功能，列写逻辑状态转换表。

（4）确定该时序电路的状态变化规律和逻辑功能。

1. 同步时序逻辑电路分析

例 7.5.1　分析图 7.5.1 所示的时序逻辑电路的逻辑功能。

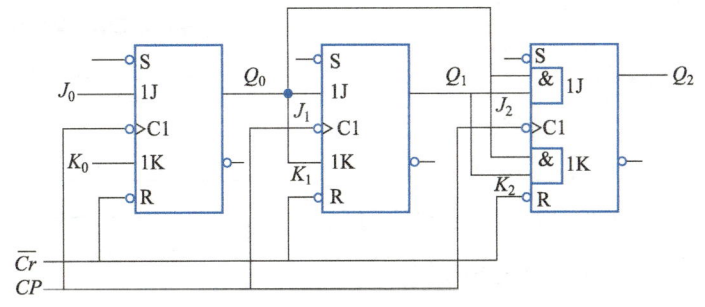

图 7.5.1　例 7.5.1 的图

微视频 7-18
同步时序
逻辑电路
的分析

解　（1）CP 同时接到各触发器的时钟脉冲输入端,因而是一个同步时序电路。

（2）根据所给电路图写出各触发器输入端的逻辑表达式

$$J_0 = K_0 = 1, J_1 = K_1 = Q_0, J_2 = K_2 = Q_0 Q_1$$

（3）根据逻辑表达式和触发器的逻辑功能,列写电路的状态转换表。其状态转移表如表 7.5.1 所示。其工作波形如图 7.5.2 所示。

表 7.5.1　例 7.5.1 的状态转换表

CP	现态			输入端						次态		
	Q_2^n	Q_1^n	Q_0^n	J_2	K_2	J_1	K_1	J_0	K_0	Q_2^{n+1}	Q_1^{n+1}	Q_0^{n+1}
1	0	0	0	0	0	0	0	1	1	0	0	1
2	0	0	1	0	0	1	1	1	1	0	1	0
3	0	1	0	0	0	0	0	1	1	0	1	1
4	0	1	1	1	1	1	1	1	1	1	0	0
5	1	0	0	0	0	0	0	1	1	1	0	1
6	1	0	1	0	0	1	1	1	1	1	1	0
7	1	1	0	0	0	0	0	1	1	1	1	1
8	1	1	1	1	1	1	1	1	1	0	0	0

（4）由状态转换表可以看出,每来 8 个时钟脉冲,电路的状态从 000→001→⋯→111→000 依次循环,所以这个电路具有对时钟脉冲计数的功能,是一个同步八进制计数器。

由以上分析可总结出以下几个结论:

① 三个触发器组成计数器,经 8 个计数脉冲,计数器状态循环一次,所以是一个八进制计数器,也称模值为 8 的计数器或称 8 计数器。因而,n 个触发器串联,可组成模值为 2^n 的计数器。

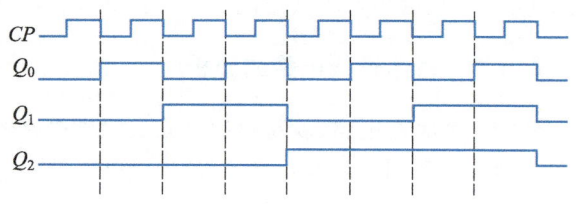

图 7.5.2　例 7.5.1 的工作波形

② 由波形图可见:Q_0 波形的频率是 CP 波形频率的 $\dfrac{1}{2}$,Q_1 的频率是 Q_0 频率的 $\dfrac{1}{2}$⋯⋯,即各级输出波形的频率均为前级的二分频。因此用模值为 2^n 的计数器可对 CP 进行 2^n 分频。

③ 每来一个 CP 脉冲,计数器的状态加 1,所以叫加法计数。相反,每来一个 CP 脉冲,计数器的状态减 1,叫减法计数器。

图 7.5.3 是一个计数器的简单应用示意图。译码器 74LS138 输出低电平有效,设计数器初态 $Q_2 Q_1 Q_0 = 000$,译码器输出 $\overline{Y}_0 = 0$,其余输出为 1,最左边的二极管点亮,每输入一个时钟脉冲,$\overline{Y}_0 \sim \overline{Y}_7$ 线上的低电平就会右移一位,发光二极管自左向

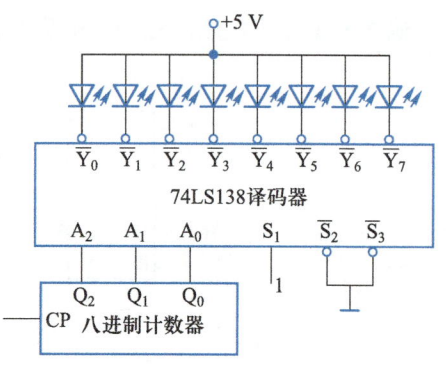

图 7.5.3　计数器应用电路示意图

右依次轮流点亮,好像一串灯光在流动。改变时钟脉冲的频率就可改变发光二极管点亮时间的长短。

2. 异步时序逻辑电路分析

例7.5.2 分析图7.5.4所示电路的逻辑功能。

微视频7-19
异步时序
逻辑电路
的分析

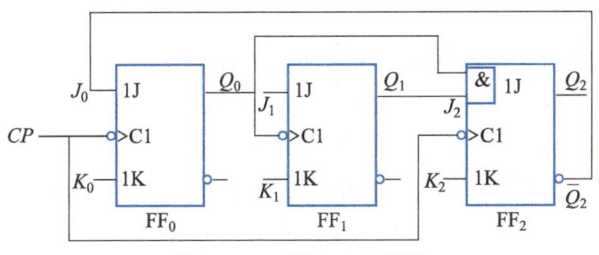

图 7.5.4 例 7.5.2 的图

解 (1) CP 同时加到触发器 FF_0 和 FF_2 的时钟脉冲输入端,而 FF_1 的时钟脉冲输入端与 Q_0 相连,因而是一个异步计数器。在分析时就应注意:来一个计数脉冲下降沿,FF_0、FF_2 的状态根据其 J、K 端的状态确定,而触发器 FF_1 状态是否变化,要看 Q_0 端是否有下降沿,即是否由 **1** 变为 **0**。

(2) 各触发器输入端的逻辑表达式为

$$J_0 = \overline{Q_2}, K_0 = 1; J_1 = K_1 = 1; J_2 = Q_0 Q_1, K_2 = 1$$

(3) 列写逻辑状态表。根据(2)和 J-K 触发器的逻辑功能,得状态转换表如表7.5.2所示。注意表中,虽然 $J_1 = K_1 = 1$,但 Q_1 并不是每个 CP 下降沿必翻转一次,而是每当 Q_0 由 **1** 变为 **0** 时,才翻转一次。

(4) 由状态表可知该电路经 5 个 CP 脉冲,状态循环一次,为异步五进制计数器。

(5) 从状态表可知,在 CP 作用下,$Q_2 Q_1 Q_0$ 按照 **000→001→010→011→100→000** 的规律变化,5 个状态为一次循环,而不出现 **101**、**110**、**111** 这 3 个状态。通常将计数器循环中出现的状态称为有效状态,计数器循环中不出现的状态称为无效状态。计数器在正常工作时,电路状态只在有效状态内循环,不会出现无效状态。但如果外界干扰或其他偶然因素的作用,可能会使逻辑电路出现无效状态,这时如果在时钟脉冲作用下能使电路自动回到某个有效状态,称为电路能自启动。从表7.5.2可以看出,该电路可以自启动。

表 7.5.2 例 7.5.2 的状态转换表

CP	现态			输入端						次态		
	Q_2^n	Q_1^n	Q_0^n	J_2	K_2	J_1	K_1	J_0	K_0	Q_2^{n+1}	Q_1^{n+1}	Q_0^{n+1}
0	**0**	**0**	**0**	**0**	**1**	**1**	**1**	**1**	**1**	**0**	**0**	**1**
1	**0**	**0**	**1**	**0**	**1**	**1**	**1**	**1**	**1**	**0**	**1**	**0**
2	**0**	**1**	**0**	**0**	**1**	**1**	**1**	**1**	**1**	**0**	**1**	**1**
3	**0**	**1**	**1**	**1**	**1**	**1**	**1**	**1**	**1**	**1**	**0**	**0**
4	**1**	**0**	**0**	**0**	**1**	**1**	**1**	**0**	**1**	**0**	**0**	**0**
5	**1**	**0**	**1**	**0**	**1**	**1**	**1**	**0**	**1**	**0**	**1**	**0**
6	**1**	**1**	**0**	**0**	**1**	**1**	**1**	**0**	**1**	**0**	**1**	**0**
7	**1**	**1**	**1**	**1**	**1**	**1**	**1**	**0**	**1**	**0**	**0**	**0**

7.5.2 常用中规模时序逻辑电路及其应用

常用的中规模时序逻辑电路有寄存器和计数器,而每一种器件往往具有多种逻辑功能,在进行数字系统设计时可灵活用来实现特定的逻辑功能。

1. 寄存器

微视频 7-20 常用中规模时序逻辑电路之寄存器

寄存器是数字测量和数字控制系统中常用的部件,是计算机的主要部件之一,用来暂时存放数据或指令。触发器有 **0** 和 **1** 两个稳定状态,所以一个触发器可以寄存一位二进制数。寄存 n 位二进制数,则需 n 个触发器。寄存器有数码寄存器和移位寄存器两种。

(1)数码寄存器。数码寄存器具有暂时存放数码的功能,根据需要可以将存放的数码随时取出。图 7.5.5 是由 4 个 D 触发器构成的 4 位数码寄存器的逻辑电路图。CP 为寄存指令输入端,$\overline{Cr}$ 为清零输入端,D_0、D_1、D_2、D_3 是数据输入端,Q_0、Q_1、Q_2、Q_3 为输出端。待存数码为 $d_3d_2d_1d_0$。在接受数码之前,通常先清零,即发出清零负脉冲,使各触发器置零。

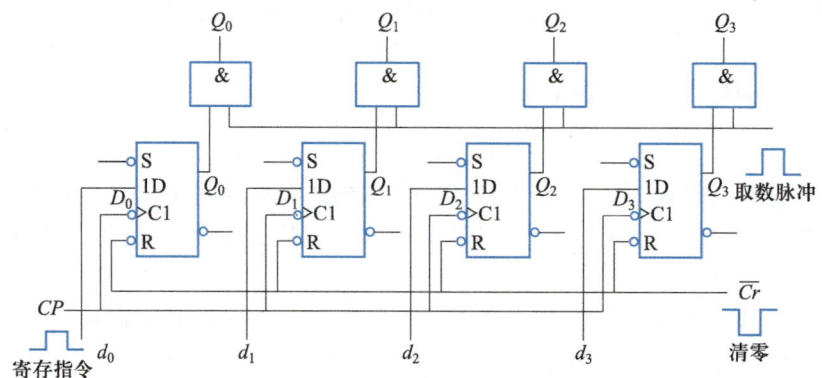

图 7.5.5 数码寄存器

设要寄存数码 **1010**,先将其送至各触发器 D 输入端 D_3、D_2、D_1、D_0。当寄存指令 CP 上升沿到达时,实现并行送数,数码 **1010** 就暂存到寄存器中。$CP = 0$ 时,各触发器处于保持状态。需要取出数码时,各位数码在取数脉冲的作用下,从各触发器输出端上同时取出。每当各输入端的新数据被寄存指令送入寄存器后,原存的数据被自动刷新。

上述寄存器在输入数码时数码的各位同时进入寄存器,取出时各位数码同时出现在输出端,因此这种寄存器也称为并行输入–并行输出寄存器。

(2)移位寄存器。移位寄存器不仅能寄存数码,而且具有移位功能。所谓移位就是在移位脉冲的作用下,寄存器中的各位数码依次向左(或向右)移动。

图 7.5.6 是单向右移移位寄存器的逻辑电路图。CP 是移位脉冲输入端,Cr 是清零端,高电平有效,D_{SR} 为右移数据输入端,$Q_0 \sim Q_3$ 是并行数据输出端。

其工作过程如下:

首先使 $Cr = 1$,进行清零,使寄存器初态 $Q_0 \sim Q_3 = \textbf{0000}$。然后令 $Cr = 0$,处于"右移"工作状态。假设输入数据为 $d_0d_1d_2d_3 = \textbf{1011}$,因为 $Q_0^{n+1} = D_{SR}$,$Q_1^{n+1} = D_1 = Q_0^n$,$Q_2^{n+1} = D_2 = Q_1^n$,$Q_3^{n+1} = D_3 = Q_2^n$,在第一个 CP 作用前串行数据输入端 $D_{SR} = d_3 = \textbf{1}$,则在第一个移位脉冲作用下,寄存

器状态依次右移一位。经过四个 CP 脉冲后,四位数据 **1011** 移入了移位寄存器。在移位脉冲作用下,移位寄存器中的数码状态转换表如表 7.5.3 所示。

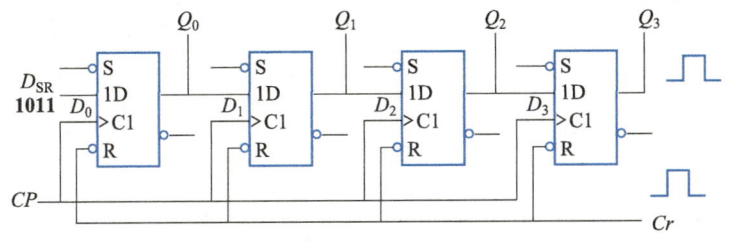

图 7.5.6 移位寄存器

表 7.5.3 状态转换表

移位脉冲顺序	串行输入数据	移位寄存器状态			
		Q_0	Q_1	Q_2	Q_3
0	**0**	**0**	**0**	**0**	**0**
1	**1**	**1**	**0**	**0**	**0**
2	**1**	**1**	**1**	**0**	**0**
3	**0**	**0**	**1**	**1**	**0**
4	**1**	**1**	**0**	**1**	**1**

其移位过程如图 7.5.7 所示。

对于图 7.5.6 所示电路,可以从 4 个触发器的输出端 $Q_0 \sim Q_3$ 得到并行的数码输出,实现**串行输入-并行输出**的工作方式;若要串行输出,需要经过 4 个 CP 移位脉冲,数据又按原来的输入次序从 Q_3 端输出,从而实现了**串行输入-串行输出**的工作方式。

以上讨论的为右移寄存器。左移寄存器的构成原理与此相同。除了单向移位寄存器外,还有既可左移又可右移的双向移位寄存器。寄存器 74LS194 就是一个 4 位双向移位寄存器,其逻辑符号如图 7.5.8 所示,其逻辑功能见表 7.5.4。

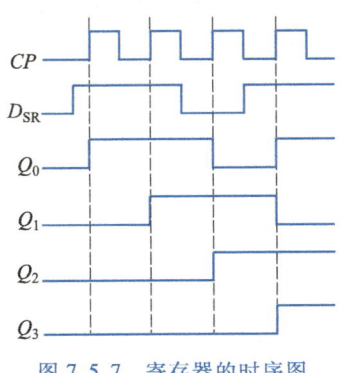

图 7.5.7 寄存器的时序图　　　　图 7.5.8 74LS194 的逻辑符号图

$D_0 \sim D_3$ 为并行数据输入端,D_{SL}、D_{SR} 分别是左移、右移串行数据输入端,M_0、M_1 为工作方式选择端,$Q_0 \sim Q_3$ 为数据输出端。$\overline{Cr}$ 为低电平有效的清零端。

表 7.5.4 74LS194 的逻辑功能表

功能	输入										输出			
	$\overline{Cr}$	M_1	M_0	CP	D_{SR}	D_{SL}	D_0	D_1	D_2	D_3	Q_0^{n+1}	Q_1^{n+1}	Q_2^{n+1}	Q_3^{n+1}
清零	0	×	×	×	×	×	×	×	×	×	0	0	0	0
保持	1	×	×	0	×	×	×	×	×	×	Q_0^n	Q_1^n	Q_2^n	Q_3^n
送数	1	1	1	↑	×	×	a	b	c	d	a	b	c	d
右移	1	0	1	↑	1	×	×	×	×	×	1	Q_0^n	Q_1^n	Q_2^n
	1	0	1	↑	0	×	×	×	×	×	0	Q_0^n	Q_1^n	Q_2^n
左移	1	1	0	↑	×	1	×	×	×	×	Q_1^n	Q_2^n	Q_3^n	1
	1	1	0	↑	×	0	×	×	×	×	Q_1^n	Q_2^n	Q_3^n	0
保持	1	0	0	×	×	×	×	×	×	×	Q_0^n	Q_1^n	Q_2^n	Q_3^n

由功能表可以看出该电路具有以下功能:

① 清零功能。$\overline{Cr}=0$ 时,74LS194 的所有触发器被清零,这种清零不受时钟脉冲控制,称为异步清零。受时钟脉冲控制的清零称为同步清零。

② 并行置数功能。当 $\overline{Cr}=1$,$M_1M_0=11$ 时,在 CP 上升沿,Q_0、Q_1、Q_2、Q_3 分别接收"并行数据输入"端 D_0、D_1、D_2、D_3 的信号。

③ 右移串行置数功能。当 $\overline{Cr}=1$,$M_1M_0=01$ 时,在 CP 上升沿,输出状态依次向右移动一位,Q_0 接收"右移串行数据输入"D_{SR}。即有

$$Q_0^{n+1}=D_{SR},Q_1^{n+1}=Q_0^n,Q_2^{n+1}=Q_1^n,Q_3^{n+1}=Q_2^n$$

④ 左移串行置数功能。当 $\overline{Cr}=1$,$M_1M_0=10$ 时,在 CP 上升沿,输出状态依次向左移动一位,Q_3 接收"左移串行数据输入"D_{SL}。即有

$$Q_0^{n+1}=Q_1^n,Q_1^{n+1}=Q_2^n,Q_2^{n+1}=Q_3^n,Q_3^{n+1}=D_{SL}$$

⑤ 保持功能。当 $\overline{Cr}=1$ 时,只要 $CP=0$ 或 $M_1M_0=00$,寄存器中的内容将保持不变。即有

$$Q_0^{n+1}=Q_0^n,Q_1^{n+1}=Q_1^n,Q_2^{n+1}=Q_2^n,Q_3^{n+1}=Q_3^n$$

利用寄存器可实现二进制数的乘以 2 和除以 2 运算,例如 $(101)_2 \times (10)_2=(1010)_2$,相当于二进制数左移一位。因此,将二进制数左移一位相当于乘以 2;同理,右移一位相当于除以 2。

2. 计数器

能对脉冲的个数进行计数的电路称为计数器。它的应用十分广泛,不仅可以用来计数,还广泛用作定时器、分频器等。

计数器种类繁多,按计数进制可分为二进制(2^n 进制)计数器、十进制计数器和任意进制计数器;按计数脉冲作用方式可分为同步计数器和异步计数器;按计数值增减可分为加法计数器、减法计数器和既能做加法又能做减法的可逆计数器。

计数器可以由 J-K 触发器或 D 触发器构成,也可以用中规模集成计数器构成。用触发器构成计数器的分析方法,我们在 7.5.1 节介绍过,至于如何用触发器构成计数器,在此不

微视频 7-21
常用中规
模时序逻
辑电路之
计数器

作介绍。我们主要学习中规模集成计数器和利用它构成任意进制计数器的方法。

中规模集成计数器种类很多,下面就两种芯片进行介绍。

(1) 4 位同步二进制计数器 74LS161

该集成芯片是由 J-K 触发器和一些控制门组成的同步 4 位二进制(即十六进制)加法计数器。其引脚排列如图 7.5.9 所示,其逻辑符号如图 7.5.10 所示。CP 是时钟脉冲信号端,$\overline{CLR}$ 是异步清零端,$\overline{LD}$ 是同步置数控制端,P 和 T 为计数允许控制端,$D_0 \sim D_3$ 为并行数据输入端,$Q_0 \sim Q_3$ 为数据输出端,C_o 为进位输出端。其功能表如表 7.5.5 所示。

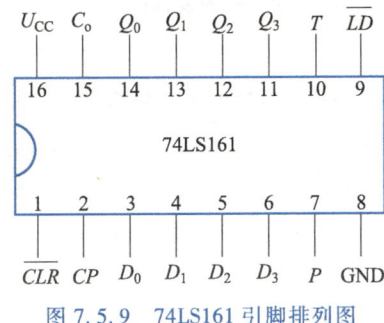

图 7.5.9 74LS161 引脚排列图

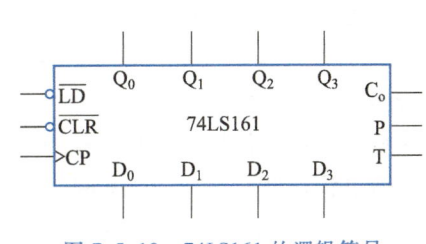

图 7.5.10 74LS161 的逻辑符号

由功能表可以看出该电路具有以下功能:

① 清零功能。当 $\overline{CLR} = 0$ 时,计数器异步清零。即只要 $\overline{CLR} = 0$,计数器输出状态立刻变为 **0000**。

② 同步并行置数功能。当 $\overline{CLR} = 1$,$\overline{LD} = 0$ 时,在 CP 上升沿作用下,并行输入数据 $D_0 \sim D_3$ 进入计数器,使计数器的输出端状态为 $Q_3 Q_2 Q_1 Q_0 = D_3 D_2 D_1 D_0$。

表 7.5.5 74LS161 功能表

P	T	$\overline{LD}$	$\overline{CLR}$	CP	功能
1	1	1	1	↑	计数
×	×	0	1	↑	并行输入
0	1	1	1	×	保持
×	0	1	1	×	保持($C_o = 0$)
×	×	×	0	×	清零

③ 保持功能。当 $\overline{CLR} = 1$,$\overline{LD} = 1$ 时,如果 $P \cdot T = 0$,则计数器保持原来状态不变。对于进位输出信号有两种情况:如果 $T = 0$,则 $C_o = 0$;如果 $T = 1$,则 $C_o = Q_3 \cdot Q_2 \cdot Q_1 \cdot Q_0$。

④ 计数功能。当 $\overline{CLR} = 1$,$\overline{LD} = 1$ 时,若 $P = T = 1$,则在时钟脉冲 CP 上升沿的连续作用下,计数器输出($Q_3 Q_2 Q_1 Q_0$)的状态按 **0000→0001→0010→0011→0100→0101→0110→0111→1000→1001→1010→1011→1100→1101→1110→1111→0000** 的次序循环变化,完成十六进制(或称 4 位二进制)加法计数。并且当计数器计到 **1111** 时,进位输出端 C_o 输出为 **1**,其他状态时 C_o 输出为 **0**。

(2) 异步二-五-十进制计数器 74LS90

该集成芯片可看作两个独立的计数器。计数器 I 是由一个触发器构成的一位二进制计数器,其时钟脉冲端为 CP_0,状态输出端为 Q_0;计数器 II 是由三个触发器构成的五进制异步计数器,其时钟脉冲端为 CP_1,状态输出端为 $Q_3 Q_2 Q_1$。这两部分可以单独使用,也可以级联起来使用。74LS90 的引脚排列和逻辑符号分别如图 7.5.11 和图 7.5.12 所示。R_{01} 和 R_{02} 为异步清零端,S_{91} 和 S_{92} 为异步置 9 端。其逻辑功能表如表 7.5.6 所示。

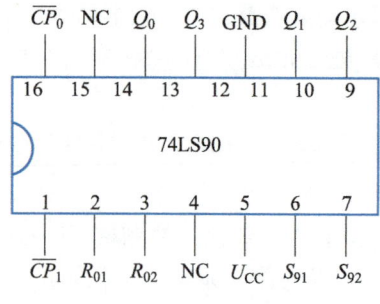

图 7.5.11 74LS90 引脚排列图

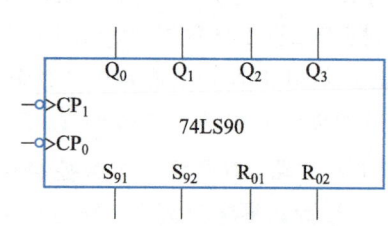

图 7.5.12 74LS90 的逻辑符号

由功能表可以看出该电路具有以下功能：

① 清零功能。当 $S_9 = S_{91} \cdot S_{92} = 0$，$R_0 = R_{01} \cdot R_{02} = 1$ 时，计数器异步清零，即计数器的输出状态为 $Q_3Q_2Q_1Q_0 = 0000$。

② 置 9 功能。当 $S_9 = S_{91} \cdot S_{92} = 1$，$R_0 = R_{01} \cdot R_{02} = 0$ 时，计数器异步置 9，即计数器的输出状态为 $Q_3Q_2Q_1Q_0 = 1001$。

③ 计数功能。当 $S_9 = S_{91} \cdot S_{92} = 0$，$R_0 = R_{01} \cdot R_{02} = 0$ 时，根据连接方式不同，可分别实现二进制、五进制、十进制计数器。

表 7.5.6　74LS90 的逻辑功能表

CP	R_{01}	R_{02}	S_{91}	S_{92}	Q_0	Q_1	Q_2	Q_3
×	1	1	0	×	0	0	0	0
×	1	1	×	0	0	0	0	0
×	0	×	1	1	1	0	0	1
×	×	0	1	1	1	0	0	1
↓	×	0	×	0				
↓	0	×	×	0		计数		
↓	0	×	0	×				
↓	×	0	0	×				

若把时钟脉冲 CP 接在 CP_0 端，即 $CP_0 = CP$，且把 Q_0 与 CP_1 从外部连接起来，即 $CP_1 = Q_0$，则在时钟脉冲 CP 下降沿的连续作用下，计数器输出（$Q_3Q_2Q_1Q_0$）的状态按 **0000→0001→0010→0011→0100→0101→0110→0111→1000→1001→0000** 的次序循环变化，完成十进制加法计数（又称 8421BCD 码十进制计数器）。

如果仅将时钟脉冲 CP 接在 CP_0 端，即 $CP_0 = CP$，而 Q_0 与 CP_1 不从外部连接起来，那么电路只有 Q_0 对应的触发器工作，此时电路为一位二进制计数器。

如果仅将时钟脉冲 CP 接在 CP_1 端，即 $CP_1 = CP$，计数器 I 不工作，计数器 II 计数，其状态转换规律（$Q_3Q_2Q_1$）为

$$000→001→010→011→100→000$$

若把时钟脉冲 CP 接在 CP_1 端，即 $CP_1 = CP$，且把 Q_3 与 CP_0 从外部连接起来，即 $CP_0 = Q_3$，电路也是十进制计数器，但其计数规律为（按 $Q_0Q_3Q_2Q_1$ 顺序）

$$0000→0001→0010→0011→0100→1000→1001→1010→1011→1100→0000$$

此种接法称为 5421BCD 码十进制计数器。

（3）用集成计数器构成 N 进制计数器的方法

由于中规模集成计数器是厂家生产的定型产品，其计数模值是固定的，因此用中规模集成计数器实现 N 进制计数器时，只能利用其清零端或置数控制端，让电路跳过多余状态而获得。下面介绍其设计方法。

① 反馈置零法（反馈复位法）。在一个大模值计数器的基础上，根据所要设计的计数器

的模值 M，从触发器的输出端引出状态反馈去控制计数器的置 **0** 端，强迫计数器停止当前计数并清零，以实现计数值从 0 到 $M-1$ 的 M 进制计数器。

例 7.5.3　用 74LS90 构成七进制计数器。

解　首先将 74LS90 接成 8421BCD 码十进制计数器。$M=7$ 的二进制代码为 **0111**。由于 74LS90 是高电平复位，应采用与逻辑反馈，则反馈置 **0** 逻辑表达式为 $Cr=Q_2Q_1Q_0$，将与门的输出 Cr 接到直接复位端 R_{01}、R_{02}。接线图如图 7.5.13 所示。其状态循环为

$$0000 \rightarrow 0001 \rightarrow 0010 \rightarrow 0011 \rightarrow 0100 \rightarrow 0101 \rightarrow 0110 \rightarrow (0111)$$

说明：循环中状态 **0111** 出现，但持续时间极短，因为 $Cr=1$，立即使输出置 **0**。

用 74LS161 也可实现上述功能，将 $\overline{Cr}=\overline{Q_2Q_1Q_0}$ 接到 $\overline{CLR}$ 端即可。

② 反馈置数法。借助"同步置数"功能实现任意进制计数。具体实现时有两种方法。

方法 1：利用计数器的输出代码进行反馈置数。

例如，用 74LS161 构成十进制计数器。我们可以这样设想，十进制计数器有十个状态 **0000 ~ 1001**，当计数器计到 $Q_3Q_2Q_1Q_0=1001$ 状态时，利用 $Q_3Q_2Q_1Q_0=1001$ 状态进行反馈置数的准备，即准备好置数条件 $\overline{LD}=0$，下一个计数脉冲上升沿到来后，就不再进行"加 1"计数，而是实现同步置数，即 $Q_3Q_2Q_1Q_0=D_3D_2D_1D_0=0000$，从而实现了十进制计数。同步置数条件为 $\overline{LD}=\overline{Q_3Q_0}$。电路如图 7.5.14 所示。

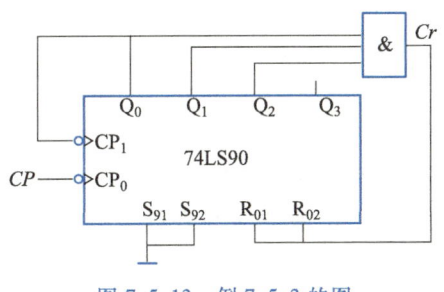

图 7.5.13　例 7.5.3 的图

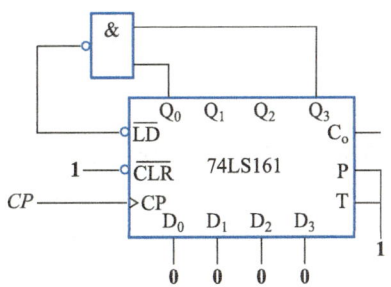

图 7.5.14　用 74LS161 构成十进制计数器

微视频 7-24
计数器之 74LS90 构成任意进制计数器

微视频 7-25
计数器之 74LS161 构成任意进制计数器

方法 2：利用计数器的进位输出信号 C_o 进行反馈置数。

由于进位输出信号逻辑表达式为 $C_o=Q_3Q_2Q_1Q_0T$（计数时 $T=1$），当 $Q_3Q_2Q_1Q_0=1111$ 时，$C_o=1$，再来一个 CP 脉冲的前沿，C_o 变为 **0**，表明计数器累计 16 个脉冲。如果要设计一个十进制计数器，应采取从 $Q_3Q_2Q_1Q_0=0110$ 开始计数一直到 $Q_3Q_2Q_1Q_0=1111$，因而在数据输入端应预置的数为 $D_3D_2D_1D_0=0110$。用这种方法设计计数器的实质是跳过从 0 开始的 $N=2^4-M$ 个状态，由预置数 N 开始计数，一直计到 **1111**，以实现模值为 M 的计数。

例 7.5.4　用 74LS161 采用进位输出反馈置数法，实现模七计数器。

解　为了跳过 $2^4-M=16-7=9$ 个状态，并行数据输入端的信号 $D_3D_2D_1D_0$ 应为 **1001**，将 C_o 经非门接至 $\overline{LD}$ 端作为预置数的控制信号。其接线图如图 7.5.15 所示。当计数器计到最大值 **1111** 时，$\overline{LD}=0$，再来一个计数脉冲，将 **1001** 置入计数器，作为计数循环的初始值，便实现了有效状态循环为 **1001 ~ 1111** 的模七计数。

③ 级联。所谓级联,就是把两个或两个以上的计数器串接起来,从而扩大计数范围。例如,把 2 片 74LS90 进行级联,最大可构成一百进制计数器,把 2 片 74LS161 进行级联,最大可构成二百五十六进制计数器,把 1 片 74LS90 和 1 片 74LS161 进行级联,最大可构成一百六十进制计数器等。在利用级联构成 M 进制计数器时,可采用上面介绍的方法,同时应注意每级的计数脉冲是上升沿触发还是下降沿触发,以确定后一级计数器状态的翻转时刻。

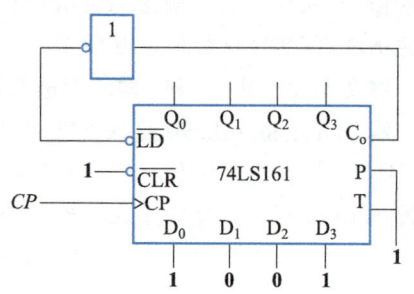

图 7.5.15 用 74LS161 构成七进制计数器

例 7.5.5 用 74LS90 构成一个两位十进制计数器。

解 用两个 74LS90,每个 74LS90 都接成 8421BCD 码十进制计数器,一个 74LS90(A)为个位,另一个 74LS90(B)为十位,然后经级联法组成 $10 \times 10 = 100$ 进制计数器。注意因 74LS90 为下降沿触发,所以将个位计数器的 Q_3 直接与十位计数器的计数脉冲输入端相连(若为上升沿触发的触发器,则需经非门)。电路如图 7.5.16 所示。

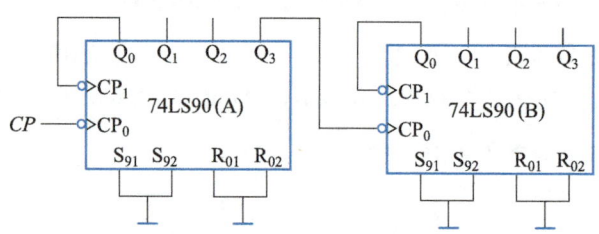

图 7.5.16 例 7.5.5 的图

例 7.5.6 用 74LS90 构成二十四进制计数器。

解 先分别将两片 74LS90 均接成十进制计数器,然后将它们连接成一百进制计数器,在此基础上,再利用 74LS90 的异步清零功能,跳过多余状态,反馈复位逻辑表达式为 $Cr = Q_{1(B)}Q_{2(A)}$,其模值为

$$M = (0010\ 0100)_{8421BCD} = (24)_{10}$$

故在第 24 个时钟脉冲作用后,计数器输出为 **0010 0100** 状态,$Cr = 1$,即片 A、片 B 的 $R_{01} = R_{02} = 1$,计数器立即返回到 **0000 0000** 状态。**0010 0100** 状态仅在很短的瞬间出现一下。这样就构成了二十四进制计数器。其逻辑电路如图 7.5.17 所示。

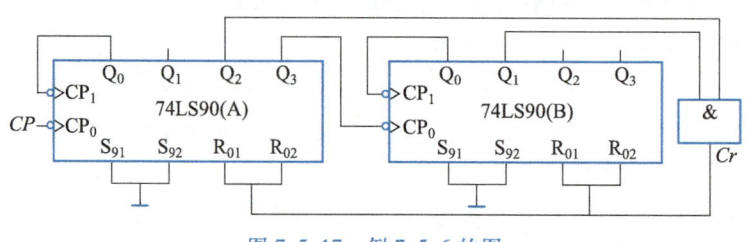

图 7.5.17 例 7.5.6 的图

图 7.5.17 这种连接方式称为整体反馈置零法,其原理同上面介绍的反馈置零法相同。也可以用具有置数功能的 74LS161,采用整体反馈置数的方法构成二十四进制计数器,其原

理同上面介绍的反馈置数法相同。还可以将 24 分解成 3×8、4×6 等表达式,分别用计数器实现后再级联。二十四进制计数器是数字电子钟里必不可少的组成部分,用来累计小时数。读者应仔细揣摩。

[练习与思考]

7.5.1 数码寄存器和移位寄存器的区别是什么?

7.5.2 什么是并行输入、串行输入、并行输出和串行输出?

7.5.3 何为二进制计数器? 4 个触发器组成的二进制计数器最大计数值为多少?

7.5.4 何为十进制计数器? 4 个触发器组成的十进制计数器最大计数值为多少?

7.6 脉冲信号的产生与整形

在数字系统中经常要用到脉冲信号,脉冲信号是指在短暂时间间隔内发生突变或跃变的电压或电流信号。广义的脉冲信号指所有不连续的非正弦电压或电流,狭义的脉冲信号指规则的矩形脉冲。

7.6.1 概述

脉冲信号中最典型的是矩形脉冲。实际的矩形脉冲并无理想的跳变,顶部也不平坦。实际的矩形脉冲如图 7.6.1 所示。

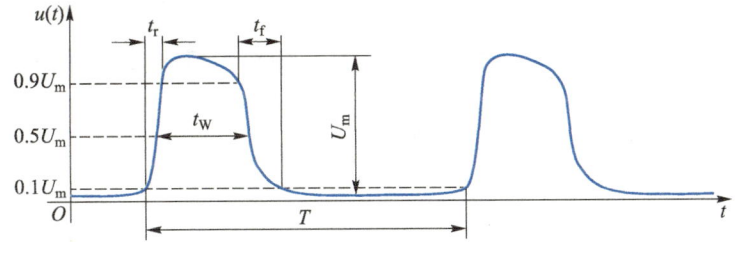

图 7.6.1 实际脉冲的参数

在数字电路中,常通过以下两种方式来获得所需的脉冲信号。

一是利用振荡器直接产生所需脉冲波形。这种电路无须外加触发信号,只要电路电源电压、电路参数选取合适,电路就会自动产生脉冲信号(自激振荡)。这一类电路称为多谐振荡电路或多谐振荡器。

二是利用变换电路将已有的性能不符合要求的脉冲信号变换成符合要求的矩形脉冲信号。变换电路本身不能产生脉冲信号,它仅起变换作用而已。这类电路包括单稳态触发器和施密特触发器。

555 定时器是一种多用途的单片集成电路。如在外部配上少许阻容元件,便能构成多谐振荡器、单稳态触发器和施密特触发器等电路。由于它的性能优良,使用灵活方便,因而在波形的产生与变换、测量与控制、家用电器和电子玩具等许多领域中都得到了广泛的应用。

555 的由来是由于在芯片中采用了 3 个 5 kΩ 的分压电阻。尽管 555 的产品型号繁多，但几乎所有的产品型号最后的 3 位数字都是 555。而所有 CMOS 产品型号最后的 4 位数字都是 7555，而且它们的逻辑功能与外部引脚排列也完全相同。目前一些厂家在同一基片上集成 2 个 555 单元，其型号为 556，在同一基片上集成 4 个 555 单元，其型号为 558。

7.6.2 555 定时器

图 7.6.2 为集成 555 定时器的内部简化电路结构图与引脚排列图。

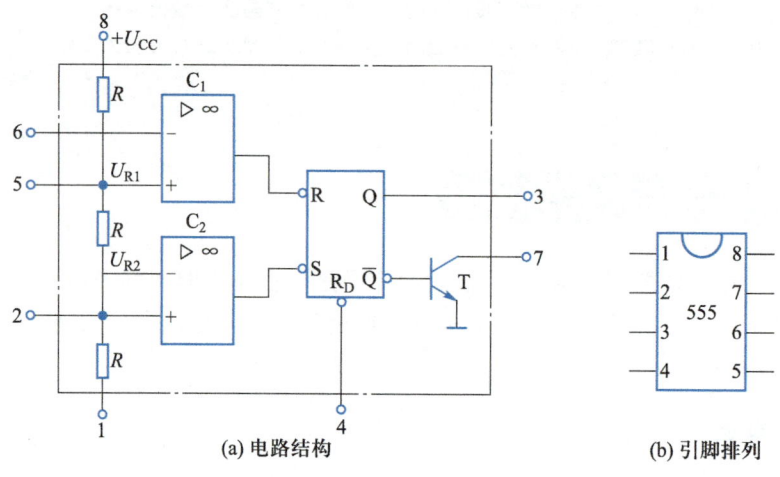

(a) 电路结构　　　　　　　　　　(b) 引脚排列

图 7.6.2 555 定时器电路

555 定时器由 3 个 5 kΩ 的分压电阻、2 个电压比较器 C_1 与 C_2、1 个基本 R-S 触发器和放电管 T 组成。比较器 C_1 的参考电压 U_{R1} 为 $\frac{2}{3}U_{CC}$，加在同相输入端；比较器 C_2 的参考电压 U_{R2} 为 $\frac{1}{3}U_{CC}$，加在反相输入端。各引脚的功能如下。

1 脚：接地端。

2 脚：低电平触发端，由此端输入触发脉冲。当此输入端的输入电压大于 $\frac{1}{3}U_{CC}$ 时，C_2 的输出为高电平 **1**；当输入电压小于 $\frac{1}{3}U_{CC}$ 时，C_2 的输出为低电平 **0**，使基本 R-S 触发器置 **1**。

3 脚：输出端 Q，输出电流可以达到 200 mA，因此可以直接驱动继电器、发光二极管、扬声器、指示灯等。输出高电压低于电源电压 1~3 V。

4 脚：复位端，由此输入负脉冲（或使其电位低于 0.7 V）使基本 R-S 触发器直接复位（置 **0**）。

5 脚：电压控制端，在此端可以外加一电压以改变比较器的参考电压。不用时，经 0.01 μF 的电容接地，以防止干扰信号的引入。

6 脚：高电平触发端，由此端输入触发脉冲。当此输入端的输入电压小于 $\frac{2}{3}U_{CC}$ 时，C_1 的

输出为高电平 **1**；当输入电压大于 $\frac{2}{3}U_{CC}$ 时，C_1 的输出为低电平 **0**，使基本 R-S 触发器置 **0**。

7 脚：放电端，当触发器的 $\overline{Q}=1$ 时，放电管 T 导通，外接电容元件通过 T 放电。

8 脚：电源端 U_{CC}，可以在 5~18 V 范围内使用。

由图 7.6.1 所示的电路结构不难得到 555 定时器电路的功能，如表 7.6.1 所示。在分析后面介绍的 555 定时器的应用电路时，就依据该表进行分析。

表 7.6.1 555 定时器功能表

输入			输出	
6 脚电压 u_6	2 脚电压 u_2	R_D	Q	T
×	×	**0**	**0**	导通
$<\frac{2}{3}U_{CC}$	$<\frac{1}{3}U_{CC}$	**1**	**1**	截止
$>\frac{2}{3}U_{CC}$	$>\frac{1}{3}U_{CC}$	**1**	**0**	导通
$<\frac{2}{3}U_{CC}$	$>\frac{1}{3}U_{CC}$	**1**	保持原状态	保持原状态

7.6.3 555 定时器的应用

1. 用 555 定时器构成的单稳态触发器

（1）电路组成。图 7.6.3 是由 555 定时器构成的单稳态触发器，R 和 C 为外接定时元件。输入信号 u_1 加在低电平触发端（2 脚），并将高电平触发端（6 脚）与放电端（7 脚）接在一起，然后再和定时元件 R 与 C 相接。

单稳态触发器的工作特点是：有一个稳定状态和一个暂稳态。在触发脉冲作用下，电路将从稳态翻转到暂稳态，然后在储能元件的作用下，暂稳态停留一段时间后，又能自动返回到稳定状态。

（2）工作原理。电源接通后，在 u_1 为高电平时，若触发器初态为 **0**，则 u_0 输出低电平，此时放电管 T 导通，将电容 C 短路，u_6 为低电平，R、S 均为 **1**，故输出低电平是稳定的。若触发器初态为 **1**，则电路有一个逐渐稳定的过程：首先，由于触发器初态为 **1**，放电管 T 截止，电源 U_{CC}

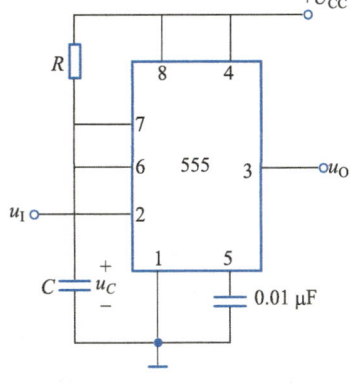

图 7.6.3 555 定时器构成的单稳态触发器

会经过 R 向电容 C 充电，电容器上的电压 u_C 因充电而上升，当 u_C 上升到 $2U_{CC}/3$ 时，使 $R=$ **0**，由于此时 $S=1$，触发器就会由 **1** 变 **0**，$\overline{Q}=1$，放电管 T 饱和导通，u_C 通过放电管 T 放电到 **0**，于是电路进入稳定状态，输出低电平。其工作波形如图 7.6.4 所示。

① 稳态：触发器处于 **0** 状态，定时电容 C 已放电完毕，u_C、u_0 均为低电平。

② 触发翻转：在 u_1 负脉冲作用下，低电平触发端（2 脚）得到低于 $U_{CC}/3$ 的触发电平，则 $S=0$，R 仍然为高电平，$R=1$（因为 $u_C=0$），所以输出为高电平，$u_0=1$。同时放电管 T 截止，电路进入暂稳态，定时开始。

③ 暂稳态阶段：定时电容 C 充电，充电回路为 $U_{CC} \rightarrow R \rightarrow C \rightarrow$ 地，充电时间常数为 $\tau_1 = RC$，u_C 按指数规律上升，趋向 U_{CC}。

④ 自动返回：当电容电压 u_C 上升到 $2U_{CC}/3$ 时，$R = 0$（此时 $S = 1$），触发器置 **0**，输出 u_O 由高电平变为低电平，即 $u_O = \mathbf{0}$，放电管 T 由截止变为饱和，定时结束，暂稳态结束。

⑤ 恢复阶段：定时电容 C 经放电管 T 放电，经 $(3\sim5)\tau_2$（$\tau_2 = R_{CES}C$，R_{CES} 为 T 的集电极饱和电阻）放电至 0 V，在这个阶段 $Q = \mathbf{0}$，输出 u_O 维持低电平。

恢复阶段结束，电路返回稳态，当下一个触发信号到来时，又重复上述过程。

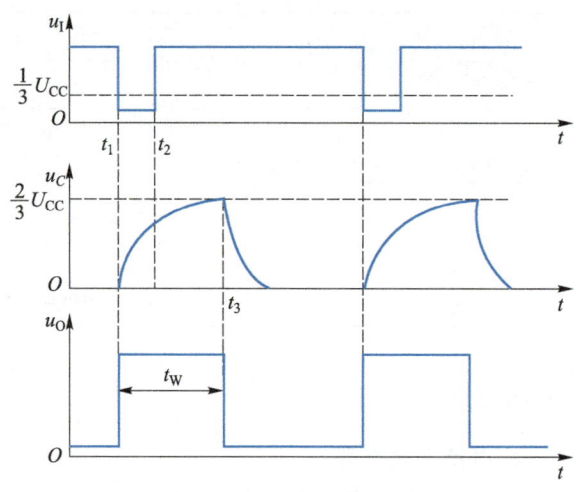

图 7.6.4　单稳态触发器波形图

（3）主要参数。

① 输出脉冲宽度 t_W：输出脉冲宽度为定时电容 C 上的电压 u_C 由零充电到 $\dfrac{2}{3} U_{CC}$ 所需的时间，即

$$t_W = RC\ln 3 \approx 1.1RC \tag{7.6.1}$$

由上式可见，脉冲宽度 t_W 与定时元件 R、C 有关，而与输入脉冲宽度及电源电压大小无关，调节定时元件，可以改变输出脉冲宽度。

② 恢复时间 t_{re}：暂稳态结束后，还需要一段时间恢复，以便使电容 C 在暂稳态期间所充的电荷放完，使电路回到初始稳态，一般 $t_{re} = (3\sim5)\tau_2$，由于放电管的饱和电阻 R_{CES} 很小，所以 555 定时器构成的单稳态触发器的 t_{re} 很小，u_C 的下降沿很陡。

2. 555 定时器构成的多谐振荡器

由 555 定时器构成的多谐振荡器如图 7.6.5 所示，它只需外接 R_1、R_2 和 C，电路非常简单。

接通电源瞬间，电容 C 来不及充电，u_C 为低电平，此时，$R = 1$，$S = 0$，触发器置 **1**，即 $Q = 1$，输出 u_O 为高电平。同时由于 $\overline{Q} = \mathbf{0}$，放电管 T 截止，电容 C 开始充电，电路进入暂稳态 Ⅰ。一般多谐振荡器的工作过程均可分为以下四个阶段，如图 7.6.6 所示。

（1）暂稳态 Ⅰ（$t_0 \sim t_1$）：电容 C 充电，充电回路为 $U_{CC} \rightarrow R_1 \rightarrow R_2 \rightarrow C \rightarrow$ 地，充电时间常数为 $\tau_1 = (R_1 + R_2)C$，电容 C 上的电压 u_C 随时间 t 按指数规律上升，趋向 U_{CC} 值。在此阶段内

输出电压 u_O 暂稳在高电平上。

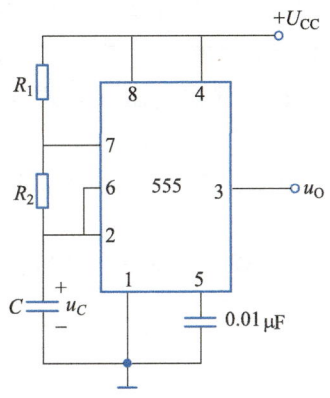

图 7.6.5 555 定时器构成的多谐振荡器

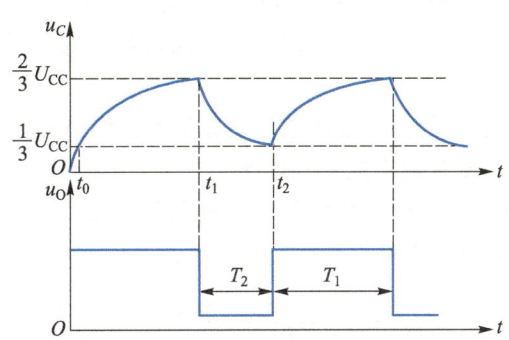

图 7.6.6 555 定时器构成的多谐振荡器波形图

(2) 自动翻转Ⅰ($t=t_1$):当电容上的电压 u_c 上升到 $2U_{CC}/3$ 时,由于 $S=1, R=0$,使触发器状态由 **1** 变为 **0**,$\overline{Q}$ 由 **0** 变成 **1**,输出电压 u_O 由高电平跳变为低电平,电容 C 中止充电。

(3) 暂稳态Ⅱ($t_1 \sim t_2$):由于此刻 $\overline{Q}=1$,因此放电管 T 饱和导通,电容 C 放电,放电回路为 $C \rightarrow R_2 \rightarrow$ 放电管 T→地,放电时间常数 $\tau_2 = R_2 C$(忽略 T 管的饱和电阻 R_{CES}),电容上的电压 u_c 按指数规律下降,趋向 0,同时使输出暂稳在低电平。

(4) 自动翻转Ⅱ($t=t_2$):当电容电压 u_c 下降到 $U_{CC}/3$ 时,$S=0, R=1$,使触发器 Q 的状态由 **0** 变 **1**,$\overline{Q}$ 由 **1** 变 **0**,输出电压 u_O 由 **0** 跳变到 **1**,电容器中止放电。

由于 $\overline{Q}=0$,放电管 T 截止,电容 C 又开始充电,进入暂稳态Ⅰ。

以后,电路重复上述过程,反复振荡,其工作波形如图 7.6.6 所示。

振荡器的主要参数为:

振荡周期

$$T = T_1 + T_2 = 0.7(R_1 + 2R_2)C \tag{7.6.2}$$

振荡频率

$$f = \frac{1}{T}$$

占空比

$$D = \frac{T_1}{T_1 + T_2} = \frac{0.7(R_1 + R_2)C}{0.7(R_1 + 2R_2)C} = \frac{R_1 + R_2}{R_1 + 2R_2}$$

3. 555 定时器构成的施密特触发器

施密特触发器有两个稳定状态,也是一种双稳态触发器,但它和前面介绍的触发器不同。施密特触发器有 3 个特点:(1) 它属于电平触发,可以把变化非常缓慢的信号变成边沿很陡的矩形脉冲;(2) 输出状态发生翻转时的输入电压(阈值电压)和输入信号的变化方向有关,即输入信号从小变到大和从大变到小的阈值电压不同;(3) 输出的两种稳定状态都需要依赖输入信号来维持,没有记忆功能。施密特触发器的符号如图 7.6.7(a) 所示。

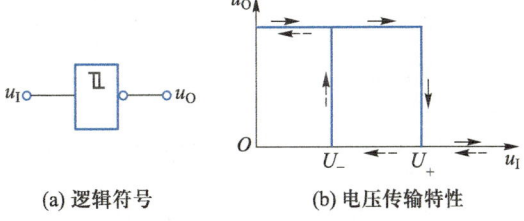

(a) 逻辑符号　　　(b) 电压传输特性

图 7.6.7 施密特触发器

图 7.6.7(b)是施密特触发器的电压传输特性。在输入电压上升过程中,输出电压 u_O 由高电平跳变到低电平时的输入电压称为正向阈值电压,用 U_+ 表示;在输入电压下降过程中,输出电压 u_O 由低电平跳变到高电平时的输入电压称为负向阈值电压,用 U_- 表示。从图中可以看出,U_+ 与 U_- 是不同的,具有滞回特性。$U_+ - U_-$ 称为滞回电压或回差,用 ΔU 表示。

施密特触发器能将边沿变化缓慢的波形整形为边沿陡峭的矩形脉冲。同时由于具有回差电压,使其抗干扰能力增强。

由 555 定时器构成的施密特触发器如图 7.6.8(a)所示。5 脚接有 0.01 μF 的滤波电容,以提高电路的稳定性,一般也可不接。

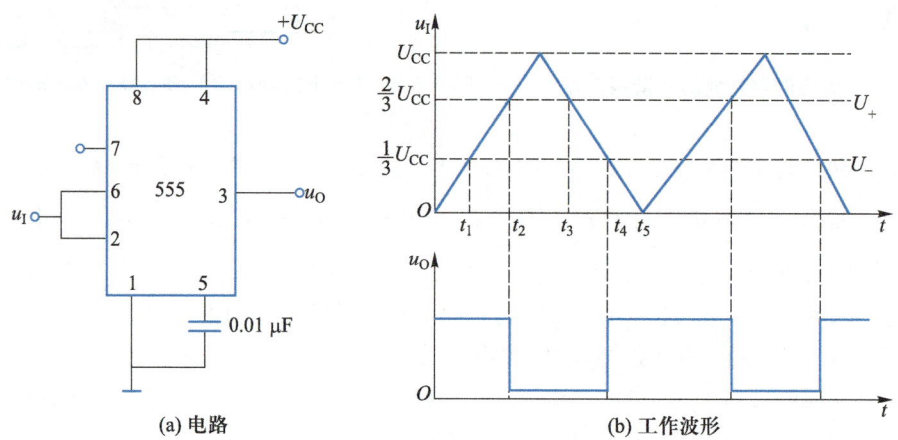

(a) 电路   (b) 工作波形

图 7.6.8 555 定时器构成的施密特触发器

由于高电平触发端(6 脚)和低电平触发端(2 脚)是连在一起的,所以输出端电压 u_O 受输入电压 u_I 控制。下面应用 555 定时器的功能表(见表 7.6.1),结合图 7.6.8(b)所示的工作波形分析其工作原理。

(1) $0 \sim t_1$ 期间:u_I 由小到大上升,$u_I < \frac{1}{3}U_{CC}$,$u_2 < \frac{1}{3}U_{CC}$,$u_6 < \frac{2}{3}U_{CC}$,输出 $u_O = \mathbf{1}$。

(2) $t_1 \sim t_2$ 期间:u_I 继续上升,$\frac{1}{3}U_{CC} < u_I < \frac{2}{3}U_{CC}$,即 $u_2 > \frac{1}{3}U_{CC}$,$u_6 < \frac{2}{3}U_{CC}$,输出 u_O 保持在高电平 **1** 上。

(3) $t_2 \sim t_3$ 期间:$u_I > \frac{2}{3}U_{CC}$,即 $u_2 > \frac{1}{3}U_{CC}$,$u_6 > \frac{2}{3}U_{CC}$,输出 $u_O = \mathbf{0}$。

(4) $t_3 \sim t_4$ 期间:u_I 由大到小下降,$\frac{1}{3}U_{CC} < u_I < \frac{2}{3}U_{CC}$,即 $u_2 > \frac{1}{3}U_{CC}$,$u_6 < \frac{2}{3}U_{CC}$,输出 u_O 保持在低电平 **0** 上。

(5) $t_4 \sim t_5$ 期间:u_I 继续下降,$u_I < \frac{1}{3}U_{CC}$,即 $u_2 < \frac{1}{3}U_{CC}$,$u_6 < \frac{2}{3}U_{CC}$,输出 $u_O = \mathbf{1}$。

由图可见,施密特触发器可以将输入的三角波整形为矩形脉冲波。

[练习与思考]

7.6.1 在 555 定时器构成的单稳态触发器中,如果输入的触发脉冲宽度大于输出脉冲宽度,电路还能正常工作吗?

7.6.2 施密特触发器经常用于脉冲的整形,请说明其工作原理。

*7.7 应用实例

7.7.1 消除抖动电路

机械按钮在换位时经常产生抖动现象,这种抖动常给系统造成错误操作。采用基本 R-S 触发器可以有效地消除这种抖动。接线图如图 7.7.1 所示。

开关 S 在 R 和 S 之间转换,当它转接到任意一边时,都会产生抖动,形成如图 7.7.2 所示带有"毛刺"的 R 和 S 的波形。但经过基本 R-S 触发器后,Q 端无"毛刺",从而消除了抖动。

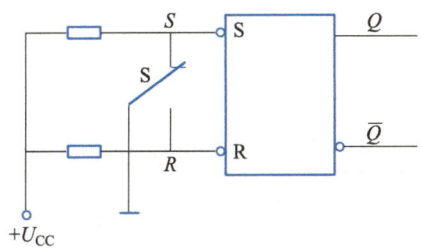

图 7.7.1 消除抖动电路的接线图

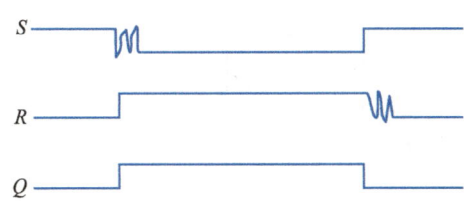

图 7.7.2 消除抖动电路的输入输出波形

7.7.2 四人抢答电路

四人参加比赛,每人一个按钮,其中一人按下按钮后,相应的指示灯亮。这时其他按钮按下时不起作用。可用图 7.7.3 所示的电路进行抢答比赛。

电路的核心器件是 74LS175 四 D 触发器,它的内部包括四个独立的 D 触发器。四个触发器的时钟脉冲输入端 CP 和清零端 $\overline{CLR}$ 是公用的。四个触发器都是上升沿触发。其引脚排列图和功能表分别见图 7.7.4 和表 7.7.1。工作原理如下。

比赛前,各触发器清 **0**,四个触发器输出 $Q_1 = Q_2 = Q_3 = Q_4 = 0$,指示灯 $LED_1 \sim LED_4$ 不亮。门 G_2 输出 $= \overline{Q}_1 \cdot \overline{Q}_2 \cdot \overline{Q}_3 \cdot \overline{Q}_4 = 1 \cdot 1 \cdot 1 \cdot 1 = 1$,使门 G_3 开启,因此,时钟脉冲可送至触发器 CP 端。参赛者控制的四个按钮若都不按下,D_1、D_2、D_3、D_4 都等于 **0**,因此触发器输出状态不变,四个指示灯不亮。抢答开始后,哪个按钮最先按下,相应触发器的输出电平变高,指示灯亮。同时,相应的 $\overline{Q}$ 使门 G_2 的输出电平为 **0**,将门 G_3 封锁,CP 便不能再进入触发器。因此,其他按钮如随后按下,便不能起作用。

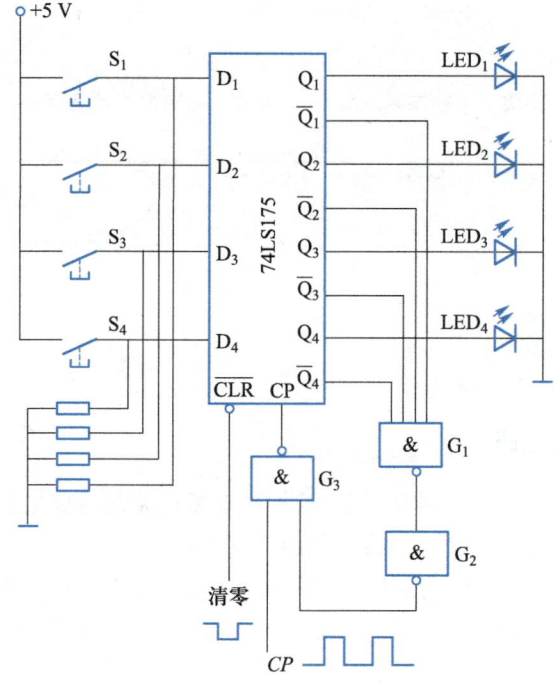

图 7.7.3 四人抢答电路

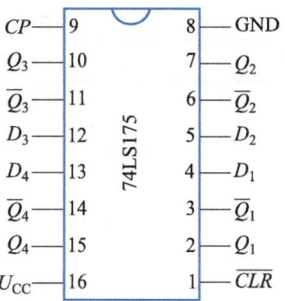

图 7.7.4 74LS175 引脚排列图

表 7.7.1 74LS175 逻辑状态表

输入			输出
$\overline{CLR}$	CP	D	Q^{n+1}
0	×	×	**0**
1	↑	**1**	**1**
1	↑	**0**	**0**

7.7.3 线性温度-频率变换电路

线性温度-频率变换电路如图 7.7.5 所示。当 555 定时器的第 3 脚输出高电平时,晶体管 T_1、T_2 均导通,定时电容 C 便以时间常数 $\tau = R_t C$ 的速率充电。当 C 上的充电电压达到 $2/3 U_{CC}$ 时,555 定时器被复位,3 脚输出低电平,使 T_1、T_2 截止。电容 C 便通过 555 定时器的内部放电管、R_t 及 3 脚以 $\tau = R_t C$ 的速率放电,则 T_2 管输出的脉冲周期与热敏元件 R_t 的关系为

$$T = K \cdot R_t$$

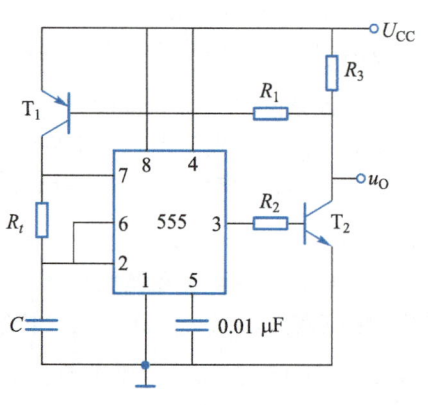

图 7.7.5 线性温度-频率变换电路

其中 K 为一常数。由此可见,输出周期 T 与 R_t 成正比。合理地选择 R_t 的工作区域,便可以保持温度与其阻值呈线性关系,即输出频率与温度呈线性关系。

7.7.4 555 触摸定时开关

利用 555 定时器接成单稳态电路,可以构成触摸定时开关,如图 7.7.6 所示。平时由于触摸片 P 端无感应电压,电容 C_1 通过 555 第 7 脚放电完毕,第 3 脚输出为低电平,继电器 KS 释放,电灯不亮。

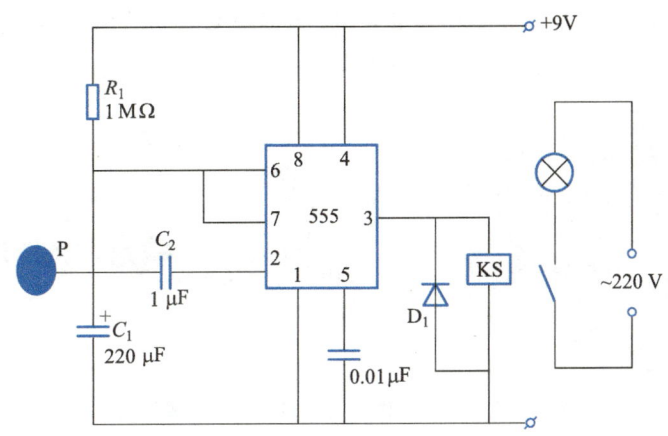

图 7.7.6 555 触摸定时开关

当需要开灯时,用手触碰一下金属片 P,人体感应的杂波信号电压由 C_2 加至 555 的触发端,使 555 的输出由低变成高电平,继电器 KS 吸合,电灯点亮。同时,555 第 7 脚内部截止,电源便通过 R_1 给 C_1 充电,这就是定时的开始。

当电容 C_1 上电压上升至 $2/3U_{CC}$ 时,555 第 7 脚导通使 C_1 放电,第 3 脚输出由高电平变回到低电平,继电器释放,电灯熄灭,定时结束。

定时长短由 R_1、C_1 决定:$T_1 = 1.1R_1C_1$。按图中所标数值,定时时间约为 4 min。D_1 可选用 1N4148 或 1N4001。

7.7.5 基于石英晶体微天平的呼吸监测

1. 石英晶体微天平原理

石英晶体微天平(quartz crystal microbalance, QCM)是一种非常灵敏的质量检测仪器,其测量精度可达纳克级,比灵敏度在微克级的电子微天平高约 1 000 倍。石英晶体微天平利用石英晶体的压电效应,将石英晶体电极表面质量变化转化为石英晶体振荡电路输出电信号的频率变化,进而通过频率测量电路获得高精度的质量变化数据。QCM 作为微质量传感器广泛应用于化学、物理、生物、医学等领域,用以进行气体、液体的成分分析,微质量、薄膜厚度及黏弹性结构检测等。

QCM 传感器主要由石英晶片、金属电极、引线和支架构成,如图 7.7.7 所示。在电极表面加一层具有选择性的吸附膜,可用来探测气体的化学成分或监测化学反应情况。QCM 传感器是利用石英晶体的压电效应工作的。对 QCM 传感器施加交变电场,石英晶体会产生机械振荡,当外加电场的频率和石英晶体的固有频率一致时,晶体会产生谐振,该频率称为谐振频率。石英晶体谐振频率的频率偏移(频移)与晶体负载质量变化之间的关系满足 Sauerbrey(绍尔布赖)方程,即

$$\Delta f = -2.26\times10^{-6}\times\frac{f_0^2\Delta m}{A}$$

式中,Δf 表示频率的偏移量(Hz);f_0 表示晶片自身的固有频率(Hz);Δm 表示晶体表面薄膜吸附的质量(g);A 表示晶体表面电极的面积(cm^2);负号表示当电极表面上的质量增加时晶体频率减小。石英晶体表面电极面积是固定的,所以频率偏移与薄膜吸附质量呈简单的线性关系,质量变化越大,频率偏移的绝对值越大。

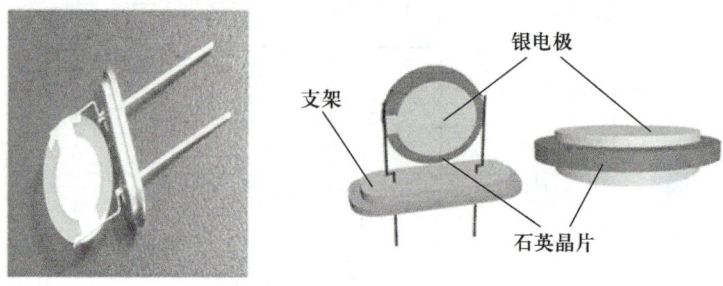

图 7.7.7　石英晶体微天平传感器的组成结构

石英晶体微天平的电路一般包括振荡电路、整形电路、差频电路、频率计数器、计算机系统等。石英晶体微天平电路系统框图如图 7.7.8 所示。

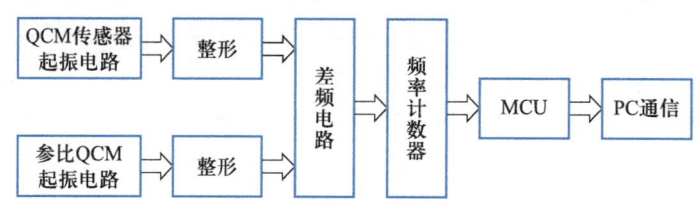

图 7.7.8　石英晶体微天平电路系统框图

2. 皮尔斯振荡电路与整形电路

皮尔斯振荡电路具有成本低、功耗低、激励强、稳定性好的优点,在振荡电路中得到广泛应用。采用非门(反相器)74HC04 构成皮尔斯振荡电路作为 QCM 的起振电路。如图 7.7.9 所示,X_1 为 QCM 晶振片(振荡频率为 8 MHz),由于电路中反相器 74HC04 的输入阻抗很大而输出阻抗很小,相当于一个大增益放大器,R_1 作为反相器的反馈电阻(取值一般≥1 MΩ),使反相器处于线性区工作。电阻 R_2 可以抑制高次谐波提高电路输出信号的稳定性,C_1 与 C_2 作为负载电容为电路振荡提供能量。因为电路振荡信号经过第一级反相器后会衰减,为更好地驱动电路

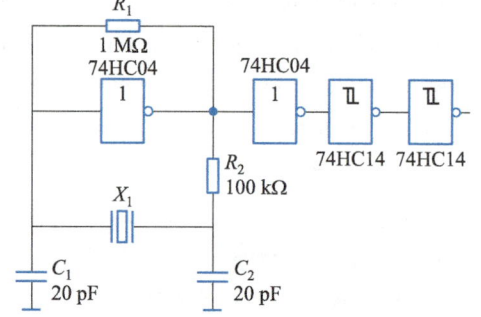

图 7.7.9　皮尔斯振荡电路与整形电路

设置了两级反相器。为得到一个更好的方波信号便于输出频率采集,在振荡电路后采用两个高速施密特触发反相器 74HC14 对信号进行整形。

3. 差频电路设计

通常采用差频电路消除环境温度等因素对检测的干扰。使用 D 触发器设计差频电路是目前比较普遍的方法,可以直接获得两个方波信号的频率差,可以采用双路上升沿 D 触发器 74HC74N 芯片进行分频。所用的 74HC74N 可应用最大频率为 50 MHz,工作电压为 2~6 V。所用 QCM 的基频 $f_0 = 8$ MHz,响应周期为 $T = 1/f_0 = 125$ ns,半周期为 62.5 ns,当所用的施密特触发器的输出延时大于 62.5 ns 时则无法正常工作,而 74HC74N 的输出延时为 35 ns 小于 62.5 ns,因此适用于石英晶体微天平差频电路。图 7.7.10 为差频电路连接图及其输入、输出波形图。QCM 传感器和参比 QCM 的振荡电路产生的谐振频率信号经过整形滤波后,送入差频电路的两路频率信号 f_0 与 f_1 分别从 D 端与 C 端输入,差频信号 $|f_1-f_0|$ 从 Q 端作为电信号输出。采用频率计数器或计算机系统可以采集频率测试数据。

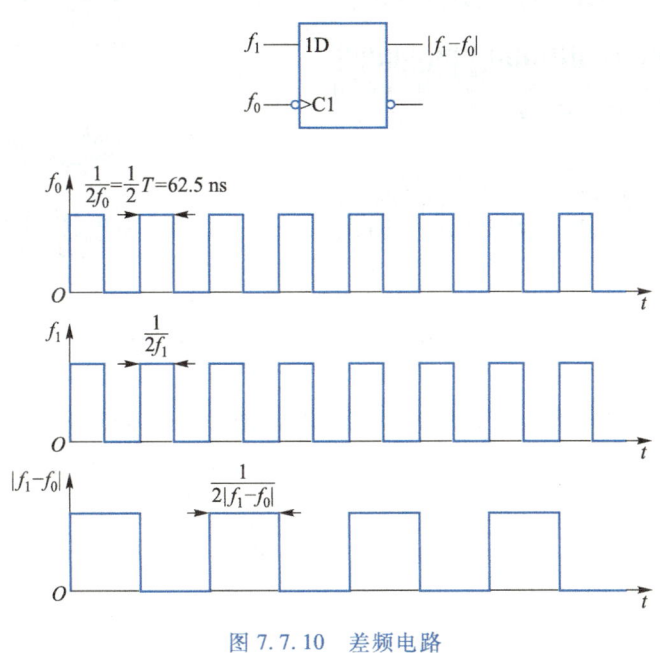

图 7.7.10 差频电路

4. 湿敏测试及呼吸监测应用案例

聚合物分子对水分子具有较强的吸附能力,在 QCM 电极表面涂覆聚合物薄膜构建 QCM 质量型湿敏传感器。由于 QCM 电极上的聚合物薄膜吸附水分子增加其质量,其谐振频率随着湿度增加而降低。相比参比 QCM 电极而言,输出频率偏移(频移) $\Delta f = f_1 - f_0$ 为负值。

快速呼吸检测在监测人体体征和早期疾病诊断中起着重要作用。由于人体呼吸会引起鼻子或口附近湿度的变化,可利用湿度检测进行呼吸行为的监测。聚合物 QCM 传感器具有响应高、响应和恢复时间快的技术优势,不仅可以快速捕获湿度变化,还可以稳定准确地跟踪呼吸的频率、深度和节律,因此可用于医学监护中的呼吸检测。成年人在安静状态下正常呼吸频率为 10~24 次/分,每次呼吸的周期为 3~5 s。呼吸频率不在此范围内或者呼吸无规律、节奏紊乱,则为异常的呼吸。呼吸异常可分为节律型和频率型异常。频率型呼吸异常包括呼吸过速(呼吸频率>24 次/分)和呼吸过缓(呼吸频率<10 次/分)。节律型呼吸异常包括潮式呼吸(Cheyne-Stokes 呼吸)和毕奥呼吸(Biot's 呼吸)。如图 7.7.11 所示,传感器可以捕捉正常呼吸、运动呼吸、口呼吸、呼吸过速、呼吸过缓、潮式呼吸和毕奥呼吸的呼吸湿度信号。图中正常呼吸频率为 15 次/分,运动时测得的呼吸频率为 20 次/分,口呼吸频率为 13 次/分;运动呼吸的呼吸频率显著增加,嘴呼吸和运动呼吸湿度较大,呼吸波形增大,呼吸深度明显加深;呼吸过速和呼吸过缓的呼吸频率有显著的差异,但呼吸深度变化不大,呼吸稳定;潮式呼吸波形从浅慢变为深快,再从深快变为浅慢,然后是一段呼吸暂停期,经过暂停后又循环上述呼吸过程,传感器可以捕捉到潮汐般的波动信号;毕奥呼吸也被称为间歇性呼吸,正常呼吸和呼吸暂停交替出现。

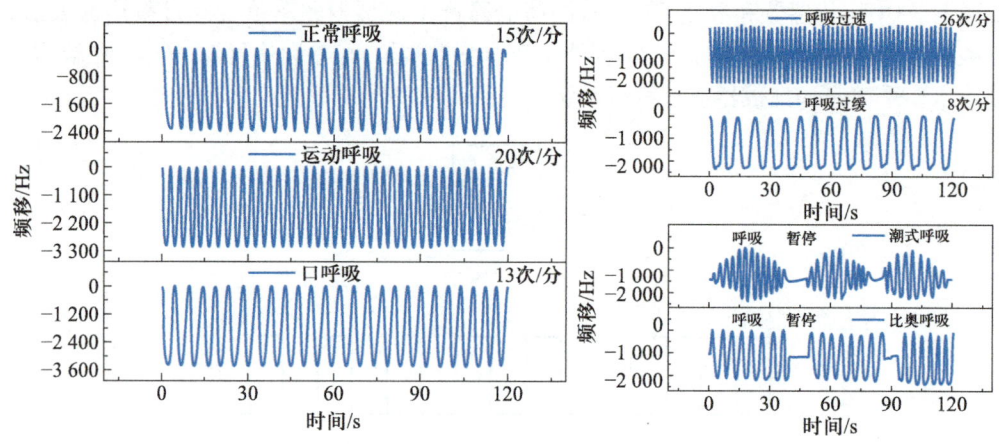

图 7.7.11 QCM 传感器对不同呼吸行为的监测

呼吸过速常见于剧烈运动、情绪波动、发烧、哮喘、心力衰竭或呼吸和中枢神经系统疾病。呼吸过缓常见于药物中毒、呼吸衰竭、颅内高压、肾功能衰竭或生命末期。潮式呼吸常见于中暑、脑炎、脑缺氧或严重心脏病。毕奥呼吸常见于颅内病变、呼吸中枢衰竭或脑干卒中。因此,传感器的数据可加以实用化,将呼吸信号与疾病诊断相结合,作为医学诊断的决策依据。

习题

7.1 题图 7.1 给出了输入 A、B 波形,试画出与门和或门的输出波形。

7.2 题图 7.2 给出了输入 A、B、C 波形,试画出与非门和或非门的输出波形。

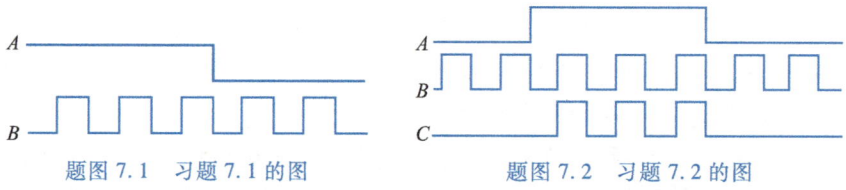

题图 7.1 习题 7.1 的图　　　　题图 7.2 习题 7.2 的图

7.3 写出下列逻辑表达式的真值表(逻辑状态表)。

(1) $D = ABC + A\overline{B}$ 　　　　　　(2) $E = AB + A\overline{B}C + \overline{C}D$

7.4 根据题图 7.3 所示逻辑电路写出逻辑表达式。

7.5 根据下列各逻辑表达式画出逻辑图。

(1) $F=(A+B)C$；

(2) $F=(A+\bar{B})(A+C)$；

(3) $F=\overline{AB+BC}$；

(4) $F=A(B+C)+BC$。

7.6 用与非门实现以下逻辑关系,画出逻辑图。

(1) $F=ABC$；

(2) $F=ABC+DE$；

7.7 用代数法将下列逻辑函数化简为最简与或逻辑表达式。

(1) $A\bar{B}C+\bar{A}BC+ABC+\bar{A}\bar{B}C$；

(2) $AB+\bar{A}C+BC$；

(3) $AB+\bar{B}C+B\bar{C}+\bar{A}B$；

(4) $A+\overline{\overline{B}+\overline{CD}+\overline{AD}\ \overline{B}}$。

7.8 电路如题图 7.4(a)(b)所示,A、B 或 C 为逻辑 1 时,开关闭合,为逻辑 0 时开关打开。输出电压为 5 V 时表示逻辑 1,输出 0 V 时表示逻辑 0。构建电路的真值表,写出输出变量的逻辑表达式。

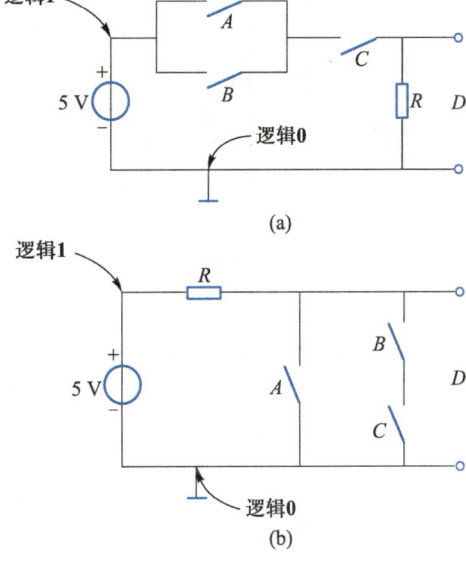

(a)

(b)

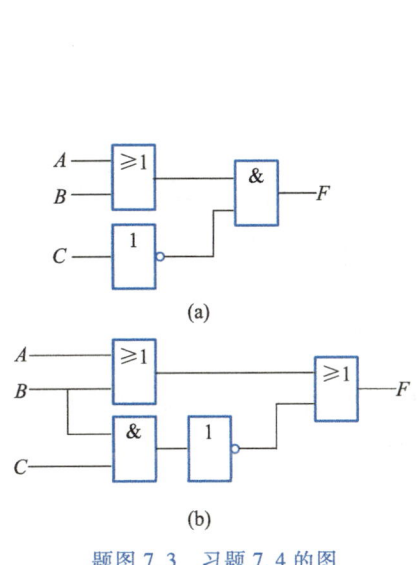

(a)

(b)

题图 7.3 习题 7.4 的图 　　　　题图 7.4 习题 7.8 的图

7.9 题表 7.1 中,A、B 和 C 是输入信号逻辑变量;$F\sim K$ 是输出逻辑变量。写出各输出变量的与或逻辑表达式。

题表 7.1 习题 7.9 的表

A	B	C	F	G	H	I	J	K
0	0	0	1	1	1	0	0	1
0	0	1	0	0	1	0	1	1
0	1	0	1	0	1	0	0	0
0	1	1	0	1	0	1	1	0
1	0	0	0	0	1	0	0	0
1	0	1	1	0	1	0	1	0
1	1	0	0	0	1	1	1	1
1	1	1	1	0	1	1	1	1

7.10 只使用与非门实现题图 7.5 中的与或电路。

7.11 写出题图7.6所示的逻辑功能。

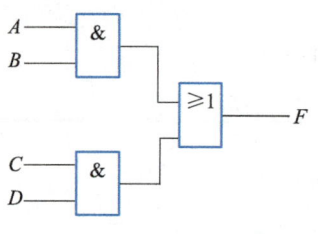

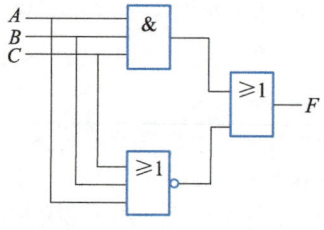

题图 7.5 习题 7.10 的图　　　　　题图 7.6 习题 7.11 的图

7.12 题图7.7为1位数值比较器,A、B为待比较的1位二进制数,比较的结果由输出F_1、F_2、F_3反映。试说明它的工作原理,写出逻辑表达式。

7.13 交通灯的亮与灭的有效组合如题图7.8所示,如果交通灯的控制电路失灵,就可能出现灯的亮与灭的无效组合。试设计一个交通灯失灵检测电路,检测电路要能检测出任何无效组合。要求用最少的**与非门**实现。

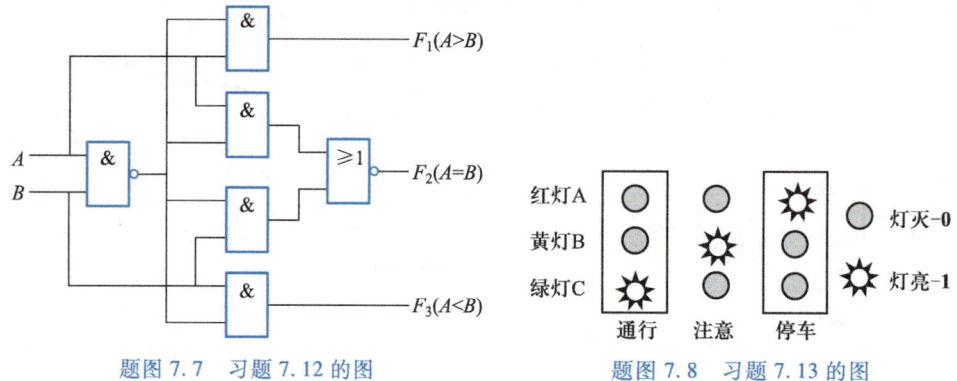

题图 7.7 习题 7.12 的图　　　　　题图 7.8 习题 7.13 的图

7.14 设三台电动机 A、B、C,今要求:A 开机则 B 必须开机;B 开机则 C 也必须开机。如果不满足上述要求,即发出报警信号。试写出报警信号的逻辑表达式,并画出逻辑图。

7.15 题图7.9所示电路是一个四段共阴连接 LED 显示译码器。各段用 P_1、P_2、P_3、P_4 表示。试分析当输入 B_1B_0 分别为 **00、01、10、11** 时所显示的字形。

7.16 用4选1数据选择器 MUX 实现 $F = ABC + \overline{A}\,\overline{B}$。

7.17 题图7.10所示为一个8选1数据选择器实现的电路,写出输出 F 的逻辑表达式。

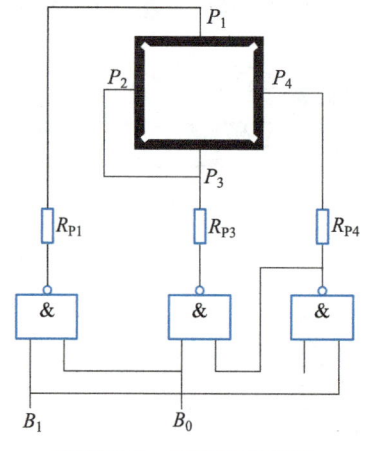

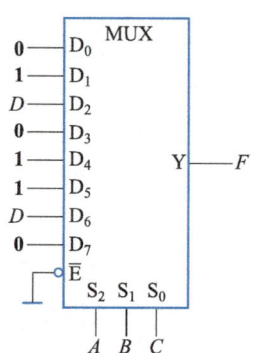

题图 7.9 习题 7.15 的图　　　　　题图 7.10 习题 7.17 的图

7.18 用 8 选 1 数据选择器 MUX 实现 $F=A\oplus B\oplus C$。

7.19 下降沿触发的 J-K 触发器的 CP、$\overline{R}_D$、$\overline{S}_D$、J 和 K 波形如题图 7.11 所示,试画出触发器输出端 Q 的波形。设触发器的初始状态为 **1**。

7.20 试画出题图 7.12 所示电路在 CP 脉冲作用下各触发器输出端 Q_0、Q_1 的波形。设各触发器初始状态为 **0**。

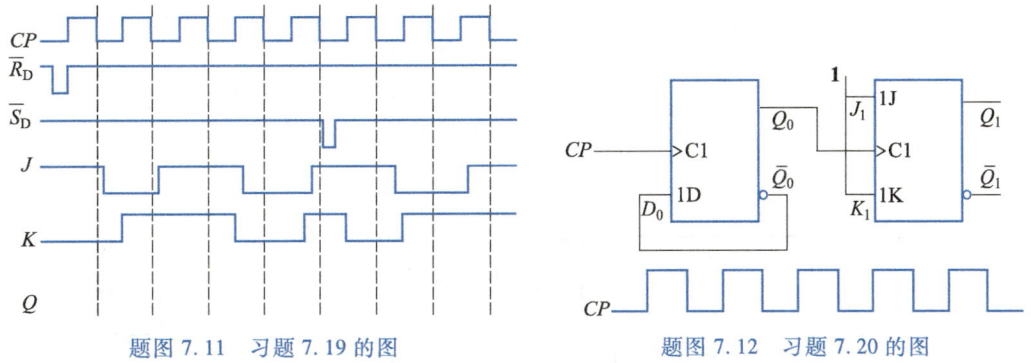

题图 7.11 习题 7.19 的图

题图 7.12 习题 7.20 的图

7.21 分析题图 7.13 所示电路的逻辑功能。

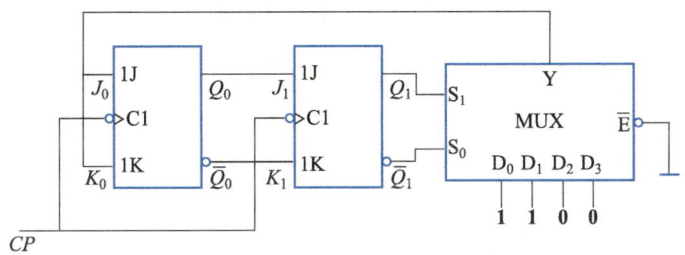

题图 7.13 习题 7.21 的图

7.22 由集成计数器构成的计数电路如题图 7.14 所示,试分析各计数电路的模值 M_1、M_2、M_3。

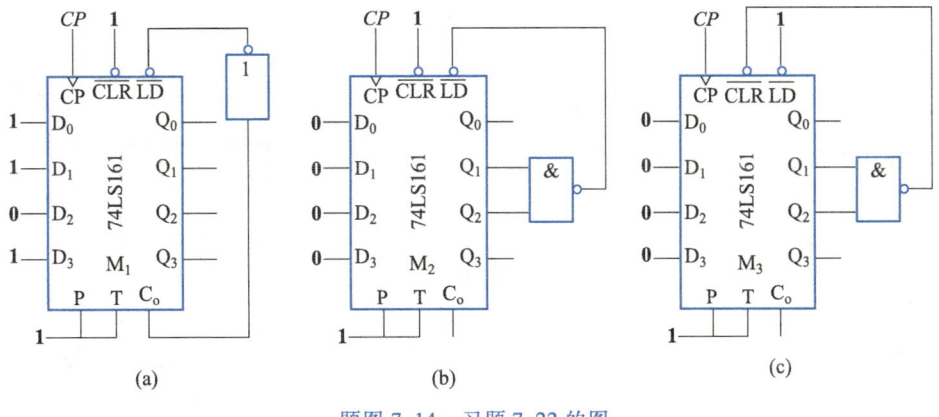

题图 7.14 习题 7.22 的图

7.23 题图 7.15 是用两片中规模集成计数器 74LS90 组成的计数电路,试分析此电路是几进制计数器。

7.24 题图 7.16 是用两片中规模集成计数器 74LS161 组成的计数电路,试分析此电路是几进制计数器。

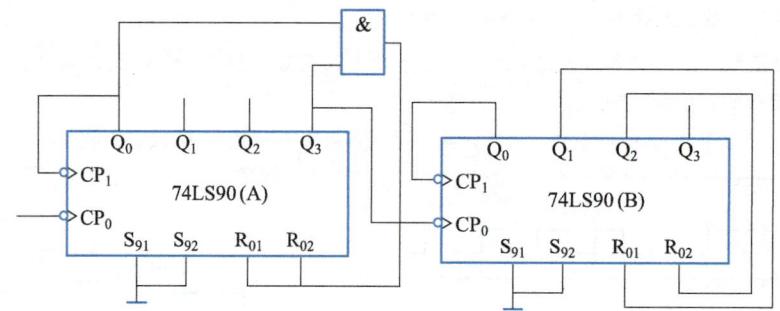

题图 7.15 习题 7.23 的图

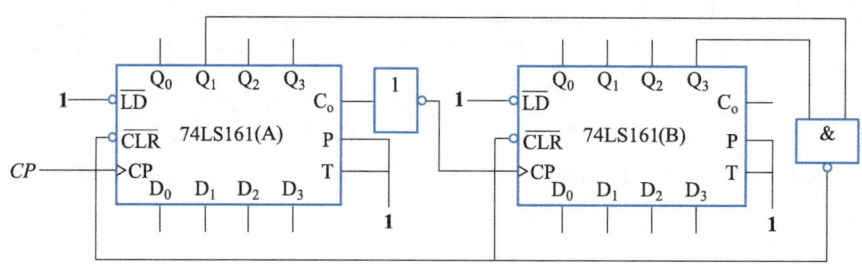

题图 7.16 习题 7.24 的图

7.25 试用 74LS161 和门电路设计一模值 $M = 13$ 的计数器(分别用反馈置零法和反馈置数法)。

7.26 由 555 定时器构成的施密特触发器如题图 7.17(a)所示,当输入如图 7.17(b)所示的对称三角波和正弦波时,试画出相应的输出波形,并求出该电路的回差电压。

7.27 在题图 7.18 所示电路中,LED$_1$ 和 LED$_2$ 为发光二极管,设 $U_{CC} = 6$ V,$R_1 = R_2 = 1$ kΩ,$R = 1$ MΩ,$C = 30$ μF(无初始储能)。若在 $t = 0$ 时把开关 S 闭合,试问:

(1) S 闭合后两个发光二极管是否同时亮? 若不是同时亮,指出哪个先亮,哪个后亮,两者的时间间隔是多少。

(2) 电路达稳态后,两个发光二极管的工作情况又如何?

(3) 画出 S 闭合后电压 u_R 和 u_O 的波形图。

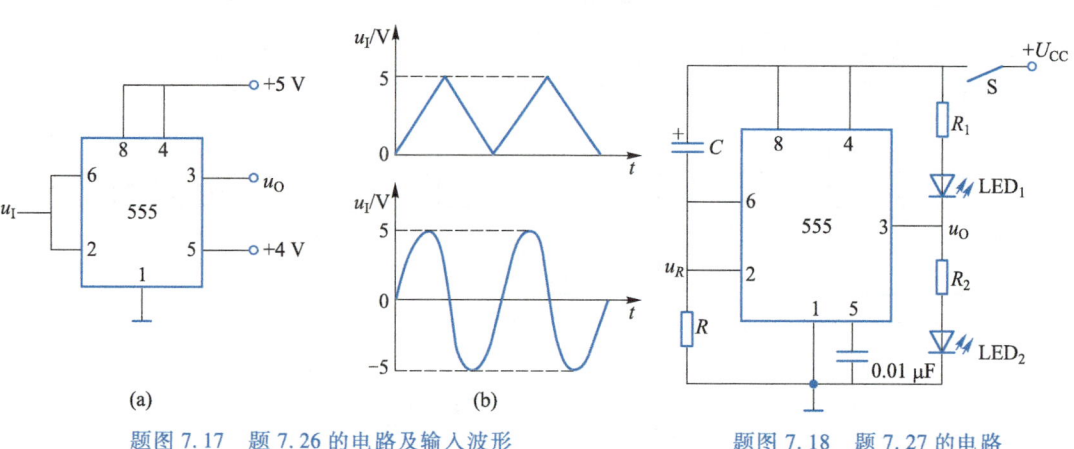

题图 7.17 题 7.26 的电路及输入波形   题图 7.18 题 7.27 的电路

7.28 某实验室有 LED$_1$、LED$_2$ 两个故障指示灯,用来表示三台设备的工作情况,当只有一台设备有故障时 LED$_2$ 亮;若有两台设备发生故障,LED$_1$ 亮;若三台设备都有故障时,则 LED$_1$、LED$_2$ 都亮,试设计故障显示逻辑电路,要求用**与非门**实现。在 Multisim 中用逻辑转换仪设计电路并调试验证。

7.29　某同学用 74LS161 设计的十二进制计数器电路如题图 7.19 所示,请利用 Multisim 仿真软件构建电路,验证此设计是否正确,若不正确请改正。

7.30　如题图 7.20 所示电路为一由 555 定时器组成的门铃电路。试构建 Multisim 仿真电路观察分析输出波形、振荡频率和占空比,若改变振荡频率应如何调节?

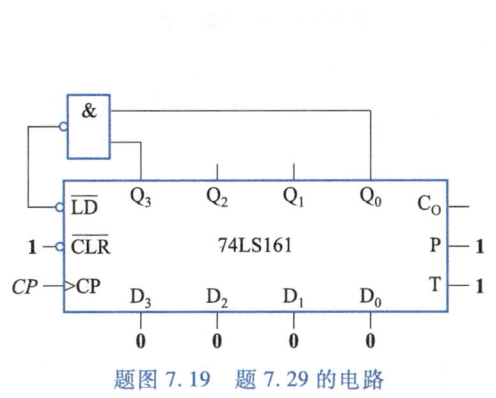

题图 7.19　题 7.29 的电路

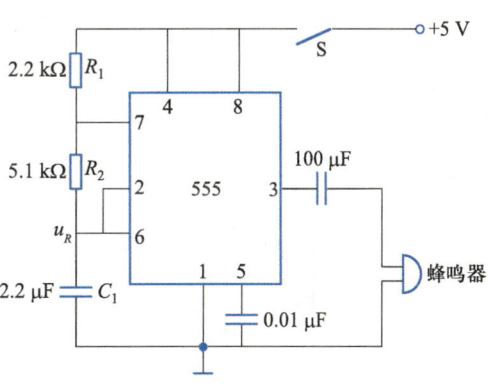

题图 7.20　题 7.30 的电路

自测题

一、选择题

1. 与函数式 $F=AB+\overline{A}C$ 相等的表达式为(　　　)。

  a. $AB+C$　　　　　　　b. $AB+\overline{A}C+BCD$　　　　　　c. $A+BC$　　　　　　d. ABC

2. 某逻辑电路的输入信号 A、B 和输出信号 F 的波形如图 Z7.1 所示,按正逻辑约定,可判定它是一只(　　　)。

  a. **与门**　　　　　　b. **或门**　　　　　　c. **与非门**　　　　　　d. **或非门**

3. 2-4 线译码器如图 Z7.2 所示,当输出 $Y_2=0$ 时,G、B、A 的电平应是(　　　)。

  a. **000**　　　　　　b. **010**　　　　　　c. **011**　　　　　　d. **110**

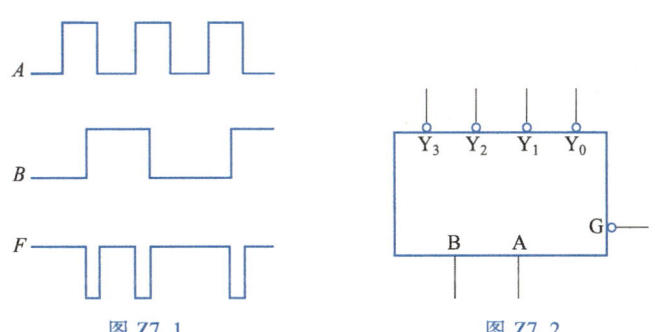

图 Z7.1　　　　　　　　　　　　图 Z7.2

4. 计算机键盘上 101 个键用二进制代码进行编码,至少应为(　　　)位二进制。

  a. 5　　　　　　　　b. 6　　　　　　　　c. 7　　　　　　　　d. 8

5. 如图 Z7.3 所示 J-K 触发器原始状态为 **0**,当各输入端状态如图 Z7.3 所示时,该触发器的新状态为( )。

    a. 置 **0**   b. 置 **1**   c. 计数   d. 不变

6. 表 Z7.1 所示是某计数器的状态转移表,由此表可以判定该计数器是( )进制计数器。

    a. 四   b. 五   c. 六   d. 七

表 Z7.1　状态转移表

C	Q_2	Q_1	Q_0
0	1	0	1
1	0	1	1
2	1	0	0
3	0	1	0
4	1	1	0
5	1	1	1
6	1	0	1

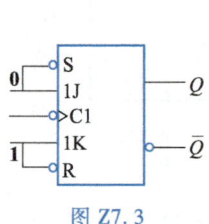

图 Z7.3

7. 欲设计一个二十四进制计数器,至少需用( )个触发器。

    a. 4   b. 5   c. 6   d. 7

8. 在图 Z7.4 中,触发器的初态 $Q_1Q_0 = 00$,则在第一个 CP 脉冲作用后,输出 Q_1Q_0 为( )。

    a. **00**   b. **01**   c. **10**   d. **11**

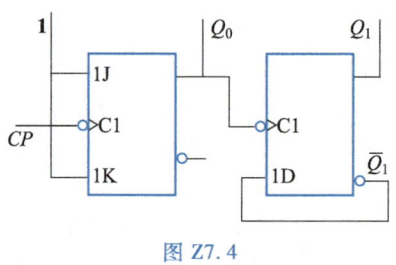

图 Z7.4

二、填空题

1. TTL 门电路的 U_{OH} 的典型值是( )V,U_{OL} 的典型值是( )V。U_{IH} 的典型值是( )V,U_{on} 是( )V,U_{IL} 的典型值是( )V,U_{off} 是( )V。

2. 三态门的 3 个状态是( )( )( )。

3. 数码寄存器和移位寄存器的区别是( )。

4. 一个 7 位二进制加计数器,如果输入脉冲频率 $f = 512$ kHz,此计数器最高位触发器输出脉冲频率为( )kHz。

5. 一个下降沿触发的 8421BCD 码十进制计数器,设其初态 $Q_3Q_2Q_1Q_0 = 0000$,输入的时钟脉冲频率 $f = 1$ kHz。在 10 ms 时间内,共输入( )个脉冲。在第 10.1 ms 时计数器的状态 $Q_3Q_2Q_1Q_0 = ($)。如果这个计数器是 4 位二进制计数器,同样设其初态 $Q_3Q_2Q_1Q_0 = 0000$,输入的时钟脉冲频率 $f = 1$ kHz。在 11 ms 时间内,共输入( )个脉冲。在第 11.1 ms 时计数器的状态 $Q_3Q_2Q_1Q_0 = ($)。

6. 在电子钟电路中,通常采用晶体振荡器产生精确的时钟脉冲。设晶体振荡器能产生精确的 100 kHz 的振荡波形,经整形之后送给分频器,如图 Z7.5 所示。为了得到 10 kHz、1 kHz 的时钟脉冲,图示电路中分

频器 M_1 的分频系数是( )，分频器 M_2 的分频系数是( )。

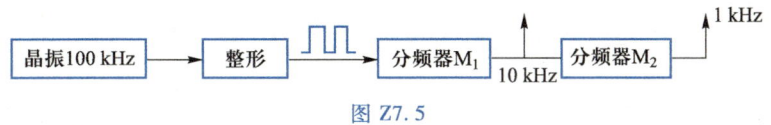

图 Z7.5

三、设计题

1. 设计一个用 3 个开关控制一个电灯的逻辑电路，要求改变任何一个开关的状态都能控制电灯由亮变灭或由灭变亮。要求用数据选择器来实现。

2. 分别用 74LS90 和 74LS161 设计一模值 $M = 10$ 的计数器。

3. 试用 555 定时器设计一个占空比可调的多谐振荡器。电路振荡频率为 10 kHz，占空比 $D = 0.2$，若取电容 $C = 0.01\ \mu F$，试确定电阻的阻值。

4. 逻辑电路如图 Z7.6 所示。

（1）观察逻辑图，直接使用 A、B、C 写出 D 的逻辑表达式。

（2）构建真值表。

（3）确定 D 的最小**与或**表达式。

5. 移位寄存器如图 Z7.7 所示。假设初始状态是 **100**（即 $Q_0 = 1, Q_1 = 0, Q_2 = 0$），列出之后的 6 个状态。经过多少次变换之后寄存器回到初始状态？

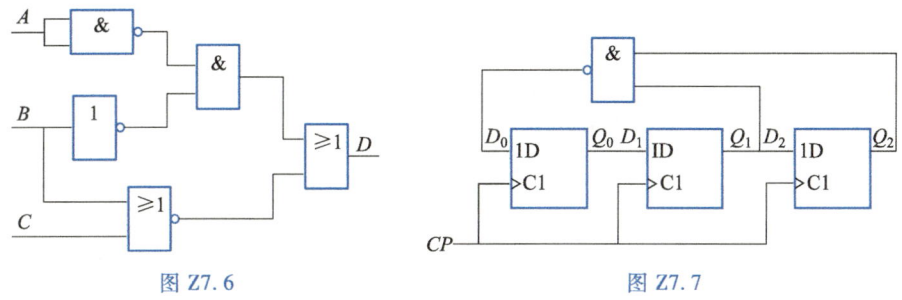

图 Z7.6   图 Z7.7

第 7 章习题与自测题答案

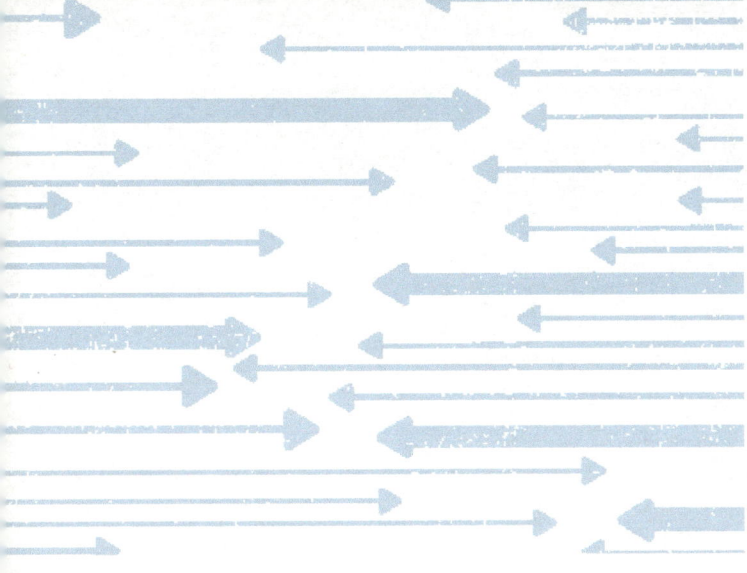

第二篇　应用篇

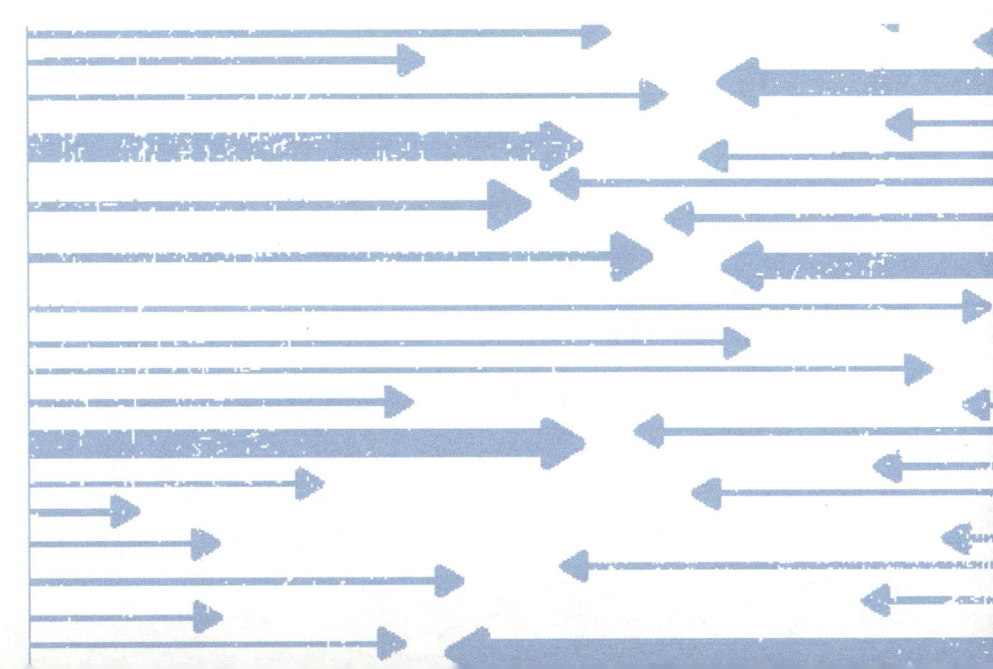

第8章

··· 信号的测量与处理

学习目标:

1. 理解测控系统的设计方法。

2. 理解电压和电流传感器的特性和应用方法。

3. 掌握热电偶和热电阻温度传感器的使用方法。

4. 理解压力、液位、位移、转速等传感器的工作原理。

5. 掌握有源滤波器的分析和设计方法。

6. 掌握信号变换电路的设计方法。

7. 理解 A/D 和 D/A 的工作原理,掌握相关参数的分析方法。

8. 理解数据采集与处理方法。

在工业生产中,经常要对许多物理量进行测量和控制,如温度、压力等非电量和电压、电流等电量,并有相应的传感器和测量控制系统。本章将简要介绍数据采集系统的组成及各部分的工作原理。

8.1　典型的测控系统概述

一个典型的测量控制系统主要由传感器、变送器、数据采集电路、信号变换电路、控制电路和计算机等组成,其结构框图如图 8.1.1 所示。

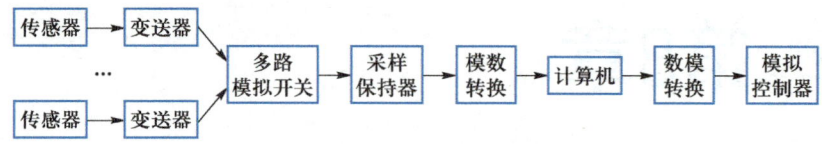

图 8.1.1　典型的测量控制系统框图

微视频 8-1
典型的测控系统概述

1. 传感器

传感器的作用是直接感受被测物理量,并把其转换成与被测物理量有一定函数关系的电压、电流或其他物理量(如电阻、电容、电感)。传感器的种类很多,电量传感器有电压互感器、电流互感器等,非电量传感器有热电式(如热电偶等)、电容式(如电容式差压传感器等)、电感式、光电式等。通常情况下,当物理量变化时,传感器的参数变化是很微弱的,而且与物理量的变化关系一般是非线性的,所以必须经变送器处理后才能接显示仪表或微机采集系统。

2. 变送器

变送器的作用是把传感器的输出参数转换成标准的电信号,其结构框图如图 8.1.2 所示。

图 8.1.2　变送器的结构框图

变送器一般由以下几部分组成:

(1)信号变换。通过电桥或其他方式把传感器输出的电参数转换成电压或电流。

(2)放大。把微弱的电压或电流信号进行放大,在某些场合还需要进行信号的隔离,使传感器和后面的电路绝缘。

(3)滤波。滤除干扰信号。

(4)线性化。被测物理量与电信号之间往往呈非线性关系,通过线性化电路,使电信号与被测物理量之间变成近似线性关系。

(5)标准化。为了方便地实现仪表的互换性、信号的远距离传送和提高信号的抗干扰能力,一般把电信号最终转换成标准的 4~20 mA 的直流电流信号。当被测物理量为量程的下限时,输出电流为 4 mA;为上限时,输出电流为 20 mA。而在量程范围内,被测物理量与电流则呈线性关系。如某压力变送器,量程为 0~1.6 MPa,当变送器输出 4 mA 电流时,压力为

0 MPa;输出 20 mA 时,压力为 1.6 MPa;当输出电流为 10 mA 时,压力为

$$p = \frac{10-4}{20-4} \times 1.6 \text{ MPa} = 0.6 \text{ MPa}$$

采用直流 4~20 mA 的电流信号输出具有以下优点:

① 因为输出电流的大小与负载电阻无关,所以传送导线的电阻不会造成误差,且抗干扰能力强。使用 250 Ω(误差小于 0.1%)的 I/U 变换电阻,可将 4~20 mA 的电流信号变换为 1~5 V 的直流电压信号。

② 可以同时串接几个指示测量仪表,而不会影响测量精度。

③ 能够实现传送线的断线自检。在正常工作时有 4 mA 的基本电流,当传送线断开时,电流为零,据此即可以检出断线。

通常变送器的电源线和输出信号线共用,称为<u>二线制变送器</u>。在实际应用中,往往把传感器和变送器做在一起,称为<u>一体化二线制仪表</u>。

二线制变送器与电源之间的连接虽然是两条线,但是直流电源的输入和信号的输出却能共用。在零点时,一体化变送器的静态耗电电流为 4 mA,此时电源供给的也是 4 mA 电流。在最大量程时,输出信号的电流是 20 mA,此时电源提供的电流也是 20 mA,从而达到了用两条线既能供电又能同时传输信号的目的。

图 8.1.3 为一个一体化二线制热电阻温度变送器的原理接线图。从图中可见,传感器 R_t 和变送器被固定安装在一起,24 V 直流电源、250 Ω 的电阻 R 和变送器为串联关系,从 R 上输出 1~5 V 的直流电压信号送给显示仪表或微机采集系统,整个系统结构简单明了。

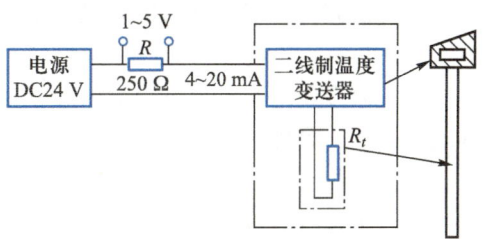

图 8.1.3 二线制电阻温度变送器

有少数的变送器输出为 1~5 V 的直流电压信号或频率与物理量成比例的脉冲信号。脉冲信号的抗干扰能力比电流信号更强,但检测比较烦琐。

3. 数据采集和控制系统

自然界所存在的一些物理量,如温度、压力等,都是连续变化的模拟量,经变送器后变换成电压、电流等模拟电量,而包括计算机在内的数字系统只能对数字信号进行处理。为了实现数字系统对这些模拟电量的检测、运算和控制,就需要一个模拟量与数字量之间相互转换的过程。我们把模拟量转换为数字量的过程称为<u>模数转换</u>,把完成这种转换的电路称为<u>模数转换器</u>(analog to digital converter),简称为 ADC 或 A/D;把数字量转换为模拟量的过程称为<u>数模转换</u>,完成这种转换的电路称为<u>数模转换器</u>(digital to analog converter),简称为 DAC 或 D/A。因为模拟量是连续变化的,而模数转换需要一定时间,所以在 A/D 前必须用一采样保持电路,使其模拟量在转换的过程中保持稳定不变。另外,往往实际的数据采集系统中的模拟信号有多个,为了共用一个 ADC,需要加入一模拟开关来分时选择各路模拟信号。来自变送器的标准电压或电流信号,由数字系统控制多路模拟开关分时地把多路模拟信号切换到采样保持器,再由 A/D 将模拟信号转换成数字量,然后由数字系统进行运算、显示、存储等操作。当需要对某一物理量进行控制时,由数字系统确定控制量的大小,由 D/A 把控制数字量转换成模拟量,再通过模拟控制器实现对物理量的控制。

[练习与思考]

8.1.1 一体化二线制温度变送器由哪几部分组成? 主要特点是什么? 并简述其工作过程。

8.1.2 用电流传输信号有何优点?

8.1.3 与连续信号相比,为什么脉冲信号有更强的抗干扰能力?

8.2 信号的测量

微视频 8-2
电压与电流传感器

8.2.1 电压与电流传感器

通常,电压测量采用串联电阻分压的方法,电流测量采用并联电阻分流的方法,对于高电压(几百伏以上)和大电流(几十安培以上)的测量,考虑到操作人员的人身安全和仪表绝缘材料的耐压程度等实际问题,常常采用测量用互感器来扩大交流仪表的量限。用以变换电压的互感器称为电压互感器,用以变换电流的互感器称为电流互感器。

测量用互感器就是与测量仪表配合使用的小型变压器,它的作用是将被测量的高电压或大电流转换到适合于一般电压表或电流表测量的范围。它与串联电阻分压和并联电阻分流方法相比具有以下优点:

(1)一表多用。当所用仪表为标准表时,采用互感器不仅能扩大量限,还可以充分发挥标准表的作用。另外,互感器既可以降低高电压、大电流,也可以将低电压、小电流变大,使之适合于仪表的量限。

(2)一个互感器可同时接入几种仪表。例如电流表和功率表的电流线圈或电压表和功率表的电压线圈等。

(3)保障操作人员的安全,降低了仪表对高压的绝缘要求。

(4)仪表制造标准化。将工程测量中仪表量限统一设计为 5 A 或 100 V。

1. 互感器的结构和原理

互感器实际上是一个铁心变压器,其闭合铁心一般由硅钢片叠成,铁心上绕有两个或多个绕组(特殊情况只有一个),接被测电压或电流的绕组称为一次绕组(也可称为初级绕组),接测量仪表的绕组称为二次绕组(也可称为次级绕组)。

电压互感器相当于一个降压变压器,其一次绕组额定电压通常采用不同的电压等级,而二次绕组额定电压都定为 100 V,这给测量带来很大方便,图 8.2.1(a)所示为电压互感器的符号。AX 为一次绕组,ax 为二次绕组。

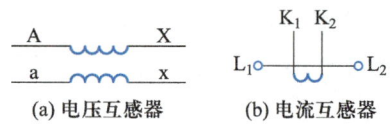

(a) 电压互感器 (b) 电流互感器

图 8.2.1 电压互感器和
电流互感器的符号

电流互感器相当于一个电流变换器,其额定次级电流一般为 5 A(有的为 1 A)。图 8.2.1(b)所示为电流互感器的符号。由于其一次绕组匝数较少,甚至可能是几匝或一匝,所以一次绕组用一根直线 $L_1 L_2$ 表示,$K_1 K_2$ 为二次绕组。

测量互感器的额定一次电压 U_1(或电流 I_1)与额定二次电压 U_2(或电流 I_2)之比,叫互感

器的额定变压比 K_u(或额定变流比 K_i),它们取决于绕组匝数,其值标在铭牌上。设一次绕组和二次绕组匝数分别为 N_1 和 N_2,则

$$K_u = \frac{U_1}{U_2} = \frac{N_1}{N_2}, \qquad K_i = \frac{I_1}{I_2} = \frac{N_2}{N_1}$$

用仪表测出二次电压(或电流),通过上式即可折算出一次电压(或电流)的数值。

目前我国生产的电流互感器等级有 0.01、0.02、0.05、0.1、0.2、0.5、1.0 和 3.0 级等;电压互感器的等级有 0.1、0.2、0.5、1.0 和 3.0 级等。其中 0.2 级以上的互感器一般用于实验室,而在电力工程中通常使用 0.5、1.0 和 3.0 级互感器。

精度等级表示了测量仪表的误差等级。如 0.2 级表示在量程范围内的最大误差与量程之比小于±0.2%。如果某仪表的实际精度为 0.07,而国家标准中没有 0.07 这一等级,则其精度等级为 0.1。

2. 互感器的正确选择和使用

(1)选择。

① 按被测量线路的电压高低选择与额定电压等级相同的电压,以确保操作人员和仪表的安全。特别值得一提的是,选择电流互感器时,应使它的额定电压等级与被测电流线路的电压相适应。

② 按被测电压和电流的大小选用合适的互感器的一次额定值。有些与互感器配套用的仪表刻度盘上标有要求配用的互感器规格,且仪表的标度尺是按互感器一次被测量的数值来标刻度的,这时应注意这种互感器和测量仪表必须成套选择和使用。

③ 一般选用互感器的准确度等级比测量仪表的准确度高两倍。如 0.5 级仪表必须选用 0.1 级互感器。

④ 根据需要接入互感器的负载(包括测量仪表及连接导线)大小及性质,选择合适的额定容量的互感器。通常互感器的额定容量是以负载在额定功率因数和额定次级电流的条件下所吸收的视在功率来表示,单位为 V·A(伏安),据此确定该互感器所能接入的负载大小。

如额定容量 $S = 5\ V·A$ 的电流互感器,当二次额定电流 $I_{2N} = 5\ A$ 和功率因数 $\cos\varphi = 1$ 时,二次侧所能接入的最大负载 $|Z| = S/I_{2N}^2 = 0.2\ \Omega$。

⑤ 在湿热、风沙、雷和雾等环境下使用时,要选用具有"三防"性能的互感器。

(2)使用。

① 根据接线标志牌正确接线。电压互感器和电流互感器接线分别如图 8.2.2 和图 8.2.3 所示。电压互感器的一次绕组应并联接入被测电路,二次绕组则与测量仪表连接;电流互感器一次绕组应串联接入被测电路,而二次绕组则应与测量仪表连接。

② 电压互感器的二次绕组不许短路,否则二次绕组会出现很大的短路电流,故其一次和二次绕组都要接短路保护熔断器(保险丝)。电流互感器的二次绕组不许开路,也不能装熔断器,否则当二次绕组突然开路时,会在绕组中感应出很高的电压,损坏电流互感器的绝缘层,并危及操作人员的安全。

③ 互感器的二次绕组、铁心及外壳都要可靠接地,以确保人身和设备安全。

④ 除特殊设计的可逆互感器外,一般互感器不许反方向使用(即不能将一次侧与二次侧互换)。

⑤ 仪表接入互感器后,应将电压表读数乘以变压比,电流表读数乘以变流比才是所测电压和电流的数值。

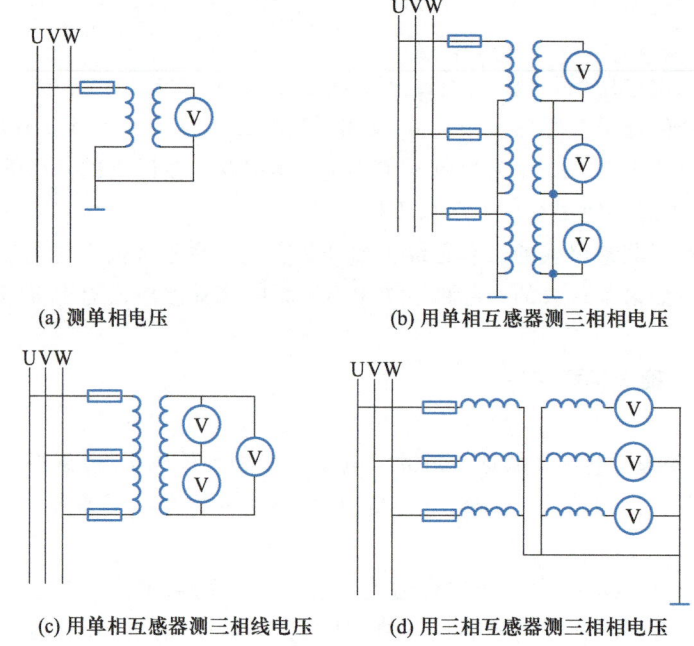

(a) 测单相电压   (b) 用单相互感器测三相相电压

(c) 用单相互感器测三相线电压   (d) 用三相互感器测三相相电压

图 8.2.2　电压互感器的接法

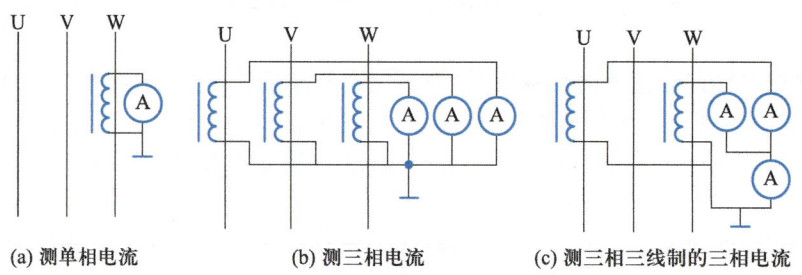

(a) 测单相电流   (b) 测三相电流   (c) 测三相三线制的三相电流

图 8.2.3　电流互感器的接法

3. 电压变送器和电流变送器

电压变送器和电流变送器一般为隔离型,隔离方式有电磁隔离型、线性光电隔离型和霍尔效应型等;输入方式有交流变送器和交直流通用变送器;接线方式有穿心式和接线式。输出一般为 4~20 mA 直流电流,1~5 V 直流电压和频率与被测电压或电流成正比的脉冲信号。使用霍尔型变送器时不需要互感器,但电压不能太高(一般是 2 kV 以下)。

8.2.2　温度传感器

按测量方式的不同,温度测量可分为接触式和非接触式。接触式测温的传感器有热电阻、热电偶和半导体温度传感器等。非接触式测温目前在工业上还是以辐射式测温为主,有光学高温计和辐射高温计等。这里只介绍工业上常用的热电阻和热电偶温度传感器的工作原理。

1. 热电偶温度传感器

（1）热电偶测温原理。两种不同成分的导体两端接合成回路，如图 8.2.4 所示，当两接合点温度不等（$T > T_0$）时，回路中就会产生电动势，这种现象称为热电效应，这种电动势称为热电动势，热电偶就是利用热电效应进行温度测量的。其中，直接用作测量介质温度的一端叫作热端（也称为测量端），另一端叫作冷端（也称为补偿端或自由端），冷端与显示仪表或配套仪表连接。

微视频 8-3
热电偶温
度传感器

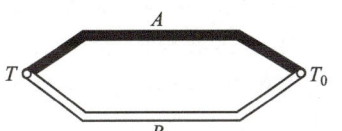

图 8.2.4　热电偶结构原理

如果在热电偶回路中接入第三种金属材料，只要该材料与热电偶的两个接合点的温度相同，则热电偶所产生的热电动势将保持不变，即不受第三种金属接入回路中的影响。这就是热电偶的中间导体定则。因此，在用热电偶测温时，可接入测量仪表而不会影响测量结果。

热电偶的热电动势随着测量端温度的升高而增大，热电动势的大小只和热电偶的导体材质以及两端温度有关，和热电偶的长度、直径无关。热电偶的测量范围很广，一般从 -50 ~ +1 600℃ 均可连续测量，某些特殊热电偶最低可测到 -269℃（如金铁镍铬），最高可达 +2 800℃（如钨-铼）。

根据所用金属材料的不同，热电偶可分为铂铑$_{10}$-铂、铂铑$_{30}$-铂铑$_6$、镍铬-镍硅、镍铬-铜镍等型号，不同的热电偶，其测温范围、测量精度和适用的环境各不相同。

（2）热电偶的冷端温度补偿。在设计热电偶时必须注意，热电偶的热电动势是热电偶两端温度函数的差，而不是热电偶两端温度差的函数。所以，若热电偶冷端的温度保持一定，则其热电动势仅是工作端温度的单值函数。

当冷端温度为 0℃ 时，热电动势与温度关系列成的表叫作热电偶分度表，不同型号的热电偶具有不同的分度表。查表法只适合于实验室中使用。一般情况下，冷端温度难以保持在 0℃，需要进行冷端补偿，通常用以下两种方式：

① 电路补偿。一般的热电偶温度变送器都采用电路进行冷端温度补偿，使得热电偶的输出相当于冷端始终保持在 0℃，如补偿电桥法等。通常，热电偶和变送器做成一体，二线制 4~20 mA 直流电流输出。

② 计算修正法。这种方法比较精确，但是比较烦琐，适用于多支热电偶测温的微机采集系统。将多支热电偶的冷端集中在一起，用其他方式（如热电阻）测知其冷端温度，再由每支热电偶的热电动势通过查表和计算得出其热端温度。

例如，用镍铬-镍硅热电偶测某介质的温度，测得热电动势为 33.29 mV，冷端温度为 30℃。由分度表查得 30℃ 时的热电动势为 1.20 mV，故冷端温度为 0℃ 时的热电势应为（33.29+1.20）mV = 34.49 mV。再据此电动势查分度表得温度为 829.6℃，此值即为热端的真实温度值。

（3）补偿导线的应用。由于热电偶的材料一般都比较贵重（特别是采用贵金属时），而测温点到仪表的距离都很远，为了节省热电偶材料，降低成本，通常采用补偿导线把热电偶的冷端延伸到温度比较稳定的控制室内，连接到仪表端子上。热电偶的补偿导线又称延伸导线，它是一种廉价导线，在一定的温度范围内，其热电特性与其相应的热电偶的热电特性十分相近，不会由于引入该导线使工作热电偶带来附加误差。

热电偶补偿导线及测量仪表的连接电路如图 8.2.5 所示。

2. 热电阻温度传感器

在 $-200 \sim +500℃$ 温度范围内,一般使用热电阻温度传感器。

热电阻温度传感器是基于金属导体或半导体电阻值与温度呈一定函数关系的原理实现温度测量的。实验证明,大多数金属导体当温度上升 $1℃$ 时,其电阻值均增大 $0.4\% \sim 0.6\%$;而半导体当温度上升 $1℃$ 时,其电阻值则下降 $3\% \sim 6\%$。

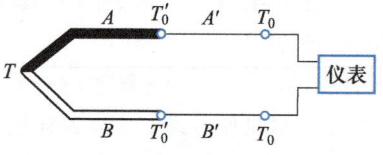

图 8.2.5 热电偶补偿导线及测量仪表连接示意图

工业上常用的热电阻为铂电阻和铜电阻。

(1)铂电阻。铂电阻由纯铂电阻丝绕制而成,其测温范围为 $-200 \sim +850℃$。它的特点是精度高、性能可靠、抗氧化性好、物理化学性能稳定。它除作为一般工业测量元件外,还可作为标准器件。它的缺点是电阻温度系数小,电阻与温度呈非线性。

一般工业上常用的铂电阻,我国规定的分度号为 Pt10 和 Pt100。即与 0℃ 相对应的电阻分别为 $R_0 = 10 \ \Omega$ 和 $R_0 = 100 \ \Omega$。

(2)铜电阻。铜电阻一般用于 $-50 \sim +150℃$ 范围的温度测量。它的特点是电阻值与温度之间基本为线性关系,电阻温度系数大,且材料易提纯,价格便宜。但它的电阻率低,易氧化,所以在温度不高、对测温元件体积无特殊限制时,可以使用铜电阻测量温度。

中国工业用铜热电阻的分度号分为 Cu50 和 Cu100 两种,其 R_0 的阻值分别为 $50 \ \Omega$ 和 $100 \ \Omega$。

(3)热电阻测温线路。热电阻温度计主要由热电阻传感器、电阻测量桥路、显示仪表及连接导线组成。为了消除导线电阻对温度测量的影响,热电阻温度计的连接线路一般为三线制接法,如图 8.2.6 所示。热电阻 R_t 有三条引线,有两条引线及其连接导线的电阻分别加到电桥相邻两桥臂中,第三条线则接到电源线上,即相当于把电源与电桥的连接点 a 从显示仪表内部的测量桥路上移到热电阻本体附近。

当电桥平衡时,可得下列关系

$$(R_t + R_r) R_2 = (R_1 + R_r) R_3$$

$$R_t = \frac{(R_1 + R_r) R_3 - R_r R_2}{R_2} = \frac{R_1 R_3}{R_2} + \frac{R_3 R_r}{R_2} - R_r$$

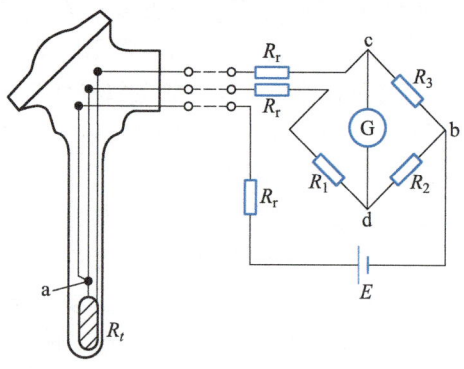

图 8.2.6 热电阻三线制接法

若使 $R_2 = R_3$,则上式就和 $R_r = 0$ 时的情况完全相同,即说明此种接法时导线电阻 R_r 对热电阻的测量毫无影响。再用测量放大器、线性化电路和 U/I 转换电路代替微安表 G,就可以输出与温度呈线性关系的 $4 \sim 20 \ mA$ 电流信号了。

8.2.3 压力传感器

在工程技术中,压力被定义为垂直而均匀作用于物体单位面积上的力,与物理学中的压强概念相同。

测量压力的传感器很多,下面只介绍应变片式压力传感器。

1. 应变片式压力传感器的测量原理

应变片分金属电阻应变片和半导体应变片。

金属电阻应变片测量压力的原理是基于其应变效应,即金属导体在外界作用下(如压力等)产生机械变形时,其阻值将发生相应的变化。

半导体应变片测量压力的原理是基于压阻效应,即单晶半导体材料沿某一轴向受到外力作用时,其电阻率 ρ 发生变化。所以半导体应变片式压力传感器又称为压阻式压力传感器或硅传感器,它在小量程时有很高的精度和灵敏度,但温度系数大。应变量与电阻值的关系为非线性。

应变片式压力传感器的结构形式有粘贴式、非粘贴式及脉动式,在一般温度条件下($-40\sim$ $+80℃$)可进行精密压力测量,也可以在高温($<1\,500℃$)下或对腐蚀介质进行压力测量。

合金薄膜压力传感器是一种非粘贴式的应变片式压力传感器,是采用近代薄膜技术制造而成的,适于恶劣环境,具有优良的稳定性能。

2. 测量电路

应变片式传感器的测量电路有直流电桥、交流电桥和电阻-频率(R/f)转换电路等,下面介绍直流电桥中的双臂差分电桥和四臂差分电桥。

在电桥的相邻两臂同时接入两工作应变片,使一片受拉,另一片受压,如图 8.2.7 所示,这种电桥称为双臂差分电桥。该电桥的输出电压 $U_{\circ}$ 为

$$U_{\circ} = \left(\frac{R_2 - \Delta R_2}{R_1 + \Delta R_1 + R_2 - \Delta R_2} - \frac{R_4}{R_3 + R_4} \right) E$$

如果考虑到 $\Delta R_1 = \Delta R_2$,$R_1 = R_2$,$R_3 = R_4$,则得

$$U_{\circ} = -\frac{1}{2} \frac{\Delta R_1}{R_1} E$$

由上式可知,$U_{\circ}$ 与 $\Delta R_1 / R_1$ 呈线性关系,说明双臂差分电桥没有非线性误差,同时还可起到温度补偿的作用。

如果按图 8.2.8 接成四片工作片的四臂差分电桥,使相对桥臂的两片受压,另两片受拉,以满足 $\Delta R_1 = \Delta R_2 = \Delta R_3 = \Delta R_4$,$R_1 = R_2 = R_3 = R_4$(称等臂电桥)的条件,则其输出电压为

$$U_{\circ} = -\frac{\Delta R_1}{R_1} E$$

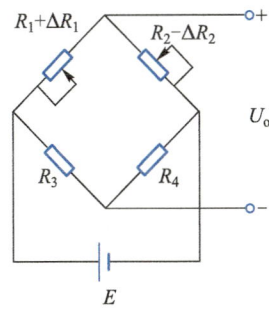

图 8.2.7 双臂差分电桥

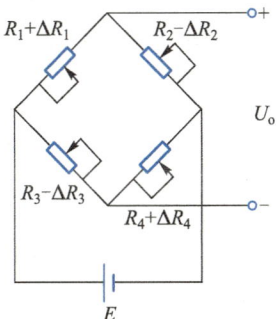

图 8.2.8 四臂差分电桥

其输出电压是双臂差分电桥输出电压的两倍。

另外还有电容式、压电式、电位器式、电感式、霍尔式等压力传感器,可以根据不同的应用场合选用不同的传感器。

8.2.4　液位传感器

微视频 8-6
液位传感器

在工业生产过程中,常需要对一些设备和容器内液体的液面进行测量,称为液位的测量。下面简单介绍三种液位传感器的工作原理。

1. 差压式液位传感器

对于不可压缩的液体,其相对密度不变,因此液柱的高度与液柱起点处所受静压成正比,由此可以通过测量液体的静压求得液位的高度。密闭容器内的液位可由液位起点与液面上部气体的压力差测得,称为差压式液位测量。敞口容器内的液位既可采取这种差压法,又可采取压力法来测量。

在有压密闭容器中,因为液面上有气压,常采用差压式液位测量方法,以消除液面上压力的影响,如图 8.2.9 所示。知道介质相对密度 γ 及测出压差 Δp 即可得到液位高度

$$H = \frac{\Delta p}{\gamma}$$

测量时,将差压信号转换成电信号,电信号便反映了相应的液位高度。

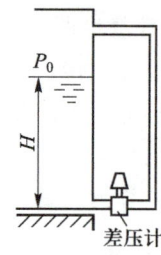

图 8.2.9　差压法测液位

2. 磁浮子液位传感器

磁浮子液位传感器由永磁浮子、磁簧管、精密电阻和放大变换电路组成。当液位计磁性浮子的磁感线作用到某一位置的磁簧管时,该磁簧管闭合,改变传感器的电阻链输出,使输出电压与液位成正比变化,随着液位的变化,放大变换电路将液位的变化转换成线性的 4~20 mA 电流信号输出,以实现对液位信号的传送或控制。图 8.2.10 为磁浮子液位传感器的内部结构示意图。这种测量是线性的,其分辨率就是微小磁簧管之间的距离。

这种传感器的优点在于连续监测液位、重复性高、与液体的介质无关、信号可远传、接线简单等。

3. 电容式液位传感器

电容式液位传感器是利用被测介质面的变化引起电容变化的一种变介质型电容传感器,用于测量非导电液体介质的液位,如图 8.2.11 所示,一般用电极棒和容器壁组成内外电极。设内外电极的外径和内径分别为 d 和 D,覆盖长度为 L,空气介电常数为 ε_0,当电极间无液体时,其电容值为

$$C_0 = \frac{2\pi \varepsilon_0 L}{\ln \dfrac{D}{d}}$$

当内外电极间有液体(其介电常数为 ε)时,高度为 H 时电容变化为

$$\Delta C = C - C_0 = \frac{2\pi(\varepsilon - \varepsilon_0)}{\ln(D/d)} H$$

由上式可见,电容的变化正比于液位高度。

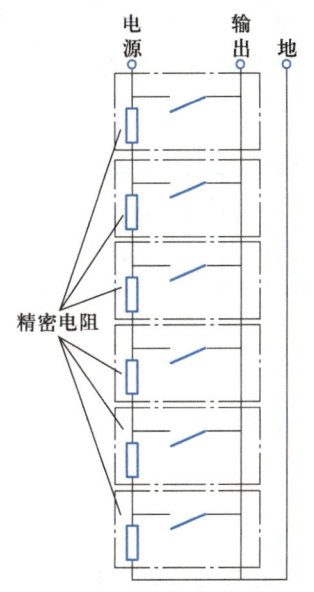

图 8.2.10　磁浮子液位传感器内部结构示意图

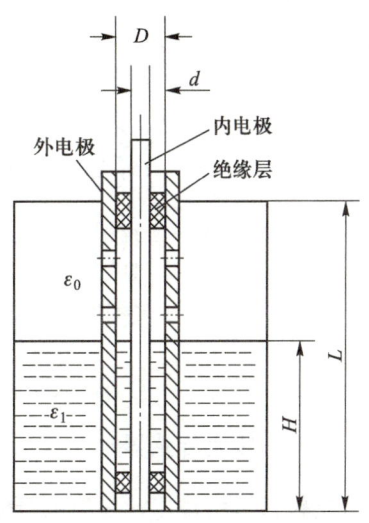

图 8.2.11　电容式液位传感器示意图

当被测液体为导电体而不能作为电容的中间介质时,应采用套管式电极,即在外径为 d 的金属棒外,加一层介电常数为 ε、内径为 d、外径为 D 的绝缘套管作为电介质,液体容器用绝缘材料制作,金属棒作为内电极,而把导电的被测液体作为外电极(电极引线从导电液体容器底部引出),构成变面积式电容传感器。由此,当液位发生变化时,就改变了电容器两极板的覆盖面积,从而改变了电容量。但是这种方式不适合于黏滞的导电液体。因为液位下降时,内电极套管外部如果黏附一层被测导电液体,就会产生虚假的液位测量值。

图 8.2.12 是测量电容的串联电阻式交流比较电桥。C_x 是被测电容,R_x 是其等效串联损耗电阻。测量时,先根据被测电容的范围,改变 R_3 选取一定的量程,然后调节 R_4 和 R_2 使电桥平衡(指示器读数最小)。从 R_4、R_2 刻度读取 C_x 的值。

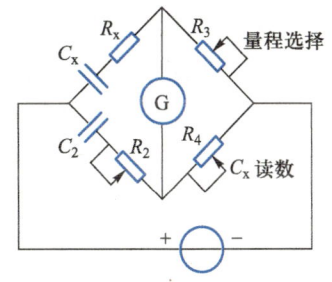

图 8.2.12　测电容的串联电阻式交流电桥

$$R_x = \frac{R_3}{R_4} R_2, \quad C_x = \frac{R_4}{R_3} C_2$$

8.2.5　位移传感器

位移的测量方法有电阻式、应变式、电感式、电容式、电涡流式等。下面介绍变压器式位移传感器的测量原理。

变压器式位移传感器是将位移的变化转换为线圈互感的变化,其原理图如图 8.2.13(a)所示。当在变压器的一次侧输入交流电压 u_i 时,二次绕组感应出电动势 e。当铁心在线圈中移动时,其互感做相应变化,因而感生电动势也变化,其变化量(Δe)正比于铁心的位移(Δx)。因此通过测量二次电压(即电动势),即可测量机械位移。

变压器式位移传感器测量电路框图如图 8.2.13(b)所示。信号源可产生正弦交流信

微视频 8-7 位移传感器和转速传感器

号,经功率放大后加到变压器的一次侧,变压器二次侧的电压经放大、精密整流、滤波,将交流电压变换为直流电压。因为各环节均是线性的,因此其输出直流电压 ΔU_{o} 正比于位移 Δx。

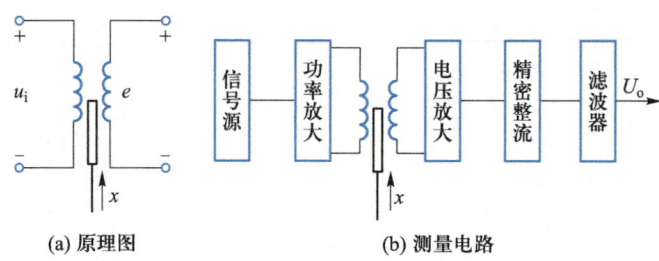

(a) 原理图   (b) 测量电路

图 8.2.13   变压器式位移传感器

8.2.6   转速传感器

将旋转物体的转速转换为电量输出的传感器称为转速传感器,它属于间接式测量装置。按信号形式的不同,转速传感器可分为模拟式和数字式两种。前者的输出信号值是转速的线性函数,后者的输出信号频率与转速成正比,或其信号峰值间隔与转速成反比。转速传感器的种类繁多、应用极广。常用的转速传感器有光电式、电容式、变磁阻式以及测速发电机等。

由于光电测量方法灵活多样,可测参数众多,一般情况下又具有非接触、高精度、高分辨率、高可靠性和响应快等优点,加之激光光源、光栅、光学码盘、CCD 器件、光导纤维等的相继出现和成功应用,使得光电传感器在检测和控制领域得到了广泛的应用。下面介绍一种直射式光电转速传感器的测量原理。

直射式光电转速传感器的结构如图 8.2.14 所示。它由开孔圆盘、光源、光敏元件及缝隙板等组成。传感器的输入轴与待测轴相连接,光源发出的光通过开孔盘和缝隙板照射到光敏元件上被光敏元件所接收,将光信号转为电信号输出。开孔盘上有很多个小孔(如 $20,30,60,\cdots$),开孔盘每转一周,光敏元件接受光的次数等于盘上的开孔数,因此,可通过测量光敏元件输出的脉冲频率,得知被测转速,即

$$n = \frac{60f}{N}(\mathrm{r/min})$$

图 8.2.14   直射式光电转速传感器结构示意图

1—光敏元件;2—缝隙板;3—开孔圆盘;4—输入轴;5—光源

式中,n——转速;

f——脉冲频率;

N——圆盘开孔数。

将光脉冲信号通过光电脉冲变换电路转换为电脉冲信号,送入计数器计数,通过计算可以得出脉冲的频率并进一步得到转速值。

[练习与思考]

8.2.1 使用电流互感器时必须注意什么问题?

8.2.2 在三相三线制的测量电路中,为何用 2 个电压互感器和 2 个电流互感器,而不用 3 个?

8.2.3 何为热电效应?

8.2.4 什么是中间导体定则?

8.2.5 在热电阻温度测量中,为什么要用三线制?如果现场没有三芯线,用两芯的屏蔽电缆线(用屏蔽层作为第三根线)是否也可以?

8.2.6 何为应变效应?何为压阻效应?

8.2.7 最大被测压力为 80 kPa,现有量程范围为 0~100 kPa,准确度等级为 0.1 级的压力传感器和量程范围为 0~300 kPa,准确度等级为 0.05 级的压力传感器,问选择哪一个传感器更合适?说明原因。

8.2.8 差压式液位传感器是怎样测量液位的?

8.2.9 利用电容法还能测量什么物理量?电容式液位传感器能否用于测量固体颗粒的料位?

8.2.10 交流电桥和直流电桥有何异同?

8.3 信号的处理与变换

8.3.1 有源滤波器

微视频 8-8
有源滤波器

由无源 RC 电路和有源的运算放大器构成的滤波器,称为有源滤波器。与无源滤波器比较,它具有体积小、频率特性好等优点,因而得到广泛应用。

图 8.3.1(a)是有源低通滤波器的电路。由 RC 电路得出

$$\dot{U}_+ = \dot{U}_C = \frac{\dfrac{1}{j\omega C}}{R+\dfrac{1}{j\omega C}}\dot{U}_i = \frac{1}{1+j\omega RC}\dot{U}_i$$

根据同相比例运算电路的运算关系得出

$$\dot{U}_o = \frac{1+\dfrac{R_F}{R_1}}{1+j\omega RC}\dot{U}_i$$

故

$$A_u = \frac{\dot{U}_o}{\dot{U}_i} = \frac{1+\dfrac{R_F}{R_1}}{1+j\omega RC} = \frac{1+\dfrac{R_F}{R_1}}{1+j\dfrac{\omega}{\omega_0}} \tag{8.3.1}$$

式中,$\omega_0 = \dfrac{1}{RC}$ 或 $f_0 = \dfrac{1}{2\pi RC}$

电压放大倍数 A_u 的值为

$$|A_u| = \frac{1 + \dfrac{R_F}{R_1}}{\sqrt{1 + \left(\dfrac{\omega}{\omega_0}\right)^2}} \qquad (8.3.2)$$

当 $\omega = 0$ 时

$$|A_{um}| = 1 + \frac{R_F}{R_1}$$

当 $\omega = \omega_0$ 时

$$|A_u| = \frac{1 + \dfrac{R_F}{R_1}}{\sqrt{2}} = \frac{|A_{um}|}{\sqrt{2}}$$

滤波器的幅频特性如图 8.3.1(b)所示。

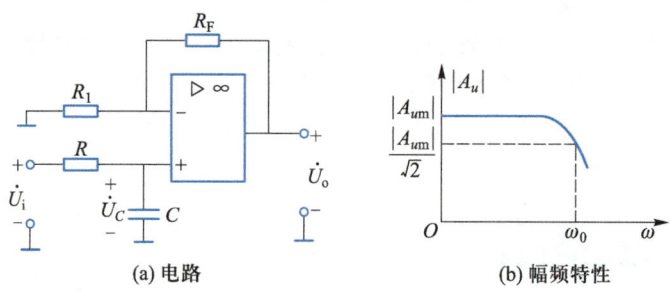

(a) 电路　　　　　　　(b) 幅频特性

图 8.3.1　有源低通滤波器

图 8.3.1(a)所示电路是一阶有源低通滤波器,如果将两阶 RC 电路级联起来,则可以构成二阶有源低通滤波器,其滤波效果更好,当 $\omega > \omega_0$ 时,信号衰减得更快些,频率特性更接近理想特性。如果将有源低通滤波器中 RC 电路的 R 和 C 位置对调,则成为有源高通滤波器。如果将低通滤波器和高通滤波器适当配合级联,则可构成带通和带阻滤波器。

微视频 8-9
信号的变
换电路

8.3.2　信号的变换电路

前面已经讲过,变送器一般要将处理过的电压信号转换为统一的 $0 \sim 10$ mA 或 $4 \sim 20$ mA 标准电流信号,这一过程称为 U/I 变换。U/I 变换可以用运算放大器实现,也可以用专用集成电路实现。

在放大电路中引入合适的反馈即可实现 U/I 变换。如图 8.3.2 所示电路为电压-电流转换的基本原理电路。由于电路引入负反馈,根据"虚断"和"虚短"的概念可知运算放大器两输入端电位 $V_N - V_P = 0$,则负载电流

$$I_I = I_L = \frac{U_I}{R}$$

I_L 与 U_I 呈线性关系。由于负载没有接地点,所以该电路又被称为负载浮动的电压-电流变换电路,它不适用于某些需要负载接地的应用场合。

图 8.3.3 所示为实用的电压-电流转换电路,图中 $R_1 = R_2 = R_3 = R_4 = R$。$A_2$ 构成电压跟随器,因此

$$U_{O2} = U_{P2}$$

$$U_{P1} = \frac{R_4}{R_3+R_4}U_1 + \frac{R_3}{R_3+R_4}U_{P2} = 0.5U_1 + 0.5U_{P2}$$

A_1 构成同相求和运算电路,因此

$$U_{O1} = \left(1 + \frac{R_2}{R_1}\right)U_{P_1} = 2U_{P_1}$$

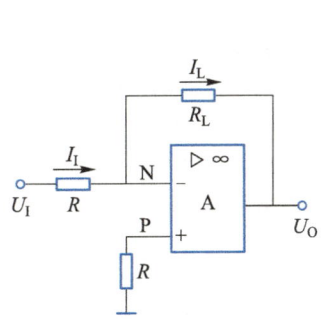

图 8.3.2 基本的电压-电流转换电路

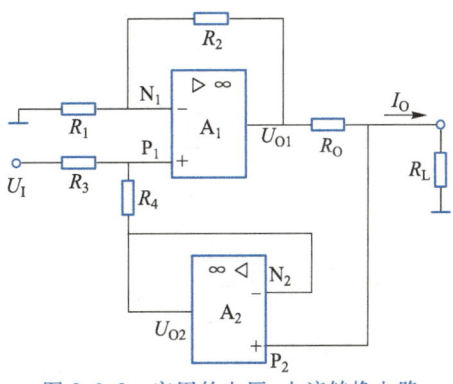

图 8.3.3 实用的电压-电流转换电路

代入上式得

$$U_{O1} = U_{P_2} + U_I$$

R_0 上的电压

$$U_{R_0} = U_{O1} - U_{P_2} = U_I$$

所以

$$I_0 = \frac{U_I}{R_0}$$

实现了电压-电流转换。根据 U_I 的变化范围,调整 R_0 的阻值,即可实现 0~10 mA 的标准电流输出。

4~20 mA 的变送器集成电路有两种:一种为三线制(电源正端、输出信号正端和公共地端),如 AD694 等;另一种为两线制,即变送器与仪表仅用两条导线连接,这两条线既是电源线,又是信号线,如 XTR101、XTR501、XTR110 等。

8.3.3 数模转换器

数模转换器 DAC 的输入是一个 n 位二进制数 N,按权位展开它可表示为

$$(N)_2 = d_{n-1} \cdot 2^{n-1} + d_{n-2} \cdot 2^{n-2} + \cdots + d_1 \cdot 2^1 + d_0 \cdot 2^0$$

DAC 的输出是与数字量成正比的模拟量(电压或电流)A,即

$$A = K \cdot N = K(d_{n-1} \cdot 2^{n-1} + d_{n-2} \cdot 2^{n-2} + \cdots + d_1 \cdot 2^1 + d_0 \cdot 2^0)$$

式中,K 为转换器的转换系数。

数模转换器的工作原理是,首先将输入数字量的每一位代码按其权位的大小转换成相应的模拟量,然后将代表各位的模拟量相加即可得到与该数字量成正比的模拟量,从而实现了数模转换。

1. 集成 DAC

随着集成电子技术的发展,出现了很多种类的集成 DAC 电路芯片。按输入二进制的位

微视频 8-10
数模转换器

数分,有 8 位、10 位、12 位和 16 位等 DAC。例如 DAC0832,是一个具有两个输入数据缓冲区的倒 T 形电阻网络 8 位 D/A 转换芯片,其结构框图如图 8.3.4 所示,图 8.3.5 为 DAC0832 的引脚排列图。DAC0832 各引脚的功能介绍如下。

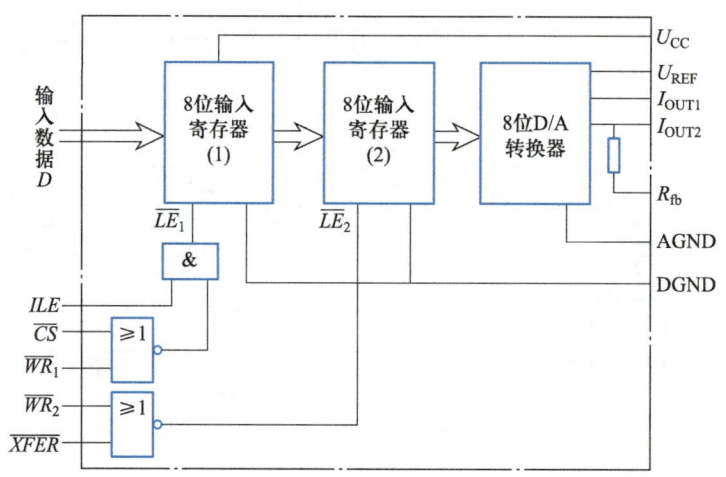

图 8.3.4　DAC0832 的原理电路框图

$D_7 \sim D_0$:8 位数据输入端。

ILE:(input latch enable)数据允许锁存信号。

$\overline{CS}$:输入寄存器选择信号,低电平有效。

$\overline{WR}_1$:输入寄存器的写选通信号。从原理图中可以看出,输入寄存器的锁存信号 $\overline{LE}_1$,是由 *ILE*、$\overline{CS}$、$\overline{WR}_1$ 的逻辑组合产生的,当 $\overline{LE}_1$ 为高电平时,输入寄存器的状态随输入数据变化;当 $\overline{LE}_1$ 为低电平时,将输入的数据锁存。

$\overline{XFER}$:数据传送信号,低电平有效。

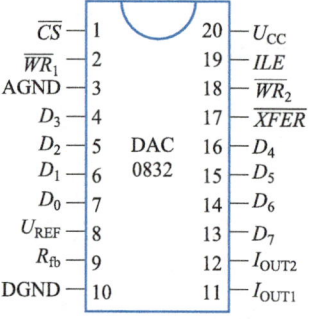

图 8.3.5　DAC0832 的引脚排列图

$\overline{WR}_2$:DAC 寄存器的写选通信号。DAC 寄存器的锁存信号 $\overline{LE}_2$ 由 $\overline{XFER}$ 和 $\overline{WR}_2$ 的逻辑组合产生。当 $\overline{LE}_2$ 为高电平时,DAC 寄存器的输出随寄存器的输入而变化,而当 $\overline{LE}_2$ 为低电平时,将输入寄存器的内容送入 DAC 寄存器并开始转换。

U_{REF}:由外电路提供的基准电源输入端,电压范围为$-10 \sim +10$ V。

R_{fb}:外部运算放大器提供的片内反馈电阻,用以提供适当的输出电压,该端又称为反馈信号输入端。

I_{OUT1}:电流输出端 1。

I_{OUT2}:电流输出端 2,$I_{OUT1} + I_{OUT2} =$ 常数。

AGND:模拟地。

DGND:数字地。

在电路布线时,数字地和模拟地应尽量分开。模拟地 AGND 与模拟电路的参考地相接,数字地 DGND 与数字电路的参考地相接,数字地与模拟地在电源的负端连在一起。

2. DAC 的主要技术指标

DAC 的主要技术指标如下。

（1）分辨率。DAC 的分辨率是指最小输出电压（对应的输入二进制数为 **1**）与最大输出电压（对应的输入二进制数的所有位全为 **1**）之比。例如 8 位 DAC 的分辨率为

$$\frac{1}{2^8-1} = \frac{1}{255} \approx 0.004$$

（2）精度。转换器的精度是指输出模拟电压的实际值与理想值之差。该误差是由参考电压偏离标准值、运算放大器的零点漂移、模拟开关的压降以及电阻阻值的偏差等原因所引起的。

（3）输出电压（或电流）的建立时间。从输入数字信号起到输出模拟电压或电流达到稳定值所需的时间，称为建立时间。由于倒 T 形电阻网络 DAC 是并行输入的，其转换速度较快。像 10 或 12 位单片集成 DAC（不包括运放）的转换时间一般不超过 1 μs，DAC0832 的转换时间约 1 μs。

此外，还有线性度、电源电压抑制比、功率消耗以及温度系数等参数。

8.3.4 模数转换器

模数转换器 ADC 的功能是将模拟量转换为数字量。常用 ADC 有三类：并行比较型、逐次逼近型和双积分型。转换后输出的数字量有的为二进制数，有的为 BCD 码。下面仅介绍应用最为广泛的逐次逼近型 ADC。

微视频 8-11
模数转换器

1. 逐次逼近型 ADC

大家对用天平称物体质量的过程非常熟悉，好比用 4 个分别重 8 g、4 g、2 g、1 g 的砝码去称 13 g 的物体，其过程如表 8.3.1 所示。

表 8.3.1　天平称重过程

顺序	砝码质量	比较判断	砝码去留
1	8 g	8 g < 13 g	留
2	8+4 g	12 g < 13 g	留
3	12+2 g	14 g > 13 g	去
4	12+1 g	13 g = 13 g	留

逐次逼近型 ADC 的工作过程与上述称重过程十分相似。它由置数控制逻辑电路、逐次逼近寄存器、D/A 转换器和电压比较器等部分组成，其原理图如图 8.3.6 所示。

转换前先将寄存器清 0，转换开始后，按照时钟脉冲 CP 的节拍，首先将逐次逼近寄存器最高位置 **1**，即 $d_{n-1}=1$（其余位为 **0**），此时，D/A 转换器的输出模拟电压为 U_o。U_o 被反馈到电压比较器的同相输入端同待转换的模拟输入电压 U_x 进行比较，若 $U_o < U_x$，比较器输出低电平，即 U_c 为低电平电压，d_{n-1} 位置的 **1** 被保留；否则，比较器输出高电平，即 U_c 为高电平电压，d_{n-1} 位置的 **1** 被清零。

最高位比较完了，又将寄存器次高位置 **1**，即 $d_{n-2}=1$（后面各位为 **0**），与此同时，数字量增加 $d_{n-2}=1$ 后，D/A 转换器的输出模拟电压 U_o 和 U_x 再进行比较，与上一步相同，若 $U_o <$

U_x,比较器输出低电平,d_{n-2} 位置的 **1** 被保留;否则,比较器输出高电平,d_{n-2} 位置的 **1** 被清零。

这样逐位试探比较下去,直到最低位 d_0。显然,寄存器中最后保留的 n 位数字量就是对应待转换模拟输入电压 U_x 的数字量。

今以 4 位逐次逼近型 ADC 为例(设输入电压 $U_x = 5.52$ V,D/A 转换器的参考电压 $U_R = -8$ V),分析其转换过程。

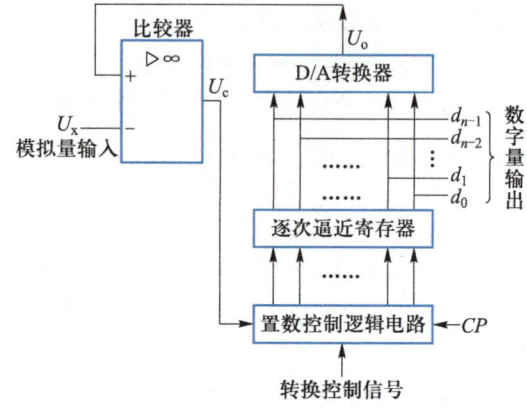

图 8.3.6 逐次逼近型 ADC 原理图

第一个脉冲 CP 到来时,使逐次逼近寄存器的最高位 d_3 置 **1**,其余位为 **0**,即寄存器状态 $d_3d_2d_1d_0 = \mathbf{1000}$,得 D/A 转换器的输出电压为

$$U_o = -\frac{U_R}{2^4}(1 \cdot 2^3 + 0 \cdot 2^2 + 0 \cdot 2^1 + 0 \cdot 2^0) = \frac{8}{16} \times 8 \text{ V} = 4 \text{ V}$$

因 $U_o < U_x$,故比较器输出低电平,d_3 位置的 **1** 被保留。

第二个脉冲 CP 到来时,使逐次逼近寄存器的次高位 d_2 置 **1**,后两位为 **0**,即寄存器状态 $d_3d_2d_1d_0 = \mathbf{1100}$,此时 D/A 转换器的输出电压 $U_o = 8 \div 16 \times 12$ V = 6 V,因 $U_o > U_x$,故比较器输出高电平,d_2 位置的 **1** 被取消变为 **0**。

第三个脉冲 CP 到来时,d_1 置 **1**,此时寄存器状态 $d_3d_2d_1d_0 = \mathbf{1010}$,D/A 转换器的输出电压 $U_o = 8 \div 16 \times 10$ V = 5 V,因 $U_o < U_x$,故比较器输出低电平,d_1 位置的 **1** 被保留。

第四个脉冲 CP 到来时,d_0 置 **1**,此时寄存器状态 $d_3d_2d_1d_0 = \mathbf{1011}$,D/A 转换器的输出电压 $U_o = 8 \div 16 \times 11$ V = 5.5 V,因 $U_o < U_x$,故比较器输出低电平,d_0 位置的 **1** 被保留。这样,经过 4 个脉冲就完成了一次转换,将输入的 5.52 V 模拟电压转换为数字量 **1011**。

上例中转换误差为 0.02 V。误差取决于转换器的位数,位数越多,误差越小。

2. 集成 ADC

目前一般用的多数是单片集成 ADC,其种类很多,如 AD571、ADC0801、ADC0809 等。下面介绍 CMOS、8 通道、8 位模数转换器 ADC0809。

ADC0809 是按逐次逼近原理工作的,它除了具有基本的 A/D 转换功能之外,内部还包括 8 路模拟输入通道,为了实现 8 路信号的分时采集,在片内设置了 8 路模拟开关以及相应的通道地址锁存和译码电路,输出具有三态缓冲能力,能与微机总线直接相连。其选中通道与地址码的关系如表 8.3.2 所示。ADC0809 的引脚功能图如图 8.3.7 所示。

各引脚功能说明如下。

$IN_0 \sim IN_7$:8 路模拟信号输入端。

$ADDA$、$ADDB$、$ADDC$:地址选择线。

$D_7 \sim D_0$:8 位数字量输出端。

$REF(+)$:正参考电压端。

$REF(-)$:负参考电压端。

$START$:启动输入端,输入启动脉冲的下降沿使 ADC 开始转换。

ALE:通道地址锁存输入端,输入 *ALE* 脉冲上升沿使地址锁存器锁存地址信号。

OE:输出允许端,它控制 ADC 内部三态输出缓冲器。当 *OE* = 0 时,各数字输出端呈高阻态,当 *OE* = 1 时,数字量允许输出。

EOC:转换结束标志,由 ADC 内部的控制逻辑电路产生。*EOC* = 0 表示转换正在进行;*EOC* = 1 表示转换已经结束,可以读取转换的数据。

表 8.3.2 ADC0809 选中的通道与地址码关系

选中模拟通道	*ADDC*	*ADDB*	*ADDA*
IN_0	0	0	0
IN_1	0	0	1
IN_2	0	1	0
IN_3	0	1	1
IN_4	1	0	0
IN_5	1	0	1
IN_6	1	1	0
IN_7	1	1	1

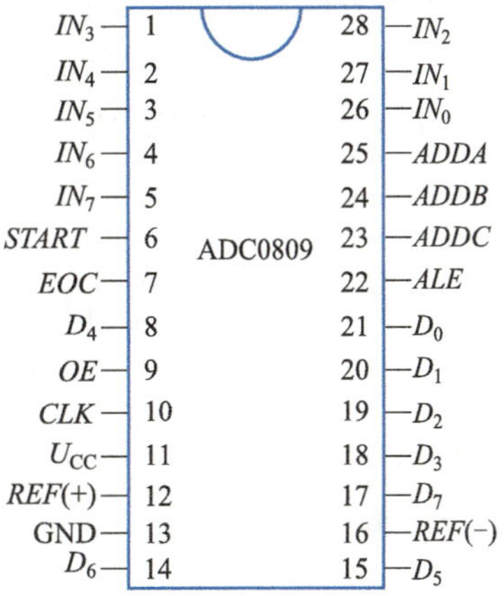

图 8.3.7 ADC0809 的引脚功能图

3. ADC 的主要技术指标

ADC 的主要技术指标如下。

(1) 分辨率。以输出二进制数的位数表示分辨率,n 位 ADC 能分辨出 $\dfrac{U_{im}}{2^n-1}$,U_{im} 为最大输入模拟电压。例如,8 位 ADC,U_{im} = 5 V,则分辨率为 $\dfrac{5}{2^8-1}$ = 19.6 mV。显然位数越多,分辨率越高。

(2) 转换精度。转换精度是指实际输出的数字量与理想的数字量之间的误差。一般用相对误差表示。

(3) 转换速度。指完成一次转换所需的时间。转换时间是指从接到转换控制信号开始到输出端得到稳定的数字输出信号所经过的这段时间。采用不同的转换电路,其转换速度是不同的。并行比较型(电路复杂)比逐次逼近型快得多,双积分型速度最慢(抗干扰能力强)。低速的 ADC 为 1~30 ms,中速的约为 50 μs,高速的约为 50 ns。

此外,还有电源电压抑制比、功率消耗、温度系数、输入模拟电压范围等,在此不再一一介绍。

[练习与思考]

8.3.1 某一 DAC 的最大输出电压为 5 V,若要求其分辨率为 5 mV,应选择几位的 DAC?

8.3.2 如果将一个最大幅值 5.1 V 的模拟信号转换为数字信号,要求模拟信号每变化 20 mV 能使数字信号最低位(LSB)发生变化,试问应选多少位的 A/D 转换器?

8.3.3 说明 A/D 转换器的主要作用、主要技术指标以及芯片选择方法。

8.4 数据采集与处理

实际应用中,计算机只可以对数字信号进行计算,因此要对模拟信号进行数字信号处理,首先要将模拟信号数字化,数字信号处理系统的流程如图 8.4.1 所示,图中采样保持器的作用是将采样得到的瞬时幅值保留一定的时间间隔,便于 A/D 转换器(模拟/数字转换器)将此瞬时幅值转换成数码。

图 8.4.1 数字信号处理系统的流程

模拟信号到数字信号转换过程中的各种信号如图 8.4.2 所示,由于 A/D 转换器采用有限的二进制位,它所能表示的信号幅度也是有限的,这些幅度称为量化电平电压,A/D 转换器以最接近于当前实际电平电压的二进制数码表示该电平电压。图 8.4.2 中的三位二进制数码智能表示 8 个电平。量化电平电压和模拟信号相比,一般存在一定的误差,误差的大小和二进制的多少直接有关。A/D 转换后的信号是一串数字,这种信号不但在时间上做了离散化,在幅度上也做了量化,被称作数字信号。

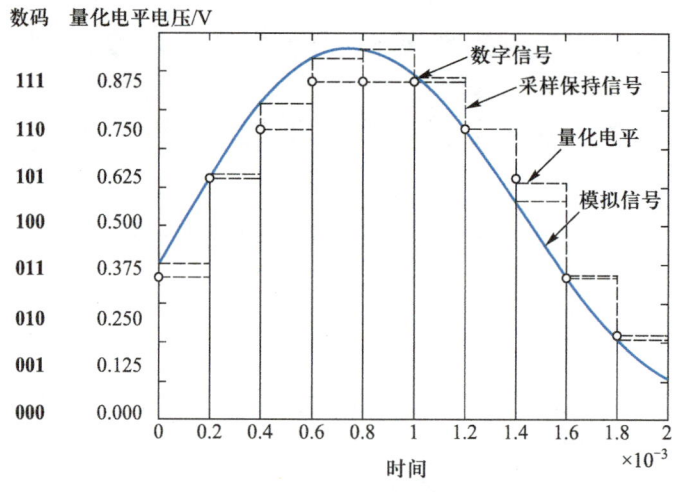

图 8.4.2 A/D 转换

对数字信号加工或处理的核心是通用或专用的计算机(或处理器),处理的结果可能还要再还原成模拟信号,这一工作主要由 D/A 转换器完成,如图 8.4.3 所示。D/A 转换器的输出信号类似于采样保持信号,是一阶梯状的连续时间信号,只有通过一模拟低通滤波器(也称作后置滤波器),滤除镜像的高频分量,才能得到平滑的模拟信号。

通常,要进行数字处理的往往是连续时间信号。而对连续时间信号进行数字处理的第一个问题是将其离散化,即采样。采样过程所应遵循的规律,称为采样定理,又称取样

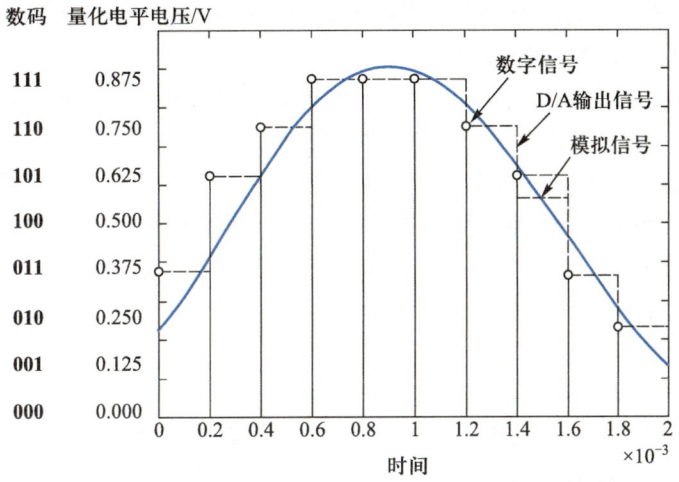

图 8.4.3 D/A 转换

定理、抽样定理。在进行模拟/数字信号的转换过程中,当采样频率 f_s 大于信号中最高频率 f_{max} 的 2 倍($f_s > 2f_{max}$)时,采样之后的数字信号完整地保留了原始信号中的信息,一般实际应用中保证采样频率为信号最高频率的 5~10 倍。采样定理是 1928 年由美国电信工程师 H. 奈奎斯特首先提出来的,因此称为奈奎斯特采样定理。1933 年苏联工程师科捷利尼科夫首次用公式严格地表述这一定理,因此在苏联文献中称为科捷利尼科夫采样定理。1948 年信息论的创始人 C. E. 香农对这一定理加以明确地说明并正式作为定理引用,因此在许多文献中又称为香农采样定理。采样定理有许多种表述形式,但最基本的表述方式是时域采样定理和频域采样定理。采样定理在数字式遥测系统、时分制遥测系统、信息处理、数字通信和采样控制理论等领域得到广泛的应用。

由于工业控制对象的环境一般比较恶劣,干扰源较多,如强电磁场干扰、环境温度变化干扰等,因此为了减少对采样值的干扰,提高系统的性能,一般在进行数据处理之前先要对采样值进行数字滤波。

在电路中,滤波器可以用来提取混合信号中的有用信息和抑制无用信息,消除信号噪声的方法最基础的就是滤波技术。滤波器包含数字滤波器与模拟滤波器两种类型,在滤波器的应用中数字滤波器主要用于语音处理、消除信号噪声、电视制造技术、提取不同频带的信号。而模拟滤波器的作用主要有衰减特定频率的信号,去除信号噪声,在模数转换器前起到抗混叠,在模数转换器后起到平滑波形的作用。另外在测试系统和专用仪器仪表的使用中,模拟滤波器则是一种重要的变换装置。

现在有越来越多的地方要用到滤波器,现代滤波器与经典滤波器则是滤波器的两种主要类型,而数字滤波器和模拟滤波器是现在经典滤波器着重研究的两个对象,数字滤波器具有有限脉冲响应滤波器和无限脉冲响应滤波器两种划分。数字滤波器是现代研究与发展不可或缺的重要因素,最重要的因素是与模拟滤波器相比,数字滤波器呈现出下述的众多优势。

(1)准确度。17 位字长的数字系统能够达到比较高的精度,这种较高的精度是模拟电路中的元件难以实现的。所以当遇到滤波系统有比较苛刻的精度要求时,必须使用数字滤波器来完成。

(2)灵活性大。各自的乘法器系数决定了数字滤波器的性能,这些系数被存储于系数存储器中,一旦存储在存储器中的系数发生变化,便能够获得不一样的系统,但是模拟滤波器的系统特性修改就比较麻烦和困难了。

（3）高可靠性。由于数字系统只存在 **1** 和 **0** 两个不同电平的信号,因此不易受噪声和环境条件的干扰,模拟滤波器的各种参数容易受温度、电磁感应或振动的干扰。通常数字滤波器都是借助规模庞大的集成电路,如 CPLD 或 FPGA 来完成设计,也可以使用相应的相关处理器。一般而言用分立元件组成的模拟系统要比大规模的集成电路具有更高的故障率。

（4）大规模集成性。由于数字部件标准化程度高,便于大规模集成和生产,对电路参数没有严格要求,产品的产量高,价格也越来越低。和模拟滤波器相比,数字滤波器的尺寸、重量和性能方面的优点也日趋显著。

（5）并行处理。能够实现并行处理是数字系统的又一个巨大优势,例如数字滤波器可采用 DSP 处理器来完成并行处理。TI 公司的 TMS320C5000 系列的 DSP 芯片采用 8 条指令并行处理的结构,时钟频率为 100 MHz,这时运算速度可高达 800 MIPs（即每秒执行百万条指令）。

*8.5 应用实例（数据采集系统设计）

电量和非电量的检测是通过传感器和检测仪器共同实现的。检测仪器的发展目前已经经历了三个阶段:第一代是模拟仪器;第二代是数字式仪器,它以数字电路进行信息的数字化处理,然后进行数字显示,这种仪器比模拟仪器的测量精度高、响应速度快;第三代仪器是智能化仪器,它以微型计算机为主体,将计算机技术与检测技术有机结合,不仅解决了传统仪器仪表不易解决或不能解决的问题,还能简化电路,提高系统的可靠性,更容易实现高精度、高性能、多功能的目的。

智能化仪器从基本结构上可以分为两种类型,即微机内藏式和微机扩展式。内藏式即将单片或多片的微型计算机芯片与仪器有机地结合在一起形成的单机,微型计算机在其中起控制和数据处理等作用,其特点主要是向高性能、专用或多功能、小型化、便携或手持式、干电池供电、密封、恶劣环境等方面发展。内藏式仪器必须由专业人员设计完成,非专业人员很难完成。

微机扩展式是以个人计算机为核心的应用扩展型测量仪器,因其往往可以组成一个完整的测量系统,所以又称为微机测量系统或数据采集系统,如果还要实现对某些量的控制,则称为测控系统。微机扩展式的数据采集系统使用灵活,应用范围广泛,可以方便地利用计算机已有的各种资源,如可以显示测量数据和曲线,可以保存和打印,可以进行人机对话,用各种软件做复杂的、高性能的信息处理。这种数据采集系统还有一个最大的好处,就是非专业人士不需太高深的计算机和电子电路知识也能构建一个简单的测量系统,因为随着计算机的不断发展和普及,有不少厂商研制了很多与微机测控系统相关的、标准统一的产品,所以设计一个数据采集系统有时就像在搭积木。

1. 数据采集系统设计方法

一个数据采集系统由硬件和软件组成,而硬件系统主要由传感器、变送器、扩展板卡、计算机及其他外部设备组成。数据采集系统的结构如图 8.5.1 所示。

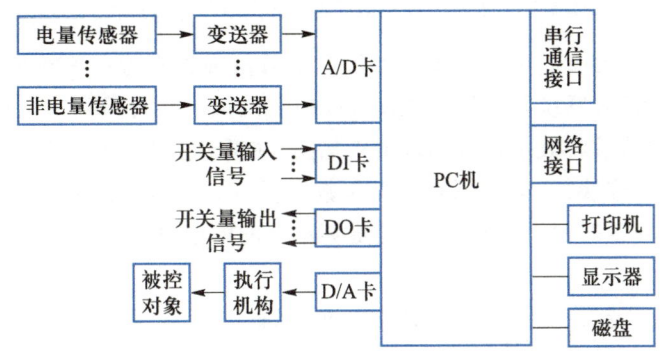

图 8.5.1　数据采集控制系统的结构框图

(1) 传感器和变送器。根据所要测量的量确定所需传感器的类型,根据允许的最大误差确定传感器的精度等级。一般传感器输出的电信号都非常微弱,需要进行放大等,即使信号很强但也不是标准信号,所以任何传感器都需要匹配一个变送器。一般每种传感器都有相应配套的变送器。变送器的输出信号和输出方式有多种,如 0~5 V、1~5 V、4~20 mA 等,有的变送器还内置了单片机,可以通过 RS232、RS485 等串行通信的方式输出测量数据,根据系统的不同要求,选择相应输出的变送器。

(2) 计算机的选择及常识。PC 之所以能用于数据采集系统的关键是 PC 的主板上有总线扩展槽,能够将各种信号采集板卡、D/A 卡、IO 卡等插在槽中,从而搭建一个 CPU 与外部信号或设备间的桥梁。在工业控制中,一般选用工控机(industrial personal computer,IPC),它是一种加固的增强型个人计算机,可以作为一个工业控制器在工业环境中可靠运行。工控机还有一个重要特征,就是拥有较多的总线扩展槽,即用于扩展微机功能的插槽,可用来插接各种板卡,如显卡、声卡、Modem 卡和网卡等,以及数据采集系统所特有的数据采集卡等。一个稍微复杂的数据采集系统可能需要的各种板卡比较多,普通的计算机往往不能胜任。

计算机各部件采用一组公共的信号线相互连接,这组公共的信号线称为总线(bus),它是计算机各部件的通信线。计算机的系统总线包括数据总线(data bus,DB)、地址总线(address bus,AB)、控制总线(control bus,CB)。微机的总线扩展槽的作用就是将 CPU 的部分总线提供给扩展板卡,从而实现 CPU 与板卡间的信息交流。例如在数据采集时,通过地址总线选中 A/D 转换电路(其地址是唯一的),通过数据总线和控制总线向 A/D 转换电路发送命令,控制其开始进行模数转换,再通过这三组总线从 A/D 转换芯片获得转换后的数据,从而实现数据采集。

(3) 扩展板卡的选择。扩展板卡插在 PC 主板上的总线扩展槽中,通过软件控制板卡上的电路实现相应的功能。选择数据采集卡主要考虑的指标有 A/D 转换位数、采样速率、模拟量输入通道数和是否光电隔离。

A/D(模数)转换位数常见的有 8 位、12 位和 16 位,应根据系统的精度要求进行选择,一般其价格随位数的增加呈几何级数增加。12 位的数据采集卡最常用。

根据系统对实时性的要求,合理地选择采样速率,越低则越经济。还应该注意,一般该指标称为最快采样速率,这是因为一般的数据采集卡只有一片 A/D 芯片,多路模拟输入是靠模拟开关实现的。最快采样速率从十几千赫兹到上百兆赫兹不等。

模拟量输入通道数由系统所需采集的量的多少来定,一般要留有少量通道备用,以备系统扩展用。

在恶劣环境的工业现场,为了避免某些被测信号出现异常时影响或损坏计算机及其他板卡,需要将被测量信号系统与计算机之间实现电气隔离。一般采用三总线隔离技术,其原理是,光电耦合器件能够将数字信号实现电气隔离,在板卡上将三组总线全部通过光耦实现微机与板卡上器件的连接,这样被隔离的只是数字量,而模拟电路部分并没有被隔离,当外部模拟量信号出现异常时,最坏的情况就是烧坏本卡的模拟电路部分,不会殃及其他板卡和计算机主板。

一般在工业现场选用三总线光电隔离的板卡,而在实验室则可能选用没有隔离措施的板卡。

如果系统中还有数字量(也称开关量)信号(如接触器的状态),还要选择数字量输入(DI)卡;如果还要输出数字量信号进行控制(如控制继电器的通断),则还需要选择数字量输出(DO)卡,一般 DO 卡的输出能够直接驱动小型继电器。

如果需要输出模拟量信号以实现某些控制功能(如温度控制),还需要数模转换(D/A)卡,需要根据要求选择合适的转换位数,确定是否需要三总线隔离。一般一片 D/A 转换芯片对应一路模拟量输出,所以 DAC 的价格较高。

(4)系统软件的编制。计算机数据采集系统的诸多功能都是靠软件实现的。编制软件有两种途径:一种是用高级语言编程,如 VC、C++、VB、Delphi 等;另一种是用工控组态软件,即一种人机界面生成软件。虽然说组态就是不需要编写程序就能完成特定的应用,但是为了提供一些灵活性,组态软件也提供了编程手段,一般都是内置编译系统,提供类 BASIC 语言,有的甚至支持 VB。

将系统软件与硬件系统有机地结合起来,一个简单的数据采集系统就实现了。当然,数据采集系统的实现方法是多种多样的,这里只介绍了其中的点滴。

2. 实例一:潜油电泵机组性能测试系统

潜油电泵机组由潜油电机、潜油电泵、电机保护器等组成,是石油开采中经常使用的重要采油设备。由于其工作在数千米深的地下,作业成本高昂,所以在下井前要在实验井进行性能测试实验,避免有潜在故障或性能不合格的电泵机组下井。

设计一用于潜油电泵机组性能测试系统的测量控制系统。已知需要测量的物理量包括 1 路压力、2 路流量、2 路温度。其中压力测量范围为 0~40 MPa,精度要求 0.2%;大流量测量范围为 0~40 m³/h,小流量测量范围为 0~10 m³/h,精度均要求 0.2%;2 路温度测量范围均为 0~100℃,精度要求 0.2%。要求在实验过程中能看到各参量的实时变化,实验完毕立即打印测量与计算结果。

(1)任务分析。在进行系统设计前,应首先明确任务要求,了解测量控制对象的工作原理,搞清被测物体的工作规律、输入和输出的详细情况,包括模拟信号的动态范围、信号源阻抗、负载阻抗、所用数字码制、逻辑电平及逻辑极性;要了解工作环境条件,例如工作温度范围、电源波动范围、系统的精度要求等。还要进行系统的误差预算,即分配给每一个局部的误差;有无特殊环境条件,例如冲击和振动等;系统的技术要求,如分辨率、精度及采样速率等,并确定软件、硬件的设计方案。

(2)选择与确定传感器。

① 按照要求选择量程为 40 MPa,精度为 0.2%的扩散硅压力传感器;

② 选择量程为 10 m³/h 和 40 m³/h 的涡轮流量计各一个,精度均为 0.2%;

③ 选择 Pt100 铂电阻温度传感器,量程为 0~100℃,精度为 0.2%;

(3) 系统组成。根据上面的分析与任务要求,该性能测试系统如图 8.5.2 所示。传感器以后的部分可以有多种选择方案,例如可以选择普通的台式机或工业控制计算机(简称工控机),再选择相应的功能模板。由于本系统只有 5 路信号需要进行 A/D 转换,因而可以选择一块 8 通道、12 位转换精度的 A/D 卡。

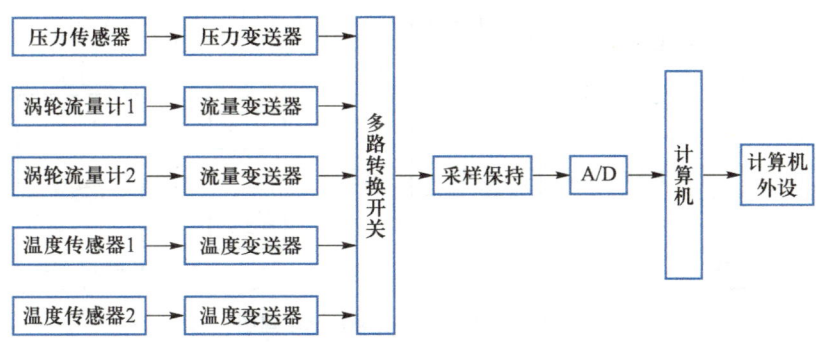

图 8.5.2 潜油电泵机组性能测试系统框图

3. 实例二:电量微机监测系统

(1) 任务要求。某变电所用一台微机同时对电网上的 2 路三相负载进行实时监测,测量三相电压、电流、总有功功率、功率因数,并计量有功电能。线电压为 380 V,线电流分别为 280 A 和 470 A。

(2) 设计方案。

① 因为要进行 24 小时不间断监测,所以微机必须采用工控机;

② 电压互感器选 400/100,电流互感器选 300/5 和 500/5;

③ 采集模块选智能电量变送器 WBZ-3M004R。

监测系统的原理图如图 8.5.3 所示。

(3) 系统简介。

① 本系统对 2 路三相负载进行电量监测,使用 2 个智能变送器,分别监测 2 路的电压、电流、功率、功率因数和有功电能。因这 2 路的接线方式完全相同,故在图 8.5.3 中只画出了第一路的接线图。因为在三相电路中,三相电流的瞬时值之和等于零,所以 $i_B = -(i_A + i_C)$。

② 每个智能变送器除有各自不同的地址外,其他完全相同。该变送器采用 485 总线方式与微机进行通信。首先把一个 RS232 转 RS485 的模块接在微机的串行通信口(例如 com1),把 RS232 通信方式转换为 RS485 通信方式。RS485 总线为两根双绞屏蔽线,所有要进行通信的设备(此处为两个智能变送器)都连接在这两条线上,每个通信设备都有一个唯一的地址(此处分别为 1 和 2)。从理论上讲,RS485 总线上最多可以接 255 个通信设备,通信距离可达 1 200 m。

③ 通信时,微机首先通过串行口对相应的变送器发出读数据命令,变送器在接到该命令后就发出包含所有当前电参数的一串数据。微机接收这些数据后,再按照约定转换成相应的电量值。在接收到正确的数据(通信成功)后,需要给该变送器发一个确认命令,以保证有功电量不会因通信失败而漏记。

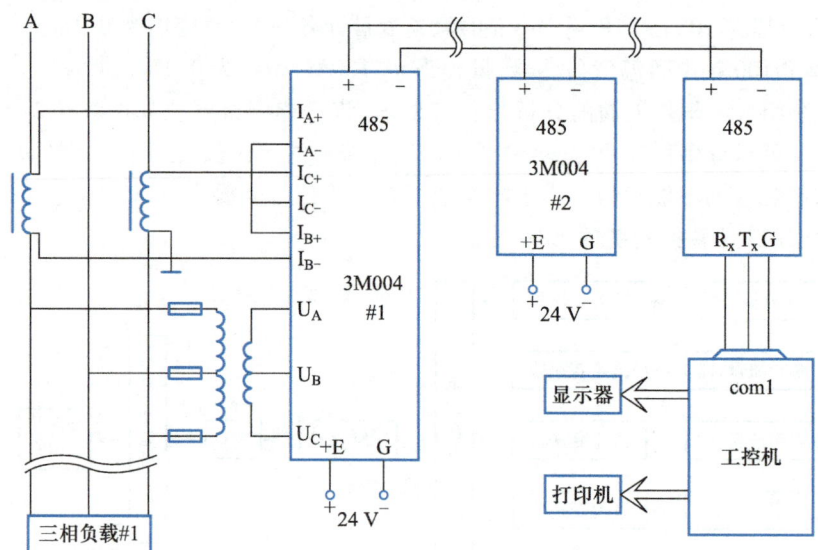

图 8.5.3 电量微机监测系统原理图

习题

8.1 一体化二线制仪表有何优点？当两个测量仪表共用一个电源而它们的显示仪表又共地时，该如何接线？试画出接线图。

8.2 某三相三线制电路，线电压为 3 000 V，线电流为 100 A。试设计测量系统并选择设备或器件，完成对三相电压、三相电流的测量和显示。

8.3 题图 8.1 为一热电偶测温回路，A、B 为热电极，C、D 为补偿导线，请说明各连接点处标出的各温度值或相关的温度值之间必须满足什么样的关系（是否要求相等、恒定）才不会引入测量误差。

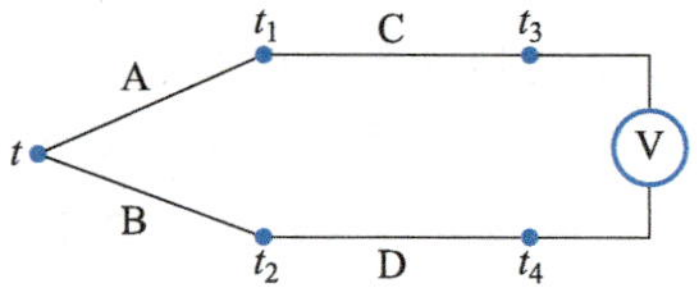

8.4 热电阻三线制接法要解决什么问题？是怎样解决的？请完成题图 8.2 中的热电阻接线。

题图 8.1 题 8.3 的图

8.5 某电桥接线如题图 8.3 所示，其中 $R=R_1=R_2=120\ \Omega$，$r=3\ \Omega$，请问由引线电阻 r 引起的相对误差为多少？该问题该如何解决？

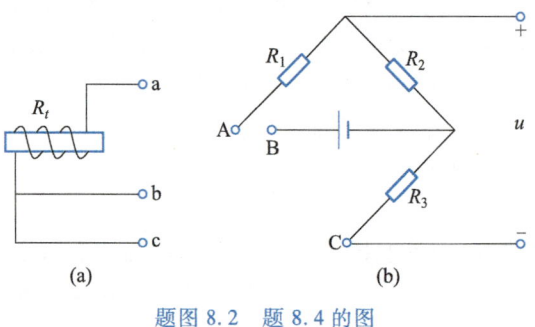

题图 8.2 题 8.4 的图

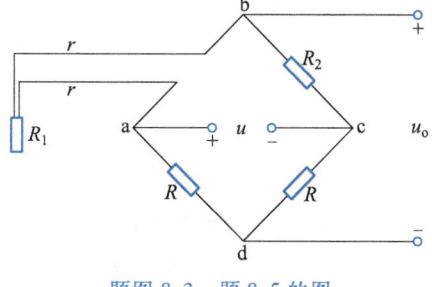

题图 8.3 题 8.5 的图

8.6 光电式测速仪码盘槽缝数为 1 024，测得每秒内有 256 个脉冲，试问所测转速 n 为多少？

8.7 某变送器输出信号的最高频率约为 1 kHz,为防止高频干扰,试设计一个低通滤波器。

8.8 某一 10 位 D/A 转换器输出电压为 0～10 V,试问输入数字量的最低位代表几毫伏?

8.9 已知某 D/A 转换器,输入 $n=12$ 位二进制数,最大满刻度输出电压 $U_{om}=5$ V,试求最小分辨电压 U_{LSB} 和以百分数表示的分辨率。

8.10 设 ADC0809 A/D 转换器的输入电压范围为 0～5 V,试问输入电压为 2 V、3 V、4 V 时对应的输出二进制数是多少?

8.11 设逐次逼近型 A/D 转换器的参考电压 $U_{REF}=8$ V,输入模拟电压为 2.7 V。如果分别用 4 位和 6 位逐次逼近型 A/D 转换器来转换,试问转换器输出的 4 位码($d_3d_2d_1d_0$)和 6 位码($d_5d_4d_3d_2d_1d_0$)分别是多少?

8.12 试利用 Multisim 的 ADC 设计一个 A/D 转换电路。(提示:可在输入端连接电位器改变输入模拟量,输出端连接电平指示器监控输出状态。)

8.13 试利用 Multisim 的 VDAC 设计一个 D/A 转换器。设参考电压 $U_{REF}=12$ V,输入的数字量为 **10100011**,用万用表测量输出的模拟电压 U_0,与理论计算值进行比较。

自测题

一、填空题

1. 热电偶是利用( )原理测温的;热电阻是利用( )原理测温的。

2. 应变片常用于力和压力等物理量的测量。应变片可分为( )和( )两种。

3. 四臂差分直流电桥的输出是双臂差分电桥输出的( )。

4. 差压式液位传感器的工作原理是( );磁浮子式液位传感器的工作原理是( )。

5. 变压器式位移传感器的测量原理是( )。

6. 某光电式转速传感器,其开孔盘上有 120 个孔,测量电路在 1 s 内测量到了 240 个脉冲,则被测转速为( )r/min。

7. 一个 RC 无源低通滤波器,其截止频率为 250 Hz,电容值 $C=0.1$ μF,则电阻值 $R=$( )Ω。

8. 逐次逼近型 ADC 的工作原理是( )。

二、计算及设计题

1. 用计算机测量某输油管道的原油压力,准备了一台 4～20 mA 输出的二线制压力传感器,一台 24 V 直流电源,一个高精度的 500 Ω 电阻器,一块 12 位的 A/D 卡。请画出线路连接图,并标示出各部分的正负极。

2. 设计一个测试潜油电泵性能的微机测量系统的硬件部分,要测量的参数为:三相 3 000 V 线电压,三相 75 A 线电流,300 kW 功率,一路 40 MPa 的井液压力,一路 30 m³/h 的流量,一路 0～100℃ 的井液温度。

第 8 章习题与自测题答案

>>> # 第9章

··· 直流稳压电源

学习目标：

1. 理解直流稳压电源的组成。

2. 理解整流电路的工作原理，掌握相关参数的计算方法。

3. 理解滤波电路的工作原理，掌握相关参数的计算方法。

4. 理解串联型线性集成稳压电源工作原理。

5. 掌握三端固定式输出集成稳压器应用电路的分析方法。

6. 理解开关型稳压电源的工作原理。

在工农业生产和科学实验中,主要应用交流电,但在某些场合,如电解、电镀、蓄电池的充电、直流电动机等,都需要直流电源供电。此外,在电子线路和自动控制装置中还需要电压非常稳定的直流电源。获得直流电源的方法很多,如干电池、蓄电池、直流发电机等,但比较常用的直流电源是利用交流电源变换而成的半导体直流稳压电源。本章将介绍这种直流稳压电源,包括线性稳压电源和开关稳压电源。

9.1 直流稳压电源的组成

直流稳压电源一般由四部分组成,其框图如图 9.1.1 所示。

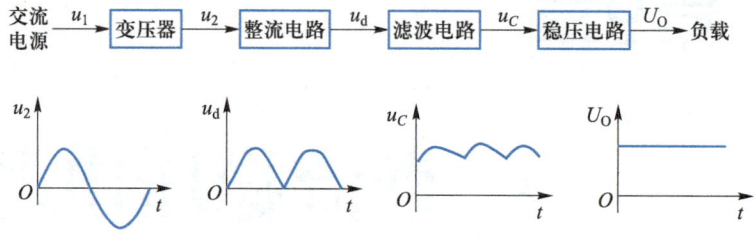

图 9.1.1 直流稳压电源的组成框图

变压器:其作用是把电网电压变换成所需要的交流电压。

整流电路:其作用是利用二极管的单向导电特性,将正负交替变化的正弦交流电变换成单一方向的脉动直流电。

滤波电路:其作用是将脉动直流电中的脉动部分(即纹波)滤除掉,平滑输出直流电。

稳压电路:其作用是使输出直流电压保持稳定。

根据稳压电路中调整晶体管的工作状态可分为线性稳压电源和开关稳压电源。线性稳压电源中的调整管工作在线性放大状态,该稳压电源的优点是精度高、纹波小、噪声小、电路结构简单。它的缺点是功耗大、效率低,一般为 40% ~ 60%。开关稳压电源中的调整管工作在开关状态,该稳压电源的优点是功耗小、效率高,一般为 70% ~ 90%。它的缺点是电路复杂,输出电压纹波大。

9.2 整流电路

整流电路的任务是将交流电变换成直流电。整流电路可以分为三相整流和单相整流,在小功率整流电路中(1 kW 以下),一般采用单相整流。

利用二极管组成的单相桥式整流电路如图 9.2.1(a)所示,图中 Tr 为电源变压器,设交流电网电压为 u_1,二次侧的交流电压为 u_2(设 $u_2 = \sqrt{2} U_2 \sin\omega t$ V),变压器的电压比为 k,一般为常数,且 $k>1$。R_L 是负载电阻,4 只整流二极管 $D_1 \sim D_4$ 接成电桥的形式,故称为桥式整流电路。图 9.2.1(b)是它的简化画法。

为简单起见,在以下分析整流电路时,二极管均认为是理想二极管,即正向导通电压和

正向电阻为零,反向电阻为无穷大,且忽略变压器的内阻。

1. 工作原理

在输入电压 u_2 的正半周,其极性为上正下负,即 a 点的电位高于 b 点的电位,二极管 D_1 和 D_3 因承受正压而导通,D_2 和 D_4 因承受反压而截止,电流 i_1 的通路是 a→D_1→R_L→D_3→b (图中实箭头方向)。在负载电阻 R_L 上得到一个半波电压,$u_L = u_2$。

在输入电压 u_2 的负半周,其极性为上负下正,即 a 点的电位低于 b 点的电位,二极管 D_2 和 D_4 导通,D_1 和 D_3 截止,电流 i_2 的通路是 b→D_2→R_L→D_4→a(图中虚箭头方向)。在负载电阻 R_L 上得到一个半波电压,$u_L = -u_2$。故在负载电阻 R_L 上得到脉动的直流电压,由于是电阻性负载,所以负载电流 i_L 的波形与 u_L 的波形相似。其整流波形如图 9.2.2 所示。

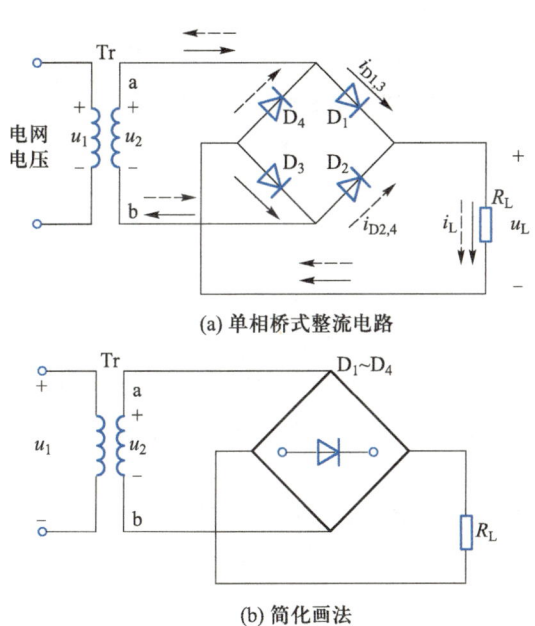

图 9.2.1 单相桥式整流电路图

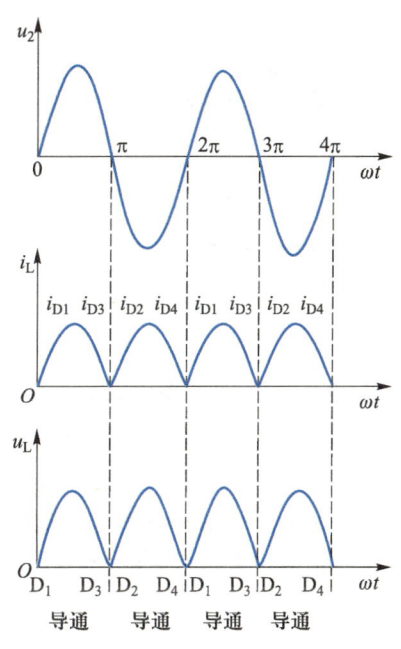

图 9.2.2 单相桥式整流电路的整流波形图

2. 负载上的直流电压 U_L 和直流电流 I_L 的计算

单相桥式整流电路输出电压的平均值为

$$U_L = \frac{1}{\pi} \int_0^\pi \sqrt{2} U_2 \sin\omega t \mathrm{d}(\omega t) = 2\frac{\sqrt{2}}{\pi} U_2 = 0.9 U_2 \tag{9.2.1}$$

流过负载电阻的平均电流为

$$I_L = \frac{U_L}{R_L} = \frac{0.9 U_2}{R_L} \tag{9.2.2}$$

3. 整流元件的选择

由于在单相桥式整流电路中,二极管 D_1、D_3 和 D_2、D_4 轮流导通半个周期,所以流过二极管的电流平均值为

$$I_D = \frac{1}{2} I_L = 0.45 \frac{U_2}{R_L} \tag{9.2.3}$$

由图 9.2.2 可见,在 u_2 正半周时,二极管 D_1、D_3 导通,D_2、D_4 截止而承受反向电压,反向电压的最大值为 u_2 的峰值,即

$$U_{RM} = \sqrt{2}\,U_2 \tag{9.2.4}$$

在 u_2 负半周时,二极管 D_1、D_3 承受同样大小的反向电压。

选择二极管时主要依据式(9.2.3)和式(9.2.4)。为了安全起见,选择二极管的最大整流电流 I_{OM} 应大于流过二极管的平均电流 I_D,一般取 $I_{OM} = (1.2 \sim 1.5)I_D$;二极管的反向峰值工作电压 U_{RM} 应大于在电路中实际承受的最大反向电压的两倍。

单相桥式整流电路需用 4 只二极管,给安装带来不便。现在市场上有出售的硅整流桥,其内部包含了桥式整流电路,可选择使用。

[练习与思考]

9.2.1 若图 9.2.1 中的二极管 D_1 短路或断路,对电路将会产生什么影响?

9.3 滤波电路

单相桥式整流电路的输出电压为脉动的直流电压,含有大量的高次谐波(纹波),这远不能满足我们的要求,因此需要采取措施,尽量降低输出电压中的纹波,使输出电压更加平滑。同时还要尽量保留其中的直流成分,使输出直流电压的值尽可能大。滤波电路的任务就是完成此项工作。

电容器和电感器是基本的滤波元件。利用电容器两端的电压不能突变和流过电感器的电流不能突变的特点,将电容器和负载电阻并联或将电感器与负载电阻串联,即可达到平滑输出电压的目的。

9.3.1 电容滤波电路

微视频 9-3
电容滤波电路

图 9.3.1 所示为单相桥式整流电容滤波电路。下面分空载和带负载两种情况进行分析。

空载(开关 S 断开)情况:设空载时电容 C 两端的初始电压 u_C 为零。接入交流电源后,在 u_2 正半周时,D_1、D_3 导通,u_2 通过 D_1、D_3 对电容 C 充电。u_2 负半周时,D_2、D_4 导通,u_2 通过 D_2、D_4 对电容 C 充电。由于充电回路等效电阻很小,所以充电很快,u_C 基本跟随输入电压 u_2 变化。当 u_2

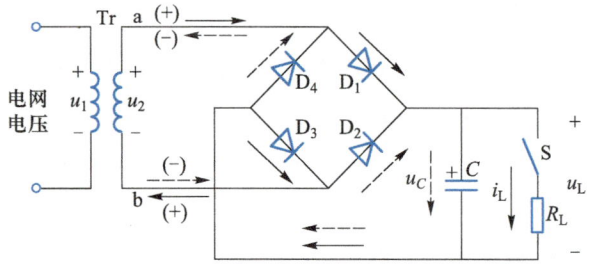

图 9.3.1 桥式整流电容滤波电路

达到最大值时,电容 C 迅速被充电到交流电压 u_2 的最大值。当 u_2 过了峰点之后,电容电压仍为 $\sqrt{2}\,U_2$,而 $u_2 < \sqrt{2}\,U_2$,因此,二极管承受反压而截止,电容 C 因无放电回路而不能放电,故

输出电压 u_L 恒为 $\sqrt{2}\,U_2$。波形如图 9.3.2(a)所示。空载时电容滤波效果很好,不仅输出直流电压无脉动,而且其值由 $0.9U_2$ 上升到 $\sqrt{2}\,U_2 \approx 1.4U_2$。但须注意,若电源接通时,正好对应 u_2 的峰值电压,此时电容 C 相当于短路,将有很大的瞬时冲击电流流过二极管。因此,选择二极管时其最大整流电流值应选得大一些,且电路中还应加限流电阻,以防止二极管损坏。

带负载(开关 S 闭合)情况:图 9.3.2(b)所示波形表示了电容滤波在带负载电阻后的工作情况。在 $t=0$ 时接通电源,在 u_2 正半周时,u_2 通过 D_1、D_3 对电容 C 充电,若忽略变压器的内阻和二极管的导通电阻,这一段时间 $u_L = u_2$,当 $t=t_1$ 时,$u_2 = \sqrt{2}\,U_2$,电容电压也达到最大值。之后 u_2 按正弦规律下降很快,而电容电压 u_L(与 u_C 相等)不能突变,故 $u_2 < u_L$,D_1、D_3 承受反压而截止,故电容 C 通过 R_L 放电,由于 R_L 较大,故放电时间常数 $R_L C$ 较大。放电过程一直持续到下一个周期 u_2 又上升到和电容电压 u_C 相等的 t_2 时刻,u_2 通过 D_2、D_4 对电容 C 充电,直至 $t=t_3$,二极管又截止,电容再次放电,如此循环,形成周期性的电容器充放电过程。

由以上分析,电容滤波电路有以下几点结论。

(1)纹波电压(脉动成分)降低了,而且纹波电压与放电时间常数有关。当 $R_L C \to \infty$(负载开路)时,滤波效果最佳,纹波电压为 0。$R_L C$ 越小,放电速率越快,纹波电压越大。为了得到平滑的直流电压,一般选择有极性的大电解电容,并取

$$\tau = R_L C = (3 \sim 5)\,T/2 \tag{9.3.1}$$

式中,T 为输入交流电压的周期,我国交流电源的周期为 20 ms。

(2)输出直流电压提高了,而且输出直流电压 U_L 随着负载电流 I_L 的增加而减小。U_L 随 I_L 的变化关系称为输出特性或外特性,如图 9.3.3 所示。

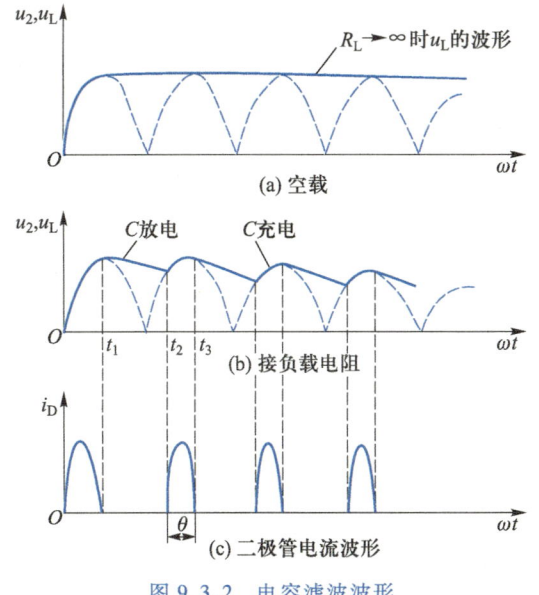

图 9.3.2 电容滤波波形

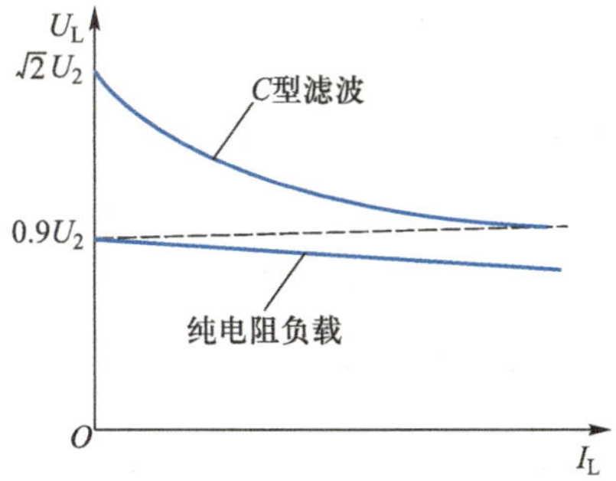

图 9.3.3 电容滤波电路的外特性

当 C 一定,$R_L \to \infty$(负载开路)时,输出电压最大,其值为 $\sqrt{2}\,U_2$;当 $C=0$ 时,无滤波电容,输出电压最小,其值为 $0.9U_2$。单相桥式整流电容滤波电路的输出电压一般按下面的公式进行计算

$$U_L = 1.2U_2 \tag{9.3.2}$$

（3）由图9.3.2可见，二极管的导电角度 θ 变小了，$\theta < 180°$，且时间常数 $R_L C$ 越大，导电角 θ 越小。电流的有效值和平均值的关系与波形有关，在平均值相同的情况下，波形越尖，有效值越大。变压器二次电流有效值 I_2 与负载电流平均值 I_L 一般按下式计算

$$I_2 = (1.5 \sim 2)I_L \tag{9.3.3}$$

总之，电容滤波电路简单，负载直流电压 U_L 较高，纹波也较小。但它的缺点是输出特性较差，故适用于负载电压较高、负载较小且变化不大的场合。

例 9.3.1 有一单相桥式整流电容滤波电路如图9.3.1所示，已知交流电源频率 $f = 50$ Hz，负载电阻 $R_L = 200\ \Omega$，要求直流输出电压 $U_L = 30$ V，试求变压器二次电压的有效值 U_2，选择整流二极管及滤波电容器。

解 （1）计算变压器二次电压的有效值 U_2
由式(9.3.2)得

$$U_2 = \frac{30}{1.2}\text{V} = 25\ \text{V}$$

（2）选择整流二极管
负载电流为

$$I_L = \frac{U_L}{R_L} = \frac{30}{200}\ \text{A} = 150\ \text{mA}$$

流过二极管的电流

$$I_D = \frac{1}{2}I_L = 75\ \text{mA}$$

二极管所承受的最高反向电压

$$U_{RM} = \sqrt{2}\,U_2 = \sqrt{2} \times 25\ \text{V} = 35.4\ \text{V}$$

因此，可以选用二极管2CP11，其最大整流电流为 100 mA，反向工作峰值电压为 50 V。
（3）选择滤波电容器
根据式(9.3.1)，取 $R_L C = 5 \times \dfrac{T}{2} = 5 \times \dfrac{0.02}{2}\ \text{s} = 0.05\ \text{s}$。由此得滤波电容

$$C = 0.05/200\ \text{F} = 250\ \mu\text{F}$$

考虑电网电压波动 10%，则电容器承受的最高电压为

$$U_{RM} = \sqrt{2}\,U_2 \times 1.1 = \sqrt{2} \times 25 \times 1.1\ \text{V} = 38.9\ \text{V}$$

选用标称值为 270 μF/50 V 的电解电容器。

9.3.2 电感滤波电路

在桥式整流电路和负载电阻 R_L 之间串入一电感器 L，便组成桥式整流电感滤波电路，如图9.3.4所示。利用电感对交流纹波电流的抑制作用，交流纹波电流不能通过 R_L，从而在 R_L 上得到比较平滑的直流。当忽略电感的电阻时，负载上的平均电压 U_L 和纯电阻（不加电感）负载时的相同，即 $U_L = 0.9U_2$。

电感滤波的特点是整流管的导电角度大（电感 L 的反电势作用），峰值电流小，输出特性比较平坦。但由于铁心的存在，使其笨重、体积大。一般适用于低压、大电流场合。

　　另外,为了得到更好的滤波效果,还可采用倒 L 形滤波和 π 形滤波电路,如图 9.3.5 所示。

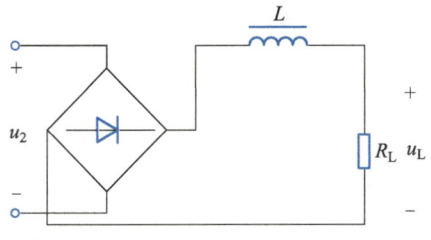

图 9.3.4　桥式整流电感滤波电路

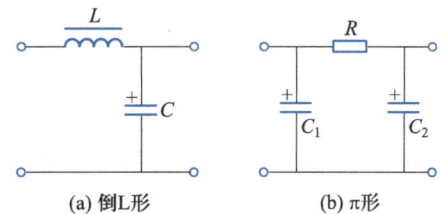

(a) 倒L形　　　　　(b) π形

图 9.3.5　倒 L 形滤波和 π 形滤波电路

[练习与思考]

9.3.1　电容滤波和电感滤波电路的特性有什么区别? 各适用于什么场合?

9.3.2　单向桥式整流电容滤波电路的输出电压范围是多少?

9.4　稳压电路

　　尽管整流滤波电路的输出电压比较平滑,但它是不稳定的,它会随着输入电压的波动或负载的变化而变化,因此,必须通过稳压电路(也称稳压器)进行稳压,使负载获得稳定的直流电压。

9.4.1　串联型线性集成稳压电路的工作原理

　　串联型线性集成稳压器的原理电路如图 9.4.1 所示。图中 U_1 为整流滤波电路的输出电压,T 为调整管,A 为比较放大器,设其开环电压增益为 A,U_{REF} 为基准电压,R_1 与 R_2 组成采样电路。

　　电路中起调整作用的晶体管 T 与负载电阻 R_L 串联,故称串联稳压电路。稳压过程如下:当输入电压 U_1 增加(或负载电流 I_0 减小)时,引起输出电压 U_0 增加,采样电压(或反馈电压)$U_F = U_0 R_2 /(R_1 + R_2) = F U_0$ 也增加(F 为反馈系数)。U_F 与基准电压 U_{REF} 相比较,其差值电压经比较放大器放大后,使 U_B 和 I_C 减小,调整管 T 的极间电压 U_{CE} 增大,使 U_0 减小,从而维持 U_0 恒定。同样,当输入电

微视频 9-4
串联型线性集成稳压电路

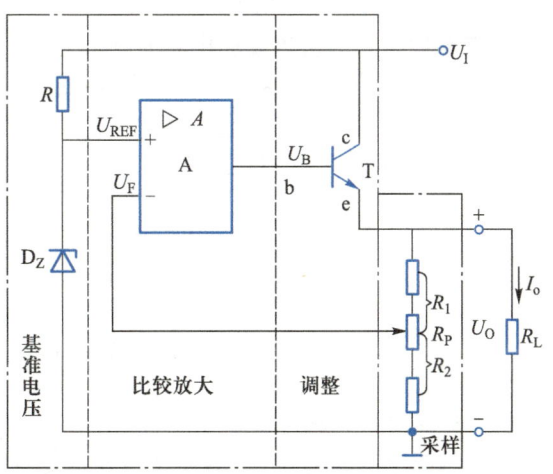

图 9.4.1　串联型线性集成稳压器的原理电路

压 U_I 减小(或负载电流 I_o 增加)时,经过调整管的调节作用,U_o 也维持恒定。

从反馈的角度来看,该电路属于电压串联负反馈,调整管 T 连接成电压跟随器,因而有下列关系

$$U_B = A(U_{REF} - FU_o) \approx U_o$$

或

$$U_o \approx U_{REF} \frac{A}{1+AF} \tag{9.4.1}$$

在深度负反馈的条件下,$|1+AF| \gg 1$,因此有

$$U_o \approx \frac{U_{REF}}{F} = U_{REF}\left(1 + \frac{R_1}{R_2}\right) \tag{9.4.2}$$

上式表明,输出电压 U_o 与基准电压 U_{REF} 近似成正比关系,调节 R_1 与 R_2 的比值,即可调整输出电压 U_o 的大小,因此它是设计稳压电路的基本关系式。

由以上分析可知,反馈越深,调整作用越强,电路的输出电阻 r_o 越小,输出电压越稳定。

9.4.2　三端固定式输出集成稳压器及其应用

随着半导体工艺的发展,出现了包含图 9.4.1 所示电路的集成稳压器,这类器件具有精度高、体积小、使用方便、性能稳定等优点。

1. 三端固定式输出集成稳压器

集成稳压器的规格种类繁多,具体电路也有差异,最简单的是三端固定式输出集成稳压器,它只有 3 个引线端:输入端(接整流滤波电路的输出)、输出端(接负载)和公共地端。其外形和引脚图如图 9.4.2 所示。常用的有两个系列,78×× 系列为正输出,79×× 系列为负输出,"××"代表输出电压值,有 5 V、6 V、8 V、9 V、10 V、12 V、15 V、18 V、24 V 等,输出电流有 0.1 A(78L××、79L××)、0.5 A(78M××、79M××)和 1.5 A(78××、79××)3 种。如 W78M15 表示输出电压为 +15 V,输出电流为 0.5 A。W79M15 表示输出电压为 -15 V,输出电流为 0.5 A。

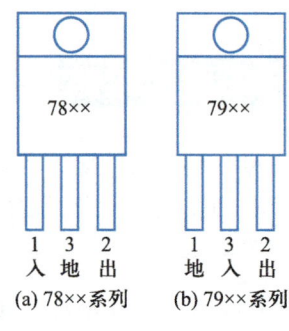

图 9.4.2　78×× 和 79×× 系列三端稳压器外形和引脚图

微视频 9-5
三端集成
稳压器的
应用电路

2. 三端固定式输出集成稳压器的应用

(1)基本应用电路。图 9.4.3 为 78×× 系列和 79×× 系列三端稳压器的基本应用电路。

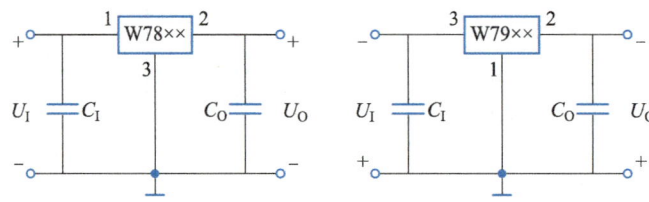

图 9.4.3　三端稳压器的基本应用电路

使用时要注意下列问题:

① 为了防止自激振荡,在输入端一般要接一个 0.1~0.33 μF 的电容 C_I。

② 为了消除高频噪声和改善输出的瞬态特性,即在负载电流变化时不致引起 U_o 有较大波动,输出端要接一个 1 μF 左右的电容 C_o。

③ 为了保证输出电压的稳定,输入、输出间的电压差应大于 2 V。但也不应太大,太大会引起三端稳压器功耗增大而发热,一般取 3~5 V。

④ 除 W7824(W7924)的最大输入电压为 40 V 外,其他稳压器的最大输入电压为 35 V。

⑤ 尽管三端稳压器有过载保护,为了增大其输出电流,外部要加散热片。

(2) 正、负电压同时输出的稳压电路。如图 9.4.4 所示,该电路可同时输出 ±15 V 两路电压。

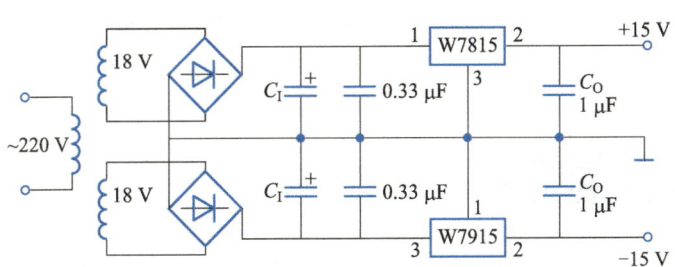

图 9.4.4　正、负电压同时输出的稳压电路

(3) 输出可调的稳压电路。如图 9.4.5 所示,$U_O = U_O' + U_O''$,故调节电位器 R_P 即可改变 U_O'',从而实现了输出电压可调。

(4) 扩大输出电流的稳压电路。当电路所需电流大于 1 A 时,可采用外接功率管 T 的方法来扩大输出电流。在图 9.4.6 所示电路中,I_2 为稳压器的输出电流,I_C 是功率管的集电极电流,I_R 是电阻 R 上的电流,一般 I_3 很小,可忽略不计,则有

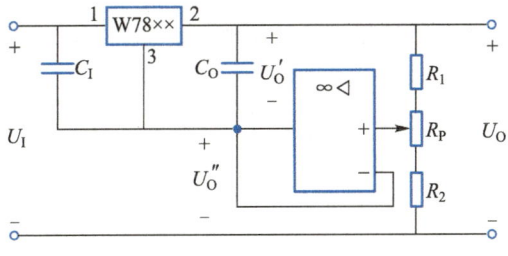

图 9.4.5　输出可调的稳压电路

$$I_2 \approx I_1 = I_R + I_B = -\frac{U_{BE}}{R} + \frac{I_C}{\beta}$$

式中,β 是功率管的电流放大系数。设 $\beta = 10$,$U_{BE} = -0.3$ V,$R = 0.5$ Ω,$I_2 = 1$ A,则由上式可算出 $I_C = 4$ A,$I_O = I_2 + I_C = 5$ A,可见输出电流比 I_2 增大了。图中的电阻 R 的阻值要使功率管只能在输出电流较大时才导通。

(5) 理想电流源电路。如图 9.4.7 所示,图中的输出电流为

$$I_L = I_Q + \frac{U_{××}}{R} \tag{9.4.3}$$

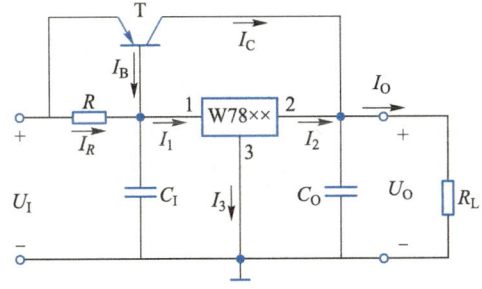

图 9.4.6　扩大输出电流的稳压电路

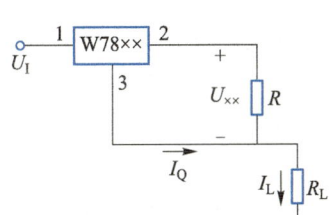

图 9.4.7　理想电流源电路

显然，I_L 与负载电阻无关，当器件选定后，U_{xx} 为一定值，I_Q 很小，且 I_Q 不变，因此 I_L 为恒流输出。

[练习与思考]

9.4.1 78××系列和79××系列三端集成稳压器属哪一类型稳压电路？它们的区别是什么？

9.4.2 稳压电路对输入电压波动的范围有没有限制？对负载的变化有没有限制？

9.4.3 若电容滤波电路的输出端接三端集成稳压器，则式(9.3.1)中的 R_L 应如何计算？

9.5 开关型稳压电源

前述的串联反馈式稳压电源由于调整管工作在线性放大区，因此其功率损耗大，电源效率低。为了克服上述缺点，可采用开关型稳压电源。开关型稳压电源中的晶体管工作在饱和导通和截止两种开关状态，管耗较小，电源效率大大提高，其体积小、重量轻。

9.5.1 串联降压型开关稳压电源

串联降压型开关稳压电源的原理框图如图 9.5.1 所示。它由开关调整管、滤波器、比较放大器和脉宽调制器等环节组成。开关调整管是一个由脉冲 u_P 控制的电子开关，如图 9.5.2 所示。当控制脉冲 u_P 为高电平时，电子开关闭合，$u_{PO} = U_I$；而当 $u_P = 0$ 时，电子开关断开，$u_{PO} = 0$。开关的开通时间 t_{on} 与开关周期 T 之比称为脉冲电压的占空比，用 D 表示，即

$$D = \frac{t_{on}}{T} \tag{9.5.1}$$

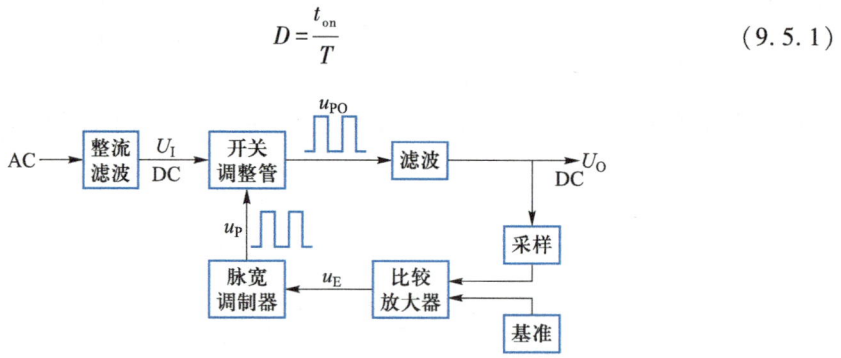

图 9.5.1 串联降压型开关稳压电源原理框图

可见，开关调整管的输出电压 u_{PO} 仍是一个脉冲高度为 U_I、脉宽由 u_P 控制（等于 u_P 脉宽）、频率与 u_P 相同的矩形脉冲电压。滤波器由电感电容组成，对脉冲电压 u_{PO} 进行滤波，得到纹波（波形脉动部分的峰–峰值）很小的直流输出（平均）电压 U_O，其值为

$$U_O = DU_I \tag{9.5.2}$$

将输出电压 U_O 采样与基准电压在比较放大环节中比较放大，其输出 u_E（误差）作为脉冲调制器的输入信号。脉宽调制器是一个基准电压为锯齿波的电压比较器，输出脉冲电压

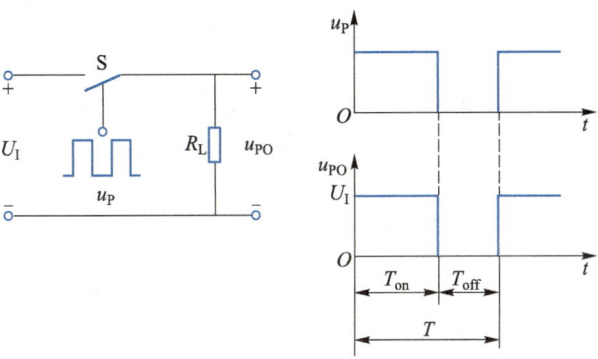

图 9.5.2　图 9.5.1 电路的波形

u_P 的脉宽由 u_E 控制,而频率与锯齿波的频率相同。

其工作原理如下:当输入电压 U_I 和负载都处于稳定状态时,输出电压 U_O 稳定不变,设对应的误差信号 u_E 和控制脉冲 u_P 的波形如图 9.5.3(a)所示。如果输出电压 U_O 发生波动,例如 U_I 上升会导致 U_O 上升,则比较放大电路使 u_E 下降,脉宽调制器的输出信号 u_P 的脉宽变窄,如图 9.5.3(b)所示,开关调整管的开通时间 t_{on} 减小,使占空比 D 下降,U_O 也下降。通过上述调整过程,使输出电压 U_O 基本保持不变。输出电压 U_O 的稳定过程可描述如下

$$U_O \uparrow \longrightarrow u_E \downarrow \longrightarrow t_{on} \downarrow$$
$$U_O \downarrow \longleftarrow D \downarrow \longleftarrow$$

这种频率固定,调节脉宽的控制方法称为脉冲宽度调制(PWM)法。

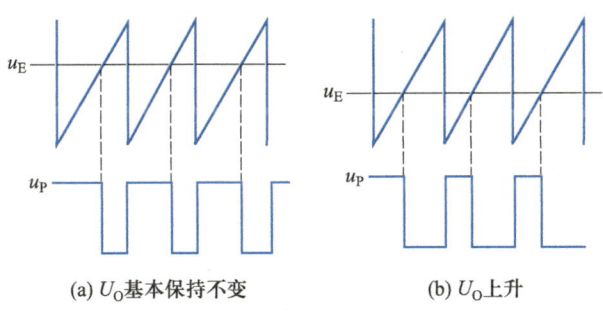

(a) U_O 基本保持不变　　　　　　(b) U_O 上升

图 9.5.3　PWM 波形

图 9.5.4 所示为串联降压型开关稳压电源的原理图,晶体管 T 为开关调整管,稳压管 D_Z 的稳定电压 U_Z 作为基准电压,电位器 R_P 对输出电压 U_O 取样送入比较放大环节与基准电压 U_Z 相比较。滤波器由 L、C 组成,当控制信号使晶体管 T 导通时,U_I 向负载 R_L 供电,同时也为电感 L 和电容 C 充电;当控制信号使晶体管 T 截止时,电感 L 储存的能量通过续流二极管 D 向负载 R_L 释放,电容 C 也同时向负载 R_L 放电。该电路的输出电压与式(9.5.1)相同,因 $D \leqslant 1$,因此称为降压型开关电源。

9.5.2　集成开关稳压器

集成开关稳压器种类很多,有降压型、升压型、电压极性反转型等。下面介绍两款集成

度高、使用方便的集成开关稳压器。

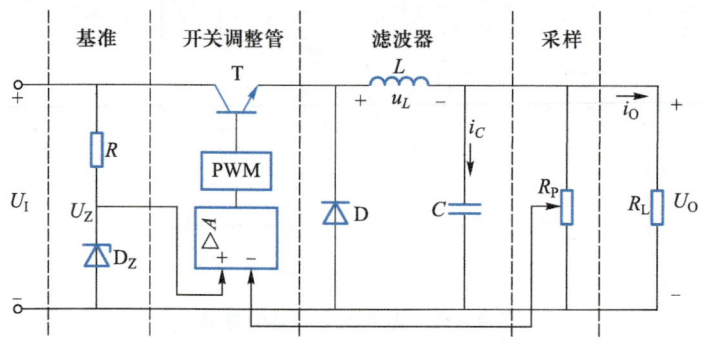

图 9.5.4　串联降压型开关稳压电源原理图

1. CW2575/2576 系列

CW2575/2576 系列是降压型开关稳压器,内含调整管、采样电路(不包含可调输出型)、启动电路、脉冲源、输入欠电压锁定控制和保护电路等。内部振荡器的频率固定在 52 kHz,占空比 D 可达 98%,转换效率为 75% ~ 88%,且一般不需要散热器。塑封单列直插式的 CW2575/2576 系列引脚排列如图 9.5.5 所示。

CW2575/2576 系列的输出电压有固定输出和可调输出两种。固定输出电压为 3.3 V、5 V、12 V 和 15 V。CW2575 系列的最大输出电流为 1 A,CW2576 系列的最大输出电流为 3 A。使用时,固定输出型的 4 脚反馈端一般与应用电路的输出端相连,可调输出型的 4 脚反馈端提供 1.23 V 基准电压,电流很小可忽略,与采样电路相连;

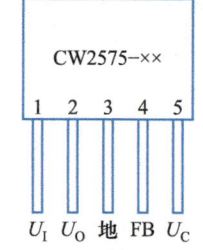

图 9.5.5　CW2575/2576 系列引脚排列图

5 脚在稳压器正常工作时接地,也可利用 TIL 高电平关闭从而使稳压器处于低功耗备用状态。由于 CW2575/2576 系列是降压型稳压器,因此使用时,输入电压不得低于额定输出电压,最大输入电压为 45 V。

图 9.5.6(a)所示电路为 CW2575 系列固定输出应用电路,由稳压器的型号可知,输出电压为 5 V。

图 9.5.6(b)所示电路为 CW2575 系列可调输出应用电路,其输出电压为

$$U_0 = \frac{1.23}{R_2}(R_1 + R_2) \tag{9.5.3}$$

由于集成开关稳压器的工作频率较高,电路中的续流二极管最好选用肖特基二极管。另外,为了保证直流电源的工作稳定性,在电路的输入端要加一个 100 μF 以上的旁路电容。

2. CW2577 系列

CW2577 系列是升压型开关稳压器,内部结构与 CW2575/2576 系列基本相同。输出电压有固定 12 V、15 V 和可调三种,输入电压为 3.5~40 V,最大输出电压为 60 V,最大输出电流为 3 A,其塑封单列直插式的引脚排列如图 9.5.7 所示。由于 CW2577 系列是升压型开关稳压器,因此使用时,输入电压不得高于额定输出电压。

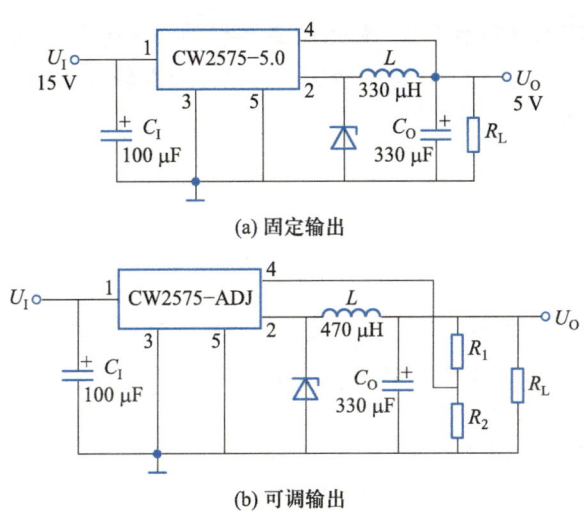

(a) 固定输出

(b) 可调输出

图 9.5.6 CW2575 系列应用电路

图 9.5.8(a)所示电路为 CW2577 系列固定输出应用电路,由稳压器的型号可知,输出电压为 12 V。

图 9.5.8(b)所示电路为 CW2577 系列可调输出应用电路。1 脚所接 R、C 构成频率补偿电路,用以防止电路产生自激振荡;2 脚反馈端提供 1.23 V 基准电压,电流很小可忽略,与采样电路相连,因此输出电压为

$$U_O = \frac{1.23}{R_2}(R_1 + R_2)\ \text{V} = \frac{1.23}{2}(2 + 17.5)\ \text{V} = 12\ \text{V}$$

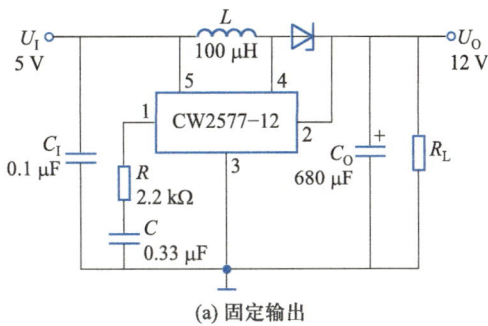

(a) 固定输出

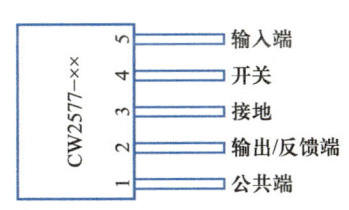

图 9.5.7 CW2577 系列引脚排列图

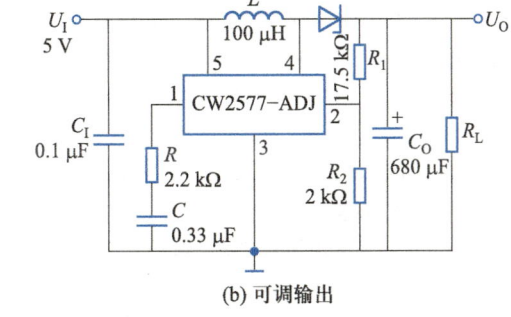

(b) 可调输出

图 9.5.8 CW2577 系列应用电路

由于集成开关稳压器具有效率高、体积小、重量轻的突出优点,因此应用非常广泛,发展很快;缺点是输出电压中纹波和噪声成分较大。在精度要求较高的场合,仍采用串联型稳压电源或线性集成稳压器。

习题

9.1 变压器二次侧有中心抽头的全波整流电路如题图 9.1 所示,二次侧的电源电压为 $u_2 = \sqrt{2}U_2\sin\omega t$,忽略二极管的正向压降和变压器内阻。

(1) 分别画出无滤波电容和有滤波电容两种情况下输出电压 u_L 及二极管承受的反向电压 u_R 的波形;

(2) 求无滤波电容时整流电压的平均值 U_0;

(3) 求有、无滤波电容两种情况下二极管所承受的最大反向电压 U_{RM};

(4) 计算整流二极管的平均电流 I_D。

9.2 电路如题图 9.2 所示。

(1) 标出输出电压 u_{L1}、u_{L2} 的极性;

(2) 求输出电压的平均值 U_{L1}、U_{L2};

(3) 求各二极管承受的最大反向电压。

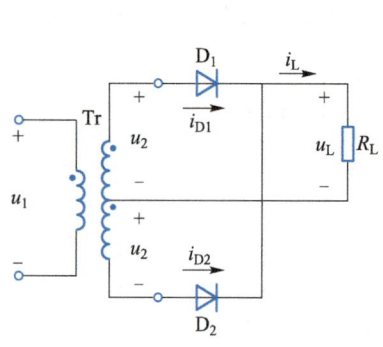

题图 9.1 习题 9.1 的图

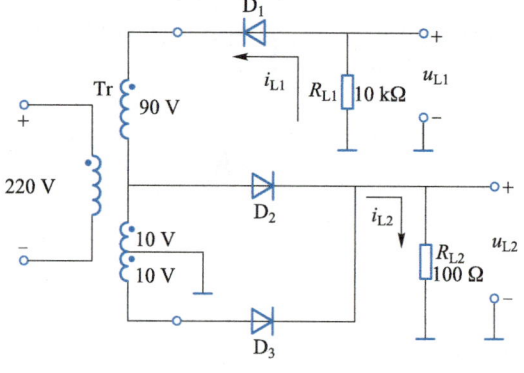

题图 9.2 习题 9.2 的图

9.3 一单相桥式整流电路如题图 9.3 所示,负载平均电压 $U_0 = 110$ V,负载电阻 $R_L = 50$ Ω,试求变压器二次电压,并选择二极管。

9.4 单相桥式整流电容滤波电路,已知交流电源频率 $f = 50$ Hz,要求输出 $U_0 = 30$ V,$I_0 = 0.15$ A,试选择二极管及滤波电容。

9.5 电路如图 9.4.1 所示,已知 $U_{REF} = 3$ V,采样电路中上下两个电阻均为 $3\ \text{k}\Omega$,电位器 $R_P = 10\ \text{k}\Omega$。输出电压 U_0 的最大值、最小值各为多少?

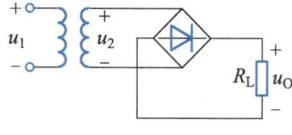

题图 9.3 习题 9.3 的图

9.6 电路如题图 9.4 所示,已知 $U_Z = 5$ V,反馈电路的最大电流限制在 0.5 mA 之内,U_0 在 5~12 V 范围内可调,求 R_1 和 R_P 的值。

9.7 在 Multisim 中构建如题图 9.5 所示的桥式整流电路,用示波器观察在下列情况下 u_{AB} 的波形,并分析原因。(设 $u_2 = \sqrt{2}U_2\sin\omega t$)

(1) S_1、S_2、S_3 打开,S_4 闭合;

(2) S_1、S_2 闭合,S_3、S_4 打开;

（3）S_1、S_4 闭合，S_2、S_3 打开；

（4）S_1、S_2、S_3、S_4 全部闭合。

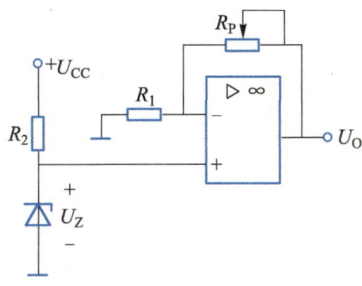 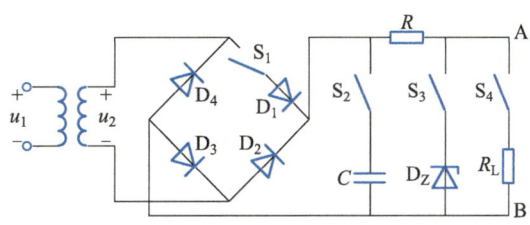

题图 9.4　习题 9.6 的图　　　　　题图 9.5　习题 9.7 的图

9.8　试设计一直流稳压电源，其输入为 220 V、50 Hz 的交流电源，输出电压为 ±15 V，输出电流为 1 A，要求：

（1）画出电路图；

（2）计算各参数；

（3）选择三端集成稳压器、滤波器、整流二极管和变压器；

（4）在 Multisim 中构建电路验证设计方案。

自测题

1. 在单相桥式整流电路中，已知输入电压 $u = 100\sin\omega t$ V，若有一个二极管断开，则输出电压的平均值 U_0 为（　　）。

　　a. 45 V　　　　　　　　b. 31.82 V　　　　　　　c. 63.6 V

2. 在图 Z9.1 所示开关电源电路中，已知输入直流电压 $U_1 = 110$ V，开关周期 $T = 2.5$ ms，导通时间 $T_{on} = 1.25$ ms，则输出电压 u_0 的平均值为（　　）。

　　a. 55 V　　　　　　　　b. 110 V　　　　　　　　c. 220 V

3. 某一整流滤波稳压电路如图 Z9.2 所示。

（1）求输出电压 U_0；

（2）若 W7812 输入与输出端间的压降 $U_{1-2} = 3$ V，求输入电压 U_I；

（3）求变压器二次电压的有效值 U_2。

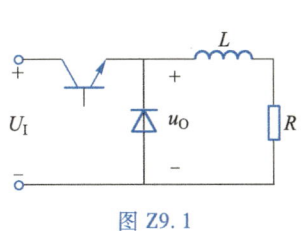 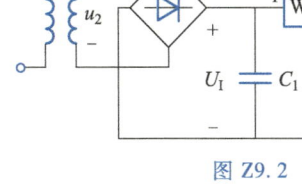

图 Z9.1　　　　　　　　　　　　　图 Z9.2

... 变压器与电动机

学习目标：

1. 理解磁路的基本概念。
2. 理解交直流铁心线圈电路的基本电磁关系。
3. 理解变压器的工作原理和额定值的意义。
4. 掌握变压器的电压、电流和阻抗变换作用。
5. 理解电动机的结构和工作原理。
6. 理解旋转磁场的产生过程，掌握同步转速的计算方法。
7. 理解电动机电磁转矩的产生机理。
8. 理解电动机的机械特性曲线，能够计算三个主要转矩。
9. 理解三相异步电动机的起动、调速、制动的方法。
10. 掌握三相异步电动机的使用方法和相关计算。

本章将介绍生产中常用的一些电工设备(如变压器、电动机)的原理及应用。这些设备都是利用电与磁的相互作用来实现能量的传输和转换的,它们的工作原理既有电路的问题,还有磁路的问题,只有同时掌握了电路和磁路的基本理论,才能对这些电工设备做全面的分析。

10.1 磁路

10.1.1 磁路的基本概念

在变压器、电机和其他各种电磁设备中,为了能用较小的励磁电流产生较强的磁场,人们常用导磁能力很强的铁磁物质做成一定形状的铁心,使磁通的绝大部分经过铁心而形成一个闭合的通路,这种闭合的路径称为磁路。

图 10.1.1 表示变压器的磁路,它由闭合的铁心构成。图 10.1.2 表示 E 形电磁铁处于释放位置时的磁路,在闭合的磁路中除铁心外,还有很小的工作气隙。

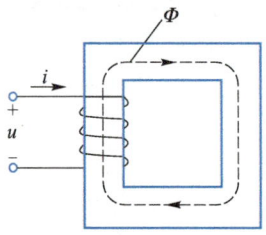

图 10.1.1　变压器的磁路

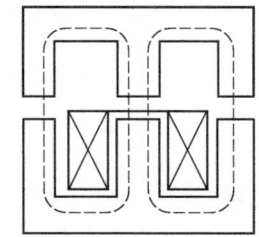

图 10.1.2　E 形电磁铁的磁路

磁性材料主要是指铁、镍、钴及其合金以及铁氧体等材料。磁性材料具有高导磁性、磁饱和性和磁滞性等性能,这是因为它们在外磁场的激励下,具有被强烈磁化的特性。磁性材料中,磁感应强度 B(或磁通 Φ)与磁场强度 H(或励磁电流 I)的关系曲线,即 $B=f(H)$ 或 $\Phi=f(I)$,称为磁化曲线。

在直流励磁下,磁性材料的磁化曲线 $B\text{-}H$ 或 $\Phi\text{-}I$ 如图 10.1.3 所示。磁化曲线上任何一点处的 B 与 H 之比称为磁导率 μ,即

$$\mu=\frac{B}{H} \tag{10.1.1}$$

它是表征磁场媒质导磁能力的一个物理量。根据磁化曲线上各点的 B 和 H 的数值可画出 $\mu\text{-}H$ 曲线。为比较,图 10.1.3 中同时画出了在相同励磁条件下磁路媒质为非磁性材料的 $\mu_0\text{-}H$ 曲线和 $B_0\text{-}H$ 曲线。不难看出,磁性材料的导磁能力远远超过非磁性材料,其倍数高达几百、几千甚至上万倍。正是磁性材料的高导磁性能,使得它们在电工和电子技术等领域中获得了广泛的应用。

由图 10.1.3 所示曲线可知,磁性材料的磁化特性还呈现磁饱和性,即 B(或 Φ)不会随 H(或 I)的增加而无限增大,表现为起始段近似呈线性快速增长;饱和段则增长缓慢。整

条磁化曲线不是一条直线,表明磁性材料的 $B\text{-}H$ 或 $\Phi\text{-}I$ 关系为非线性。因此,μ 不是常数。

交流励磁时磁性材料的 $B\text{-}H$ 曲线是一条封闭曲线,称为磁滞回线,如图 10.1.4 所示。由图可见,当 H 由 $+H_m$ 减小时,B 并不沿原始磁化曲线减小,而是沿其上部的另一条曲线减小;当 H 减小到零时,B 并没减小到零,表明铁心中仍存在剩磁,我们把 B_r 称为剩磁感应强度(简称剩磁);若要去掉剩磁,应施加反向磁场强度 $-H_c$,称为矫顽磁力(简称矫顽力)。这种在磁性材料中出现的 B(或 Φ)的变化总滞后于 H(或 I)的变化特性,称为磁滞性。

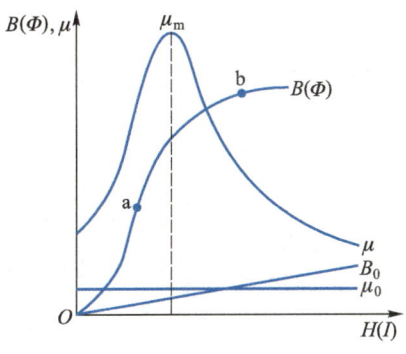

图 10.1.3　磁化曲线

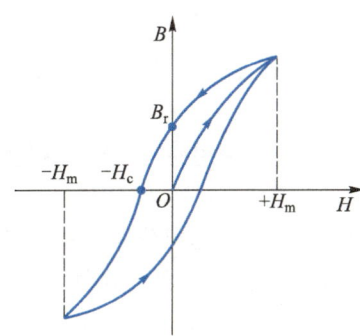

图 10.1.4　磁滞回线

根据磁滞特性,磁性材料可分为:

(1)软磁材料。其磁滞回线较窄,剩磁 B_r、矫顽力 H_c 都较小,一般用来制造变压器、电机及电器的铁心。常用的软磁性材料有铸铁、硅钢、坡莫合金及铁氧体等。

(2)永磁材料。其磁滞回线较宽,剩磁 B_r、矫顽力 H_c 都较大,通常用来制造永久磁铁。常用的永磁性材料有碳钢、钴钢及铁镍铝钴合金等。

(3)矩磁材料。其磁滞回线接近矩形,具有较小的 H_c 和较大的 B_r,稳定性也较好,常用作计算机和控制系统中的记忆元件、开关元件和逻辑元件,常用的矩磁材料有镁锰铁氧体及 1J51 型铁镍合金等。

磁性物质不同,其磁化曲线和磁滞回线也不同。图 10.1.5 示出了几种常用磁性材料的磁化曲线。

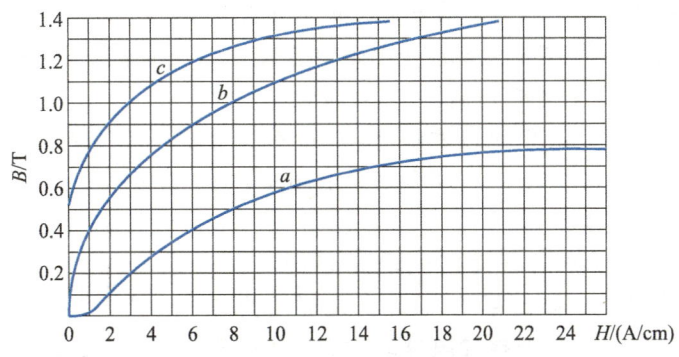

图 10.1.5　几种常用材料的磁化曲线

a—铸铁;b—铸钢;c—硅钢片

10.1.2 磁路的基本定律

对磁路进行分析与计算时,常用到磁路的欧姆定律。磁路的欧姆定律反映了磁路磁通 Φ、磁动势 F 和磁阻 R_m 之间的关系。

磁场中磁场强度与励磁电流的关系,遵循物理学中的安培环路定理(又称全电流定律),该定律为:在磁场中沿任何闭合曲线磁场强度矢量 H 的线积分,等于穿过该闭合曲线所围曲面上的电流的代数和,其数学表达式为

$$\oint H \cdot dl = \sum I \tag{10.1.2}$$

计算电流 I 时,以预先任取的闭合曲线绕行的方向为准,凡参考方向符合右手螺旋定则的电流为正,反之为负。

图 10.1.6 所示理想磁路(无漏磁)由一种材料构成,各处截面积相等,若取铁心中心线作为积分路径 l,沿路径 l 各点的 B 和 H 均有相同的值,其方向处处与积分路径的绕行方向一致(即 H 与 dl 同方向)。匝数为 N 的励磁线圈绕在铁心上,其中电流为 I,即线圈中电流 I 穿绕磁路 N 次。因此式(10.1.2)可写为

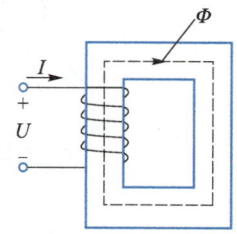

$$\oint H \cdot dl = Hl = NI \quad \text{或} \quad H = \frac{NI}{l} \tag{10.1.3}$$

图 10.1.6 理想磁路

式中,乘积 NI 称为磁动势,用 F 表示,即 $F = NI$,其单位为 A(安[培])。

若磁场为均匀磁场,即 $\Phi = BS$,$B = \mu H$,则 $\Phi = \mu HS$。

将式(10.1.3)代入上式可得

$$\Phi = \mu \frac{NI}{l} S = \frac{NI}{\dfrac{l}{\mu S}} = \frac{F}{\dfrac{l}{\mu S}}$$

令 $R_m = \dfrac{l}{\mu S}$,$F = IN$,则

$$\Phi = \frac{F}{R_m} \tag{10.1.4}$$

式(10.1.4)在形式上与电路中的欧姆定律($I = E/R$)相似,称为磁路的欧姆定律。磁路中磁通 Φ 对应于电路中的电流 I;磁动势 F 反映通电线圈励磁能力的大小,它对应于电路中的电动势 E;$R_m = l/\mu S$ 称为磁阻,它对应于电路中的电阻 R,表示磁路的材料对磁通起阻碍作用的物理量,反映磁路导磁性能的强弱,它只与磁路的尺寸及材料的磁导率有关。对于磁性材料,由于 μ 不是常数,其 R_m 也不是常数,故式(10.1.4)主要用来定性分析磁路,一般不能直接用于磁路计算。

对于由不同材料或不同截面组成的几段磁路,如图 10.1.7 所示的带有空气隙的磁路,磁路的总磁阻为各段磁阻之和,由 $R_m = l/\mu S$,对于空气隙这段磁路,其 l_0 虽小,但因 μ_0 很小,故 R_m 很大,从而使整个磁阻大大增加。

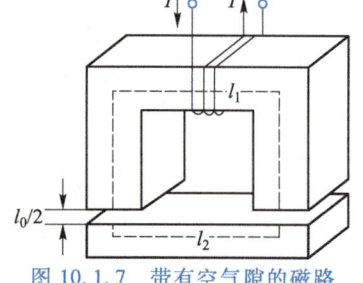

图 10.1.7 带有空气隙的磁路

若磁动势 $F = NI$ 不变,则磁路中空气隙越大,磁通 Φ 就越小;反之,如线圈的匝数 N 一定,要保

持磁通 Φ 不变,则空气隙越大,所需的励磁电流 I 也越大。

例 10.1.1 一个闭合的均匀铁心线圈,其匝数为 300,铁心中的磁感应强度为 0.9 T,磁路的平均长度为 45 cm,试求:(1)铁心材料为铸铁时线圈中的电流;(2)铁心材料为硅钢片时线圈中的电流。

解 先从图 10.1.5 中的磁化曲线查出磁场强度 H,然后再根据式(10.1.3)算出电流。

(1) $H_1 = 9\,000$ A/m,$I_1 = \dfrac{H_1 l}{N} = \dfrac{9\,000 \times 0.45}{300}$ A $= 13.5$ A

(2) $H_2 = 260$ A/m,$I_2 = \dfrac{H_2 l}{N} = \dfrac{260 \times 0.45}{300}$ A $= 0.39$ A

可见,由于所用铁心材料的不同,要得到同样的磁感应强度,则所需要的磁动势或励磁电流的大小相差就很悬殊。因此,采用磁导率高的铁心材料,可使线圈的用铜量大为减少。

如果在上面(1)、(2)两种情况下,线圈中通有同样大小的电流 0.39 A,则铁心中的磁场强度是相等的,都是 260 A/m。但从图 10.1.5 所示的磁化曲线查出的 $B_1 = 0.05$ T,$B_2 = 0.9$ T。两者相差 17 倍,磁通也相差 17 倍。在这种情况下,如果要得到相同的磁通,那么铸铁铁心的截面积就必须增加 17 倍。因此,采用磁导率高的铁心材料,可使铁心的用铁量大为减少。

例 10.1.2 有一环形铁心线圈,其内径为 10 cm,外径为 15 cm,铁心材料为铸钢。磁路中含有一空气隙,其长度等于 0.2 cm。设线圈中通有 1 A 的电流,如要得到 0.9 T 的磁感应强度,试求线圈匝数。

解 磁路的平均长度为

$$l = \frac{10+15}{2} \times \pi \text{ cm} = 39.3 \text{ cm}$$

从图 10.1.5 所示的铸钢的磁化曲线查出,当 $B = 0.9$ T 时,$H_1 = 500$ A/m,于是

$$H_1 l_1 = 500 \times (39.3 - 0.2) \times 10^{-2} \text{ A} = 195 \text{ A}$$

空气隙中的磁场强度为

$$H_0 = \frac{B}{\mu_0} = \frac{0.9}{4\pi \times 10^{-7}} \text{ A/m} = 7.2 \times 10^5 \text{ A/m}$$

于是

$$H_0 l_0 = 7.2 \times 10^5 \times 0.2 \times 10^{-2} \text{ A} = 1\,440 \text{ A}$$

总磁动势为 $\quad IN = \sum Hl = H_1 l_1 + H_0 l_0 = (195 + 1\,440) \text{ A} = 1\,635 \text{ A}$

线圈匝数为 $\quad N = \dfrac{IN}{I} = \dfrac{1\,635}{1} = 1\,635$

可见,当磁路中含有空气隙时,由于其磁阻较大,磁动势差不多都降在空气隙上面。

10.1.3 铁心线圈

将线圈绕制在铁心上便构成了铁心线圈。根据线圈所接电源的不同,铁心线圈分为直流铁心线圈和交流铁心线圈,相应的磁路称为<u>直流磁路</u>和<u>交流磁路</u>。

1. 直流铁心线圈

直流铁心线圈用直流电励磁,如直流电机、直流电磁铁及其他各种直流电器的线圈,其

微视频 10-2
铁心线圈

特点是：

（1）励磁电流 $I=U/R$，I 由外加电压 U 及励磁绕组的电阻 R 决定，与磁路特性无关。

（2）励磁电流 I 产生的磁通是恒定磁通，不会在线圈和铁心中产生感应电动势。

（3）磁通 Φ 的大小不仅与线圈的电流 I（即磁动势 NI）有关，还取决于磁路中的磁阻 R_m。例如，对有空气隙的铁心磁路，在 $F=IN$ 一定的条件下，当空气隙增大，即 R_m 增加时，磁通 Φ 减小；反之当空气隙减小，即 R_m 减小时，Φ 增大。

（4）功率损耗 $P=I^2R$ 由线圈中的电流和电阻决定。因磁通恒定，在铁心中不会产生功率损耗。

2. 交流铁心线圈

交流铁心线圈用交流电励磁，如变压器、交流电机及其他各种交流电器的线圈都是交流铁心线圈。图 10.1.8 为交流铁心线圈，下面讨论其电磁关系和功率损耗。

（1）电磁关系。当外加交流电压 u 时，在线圈中产生交流励磁电流 i，磁动势 Ni 产生两部分交变磁通，即主磁通 Φ 和漏磁通 Φ_σ，它们又分别在线圈中产生两个感应电动势，即主磁电动势 e 和漏磁电动势 e_σ，其参考方向符合右手螺旋定则，如图 10.1.8 所示。

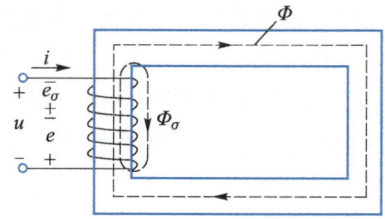

图 10.1.8　交流铁心线圈

根据基尔霍夫电压定律，铁心线圈的电压平衡方程式为

$$u=Ri-e-e_\sigma$$

由于线圈电阻上的压降 Ri 和漏磁电动势 e_σ 都很小，与主磁电动势 e 比较，均可忽略不计，故上式可写成

$$u\approx-e \tag{10.1.5}$$

由电磁感应定律，在规定的参考方向下

$$e=-N\frac{\mathrm{d}\Phi}{\mathrm{d}t}$$

故

$$u\approx N\frac{\mathrm{d}\Phi}{\mathrm{d}t}$$

当电源电压 u 为正弦量时，Φ 和 e 都为同频率的正弦量，令 $\Phi=\Phi_m\sin\omega t$，则

$$u\approx N\frac{\mathrm{d}\Phi}{\mathrm{d}t}=N\frac{\mathrm{d}}{\mathrm{d}t}(\Phi_m\sin\omega t)=N\omega\Phi_m\cos\omega t$$

$$=2\pi fN\Phi_m\sin\left(\omega t+\frac{\pi}{2}\right)=U_m\sin\left(\omega t+\frac{\pi}{2}\right)$$

由上式可求出外加电压的有效值为

$$U=\frac{U_m}{\sqrt{2}}=\frac{2\pi}{\sqrt{2}}fN\Phi_m=4.44fN\Phi_m=4.44fNB_mS \tag{10.1.6}$$

式中，U 的单位为 V（伏［特］），f 的单位为 Hz（赫［兹］），Φ_m 的单位为 Wb（韦［伯］），B 的单位为 T（特［斯拉］），S 的单位为 m^2（平方米）。上式表明，在忽略线圈电阻与漏磁通的条件下，当线圈匝数 N 与电源频率 f 一定时，主磁通的幅值 Φ_m 取决于励磁线圈外加电压的有效值，而与铁心的材料及尺寸无关，这是交流磁路的一个重要特点，式（10.1.6）是分析计算交流电路

磁路的重要公式。

（2）功率损耗。交流铁心线圈中的功率损耗包含铜损和铁损两部分。铜损是线圈导线电阻 R 消耗的功率，用 ΔP_{Cu} 表示（$\Delta P_{Cu} = I^2R$）；铁损是铁心在交变磁通作用下产生的损耗，包含磁滞损耗 ΔP_h 和涡流损耗 ΔP_e，用 ΔP_{Fe} 表示（$\Delta P_{Fe} = \Delta P_h + \Delta P_e$），铁损将使铁心发热，从而影响设备绝缘材料的使用寿命。

磁滞损耗与该铁心磁滞回线所包围的面积成正比，同时还与励磁电流频率和磁感应强度有关，f 越高，磁滞损耗越大。为了减小磁滞损耗，应选用磁滞回线狭窄的磁性材料制造铁心。涡流损耗如图 10.1.9（a）所示，当线圈中通入交流电流时，铁心中的交变磁通在铁心中产生感应电动势和感应电流，这种电流称为涡流。因铁心中有一定的电阻，故涡流将在铁心中产生损耗而发热，即为涡流损耗。涡流损耗与电源频率的平方及铁心磁感应强度最大值的平方成正比。

为了减小涡流损耗，当线圈用于一般工频交流时，可采用由彼此绝缘且顺着磁场方向的硅钢片叠成铁心，如图 10.1.9（b）所示，这样将涡流限制在较小的截面内流通，使涡流及其损耗大为减小。一般电机和变压器的铁心常采用厚度为 0.35 mm 或 0.5 mm 的硅钢片叠成。涡流也有其有利的一面，可利用其热效应来冶炼金属，如中频感应炉。利用涡流和磁场相互作用而产生电磁力的原理也可制造感应式仪器等。

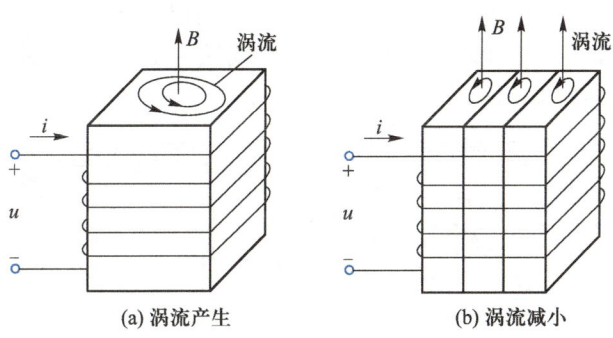

(a) 涡流产生　　　　　(b) 涡流减小

图 10.1.9　涡流的产生和减小

综上所述，交流铁心线圈工作时的功率损耗为

$$\Delta P = \Delta P_{Cu} + \Delta P_{Fe} = I^2R + \Delta P_h + \Delta P_e \tag{10.1.7}$$

[练习与思考]

10.1.1　磁性材料有哪些特征？

10.1.2　试比较磁路的欧姆定律和电路的欧姆定律，说明其异同点。

10.1.3　若将交流铁心线圈接到与其额定电压相等的直流电源上，或将直流铁心线圈接到有效值与其额定电压相同的交流电源上，各会产生什么后果？为什么？

10.1.4　空心线圈的电感是常数，而铁心线圈的电感不是常数，为什么？如果线圈的尺寸、形状和匝数相同，有铁心和没有铁心时，哪个电感大？铁心线圈的铁心在达到饱和和未达到饱和状态时，哪个电感大？

10.1.5　将一个空心线圈先后接到直流电源和交流电源上，或者在这个线圈中插入铁心，再接到上述的直流电源和交流电源上，如果交流电源电压的有效值和直流电源电压相等，在上述四种情况下，试比较通过线圈的电流和功率的大小，并说明其理由。

10.2　变压器

变压器是根据电磁感应原理制成的一种静止的电气设备,它具有变换电压、变换电流和变换阻抗的功能,因而在各工业领域获得了广泛的应用。

在电力系统中,输送一定的电功率时,由于 $P=UI\cos\varphi$,在功率因数一定时,电压 U 越高,电流 I 就越小,这样不仅可以减小输电导线截面,节省材料,而且还可以减小功率损耗,故电力系统中均用高电压输送电能,这需要变压器将电压升高。在用电方面,为了保证用电的安全和符合用电设备的电压要求,还要利用变压器将电压降低。在电子电路中,除电源变压器外,变压器还可用来传递信号和实现阻抗匹配。此外,还有调节电压用的自耦变压器,电加工用的电焊变压器和电炉变压器,测量电路用的仪用互感器等。

10.2.1　变压器的基本结构

微视频 10-3
变压器的
基本结构
与电压变
换

变压器虽然种类很多,形状各异,但其基本结构是相同的,主要部件是铁心和高、低压绕组。

铁心是构成变压器的磁路部分,按照铁心结构的不同,可分为心式与壳式两种,如图 10.2.1 所示。图 10.2.1(a)为心式铁心的变压器,绕组套在铁心柱上,多用于容量较大的变压器,如电力变压器。图 10.2.1(b)所示为壳式铁心的变压器,铁心把绕组包围在中间,常用于小容量的变压器中。

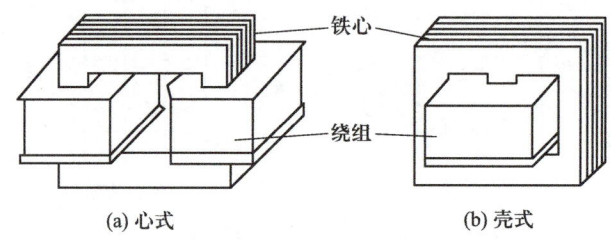

(a) 心式　　　　　　　　　　　　(b) 壳式

图 10.2.1　变压器结构

绕组是构成变压器的电路部分。一般小容量变压器的绕组是用高强度漆包线绕成的,大容量变压器可用绝缘扁铜线或铝线制成。

10.2.2　变压器的工作原理

图 10.2.2 是一台单相变压器的原理图。它有两个绕组,为了分析方便,我们将高压绕组和低压绕组分别画在两边。接交流电源的绕组称为一次绕组(又称原边),匝数为 N_1,其电压、电流和电动势分别用 u_1、i_1、e_1 表示;与负载相接的称为二次绕组(又称副边),匝数为 N_2,其相应的物理量分别用 u_2、i_2、e_2 表示,图中标明的是它们的参考方向。图中各物理量的参考方向是这样选定的:一次绕组作为电源的负载,电流

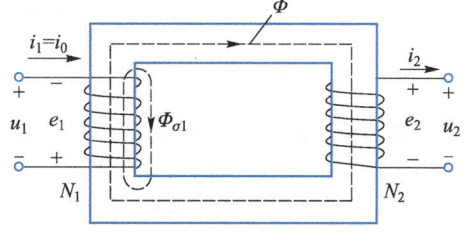

图 10.2.2　单相变压器的原理图

i_1 的参考方向与 u_1 的参考方向一致;电流 i_1、感应电动势 e_1 及 e_2 的参考方向和主磁通 Φ 的参考方向符合右手螺旋定则,因此图中 e_1 与 i_1 的参考方向是一致的。而二次绕组作为负载的电源,规定 i_2 与 e_2 的参考方向一致。

当一次绕组接上交流电压 u_1 时,一次绕组中便有电流 i_1 通过。磁动势 i_1N_1 在铁心中产生磁通 Φ,从而在一次、二次绕组中感应出电动势 e_1、e_2。若二次绕组上接有负载时,其中便有电流 i_2 通过。下面分别讨论变压器的电压变换、电流变换和阻抗变换。

1. 电压变换

当变压器空载运行时(二次绕组开路,不接负载),如图 10.2.2 所示,在一次绕组交流电源电压 u_1 作用下,一次绕组中有电流 i_1 通过,此时 $i_1 = i_0$,这个电流称为空载电流或励磁电流。磁动势 N_1i_0 将在铁心中产生同时交链着一次、二次绕组的主磁通 Φ,以及只和本身绕组相交链的漏磁通 $\Phi_{\sigma 1}$。因 $\Phi_{\sigma 1}$ 比主磁通 Φ 在数值上要小得多,故在分析计算时,常忽略不计。根据电磁感应原理,主磁通在一次、二次绕组中分别产生频率相同的感应电动势 e_1 和 e_2,即

$$e_1 = -N_1 \frac{\mathrm{d}\Phi}{\mathrm{d}t} \tag{10.2.1}$$

$$e_2 = -N_2 \frac{\mathrm{d}\Phi}{\mathrm{d}t} \tag{10.2.2}$$

变压器空载时一次绕组的情况与交流铁心线圈中的情况类似。根据图示参考方向,忽略一次绕组的电阻及漏磁通的影响时,由式(10.1.5)可得

$$u_1 \approx -e_1$$

对负载来说,变压器的二次绕组是一个电源,即 e_2 为负载的电源电动势,若二次绕组的开路电压记为 u_{20},则可写为

$$u_{20} = e_2$$

上两式如用相量表示,则为

$$\dot{U}_1 \approx -\dot{E}_1 \tag{10.2.3}$$

$$\dot{U}_{20} = \dot{E}_2 \tag{10.2.4}$$

根据式(10.1.6)可得

$$U_1 \approx E_1 = 4.44fN_1\Phi_m$$
$$U_{20} = E_2 = 4.44fN_2\Phi_m$$

由此可以推出变压器的电压变换关系为

$$\frac{U_1}{U_{20}} \approx \frac{E_1}{E_2} = \frac{N_1}{N_2} = K \tag{10.2.5}$$

式中,K 称为变压器的电压比。

当变压器二次绕组接有负载时,在 e_2 的作用下,二次绕组中就会产生电流 i_2,当忽略二次绕组的线圈电阻和漏磁通的影响时,二次电压 u_2 近似为 e_2,则式(10.2.5)可近似为

$$\frac{U_1}{U_2} \approx K$$

此式表明:变压器一次、二次绕组的电压与一次、二次绕组的匝数成正比。当 $K>1$ 时为降压变压器,$K<1$ 时为升压变压器。

2. 电流变换

如图 10.2.3 所示,变压器二次绕组接有负载 Z_L 时,图中一次绕组的电流为 i_1,二次绕组的电流为 i_2。i_2 的参考方向与 e_2 及 u_2 的参考方向一致。铁心中的交变主磁通在二次绕组中感应出电动势 e_2,e_2 又产生 i_2 及磁动势 i_2N_2。根据楞次定律,i_2N_2 对主磁通的作用是阻止主磁通的变化。例如当 ϕ 增大时,i_2N_2 就应使 ϕ 减小。但由式(10.1.6)可知,当电源电压 u_1 及频率 f 一定时,Φ_m 不变。因此,随着 i_2 的出现及增大,一次绕组电流 i_1 及磁动势 i_1N_1 也应随之增大,以抵消 i_2N_2 的作用。这就是说,变压器负载运行时,一次、二次绕组的电流 i_1、i_2 是通过主磁通紧密联系在一起

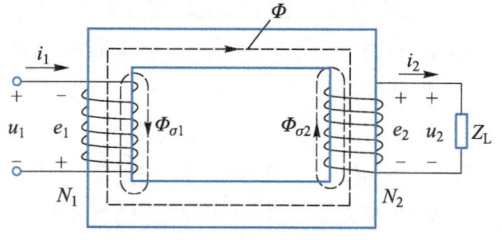

图 10.2.3　变压器的负载运行

的。当负载变化使 i_2 增加或减少时,必然引起 i_1 的增加或减少,以保证主磁通大小不变。变压器空载时,主磁通由磁动势 i_0N_1 产生,变压器负载运行时,主磁通由合成磁动势($i_1N_1+i_2N_2$)产生。因为在 u_1 与 f 一定时,变压器的主磁通幅值几乎不变,所以,变压器在空载及负载运行时的磁动势近似相等,即

$$i_1N_1+i_2N_2 \approx i_0N_1$$

用相量表示为

$$\dot{I}_1N_1+\dot{I}_2N_2 \approx \dot{I}_0N_1$$

即
$$\dot{I}_1 \approx \dot{I}_0+\left(\frac{-N_2}{N_1} \cdot \dot{I}_2\right)=\dot{I}_0+\dot{I}_2' \tag{10.2.6}$$

式中,$\dot{I}_2'=-\dfrac{N_2}{N_1} \cdot \dot{I}_2$。此式说明,变压器负载运行时,一次绕组电流 $\dot{I}_1$ 由两个分量组成,其一是 $\dot{I}_0$,用来产生主磁通;其二是 $\dot{I}_2'$,用来抵消负载电流 $\dot{I}_2$ 对主磁通的影响,以保持 Φ_m 不变。无论 I_2 怎样变化,I_1 均能按比例自动变化。变压器的空载电流 I_0 很小,在变压器接近满载(额定负载)时,一般 I_0 约为一次绕组额定电流 I_{1N} 的 2%~10%,即 I_0N_1 远小于 I_1N_1 和 I_2N_2,故 I_0N_1 可忽略不计,即

$$\dot{I}_1N_1+\dot{I}_2N_2 \approx 0$$
$$\dot{I}_1N_1 \approx -\dot{I}_2N_2 \tag{10.2.7}$$

一次、二次绕组电流的有效值之比为

$$\frac{I_1}{I_2} \approx \frac{N_2}{N_1}=\frac{1}{K} \tag{10.2.8}$$

上式说明,变压器负载运行时,其一次绕组和二次绕组电流有效值之比,近似等于它们的匝数比的倒数,即电压比的倒数,这就是变压器的电流变换作用。

式(10.2.7)中的负号说明 $\dot{I}_1$ 和 $\dot{I}_2$ 的相位相反,即 $\dot{I}_2N_2$ 对 $\dot{I}_1N_1$ 有去磁作用。

3. 阻抗变换

由上述分析可以看出,虽然变压器一次、二次绕组之间只有磁的耦合,没有电的直接联系,但实际上一次绕组的电流会随着负载阻抗 Z_L 的大小而变化,若 $|Z_L|$ 减小,则 $I_2=U_2/|Z_L|$ 增大,$I_1=I_2/K$ 也增大。因此,从一次侧看变压器,可等效为一个能反映二次阻抗 Z_L

变化的等效阻抗 $|Z'_{L}|$。在图 10.2.4(a)中,负载阻抗 Z_{L} 接在变压器的二次侧,而图中点画线框中部分的总阻抗可用图 10.2.4(b)所示的等效阻抗 Z'_{L} 来代替。所谓等效,就是图 10.2.4(a)和(b)中的电压、电流均相同。Z'_{L} 与 Z_{L} 的数值关系为

$$|Z'_{L}| = \frac{U_1}{I_1} = \frac{KU_2}{\frac{1}{K}I_2} = K^2 \frac{U_2}{I_2} = K^2|Z_L| \tag{10.2.9}$$

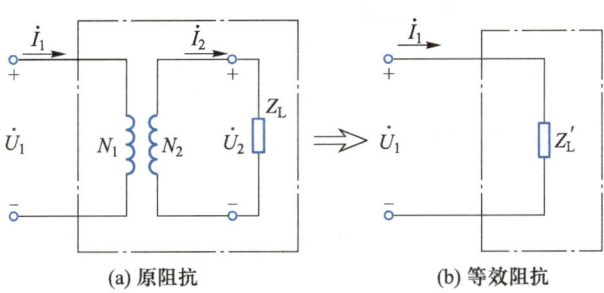

(a) 原阻抗　　　　　(b) 等效阻抗

图 10.2.4　变压器的阻抗变换

上式说明,接在变压器二次侧的负载阻抗 $|Z_L|$,反映到变压器一次侧的等效阻抗是 $|Z'_L| = K^2|Z_L|$,即增大 K^2 倍,这就是变压器的阻抗变换作用。

变压器的阻抗变换常用于电子电路中,例如,收音机、扩音机中扬声器(喇叭)的阻抗一般为几欧或十几欧,而其功率输出级要求负载与信号源内阻相等时才能使负载获得最大输出功率,这就叫作**阻抗匹配**。实现阻抗匹配的方法,就是在电子设备功率输出级和负载(如扬声器)之间接入一个输出变压器,适当选择其电压比,就能获得所需要的阻抗。

例 10.2.1　交流信号源电动势 $E = 80$ V,内阻 $R_s = 400\ \Omega$,负载电阻 $R_L = 4\ \Omega$。

(1) 负载直接接在信号源上,求信号源的输出功率;

(2) 接入输出变压器,电路如图 10.2.5 所示。要使折算到一次侧的等效电阻 $R'_L = R_s = 400\ \Omega$,求变压器电压比及信号源的输出功率。

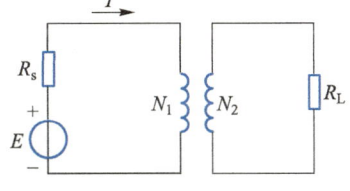

图 10.2.5　例 10.2.1 的图

解　(1) 负载直接接在信号源上,信号源的输出电流为

$$I = \frac{E}{R_s + R_L} = \frac{80}{400 + 4}\ A = 0.198\ A$$

输出功率为　　　　　$P = I^2 R_L = 0.198^2 \times 4\ W = 0.156\ 8\ W$

(2) 当 $R'_L = R_s$ 时,输出变压器的电压比 $K = \sqrt{R'_L/R_L} = \sqrt{400/4} = 10$

输出电流为　　　　　$I = \frac{E}{R'_L + R_s} = \frac{80}{400 + 400}\ A = 0.1\ A$

输出功率为　　　　　$P = I^2 R'_L = 0.1^2 \times 400\ W = 4\ W$

可见,接入变压器后,可使等效电阻 R'_L 与信号源内阻 R_s 匹配,获得最大的输出功率。

10.2.3　变压器的外特性和额定值

1. 变压器的外特性

前面我们对变压器的工作原理进行了分析,但忽略了一次、二次绕组的电阻及漏磁通感

微视频 10-5
变压器的
铭牌与运
行特性

应电动势对变压器工作情况的影响。实际上,在变压器运行中,随着输出电流 I_2 的增大,变压器绕组本身的电阻压降及漏磁感应电动势都将增大,从而使变压器输出电压 U_2 降低。

在电源电压 U_1 及负载功率因数 $\cos\varphi$ 不变的条件下,二次绕组的端电压 U_2 随二次绕组输出电流 I_2 变化的关系 $U_2 = f(I_2)$,称为变压器的外特性,特性曲线如图 10.2.6 所示。对电阻性或电感性负载,U_2 随 I_2 的增加而下降,负载功率因数越低,U_2 下降越大。

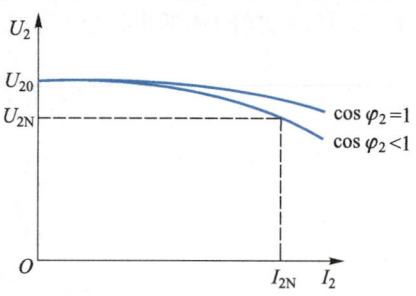

图 10.2.6　变压器的外特性曲线

变压器由空载到满载(额定负载 I_{2N}),二次绕组端电压 U_2 的变化率称为电压调整率,用 $\Delta U\%$ 表示,即

$$\Delta U\% = \frac{U_{20} - U_{2N}}{U_{20}} \times 100\% \qquad (10.2.10)$$

电压调整率表示了变压器运行时输出电压的稳定性,是变压器主要性能指标之一。电力变压器的电压调整率一般为 5% 左右。

2. 变压器的损耗与效率

变压器的功率损耗包括铜损耗和铁损耗两种,铜损耗是由一次、二次绕组中的电阻 R_1 和 R_2 产生的,即

$$\Delta P_{Cu} = I_1^2 R_1 + I_2^2 R_2$$

它与负载电流的大小有关。铁损耗是主磁通在铁心中交变时所产生的磁滞损耗 ΔP_h 和涡流损耗 ΔP_e,即

$$\Delta P_{Fe} = \Delta P_h + \Delta P_e$$

它与铁心的材料及电源电压 U_1、频率 f 有关,与负载电流大小无关。

变压器的效率是变压器的输出功率 P_2 与对应的输入功率 P_1 的比值,通常用百分数表示,即

$$\eta = \frac{P_2}{P_1} \times 100\% = \frac{P_2}{P_2 + \Delta P_{Cu} + \Delta P_{Fe}} \times 100\% \qquad (10.2.11)$$

通常在满载的 80% 左右时,变压器的效率最高,大型电力变压器的效率可达 99%,小型变压器的效率为 60%~90%。

3. 变压器的额定值

为了正确、合理地使用变压器,必须了解变压器的有关技术指标或额定值,变压器的技术指标通常标在其铭牌上,主要有如下技术指标。

(1)一次额定电压 U_{1N}:指正常情况下一次绕组应当施加的电压。

(2)一次额定电流 I_{1N}:指在 U_{1N} 作用下一次绕组允许通过的最大电流。

(3)二次额定电压 U_{2N}:指一次为额定电压 U_{1N} 时二次的空载电压。

(4)二次额定电流 I_{2N}:指一次为额定电压 U_{1N} 时二次绕组允许长期通过的最大电流(对三相变压器,额定电压与额定电流都指线电压与线电流)。

(5)额定容量 S_N:指输出的额定视在功率。

单相变压器　　　　　　　　$S_N = U_{2N}I_{2N} = U_{1N}I_{1N}$　（V·A）

三相变压器 $\qquad$ $S_N = \sqrt{3}\, U_{2N} I_{2N} = \sqrt{3}\, U_{1N} I_{1N}$ （V·A）

（6）额定频率 f_N：指电源的工作频率，我国的工业频率是 50 Hz。

4. 变压器的同名端及其绕组的接法

（1）同名端。使用变压器时，绕组必须连接正确，否则，不仅不能正常工作，甚至还会出现故障。在图 10.2.7 中，1-2 和 3-4 为一次绕组，5-6 和 7-8 为二次绕组，使用时根据需要可进行串联或并联，然而在串联或并联时，必须注意同名端。

在图 10.2.7（a）中，若将电流 i_1 和 i_2 分别从绕组的 1 端和 3 端流入，那么铁心中产生的磁通方向是一致的，所以 1 端和 3 端便称为这两个绕组的同名端，显然 2 端与 4 端也是同名端。

在变压器的符号图上常用"＊"或"·"记号作为绕组同名端的标志，如图 10.2.7（b）所示。

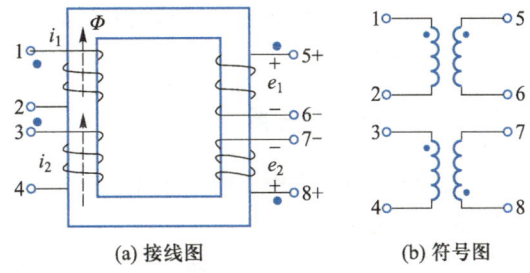

(a) 接线图　　(b) 符号图

图 10.2.7　多绕组变压器

实际上同名端也反映了变压器各绕组电动势的相位关系。因为一次、二次绕组是在同一铁心上，被同一磁通所交链。故当磁通交变时，各绕组的感应电动势之间有固定的相位关系，例如当某一绕组的同名端在某一瞬间的极性为正时，另一绕组的同名端在该瞬间的极性也为正。所以同名端又称为同极性端，如图 10.2.7（a）中二次绕组 5 端和 8 端也为同名端。

（2）绕组的串联。在图 10.2.7 中，若一次绕组 1-2 和 3-4 的额定电压都是 110 V，而电源电压为 220 V，则应将 2 与 3 端（异名端）连接，1 与 4 端接电源，如图 10.2.8（a）所示。如果按图 10.2.8（b）方式连接，那么任何瞬间两绕组中产生的磁通都将互相抵消，由于没有磁通，线圈中将没有感应电动势，一次绕组中的电流将会很大，变压器迅速发热而烧毁。

另外，二次绕组有时也可串联起来使用，例如图 10.2.8（a）中将二次绕组异名端 6 与 8 端相连，则

$$U_{57} = U_{56} + U_{87}$$

若将两绕组的同名端 6 与 7 相连，则

$$U_{58} = U_{56} - U_{87}$$

（3）绕组的并联。上述变压器若接在 110 V 的电源上，则一次绕组应按图 10.2.9 所示方式接线，即 1 与 3 端相连，2 与 4 端相连后再接电源，此时输入总电流为每个绕组电流的两倍。

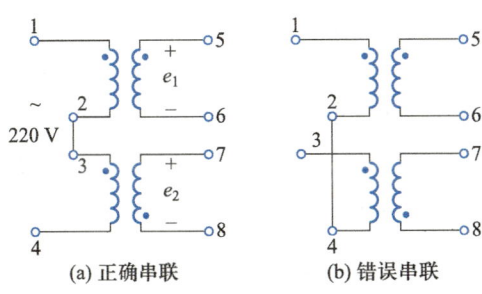

(a) 正确串联　　(b) 错误串联

图 10.2.8　绕组的串联

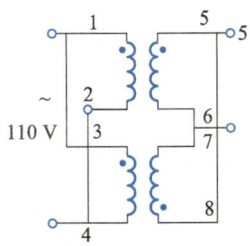

图 10.2.9　绕组的并联

如两个二次绕组的电压都相同,此时将它们的同名端并联,则输出电压 $U_{57} = U_{56} = U_{87}$,而输出电流为每个绕组电流的两倍。注意:若绕组匝数不同时,绝不允许并联!

10.2.4 三相变压器

前面我们介绍了单相变压器的基本工作原理,目前在电力系统中,普遍采用三相制供电,用三相电力变压器来变换三相电压。变换三相电压可以采用三台技术指标相同的单相变压器连接成三相变压器组来完成,但通常用一台三相变压器来实现。其具体结构和接法见其他书籍介绍。

微视频 10-6
特殊变压器

10.2.5 特殊变压器

下面介绍几种特殊用途的变压器。

1. 自耦变压器

图 10.2.10 为一自耦变压器,其特点是二次绕组是一次绕组的一部分,因此一次、二次绕组之间不仅有磁的耦合,而且还有电的直接联系。其一次、二次电压之比和电流之比分别为

$$\frac{U_1}{U_2} = \frac{N_1}{N_2} = K, \qquad \frac{I_1}{I_2} = \frac{N_2}{N_1} = \frac{1}{K}$$

即

$$U_2 = \frac{N_2}{N_1} U_1$$

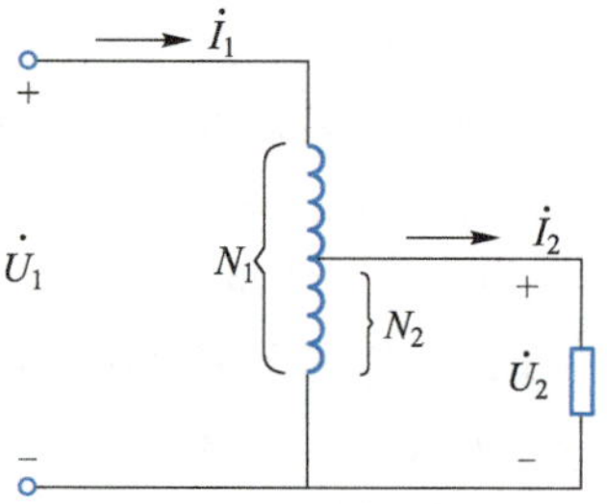

图 10.2.10 自耦变压器原理图

因为 N_2 可调,所以 U_2 也可调。与普通的具有两个绕组的变压器相比较,自耦变压器节约了一个二次绕组,但是由于一次、二次绕组间有直接电的联系,不够安全,万一接错,将会发生触电事故,或烧毁变压器。请读者自行分析若不慎将二次绕组接入电源后自耦变压器会烧毁的原因(设 $N_2 = 0$,即滑动触点在最下边)。

自耦变压器也叫调压器,一般用于需要调节电压的场合。

2. 电流互感器

电流互感器用来测量交流大电流或进行交流高电压下电流的测量,它是根据变压器的变流原理制成的,即

$$I_1 = \frac{N_2}{N_1} \cdot I_2 = \frac{1}{K} I_2 = K_i I_2 \qquad (10.2.12)$$

式中,K_i 称变流比,$K_i = 1/K$。K_i 为已知常数,根据测出的 I_2 就会算出待测的 I_1。电流互感器二次绕组的额定电流规定为 5 A 或 1 A。

图 10.2.11 为电流互感器的接线图和符号图。使用时切记二次绕组不得开路!否则会在二次侧产生过高的危险电压并使铁心严重发热。为安全起见,电流互感器的铁心及二次绕组的一端应该接地。

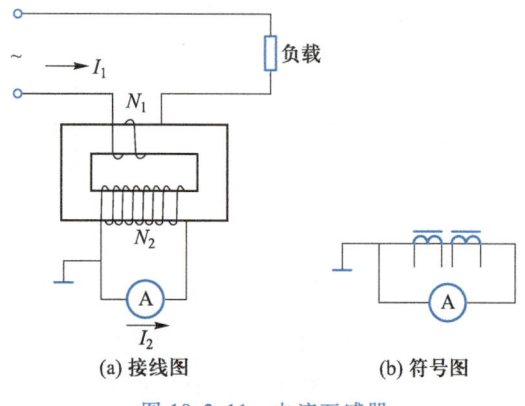

图 10.2.11 电流互感器

[练习与思考]

10.2.1　有一台 220/24 V 的变压器,如果把一次绕组接 220 V 直流电源,问能否变压?会产生什么后果?

10.2.2　有一台 220/110 V 的变压器,可否用变压器一次绕组绕 2 匝,二次绕组绕 1 匝来满足电压比的要求?为什么?

10.2.3　为什么变压器铁心中的主磁通基本上不随负载电流 I_2 的变化而变化?为什么变压器一次电流 I_1 随 I_2 而变化?

10.2.4　在图 10.2.12 中,如果 $N_1/N_2 = 3$,$i_1 = 300\sqrt{2}\sin(\omega t - 30°)$ mA,按图中所示方向,试求 i_2(励磁电流忽略不计)。

10.2.5　某变压器的额定频率为 50 Hz,用于 25 Hz 的交流电路中,能否正常工作?为什么?

10.2.6　一般都希望变压器的空载电流小一些,试说明下列几种措施中哪些能使空载电流减小。

(1) 增加一次绕组匝数;

(2) 减小铁心截面积;

(3) 减小铁心长度;

(4) 用磁导率较低的铁磁材料;

(5) 接到电源频率较高的电源上。

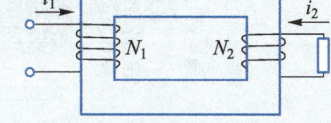

图 10.2.12　练习与思考 10.2.4 的图

10.3　三相异步电动机

电动机是将电能转换为机械能的设备。它是工农业生产中应用最广泛的动力机械。

电动机有直流电动机和交流电动机两大类。而交流电动机又可分为同步电动机和异步电动机。本节只讨论异步电动机。

异步电动机具有结构简单、运行可靠、维护方便及成本低等优点。因此,在电力拖动系统中,异步电动机占有非常重要的地位,广泛应用于各种机床、起重机、鼓风机、水泵、传动带运输机等设备中。

本节以三相笼型电动机为重点,介绍异步电动机的结构、工作原理、机械特性及使用方法等。

10.3.1　三相异步电动机的结构

异步电动机主要由定子和转子两部分组成,如图 10.3.1 所示。

1. **定子**

定子是电动机的固定部分。主要由定子铁心、定子绕组和机座等组成。

定子铁心是电动机磁路的组成部分,为了减少铁损,一般由 0.5 mm 的硅钢片叠成。铁心内圆周表面有槽孔,用于嵌放定子绕组,如图 10.3.2 所示。

定子绕组是定子中的电路部分,中、小型电动机一般采用高强度漆包线绕制。三相定子

微视频 10-7
三相异步
电动机的
基本结构

绕组对称分布,共有 6 个出线端。每相绕组的首端 U_1、V_1、W_1 和末端 U_2、V_2、W_2 通过机座的接线盒连接到三相电源上。根据铭牌规定,定子绕组可接成星形或三角形,如图 10.3.3 所示。

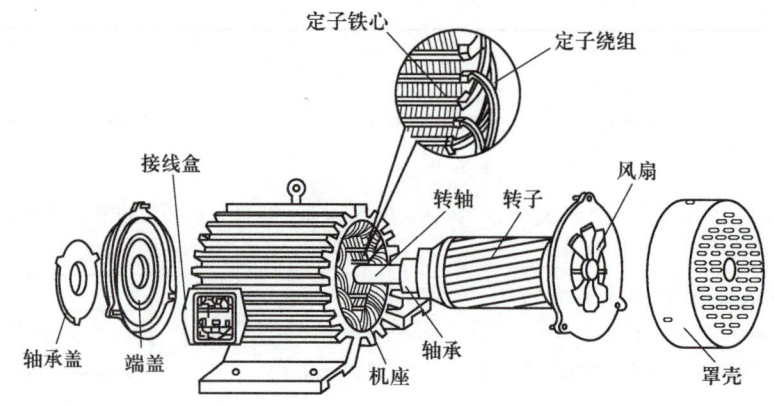

图 10.3.1　三相异步电动机的结构

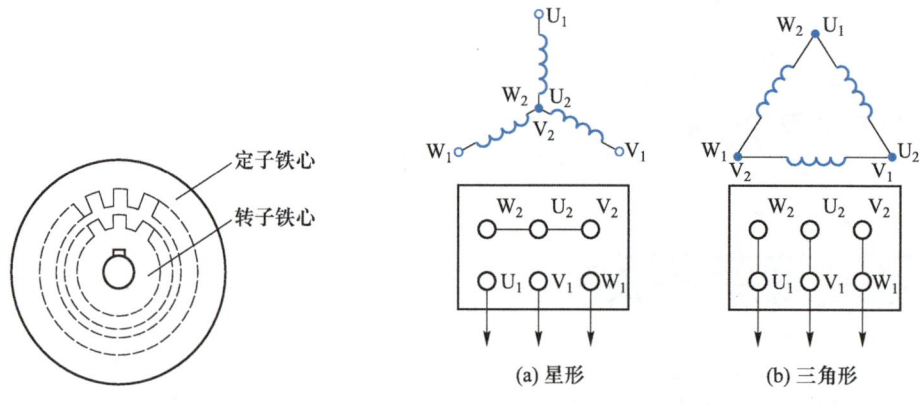

图 10.3.2　定子和转子铁心片　　　图 10.3.3　定子绕组的星形和三角形联结

2. 转子

转子是电动机的旋转部分。由转子铁心、转子绕组、风扇及转轴等组成。

转子铁心是一个由厚 0.5 mm 的硅钢片叠压而成的圆柱体。其外圆周表面冲有槽孔,以便嵌置转子绕组,如图 10.3.4 所示。

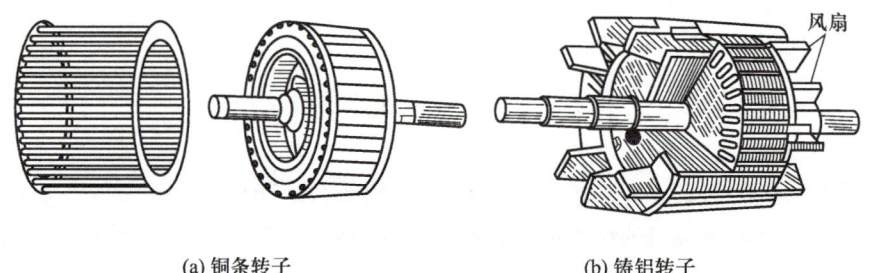

(a) 铜条转子　　　　　　　　　(b) 铸铝转子

图 10.3.4　笼型转子

转子根据绕组结构的不同分为笼型和绕线型两种。

笼型转子是在转子铁心槽内压进铜条,铜条两端分别焊在两个铜环上,如图 10.3.4(a)所示。由于转子绕组的形状像一只松鼠笼,故称为笼型转子。为了节省铜材,现在中、小型电动机一般都采用铸铝转子,如图 10.3.4(b)所示。

绕线型转子的铁心与笼型相似,不同的是在转子的槽内嵌放对称的三相绕组。三相绕组接成星形,其首端分别接到转轴上 3 个彼此绝缘的铜制集电环上,集电环通过电刷将转子绕组的 3 个首端引到机座的接线盒上,以便在转子电路中串入附加电阻,用来改善电动机的起动和调速性能。绕线型异步电动机的结构如图 10.3.5 所示。

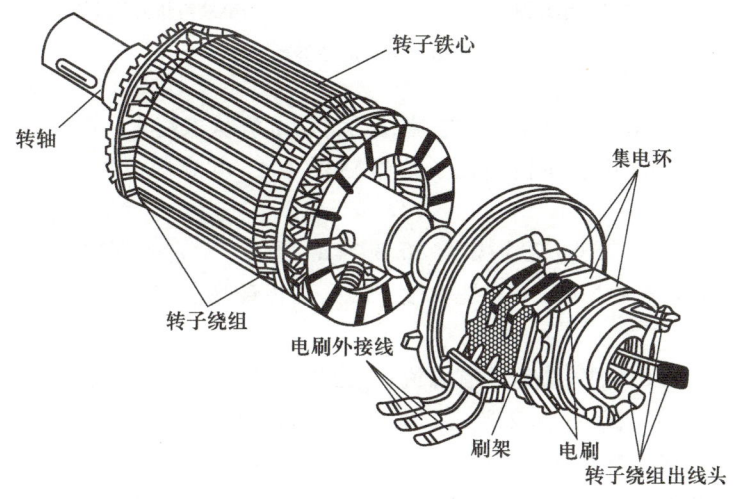

图 10.3.5 绕线型异步电动机结构

10.3.2 三相异步电动机的工作原理

三相异步电动机的三相定子绕组通入三相电流,便产生旋转磁场并切割转子导体,在转子电路产生感应电流,载流转子在磁场中受力产生电磁转矩,从而使转子旋转。所以,旋转磁场的产生是转子转动的先决条件。

1. 旋转磁场

(1) 旋转磁场的产生。图 10.3.6 为三相异步电动机定子绕组的示意图和接线图。三相对称绕组 U_1U_2、V_1V_2、W_1W_2 在空间互差 120°,将其星形联结(Y 联结),即 U_2、V_2、W_2 连接在一起,U_1、V_1、W_1 分别接到三相电源上,便有对称的三相交变电流通入相应的定子绕组,即

微视频 10-8
旋转磁场

$$i_A = I_m \sin\omega t$$
$$i_B = I_m \sin(\omega t - 120°)$$
$$i_C = I_m \sin(\omega t + 120°)$$

我们规定电流的正方向是从绕组首端流入,末端流出。三相绕组通入三相电流后,共同产生了一个随电流的交变而在空间不断旋转的合成磁场,这就是旋转磁场,如图 10.3.7 所示。为了便于分析,在图 10.3.7 中取 $\omega t = 0°$,$\omega t = 120°$,$\omega t = 240°$,$\omega t = 360°$ 四个时刻进行分析。

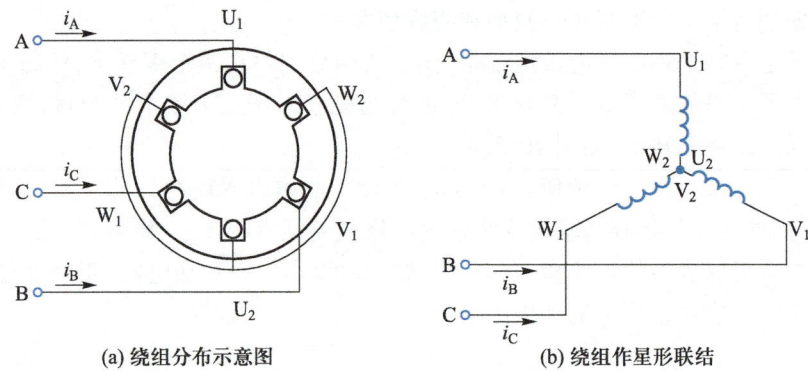

(a) 绕组分布示意图   (b) 绕组作星形联结

图 10.3.6 定子绕组

$\omega t = 0°$时,i_A 为 0 ,U_1、U_2 绕组没有电流;i_B 为负,电流从末端 V_2 流入($\otimes$表示流入定子绕组),从首端 V_1 流出($\odot$表示流出定子绕组);i_C 为正,电流从首端 W_1 流入,从末端 W_2 流出。

根据右手螺旋定则,其合成磁场如图 10.3.7(a)所示。对定子而言,磁感线方向是自上而下的,因此,定子上方是 N 极,下方是 S 极。因是两极磁场,故称其为一对磁极,用 p 表示磁极对数,则 $p = 1$。

$\omega t = 120°$时,i_B 为 0,V_1V_2 绕组没有电流;i_C 为负,电流从末端 W_2 流入,从首端 W_1 流出;i_A 为正,电流从首端 U_1 流入,从末端 U_2 流出。合成磁场如图 10.3.7(b)所示,显然,与图 10.3.7(a)相比,磁场在空间沿顺时针方向旋转了 120°。

同理,$\omega t = 240°$和 $\omega t = 360°$时,可分别画出对应的合成磁场如图 10.3.7(c)和 10.3.7(d)所示。

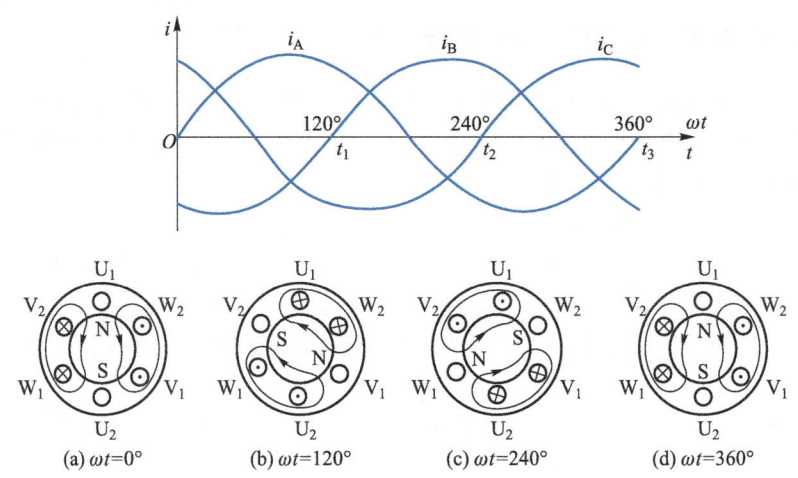

(a) $\omega t = 0°$ (b) $\omega t = 120°$ (c) $\omega t = 240°$ (d) $\omega t = 360°$

图 10.3.7 旋转磁场的形成($p = 1$)

由上述分析可以看出,当三相对称分布的定子绕组通入对称的三相电流时,将在电机中产生旋转磁场,且电流变化一个周期,合成磁场在空间旋转 360°。

旋转磁场的磁极对数 p 与定子绕组的安排有关。通过适当的安排,也可以产生两对、三对或更多磁极对数的旋转磁场。

（2）旋转磁场的转速。根据上面的分析,电流在时间上变化一个周期,两极磁场在空间旋转一周,若电流的频率为 f,则旋转磁场的转速为每秒 f 转。旋转磁场的转速也称<u>同步转速</u>,若以 n_0 表示同步转速,则可得

$$n_0 = 60f(\text{r/min})$$

如果设法使定子磁场为 4 极（$p=2$）,可以证明,电流变化一个周期,合成磁场在空间旋转 $180°$,其同步转速为 $n_0 = \dfrac{60f}{2}(\text{r/min})$。由此可以推广到 p 对磁极的异步电动机的同步转速为

$$n_0 = \frac{60f}{p}(\text{r/min}) \tag{10.3.1}$$

由此可得,同步转速 n_0 取决于电源频率和电动机的磁极对数 p。我国的电源频率为 50 Hz,不同磁极对数所对应的同步转速如表 10.3.1 所示。

表 10.3.1　不同磁极对数时的同步转速

p	1	2	3	4	5	6
$n_0/\text{r/min}$	3 000	1 500	1 000	750	600	500

（3）旋转磁场的方向。旋转磁场的方向取决于三相电流的相序。从图 10.3.7 可以看出,当三相电流的相序为 $U_1 \to V_1 \to W_1$ 时,旋转磁场沿绕组首端 $U_1 \to V_1 \to W_1$ 方向旋转,与电流的相序一致。如果把三电源中的任意两根（如 V_1、W_1）对调,此时,W 绕组通入 V_1 相电流,V 绕组通入 W_1 相电流,可以发现,此时旋转磁场的方向为 $U_1 \to W_1 \to V_1$,与原转向相反。

2. 转子转动原理

图 10.3.8 是两极三相异步电动机转子转动原理示意图。设磁场以同步转速 n_0 顺时针方向旋转,转子与磁场之间有相对运动。即相当于磁场不动转子导体以逆时针方向切割磁感线,在导体中产生感应电动势,其方向由右手定则确定。由于转子导体的两端由端环连通,形成闭合的转子电路,在转子电路中就产生了感应电流。载流的转子导体在磁场中受电磁力 F 的作用（电磁力的方向可用左手定则决定）形成电磁转矩,

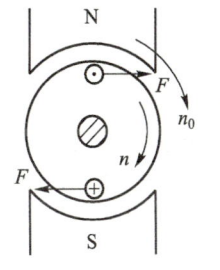

图 10.3.8　转子转动的原理图

微视频 10-9
转子转动
原理

在此转矩的作用下,转子就沿旋转磁场的方向转动起来,其转速用 n 表示。但 n 总是要小于旋转磁场的同步转速 n_0,否则,两者之间没有相对运动,就不会产生感应电动势及感应电流,电磁转矩也无法形成,电动机不可能旋转。这就是异步电动机名称的由来。又因转子中的电流是感应产生的,故又称感应电动机。

通常,我们把同步转速 n_0 与转子转速 n 的差值和 n_0 的比值称为异步电动机的<u>转差率</u>,用 s 表示,即

$$s = \frac{n_0 - n}{n_0} \quad \text{或} \quad s = \frac{n_0 - n}{n_0} \times 100\% \tag{10.3.2}$$

转差率 s 是描述异步电动机运行状况的一个重要物理量。

在电动机起动瞬间,$n=0$,$s=1$,转差率最大。

空载运行时,转子转速最高,转差率最小,s 约为 0.5%。

额定负载运行时,转子转速较空载要低,s_N 为 1% ~6%。

10.3.3 三相异步电动机的电磁转矩与机械特性

电磁转矩是三相异步电动机的重要物理量,机械特性是它的主要特性。它表征一台电动机拖动生产机械能力的大小和运行性能。

微视频 10-10
三相异步
电动机的
电磁转矩

1. 电磁转矩

由三相异步电动机的转动原理可知,驱动电动机旋转的电磁转矩是由转子导体中的电流 I_2 与旋转磁场每极磁通 Φ 相互作用而产生的。因此,电磁转矩的大小与 I_2 及 Φ 成正比。由于转子电路是一个交流电路,它既有电阻,又有感抗存在,故转子电流 I_2 滞后于转子感应电动势 E_2 一个相位差角 φ_2,其功率因数是 $\cos\varphi_2$,转子电流只有有功分量 $I_2\cos\varphi_2$ 才能与旋转磁场相互作用而产生电磁转矩。因此,异步电动机的电磁转矩的表达式为

$$T = K_T \Phi I_2 \cos\varphi_2 \tag{10.3.3}$$

式中,K_T 是与电动机结构有关的常数。电磁转矩的单位是 N·m(牛[顿]·米)。

为了便于分析电动机的运行特性,在式(10.3.3)的基础上进一步推导电磁转矩 T 与电源电压 U_1 及转差率 s 之间的相互关系。

三相异步电动机的电磁关系与变压器相似,它的定子电路和转子电路就相当于变压器的一次绕组和二次绕组。它的旋转磁场的主磁通将定子和转子交链在一起。它们的主要区别是:变压器是静止的,而异步电动机的转子是旋转的;变压器的主磁通通过铁心形成闭合回路,而电动机的磁路中存在着一个很小的空气隙。

下面我们可参照变压器的工作原理来进行分析。

(1)旋转磁场主磁通与电源电压 U_1 的关系。在变压器中,电源电压与主磁通最大值的关系为

$$U_1 \approx E_1 = 4.44 f_1 N_1 \Phi_m$$

在异步电动机中,当定子绕组接入三相交流电压 U_1 后,所产生的旋转磁场在定子每相绕组中会产生感应电动势 E_1,忽略定子绕组本身阻抗压降,其端电压有效值为

$$U_1 \approx E_1 = 4.44 K_1 f_1 N_1 \Phi \quad 或 \quad \Phi \approx \frac{U_1}{4.44 K_1 f_1 N_1} \tag{10.3.4}$$

式中,f_1 是外加电源电压的频率,N_1 是每相定子绕组的匝数,Φ 为旋转磁场的每极磁通量,在数值上等于通过定子每相绕组的磁通最大值 Φ_m,K_1 是考虑电动机定子绕组按一定规律沿定子铁心内圆周分布而引入的绕组系数,K_1 小于 1 而约等于 1。

上式说明,当电源 U_1 和 f_1 一定时,异步电动机旋转磁场的每极磁通量基本不变。

(2)转子电流、功率因数与转差率的关系。在电动机接通电源的瞬间,转子仍处于静止状态,这时,转子转速 $n=0(s=1)$,旋转磁场的磁通 Φ 以同步转速 n_0 切割转子导体,在转子导体中感应出电动势 E_{20},其有效值为

$$E_{20} = 4.44 K_2 f_1 N_2 \Phi \tag{10.3.5}$$

式中,K_2 是转子绕组的绕组系数,$K_2 < 1$;N_2 是转子每相绕组的匝数。这时,转子感应电动势的频率就是 f_1。

转子每相绕组的感抗为

$$X_{20} = 2\pi f_1 L_2 \tag{10.3.6}$$

式中，L_2是转子每相绕组的电感。

当电动机正常运行时，转子转速为n，旋转磁场的转速为n_0，它与转子导体间的切割速度为(n_0-n)，由式（10.3.1）可求得转子中感应电动势的频率为

$$f_2 = \frac{p(n_0-n)}{60} = \frac{n_0-n}{n_0} \cdot \frac{pn_0}{60} = sf_1 \qquad (10.3.7)$$

上式表明，转子转动时，转子绕组感应电动势的频率f_2与转差率s成正比。当s很小时，f_2也很小，电动机额定运行时，f_2只有$2\sim3$ Hz。这时，电动机E_2的有效值为

$$E_2 = 4.44K_2f_2N_2\Phi = sE_{20} \qquad (10.3.8)$$

转子的每相感抗为

$$X_2 = 2\pi f_2 L_2 = sX_{20} \qquad (10.3.9)$$

故此可得

$$I_2 = \frac{E_2}{\sqrt{R_2^2+X_2^2}} = \frac{sE_{20}}{\sqrt{R_2^2+(sX_{20})^2}} \qquad (10.3.10)$$

式中，R_2是转子每相绕组的电阻。

转子每相绕组的功率因数为

$$\cos\varphi_2 = \frac{R_2}{\sqrt{R_2^2+X_2^2}} = \frac{R_2}{\sqrt{R_2^2+(sX_{20})^2}} \qquad (10.3.11)$$

由上述可知，转子电路的各物理量E_2、I_2、f_2、X_2、$\cos\varphi_2$都是转差率s的函数，即都与电动机的转速有关。特别是I_2、$\cos\varphi_2$与s的关系可用图10.3.9表示。

（3）异步电动机的电磁转矩。将式（10.3.10）、式（10.3.11）代入式（10.3.3），即可得出

$$T = K_T\Phi \frac{sE_{20}}{\sqrt{R_2^2+(sX_{20})^2}} \cdot \frac{R_2}{\sqrt{R_2^2+(sX_{20})^2}}$$

$$= K_T\Phi \frac{sE_{20}R_2}{R_2^2+(sX_{20})^2}$$

由式（10.3.4）、式（10.3.5）可知，当f_1一定时，$\Phi \propto U_1$，$E_{20} \propto \Phi \propto U_1$，故上式可写成

$$T = K_T'U_1^2 \frac{sR_2}{R_2^2+(sX_{20})^2} \qquad (10.3.12)$$

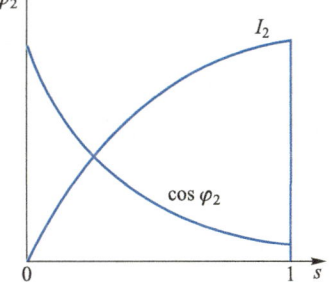

图 10.3.9 I_2、$\cos\varphi_2$ 与 s 的关系

式中，K_T'为常数，U_1为定子绕组的相电压。由此可见，电磁转矩T与相电压U_1的平方成正比，所以电源电压的波动对电动机的电磁转矩将产生很大的影响。

2. 机械特性

在式（10.3.12）中，当电源电压U_1和f_1一定，且R_2、X_{20}都是常数时，电磁转矩T只随转差率变化。它们的关系可用曲线$T=f(s)$表示，称为异步电动机的转矩特性曲线，如图10.3.10所示。但在实际工作中，常用异步电动机的机械特性来分析问题。所谓机械特性就是在电源电压不变的条件下，电动机的转速n和电磁转矩T的函数关系，即$n=f(T)$。只需将图10.3.10中$T=f(s)$的曲线顺时针方向旋转$90°$，再将表示T的横轴移下即得如图10.3.11所示的机械特性曲线。

微视频 10-11
三相异步
电动机的
机械特性

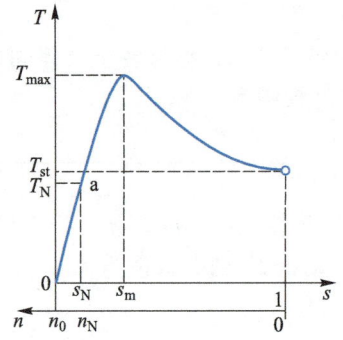

图 10.3.10 异步电动机的转矩特性曲线

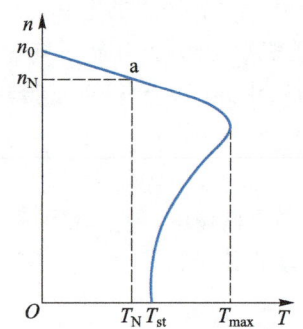

图 10.3.11 异步电动机的机械特性曲线

机械特性是三相异步电动机的主要特性,由此可分析电动机的运行性能。

(1) 三个主要转矩

① 额定转矩 T_N。在等速运行时,电动机的电磁转矩 T 必须与阻力转矩 T_C 相平衡,即 $T = T_C$。阻力转矩主要是轴上的机械负载转矩 T_2,此外,还包括电动机的空载损耗转矩 T_0。由于 T_0 一般很小,可忽略,所以有

$$T_C = T_2 + T_0 \approx T_2$$

即可近似认为,电动机等速运行时,其电磁转矩与轴上的负载转矩相平衡。由此可得

$$T = T_2 = \frac{P_2 \times 10^3}{\omega} = \frac{P_2 \times 10^3}{\dfrac{2\pi n}{60}} = 9\,550\,\frac{P_2}{n} \quad (\text{N} \cdot \text{m}) \tag{10.3.13}$$

式中,P_2 是电动机轴上输出的机械功率,单位是 kW;n 是电动机的转速,单位是 r/min。

电动机的额定转矩是电动机在额定负载时的转矩。可从电动机铭牌上的额定功率和额定转速并应用式(10.3.13)求得。即

$$T_N = 9\,550\,\frac{P_{2N}}{n_N} \quad (\text{N} \cdot \text{m})$$

② 最大转矩 T_m。T_m 是三相异步电动机所能产生的最大转矩。对应于最大转矩的转差率为临界转差率 s_m,可由 $\dfrac{\mathrm{d}T}{\mathrm{d}s} = 0$ 求得

$$s_m = \frac{R_2}{X_{20}} \tag{10.3.14}$$

再将 s_m 代入式(10.3.12),则得

$$T_m = K'_T U_1^2 \frac{1}{2X_{20}} \tag{10.3.15}$$

由以上两式可见,T_m 与 U_1^2 成正比,而与转子电阻 R_2 无关;s_m 与 R_2 有关,R_2 越大,s_m 也越大,即 n_m 越小。

图 10.3.12 是 U_1 一定时,对应不同 R_2 的机械特性曲线。图中 $R'_2 > R_2$ 故 $n'_m < n_m$。在同一负载转矩 T_2 作用下,R_2 越大,n 越小。

图 10.3.13 是 R_2 为常数时对应不同 U_1 时的 $n = f(T)$ 曲线。在负载转矩 T_2 一定时,U_1 下降,即 $U_1 > U'_1$ 时,电动机的转速下降,$n' < n$。U_1 进一步减小,T_2 将超过电动机的最大转矩

$T_{\rm m}$，即 $T_2 > T_{\rm m}$，转速急剧下降至 $n=0$，电动机停转。而电动机的电流迅速升高至额定电流的 5~7 倍，电动机将严重过热，甚至烧毁。这种现象称为"闷车"或"堵转"。

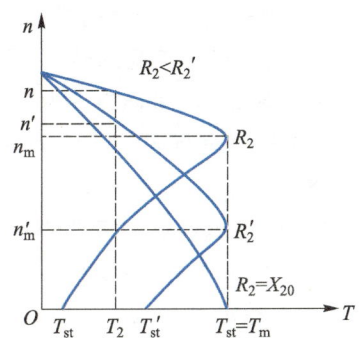

图 10.3.12 R_2 不同时的 $n=f(T)$ 曲线

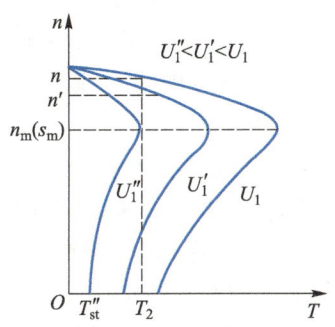

图 10.3.13 U_1 不同时的 $n=f(T)$ 曲线

在较短的时间内，电动机的负载转矩可以超过额定转矩而不至于过热。因此，最大转矩也表示电动机的短时允许过载能力。用过载系数 $\lambda_{\rm m}$ 表示。即

$$\lambda_{\rm m} = \frac{T_{\rm m}}{T_{\rm N}} \qquad (10.3.16)$$

一般三相异步电动机的过载系数为 1.8~2.2。

③ 起动转矩 $T_{\rm st}$。电动机接通电源瞬间 $n=0$，$s=1$ 的电磁转矩称为起动转矩。将 $s=1$ 代入式（10.3.12）得

$$T_{\rm st} = K_{\rm T}' U_1^2 \frac{R_2}{R_2^2 + X_{20}^2} \qquad (10.3.17)$$

由上式可见，$T_{\rm st}$ 与 U_1^2 及 R_2 有关。当电源电压降低时，起动转矩会减小，如图 10.3.13 所示。当转子电阻适当加大时，起动转矩会增大，如图 10.3.12 所示。当 $R_2 = X_{20}$ 时，可得 $T_{\rm st} = T_{\rm m}$，$s_{\rm m} = 1$，见图 10.3.12，这时，$T_{\rm st}$ 达到最大值。但继续增大 R_2 时，$T_{\rm st}$ 就要减小。绕线式电动机通常采用改变 R_2 的方法来改善起动性能。

电动机的起动转矩必须大于电动机静止时的负载转矩才能带负载起动。起动转矩与负载转矩的差值越大，起动越快，起动过程越短。通常用 $T_{\rm st}$ 与 $T_{\rm N}$ 之比表示异步电动机的起动能力，称为起动系数，用 $\lambda_{\rm s}$ 表示，即

$$\lambda_{\rm s} = \frac{T_{\rm st}}{T_{\rm N}} \qquad (10.3.18)$$

一般三相异步电动机的起动系数为 1.0~2.2。

（2）电动机的稳定运行

异步电动机接通电源后，只要起动转矩大于轴上的负载转矩 T_2，转子便起动旋转，如图 10.3.14 所示。由机械特性曲线 $n=0$ 的 c 点沿 cb 段加速运行，cb 段 T 随着转速 n 升高而不断增大，经过 b 点后，由于 T 随 n 的增加而减小，故加速度也逐渐减小，直到 a 点，$T=T_2$，电动机就以恒定速度 n 稳定运行。

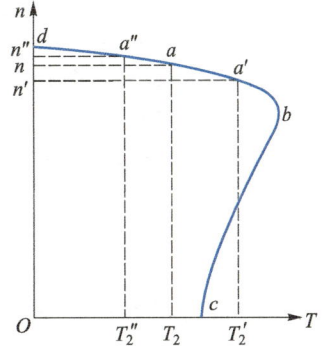

图 10.3.14 电动机的稳定运行

若由于某种原因使负载转矩增加,如 $T'_2 > T$,电动机就会沿 ab 段减速,电磁转矩 T 随 n 的下降而增大,直至 $T'_2 = T$,对应于曲线的 a' 点。电动机在新的稳定状态下,以较低的转速 n' 运行。反之,若负载转矩变小,如 $T''_2 < T$,电动机将沿曲线 ad 段加速,上升至曲线的 a'' 点,这时,电磁转矩随 n 的增加而减小,又达新的稳定状态 $T''_2 = T$,电动机以较高的转速 n'' 稳定运行。由此可见,在机械特性的 db 段内,当负载转矩发生变化时,电动机能自动调节电磁转矩,使之适应负载转矩的变化,而保持稳定运行,故 db 段称为稳定运行区。且在 db 段,较大转矩的变化对应的转速的变化很小,异步电动机有硬的机械特性。

在电动机运行中,若负载转矩增加太多,使 $T_2 > T_m$,电动机将越过机械特性的 b 点而沿 bc 段运行。在 bc 段,T 随 n 的下降而减小,T 的减小又进一步使 n 下降,电动机的转速很快下降到零,即电动机停转(堵转)。所以,机械特性 bc 段称为不稳定运行区。电动机堵转时,其定子绕组仍接在电源上,而转子却静止不动,此时,定、转子电流剧增,若不及时切断电源,电动机将迅速过热而烧毁。

例 10.3.1 有一台三相笼型异步电动机,其额定功率 $P_{2N} = 55$ kW,额定转速 $n_N = 1\,480$ r/min,$\lambda_m = 2.2$,$\lambda_s = 1.3$,试问这台电动机的额定转矩 T_N、起动转矩 T_{st} 和最大转矩 T_m 各为多少?

解 由式(10.3.13),电动机的额定转矩为

$$T_N = 9\,550\,\frac{P_{2N}}{n_N} = 9\,550 \times \frac{55}{1\,480}\,\text{N} \cdot \text{m} = 354.9\,\text{N} \cdot \text{m}$$

起动转矩 $\qquad\qquad T_{st} = 1.3 \times 354.9\,\text{N} \cdot \text{m} = 461\,\text{N} \cdot \text{m}$

最大转矩 $\qquad\qquad T_m = 2.2 \times 354.9\,\text{N} \cdot \text{m} = 781\,\text{N} \cdot \text{m}$

10.3.4 三相异步电动机的使用

微视频 10-12

三相异步
电动机的
铭牌数据

1. 铭牌数据

要正确使用电动机必须看懂铭牌。现以 Y132M-4 型电动机为例,来说明铭牌上各个数据的意义。

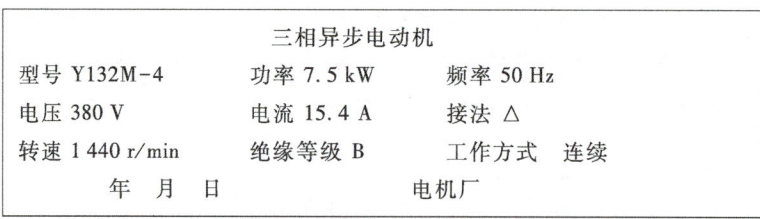

三相异步电动机		
型号 Y132M-4	功率 7.5 kW	频率 50 Hz
电压 380 V	电流 15.4 A	接法 △
转速 1 440 r/min	绝缘等级 B	工作方式 连续
年 月 日		电机厂

此外,它的主要技术数据还有:功率因数为 0.85,效率为 87%(可从手册上查出)。

(1)型号。电动机的型号是表示电动机的类型、用途和技术特征的代号。用大写拼音字母和阿拉伯数字组成,各有一定含义。

例如

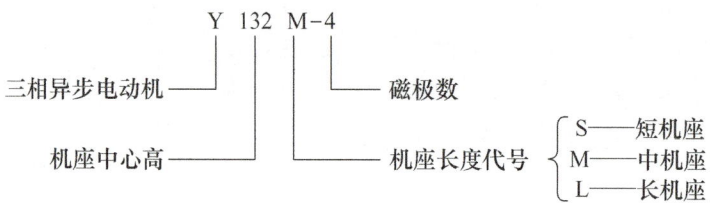

常用三相异步电动机产品名称代号及其汉字意义见表 10.3.2。

表 10.3.2 常用三相异步电动机产品名称代号

产品名称	新代号	汉字意义	旧代号
笼型异步电动机	Y,Y-L	异	J,JO
绕线型异步电动机	YR	异绕	JR,JRO
防爆型异步电动机	YB	异爆	JB,JBS
防爆安全型异步电动机	YA	异安	JA
高起动转矩异步电动机	YQ	异起	JQ,JQO

表中 Y、Y-L 系列是新产品。Y 系列定子绕组是铜线,Y-L 系列定子绕组是铝线。

(2) 功率、效率、功率因数。额定功率是电动机在额定运行状态下,其轴上输出的机械功率,用 P_{2N} 表示。输出功率 P_{2N} 与电动机从电源输入的功率 P_{1N} 不等,其差值($P_{1N}-P_{2N}$)为电动机的损耗;其比值(P_{2N}/P_{1N})为电动机的效率。即

$$\eta_N = \frac{P_{2N}}{P_{1N}} \times 100\%$$

电动机为三相对称负载,从电源输入的功率用下式计算

$$P_{1N} = \sqrt{3}\, U_N I_N \cos\varphi$$

式中,$\cos\varphi$ 是电动机的功率因数。

笼型异步电动机在额定运行时,效率为 72%~93%,功率因数为 0.7~0.9。

(3) 频率。频率是指定子绕组上的电源频率,我国工业用电的标准频率为 50 Hz。

(4) 电压。电压是指额定运行时,定子绕组上应加的电源线电压值,称额定电压 U_N。一般规定异步电动机的电压不应高于或低于额定值的 5%。当电压高于额定值时,磁通将增大(因 $U=4.44fN\Phi$),磁通的增大又将引起励磁电流的增大(由于磁路饱和,可能增得很大)。这不仅使铁损增加,铁心发热,而且绕组也会有过热现象。

但若电压低于额定值,将引起转速下降,电流增加。如果在满载的情况下,电流的增加将超过额定值,使绕组过热;同时,在低于额定电压下运行时,和电压的平方成正比的最大转矩会显著下降,对电动机的运行是不利的。

三相异步电动机的额定电压有 380 V、3 000 V、6 000 V 等多种。

(5) 电流。电流是指电动机在额定运行时,定子绕组的线电流值,亦称额定电流 I_N。

(6) 接法。接法是指电动机在额定运行时定子绕组应采取的联结方式。有星形(Y)联结和三角形(△)联结两种,如图 10.3.3 所示。通常,Y 系列三相异步电动机容量在 4 kW 以上均采用三角形联结。

(7) 转速。转速是指电源为额定电压、频率为额定频率和电动机输出为额定功率时,电动机每分钟的转速,称为额定转速 n_N。额定转速与同步转速的关系是 $n_N = (1-s_N)n_0$。由于额定状态下 s_N 很小,故 n_N 和 n_0 相差很小,由 n_N 可以判断出电动机的磁极对数。例如 $n_N = 1\,440$ r/min,其磁极对数 $p=2$。

(8) 绝缘等级。绝缘等级是指电动机绕组所用的绝缘材料,按使用时的最高允许温度而划分的不同等级。常用绝缘材料的等级及其最高允许温度如下:

绝缘等级	A	E	B	F	H
最高允许温度/℃	105	120	130	155	180

上述最高允许温度为环境温度(40℃)和允许温升之和。

（9）工作方式。工作方式是对电动机在铭牌规定的技术条件下运行持续时间的限制。以保证电动机的温度不超过允许值。电动机的工作方式可分为以下三种。

① 连续工作:在额定状态下可长期连续工作。如机床,水泵,通风机等设备所用的异步电动机。

② 短时工作:在额定状态下,持续运行时间不允许超过规定的时限(min),有 15 min、30 min、60 min、90 min 等四种。否则,会使电机过热。

③ 断续工作:可按一系列相同的工作周期,以间歇方式运行。如吊车,起重机等。

2. 三相异步电动机的起动

微视频 10-13
三相异步
电动机的
起动方法

电动机接通电源后开始转动,转速不断上升,直至达到稳定转速,这一过程称为起动。在电动机接通电源的瞬间,转子尚未转动,即 $n = 0$, $s = 1$。旋转磁场以同步转速 n_0 切割转子导体,在转子导体中产生很大的感应电动势和感应电流,转子电流增大,定子电流也相应增大,一般是电动机额定电流的 5~7 倍,这就是电动机的<u>起动电流</u> I_{st}。起动电流虽然很大,但起动时间短(一般为 1~3 s),而且随着电动机转速的上升,起动电流会迅速减小,故对于容量不大且起动不频繁的电动机影响不大。如果连续频繁地起动,则由于热量的积累,可能使电机过热,故在使用时应特别注意。

但是,电动机的起动电流对线路是有影响的。过大的起动电流会在输电线路上产生较大的电压降,影响接在同一线路上的其他负载的正常工作。例如,电灯瞬间变暗,运行中的电动机转速下降,甚至停转。

根据异步电动机的机械特性,电动机的起动转矩 T_{st} 不大,起动系数只有 1.0~2.2。原因是起动时($s = 1$),转子感抗大($X_2 = sX_{20}$),转子功率因数低,故起动转矩较小。而起动转矩小,则会使电动机不能在满载情况下起动,或者起动时间过长。

异步电动机常有如下起动方法:

（1）直接起动

利用刀开关、交流接触器、空气自动开关等电器将电动机直接接入电源起动,称为直接起动或全压起动。其优点是设备简单,操作方便,起动迅速,但是起动电流大。

一台异步电动机能否直接起动,各地电业部门都有一定的规定。

① 容量在 10 kW 及以下的异步电动机允许直接起动。

② 起动时,电动机的起动电流在供电线路上引起的电压降不超过正常电压的 15%,如果没有独立变压器(与照明共用),则不应超过 5%。

③ 用户有独立的变压器供电时,频繁起动的电动机容量小于变压器容量的 20% 时允许直接起动;不频繁起动,容量小于变压器容量的 30% 时允许直接起动。

（2）降压起动

电动机的容量较大,电源容量不能满足直接起动要求时,为了减小它的起动电流,常采用降压起动。降压起动是利用起动设备,在起动时降低加在定子绕组上的电压,当电动机的转速接近额定转速时,再加全电压(额定电压)运行。由于降低了起动电压,起动电流也就降低了。但因起动转矩正比于起动电压的平方,所以起动转矩显著减小。因此,降压起动只适用于起动时负载转矩不大的情况,如轻载或空载起动。

常用的降压起动方法有以下几种:

① 星形-三角形(Y-△)换接起动。这种方法只适用于正常运行时定子绕组接成三角形的电动机。图 10.3.15 是 Y-△ 起动电路图。起动时,先合上电源开关 QS_1,再将转换开关 QS_2 扳到"起动"位置,使定子绕组接成星形,待电动机的转速接近额定转速时,再迅速将转换开关 QS_2 扳到"运行"位置,定子绕组换接成三角形。

如图 10.3.16(a)所示,设电源的线电压为 U_1,定子绕组起动时的每相阻抗为 Z,当定子绕组 Y 联结降压起动时,线电流 I_{1Y} 等于相电流 I_{pY},即

$$I_{1Y} = I_{pY} = \frac{U_1/\sqrt{3}}{|Z|} = \frac{U_1}{\sqrt{3}\,|Z|}$$

当定子绕组△联结直接起动时,如图 10.3.16(b)所示,其线电流为

$$I_{1\triangle} = \sqrt{3}\,I_{p\triangle} = \sqrt{3}\,\frac{U_1}{|Z|}$$

比较以上两式可得

$$\frac{I_{1Y}}{I_{1\triangle}} = \frac{1}{3}$$

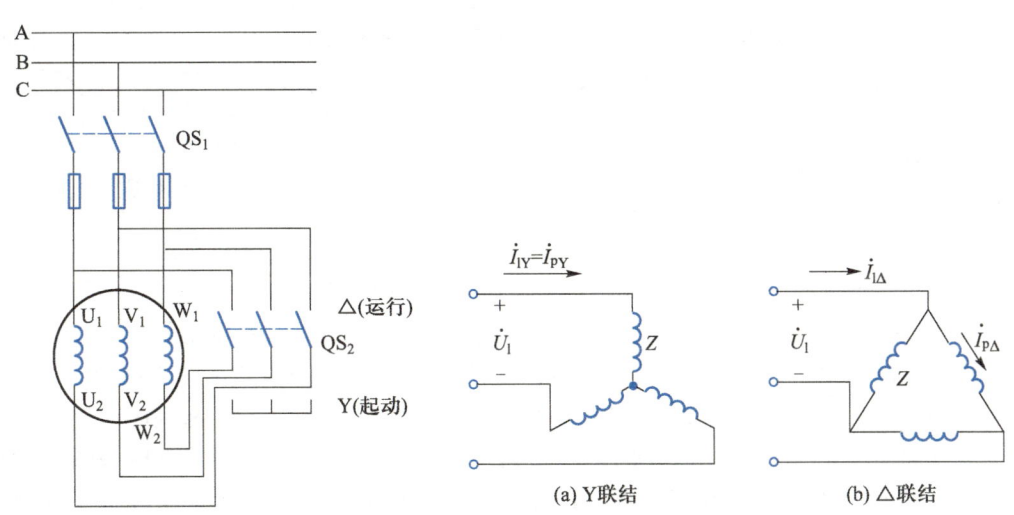

图 10.3.15　星形-三角形(Y-△)起动电路　　图 10.3.16　定子绕组 Y 联结和△联结时的起动电流

即采用 Y-△ 起动时,起动电流只是直接起动时的 1/3。但是,由于起动转矩正比于起动时每相定子绕组电压的平方,故 Y-△ 起动时,起动转矩也降为全电压起动的 1/3。

Y-△ 起动具有设备简单、体积小、寿命长、动作可靠等优点,加之现在 Y 系列中、小型三相异步电动机(4~100 kW)都已设计为 380 V、△联结,因此,Y-△ 起动得到了广泛的应用。

② 自耦变压器降压起动。图 10.3.17 是自耦变压器降压起动电路图。起动时,先合上电源开关 QS_1,然后把起动器上的手柄开关扳到"起动"位置,使电动机定子绕组接通自耦变压器的二次侧而降压起动。待电动机的转速接近额定转速时,再迅速将转换开关 QS_2 扳到"运行"位置,使电动机定子绕组直接接在三相电源上,在额定电压下运行。

降压起动的自耦变压器通常有几个抽头,使其输出电压分别为电源电压的 80%、60%、40% 或 73%、64%、55%,可供用户根据要求进行选择。如选用 80% 抽头起动时,电动机的起动电流只有直接起动电流的 80%。而电源供给的线电流(即自耦变压器的一次电流 I_1)$I_1 = U_2/U_1 \cdot I_2 = 0.8I_2$,只有直接起动电流的 $(80\%)^2 = 64\%$。起动转矩与电压的平方成正比,也只有直接起动时的 64%。

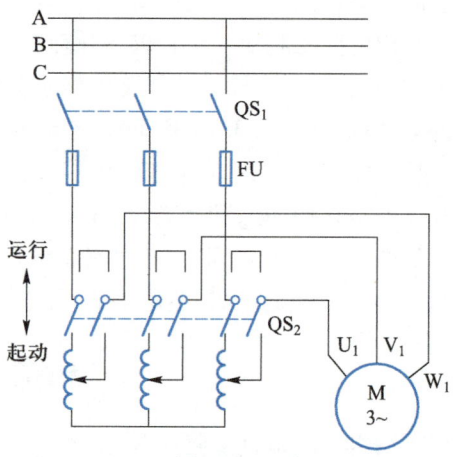

图 10.3.17　自耦变压器降压起动电路

故知,若自耦降压变压器的电压比为 $K(K>1)$,则起动时的起动电流(变压器一次电流)和起动转矩均减小为直接起动时的 $1/K^2$。

自耦变压器降压起动适合于容量较大或正常运行时 Y 联结的笼型异步电动机。

③ 软起动。前几种起动方法,电动机在起动时都将因加到定子绕组的电压突然变化而受到不同程度的冲击,且对电网有一定的影响。随着电力电子技术和微机控制技术的发展,目前,一种性能优良的软起动控制器已经问世,并得到迅速推广。

软起动控制器采用了现代电力电子技术及先进的微机控制技术,在电动机起动过程中,可按用户期望的起动特性,通过自动调节加在电动机定子绕组的电压,使其平滑地完成起动过程。软起动器与电动机的接线图如图 10.3.18 所示。

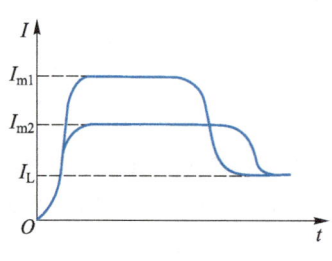

图 10.3.18　软起动器接线图

软起动器通常有限流起动和限压起动两种起动模式。

限流起动模式的起动过程如图 10.3.19 所示。电动机在这种起动模式下起动时,软起动器的输出电流从零迅速增加,直到输出电流达到设定的电流限幅值 I_m,然后在保证输出电流不大于该值的情况下,电压逐渐升高,电动机逐渐加速,最后达到稳定工作状态,使输出电流为电动机的负载工作电流 I_L,电流限幅值可根据实际负载情况设定为 $0.5 \sim 4$ 倍的额定电流。图 10.3.19 还说明,在负载一定时,I_m 选得小,起动时间较长;反之,起动时间较短。

限压起动模式的起动过程如图 10.3.20 所示,电动机在限压模式下起动时,软起动器的输出电压从 U_0 开始逐渐升高直到额定电压 U_N。其初始电压 U_0 及起动时间 t_1 可根据负载情况和工艺要求进行设定,以获得满意的电压上升率。在该模式下,电动机可平滑地起动,避免电机转速冲击,做到起动时对电网电压的冲击最小。

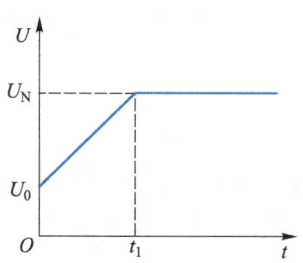

图 10.3.19　限流起动的电流　　　　　　　　图 10.3.20　限压起动的电压

电动机停车时,可直接断电停车,也可利用软起动控制器使输出电压逐渐平滑地减小至零,使电动机无机械应力地缓慢停车。

软起动器还兼有对电动机的过电压、过载和断相等保护功能,有时还可以根据负载的变化自动调节电压,使电机运行在最佳状态,达到节能的目的。因此软起动器功能完善,得到日益广泛的应用。

(3) 绕线型异步电动机的起动

绕线型异步电动机由于它的转子电路可以经过集电环和电刷与外电路接通,故可采用在转子电路中串接电阻的方法来改善它的起动性能。起动时转子电路中接入适当的电阻 R_{st},使转子电流减小,定子电流也相应减小,达到减小起动电流的目的。同时,转子电路中串入电阻后,还可提高转子电路的功率因数 $\cos\varphi_2$,即可提高起动转矩,如图 10.3.21 所示。

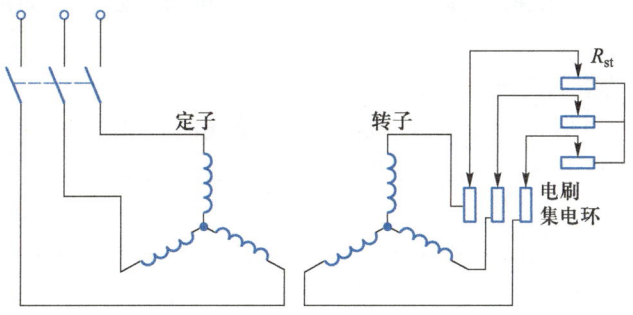

图 10.3.21 绕线型异步电动机起动时的接线图

起动时,先将全部电阻串入转子电路,再合上电源开关,电动机开始转动。随着电动机转速的逐渐升高,逐级减小起动电阻,当转速升高到额定值时,起动电阻全部切除,并将转子绕组短接,使电动机正常运行。

绕线式异步电动机可以重载起动,对于起动频繁,要求起动转矩较大的机械,如吊车、卷扬机等都是合适的。

3. 三相异步电动机的调速

所谓调速是指负载不变时,依照需要人为地改变电动机的转速,根据式(10.3.2)可得

$$n = (1-s) n_0 = (1-s)\frac{60f_1}{p} \qquad (10.3.19)$$

微视频 10-14 三相异步电动机的调速、反转与制动

由此式可以看出,异步电动机可通过改变电源频率 f_1 或磁极对数 p 实现调速。在绕线型异步电动机中也可用改变转子电阻的方法调速。

(1) 变频调速。变频就是改变异步电动机供电电源的频率。图 10.3.22 所示为变频调速装置的框图。整流器先将 50 Hz 的交流电变换成直流电,再由逆变器将直流电逆变为频率和电压连续可调的三相交流电,从而实现了三相异步电动机的无级调速。

(2) 变极调速。对于三相异步电动机来说,可通过改变其定子绕组的接法实现改变旋转磁场的磁极对数 p,从而达到改变电动机转速的目的,这种方法称为变极调速,这种电动机称为多速电动机。然而,这种调速是有级的,不能平滑调速。

(3) 改变转子电路电阻调速。绕线型异步电动机的调速是通过改变串接在转子电路中的电阻而进行的。在图 10.3.23 中,转子电阻从 R_2 增加到 R_2' 时,若负载转矩 T_2 不变,则

转差率由 s 增大到 s'，相应的转速也从 n 下降到 n'，由于转速变化时，s 随之而变，故又称为改变转差率调速。

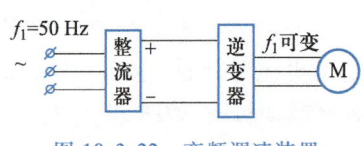

图 10.3.22　变频调速装置

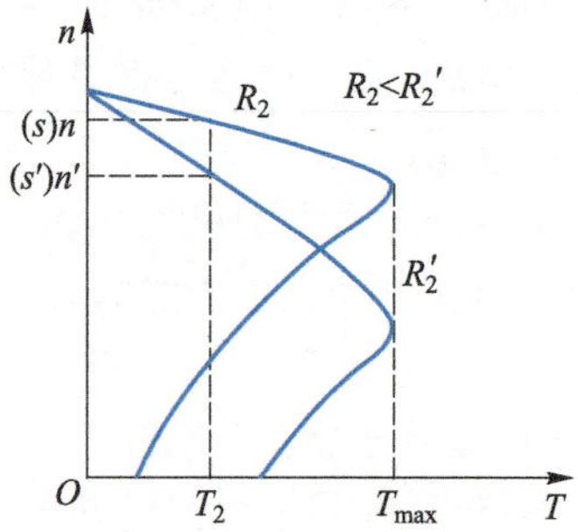

图 10.3.23　转子电阻对 s 的影响

4. 三相异步电动机的反转和制动

（1）反转。三相异步电动机的转向取决于旋转磁场的转向，所以要使电动机反转，只需要将定子绕组上的三根电源线中的任意两根对调，改变接入电动机电源的相序，使旋转磁场反转即可。

（2）制动。制动又称刹车。当切断电动机的电源后，由于转子的惯性作用，电动机将继续转动一段时间才能停下来。在生产中，为了提高生产率，保证产品质量及安全，常要求电动机能迅速而准确地停止转动，就需要对电动机进行制动。

制动的方法有机械的方法、电气的方法及机电结合的方法。常用的电气制动方法有：

① 反接制动。反接制动是利用电动机的反向转矩进行制动的。当电动机停车时，在切断电源后将电源的三根导线中的任意两根对调位置再合上电源，使同步旋转磁场反向，产生一个与转子旋转方向相反的电磁转矩（制动转矩），使电动机迅速减速，如图 10.3.24 所示。当转速接近零时，必须立即切断电源，否则，电动机将会反转。

反接制动的特点是简单，制动效果较好，但能量消耗大，机械冲击大。有些中、小型车床和机床主轴的制动多采用这种方法。

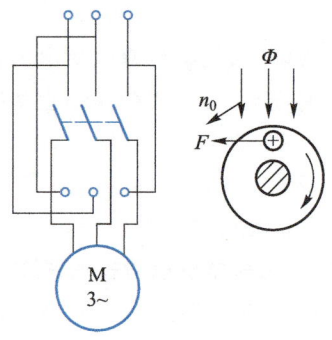

图 10.3.24　反接制动

② 能耗制动。能耗制动是在电动机断电后，立即在定子绕组通入直流电流，产生一个固定的磁场，由于转子仍继续朝原方向惯性运行，转子导体切割这个固定磁场的磁感线，产生感应电动势和感应电流。根据右手定则和左手定则不难确定，这时的转子电流与固定磁场相互作用产生的转矩的方向与电动机转动的方向相反，因而起制动作用。制动转矩的大小与直流电流的大小有关。直流电流的大小约为电动机额定电流的 $0.5 \sim 1$ 倍。图 10.3.25 是能耗制动的原理图。这种方法是通过消耗

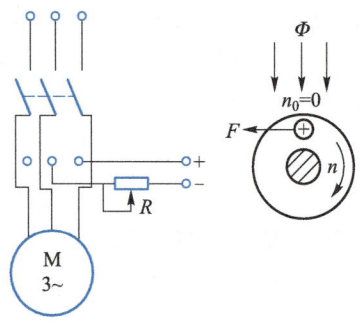

图 10.3.25　能耗制动

转子动能(转换成电能)来进行制动的,故称为能耗制动。其特点是制动平稳准确,能耗小,但需另加直流电源。

5. 三相异步电动机的选用

异步电动机应用很广,它所拖动的生产机械多种多样,要求也各不相同。选用异步电动机应从技术和经济两方面来考虑。以实用、合理、经济和安全为原则,正确选择其种类、型式、容量、电压和转速等,以确保安全可靠地运行。

(1) 种类选择。三相异步电动机分为笼型和绕线型两类。笼型异步电动机有结构简单、坚固耐用、工作可靠、维护方便、价格低廉等优点;其缺点是调速性能差、起动电流大。故凡无特殊要求的一般生产机械如各种泵、通风机、压缩机、金属切削机床等都选用它来拖动。

绕线型异步电动机的起动性能和调速性能都比笼型异步电动机好。但结构复杂,起动、维护都较麻烦,价格较高。它适用于需较大的起动转矩,且要求在一定范围内进行调速的生产机械,如起重机、卷扬机、电梯等。

(2) 结构选择。电动机的外形结构可分为开放式、防护式、封闭式及防爆式等。应根据电动机的工作环境来进行选择,以确保安全、可靠地运行。

开放式:在结构上无特殊防护装置,通风散热好,价格便宜,适用于干燥、无灰尘的场所。

防护式:在电动机机壳或端盖处有通风孔,可防雨、防溅及防止铁屑等杂物掉入电机内部。但不能防尘、防潮,适用于灰尘不多且较干燥的场所。

封闭式:电动机外壳严密封闭,能防止潮气和灰尘进入。但体积较大,散热差,价格较高,适用于多尘、潮湿的场所。

防爆式:电动机外壳和接线端全部密闭,不会让电火花窜到壳外。能防止外部易燃、易爆气体侵入机内。适用于石油、化工、煤矿及其他有爆炸气体的场所。

(3) 容量选择。电动机的容量(功率)取决于它所拖动的生产机械的工作方式和所需的功率。电动机的容量应大于负载的功率。但容量过大,将使电动机的功率因数和效率降低,不经济。如容量过小,电动机将长期过载,不能正常工作,甚至烧坏。

① 连续工作的电动机。选择容量时,先计算出生产机械的功率。所选电动机的额定功率应等于或略大于生产机械的功率,其计算公式为

$$P_{2N} = K \frac{P_L}{\eta_1 \eta_2} \tag{10.3.20}$$

式中,η_1 是生产机械的效率;η_2 是传动效率,电动机与生产机械直接传动时,$\eta_2 = 1$,传动带传动时,$\eta_2 = 0.95$;K 是安全系数,其值为 $1.05 \sim 1.4$;P_L 是生产机械的功率,不同的生产机械有不同的计算公式,可在有关手册中查到。

② 短时工作的电动机。其工作时间短,停机时间长,为了充分利用电动机的容量,允许电动机短时过载。通常根据过载系数来选择短时工作电动机的功率。电动机的额定功率可以是生产机械所要求功率的 $1/\lambda_m$。

③ 断续工作的电动机。其工作与停歇是交替进行的。选择这类电动机时应考虑工作时间与停歇时间的相对长短,常用暂载率 ε 来表示。暂载率 ε 的表达式为

$$\varepsilon = \frac{t_w}{t_w + t_\varepsilon} \times 100\% \tag{10.3.21}$$

式中,t_w、t_ε 分别是一个工作周期中的工作时间和停歇时间。标准暂载率有四种:15%、25%、

40%、60%。同一型号的电动机暂载率越小,其额定功率越大。

(4)电压选择。Y 系列异步电动机的额定电压只有 380 V 一种。功率大于 100 kW 的应考虑采用 3 000 V 或 6 000 V 的高压异步电动机。

(5)转速选择。电动机的额定转速应尽可能接近生产机械的转速。采用直接传动以简化传动设备。如生产机械的转速很低(如低于 500 r/min),则不宜采用低速电动机。因电动机转速越低,体积越大,效率越低,价格也贵。这时,应选用较高速的电动机,并用减速器传动生产机械。

[练习与思考]

10.3.1 三相异步电动机的旋转磁场是如何产生的?怎样确定它的转速和转向?

10.3.2 异步电动机又叫感应电动机,试述这两个名称的由来。

10.3.3 如何从结构上识别笼型电动机和绕线型电动机?

10.3.4 三相异步电动机的电磁转矩是如何产生的?它与哪些因素有关?

10.3.5 三相异步电动机接通电源后,如果转轴受阻,长久不能起动,对电动机有何影响?为什么?

10.3.6 三相异步电动机带额定负载运行,如果电源电压降低,电动机转矩、电流及转速有无变化?如何变化?有何问题?

10.3.7 三相异步电动机稳定运行时,当负载转矩增加,为什么定子电流和输入功率会自动增加?当负载转矩大于电动机的 T_m 时,电动机将会发生什么情况?

10.3.8 电动机的转子因故障已取出修理,若定子绕组上加额定电压,将会发生什么情况?为什么?

10.3.9 为什么异步电动机起动电流大,而起动转矩小?

10.3.10 三相异步电动机在满载和空载下起动,其起动电流和起动转矩是否一样?为什么?

10.3.11 绕线型异步电动机采用转子串电阻起动,所串接的电阻越大,其起动转矩是否也越大?

10.3.12 有些电动机有 380/220 V 两种电压,定子绕组可以连成星形,也可以连成三角形,试问在什么情况下,采用星形和三角形联结?采用这两种联结时,电动机的额定值(功率、相电压、线电压、相电流、线电流、效率、功率因数、转速)有无改变?

10.3.13 如果电动机的三角形联结误接成星形联结,或者星形联结误接成三角形联结,其后果如何?

10.4 直流电动机

直流电机是机械能和直流电能互相转换的旋转机械装置。它具有可逆性,作发电机用时,它将机械能转换为电能;作电动机用时,将直流电能转换为机械能。

直流电动机的调速性能好,起动转矩大,因此对调速要求较高或需要较大起动转矩的生产机械,常采用直流电动机驱动。本节主要讨论直流电动机的工作原理、机械特性和使用。

10.4.1 直流电动机的结构

直流电动机主要由磁极、电枢和换向器三个部分组成,如图 10.4.1 所示。

1. 磁极

磁极是产生磁场的,如图 10.4.2 所示。它是用钢片叠成的,固定在机座上,机座也是磁路的一部分。磁极由极心、极掌和绕组组成。极掌的作用是使电机空气隙中磁感应强度分布最合适,同时也方便安装绕组。绕组里通入直流励磁电流(小型直流电动机也可用永久磁铁作磁极)。

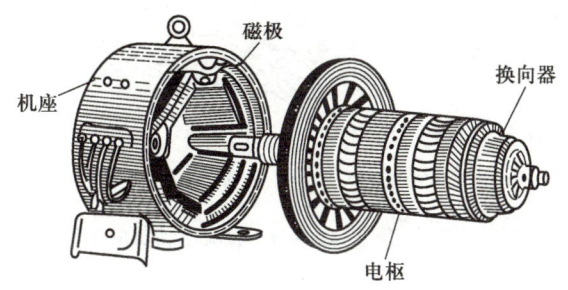

图 10.4.1 直流电动机的结构

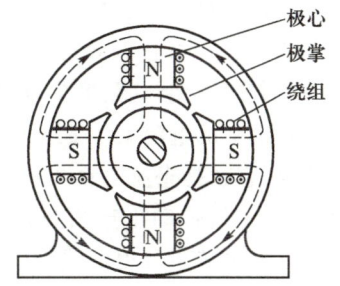

图 10.4.2 直流电动机的磁极和磁路

2. 电枢

电枢是直流电动机的旋转部分,也称为转子。它由铁心和绕组两部分构成。铁心呈圆柱状,由硅钢片叠成,其表面冲有许多槽,槽中放置绕组。

电枢绕组是直流电动机的重要部分。电枢绕组里通入直流电流而产生电磁转矩,实现了电能与机械能的转换。绕组线圈与铁心绝缘,安放在铁心外表面的槽中,每个线圈的两个端头按一定规律各焊在一个换向片上。

3. 换向器

换向器主要由换向铜片和电刷组成。换向铜片放在圆形套筒上,铜片间由云母垫片绝缘。换向器与电枢转轴同轴且紧固在一起,其表面用弹簧压着固定的电刷,使转动的电枢绕组得以同外电路连接起来。

10.4.2 直流电动机的工作原理

直流电动机按励磁方式的不同可分为他励、并励、串励和复励四种。其中并励和他励两种电动机较常用,其接线如图 10.4.3 所示。并励是励磁绕组与电枢绕组由同一电源供电,他励是由单独的励磁电源供电。

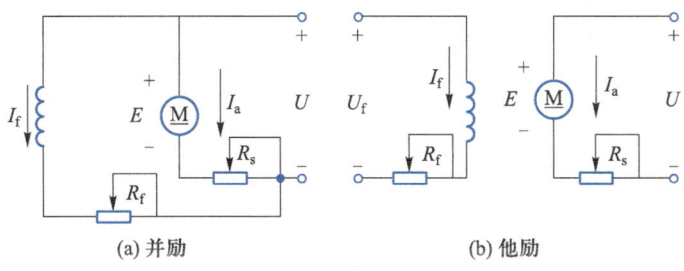

(a) 并励   (b) 他励

图 10.4.3 并励和他励电动机的接线图

为了方便讨论直流电动机的工作原理,我们把电动机简化成如图 10.4.4 所示的原理图。假设电动机只有一对磁极,电枢只有一个绕组,绕组两端分别连在两个换向片 A 和 B 上,换向片上压着电刷 C 和 D。

将直流电源接在电动机电刷之间,使电流通入电枢绕组中。电枢绕组中电流的方向总是保持在 N 极和 S 极下的有效边固定不变,这样才能使两个线圈边上受到的电磁力方向一致,电枢因而转动。当绕组的有效边从 N(S)极下转到 S(N)极下时,各有效边中电流的方向会同时改变,使电磁力的方向不变,这是换向器的作用。

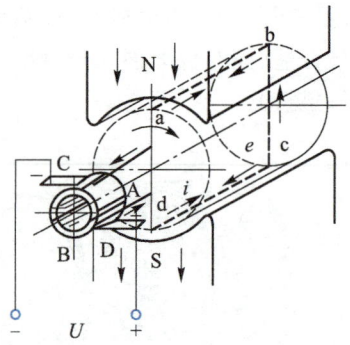

图 10.4.4 直流电动机的工作原理

电枢绕组中的电流 I_a 与磁通 Φ 相互作用产生电磁力和电磁转矩,它就是直流电动机的驱动转矩。在电磁转矩的作用下,电动机带动生产机械旋转,即把电能转换成机械能输出。电磁转矩可用下式表示

$$T = K_T \Phi I_a \tag{10.4.1}$$

式中,K_T 是与电动机的结构有关的常数。

若电动机输出的机械功率是 P_2,电枢转速是 n,则电磁转矩也可以表示为

$$T = 9\,550\,\frac{P_2}{n}(\text{N}\cdot\text{m})$$

当电枢在磁场中转动时,绕组中要产生感应电动势 E,E 的方向总是与电流 I_a 和电源电压的方向相反,故称为反电动势。E 的大小可由下式表示

$$E = K_E \Phi n \tag{10.4.2}$$

式中,K_E 是与电机的结构有关的常数。

电枢电压 U、电流 I_a 以及反电动势 E 三者之间的关系为

$$U = E + I_a R_a \tag{10.4.3}$$

即,电枢的电压 U 用来平衡反电动势和电枢绕组压降。由于电枢电阻很小,所以,电源电压主要是用来平衡反电动势。

10.4.3 并励电动机的机械特性

直流电动机的性能与励磁绕组的连接方式有关。并励和他励直流电动机较为常用,且其特性基本相同,因此以并励电机为例分析其机械特性。

当电动机带动负载稳定运行时,输出转矩 T 与负载转矩 T_L 相平衡,即 $T = T_L$。由式(10.4.1)(10.4.2)(10.4.3)可以推出机械特性方程为

$$n = \frac{U}{K_E \Phi} - \frac{R_a}{K_E K_T \Phi^2} T = n_0 - \Delta n \tag{10.4.4}$$

式中,$n_0 = U/K_E \Phi$ 是 T 为零时的转速,称理想空载转速。但这种情况实际上不存在,因为即使负载转矩 T_L 为零,还有空载损耗转矩 T_0 存在。

$\Delta n = \dfrac{R_a}{K_E K_T \Phi^2} T$ 是转速降。它表示当负载增加时,电动机的转速会下降。因为当保持 R_a、Φ、U 为常数时,若负载增加,I_a 增加($T = K_T \Phi I_a$),于是 E 会减小($U = E + I_a R_a$)。由于 $E = K_E \Phi n$,所以转速 n 将下降。可见,电动机加负载后转速下降是由电枢电阻 R_a 引起的。

并励电动机的机械特性曲线如图 10.4.5 所示。由于 R_a 很小,在负载变化时,转速的变化不大。可见并励电动机的机械特性很硬。曲线上 n_N 为额定转速,T_N 为额定转矩。一般

要求电动机尽可能按额定值运行。若长期欠载运行,不但浪费设备容量,而且降低电动机的效率。

负载变化时,电动机的电磁转矩、电枢电流及转速能自动调节,其过程如下:在 U、Φ 一定的情况下,设电动机带负载稳定运行在某一转速 n 上,其负载转矩为 T_L,此时电枢电流为 I_a。若阻转矩增加到 T'_L,这时电磁转矩 T 来不及变化,致使 $T<T'_L$,于是转速开始下降。由 $E=K_E\Phi n$ 可知,反电动势将减小。又由 $U=E+I_aR_a$ 和 $T=K_T\Phi I_a$ 可知,电枢电流和电磁转矩会增大。但是只要电磁转矩 $T<T'_L$,电枢转速将会继续下降。当电磁转矩增大到 $T=T'_L$ 时,电动机

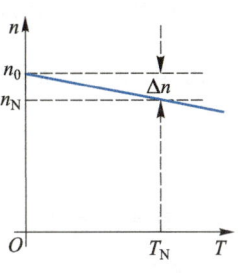

图 10.4.5 并励电动机的机械特性

转速就不再下降而稳定在 n' 上。此时,$n'<n$,$I'_a>I_a$,即电动机输入功率增加了。负载减小时各个量的自动调节过程读者可自行分析。

10.4.4 并励和他励电动机的起动和反转

1. 起动

在直流电动机起动瞬间,由于 $n=0$,$E=0$,所以电枢电流为

$$I_{as}=\frac{U}{R_a} \tag{10.4.5}$$

由于 R_a 很小,所以起动电流将达到额定电流的 10~20 倍,这是不允许的。同时,由于并励及他励电动机电磁转矩正比于电枢电流,所以起动转矩将很大,它会产生强烈的机械冲击而使传动机构遭到损坏。因此,必须采取某种起动方法来限制电动机的起动电流。一般起动电流不应超过额定电流的 1.5~2.5 倍。

(1)电枢回路串联起动电阻。对并励和他励电动机,在电枢电路中串联起动电阻器 R_s,如图 10.4.3 所示。起动时,将 R_s 调到最大,随着电动机转速升高,逐渐切除 R_s。当转速达到稳定运行值时,R_s 全部切除。这种起动方法设备简单,只需要起动电阻器。起动电流为

$$I_{as}=\frac{U}{R_a+R_s} \tag{10.4.6}$$

注意:R_s 是按短时运行设计的,它不能长期接在电路中运行。

(2)降低电枢电压。由式(10.4.5),降低电枢电压 U 可减小起动电流 I_{as}。这就需要一个由小到额定值之间可以连续调节的直流电源,目前多用晶闸管整流电源或斩波器实现。

直流电动机在起动或工作时,必须保证励磁电路接通。否则,由于磁路中只有很小一点剩磁,就可能发生下面的事故:

如果电动机处于起动状态,由于起动转矩太小而不能起动,此时 $E=0$,电枢电流将很大,有烧坏电枢绕组的危险。

如果电动机正有载运行,断励磁后,由于反电动势立即减小而使电枢电流增大。而磁通减小的影响超过电枢电流增大的影响,造成电磁转矩小于负载转矩而使电动机迅速减速以致停转,从而导致电枢电流剧增而烧坏电枢绕组和换向器。

若电动机正空载运行,断励磁会使电动机迅速上升到很高的转速(称为"飞车"),使电动机遭受严重的机械损坏,同时因电枢电流很大而烧坏绕组。

2. 反转

改变直流电动机的转动方向,必须改变电磁转矩的方向,在磁极固定的情况下,可以改

变电枢电流方向(即改变电枢电压方向)。电动机需要频繁正反转时常采用这种方法。

10.4.5 并励和他励电动机的调速

根据式(10.4.4),改变转速可以用三种方法,即变电枢电阻、变磁通、变电枢电压。常用的方法为后两种。

1. 改变磁通调速

当保持电枢电压和电阻不变,调节励磁电阻 R_f,将改变磁通 Φ,磁通 Φ 减小(因为电动机额定运行时磁路已接近饱和,所以只能减小磁通)时,使 n_0 升高。因为 Δn 随 Φ 的减小而发生较大的变化,因此机械特性变软,但是仍有一定硬度,如图 10.4.6 所示。在小于额定磁通 Φ_N 的一定范围内改变磁通,可以取得各种高于 n_N 的转速。

这种调速方法的调速范围较宽,机械特性较硬,稳定性好,控制方便,电能损耗小。但是只适用于在高于额定转速以上的范围内调速的场合。

上述调速的讨论是保持负载转矩不变。由于减小磁通 Φ 会使 I_a 增大,若调速前已经是在额定电流下运行,那么调速后的电流势必超过额定电流,这是不允许的。为保证调速前后电枢电流不变,要求电动机高速运行时其负载转矩必须减小。

2. 改变电枢电压调速

当保持 Φ、R_a 为额定值时,改变他励电动机的电枢电压,n_0 将发生改变,因此机械特性曲线是一组平行线,如图 10.4.7 所示。可见,在小于电枢额定电压的一定电压范围内,改变电枢电压可以得到小于 n_N 的各种转速。

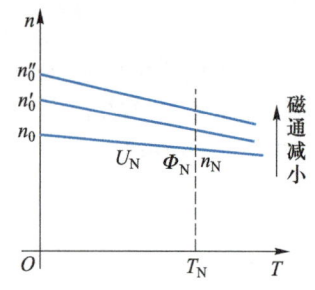

图 10.4.6　改变磁通的机械特性

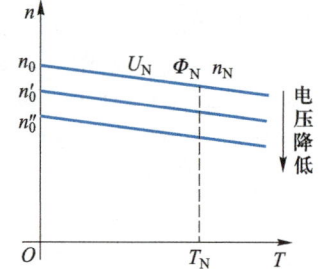

图 10.4.7　改变电枢电压的机械特性

由于调速时磁通不变,电枢电压减小,转速和反电势均减小,所以调速前后电枢电流和输出电磁转矩可以保持不变。因此,调压调速也称为恒转矩调速。例如起重机、传动带传输机等适用这种方法调速。

这种调速方法调速范围宽,且机械特性硬度不变,调速稳定性好。连续调节电枢电压,可以实现平滑的无级调速。另外,用一套晶闸管可控整流电源或斩波器既可实现降压起动,又可实现调压调速,因此,该方法应用最为广泛。

例 10.4.1　某他励电动机,其额定数据如下:$U_N = 220\ V$,$I_{aN} = 53.8\ A$,$n_N = 1\ 500\ r/min$,$R_a = 0.7\ \Omega$。今将电枢电压降低到 $0.5U_N$,负载转矩不变,计算降压后的电动机转速(设磁通保持不变)。

解　由 $T_N = K_T \Phi_N I_{aN}$ 可知,Φ 不变,I_a 也不变,即调速前后电流均为 I_a。

设调速后的转速为 n',则

$$\frac{n'}{n_N} = \frac{E'/K_E\Phi_N}{E/K_E\Phi_N} = \frac{E'}{E} = \frac{110-53.8\times0.7}{220-53.8\times0.7} = 0.4$$

因此

$$n' = 0.4n_N = 1\,500\times0.4 \text{ r/min} = 6\,000 \text{ r/min}$$

[练习与思考]

10.4.1 换向器在直流电动机中起何作用?

10.4.2 为什么电枢中电动势称为反电动势?

10.4.3 一台直流电动机能否作发电机用?简述其工作原理。

10.4.4 直流电动机在负载增加时,为什么会产生转速降?

10.4.5 电动机增加负载后,简述转速、电枢电流、转矩的自动调节过程。

10.4.6 电动机的额定转速为 3 000 r/min,若保持电枢电压和励磁电流为额定值,让电动机长期运行在 1 500 r/min 上,是否合适?简述理由。

10.4.7 将并励电动机的两根电源线对调一下,能否改变转向?

10.4.8 对比三相异步电动机,直流电动机起动电流大的原因与其是否相同?

10.4.9 为什么调压调速时,机械特性硬度不变,而调磁调速时,机械特性硬度稍有改变?

10.4.10 并励电动机采用调压调速是否恰当?

* 10.5 其他类型的电动机

除了笼型异步电动机、绕线型异步电动机、直流电动机外,还有使用单相供电的单相异步电动机、电力系统常用的同步发电机,以及结构极其简单且坚固,成本低,调速性能优异,在牵引调速领域发展颇为迅速的开关磁阻电动机、随动系统常用的直线电机、将电脉冲转化为角位移的步进电动机等,这些电机的结构和工作原理参见其他书籍。

* 10.6 应用实例

1. 电动机在普通波轮式洗衣机中的应用

洗衣机在正常工作状态时,洗涤桶内应装有水和衣物,因此,洗衣机的电动机总是在有负载的条件下运行。由于洗衣机工作时要求波轮交替正反转,这就要求电动机带载正反频繁起动。洗衣机电动机的负载不能看成恒转矩负载,因为洗衣机的波轮直接接触水和衣物,在起动的初始时刻,阻转矩较小。但是,这个负载又不能简单地看成是风机水泵类负载(与转速的平方成正比的负载特性),由于桶内衣物位置和水流的变化,在正常的工作条件下负载的大小可能经常发生变化。由于洗衣机的负载特点和工作时频繁起动的需要,对电动机的起动转矩和最大转矩都要求比较高。当前我国广泛使用的洗衣机电动机按其工作原理来说,都是单相电容笼型异步电动机。国家标准对洗衣机电动机的主要性能指标做了相应的规定,根据我国条件,电动机的电源电压为 220 V,频率为 50 Hz,同步转速为 1 500 r/min,额定转速为 1 350 r/min。

由图 10.6.1 看出，在起动时刻，电动机的转速可以被看作零，这和电动机的转子不转动时（或堵转时）的情况是一样的。起动转矩和起动电流是一对矛盾指标。对普通电动机来说，有这样的规律：起动电流大，则起动转矩大；相反，起动电流小，则起动转矩小。

波轮式洗衣机采用的是专门为洗衣机设计的 XD 型电动机。一般为四极电动机。其基本结构与一般单相电容异步电动机相同。由于在工作过程中，不论正转、反转，都要有相同的输出功率，相同的性能指标，因此，电动机的主副绕组具有完全相同的匝数、线径等。

为了得到不同的洗涤和漂洗方式，可以通过设定洗衣机的强洗、标准洗、弱洗的转换开关和定时器的时间长短，控制电动机的正转、反转和停转的时间来实现。洗衣机电动机的运行过程不调速，洗衣过程的强度，即强洗、标准洗、弱洗，完全靠控制电动机的正反转的时间和停机的间隙时间来实现。强洗为不停机单向洗。标准洗和弱洗时电动机按正转停的程序来运转，标准洗的正反运转时间为 30 s 左右，间隙时间为 5 s，弱洗的正反运转时间为 4 s，间隙时间为 8 s。电动机的运行程序由发条式或电动式机械定时器控制。波轮式洗衣机的基本控制电路如图 10.6.2 所示。当定时器的触头 S 和接点 1 接通时，电容器与副绕组串联，这时电动机正转。当定时器的触头 S 和接点 2 接通时，电容器与主绕组串联，这时电动机反转。

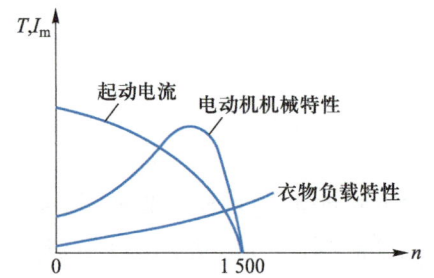

图 10.6.1　洗衣机电动机的机械特性和起动电流特性

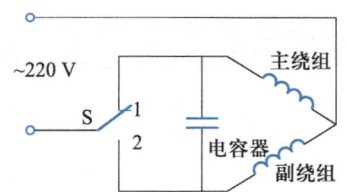

图 10.6.2　波轮式洗衣机的基本控制电路

2. 直线电机的应用

随着直线电机的研发及技术的不断完善，其应用场合也在逐步扩大。有许多应用实例，在此主要介绍几种直线异步电动机的典型实例。

（1）传送带的驱动

图 10.6.3 所示为平板形结构双边型直线异步电动机用于物料运输的示意图。直线异步电动机的一次侧固定，传送带由金属丝网编织或金属网与橡胶复合构成作为二次侧。由

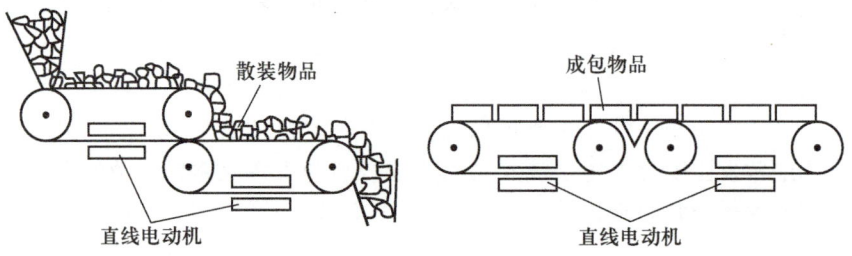

图 10.6.3　直线异步电动机用于物料运输的示意图

于金属传送带直接受到直线电磁力的驱动,不仅拖动机构简单,而且与旋转电动机拖动导轮方案相比,它消除了打滑现象。

（2）机车的驱动

平板形直线异步电动机在运输车辆上的应用,如图 10.6.4 所示,一次侧装在机车上,钢制轨道为二次侧。车内有柴油机带动的交流变频发电机为一次侧供电,轨道与地面固定,一次侧、二次侧之间的电磁力驱动车体反电磁力方向运行,通过变频实现机车的调速,并引入能耗制动和反接制动,与机车的油压制动配合,实现机车的制动停车。车体和轨道间若采用气垫或与磁悬浮技术结合,可制成高速机车。

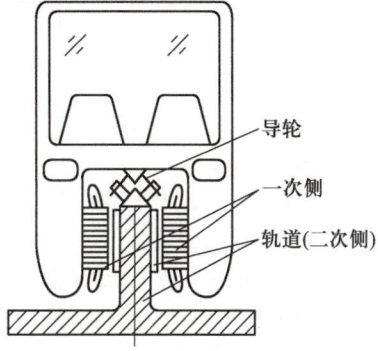

图 10.6.4　直线异步电动机在运输车辆上的应用示意图

习题

10.1　有一交流铁心线圈接在 $f = 50$ Hz 的交流电源上,在铁心中得到磁通的最大值 $\Phi_m = 2.25 \times 10^{-3}$ Wb。现在此铁心上再绕一个线圈,其匝数为 200,当此线圈开路时,求其两端的电压。

10.2　将一铁心线圈接于 $U = 100$ V,$f = 50$ Hz 的交流电源上,其电流 $I_1 = 5$ A,$\cos\varphi = 0.7$,若将此线圈中的铁心抽出,再接于上述电源上,则线圈中的电流 $I_2 = 10$ A,$\cos\varphi = 0.05$,试求此线圈在具有铁心时的铜损和铁损。

10.3　有一台 10 000/230 V 的单相变压器,其铁心截面积 $S = 120$ cm^2,磁感应强度的最大值 $B_m = 1$ T,当一次绕组接到 $f = 50$ Hz 的交流电源上时,一次、二次绕组的匝数 N_1、N_2 各为多少?

10.4　有一单相照明变压器,容量为 10 kV·A,电压为 3 300/220 V,今欲在二次侧接上 60 W、220 V 的白炽灯,如果要变压器在额定情况下运行,这种电灯可接多少个? 并求一次、二次绕组的额定电流。

10.5　题图 10.1 所示变压器有两个相同的一次绕组,每个绕组的额定电压为 110 V,二次绕组的额定电压为 6.3 V。

（1）当电源电压在 220 V 和 110 V 两种情况下,一次绕组的 4 个接线端应如何正确连接? 在这两种情况下,二次绕组的端电压及其电流有无变化?

（2）如果把接线端 2 与 4 相连,而把 1 和 3 接到 220 V 电源上,试分析这时将发生什么情况。

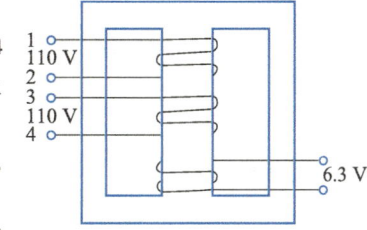

题图 10.1　习题 10.5 的图

10.6　在图 10.2.5 中,$R_L = 8$ Ω,已知 $N_1 = 300$,$N_2 = 100$,信号源电动势 $E = 6$ V,内阻 $R_s = 100$ Ω,试求信号源输出的功率。

10.7　已知 Y180-6 型电动机的额定功率 $P_{2N} = 15$ kW,额定转差率 $s_N = 0.03$,电源频率 $f_1 = 50$ Hz,求同步转速 n_0、额定转速 n_N、额定转矩 T_N。

10.8　已知 Y112M-4 型异步电动机的 $P_{2N} = 4$ kW,$U_N = 380$ V,$n_N = 1\ 440$ r/min,$\cos\varphi = 0.82$,$\eta_N = 84.5\%$,△联结。试计算:额定电流 I_N、额定转矩 T_N、额定转差率 s_N 及额定负载时的转子电流频率 f_2。设电源频率为 $f_1 = 50$ Hz。

10.9　有一台三相异步电动机,其技术数据如下:

P_{2N}/kW	U_N/V	$\eta_N/\%$	I_N/A	$\cos\varphi$	I_{st}/I_N	T_m/T_N	T_{st}/T_N	n_N /(r/min)
3.0	220/380	83.5	11.18/6.47	0.84	7.0	2.0	1.8	1 430

(1) 求磁极对数;

(2) 电源线电压为 380 V 时,定子绕组应如何连接?

(3) 求额定转率差 s_N、转子电流频率 f_2、额定转矩 T_N;

(4) 求直接起动电流 I_{st}、起动转矩 T_{st}、最大转矩 T_m;

(5) 额定负载时,求电动机的输入功率 P_{1N};

(6) 若需降压起动,应采用哪种方法?

10.10 有一台三相异步电动机,技术数据如下表所示:

P_{2N}/kW	n_N /(r/min)	U_N/V	$\eta_N/\%$	接法	$\cos\varphi$	I_{st}/I_N	T_{st}/T_N	f/Hz
11.0	1 460	380	88.0	△	0.84	7.0	2	50

试求:

(1) T_N 和 I_N;

(2) 用 Y-△ 起动时的起动电流 I_{st} 和起动转矩 T_{st};

(3) 当负载转矩为额定转矩的 70% 和 25% 时,能否采用 Y-△ 起动?

10.11 有一台三相异步电动机,额定功率为 20 kW,额定转速为 970 r/min,额定电压为 220/380 V,额定效率为 88%,额定功率因数为 0.86。问:当电源电压为 220 V 或 380 V 时,其额定电流和转差率各是多少?

10.12 交流信号源的电动势 $E = 120$ V,内阻 $R_0 = 800\ \Omega$,负载电阻 $R_L = 8\ \Omega$。在 Multisim 中构建电路,要求:

(1) 当将负载直接与信号源连接时,测量信号源输出功率;

(2) 在信号源和负载之间接入变压器,当调节变压器的匝数比为 10 时,测量一次电流、二次电流及信号源输出的功率,分析测量结果。

自测题

一、选择题

1. 对于理想变压器来说,下面叙述中正确的是( )。

    a. 变压器可以改变各种电源电压

    b. 变压器不仅能改变电压,还能改变电流和功率

    c. 变压器一次绕组的输入功率由二次绕组的输出功率决定

    d. 抽去变压器的铁心,互感现象依然存在,变压器仍然能正常工作

2. 为了使三相异步电动机能采用星形-三角形降压起动,电动机在正常运行时必须是( )。

    a. 星形联结   b. 三角形联结

    c. 星形或三角形联结   d. 双星形联结

3. 一空载变压器,其一次电阻为 22 Ω,当一次侧加上额定电压 220 V 时,一次电流( )。

    a. 10 A   b. ≥10 A   c. ≤10 A

4. 一空心线圈两端加一交流电压 U,流过电流为 I。若将铁心插入线圈,则线圈中的电流 I 将( )。

  a. 增大   b. 减小   c. 不变

5. 直流铁心线圈,当铁心截面积 A 加倍,则磁通将( ),磁感应强度 B 将( )。

  a. 增大   b. 减小   c. 不变

6. 两个铁心线圈除了匝数不同($N_1 = 2N_2$)外,其他参数都相同,若将这两个线圈接在同一个交流电源上,它们的电流 I_1 和 I_2 的关系为( )。

  a. $I_1 = I_2$ b. $I_1 < I_2$ c. $I_1 > I_2$

7. 直流电磁铁线圈通电时,衔铁吸合后较吸合前的线圈电流将( )。

  a. 增大   b. 减小   c. 保持不变

8. 交流铁心线圈的电压及频率保持不变,当线圈匝数 N 减少时,则励磁电流( )。

  a. 增大   b. 减小   c. 保持不变

9. 变压器的主磁通与二次电流的关系为( )。

  a. 随二次电流的增大而增大   b. 随二次电流的增大而减少

  c. 基本与二次电流无关

10. 电路如图 Z10.1 所示,L_1、L_2 为两个相同的 6 V 白炽灯,变压器的电压比为 1∶1,其内阻可忽略不计,当开关 S 闭合后,结果是( )。

  a. L_1 亮,L_2 不亮   b. L_1、L_2 均暗   c. L_1、L_2 均亮

11. 如图 Z10.2 所示变压器电路中,$N_1 : N_2 = 3 : 1$,则 ab 端的等效电阻 R_{ab} 为( )。

  a. 6 Ω   b. 54 Ω   c. 59 Ω

12. 运行中的三相异步电动机负载转矩从 T_1 增加到 T_2 时,将稳定运行在图 Z10.3 所示机械特性曲线的( )。

  a. E 点   b. F 点   c. D 点   d. 不能稳定运行

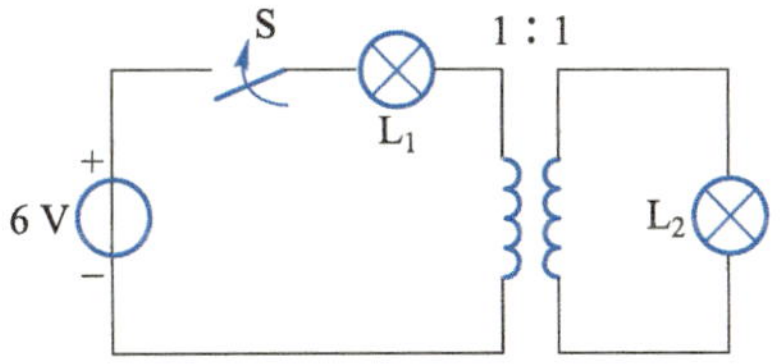

图 Z10.1 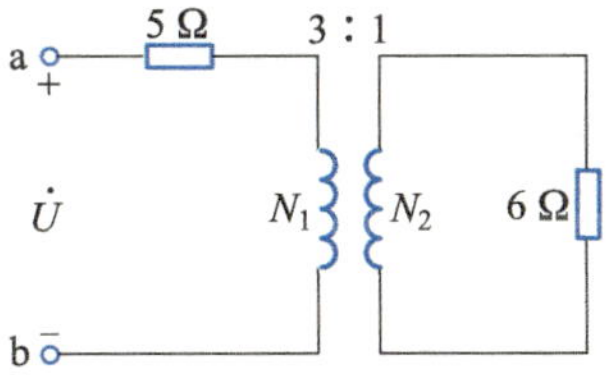   图 Z10.2 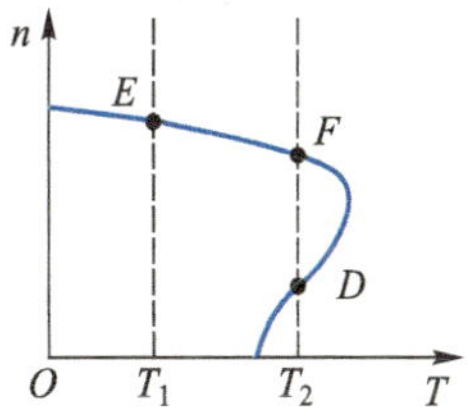   图 Z10.3

13. 采用降压法起动的三相异步电动机起动时必须处于( )。

  a. 轻载或空载   b. 满载   c. 超载

14. 三相异步电动机在运行中提高其供电频率,该电动机的转速将( )。

  a. 基本不变   b. 增加   c. 降低

二、计算题

1. 一台容量为 $S_N = 20$ kV·A 的照明变压器,它的电压为 6 600 V/220 V,问它能够正常供应 220 V、40 W 的白炽灯多少盏? 能供给 $\cos\varphi = 0.6$、电压 220 V、功率 40 W 的荧光灯多少盏?

2. 把某线圈接到电压为 10 V 的直流电源上,测得流过线圈的电流为 0.25 A,现把它接到 $u = 220\sqrt{2}\sin 314t$ V 的电源上,测得流过线圈的电流为 4.4 A,试求线圈的电阻及电感。

3. 一台三相异步电动机的额定数据如下:$U_N = 380$ V,$I_N = 4.9$ A,$f_N = 50$ Hz,$\eta_N = 0.82$,$n_N = 2\,970$ r/min,$\cos\varphi_N = 0.83$,$\dfrac{T_{st}}{T_N} = 2.0$,△联结。试求:

(1)额定工作状态下的转差率、转子电流的频率;

（2）输入功率、额定转矩。

4. 某三相异步电动机的额定数据如下：$P_N = 10\ kW$，$U_{1N} = 380\ V$，△联结，$I_{1N} = 21.3\ A$，$f_{1N} = 50\ Hz$，$\cos\varphi_N = 0.82$，$n_N = 970\ r/min$，$T_{st}/T_N = 1.4$。试求：

（1）额定转差率、额定转矩和额定效率；

（2）当负载转矩为 $0.6T_N$ 时，能否用 Y-△法起动？

（3）若用自耦降压起动，抽头有 80%、60%、40% 三种，当负载转矩为 45 N·m 时，采用哪一种抽头比较合适？

第 10 章习题与自测题答案

第11章

电气控制技术

学习目标：

1. 掌握常用低压控制电器的电路符号，理解其工作过程及在电路中的作用。

2. 掌握电动机典型控制电路的分析和设计方法。

3. 理解过载保护、短路保护和失压保护的方法。

4. 理解行程控制电路和时间控制电路的工作原理。

在现代化工农业生产中,生产机械的运动部件大多数是由电动机拖动的,通过对电动机的自动控制(如正反转、起动、调速、制动等),实现对生产机械的自动控制。由各种有触点的控制电器(如继电器、接触器、按钮等)组成的控制系统称为继电接触器控制系统。

本节介绍各种常用控制电器的结构、工作原理以及用它们组成的各种基本控制线路。

11.1　常用低压控制电器

低压控制电器种类繁多,一般可分为以下四类:开关电器、主令电器、执行电器和保护电器。下面介绍几种常用的低压电器。

11.1.1　开关电器

1. 万能转换开关

转换开关是由多组相同结构的触头组件叠装而成的,它由操作机构、定位装置和触头等三部分组成。LW26 系列转换开关的结构如图 11.1.1 所示。

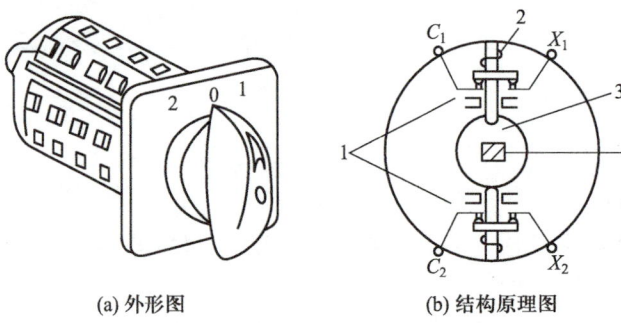

(a) 外形图　　　　　　　　(b) 结构原理图

图 11.1.1　LW26 系列转换开关

1—触头;2—触头弹簧;3—凸轮;4—转轴

触头为双断点桥式结构,动触头设计成自动调整式以保证通断时的同步性。静触头装在触头座内。每个由胶木压制的触头座内可安装 2~3 对触头,而且每组触头上均装有隔弧装置。

定位装置采用滚轮卡棘轮辐射形结构。操作时滚轮与棘轮之间的摩擦为滚动摩擦,故所需操作力小、定位可靠、寿命长。另外,这种机构还起一定的速动作用,既有利于提高分断能力,又能加强触头系统动作的同步性。

触头的通断由凸轮控制。由于凸轮与触头支架之间为塑料与塑料或塑料与金属滚动摩擦,所以有助于减小摩擦力和提高使用寿命。

在操作转换开关时,手柄带动转轴和凸轮一起旋转。当手柄在不同的操作位置时,利用凸轮顶开和靠弹簧力恢复动触头,控制它与静触头的分与合,从而达到使电路断开和接通的目的。

2. 负载断路开关

负载断路开关是介于隔离开关和断路器之间的一种开关电器,通过手柄驱动操作机构,带动动触头与静触头配合,以导通和断开电路,作一般照明、电热类等回路的控制开关、不频繁的带负荷操作。

在功率不大或者不太重要的场合,可以用负荷开关代替价格昂贵的断路器,以此来降低配电装置的成本(仅切断负荷电流)。绝大部分情况下负荷开关不可以替代断路器,主要是负载断路开关不具备断开短路电流的能力,仅能安全地切合负载电流和一定的过载电流。

图 11.1.2 是 LW30 系列负载断路开关的外形图,图 11.1.3 是 LW30 系列负载断路开关的结构图

图 11.1.2 负载断路开关的外形图

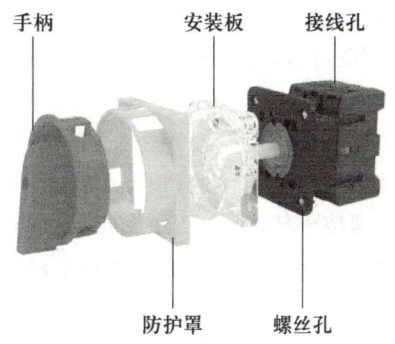

图 11.1.3 负载断路开关的结构图

3. 断路器

低压断路器也称自动开关,是指按规定条件,对配电电路、电动机或其他用电设备实行通断操作并起保护作用,即当电路内出现过载、短路或欠电压等情况时能自动分断电路的开关电路。

断路器主要由触头系统、操作机构、各种脱扣器和灭弧装置等部分组成,其工作原理如图 11.1.4 所示,断路器的三个触头串联在三相主电路中,电磁脱扣器的线圈及热脱扣器的热元件也与主电路串联,欠电压脱扣器的线圈与主电路并联。

当断路器闭合后,三个主触头由锁键钩住钩子,克服弹簧的拉力,保持闭合状态。当电磁脱扣器吸合,或热脱扣器的双金属片受热弯曲,或欠电压脱扣器释放,只要这三者中的任何一个动作发生,就可将杠杆顶起,使跳钩和锁键脱开,于是主触头分断电路。

当电路正常工作时,电磁脱扣器的线圈产生的电磁力不能将衔铁吸合,而当电

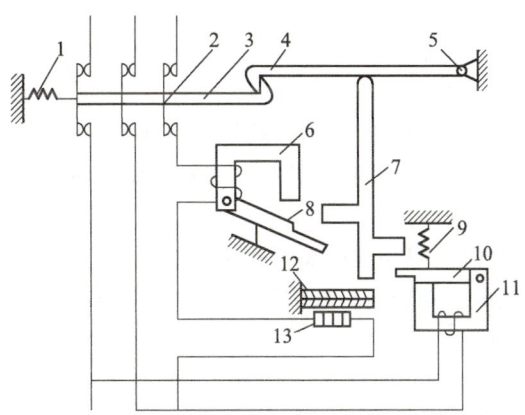

图 11.1.4 断路器的工作原理图

1、9—弹簧;2—主触头;3—锁键;4—跳钩;5—轴;
6—电磁脱扣器;7—杠杆;8、10—衔铁;
11—欠电压脱扣器;12—热脱扣器双金属片;
13—热脱扣器的热元件

路发生短路,出现很大过电流时,线圈产生的电磁力增大,足以将衔铁吸合,使主触头断开,切断主电路;若电路发生过载,但又达不到电磁脱扣器动作的电流时,流过热脱扣器的发热

元件的过载电流,会使双金属片受热弯曲,顶起杠杆,导致触头分开来断开电路,起到过载保护作用;若电源电压下降较多或失去电压时,欠电压脱扣器的电磁力减小,使衔铁释放,同样导致触头断开而切断电路,起到欠电压或失电压保护作用。

微视频 11-2

主令电器

11.1.2 主令电器

1. 按钮

按钮是广泛使用的控制电器。图 11.1.5(a)是按钮的结构示意图。在未按下按钮时,上面一对静触点与动触点接通,称为动断触点;下面一对动、静触点是断开的,称为动合触点。只具有动合或动断触点的按钮称为单按钮;既有动合又有动断触点的按钮称为复合按钮,其符号如图 11.1.5(b)所示。复合按钮的动作原理是:按下按钮帽,动触点下落,动断触点断开,动合触点闭合。松开按钮,在弹簧的作用下动触头恢复原位,即动合触点恢复断开,动断触点恢复闭合,也称按钮自动复位。必须注意的是,复合按钮动作时,各触点的通断有先后顺序;即按下按钮时,动断触点先断开,动合触点后闭合;当松开按钮时,动合触点先断开,动断触点后闭合。了解这个动作顺序,对分析控制电路的工作是非常有用的。

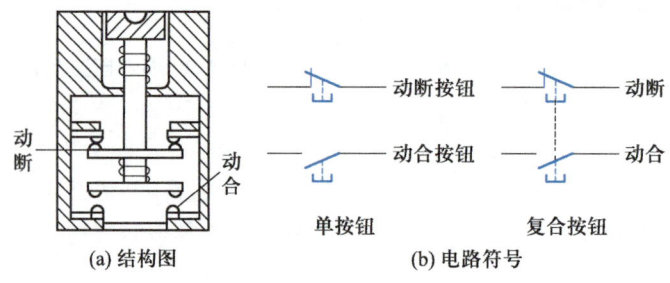

图 11.1.5 按钮的结构示意图和电路符号

2. 行程开关

生产机械中,常需要控制某些运动部件的行程,或运动一定行程使其停止,或在一定行程内自动返回或自动循环。这种控制机械行程的方式叫"行程控制"或"限位控制"。

行程开关又叫限位开关,是实现行程控制的小电流(5 A 以下)主令电器,其作用与控制按钮相同,只是其触头的动作不是靠手按动,而是利用机械运动部件的碰撞使触头动作,即将机械信号转换为电信号,通过控制其他电器来控制运动部件的行程大小、运动方向或进行限位保护。

常用的行程开关有撞块式(也称按钮式)和滚轮式。滚轮式又分为自动恢复式和非自动恢复式。非自动恢复式需要运动部件反向运行时撞压使其复位。运动部件速度慢时要选用滚轮式。撞块式和滚轮式的工作原理与复合按钮相同。图 11.1.6 是撞块式行程开关的结构示意图。撞块在常态时(未压下),动断触点闭合,动合触点断开。

撞块受压时,动断触点先断开,动合触点

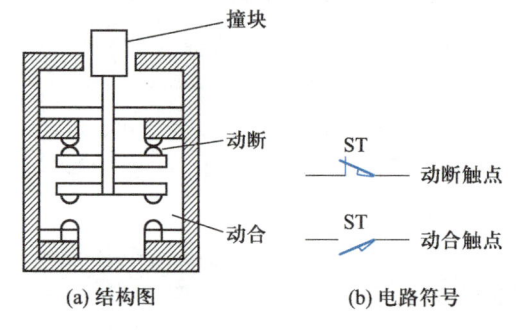

图 11.1.6 撞块式行程开关结构
示意图和电路符号

后闭合。撞块被释放时,动合和动断触点均自动复位。

11.1.3 执行电器

1. 交流接触器

微视频 11-3
执行电器

交流接触器常用来接通和断开电动机或其他用电设备的主电路。外形如图 11.1.7 所示。接触器分为交流接触器和直流接触器两种,图 11.1.8(a)是交流接触器的结构示意图。电磁铁和触点是接触器的主要组成部分。电磁铁是由静铁心、动铁心和吸引线圈组成。铁心端面的一部分安装短路环。根据用途不同,触点可以分为主触点和辅助触点两类。主触点能通过大电流,一般接在主电路中。触点的开闭都是由动铁心带动的,各触点间没有电联系只有机械联系。主、辅触点的符号如图 11.1.8(b)所示。CJ10-20 型交流接触器有 3 个动合主触点,4 个辅助触点(2 个动合,2 个动断)。

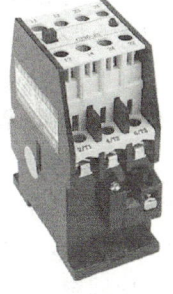

图 11.1.7 交流接触器外形

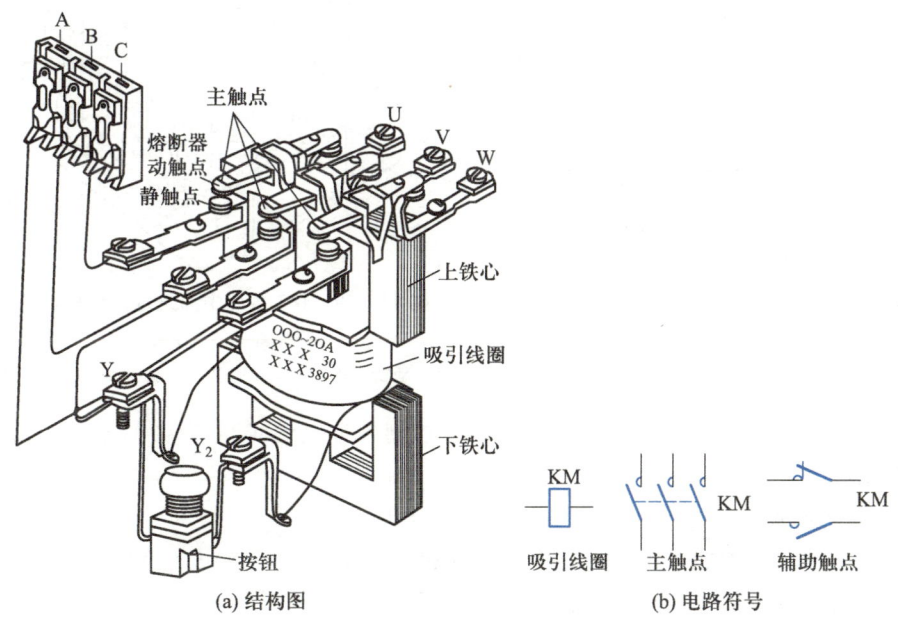

(a) 结构图   (b) 电路符号

图 11.1.8 交流接触器的主要结构示意图

交流接触器的主、辅触点与动铁心相互绝缘但联成一体。当吸引线圈通电时,动铁心下落,使动合的主、辅触点闭合,动断的触点断开。当线圈欠电压或失去电压时,动铁心在支撑弹簧的作用下弹起,带动主、辅触点恢复常态。

主触点通过主电路的大电流,在触点断开时,触点间会产生电弧而烧坏触头。所以,交流接触器的主触点通常做成桥式。它有两个断点,以降低当触点断开时加在触点上的电压,使电弧容易熄灭。交流接触器一般都有灭弧罩。

选用接触器时,应该注意主触点的额定电流、线圈电压及触点数量。

2. 中间继电器

中间继电器是用来转换控制信号的中间元件,其输入信号为线圈的通电或断电信号,输出信号为触点的动作。它的触点数量较多,触点容量较大,各触点的额定电流相同。

中间继电器的主要用途为:当其他继电器的触点数量或触点容量不够时,可借助中间继电器来扩大它们的触点数或增大触点容量,起到中间转换(传递、放大、翻转、分路和记忆等)作用。中间继电器的触点额定电流比其线圈电流大得多,所以可以用来放大信号。将多个中间继电器组合起来,还能构成各种逻辑运算与计数功能的线路。

从本质上来看,中间继电器也是电压继电器,仅触点数量较多、触点容量较大而已。中间继电器种类很多,而且除专门的中间继电器外,额定电流较小的接触器(5 A)也常被用作中间继电器。

中间继电器采用电磁结构,与小容量直动式交流接触器相似,也是由电磁系统和触点系统组成。

JZ7 系列中间继电器的结构如图 11.1.9 所示。其结构与工作原理与小型直动式接触器基本相同,但是它的触点系统中没有主、辅之分,各对触点所允许通过的电流大小是相等的。由于中间继电器触点接通和分断的是交、直流控制电路,电流很小,所以一般中间继电器不需要灭弧装置。中间继电器线圈在加有 85% ~ 105% 额定电压时应能可靠工作。

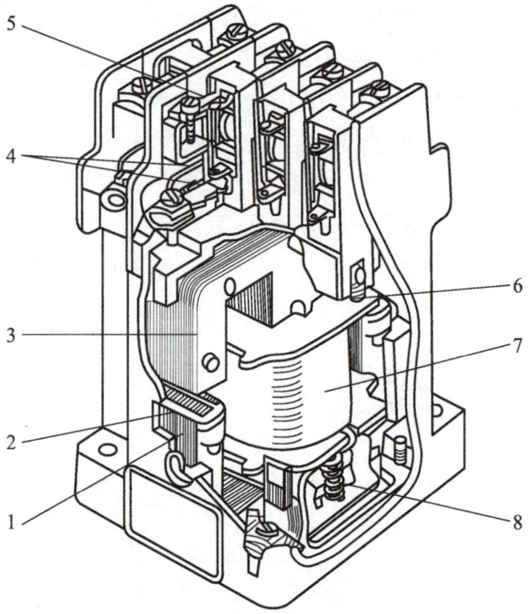

图 11.1.9　JZ7 系列中间继电器结构示意图

1—静铁心;2—短路环;3—动铁心;4—动合触点;
5—动断触点;6—复位弹簧;7—线圈;8—反作用弹簧

中间继电器适用于交流 50 Hz,电压值 380 V 及直流电压值 220 V 的控制电路中,用于控制各种电磁线圈,以使信号放大或将信号同时传递给有关控制元件。

3. 时间继电器

时间继电器是一种能对控制电路实现时间控制的电器。较常见的有电磁式、电子式和空气阻尼式时间继电器,目前电子式时间继电器正在被广泛应用。

下面以电子式时间继电器为例说明其工作原理。

在电子式时间继电器中,除了执行继电器外,均由半导体元件组成。由于没有机械部件,所以具有寿命长、精度高、体积小、延时范围大、调节范围宽、控制功率小等优点。

电子式时间继电器一般分为 RC 充放电式(模拟式)时间继电器、数字式时间继电器和微机式时间继电器。RC 充放电式(模拟式)时间继电器是利用电容对电压变化的阻尼作用作为其延时基础,并且大多数阻尼式延时电路都有类似图 11.1.10 所示的电路结构形式,电路由阻容环节、鉴幅器、输出电路和电源四部分组成。当接通电源时,电源电压通过电阻 R 对电容 C 充电,电容上的电压按指数规律上升。当上升到鉴幅器的门限电压时,鉴幅器输出开关信号至后级电路,使执行继电器动作。电容充电曲线如图 11.1.11 所示,

表达式为

$$U_C = E(1 - e^{-t/RC}) + U_{c0} e^{-t/RC} \qquad (11.1.1)$$

式中,U_{c0}为接通电源前电容上的初始电压。由上式解出时间表达式

$$t = RC\ln\frac{E - U_{c0}}{E - U_C} \qquad (11.1.2)$$

对于图 11.1.10 中电路,门限电压为 U_d,令 $U_C = U_d$,则电路的延时时间 t_d 为

$$t_d = RC\ln\frac{E - U_{c0}}{E - U_d} \qquad (11.1.3)$$

如果开始充电时电容上的初始电压 $U_{c0} = 0$,则

$$t_d = RC\ln\frac{E}{E - U_d} = RC\ln\frac{1}{1 - U_d/E} = RC\ln\frac{1}{1 - K} = \tau\ln\frac{1}{1 - K} \qquad (11.1.4)$$

式中,$K = U_d/E$,K 恒小于 1。上式表明,延时的长短与电路的充电时间常数 RC 及电压 E、门限电压 U_d、电容的初始电压 U_{c0} 有关,为了保证延时精度,必须保持上述参数值的稳定。

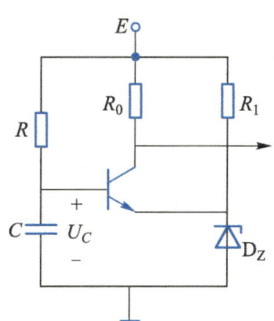

图 11.1.10　阻容延时电路基本结构形式

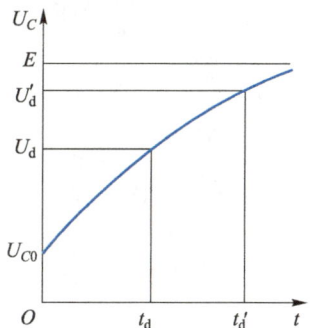

图 11.1.11　阻容电路充电曲线

电子式时间继电器的品种和型式很多,电路也各异,通电延时型时间继电器线圈和触点如图 11.1.12 所示,断电延时型时间继电器线圈和触点如图 11.1.13 所示。

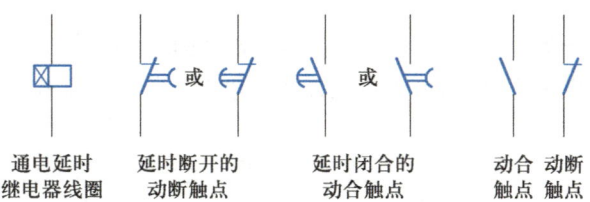

图 11.1.12　通电延时型时间继电器线圈和触点

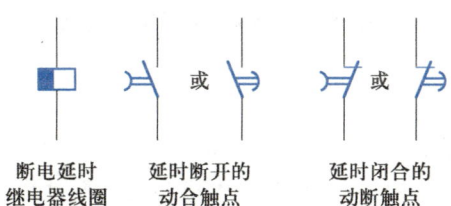

图 11.1.13　断电延时型时间继电器线圈和触点

11.1.4　保护电器

1. 热继电路

热继电路主要用作电器设备的过载保护,使之免受长期过载的危害。

热继电器的主要组成部分是热元件、双金属片、执行机构、整定装置和触点。图 11.1.14 是热继电器的结构示意图和电路符号。热元件 1 是电阻不太大的电阻丝,接在电动机的主电路中。热元件绕在上端固定于外壳上的双金属片 2 上(图中只画了两个热元件和双金属片),热元件和双金属片之间要绝缘。双金属片是由两种不同膨胀系数的金属碾压而成的。图中每个双金属片的右片较左片膨胀系数大。当主电路电流过载一段时间后,热元件发热使双金属片受热膨胀而向左弯曲,通过导板 3 推动补偿双金属片 4 向左移致使动断触点 5 (串在控制电路中)断开,切断接触器线圈电路使主电路断电。热元件断电使双金属片冷却恢复常态,使用手动复位装置 6 使触点复位。

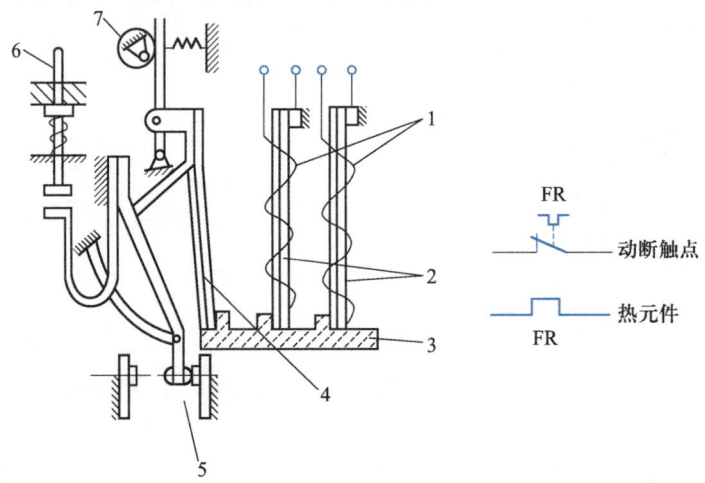

图 11.1.14　热继电器结构示意图和电路符号

热继电器是利用热效应工作的。在电动机起动和短时过载时,热继电器不会动作,以避免不必要的停机。在发生短路时,由于热惯性热继电器不能立即动作,所以热继电器不能用来进行短路保护。

热继电器的主要技术指标是整定电流。所谓整定电流就是热元件中通过的电流超过此值的 20% 时,热继电器应当在 20 分钟内动作。每种型号的热继电器的整定电流各有一定范围,例如,JRO–40 型的整定电流为 0.6~40 A,热元件有 9 种规格。使用时要根据实际情况通过整定旋钮 7 进行整定。整定电流与电动机的额定电流基本一致,要根据整定电流选用热继电器。

2. 熔断器

熔断器是有效的短路保护电器。熔断器中的熔体是由电阻率较高的易熔合金制作而成的。熔体串联在被保护的电路中,一旦线路发生短路或严重过载,熔体会立即熔断。故障排除后,更换熔体即可。

图 11.1.15 是常见熔断器的熔体外形图,图(a)为刀形熔体,图(b)为圆形熔体。

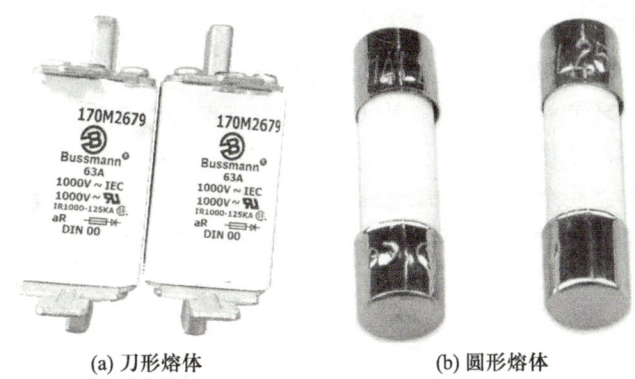

(a) 刀形熔体　　　　　　(b) 圆形熔体

图 11.1.15　常见熔断器的外形图

3. 漏电保护电器

漏电保护电器(通称漏电保护器)是在规定的条件下,当漏电电流达到或超过给定值时能自动断开电路的机械开关电器或组合电器。

(1) 漏电保护器的功能

当低压电网发生人身(相与地之间)触电或设备(对地)漏电时,如能迅速地切断电源,就可以使触电者脱离危险或使漏电设备停止运行,从而避免造成事故。

漏电保护器是用以防止因触电、漏电引起的人身伤亡事故、设备损坏以及火灾的一种安全保护电器。漏电保护器安装在中性点直接接地的三相四线制低压电网中,其主要功能是提供间接接触保护。当其额定动作电流在 30 mA 及以下时,也可以作为直接接触保护的补充保护。

(2) 漏电保护器的组成

漏电保护器主要由三个环节组成,即检测元件、中间环节和执行机构,其组成框图如图 11.1.16 所示。

① 检测元件。检测元件为零序电流互感器(又称漏电电流互感器),它由封闭的环形铁心和一次、二次绕组组成,如图 11.1.17 所示。一次绕组中有被保护电路的相电流和中性线电流流过,二次绕组由漆包线均匀绕制而成。互感器的作用是把检测到的漏电电流信号(包括触电电流信号,下同)变换为中间环节可以接受的电压或电流信号。

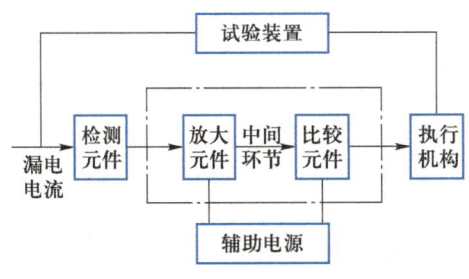

图 11.1.16　电流动作型漏电保护器组成框图

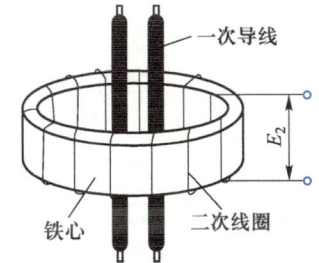

图 11.1.17　零序电流互感器结构原理图

② 中间环节。中间环节的功能主要是对漏电信号进行处理,包括变换和比较,有时还需要放大。因此,中间环节通常包括放大器、比较器及脱扣器(或继电器)等,某一具体形式

的漏电保护器的中间环节是不同的。

③ 执行机构。执行机构为一触点系统,多为带有分励脱扣器的低压断路器或交流接触器。其功能是受中间环节的指令控制,用以切断被保护电路的电源。

(3) 漏电保护器的工作原理

电磁式电流动作型剩余电流保护断路器工作原理如图 11.1.18 所示。其结构是在一般的塑料外壳式断路器中增加一个零序电流互感器和一个剩余电流脱扣器(又称漏电脱扣器)。

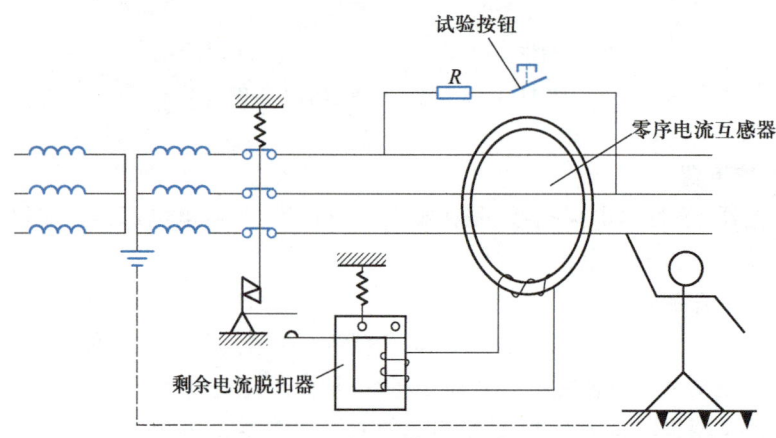

图 11.1.18 电磁式电流动作型剩余电流保护断路器工作原理图

在正常运行时,即当被保护电路无触电、漏电故障时,由基尔霍夫电流定律可知,通过零序电流互感器一次侧的电流相量和等于零,即

$$\dot{I}_{L1} + \dot{I}_{L2} + \dot{I}_{L3} = 0$$

这样,各相电流(包括中性线电流)在零序电流互感器环形铁心中所产生的磁通的相量和也为零,即

$$\dot{\varphi}_{L1} + \dot{\varphi}_{L2} + \dot{\varphi}_{L3} = 0$$

因此,零序电流互感器的二次线圈没有感应电动势产生,漏电保护器不动作,系统保持正常供电。当被保护电路出现漏电故障或人身触电时,由于漏电电流的存在,使得通过零序电流互感器一次侧的电流相量和不再为零,即

$$\dot{I}_{L1} + \dot{I}_{L2} + \dot{I}_{L3} = \dot{I}_{\Delta}$$

此时,称各相电流(包括中性线电流)的相量和为漏电电流(或剩余电流)。因而,在零序电流互感器的环形铁心中所产生的磁通的相量和也不再为零,即

$$\dot{\varphi}_{L1} + \dot{\varphi}_{L2} + \dot{\varphi}_{L3} = \dot{\varphi}_{\Delta}$$

因此,零序电流互感器的二次线圈在交变磁通 $\dot{\varphi}_{\Delta}$ 的作用下,就有感应电动势 E_2 产生。当加到剩余电流脱扣器上的电流达到额定漏电动作电流时,剩余电流脱扣器就动作,使断路器脱扣而迅速切断被保护电路的供电电源,从而达到防止触电事故的目的。

剩余电流脱扣器是剩余电流保护断路器的重要部件,要求灵敏度高、动作时间短、体积小和具有足够的脱扣力,常采用释放式电磁脱扣器,其结构原理如图 11.1.19 所示。在正常情况下,衔铁借永久磁铁的磁力被吸住,拉紧了释放弹簧。当被保护电路中发生触电、漏电故障时,零序电流互感器二次线圈的感应电动势产生电流,使释放式电磁脱扣器的铁心中产生交变磁通,其有半个周期与永久磁铁产生的磁通反向。当交变磁通达到一定值时,永久磁铁产生的吸力被削弱,则释放弹簧的反力使衔铁释放,在脱扣指的冲击下,断路器断开。

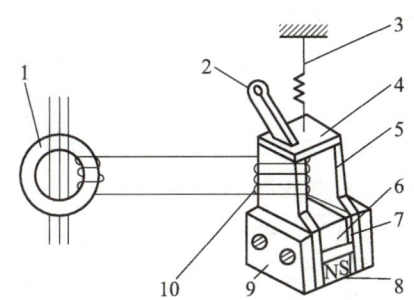

图 11.1.19　剩余电流脱扣器的结构原理图

1—零序电流互感器;2—脱扣指;3—释放弹簧;4—衔铁;5—磁轭;
6—分磁板;7—非磁性垫片;8—永久磁铁;9—夹板;10—励磁线圈

[练习与思考]

11.1.1　额定电压为 220 V 的交流接触器线圈误接入 380 V 电源中,会出现什么现象?

11.1.2　交流接触器频繁操作(通、断)为什么会发热?

11.1.3　交流接触器的线圈通电后若动铁心不能吸合,会有什么后果?

11.1.4　交流接触器的铁心端面上,为什么要安装短路环?

11.1.5　热继电器为什么不能做短路保护?

11.2　三相电动机的基本控制

任何复杂的控制电路都是由一些基本的控制电路组成的。掌握一些基本控制电路,是阅读和设计较复杂的控制电路的基础。

绘制控制电路原理图的原则是:

(1) 主电路和控制电路要分开画。主电路是电源与负载相连的部分电路,通过较大的负载电流;控制电路是由按钮、接触器线圈、时间继电器线圈等组成的电路,其电流较小。

(2) 所有电器均用图形和文字符号表示。同一电器上的各组成部分可能分别画在主电路和控制电路里,但要使用相同的文字符号。

(3) 电器上的所有触点均按常态画,即没有通电和没有发生机械动作时的状态。

(4) 各种电器的线圈不能串联连接。

11.2.1　直接起动和正反转控制

1. 具有短路、过载和失压保护的笼型电动机直接起停控制电路

图 11.2.1 是笼型电动机直接起停控制电路原理图。由组合开关(或刀开关)QS、熔

微视频 11-5

连续运行

控制

断器 FU、接触器的三个主触点 KM、热继电器 FR 的发热元件、笼型电动机 M 组成了主电路。

控制电路中，SB$_1$ 是按钮的动断触点，SB$_2$ 是另一个按钮的动合触点。接触器的线圈和辅助动合触点均用 KM 表示。FR 是热继电器的动断触点。

合上组合开关 QS，为电动机起动做好准备。按下起动按钮 SB$_2$，控制电路中接触器线圈 KM 通电，其三个主触点闭合，电动机 M 通电并起动。松开 SB$_2$，由于线圈 KM 通电时其动合辅助触点 KM 与主触点同时闭合，所以线圈通过闭合的辅助触点仍继续通电而使其所有动合触点保持闭合状态。与 SB$_2$ 并联的动合触点 KM 叫自锁触点。按下 SB$_1$，线圈 KM 断电，接触器动铁心释放，各触点恢复常态，电动机停转。

图中的熔断器 FU 起短路保护作用。一旦发生短路，其熔体立即熔断而切断主电路，电动机立即停转。

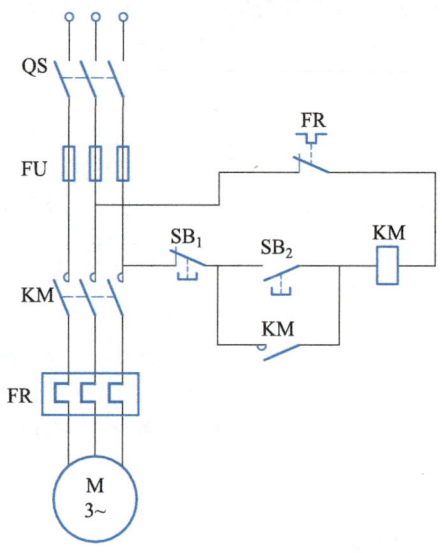

图 11.2.1　笼型电动机直接起停控制电路

热继电器 FR 起过载保护作用。当过载一段时间后，主电路中的热继电器 FR 的发热元件发热使双金属片动作，将控制电路中的动断触点 FR 断开，使接触器线圈断电，主触点断开，电动机停转。另外，当电动机在单相运行（断一根火线）时，仍有两个热元件通有过载电流，因而也保护了电动机不会长时间单相运行。

交流接触器在此起失压保护作用。当暂时停电或电源电压严重下降时，接触器的动铁心释放而使主触点断开，电动机自动脱离电源。当复电时，若不重新按 SB$_2$，则电动机不会自行起动。这种作用称为失压或零压保护。如果用刀开关直接控制电动机起停，由于停电时未及时断开闸刀，复电时，电动机会自行起动而造成事故。必须指出，如果不使用按钮 SB$_2$ 而使用不能自动复位的其他开关，即使使用了接触器也是不能实现失压保护的。

2. 笼型电动机的点动控制

微视频 11-6
点动控制

所谓点动控制，就是按下起动按钮电动机转动，松开按钮电动机即停。这种控制是经常用到的。

将图 11.2.1 中与 SB$_2$ 并联的触点 KM 去掉，就可以实现这种控制。如果既需要点动，也需要连续运行（也称长动），可用一个开关对动合辅助触点 KM 进行控制，如图 11.2.2 所示。合上 S，动合触点 KM 起自锁作用，可以长动。断开 S，自锁触点不起作用，只能点动。

3. 笼型电动机的异地控制

所谓异地控制，就是在多处设置的控制按钮，均能对同一台电动机实现起停等控制。

图 11.2.3 是在两地控制一台电动机的控制原理图，其原理是两个起动按钮相并联，两个停车按钮相串联。

在甲地：按 SB$_2$，控制电路电流经过 FR→线圈 KM→SB$_2$→SB$_3$→SB$_1$ 构成通路，线圈 KM 通电，电动机起动。松开 SB$_2$，自锁触点 KM 进行自锁。按下 SB$_1$，电动机停。

在乙地：按 SB_4，控制电路电流经过 FR→线圈 KM→SB_4→SB_3→SB_1 构成通路，线圈 KM 通电，电动机起动。松开 SB_4，自锁触点 KM 进行自锁。按下 SB_3，电动机停。

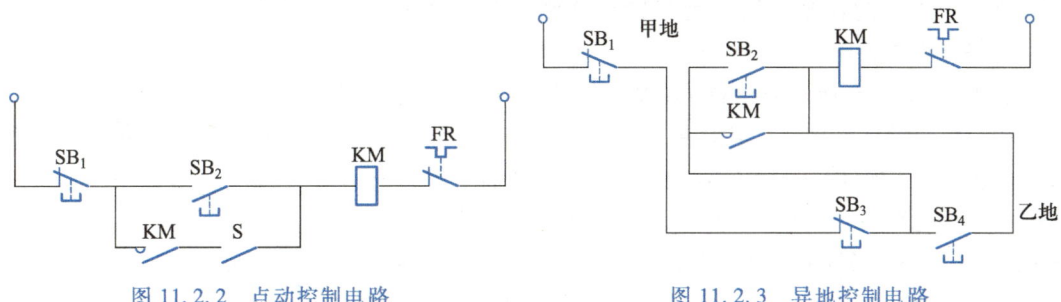

图 11.2.2　点动控制电路　　　　　图 11.2.3　异地控制电路

4. 多台电动机的联锁控制

在生产实践中，常见到多台电动机拖动一套设备的情况。这几台电动机的起、停等动作常常有先后顺序，以满足各种生产工艺的需要。

图 11.2.4 中的主电路有两台电动机 M_1 和 M_2。起动时，按下 SB_2，KM_1 通电并自锁，M_1 先起动；再按下 SB_4，KM_2 通电并自锁，M_2 才能起动；停车时，先按下 SB_3，KM_2 断电，M_2 先停，再按下 SB_1，KM_1 断电，M_1 才能停。

微视频 11-7
联锁控制

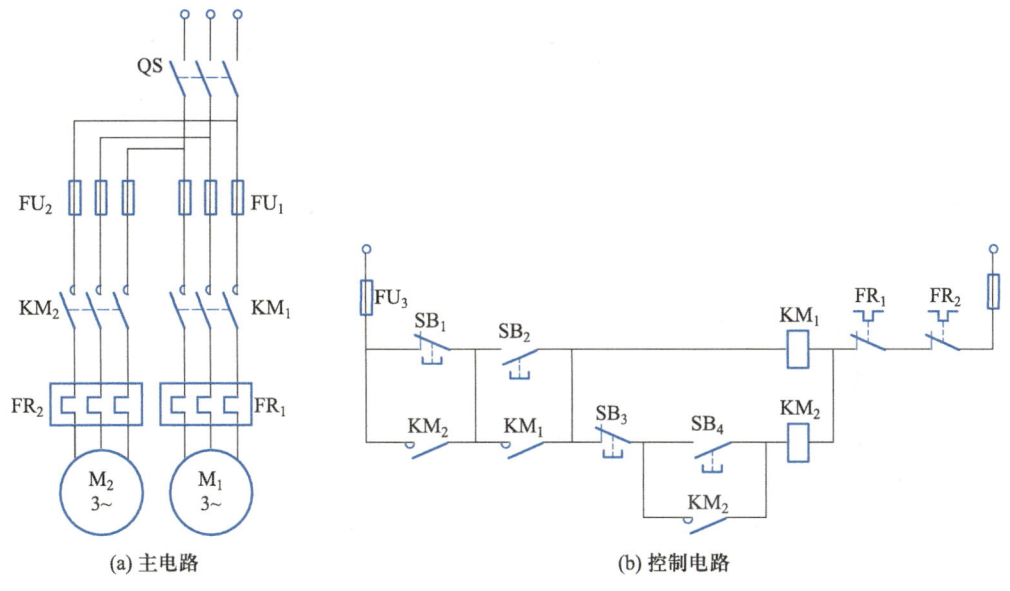

(a) 主电路　　　　　　　　　　　(b) 控制电路

图 11.2.4　两台电动机的联锁控制

5. 笼型电动机的正反转控制

在生产上往往要求运动部件向正反两个方向运动。例如，机床工作台的前进与后退，主轴的正转与反转，起重机的提升与下降等。我们在学习三相异步电动机的工作原理时已经知道，为了实现正反转，只要将电动机接入电源的任意两根线对调一下即可。为此，用两个交流接触器就能实现这一要求，如图 11.2.5 所示。当只有正转接触器 KM_F 工作时，电动机正转；当只有反转接触器 KM_R 工作时，由于调换了两根电源线，所以电动机反转。如果两个接触器同时工作，那么从图 11.2.5 可以见到，会有两根电源线通过它们的主触点而将电源

微视频 11-8
正反转控制

短路了。所以对正反转控制线路最根本的要求是：必须保证两个接触器不能同时工作。在同一时间里两个接触器只允许一个工作的控制作用称为互锁或联锁。下面分析两种有联锁保护的正反转控制线路。

在图 11.2.6(a) 所示的控制线路中，正转接触器 KM_F 的一个动断辅助触点串接在反转接触器 KM_R 的线圈电路中，而反转接触器 KM_R 的一个动断辅助触点串接在正转接触器 KM_F 的线圈电路中。这两个动断触点称为联锁触点或互锁触点。这样一来，当按下正转起动按钮 SB_F 时，正转接触器线圈通电，主触点 KM_F 闭合，电动机正转。与此同时，联锁触点 KM_F 断开了反转接触器 KM_R 的线圈电路。因此，即使误按反转起动按钮 SB_R，反转接触器也不能动作。

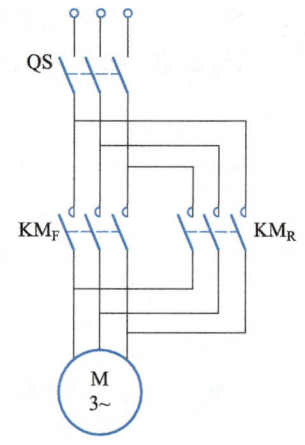

图 11.2.5　正反转控制的主电路

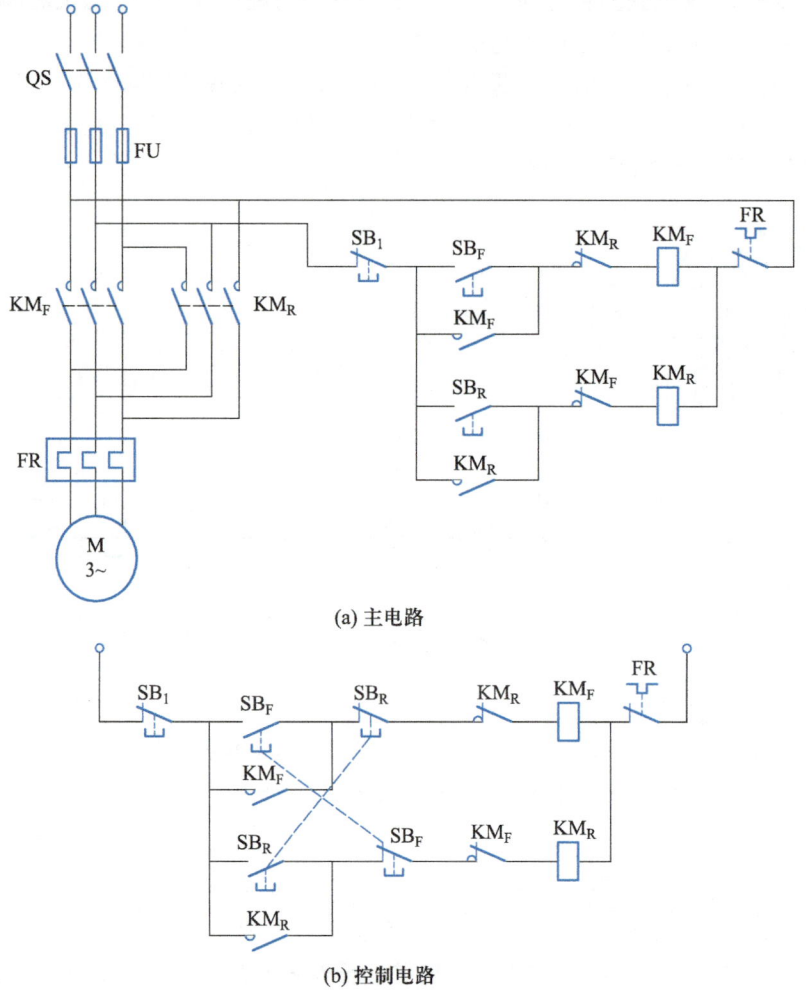

(a) 主电路

(b) 控制电路

图 11.2.6　笼型电动机的正反转控制电路

但是这种控制电路有个缺点，就是在正转过程中要求反转时，必须先按停止按钮 SB_1，让联锁触点 KM$_F$ 闭合后,才能按反转起动按钮使电动机反转,带来操作上的不方便。为了解决这个问题,在生产上常采用按钮和触点联锁的控制电路,如图 11.2.6(b)所示。当电动机正转运行时,按下反转起动按钮 SB$_R$,它的动断触点先断开,动合触点后闭合,使正转接触器线圈 KM$_F$ 断电,主触点 KM$_F$ 断开;与此同时,串接在反转控制电路中的动断触点 KM$_F$ 恢复闭合,反转接触器线圈 KM$_R$ 通电,电动机即反转。而串接在正转控制电路中的动断触点 KM$_R$ 断开,起着联锁作用。

11.2.2 行程控制和时间控制

1. 行程控制

微视频 11-9
行程控制

使用行程开关,可以对生产机械实现行程控制、限位保护控制和自动循环控制等。例如,对某生产机械的运动部件 A 按下述要求实施控制:

(1)A 在原位时,起动后只能前进不准后退。

(2)A 前进到终点立即往回退,退回原位自停。

(3)在 A 前进或后退途中均可停,再起动时既可进也可退。

(4)A 在运行途中(不在原位和终点),若暂时停电,复电时,A 不会自行起动。

(5)若 A 在运行途中受阻,在一定时间内拖动电机应自行断电而停电。

根据上述要求,选择一台三相笼型电动机 M 拖动 A。行程开关按图 11.2.7(a)设置,ST$_a$ 和 ST$_b$(均能自动复位)分别安装在工作台的原位和终点,由装在 A 上的挡块撞动。

电动机主电路与图 11.2.5 相同,控制电路如图 11.2.7(b)所示。

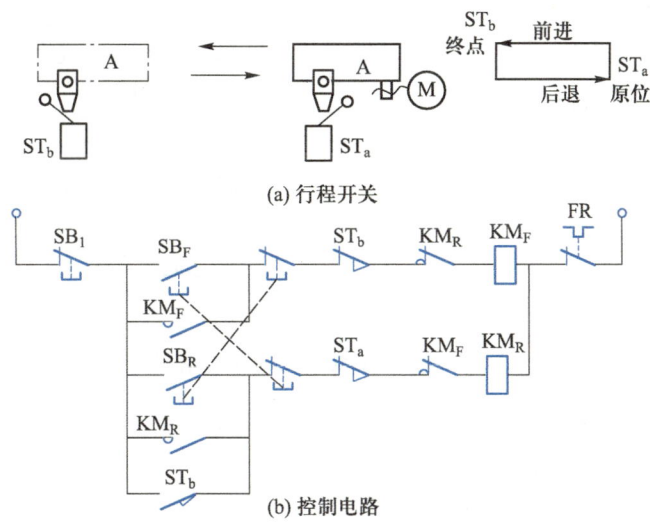

(a) 行程开关

(b) 控制电路

图 11.2.7 行程控制电路

图 11.2.7 的工作原理简述如下:

工作台在原位时,压下行程开关 ST$_a$,其串接在反转控制电路中的动断触点断开。这时,即使按下反转按钮 SB$_R$,电动机也不能反转。按下正转起动按钮 SB$_F$,电动机正转,带动 A 前进。当工作台到达终点时,A 上的撞块压下终点行程开关 ST$_b$,使串接在正转控制电路中的动断触点断开,而接在反转控制电路中的动合触点 ST$_b$ 闭合,于是电动机反转,带动 A 后退。

退回原位,撞块压下 ST_a,使串接在反转控制电路中的动断触点 ST_a 断开,电动机停在原位。

A 在前进途中,按下停止按钮 SB_1,线圈 KM_F 断电,电动机停转。再起动时,因 ST_a 和 ST_b 均不受压,可以按 SB_F 使 A 前进,也可以按 SB_R 使 A 后退。同理,A 在后退途中,也可以实现上述操作。

若 A 在运行途中断电,再复电时,因为断电时自锁触点已经断开,所以 A 是不会自行起动的。

若 A 在运行途中受阻,则电动机出现堵转现象。其电流很大,会使串联在主电路中的热元件 FR 发热。一段时间后,串联在控制电路中的动断触点 FR 断开,使两个接触器线圈断电,电动机脱离电源而停转。

2. 时间控制

微视频 11-10
时间控制

在自动化生产线中,常要求各项操作或各种工艺过程之间有准确的时间间隔,或者按一定的时间起动或关停某些电动机等。这些控制要由时间继电器来完成。

图 11.2.8 是笼型电动机 Y-△ 起动的控制电路。图中 KT 是通电延时型时间继电器。

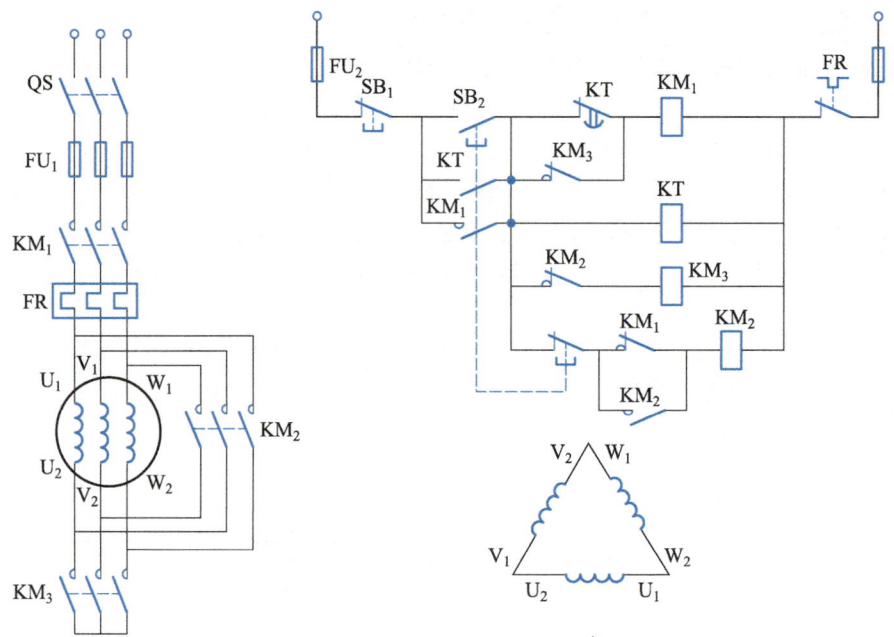

图 11.2.8 笼型电动机 Y-△ 起动的控制电路

控制电路的功能简述如下:

$$按 SB_2 \rightarrow \begin{cases} KM_1 \text{通电} \\ KT \text{通电} \\ KM_2 \text{断电} \\ KM_3 \text{通电} \end{cases} \xrightarrow{\text{延 时}} \begin{cases} KM_1 \text{断电} \\ KM_2 \text{通电} \\ KM_3 \text{断电} \rightarrow KM_1 \text{通电} \end{cases}$$

（Y 起动）　　　　　Y-△ 换接　　△ 运行

$$按 SB_1 \rightarrow \begin{cases} KM_1 \text{断电} \\ KM_2 \text{断电} \end{cases}$$

（电动机停）

本线路是在 KM_1 断电的情况下进行 Y-△ 换接的,这样可避免在 KM_3 和 KM_2 换接时可能发生的电源短路。

图 11.2.9 是笼型电动机能耗制动的控制电路。图中的 KT 是断电延时型时间继电器。

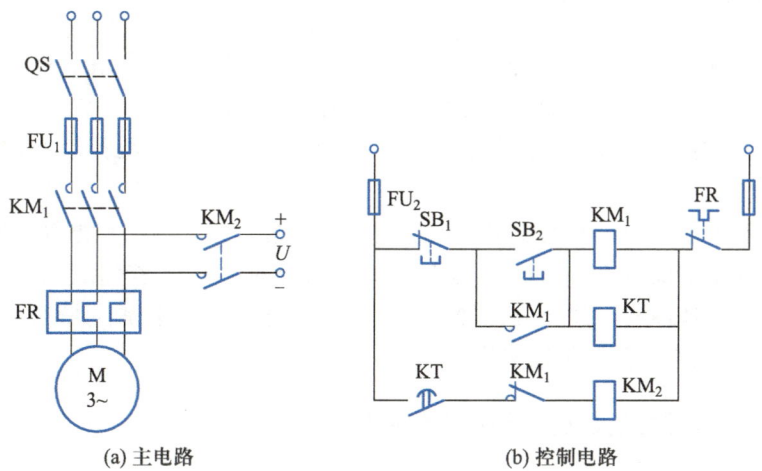

(a) 主电路　　　　　　　　　(b) 控制电路

图 11.2.9　笼型电动机能耗制动的控制电路

控制电路的功能简述如下:

$$按 SB_2 \rightarrow \begin{cases} KM_1 \text{ 通电} \\ KT \text{ 通电} \\ KM_2 \text{ 断电} \end{cases}$$

（电动机起动并运行）

$$按 SB_1 \rightarrow \begin{cases} KM_1 \text{ 断电} \\ KT \text{ 断电} \xrightarrow{\text{延时}} KM_2 \text{ 断电} \\ KM_2 \text{ 通电} \end{cases}$$

（电动机脱离电源,制动开始）　　　（电动机停）

图 11.2.9 所示的能耗制动控制,是采用断电延时型的时间继电器。在电动机运行过程中,时间继电器必须一直通电。从电能消耗的角度来讲,是不够合理的。如果使用通电延时型时间继电器,就可以解决这个问题。读者在学习本节内容后,就会设计这种控制电路了。

[练习与思考]

11.2.1　什么是零压保护?如何实现零压保护?

11.2.2　什么是过载保护?怎样实现过载保护?

11.2.3　什么是自锁和互锁作用?

11.2.4　为实现图 11.2.8 和图 11.2.9 的控制功能,试采用别的方案设计出控制电路。

11.2.5　通电延时型时间继电器和断电延时型时间继电器的定时是从何时开始算起的?

11.2.6　在图 11.2.8 中,如果只用 KT 的触点,不接其线圈,能否起到延时控制的作用?

* **11.3 可编程控制器**

以接触器、继电器为主要组成部件的触点控制系统,历史悠久,应用十分广泛,它主要由各种接触器(或继电器)组合而成。从组成形式上看,触点控制系统与数字电路具有相似性(数字电路主要由各种门电路组合而成),具有可编程的基础,可编程控制器(简称 PLC)应运而生。

可编程控制器是在传统触点控制系统基础上发展起来的一种新型电气控制装置,是传统继电接触器控制系统与计算机技术、通信技术相结合的产物。它利用计算机控制其内部的无触点继电器、定时器、计数器,达到控制的目的,具有可现场编程、可靠性高、通用性强、方便与计算机连接、控制灵活等诸多优点。

11.3.1 可编程控制器的结构和工作原理

1. 可编程控制器的结构

PLC 是以微处理器为核心的电子系统,其组成框图如图 11.3.1 所示。它包括输入、输出变换器、中央处理器及电源等,加上外围设备就组成最基本的 PLC 控制系统。

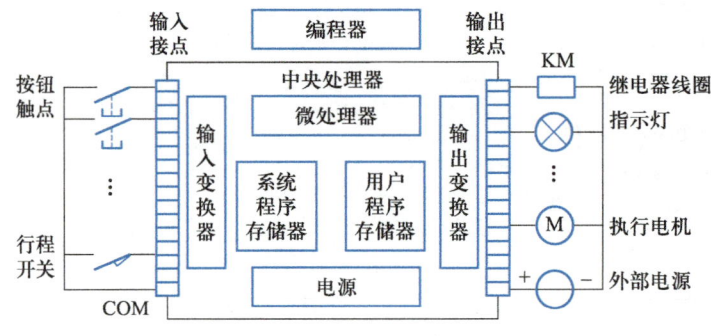

图 11.3.1 PLC 组成框图

输入、输出变换器是 PLC 与外接信号、被控设备连接的电路,对外它通过外接端子排与现场设备相连。例如将按钮、继电器触点、行程开关、传感器等接至输入接点,通过输入变换器把它们的输入信号转换成中央处理器能接受和处理的数字信号。输出变换器则与此相反,它能接受经过中央处理器处理过的数字信号,并把这些信号转换成被控设备或显示设备能接受的电压或电流信号,以驱动接触器线圈、伺服电动机等执行装置。

中央处理器包括微处理器、系统程序存储器和用户程序存储器。微处理器主要作用是处理并运行用户程序,监控输入、输出电路的工作状态,并作出逻辑判断,协调各部分的工作,必要时作出应急处理。系统程序存储器主要存放系统管理和监控程序以及对用户程序进行编译处理的程序。各种不同性能 PLC 的系统程序会有所不同,该程序在出厂前已被固化,用户不能改变。用户程序存储器用来存放用户根据生产过程和工艺要求而编制的程序,可通过编程器进行编制或修改。

编程器是 PLC 重要的外围设备,PLC 需用编程器输入用户程序,并可以对用户程序进行检查、修改和调试。PLC 一般应配有专用的编程器,也可以用通用的计算机,加上适当的接口和软件进行编程。这种编程方式已广泛应用于中、大型的 PLC 控制系统中。

PLC 的产品很多,一般以输入/输出(I/O)点数(输入、输出接点数的总和)的多少把 PLC 分成小型机、中型机和大型机。小型机的 I/O 点数一般在 128 以下,用户程序存储器容量也较小,约在 2 K 字以下,具有逻辑运算、计数、计时等功能,主要用于开关量控制。中型机的 I/O 点数在 128~512 之间,用户程序存储器容量达到 2~8 K 字,这些 PLC 除了具有开关量控制功能外,还有模拟量输入和输出等功能。大型机的 I/O 点数在 512 以上,用户存储器容量达 8 K 字或 8 K 字以上。它除了具备中、小型 PLC 的功能外,还能进行智能控制、远程控制,可用于大规模的过程控制,构成分布式控制系统或整个工厂的自动化网络。

一般小型 PLC 的结构采用整体式,中型和大型的 PLC 基本上采用机架模块式。

PLC 工作时需要将外部输入的不同形式的信号转换成微处理器所能接受的数字信号,具有这一功能的电路就是输入变换器。输入变换器分为开关量输入和模拟量输入两类。对于开关量输入,输入变换器一般由光电耦合器和其他一些元件组合而成。图 11.3.2 所示为常用的两种开关量输入变换器的原理电路。图 11.3.2(a) 所示用直流电源供电,称为直流输入方式。当接于外部的开关(或触点)闭合时,内部电路的直流电源使光电耦合器中的发光二极管导电发光,光电晶体管导通。这样就将输入信号送入 PLC 的内部电路。同时发光二极管 LED 发光,指示此时有信号输入。图 11.3.2(b) 采用交流电源供电,称为交流输入方式。当外部的开关(或触点)闭合时,外接交流电源经电阻降压、整流电路整流和电容滤波后,变为直流电加于光电耦合器,将输入信号送入 PLC 内部电路,同时发光二极管 LED 发光,指示此时有信号输入。采用何种输入方式则视现场具体情况进行选择。

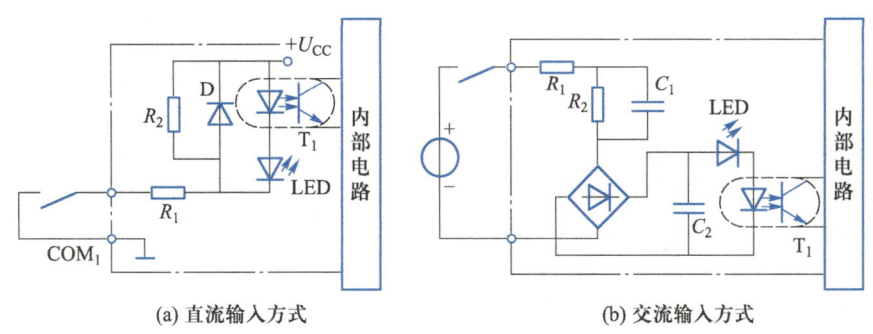

(a) 直流输入方式　　　　　(b) 交流输入方式

图 11.3.2　开关量输入变换电路

为了便于描述 PLC 的工作情况,通常用输入继电器来等效表示输入变换电路的作用,如图 11.3.3 所示。当输入变换电路中的光电耦合器导通时,相当于输入继电器的线圈通电,其动合触点闭合,动断触点断开,于是将输入信号送入 PLC 内部电路。输入继电器的动合、动断触点编程时可以无限次使用。

同样,要将微处理器送出的数字信号转换为控制设备所需要的电压或电流信号,必须有输出变换器。输出变换器一般由转换电路、光隔离器件和放大器等组成。常用的输出变换电路有继电器输出、晶闸管输出和晶体管输出等三种输出方式。图 11.3.4 为继电器输出方式,当内部电路有输出信号时,继电器 K 的线圈通电,其动合触点闭合,使输出电路接通。此时发光二极管 LED 发光指示有信号输出。图 11.3.5 为晶闸管输出方式,当内部电路有输出信号时,光电耦合器中的发光二极管发光使光敏晶闸管 T_1 导通。T_1 导通使整流桥形成导电通路,双向晶闸管 T_2 被触发而导通,因而使输出电路接通。此时作为输出指示的发光二极管 LED 发光。图 11.3.6 为晶体管输出方式,当内部电路有输出信号时,光电耦合器中的发光二极管发光使光电晶体管 T_1 导通。因 T_1 饱和,故 T_2 截止而 T_3 导通,输出电路接通。此时作为输出指示的 LED 发光。

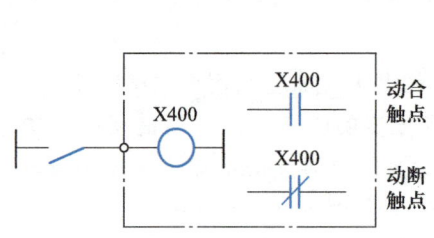

图 11.3.3　用输入继电器等效表示输入变换电路

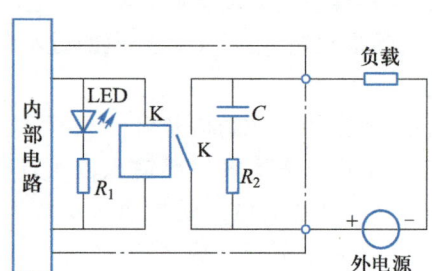

图 11.3.4　继电器输出

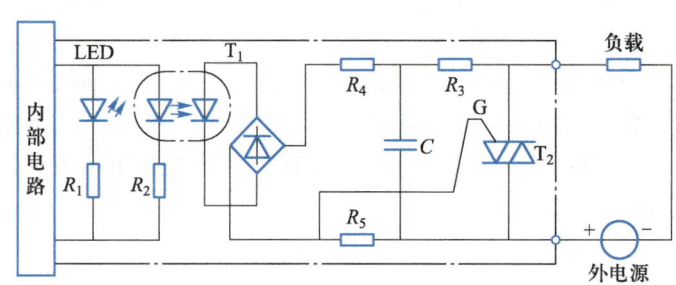

图 11.3.5　晶闸管输出

输出变换电路通常也用输出继电器来等效表示,如图 11.3.7 所示。当 PLC 通过输出变换电路输出信号时,相当于输出继电器线圈通电,其动合触点闭合,使接在输出接点上的外部负载电路接通。输出继电器的等效动合、动断触点在编程时可无限次使用。

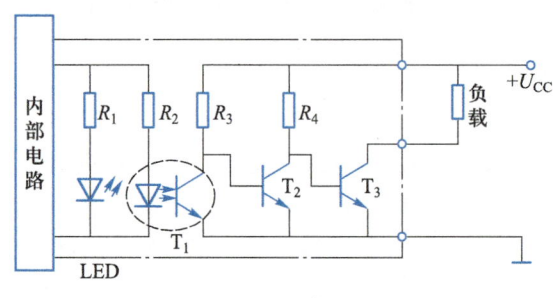

图 11.3.6　晶体管输出

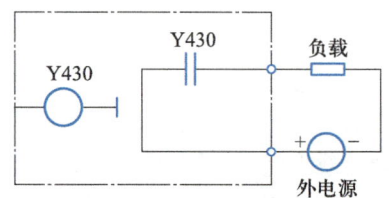

图 11.3.7　用输出继电器等效表示输出变换电路

如果在 PLC 的输入侧或输出侧配上适当的 A/D 及 D/A 模块,即可实现模拟量的输入、输出功能。

2. 可编程控制器的工作原理

PLC 是采用"顺序扫描,不断循环"的方式进行工作,有两种基本工作状态:运行(RUN)状态和停止(STOP)状态。在运行状态下,可编程控制器反复不停地执行反映控制要求的用户程序,直到被停机或被切换到 STOP 状态。在每次扫描过程中,除了执行用户程序之外,可编程控制器还需要完成内部处理、通信处理等工作,RUN 状态下一次扫描可分为五个阶段,具体如图 11.3.8 所示。各阶段简要解释如下。

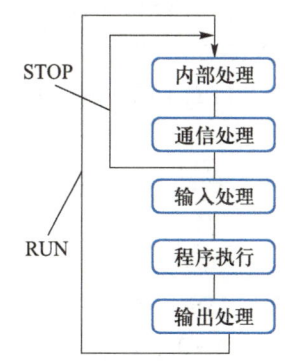

图 11.3.8 PLC 的扫描工作过程

(1) 内部处理阶段

在内部处理阶段,PLC 进行内部测试、设置及其他内部工作。

(2) 通信处理阶段

在通信处理阶段,PLC 与其他计算机进行通信、响应编程器的命令、更新编程器的显示等。

当 PLC 处于 STOP 状态时,PLC 反复执行以上操作,直到被切换到 RUN 状态。当 PLC 处于 RUN 状态时,还要继续执行下面三个阶段的操作。

(3) 输入处理阶段

在输入处理阶段,PLC 进行输入刷新,将所有外部输入电路的接通与断开状态读入对应的输入映像寄存器中。

(4) 程序执行阶段

PLC 用户程序由若干条指令组成。在程序执行阶段,PLC 按用户指令存放的先后顺序执行程序,并将结果写入到输出映像寄存器中。若没有转移指令,PLC 将从第一条指令开始逐条运行,直到用户程序结束。

(5) 输出处理阶段

在输出处理阶段,PLC 将输出映像寄存器中的 **0** 或 **1** 的状态传送到输出锁存器。输出信号经输出模块隔离、功率放大后传送到输出继电器,使相应的输出继电器"通电"或"断电"。对于微、小型 PLC,由于其 I/O 点数少,故采用上面介绍的集中采样、集中输出的扫描方式。由于这种方式在每个扫描周期中,只对输入状态采样一次,对输出状态刷新一次,显然在一定程度上降低了系统的响应速度,却提高了系统的可靠性。

11.3.2 可编程控制器的基本指令和梯形图

1. 基本指令

(1) LD、LDI、AND、ANI、OR、ORI、OUT、END 指令

LD 为取指令,将动合触点与母线连接。

LDI 为取反指令,将动断触点与母线连接。

AND 为**与**指令,将动合触点与前面的电路串联。

ANI 为**与反**指令,将动断触点与前面的电路串联。

OR 为**或**指令,将动合触点与前面的电路并联。

ORI 为**或**反指令,将动断触点与前面的电路并联。

OUT 为输出指令,线圈驱动。

END 为结束指令,表示程序结束。

LD、LDI、AND、ANI、OR、ORI 指令的编程元件为 X、Y、M、S、T、C;OUT 指令的编程元件为 Y、M、S、T、C;END 指令无编程元件。

LD、LDI、AND、ANI、OR、ORI、OUT、END 指令的编程方法用图 11.3.9 所示示意图为例说明。

语句表:

0	LD	X0
1	OUT	Y0
2	LDI	X0
3	AND	X1
4	OUT	M0
5	ANI	X2
6	OUT	M1
7	LDI	X1
8	OR	X2
9	ORI	X3
10	OUT	Y2
11	END	

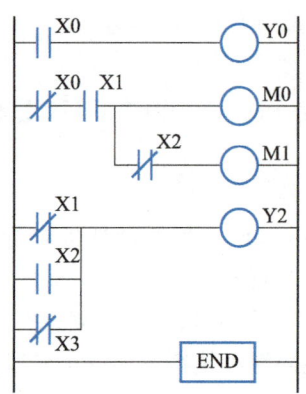

图 11.3.9　LD、LDI、AND、ANI、OR、ORI、OUT、END 的用法

操作:输入 X0 接通,则输出 Y0 接通,同时辅助继电器 M0 断开,输出 M1 也断开;反之,输入 X0 断开,则输出 Y0 断开,同时 X0 动断触点接通,M0 和 M1 是否接通取决于输入 X1 和 X2 接通与否。当 X0 断开,X1 接通,X2 断开,则 M0 和 M1 接通;当 X0 断开,X1 接通,X2 接通,则 M0 接通,M1 断开;当 X0 断开;X1 断开,无论 X2 是否接通,M0 和 M1 都断开。输出 Y2 的通断取决于 X1、X2、X3 的通断状态。X1 为动断触点,X2 为动合触点,X3 为动断触点,这三个触点相**或**后,输出给 Y2,只要这三个触点有一个接通,则输出 Y2 就接通。

每条语句(指令)最左边的数字表示该条指令的地址号。

(2) ANB、ORB 指令

ANB 为电路块**与**,将并联电路块与前面的电路串联。

ORB 为电路块**或**,将串联电路块与前面的电路并联。

ANB、ORB 指令无编程元件。

ANB、ORB 指令的用法如图 11.3.10 所示。

操作:输入 X2 与 X3 并联组成一个并联电路块,此并联电路块与前面的电路(X0 与 X1 的并联电路)串联,其结果输出给 Y0。输入 X6 与 X7 串联组成一个串联电路块,此串联电路块与前面的电路(X4 与 X5 的串联电路)并联,其结果输出给 Y1。

语句表:

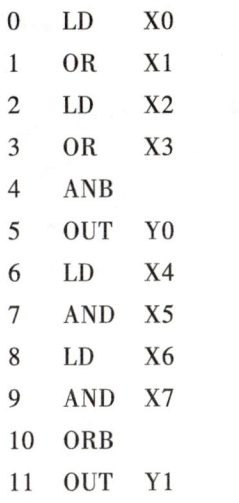

0	LD	X0
1	OR	X1
2	LD	X2
3	OR	X3
4	ANB	
5	OUT	Y0
6	LD	X4
7	AND	X5
8	LD	X6
9	AND	X7
10	ORB	
11	OUT	Y1
12	END	

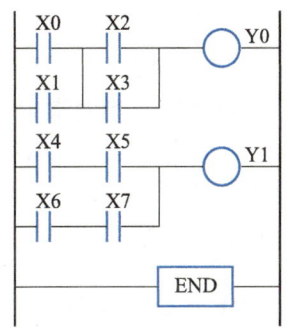

图 11.3.10　ANB、ORB 指令的用法

为帮助读者理解 FX 系列 PLC 的基本逻辑指令,现将其基本逻辑指令列表如表 11.3.1 所示。

表 11.3.1　FX 系列 PLC 的基本逻辑指令

助记符	适应元件	简要说明
LD、LDI	X、Y、M、T、C、S	动合、动断触点与母线连接指令
OUT	Y、M、T、C、S	驱动线圈的输出指令
AND、ANI	X、Y、M、T、C、S	单个动合、动断触点与左边电路串联指令
OR、ORI	X、Y、M、T、C、S	单个动合、动断触点与上边电路并联指令
ORB	无	串联电路块的并联连接指令
ANB	无	并联电路块的串联连接指令
LDP、ANDP、ORP	X、Y、M、T、C、S	指令含义同 LD、AND、OR;动作特点为仅在指定元件的上升沿（OFF→ON)时接通一个扫描周期
LDF、ANDF、ORF	X、Y、M、T、C、S	指令含义同 LD、AND、OR;动作特点为仅在指定元件的下降沿（ON→OFF)时接通一个扫描周期
MPS、MRD、MPP	无	进栈、读栈、出栈指令;可用于暂存或读出暂存逻辑运算结果
INV	无	将执行该指令之前的逻辑运算结果取反指令
SET	Y、M、S	置位指令,如 SET Y0,为使 Y0 继电器通电
RST	Y、M、T、C、S	复位指令
NOP、END	无	空操作、结束指令
PLS、PLF	Y、M	上升沿、下降沿微分输出指令
MC、MCR	Y、M	主控指令、主控复位指令

2. 梯形图

下面以日本三菱公司的 FX 系列产品为例介绍梯形图。

（1）梯形图的构成

在 PLC 的编程语言中,梯形图(有时也把梯形图称为电路或程序,把梯形图的设计称为编程)是最常用的一种编程语言。梯形图与继电接触器控制系统的电路图很相似,通常用

─┤├─、─┤╱├─图形符号分别表示 PLC 编程元件的动合和动断触点,用─○─表示其线圈,用不同的文字表示不同的类型。梯形图的构成特点如下:

  ① 梯形图按照从左到右、自上而下的顺序排列,两侧的垂直公共线称为公共母线。

  ② 每一个继电器线圈为一个逻辑行,称为一层阶梯。每一逻辑行起始于左母线,然后是各触点的串、并联连接,最后是线圈与右母线连接。线圈一般不允许直接与左母线相连,如图 11.3.11 所示。

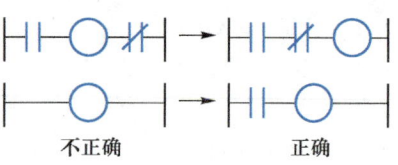

图 11.3.11 梯形图的构成图 1

  ③ 编制梯形图时,应避免将触点画在垂直线上(无法用指令编程),如图 11.3.12 所示。

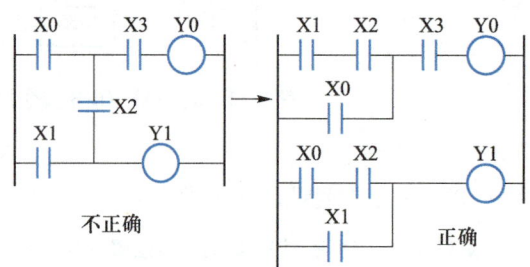

图 11.3.12 梯形图的构成图 2

  ④ 编制梯形图时,应尽量做到"上重下轻、左重右轻",以符合"从左到右、自上而下"的程序执行顺序。阅读梯形图时,可以假想有一个电流,即所谓"能流"从左流向右。必须指出的是,在梯形图中并没有真正的物理电流流过,上面的能流只是一个概念上的电流。利用"能流",可帮助读者形象理解梯形图描述的用户程序的动作特点。在图 11.3.12 中,左图无法用指令编程,故不正确利用"能流",可将左图改画为右图。

  (2)FX 系列 PLC 梯形图编程元件

  FX 系列 PLC 梯形图编程元件主要有以下几种。

  ① 输入继电器。FX 系列 PLC 的输入、输出继电器的元件编号用八进制数表示,如 X10 表示第 8 个输入继电器。输入、输出继电器的数目即为 PLC 的 I/O 点数。

  输入继电器是 PLC 接收外部输入开关量信号的窗口,用文字 X 表示。PLC 通过光电耦合器将外部输入信号状态读入并存储在输入映像寄存器。输入端可以外接动合或动断触点,当外部触点闭合时,对应的输入映像寄存器为 1,反之为 0。输入继电器的状态由外部输入状态决定,一般不可以受用户程序控制,也不可将输入继电器直接驱动负载。在梯形图中,不允许出现输入继电器的线圈。

  ② 输出继电器。输出继电器用来将输出信号传递给外部负载,用文字 Y 表示,输出继电器只能由内部程序驱动,不能由外部输入信号直接驱动。

  ③ 辅助继电器。辅助继电器类似继电接触器控制系统中的中间继电器,用文字 M 表示。在 PLC 中,辅助继电器也是"软继电器",既不能接收输入信号,也不能直接驱动负载。因为辅助继电器为"软继电器",又不存在外部接点,所以,PLC 提供了较多的辅助继电器供用户选择使用,包括通用、掉电保持及特殊用途类型三大类。

  ④ 定时器。定时器用于限时控制,其作用与继电控制器中的时间继电器相同,用文字 T 表示。显然,定时器也是"软继电器",没有外部接点,所以,PLC 也提供了较多的时间继电器

供用户选择使用。在 FX 系列 PLC 通用定时器中,T0~T199 是计时单位为 100 ms 的定时器 (T192,T199 为专门用途),T200,T245 是计时单位为 10 ms 的定时器。常数 K 作为定时器的设定值。FX 系列 PLC 的定时器全部为通电延时定时器,可通过图 11.3.13(a)所示梯形图来理解。图 11.3.13(a)中,当输入继电器接通时,定时器 T10 的"线圈"通电,设定值为 10,计时单位为 100 ms,所以延时时间为 1 s。当定时器 T10 的"线圈"连续通电 1 s 后,动合触点闭合,输出继电器 Y0 通电(编号为 Y0 输出触点接通)。

当需要断电延时的定时器时,可修改图 11.3.13(a)中的梯形图,使通电延时定时器在断电时通电,从而起到断电延时的作用,参考梯形图如图 11.3.13(b)所示。图中,当输入继电器接通时,动断触点断开、动合触点闭合,输出继电器 Y0 接通,通电延时定时器断开。当输入继电器断开时,输出继电器 Y0 依旧接通,此时延时定时器也接通。当定时器 T10 的"线圈"连续通电 1 s 后,T10 的动断触点断开,输出继电器 Y0 断电,实现断电延时。

⑤ 计数器。计数器用文字 C 表示,有通用和断电保持两种类型。对断电保持型计数器而言,当电源中断时,计数器停止计数,但可保持其当前计数值不变。当电源再次接通后,计数器继续计数。FX 系列 PLC 编号 C0~C234 的计数器为内部计数器,可对 X、Y、M、S 等编程元件计数。其中,C0~C199 为 16 位加计数器(C0~C99 为通用型,C100~C199 为断电保持型)。图 11.3.14 中,加计数器 C0 的设定值为 10。当输入触点 X0 接通时,加计数器 C0 复位;断开输入触点 X0,计数器开始对输入信号 X1 计数。当输入脉冲上沿到来时(由断开变为接通),计数器当前值加 1。在 10 个脉冲之后,计数器 C0 的动合触点闭合,输出继电器 Y0 通电。此后,当输入脉冲上升沿再次到来时,计数器状态不变,直到复位脉冲到来后才开始重新计数。

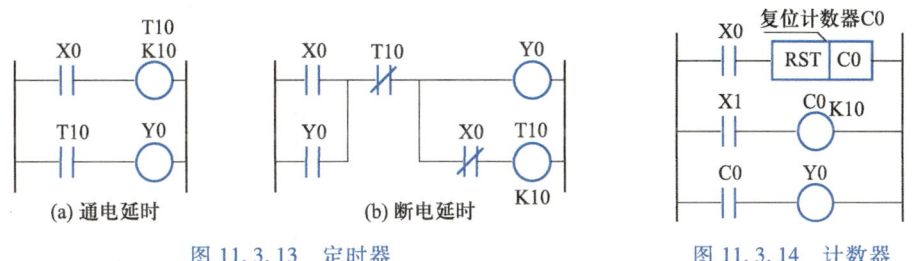

图 11.3.13　定时器　　　　　　　　图 11.3.14　计数器

编号为 C200~C234 的计数器为 32 位加/减计数器(C200~C219 为通用型,C220~C234 为断电保持型),其计数方式由特殊辅助继电器 M8200~M8234 设定。当 M8200 继电器为接通时,C200 为减计数;反之,为加计数。FX 系列 PLC 梯形图编程元件的文字、编号范围及简要功能说明如表 11.3.2 所示。

表 11.3.2　FX 系列 PLC 梯形图编程元件简表

元件名称	字母	简要说明
输入继电器	X	由外部输入状态决定,一般不能由用户程序控制。在梯形图中,绝对不允许出现输入继电器的线圈
输出继电器	Y	将输出信号传递给外部负载,由内部程序驱动,有三种输出类型:继电器输出、晶闸管输出及晶体管输出
辅助继电器	M	内部程序驱动,其触点在程序内部使用

续表

元件名称	字母	简要说明
定时器	T	通电延时定时器,其触点在程序内部使用。T00~T199 是计时单位为 100 ms 的定时器(T192~T199 为专门用途),T200~T245 是计时单位为 10 ms 的定时器
计数器	C	C0~C199 为 16 位加法计数器(C0~C99 为通用型,C100~C199 为断电保持型),C200~C234 的计数器为 32 位加/减计数器
状态器	S	编制步进控制程序时的基本元件,与 STL 指令结合使用

11.3.3 可编程控制器的应用举例

1. 三相异步电动机起、停控制

三相异步电动机起、停控制是电动机最基本的控制,图 11.3.15 给出了电动机起、停控制系统的主电路,PLC 的 I/O 接线图及梯形图。图中 SB₁ 为起动按钮,SB₂ 为停止按钮。

在继电接触器控制电路中,停止按钮都是使用其动断触点的。但在 PLC 的 I/O 接线图中,对停止按钮有两种处理方法,可以使用其动合触点,也可以使用其动断触点。当使用的停止按钮的触点类型不同时,梯形图及语句表程序中,应对相应的触点做不同处理。在图 11.3.15(b)中,停止按钮 SB₂ 用的是动合触点,则在图 11.3.15(c)所示的梯形图中应使用输入继电器 X1 的动断触点。图 11.3.15(b)中的停止按钮 SB₂ 也可改用动断触点,此时应将梯形图中输入继电器 X1 的动断触点改为动合触点。

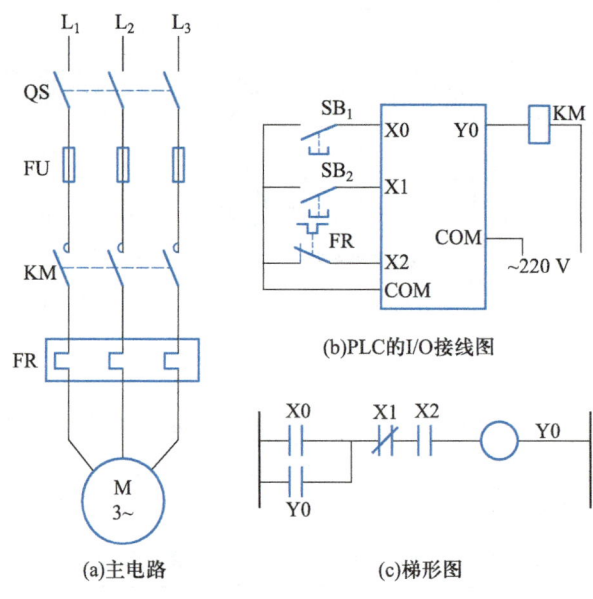

(b)PLC的I/O接线图

(a)主电路　　(c)梯形图

图 11.3.15 三相异步电动机起、停控制

2. 三相异步电动机正反转控制

三相异步电动机正反转控制系统的主电路、PLC 的 I/O 接线图及梯形图如图 11.3.16 所示。图中 SB₁ 为正向起动按钮,SB₂ 为反向起动按钮,SB₃ 为停止按钮,KM₁ 为正向接触器,KM₂ 为反向接触器。

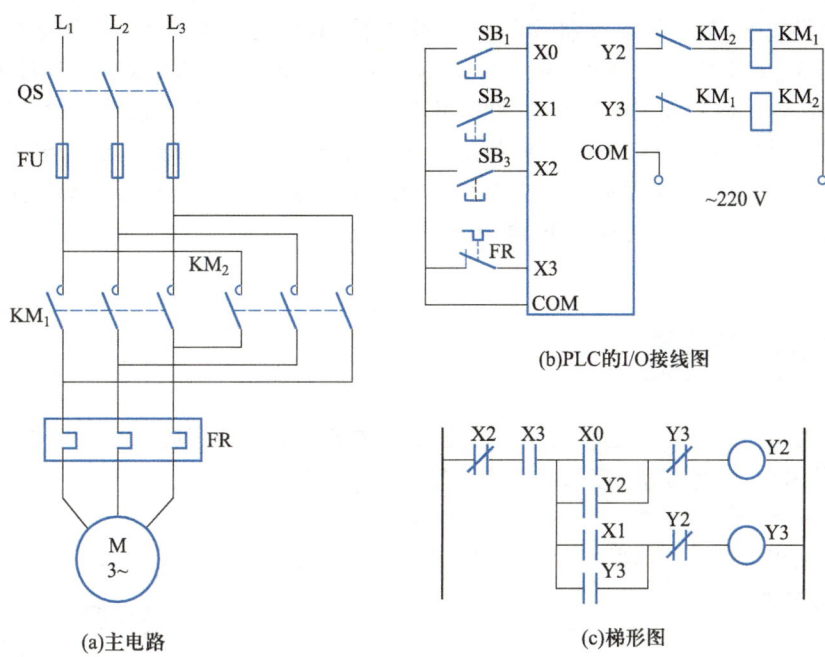

图 11.3.16　三相异步电动机正反转控制

3. 三相异步电动机星-三角降压起动控制

星-三角降压起动是异步电动机常用的起动控制线路之一。其主电路、PLC 的 I/O 接线图和梯形图如图 11.3.17 所示，图中 SB_1 为起动按钮，SB_2 为停止按钮，KM_1 为电源接触器，KM_2 为星形联结接触器，KM_3 为三角形联结接触器。

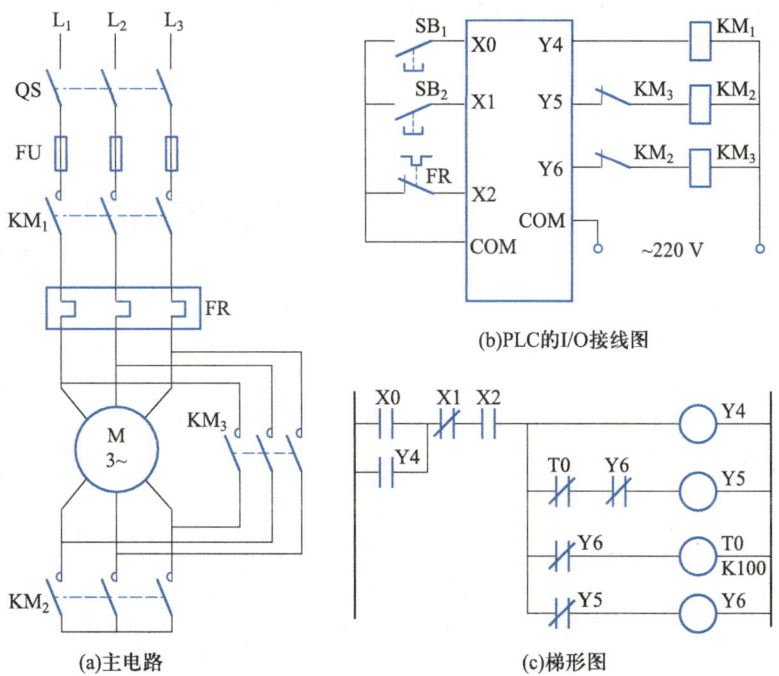

图 11.3.17　三相异步电动机 Y-△ 起动控制

起动过程如下:按下起动按钮 SB₁,输入继电器 X0 接通,Y4 和 Y5 线圈通电动作并自锁,接触器 KM₁ 和 KM₂ 通电动作,电动机接成星形,按降压方式起动,这时定时器 T0 线圈接通,开始定时;定时器的设定值按起动时间(例如设为 10 s)设定,到达设定值时,其动断触点断开,Y5 线圈断开,随之 Y6 线圈接通,接触器 KM₂ 断电复位,KM₃ 通电动作,电动机接成三角形正常运行,在定时器动作后的第二个扫描周期内将定时器 T0 复位。按下停止按钮或是电动机过载时,Y4、Y5、Y6 线圈断开,电动机断电停止运转。

*11.4 应用实例

城市交通道路十字路口是靠交通指挥信号灯来维持交通秩序的。在每个方向都有红、黄、绿三种信号灯,红色表示"停",绿色表示"行",黄色表示"等待"。图 11.4.1 是某十字路口的交通指挥信号灯示意图。

下面讨论用可编程控制器实现其控制的设计过程。

1. 控制要求

在系统工作时,有如下控制要求:

(1)系统受一个起动按钮控制,按下起动按钮,信号灯系统开始工作,直到按下停止按钮,系统停止工作。

(2)系统起动后,南北红灯亮 25 s,同时东西绿灯亮 20 s,到 20 s 时东西绿灯开始闪亮,闪亮 3 s 后绿灯熄灭、东西黄灯亮,东西黄灯亮 2 s 后熄灭,然后东西红灯亮,南北红灯熄灭,南北绿灯亮。

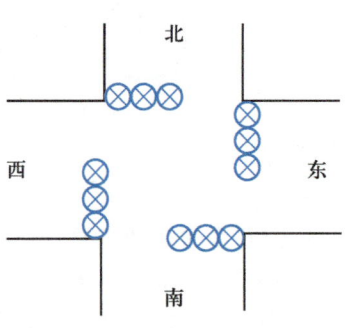

图 11.4.1 交通指挥信号灯示意图

(3)东西红灯亮 30 s,同时南北绿灯亮 25 s,到 25 s 时南北绿灯开始闪亮,闪亮 3 s 后熄灭、南北黄灯亮,南北黄灯亮 2 s 后熄灭,又回到南北红灯亮,东西红灯熄灭,东西绿灯亮的状态。

(4)两个方向的绿灯闪亮间歇时间均为 0.5 s。

(5)两个方向的信号灯,按上面的要求周而复始地进行工作。

2. PLC 选型及 I/O 接线图

分析以上系统控制要求,系统可采用自动工作方式,其输入信号有:系统起动、停止按钮信号;输出信号有东西方向、南北方向各两组信号灯。由于每一方向的两组信号灯中,同种颜色的信号灯同时工作,为了节省输出点数,可采用并联输出方法。由此可知,系统所需的输入点数为 2,输出点数为 6,且都是开关量。根据以上分析,此系统属小型单机控制系统,其中 PLC 的选型范围较宽,今选用三菱公司的 F2-16MR 型 PLC,系统的 I/O 接线如图 11.4.2 所示。

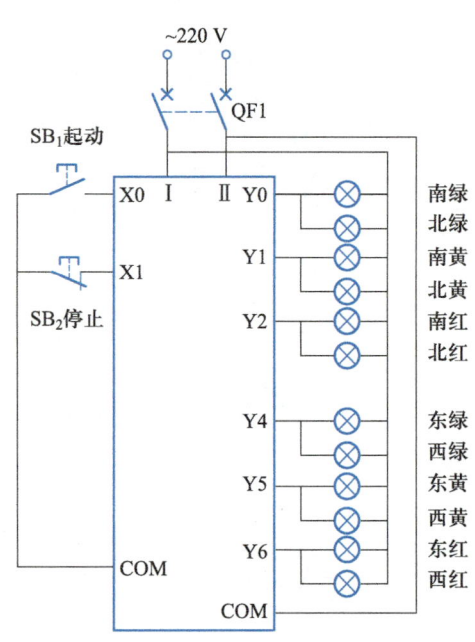

图 11.4.2 PLC 的 I/O 接线图

3. I/O 地址定义

系统 I/O 地址定义见表 11.4.1。

表 11.4.1 交通灯控制系统 I/O 地址定义表

I/O 地址	信号名称	功能说明	备注
X000	起动按钮	起动系统运行	动合
X001	停止按钮	关闭系统运行	动断
Y000	南北绿灯	南北方向通行	通有效
Y001	南北黄灯	南北方向等待	通有效
Y002	南北红灯	南北方向停止	通有效
Y004	东西绿灯	东西方向通行	通有效
Y005	东西黄灯	东西方向等待	通有效
Y006	东西红灯	东西方向停止	通有效

4. 编制程序设计

根据以上对系统控制要求的分析,结合 I/O 地址定义表,设计控制程序梯形图如图 11.4.3 所示。

系统是以时间为顺序进行工作的,T0~T7 为系统工作顺序定时器,T10、T11 构成 0.5 s 亮、0.5 s 灭的闪亮脉冲。Y0、Y1、Y2 分别为南北方向的绿灯、黄灯和红灯的输出控制线圈,Y4、Y5、Y6 分别为东西方向的绿灯、黄灯和红灯的输出控制线圈。所有定时器和输出线圈受主控线圈 M100 控制,主控线圈得电时系统才工作,主控线圈断电后所有线圈断电。

当按下起动按钮 SB₁,X0 接通,辅助继电器线圈 M0 得电吸合并自锁,同时 M0 的动合触点使主控线圈 M100 得电,系统开始工作。

T0 的动断触点使 Y2 线圈得电,南北红灯亮;与此同时,Y2 的动合触点闭合,与 T6 的动断触点串联使 Y4 线圈得电,东西绿灯亮。

20 s 后,T6 的动断触点延时断开、动合触点延时闭合,在闪光定时器 T10 的控制下,Y4 间歇通电,东西绿灯闪亮。东西绿灯闪亮 3 s 后,T7 动断触点延时断开,Y4 线圈失电,东西绿灯熄灭;同时,T7 动合触点延时闭合,与 T5 的动断触点串联使 Y5 线圈得电,东西黄灯亮。

东西黄灯亮 2 s 后,T5 动断触点延时断开,Y5 线圈失电,东西黄灯熄灭;而恰在此时,T0 延时 25 s 时间到,动断触点断开,Y2 线圈失电,南北红灯熄灭,T0 动合触点闭合,Y6 线圈得电,东西红灯亮,Y6 的动合触点闭合,Y0 线圈得电,南北绿灯亮。

南北绿灯工作 25 s 后系统的工作情况与上述情况类似,请读者自行分析。

当按下停止按钮 SB₂,外输入点 X1 断开,梯形图上 X1 也断开,辅助继电器线圈 M0 失电解除自锁,主控线圈 M100 失电,其余所有线圈断电,系统停止工作。

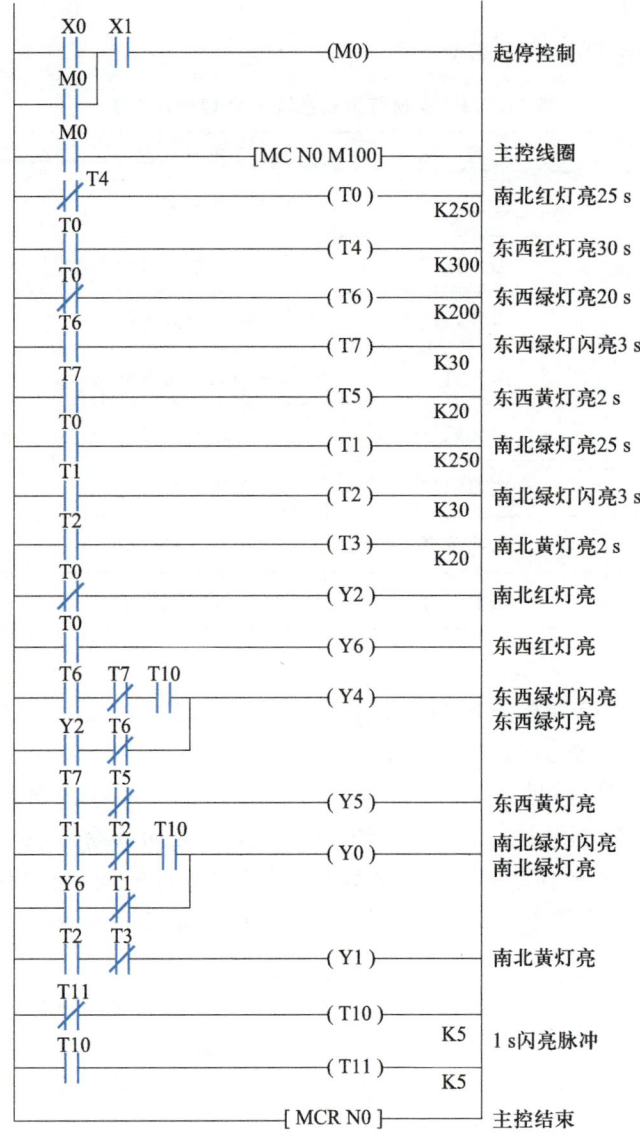

图 11.4.3　交通指挥信号灯控制程序梯形图

习题

11.1　某机床主轴由一台笼型电动机带动,润滑油泵由另一台笼型电动机带动。今要求:

(1) 主轴必须在油泵开动后,才能开动;

(2) 主轴要求能用控制电器实现正反转,并能单独停车;

(3) 有短路、零压及过载保护。

根据以上要求,试绘出控制线路。

11.2　题图 11.1 所示电路是能在两处控制一台电动机起、停、点动的控制电路。

(1) 说明在各处起、停、点动电动机的操作方法;

（2）该控制电路有无零压保护？

（3）该图做怎样的修改，可以在三处控制一台电动机？

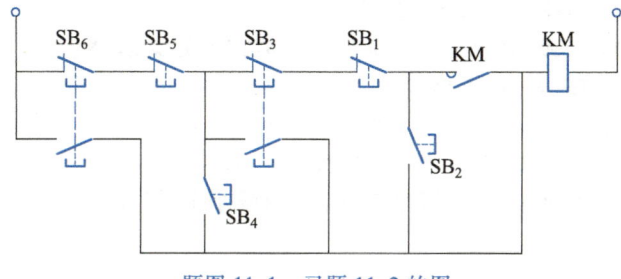

题图 11.1　习题 11.2 的图

11.3　在题图 11.2 中，运动部件 A 由 M 拖动，原位和终点各设行程开关 ST_1 和 ST_2。

（1）简述控制电路的控制过程；

（2）电路对 A 实现何种控制？

（3）电路有哪些保护措施，各由何种电器实现？

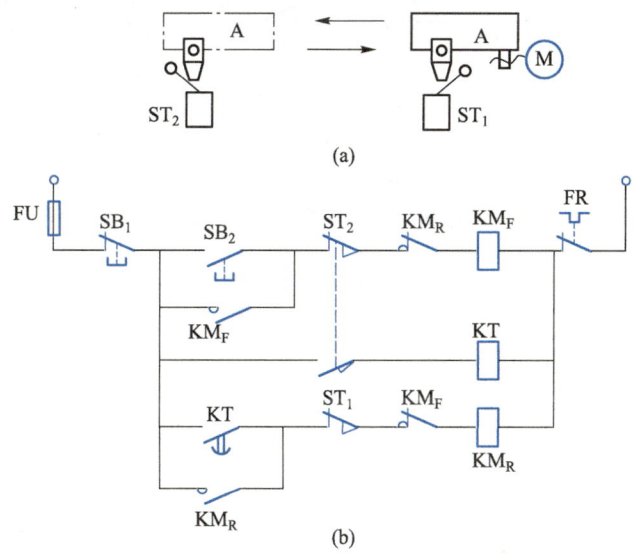

题图 11.2　习题 11.3 的图

11.4　阅读题图 11.3 所示电路。

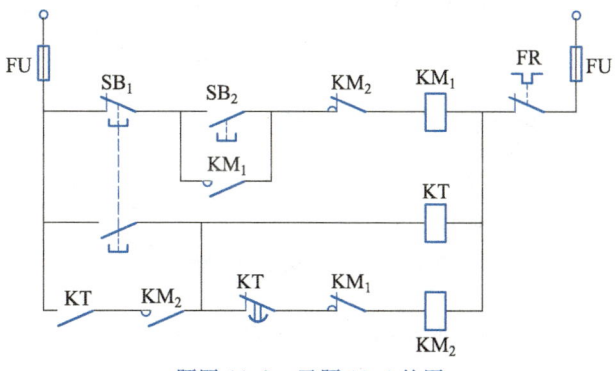

题图 11.3　习题 11.4 的图

（1）简述控制电路的控制过程；

（2）电路对电动机实现何种控制？

（3）与图 11.2.9 比较,该图的优点是什么？

11.5　根据下列要求,分别绘出控制电路(M_1 和 M_2 都是三相异步电动机)。

（1）M_1 起动后 M_2 才能起动,M_2 并能点动；

（2）M_1 先起动,经过一定延时后 M_2 能自行起动,M_2 起动后 M_1 立即停车。

11.6　试绘出三相异步电动机定子串电阻降压起动的控制电路。

11.7　题图 11.4 是电动机 Y-△ 起动控制电路,试分析其控制过程。并与图 11.2.8 比较两个控制电路的优、缺点。

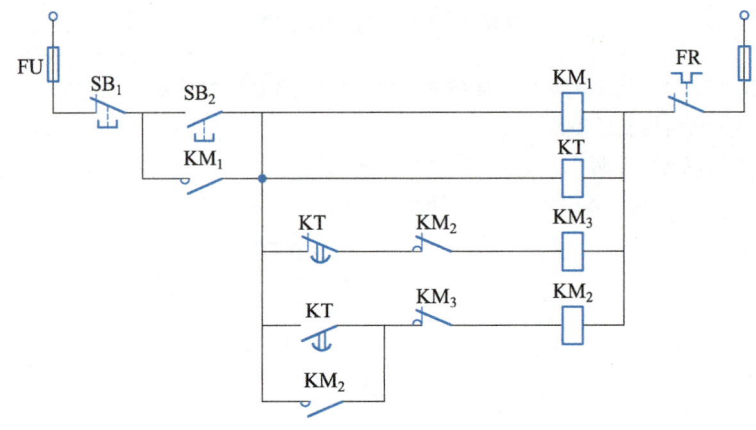

题图 11.4　习题 11.7 的图

11.8　题图 11.5 是电动葫芦(一种小起重设备)的控制线路。

（1）试分析其工作过程；

（2）说明图中所有控制都采用点动的原因。

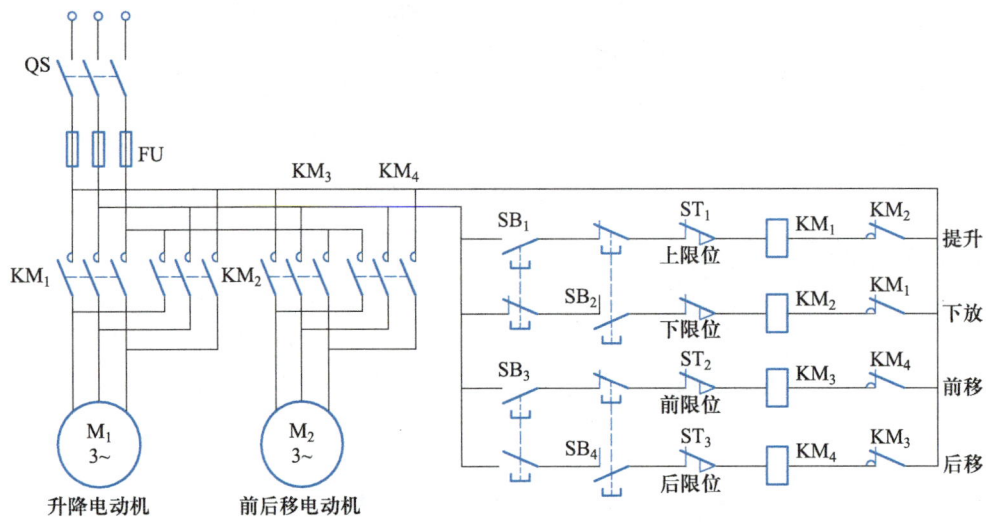

题图 11.5　习题 11.8 的图

11.9　设计一电路实现既能点动又能长动的电动机控制电路,在 Multisim 中构建电路仿真工作过程。

自测题

一、选择题

1. 在正反转电路中,各个动断辅助触点互相串联在对方的吸引线圈电路中,其目的是(　　)。
   - a. 保证两个接触器的主触点不能同时动作
   - b. 能灵活控制正反转运行
   - c. 保证两个接触器可以同时带电
   - d. 起自锁作用

2. 两处可以停车的两个停车按钮要(　　)。
   - a. 并联
   - b. 串联
   - c. 串联、并联都可以

3. 电动机正反转控制电路中的保护环节是(　　)。
   - a. 只保护电动机
   - b. 只保护电源
   - c. 电动机与电源均可得到保护

4. 在电动机的继电器接触器控制电路中,热继电器的功能是实现(　　)。
   - a. 过载保护
   - b. 零压保护
   - c. 短路保护

5. 在图 Z11.1 电路中,接触器 KM_1 和 KM_2 均已通电动作,此时若按按钮 SB_3,则(　　)。
   - a. 接触器 KM_1 和 KM_2 均断电停止运行。
   - b. 只有接触器 KM_1 断电停止运行
   - c. 只有接触器 KM_2 断电停止运行

6. 在电动机的继电器接触器控制电路中,热继电器的正确连接方法应当是(　　)。
   - a. 热继电器的发热元件串接在主电路内,而把它的动合触点与接触器的线圈串联在控制电路内
   - b. 热继电器的发热元件串接在主电路内,而把它的动断触点与接触器的线圈串联在控制电路内
   - c. 热继电器的发热元件并接在主电路内,而把它的动断触点与接触器的线圈并联在控制电路内

7. 在图 Z11.2 所示的控制电路中,SB 是按钮,KM 是接触器,KM_1 控制电动机 M_1,KM_2 控制电动机 M_2,若要起动 M_2,必须(　　)。
   - a. 按动 SB_2
   - b. 按动 SB_1
   - c. 先按动 SB_1,再按动 SB_2

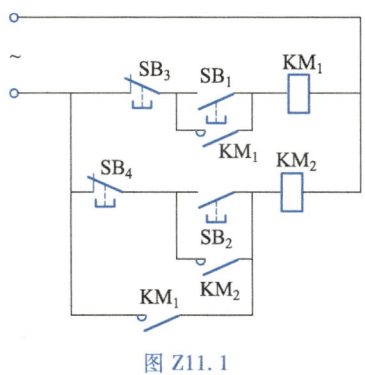

图 Z11.1

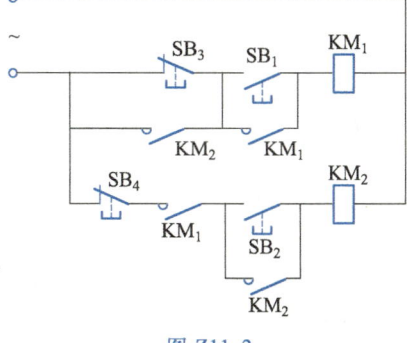

图 Z11.2

8. 如图 Z11.2 所示的控制电路中,停车操作正确的是(　　)。
   - a. 先按 SB_4 停 KM_2,再按 SB_3 停 KM_1
   - b. 先按 SB_3 停 KM_1,再按 SB_4 停 KM_2
   - c. 只按 SB_3,不用按 SB_4

9. 热继电器的触头符号是图 Z11.3 中的( )。

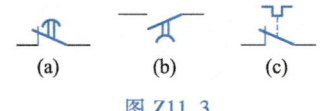

(a)   (b)   (c)

图 Z11.3

10. 在继电-接触器控制电路中,自锁环节的正确连接方法为( )。

    a. 接触器的动合辅助触头与起动按钮并联

    b. 接触器的动合辅助触头与起动按钮串联

    c. 接触器的动断辅助触头与起动按钮并联

11. 在继电-接触器控制电路中,零压保护的功能是( )。

    a. 防止电源电压降低烧坏电动机

    b. 防止停电后恢复供电时电动机自行起动

    c. 实现短路保护。

12. 图 Z11.4 控制电路中,具有的保护功能有( )。

    a. 过载和零压   b. 限位和零压   c. 短路和过载

13. 图 Z11.5 控制电路中,按下 SB_1 后电路的工作情况为( )。

    a. KT 和 KM_1、KM_2 线圈同时通电

    b. KM_1、KM_2 线圈同时通电

    c. KT 和 KM_1 线圈同时通电,经过一定时间后 KM_2 线圈通电。

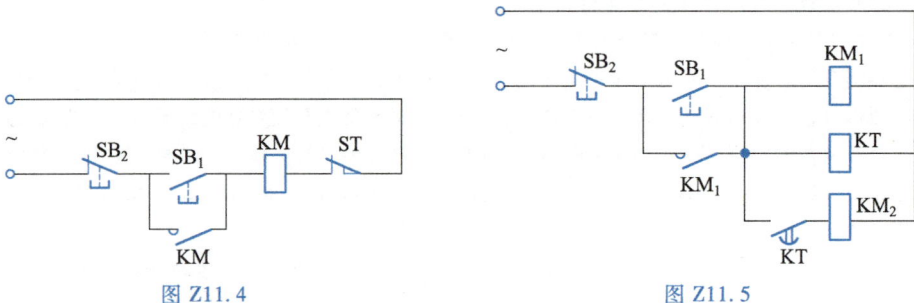

图 Z11.4   图 Z11.5

14. 可编程控制器编程时,线圈应在( )。

    a. 母线的最右边   b. 母线的最左边   c. 母线的中间

15. 可编程控制器编程时,串联支路多的指令应在梯形图的( )。

    a. 上方   b. 下方   c. 中间

16. 可编程控制器编程时,并联线圈电路,从分支到线圈之间无触点的,线圈应放在( )。

    a. 上方   b. 下方   c. 中间

17. 三相异步电动机起动、停止电路的梯形图中,对于停止按钮应用( )来编程。

    a. 动合触点   b. 动断触点   c. 两者皆开

18. 梯形图的顺序执行的原则是( )。

    a. 从左到右,从上到下   b. 从右到左,从上到下   c. 从左到右,从下到上

19. PLC 的输出器件中应用最广泛的是( )。

    a. 继电器输出   b. 晶体管输出   c. 晶闸管输出

20. 对于压力传感器传来的电信号必须通过( )模块和 PLC 相连。

    a. 模拟量输入   b. 模拟量输出   c. 开关量输入   d. 开关量输出

二、分析简答题

1. 图 Z11.6 为电动机 M_1 和 M_2 的联锁控制电路。试说明 M_1 和 M_2 之间的联锁关系,并问电动机 M_1 可否单独运行? M_1 过载后 M_2 能否继续运行?

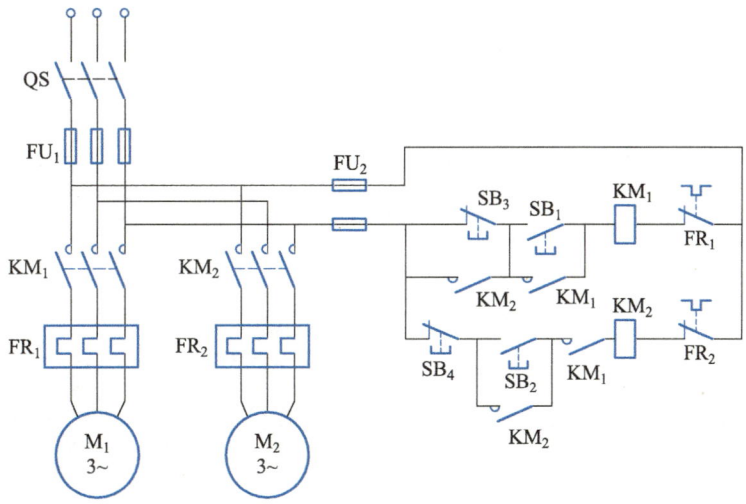

图 Z11.6

2. 图 Z11.7 为利用中间继电器 KA 实现两台电动机集中起停或单独起停的控制电路。接触器 KM_1 控制电动机 M_1,KM_2 控制电动机 M_2。试分析工作原理。

3. 试分析图 Z11.8 控制线路的工作过程及能实现的功能。

其中:KM_1、FR_1 控制 1 号电机 M_1;KM_2、FR_2 控制 2 号电机 M_2。

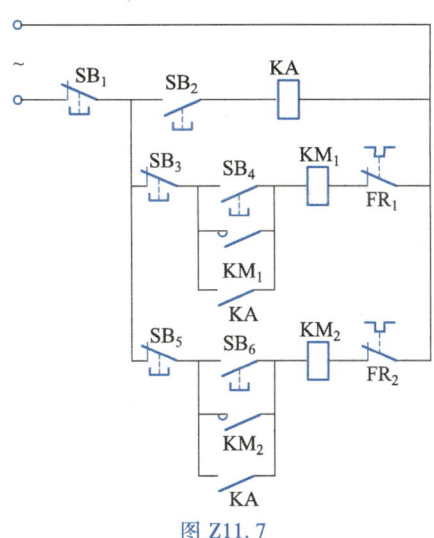

图 Z11.7

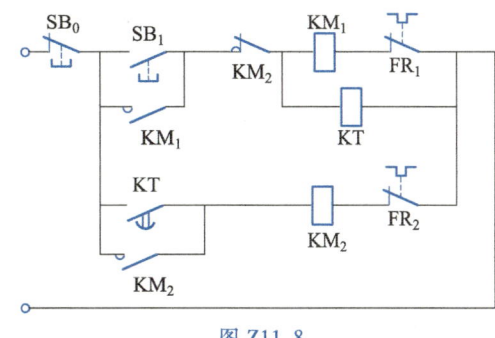

图 Z11.8

4. 可编程控制器主要特点有哪些?

5. 为什么可编程控制器中的触点可以使用无穷多次?

>>> # 第12章

... ## 基于Multisim的
电路仿真与应用

学习目标:

1. 掌握 Multisim 仿真软件的基本功能。

2. 掌握 Multisim 仿真软件的使用方法,能够应用其对各种电路进行分析和设计。

12.1　Multisim 简介

Multisim 是美国国家仪器(NI)有限公司推出的以 Windows 为基础的仿真工具,适用于板级的模拟/数字电路板的设计工作。能够实现电路原理图的图形输入、电路硬件描述语言输入、电子线路和单片机仿真、虚拟仪器测试、多种性能分析等功能,具有丰富的仿真分析能力。本书将以 Multisim14 为演示软件,结合教学的实际需要,简要地介绍该软件的概况和使用方法,并给出几个应用实例。

12.1.1　Multisim 的基本界面

Multisim14 的用户界面与 Windows 的操作界面极其类似,主要包括菜单栏、标准工具栏、视图工具栏、主工具栏、仿真开关、元器件工具栏、仪表工具栏、设计工具箱、电路工作区、电子表格视窗、状态栏等。基本操作界面如图 12.1.1 所示。

元器件栏
菜单栏
主工具栏
仿真开关
视图工具栏
设计工具箱
电路工作区
电子表格视窗
仪表工具栏

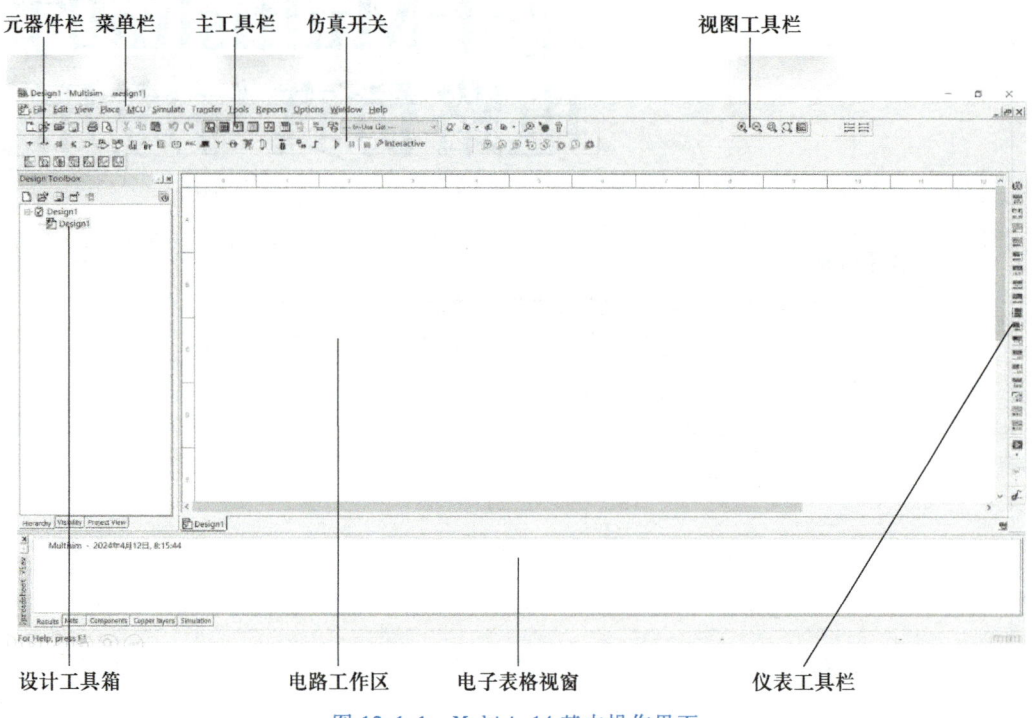

图 12.1.1　Multisim14 基本操作界面

1. 菜单栏

Multisim14 的菜单栏如图 12.1.2 所示。在菜单栏中分类集中了软件的所有功能命令,包含了 12 个菜单项。

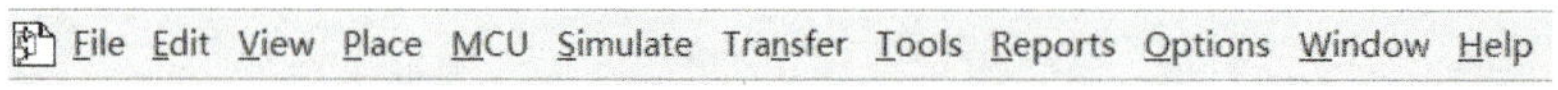

File Edit View Place MCU Simulate Transfer Tools Reports Options Window Help

图 12.1.2　菜单栏

（1）File(文件)菜单

此菜单用于对创建的电路文件进行管理,提供了新建、保存、打开等操作,其中大多数命令和一般 Windows 应用软件基本相同,这里不再赘述。

（2）Edit(编辑)菜单

此菜单下的命令主要用于在绘制电路图的过程中,对电路或元件进行剪切、复制或选择等各种编辑,和一般 Windows 应用软件基本相同,这里不再赘述。

（3）View(视图)菜单

用于设置仿真界面的显示及电路图的缩放显示等。

（4）Place(放置)菜单

用于在电路窗口中放置所需的元器件、节点、导线、各种连接接口、文本和图形等。

（5）MCU(微控制器)菜单

MCU 菜单提供电路工作窗口内 MCU 的调试操作命令,其主要功能和一般编译调试软件类似,使用时读者可参考相关资料。

（6）Simulate(仿真)菜单

此菜单主要提供电路仿真的设置与操作命令,具体如图 12.1.3 所示。包括运行仿真、暂停仿真、停止仿真、选择仪器仪表、混合模式仿真设置、选择仿真分析方法等操作。

（7）Transfer(转移)菜单

此菜单用于将仿真电路及分析结果传输给其他应用程序(如 PCB)。

（8）Tools(工具)菜单

工具菜单提供一些管理元器件和电路管理的功能,其命令及功能如图 12.1.4 所示。

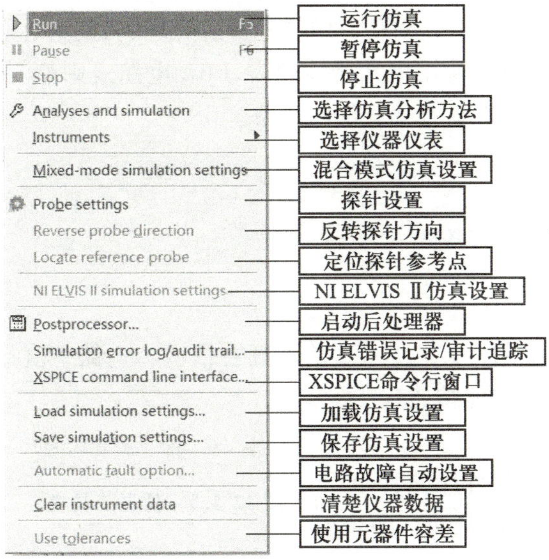

图 12.1.3 Simulate 菜单

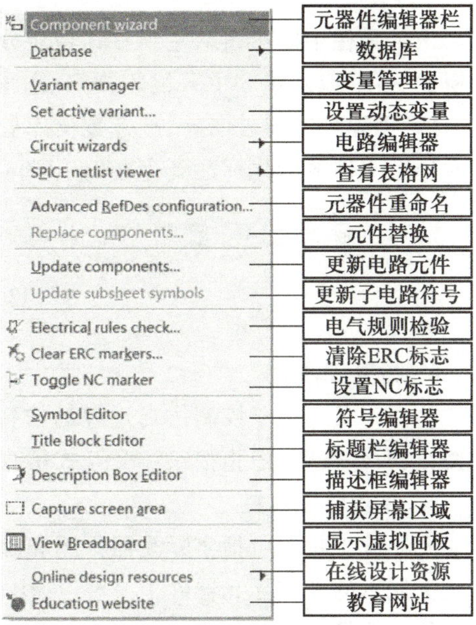

图 12.1.4 Tools 菜单

（9）Reports(报告)菜单

报告菜单用于输出电路的各种统计报告。

（10）Options（选项）菜单

选项菜单用于对电路的界面及电路的某些功能的设定，其子菜单命令选项如图 12.1.5 所示。

（11）Window（窗口）菜单

此菜单提供了对一个电路的各个多页子电路以及各个不同的仿真电路同时浏览的功能。

（12）Help（帮助）菜单

此菜单主要为用户提供在线技术帮助和使用指导，包括帮助主题目录、帮助主题索引以及版本说明等选项。

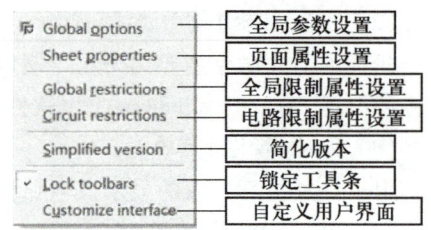

图 12.1.5　Options 菜单

2. 标准工具栏

标准工具栏主要提供一些常用的文件操作功能，如新建文件、打开文件、打开设计实例、文件保存、打印电路、打印预览、剪切、复制、粘贴、撤销和恢复。如图 12.1.6 所示。

3. 视图工具栏

视图工具栏包括全屏显示、缩放显示、区域放大显示、整页显示，如图 12.1.7 所示。

图 12.1.6　标准工具栏　　　　　　图 12.1.7　视图工具栏

4. 主工具栏

主工具栏集中了 Multisim 的核心操作，从而可以使电路设计更加方便，如图 12.1.8 所示。该工具栏中的按钮从左到右其功能分别为：显示或隐藏设计工具栏、显示或隐藏设计信息视窗、显示或隐藏 SPICE 网表视窗、图形和仿真列表、对仿真结果进行后处理、切换到总电路、打开创建新元器件向导、打开数据库管理窗口、使用中元器件列表、ERC 电路规则检测、将原理图文件的变化标注到存在的 Ultiboard 文件中、查找实例和帮助。

图 12.1.8　主工具栏

5. 仿真工具栏

仿真工具栏用于控制仿真过程的按钮如图 12.1.9 所示。从左到右依次为电路仿真启动按钮、暂停按钮、停止按钮和交互式仿真分析功能按钮。

6. 元器件工具栏

元器件工具栏包括实际元器件库和虚拟元器件库，默认的界面上显示的是实际元器件工具栏，如图 12.1.10 所示。各个按钮的功能简述如下。

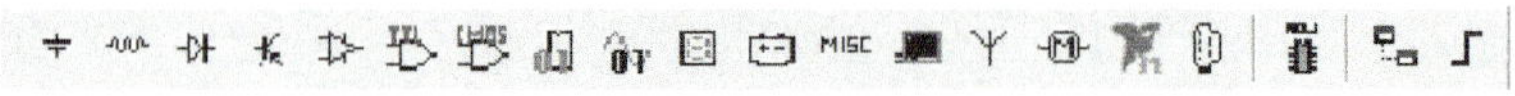

图 12.1.9　仿真工具栏

图 12.1.10　元器件工具栏

（1）电源/信号源库（Source）包含有接地端、直流信号源、交流信号源、方波电压源、压控方波电压源等多种电源与信号源。

（2）基本元器件库（Basic）包含有电阻、电容、电感、变压器、开关等多种元器件。基本元器件库中的虚拟元器件的参数是可以任意设置的；非虚拟元器件的参数是固定的，但是可以选择。

（3）二极管库（Diodes）包含有二极管、晶闸管等多种器件。

（4）晶体管库（Transistor）包含有晶体管、FET 等多种器件。

（5）模拟集成库（Analog）包含普通、诺顿、宽带运放、比较器、音频放大器等多种模拟元器件。

（6）TTL 数字集成电路（TTL）包含有 74×× 系列和 74LS×× 系列等 74 系列数字电路器件。

（7）CMOS 数字集成电路（CMOS）包含有 40×× 系列和 74HC×× 系列多种 CMOS 数字集成电路系列器件。

（8）其他数字器件库（Miscellaneous Digital）包含 TIL、DSP、FPGA、PLD、CPLD、微控制器、微处理器、VHDL、存储器等多种器件。

（9）数模混合器件库（Mixed）包含虚拟数模混合器件、555 定时器、A/D 转换器、D/A 转换器、多谐振荡器等多种模数混合集成电路器件。

（10）指示器件库（Indicators）包含有电压表、电流表、探针、蜂鸣器、白炽灯、七段数码管等多种器件。

（11）电源类元件库（Power component）包含有三端稳压器、PWM 控制器等多种电源器件。

（12）其他器件库（Miscellaneous）包含晶振、光耦、真空电子管、DC-DC 开关电源转换器、滤波器等多种器件。

（13）高级外围设备库（Advanced Peripherals）包含键盘、液晶显示器、串口虚拟终端等多种外围设备。

（14）射频元件库（RF）包含射频电容、射频电感、射频双极性晶体管等射频器件。在电路进行高频仿真时，Spice 模型的仿真结果与实际电路结果有较大差别，此时可用一些专门用于进行 RF 分析的元器件模型进行仿真。

（15）机电类元件库（Electromechanical）包含有电动机、开关、继电器等多种机电类器件。

（16）NI 元件（NI Component）提供了定制的 NI myDAQ 等系列器件。

（17）连接元器件（Connector）提供了音视频连接器、以太网通信接口、射频同轴电缆接口、信号输入输出接口、接线端子、USB 接口等。

（18）微控制器（MCU）包含有 8051、PIC 等多种微控制器。

7. 仪表工具栏

仪表工具栏包含各种对电路工作状态进行测试的仪器、仪表及探针，如图 12.1.11 所示，从左至右依次为数字万用表、函数信号发生器、功率计、双通道示波器、四通道示波器、伯德图仪、频率计数器、字信号发生器、逻辑转换仪、逻辑分析仪、伏安特性分析仪、失真度分析仪、频谱分析仪、网络分析仪、安捷伦函数发生器、安捷伦万用表、安捷伦示波器、泰克示波器、LabVIEW 虚拟仪器和电流探针。这些虚拟的仪器仪表的参数设置、使用方法、外观设计与实验室中的真实仪器基本一致。用户可以通过这些仪表观察电路的运行状态及电路的仿真结果。

图 12.1.11　仪表工具栏

12.1.2　Multisim 的使用方法

1. 界面设置

安装后初次使用前,最好根据电路的具体要求和用户喜好,对基本界面进行设置,设置完成后可以将设置内容保存,以后再次打开 Multisim 时就不必再次设置。

（1）总体参数设置（Global options）

单击主菜单中的“Options”,选第一项“Global options”,出现如图 12.1.12 所示的对话框,用户可以根据需要选择各项参数。

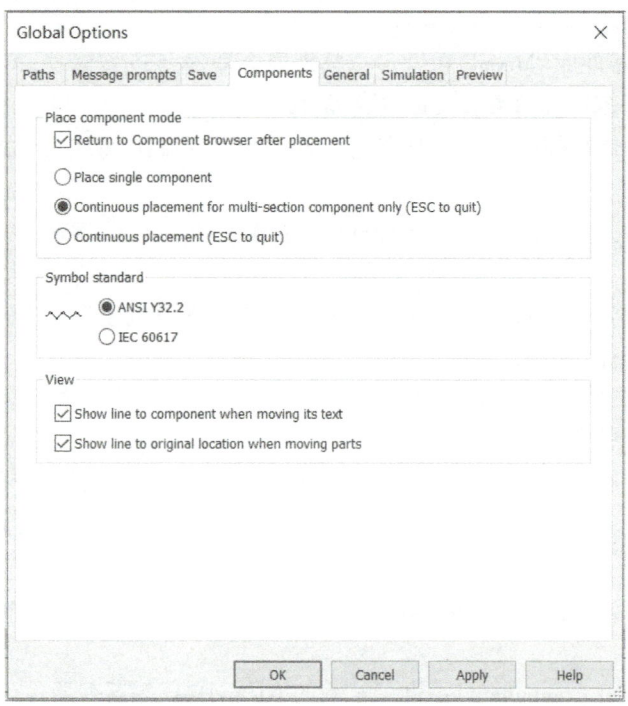

图 12.1.12　总体参数设置

① Paths 标签页主要设置文件的默认存放路径以及数据库的文件路径等,这些设置用户一般不用修改,采用软件默认设置即可。

② Message prompts 标签页主要提示用户想要显示的情况,包括代码片段、注释和出口、网表变化、NI 例程查找器、项目包装和网络表查看器、分析和仿真等。

③ Save 标签页用于定义文件进行保存的操作。

④ Components 标签页分为放置元器件模式设置、符号标准设置、视图设置三部分。在

放置元器件模式设置中,用户可以选择是否在放置元器件完毕后返回元器件浏览器以及元器件放置的方式。如一次放置一个元器件、仅对复合封装元器件连续放置和连续放置元器件;符号标准设置可将元器件的符号设为 ANSI 标准和 IEC 标准,建议选中 IEC 标准,即选取元器件符号为欧洲标准模式,我国常用;视图设置为当文本移动时查看相关组件和当元器件移动时显示原始位置。

⑤ General 标签页主要用于鼠标滚轮滚动行为、元件移动行为、走线行为等通用设置。

⑥ Simulation 标签页主要用于设置仿真时网络节点出错是否提示、图形和仪器仪表分析结果显示时的背景颜色、正相位移动方向设置等。

⑦ Preview 标签页主要用于设置选项卡、设计工具箱中是否显示缩略图,以及一些重要预览设置等。

(2) 页面属性设置(Sheet properties)

页面属性设置用于对工作区内的当前页面进行设置。单击主菜单中的"Options",选第二项"Sheet properties",出现如图 12.1.13 所示的对话框。

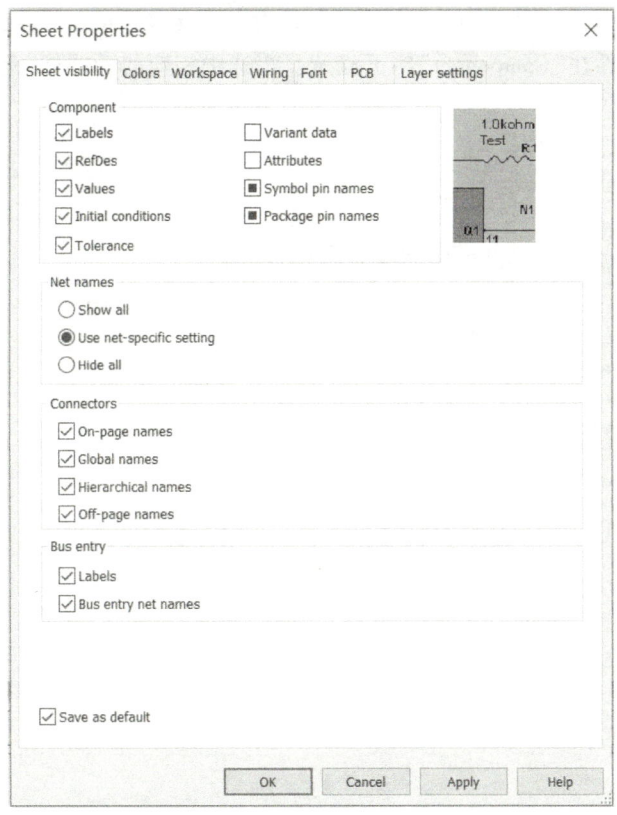

图 12.1.13　Sheet properties 对话框

① Sheet visibility 标签页主要用于电路参数显示,包括元件参数、节点名称及总线标签的显示设置。

② Colors 标签页用于背景颜色的设置。

③ Workspace 标签页主要用于工作区显示形式和页面大小的设置。可设置工作区内是

否显示栅格、是否显示图纸的边界、是否显示图纸的标题栏、图纸的规格和方向等。

④ Wiring 标签页可设置导线和总线的宽度。

⑤ Font 标签页用于设置字体的类型和大小,以及字体应用的对象。

⑥ PCB 标签页用于设置印制电路板的相关内容。

⑦ Layer settings 标签页可自定义注释层。

2. 元器件的操作和调整

Multisim 中的元器件种类繁多,有真实元器件和虚拟(virtual)元器件之分。真实元器件采用实际元器件模型,有具体的型号和相应的封装。虚拟元器件又有 3D 元器件、基本元器件和定值元器件之分。开发新产品必须使用真实元器件,设计验证新电路原理采用虚拟元器件较好。

(1) 元器件的调用

调用元器件时,首先在元器件库栏中用鼠标单击包含该元器件的图标,打开该元器件库,再从中选择所需的元器件。另外,也可选择"Place"菜单下的"Component"命令打开元器件选择对话框,如图 12.1.14 所示。所有元器件分为几组(Group),各组又分为几个系列(Family),各系列元件在"Component"栏下显示。当选中相应的元器件,元器件的符号将在右

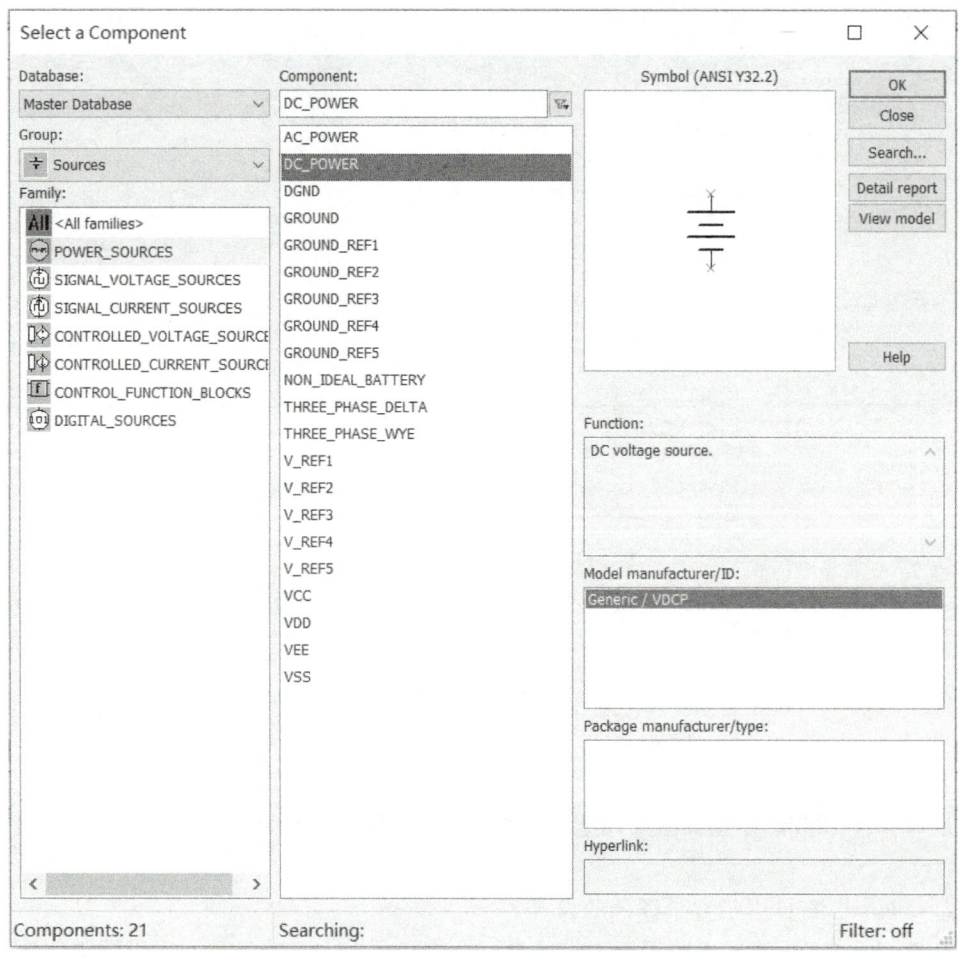

图 12.1.14 元器件选择对话框

边的符号窗内显示；单击右边的"Detail report"按钮，将显示元器件的详细信息；单击"View model"按钮，将显示元器件的模型数据；单击"OK"按钮，将选择当前元器件。例如调用一个直流电压源。单击元器件库栏中最左边的电源库按钮，弹出电源分类库菜单如图 12.1.14 所示。在 Family（系列）栏中选择 POWER_SOURCES（电源），再在 Component（元件）栏中选择 DC_POWER（直流电源），然后单击右上角的 OK 按钮，即可将一个直流电压源调到电路工作区中。

　　若不清楚要选择的元器件在哪个分类下，可单击图 12.1.14 对话框中的"Search"按钮，将弹出如图 12.1.15 所示的元器件查找对话框，在其中可以搜索所需要的元器件。

　　（2）选中元器件

　　在连接电路时，要对元器件进行移动、旋转、复制、删除、设置参数等操作，就要先选中该元器件，方法是单击该元器件。被选中的元器件的四周会出现一个蓝色方框（电路工作区为白底），以便识别。对选中的元器件可以进行移动、旋转、复制、删除、设置参数等操作。用鼠标拖曳形成一个矩形区域，可以同时选中在该矩形区域内包围的一组元器件。要取消某一元器件的选中状态，只需单击电路工作区的空白部分即可。

　　（3）元器件的移动

　　用鼠标左键单击需移动的元器件，按住左键，可将元器件拖曳到所需的位置。要移动一组元器件，必须先用前述的矩形区域法选中这些元器件，然后用鼠标左键拖曳其中任意一个元器件即可。选中元器件后也可使用箭头键使之做微小的移动。

　　（4）元器件的旋转

　　对元器件进行旋转操作，首先要选中该元器件，然后单击鼠标右键，弹出一个元器件操作对话框如图 12.1.16 所示。选择菜单中的"Flip horizontally"（将选中元器件左右旋转）、

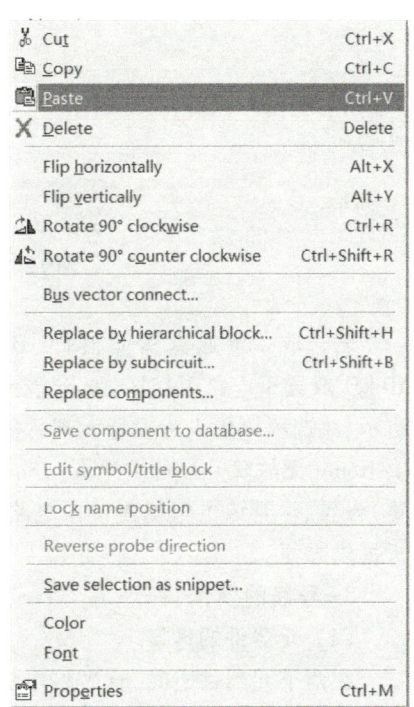

图 12.1.15　元器件查找对话框　　　　　图 12.1.16　元器件操作对话框

"Flip vertically"（将选中元器件上下旋转）、"Rotate 90° clockwise"（将选中元器件顺时针旋转 90 度）、"Rotate 90° counter clockwise"（将选中元器件逆时针旋转 90 度），即可进行相关操作。也可选中 Edit 菜单中的"Orientation"或使用 Ctrl 键实现旋转操作。

（5）元器件参数的设置

选中某一元器件并双击，在弹出的元器件特性对话框中，可以设置或编辑元器件的各种特性参数，图 12.1.17 所示为电阻属性设置的对话框，其由 Label（标签）、Display（显示）、Value（值）、Fault（故障）、Pins（引脚）、Variant（变体）、User fields（用户字段）标签页组成。例如设置一个虚拟电阻的参数，双击该电阻或选择 Edit 菜单中的"Properties"，弹出属性对话框如图 12.1.17 所示。在 Value 选项卡设置阻值为 10 kΩ，在 Label 选项卡设置标号为 R1。

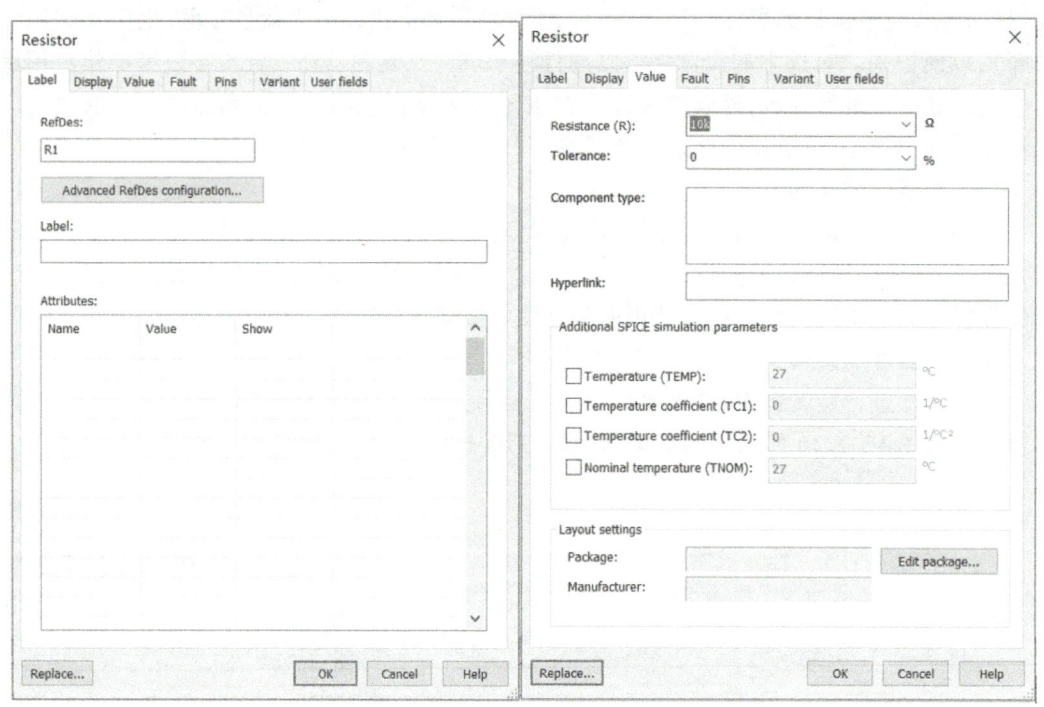

图 12.1.17　虚拟电阻属性设置对话框

若选取一普通真实元器件，还可进行故障设置。如选取基本器件库中 RESISTOR - 10 kΩ 放置于电路工作区，双击该元件，弹出属性对话框，选取 Fault 标签页，如图 12.1.18 所示，此选项可供人为设置元器件的隐含故障。1、2 为与故障设置相关的引脚号，对话框提供 None（无故障）、Open（开路）、Short（短路）、Leakage（漏电）等设置。如果选择了 Open（开路）设置，尽管该电阻仍连接在电路中，但实际上隐含了开路的故障。这可为电路的故障分析提供方便。

3. 导线的操作

（1）元器件的连接

在两个元器件之间，首先将鼠标指向一个元器件的端点使其出现一个带十字花的小圆点，按下鼠标左键并拖曳出一根导线，拉住导线并指向另一个元器件的端点使其出现小圆红点，再单击鼠标左键，则导线连接完成。

（2）连线的删除与改动

用鼠标右键单击欲删除的连线,弹出连线操作对话框如图 12.1.19 所示,选择 Delete 命令,即可删除该连线或用鼠标左键单击欲删除的连线,使用 Delete 键直接删除。

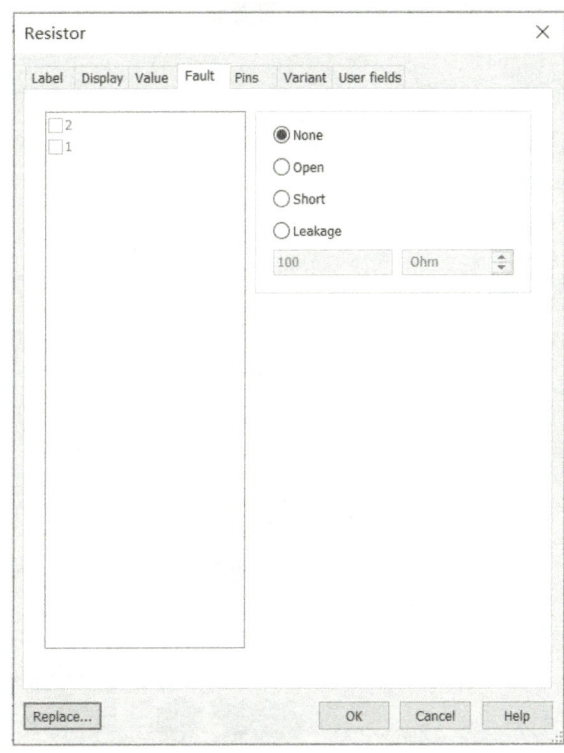

图 12.1.18　电阻属性对话框之 Fault 标签页　　　　　图 12.1.19　连线操作对话框

（3）设置连线颜色

连线的默认颜色可在 Options 菜单下的 Sheet Properties 对话框中的 Colors 标签页中进行设置,如图 12.1.20 所示,单击 Wire 右边的红色图标,就可以重新设置连线颜色。

若要改变电路工作区中现有连线颜色,则选中连线后双击打开其属性对话框,单击 Net name 标签页中 Net color 右边的红色图标,在弹出的如图 12.1.21 所示的对话框中设置当前导线颜色。

（4）在导线中插入元器件

将元器件直接拖曳放置在导线上,然后释放即可插入元器件。

（5）节点编号

在连接电路时 Mulisim14 自动为每个节点分配一个编号。是否显示节点编号可由 Options 菜单的 Sheet Properties 对话框的 Circuit 选项设置,选择 RefDes 选项,可以选择是否显示连接线的节点编号。

4. 常用仪器仪表的使用

（1）仪器仪表的基本操作

① 从仪表工具栏选择需要的仪器仪表按钮,用鼠标将其拖放到电路工作区即可。

② 仪器仪表的连接。将仪器仪表图标上的接线端与相应电路的连接点进行连接,连线

过程与元器件连线过程类似。

③ 仪器仪表参数的设置。双击仪器图标即可打开仪器面板（仪表也是一样），可以用鼠标操作仪器面板上相应按钮及参数设置对话框的设置数据。在测量或观察过程中，可以根据测量或观察结果来改变仪器仪表参数的设置，如示波器、逻辑分析仪等。

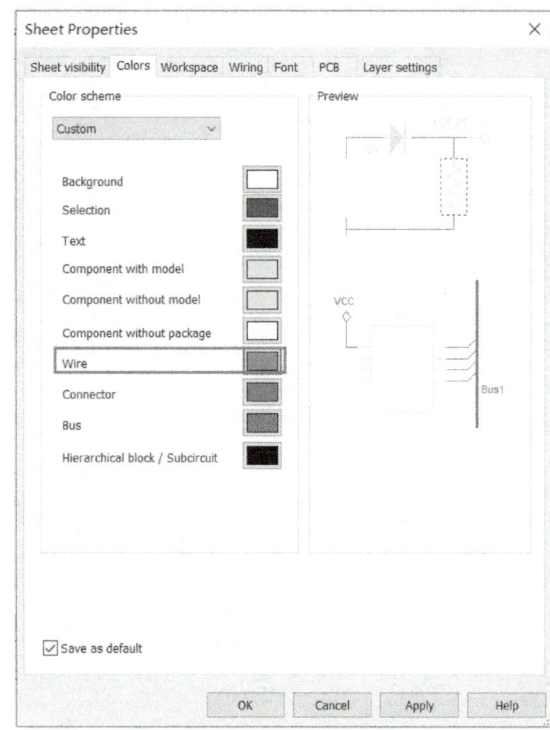

图 12.1.20　导线颜色设置

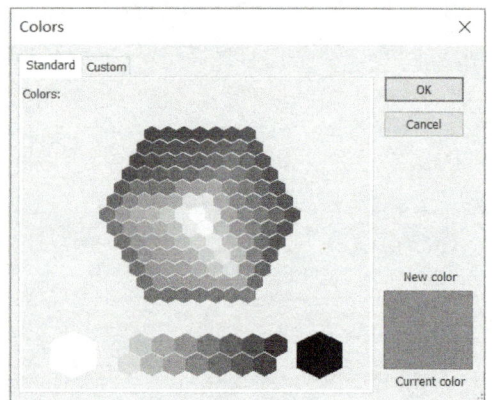

图 12.1.21　color 对话框

（2）数字万用表（Multimeter）

数字万用表是一种可以用来测量交直流电压和电流、电阻以及电路中两点之间的分贝电压消耗并可以自动调节量程的仪表。双击数字万用表可得如图 12.1.22 所示的万用表面板。使用时单击"A"按钮选择测量电流，单击"V"按钮选择测量电压，单击"Ω"选择测量电

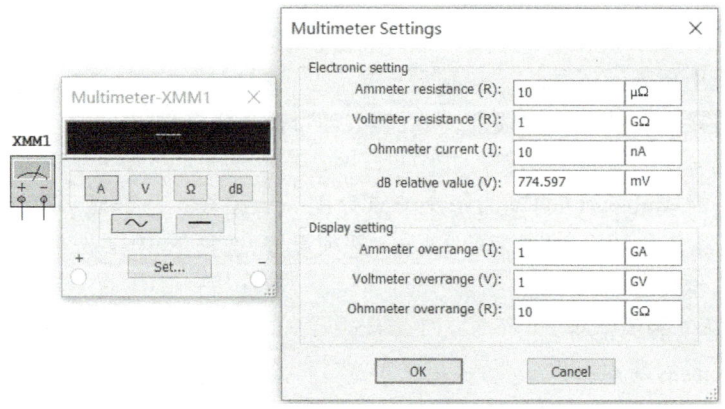

图 12.1.22　万用表面板及参数设置对话框

阻,单击"dB"按钮表示进行两点之间分贝电压消耗的测量。单击"~"按钮选择测量交流量,单击"—"按钮选择测量直流量,单击"Set..."按钮可显示参数设置对话框用于对数字万用表的内部参数进行设置。

(3) 函数信号发生器(Function generator)

函数信号发生器可以提供正弦波、三角波和矩形波三种电压信号。函数信号发生器面板下方有三个连接端子:"+"端子(正极性输出端)、"–"端子(负极性输出端)和 GND 端子(公共端)。"+"端子与 GND 端子之间输出的信号为正极性信号,"–"端子与 GND 端子之间输出的信号为负极性信号。函数信号发生器的输出波形、工作频率、占空比、幅度和直流偏置可以通过面板按钮选择和设置,其图标及面板如图 12.1.23 所示。Waveforms(波形类型)区从左到右依次单击按钮可选择输出正弦波、三角板和矩形波;Frequency(频率)选项设置输出信号的频率;Duty cycle(占空比)设置输出矩形波和三角波信号的占空比;Amplitude(幅值)设置输出信号幅度的峰值;Offset(偏置电压)设置输出信号的直流偏置电压值(输出信号中直流成分的大小),默认值为 0;Set rise/Fall time 设置输出矩形波的上升时间与下降时间。

(4) 功率表(Wattmeter)

功率表用来测量电路的交流或者直流功率。由于功率的单位为瓦特,故该仪器也称为瓦特表,如图 12.1.24 所示。从图标中可以看出,功率表共有 4 个端子与待测设备相连接。左边 V 标记的两个端子用于测量电压,与待测设备并联;右边 I 标记的两个端子用于测量电流,与待测设备串联。

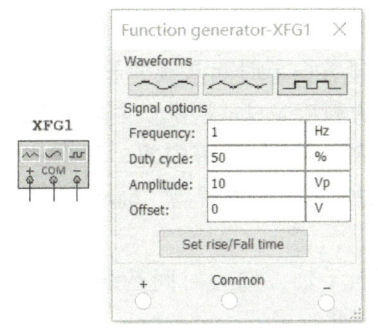

图 12.1.23　函数信号发生器图标及面板

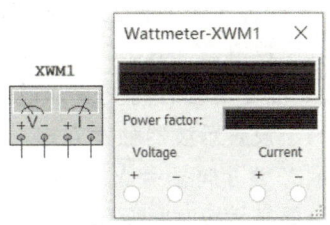

图 12.1.24　功率表图标及面板

(5) 双通道示波器(Oscilloscope)

双通道示波器是用来观测信号波形并可测量信号幅度、频率、周期等参数的仪器。它与实际示波器类似,其操作也基本相同。可以双踪输入,观测两路信号的波形。其图标及面板如图 12.1.25 所示。该仪器的图标上有六个连接端:A 通道正负输入端、B 通道正负输入端和外触发正负输入端。

示波器的面板由两部分构成,上面是示波器的观察窗口,下面是示波器的控制面板。示波器的控制面板又分为四个部分:Timebase(时间基准)部分、Channel A(通道 A)部分、Channel B(通道 B)部分和 Trigger(触发)部分。单击示波器面板上的各种功能键可以进行示波器各项参数的设置。

单击 T1、T2 左右箭头可改变垂直光标 1 和光标 2 的位置,Time 项的数值从上到下分别

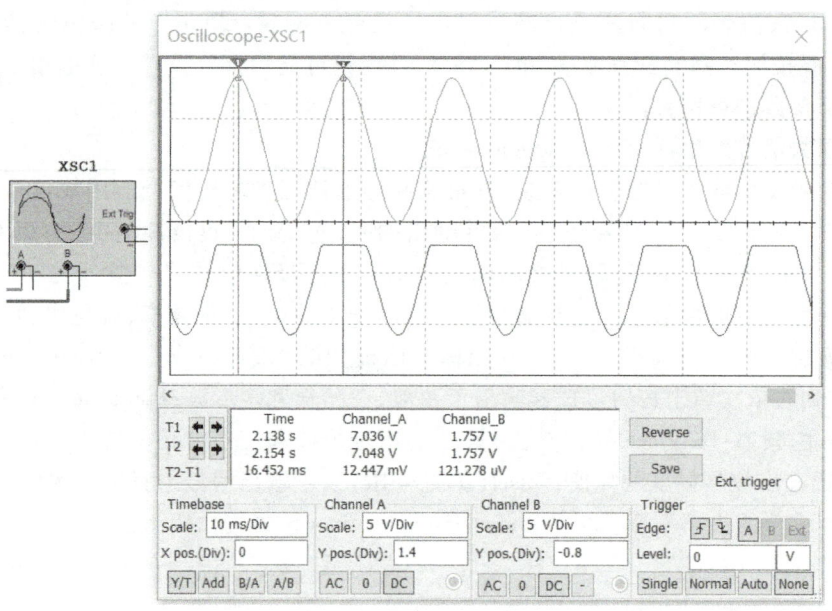

图 12.1.25 双通道示波器图标及面板

为：垂直光标 1 当前位置、垂直光标 2 当前位置、两光标之间的位置差。

Reverse 可用来设置结果显示区的背景颜色（白和黑之间转换）。

Save 可用来存储扫描数据。

Timebase 用于设置 X 轴方向上时间基线位置和时间刻度值。Scale 用于设置 X 轴方向上每格刻度代表的时间，X pos.（Div）用于设置 X 轴方向上时间基线的起始位置。

Channel A 设置 Y 轴方向上 A 通道输入信号的幅度。Scale 用于设置 Y 轴方向上每格刻度代表的电压数值，Y pos.（Div）用于设置时间基线在显示屏幕中的上下位置。

Channel B 设置 Y 轴方向上 B 通道输入信号的幅度。其设置与 ChannelA 相同

Trigger 用于设置示波器触发方式。

Y/T 表示 Y 轴方向显示 A、B 通道的输入信号，X 轴方向为时间基线，并按设置的时间进行扫描。当要显示按时间变化的信号波形时采用此方式。

Add 表示 A、B 通道输入信号的叠加。

B/A 表示 A 通道信号作为 X 轴扫描信号，将 B 通道信号施加在 Y 轴上；A/B 与上述相反。

（6）四通道示波器（4 Channel Oscilloscope）

四通道示波器也是一种可以用来显示信号波形、幅度、频率等参数的仪器，与双通道示波器的使用方法和参数调整方式基本相似，不同的是将信号输入通道由 A 、B 两个增加到 A、B、C、D 四个。在设置各个通道 Y 轴输入信号的参数时，通过单击通道选择旋钮来选择要设置的通道。按钮 A+B>相当于双通道示波器中的 Add 按钮，即 X 轴按设置时间进行扫描，Y 轴方向显示 A、B 通道输入信号的叠加。示例电路及面板如图 12.1.26 所示。

（7）伯德图仪（Bode Plotter）

伯德图仪可以方便地测量和显示电路的频率响应特性（幅频特性和相频特性），特别易于观察截止频率，类似于实验室中的频率特性测试仪。其示例电路及面板如图 12.1.27 所示。

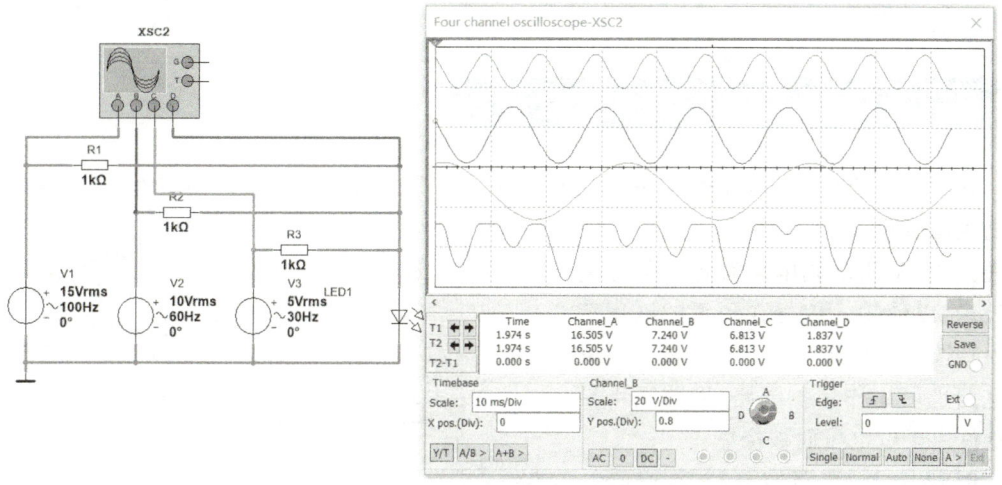

图 12.1.26 四通道示波器使用示例电路及面板

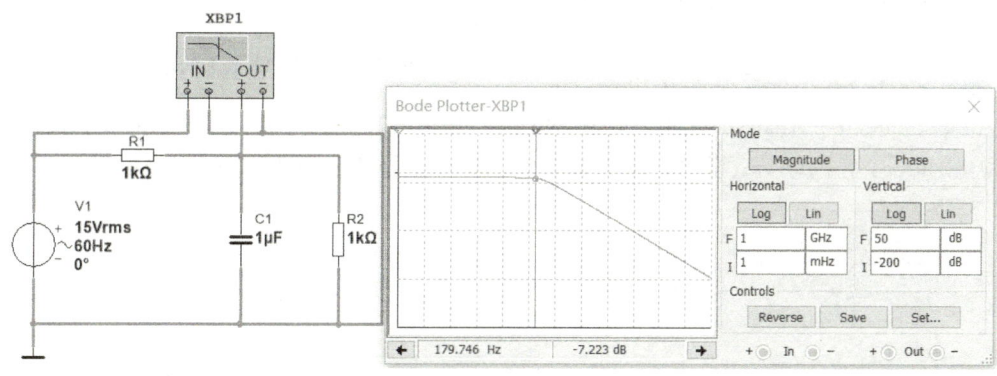

图 12.1.27 伯德图仪使用示例电路及面板

伯德图仪共有四个连接端,其中两个输入端子(IN)和两个输出端子(OUT)。IN 端子的 +和−分别接电路输入端的正端和负端,OUT 端子的+和−分别接电路输出端的正端和负端。使用伯德图仪时必须在电路的输入端接入 AC(交流)信号源。

伯德图仪控制面板分四个区,分别为 Mode 区、Horizontal 区、Vertical 区和 Controls 区。Mode 区用于设置显示屏幕中显示内容的类型。Magnitude 为幅频特性显示,Phase 为相频特性显示。

Horizontal 区用于设置 X 轴显示类型和频率范围。X 轴总是显示频率值。Log 表示坐标以对数为标尺,Lin 表示坐标是线性标尺。F 指的是终值,I 指的是初值。在信号频率范围很宽的电路中进行电路频率响应的分析时,通常选用对数坐标。

Vertical 区用于设置 Y 轴的标尺刻度类型。当测量电压增益时,Y 轴显示输出电压与输入电压之比,若用对数标尺,则单位为分贝;若用线性标尺,显示的是比值。当测量相位时,Y 轴总是以度为单位显示相位角。

12.2　二极管应用电路的仿真分析

利用二极管的单向导电性和正向导通后其正向导通压降基本恒定的特性,可将输出信号电压幅值限制在一定的范围内。在电子线路中,常用限幅电路对各种信号进行处理,以使输入信号在预置的电压范围内有选择地传输一部分。二极管的限幅电路也可用作保护电路,以防止半导体器件由于过电压而被烧坏。

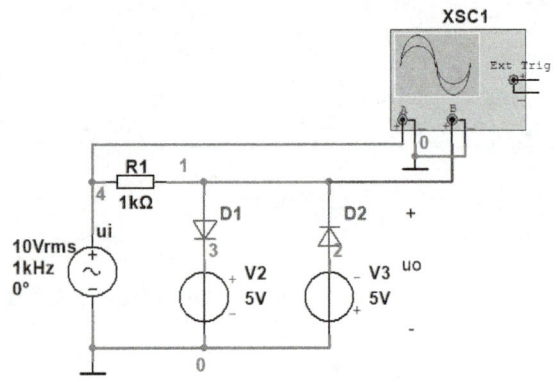

例 12.2.1　电路如图 12.2.1 所示,利用直流扫描分析绘制电压传输特性曲线(u_o 对 u_i 的关系曲线),并用示波器观察输出端 u_o 的波形。

解　按图 12.2.1 所示连接电路。

图 12.2.1　例 12.2.1 的电路

单击菜单 Simulate—Analysis—DC Sweep 对话框,如图 12.2.2 所示。在 Analysis parameters 选项卡 Source1 区选取 vui,设置扫描初始值为−10 V,扫描终止值为 10 V,扫描增量为 0.1 V。

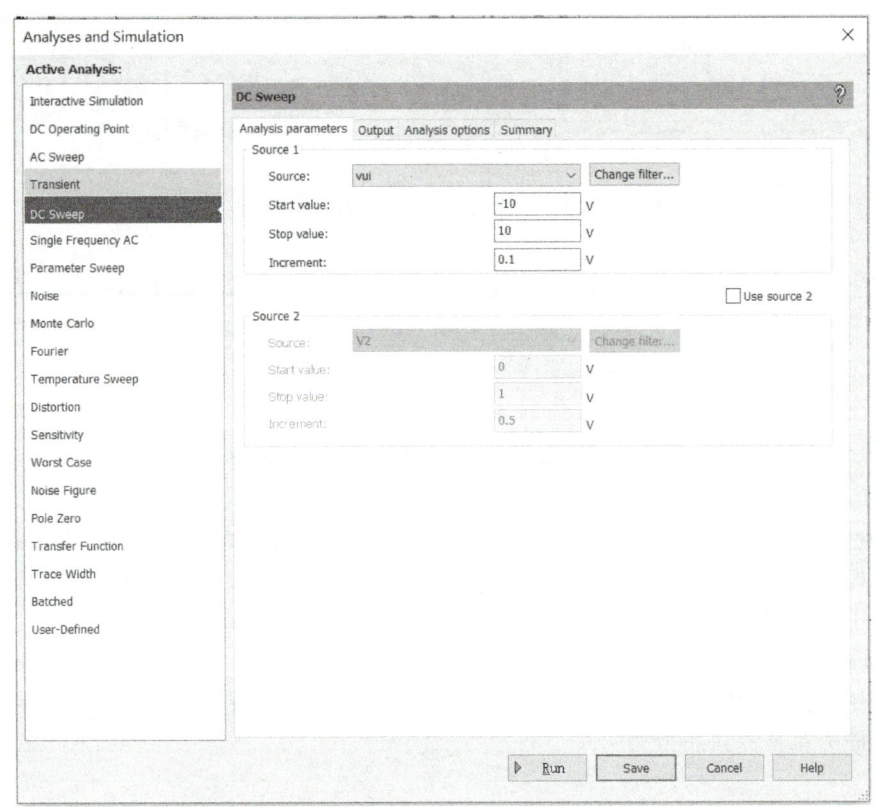

图 12.2.2　直流扫描分析参数设置对话框

在 Output 选项卡中选取节点 2 为分析变量,运行仿真,得测试结果如图 12.2.3 所示。

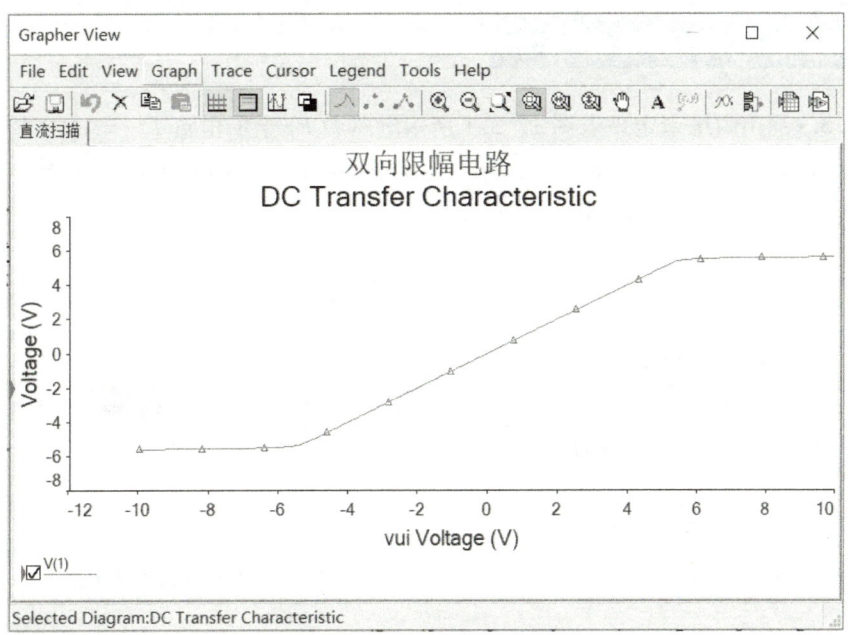

图 12.2.3 电压传输特性曲线

双击示波器观察输入、输出波形,如图 12.2.4 所示。

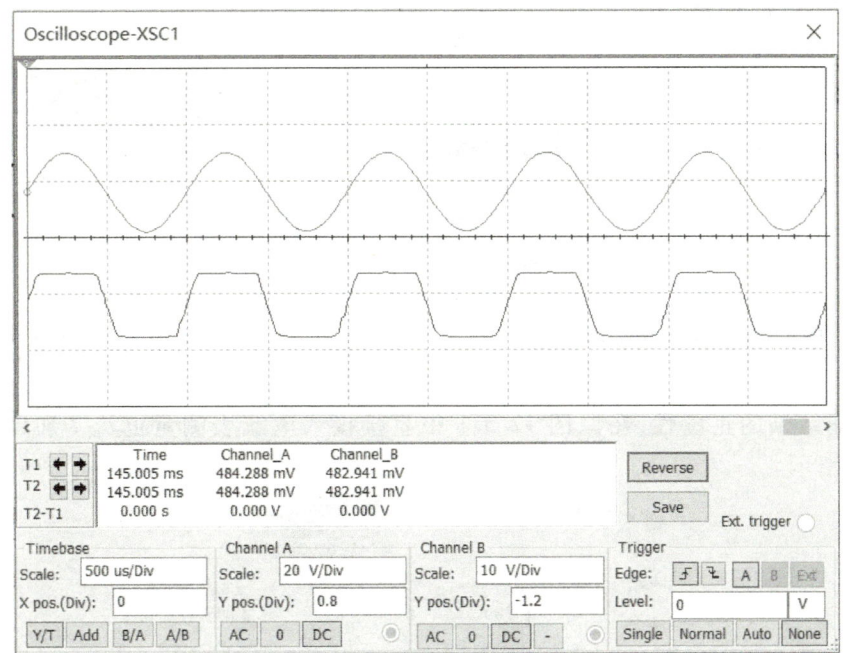

图 12.2.4 输入、输出电压波形图

12.3　直流电路的仿真分析

例 12.3.1　用戴维南定理求图 12.3.1 所示电路中 R_L 上的电流 I。

解　（1）先求 a、b 两端的开路电压 U_{OC}。将 R_L 断开，a、b 两端连接电压表或者万用表测量，如图 12.3.2 所示，$U_{OC}=3$ V。

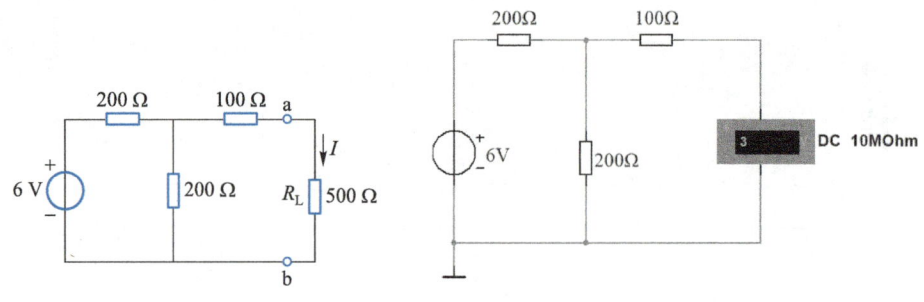

图 12.3.1　例 12.3.1 的电路　　　　图 12.3.2　测量开路电压 U_{OC}

（2）求 a、b 两端的等效电阻 R_0。将有源二端网络内部的全部电源取零值（电压源短路，电流源开路），用万用表的"Ω"挡直接测量。如图 12.3.3 所示，$R_0=200$ Ω。

（3）得到有源二端网络的戴维南等效电路，将负载 R_L 接入，测量流过负载 R_L 的电流如图 12.3.4 所示，$I=4.285$ mA。

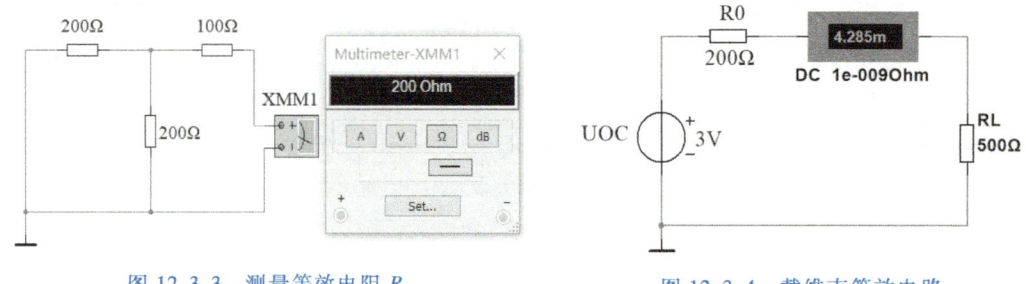

图 12.3.3　测量等效电阻 R_0　　　　图 12.3.4　戴维南等效电路

为验证结果的正确性，在原图 12.3.1 中直接接入电流表测量电流 I 加以验证，如图 12.3.5 所示。

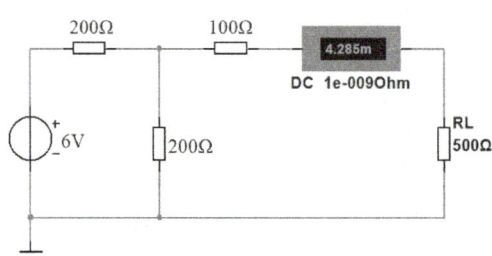

图 12.3.5　直接测量电路

12.4 暂态电路的仿真分析

例 12.4.1 试用 Multisim 中的暂态分析功能，求解图 12.4.1 所示一阶 RC 暂态电路的零状态响应。设开关 S 在 $t=0.01$ s 闭合，试求：

（1）电容电压 u_C 的零状态响应曲线；（2）当 $t_1=\tau$、$t_2=3\tau$、$t_3=5\tau$ 时 u_C 的值。

S1
1
2
R1
3
0.01s 0s
1kΩ
V1
10V
C1
10μF
0

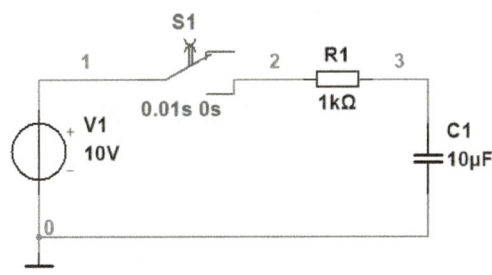

图 12.4.1 例 12.4.1 的电路

解 $\tau=RC=1\times10^3\times10\times10^{-6}$ s $=0.01$ s

从基本元器件库中调出延时开关 S，按照图 12.4.1 搭建仿真电路。双击延时开关，设置接通时间为 0.01 s，即在 0.01 s 时接通电路，如图 12.4.2 所示。

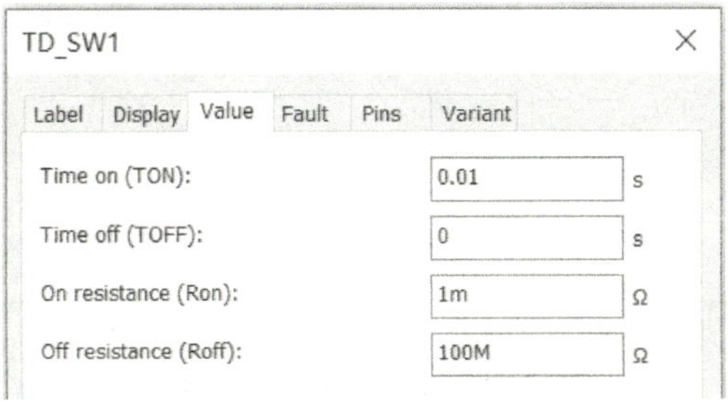

TD_SW1
Label
Display
Value
Fault
Pins
Variant
Time on (TON):
0.01
s
Time off (TOFF):
0
s
On resistance (Ron):
1m
Ω
Off resistance (Roff):
100M
Ω

图 12.4.2 设置开关参数

单击菜单 Simulate—Analyses—Transient Analysis（暂态分析）按钮，在弹出的参数选项设置对话框中，设置初始条件为“设为零”或“用户自定义”，仿真起始时间和终止时间分别为 0 s 和 0.08 s，在输出选项中设置待分析的输出节点为 V(3)，如图 12.4.3 所示。

单击仿真按钮，即可得到的 u_C 零状态响应曲线，如图 12.4.4 所示。分别拖动 1 号、2 号游标至 τ、3τ、5τ 的位置，由于延时开关设置时间为 10 ms，电路在 10 ms 时接通，即游标对应 20 ms、40 ms、60 ms 的位置，可测出对应 u_C 的值为 5.99 V、9.46 V、9.93 V。

由仿真数据可见，u_C 从起始时刻至 τ、3τ、5τ 时刻，已分别充电至新稳态值 10 V 的约 60%、95%、99%，与理论分析计算数值基本一致。

例 12.4.2 电路如图 12.4.5 所示，开关长时间位于位置 1，如在 $t=0$ 时刻将其打到位置 2 上，观察电容电压全响应的波形。

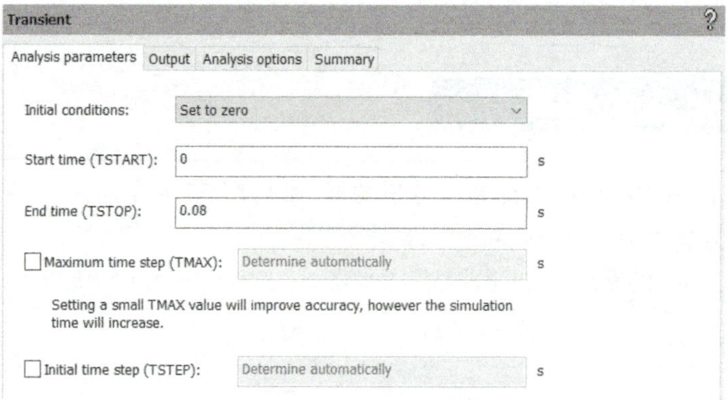

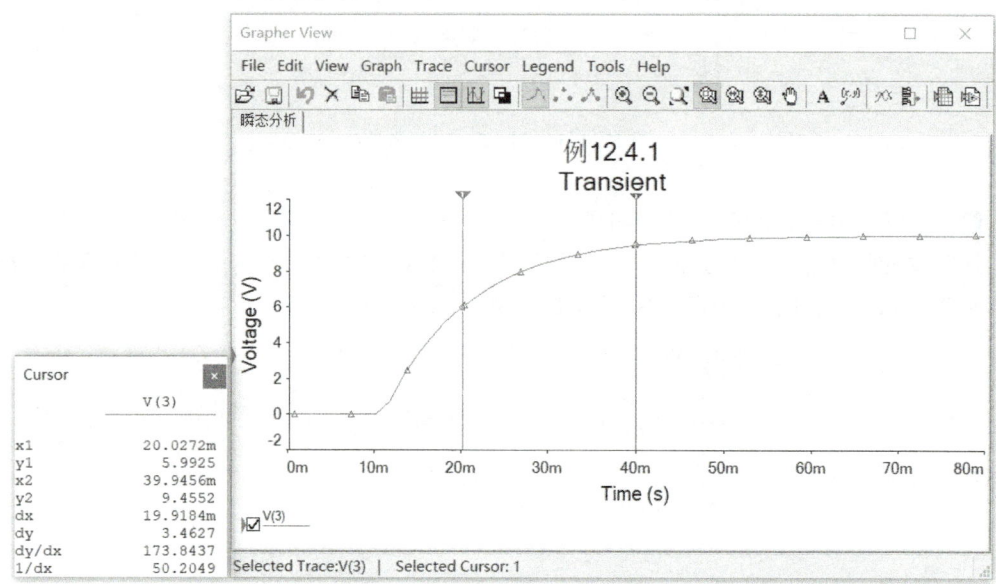

图 12.4.3　设置暂态开始时间

图 12.4.4　电容电压变化曲线图

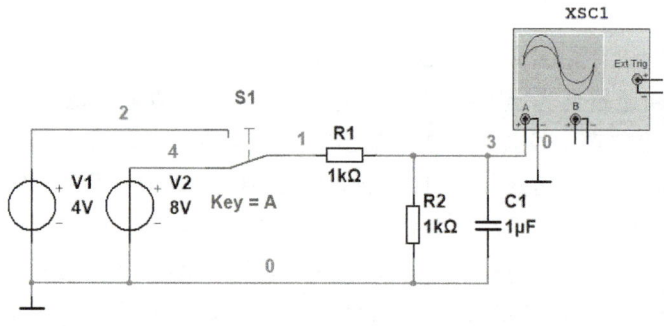

图 12.4.5　例 12.4.2 的电路

　　解　按图 12.4.5 连接电路。仿真波形如图 12.4.6 所示。由于开关动作之前电路处于稳定状态,电容已储能,其端电压为 2 V,故换路后电容电压波形从 2 V 开始变化,开关打到位置 2 后,电容充电,当电路达到新的稳定状态后,电容端电压变为 4 V。同时由于 $\tau = RC = 0.5$ ms,可见充电时间较短,若要改变充电时间,可改变电路参数 R 或 C 的取值。

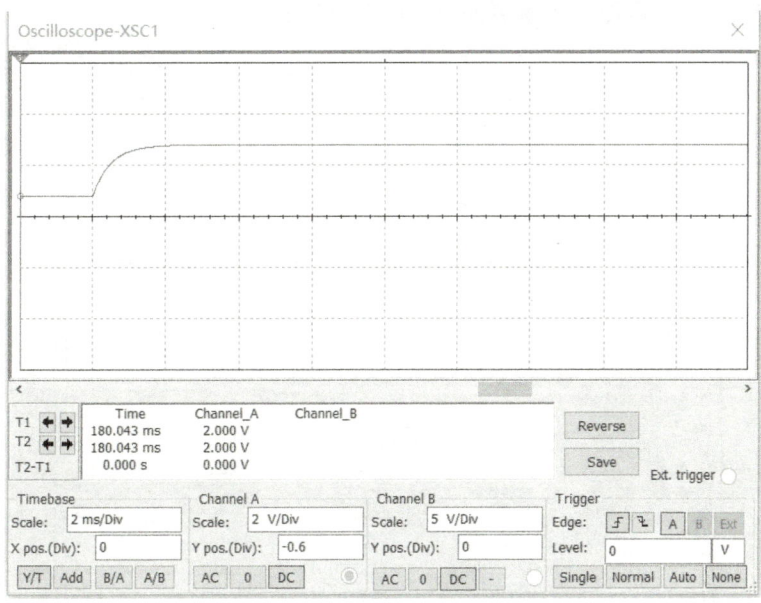

图 12.4.6　电容电压全响应波形

12.5　单相交流电路的仿真分析

例 12.5.1　电路如图 12.5.1 所示。

（1）观察电感元件的电压与电流的相位关系；

（2）求电路的总电流、有功功率、无功功率、视在功率及功率因数；

（3）要想使功率因数提高到 0.95,应并联多大的电容?

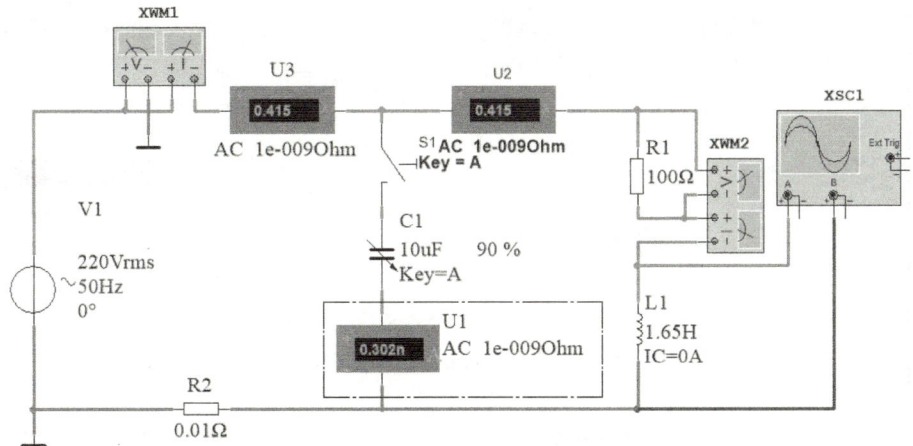

图 12.5.1　例 12.5.1 的电路

解 （1）按图 12.5.1 连接电路。开关 S1 在基本元件库 SWITCH 中选取。开关 S1 打开，用示波器观察电感元件的电压、电流关系，其中电阻 R_2 用于测量电感元件的电流。观察结果如图 12.5.2 所示，由图可见电感的电压超前电流 90°。

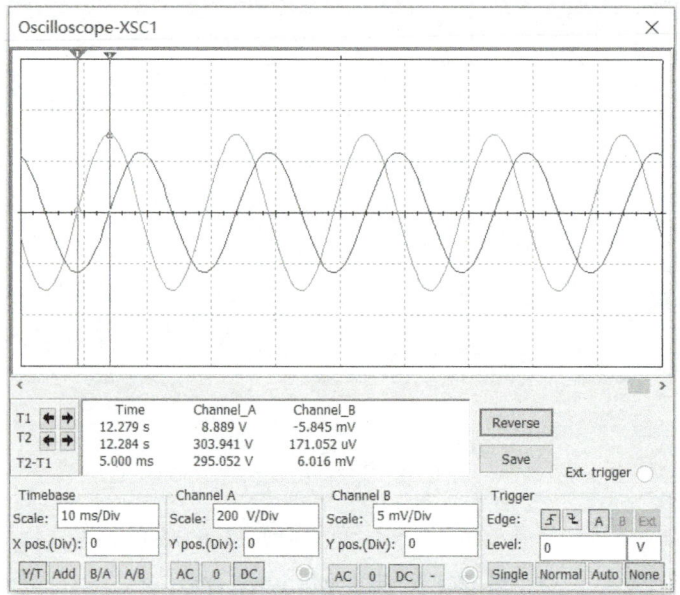

图 12.5.2　电感元件的电压、电流波形

（2）在 Place Indicators 元器件库中取用电流表，设置 Mode 为 AC 模式。从工具栏中调出功率表，功率表 XWM1 测量电路的总功率及功率因数，功率表 XWM2 测量 100 Ω 电阻元件消耗的功率及电阻元件功率因数，测量结果如图 12.5.3 所示。可测得电路总的有功功率为 17.254 W，功率因数为 0.189，电流为 0.415 A，计算得电路的视在功率为 $S = UI = 220 \times 0.415$ V · A = 91.3 V · A，无功功率为 $Q = \sqrt{S^2 - P^2} = 89.65$ var。

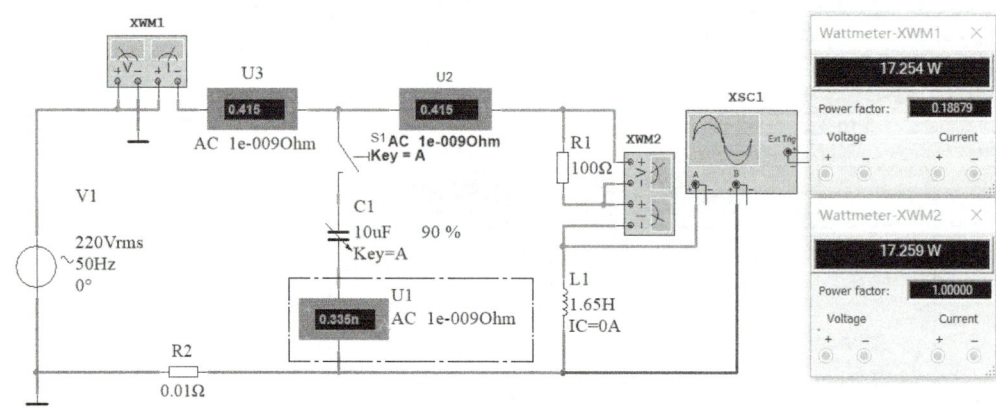

图 12.5.3　并联电容前测量结果

（3）闭合开关 S1，按 B 键增加电容值（按 Shift+B 键可减小电容值），使功率因数提高到 0.95，此时电容为 5.5 μF。测试结果如图 12.5.4 所示。

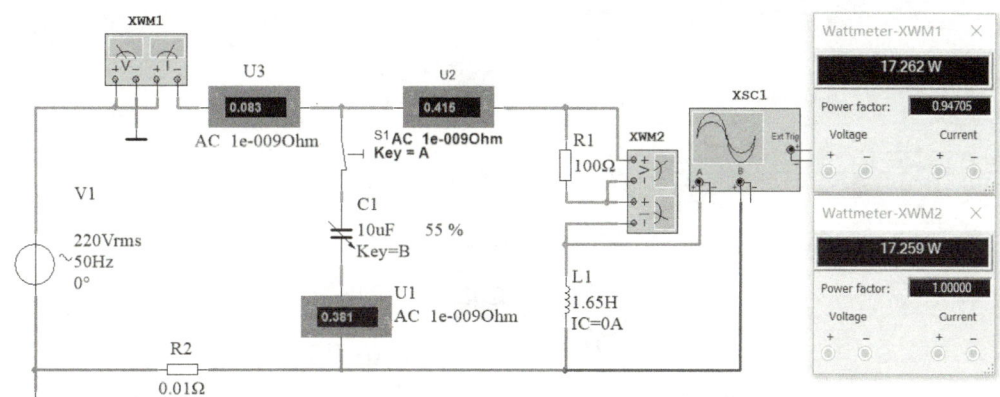

图 12.5.4 并联电容后电路测试结果

在调节电容值的过程中可以发现,并联电容确实可以提高电路的功率因数,减小线路上的电流。但并不是并联电容越大越好,当电容超过一定值后,功率因数不升反降。从测试结果可以看出,并联电容后,原 RL 支路电流不变,总电流减小,总的有功功率不变。

12.6　三相交流电路的仿真分析

例 12.6.1　某三层楼房中单相照明电灯均接在三相四线制电路上,若每层为一相,每相安装有 220 V、40 W 的白炽灯三盏,线路阻抗忽略不计,对称三相电源的线电压为 380 V,试构建 Multisim 仿真电路,完成:

(1) 当白炽灯全部点亮时,测量各相电压、相电流及中性线电流。

(2) 当 V 相照明灯只有一盏点亮,而 U、W 两相照明灯全部点亮时,测量各相电压、相电流及中性线电流。

(3) 当中性线断开时,测量在上述两种情况下的各相电压,观察白炽灯亮度变化。

解　(1)构建如图 12.6.1 所示的电路,在 Place Indicators 元器件库中取用电压表和电流表,设置 Mode 为 AC 模式。闭合所有开关,此时三相负载对称,测量各相电压、电流及中性线电流分别为 220 V、0.546 A 和 0。打开开关 S7,各相电压和电流不变。

(2) 按键 C 断开开关 S3,此时 U、W 两相白炽灯全部点亮,V 相只有 X6 一盏灯点亮,测量各相电压、电流及中性线电流如图 12.6.2 所示。各相电压依然为 220 V,U、W 两相电流不变,V 相电流变为 0.182 A,中性线电流为 0.364 A。

(3) 打开开关 S7 断开中性线,闭合所有开关,各相电压和电流测量结果同(1)。断开 S3 和 S7 开关,U、W 两相白炽灯亮度变暗,V 相 X6 点亮之后马上烧坏,测量结果如图 12.6.3 所示。此时 U、W 两相的电压为 190 V,电流为 0.472 A;V 相电压约 330 V,高于额定电压。

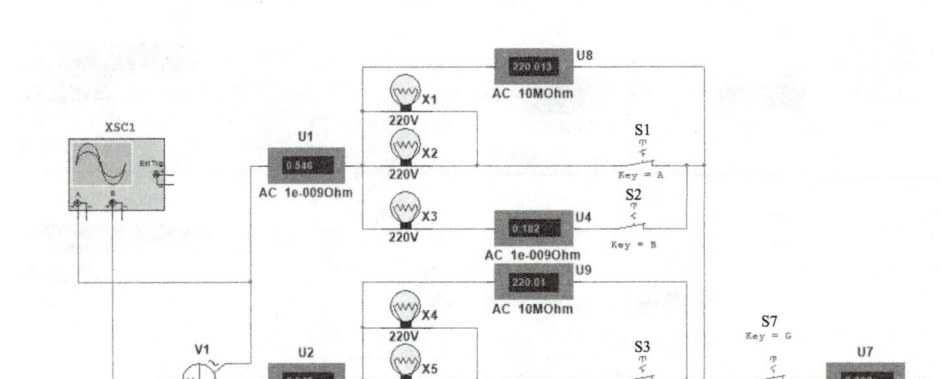

图 12.6.1 三相对称负载电压、电流测量结果

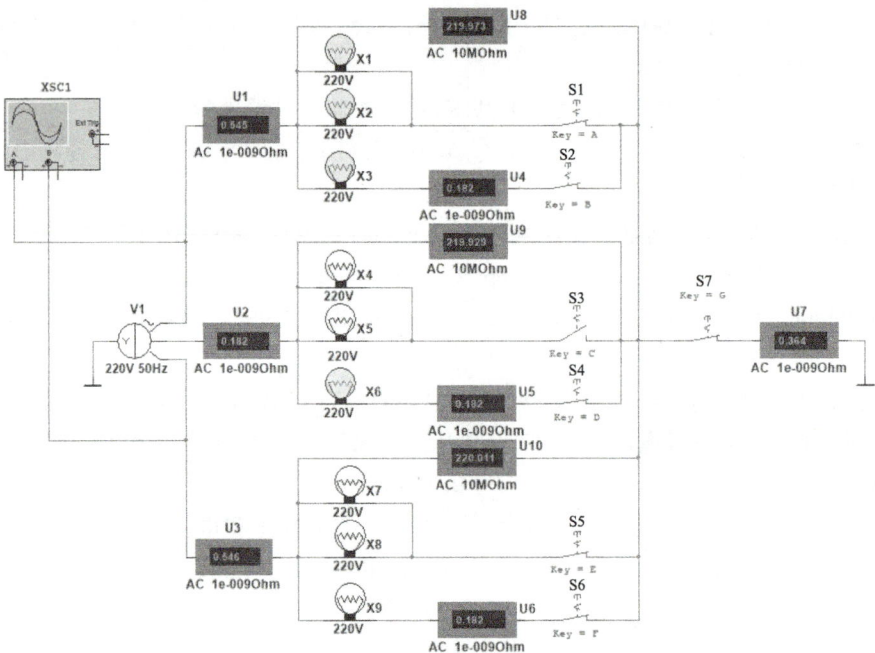

图 12.6.2 三相非对称负载(有中性线)电压、电流测量结果

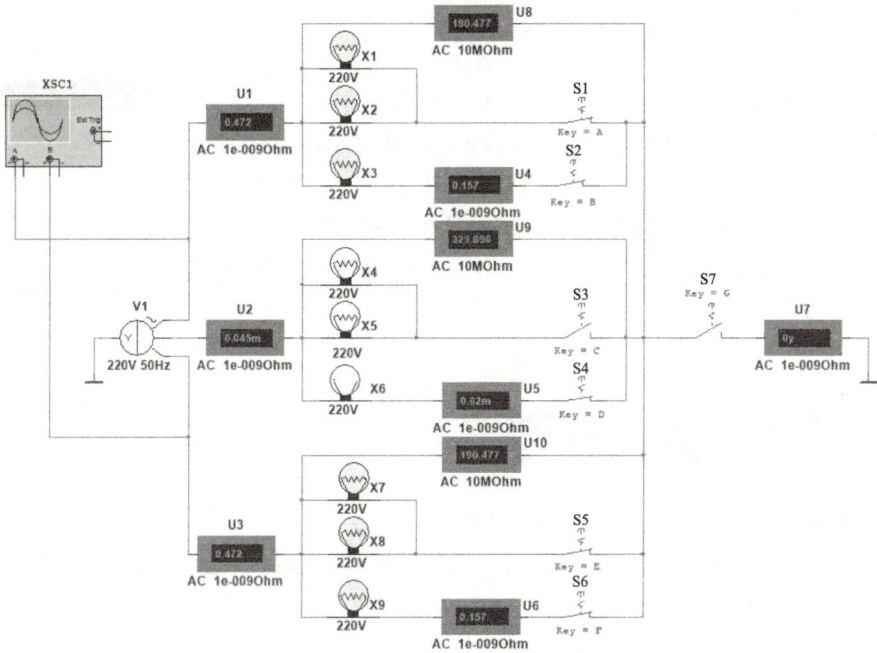

图 12.6.3　三相非对称负载(无中性线)电压、电流测量结果

12.7　集成运放应用电路的仿真分析

例 12.7.1　用 Multisim 分析如图 12.7.1 所示电路,说明电路功能。

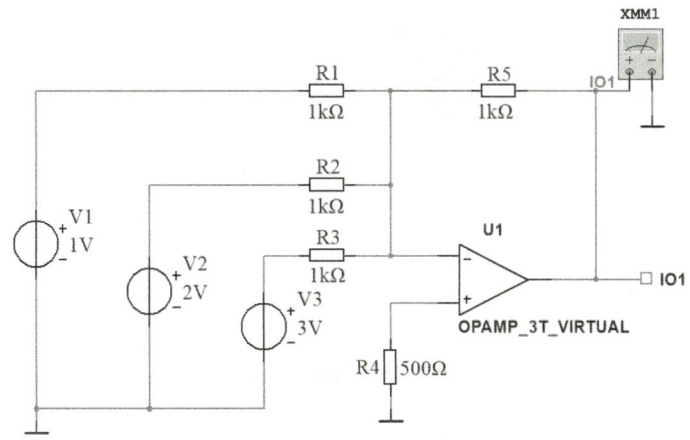

图 12.7.1　例 12.7.1 的电路

解　从电路结构可以看出,这是一个反相加法运算电路,其输出电压与输入电压之间的关系可表示为

$$u_{IO1} = -R_5 \left(\frac{u_1}{R_1} + \frac{u_2}{R_2} + \frac{u_3}{R_3} \right)$$

由于 $R_1 = R_2 = R_3 = R_5$，故 $u_{IO1} = -(u_1 + u_2 + u_3) = -6 \text{ V}$。

按图 12.7.1 连接电路。单击 Place Analog，从 ANALOG_VIR-TUAL 中选取集成运算放大器。单击 Place—Connectors，选择 HB/SC Connector，放置连接器。选取数字万用表放置于输出端口测试输出电压。运行仿真测试结果如图 12.7.2 所示。仿真与理论计算结果一致。

图 12.7.2　测试结果

12.8　数字电路的仿真分析

例 12.8.1　用 74LS90 构成电子钟，显示时、分、秒。

解　（1）分别用两片 74LS90 构成六十进制计数器，实现秒、分计时，秒脉冲信号经秒计数器累计，达到 60 时秒计数器复位归零并向分计数器送出一个分脉冲信号，分脉冲信号再经分计数器累计，达到 60 时分计数器复位归零并向时计数器送出一个时脉冲信号。单击 Place—Connectors，从 Place TTL 中选取 74LS90N 和 74LS11N，从 Sources 库中选取 CLOCK_VOLTAGE 作为秒计数电路的时钟脉冲，构建如图 12.8.1 所示的秒计数电路。IO1 端子为分计数电路提供时钟脉冲，分计数电路和秒计数电路相似，不再赘述。

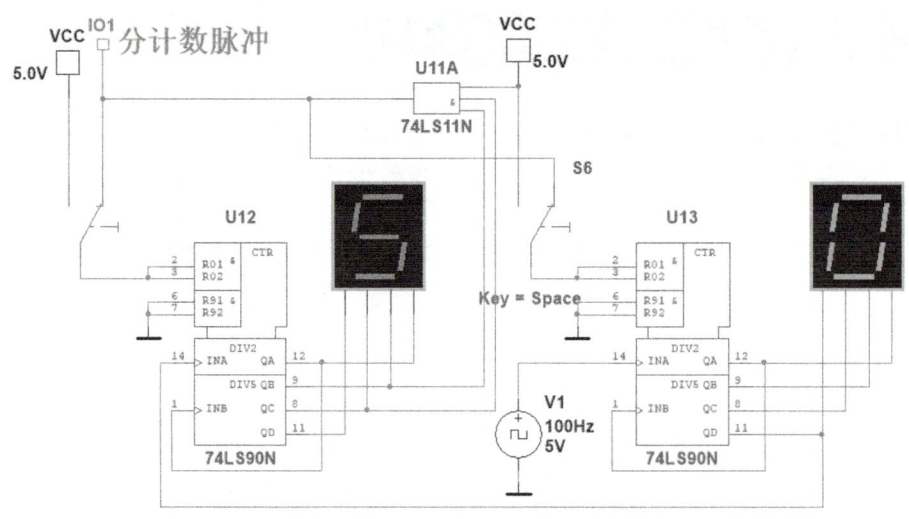

图 12.8.1　秒计数电路

（2）用两片 74LS90 构成二十四进制计数器，实现小时计数，显示数字为 00~23，其计数脉冲由分计数电路提供（由时钟信号源代替）。构建如图 12.8.2 所示电路。

（3）将时、分、秒三部分电路级联，构成电子钟电路，如图 12.8.3 所示。

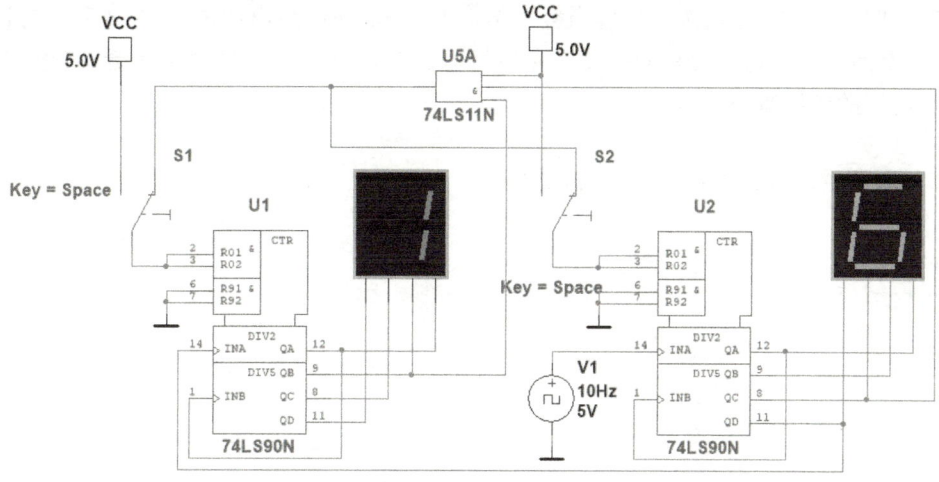

图 12.8.2   时计数电路

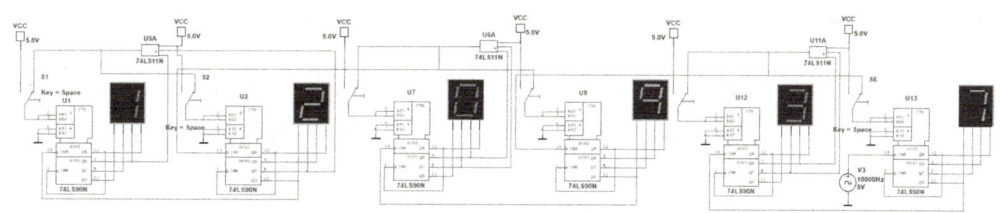

图 12.8.3   电子钟电路

12.9   直流稳压电源电路的仿真分析

例 12.9.1   用 Multisim 分析如图 12.9.1 所示的整流滤波电路。

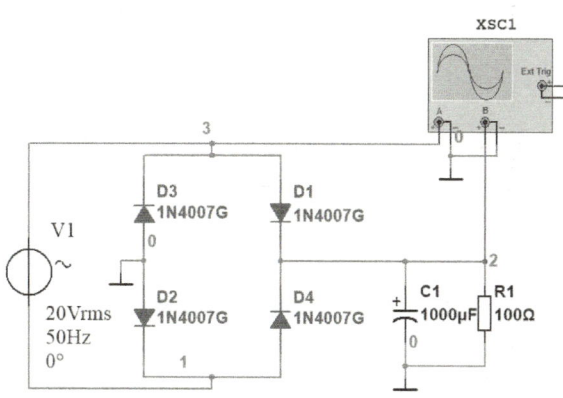

图 12.9.1   例 12.9.1 的电路

解   （1）分析滤波电容对输出波形的影响。利用参数扫描分析当滤波电容分别取 100 μF、300 μF 和 1 000 μF 时输出电压的波形。单击 Simulate—Analysis—Parameter Sweep

对话框,如图 12.9.2 所示,选取电容参数。单击 Edit analysis 弹出如图 12.9.3 所示对话框,修改扫描时间。运行仿真,得如图 12.9.4 所示电路输出波形。从结果可以看出,电容量增加,输出电压的纹波减小。

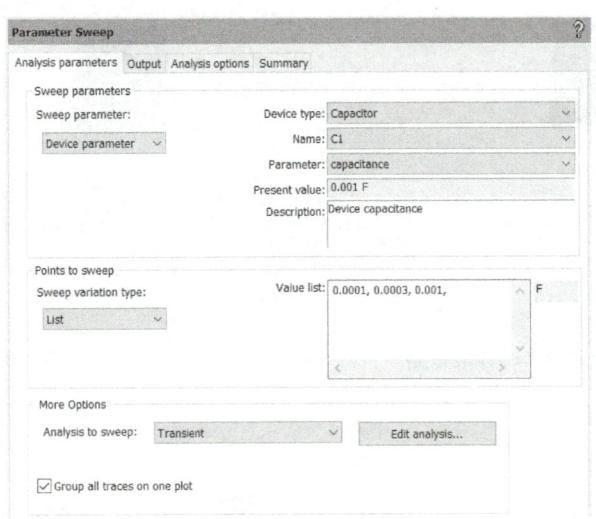

图 12.9.2 参数扫描设置对话框

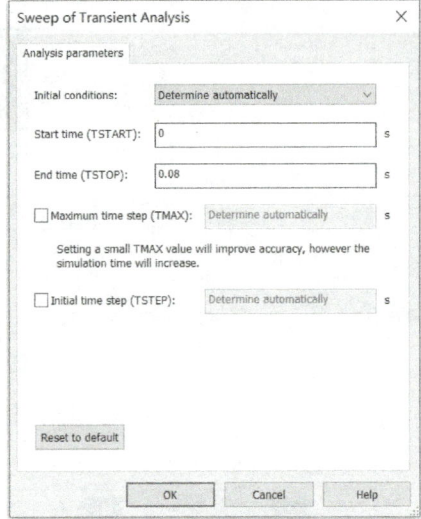

图 12.9.3 设置扫描时间对话框

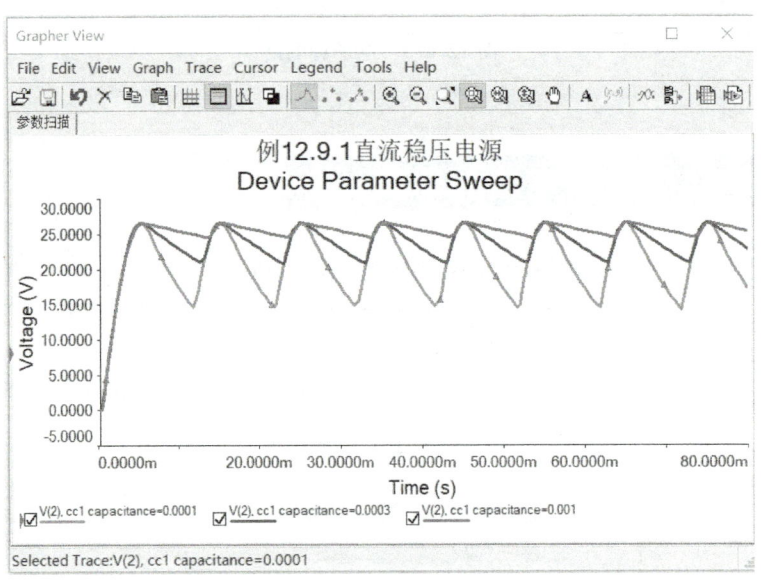

图 12.9.4 滤波电路的输出波形

（2）利用 Multisim 元件中的故障设置,分析整流二极管分别在开路、短路、漏电等情况下整流滤波电路的输出波形。

双击二极管,弹出属性对话框如图 12.9.5 所示。在 Fault 选项卡中分别设置开路、短路、漏电等故障,可以研究这些故障对输出电压产生的影响,分析结果如图 12.9.6、图 12.9.7 和图 12.9.8 所示。整流二极管 D_1 开路时,滤波输出的纹波频率减半,平均值略有减小;D_1 短路时,D_3 两端电压波形与滤波输出波形相同,频率减半;D_1 漏电时,D_3 两端电压畸变。

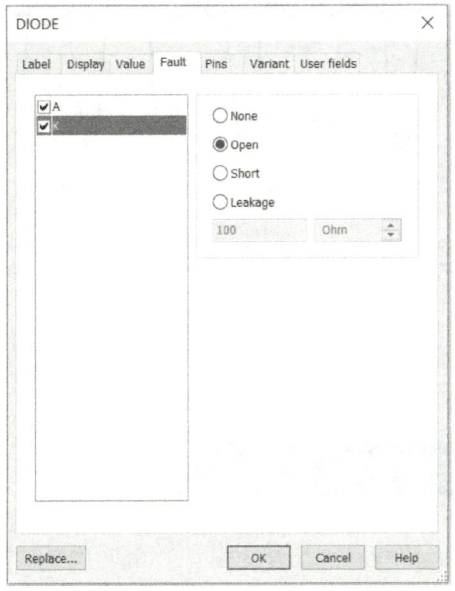

图 12.9.5　二极管属性对话框

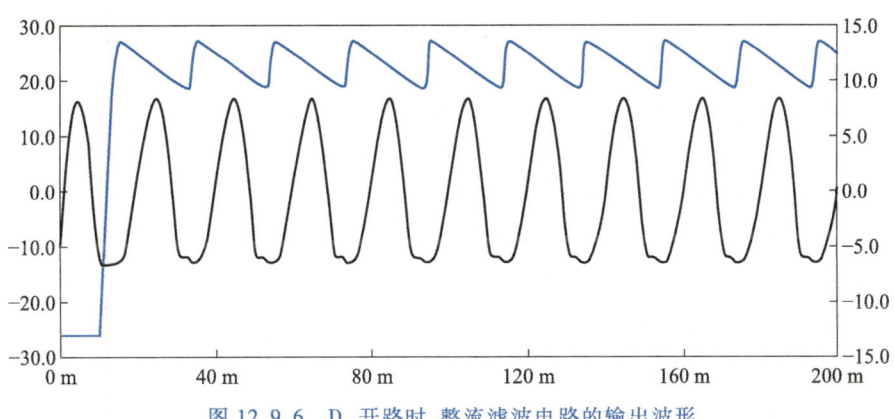

图 12.9.6　D_1 开路时,整流滤波电路的输出波形

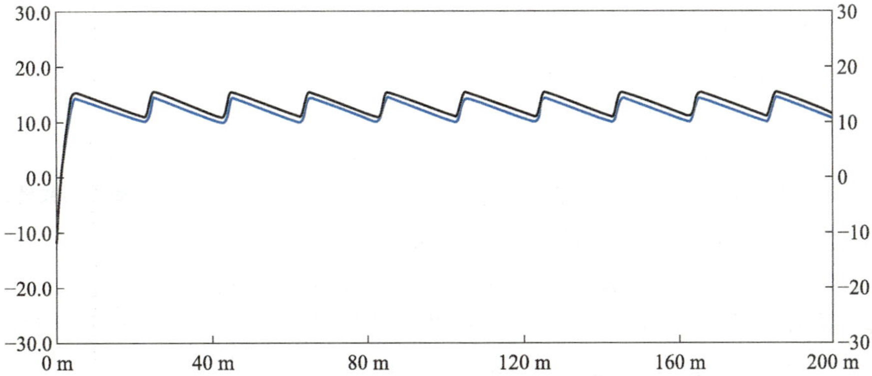

图 12.9.7　D_1 短路时,整流滤波电路的输出波形

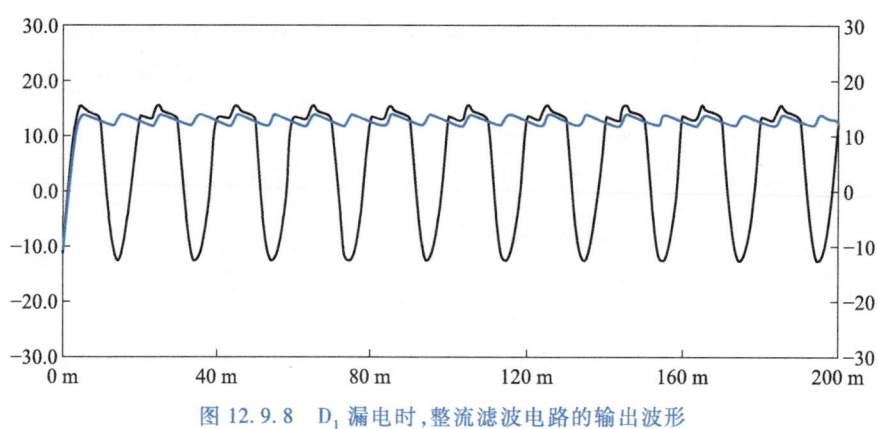

图 12.9.8 D$_1$ 漏电时,整流滤波电路的输出波形

12.10 电动机应用电路的仿真分析

例 12.10.1 在 Multisim 中构建三相异步电动机正反转控制电路,模拟仿真三相异步电动机正反转工作过程。

解 可根据原理图分主电路和控制电路两部分来构建。

在元器件库中选取三相电源 V1、三相开关 QS、熔断器 FU 和三相电动机等元器件,其中三相电动机采用笼型感应电动机,其参数参考工程实际电动机设置,参数设置如图 12.10.1 所示。

交流接触器的线圈和触点选用机电库中的线圈和继电器(Colis_Relays)系列中的通电交流线圈(ENERGIZING_COILS_AC),双击点开,将其线圈标志的值设置为与线圈一一对应,可以实现线圈通电,相应触点动作。如图 12.10.2 中的正转线圈 KF2 线圈标志为 1,可控制主触点 K11、K12、K13,动合辅助触点 KF3 和动断辅助触点 KF1 动作。同理,反转线圈 KR2 线圈标志为 2,可控制主触点 K21、K22、K23,动合辅助触点 KR3 和动断辅助触点 KR1 动作。

选用机电库中的线圈和继电器(Colis_Relays)系列中的热继电器(Thermal_ol_Relay)实现

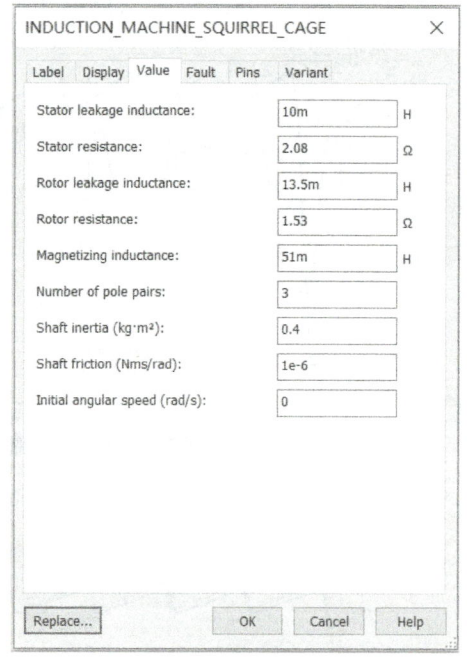

图 12.10.1 三相电动机参数设置

对电路的过载保护。选取虚拟泰克示波器观察正转和反转时三相电源相序变化。

仿真开始后,按下空格键,闭合三相开关 QS,按下 A 键,正转起动按钮 SBF 闭合,正转控制电路接通,正转指示灯 X1 点亮,线圈 KF1 得电,主触点 K11、K12、K13 闭合,电动机正转,动合辅助触点 KF3 闭合起到自锁作用,动断辅助触点 KF1 断开起到互锁作用,正转仿真结果如图 12.10.2 所示。从示波器上观察到三相电源相序为黄-紫-蓝。按下 B 键反转起动按钮 SBR 闭合,反转控制电路接通,反转指示灯 X2 点亮,同时 SBR1 断开正转控制电路,线圈 KR1 得电,主触点 K21、K22、K23 闭合,电动机反转,反转仿真结果如图 12.10.3 所示。从示波器上观察到三相电源相序为黄—蓝—紫。

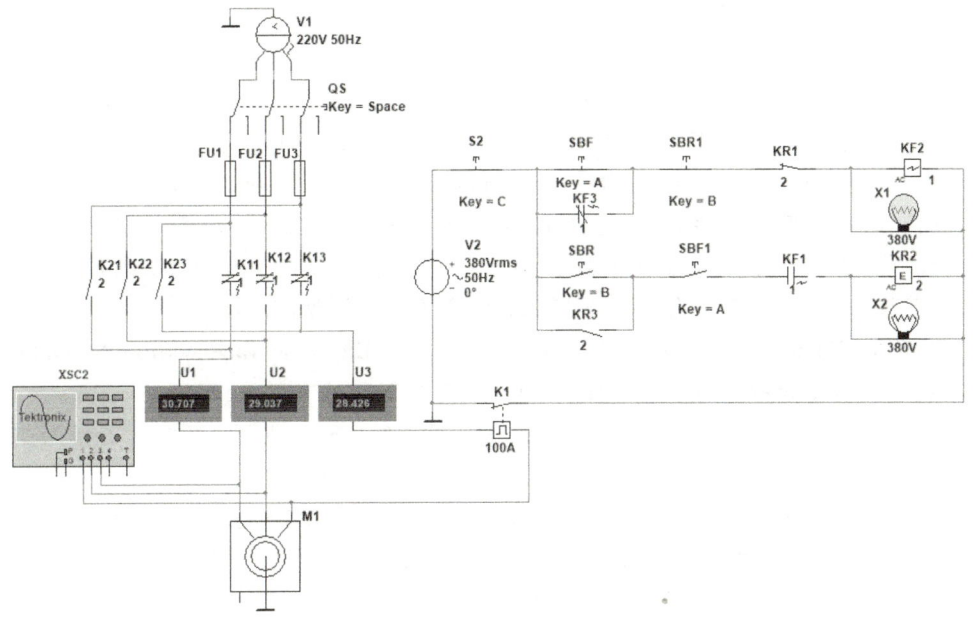

图 12.10.2　电动机正转仿真结果

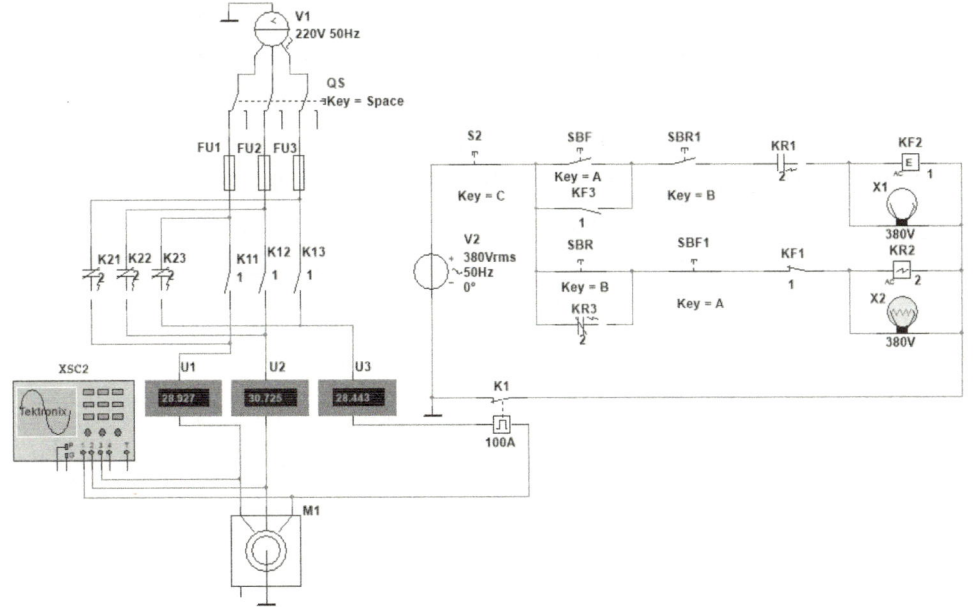

图 12.10.3　电动机反转仿真结果

参考文献

[1] 刘润华.电工电子学[M].3 版.北京:高等教育出版社,2015.

[2] 唐介,王宁.电工学(少学时)[M].5 版.北京:高等教育出版社,2020.

[3] 叶挺秀,潘丽萍,张伯尧.电工电子学[M].5 版.北京:高等教育出版社,2021.

[4] 刘润华,任旭虎.模拟电子技术基础[M].4 版.北京:高等教育出版社,2017.

[5] 秦曾煌.电工学简明教程[M].3 版.北京:高等教育出版社,2015.

[6] Allan R. Hambley.电工学原理与应用(英文版)(Electrical Engineering:Principles and Applications,Seventh Edition)[M].7 版.北京:电子工业出版社,2019.

[7] 郁有文,常健,程继红.传感器原理及工程应用.[M].3 版.西安:西安电子科技大学出版社,2008.

[8] 冷增祥,徐以荣.电力电子技术基础[M].3 版.南京:东南大学出版社,2012.

[9] 高玉良.电路与模拟电子技术[M].3 版.北京:高等教育出版社,2013.

[10] 陈新龙,胡国庆.电工电子技术基础教程[M].3 版.北京:清华大学出版社,2021.

[11] 王英.电工技术基础(电工学Ⅰ)[M].2 版.北京:机械工业出版社,2016.

[12] 徐淑华.电工电子技术[M].5 版.北京:电子工业出版社,2023.

[13] 闫和平.常用低压电器应用手册[M].北京:机械工业出版社,2006.

[14] 朱耀忠.电机与电力拖动[M].北京:北京航空航天大学出版社,2005.

[15] 谢水英,韩承江.电工与电子技术[M].2 版.杭州:浙江大学出版社,2020.

[16] 高妍,申红燕.电工电子技术(第三分册)[M].3 版.北京:高等教育出版社,2013.

[17] 陶晋宜,任鸿秋.电工电子技术(第六分册)[M].3 版.北京:高等教育出版社,2014.

[18] 陶彩霞,田莉.电工与电子技术[M].北京:清华大学出版社,2011.

[19] 格日勒,郭莹,向久林.电工电子技术[M].镇江:江苏大学出版社,2016.

读者意见反馈

为收集对教材的意见建议，进一步完善教材编写并做好服务工作，读者可将对本教材的意见建议通过如下渠道反馈至我社。

咨询电话　400-810-0598

反馈邮箱　gjdzfwb@pub.hep.cn

通信地址　北京市朝阳区惠新东街 4 号富盛大厦 1 座
　　　　　高等教育出版社总编辑办公室

邮政编码　100029

防伪查询说明

用户购书后刮开封底防伪涂层，使用手机微信等软件扫描二维码，会跳转至防伪查询网页，获得所购图书详细信息。

防伪客服电话　（010）58582300